医科大学化学系列教材

国家精品在线开放课程配套立体化教材

基础化学
Basic Chemistry

第二版

王一凡　刘绍乾 ◎主　编

何跃武　王曼娟 ◎副主编

U0244041

化学工业出版社

·北京·

《基础化学（第二版）》以"大化学融合"的理念，进一步整合"溶液理论""化学反应理论与电化学""物质结构""化学分析"和"仪器分析"5大模块内容，构筑"加强化学原理，突出定量训练，反映医学特色，利于自主学习"的新体系。与第一版相比，以二维码形式增加了与教材配套的中南大学国家精品在线开放课程系列知识点视频教学资源和分析仪器的虚拟仿真，正文中穿插了反映21世纪化学学科发展以及化学与医学、生命科学、能源、材料、信息、环境等方面的拓展知识、典型应用案例、科学家小传，各章末均给出了复习指导、英汉对照的专有名词、化学史话和习题以及二维码形式的部分习题参考答案，以开阔知识视野、激发学习兴趣、培养自主学习能力。

　　《基础化学（第二版）》可作为普通高等学校临床医学（五年制）、口腔医学（五年制）、口腔医学（八年制）、精神医学、麻醉医学、预防医学、法医学、基础医学、护理学、生物学、医学检验、药学、生物信息学等专业本科生的基础课"互联网＋"立体化教材，亦可供化学相关人员参考。

图书在版编目（CIP）数据

基础化学/王一凡，刘绍乾主编. —2版. —北京：
化学工业出版社，2019.4
医科大学化学系列教材　国家精品在线开放课程配套
立体化教材
　ISBN 978-7-122-33824-2

　Ⅰ.①基⋯　Ⅱ.①王⋯ ②刘⋯　Ⅲ.①化学-医学院
校-教材　Ⅳ.①O6

　中国版本图书馆 CIP 数据核字（2019）第 019252 号

责任编辑：褚红喜　宋林青
责任校对：宋　玮　　　　　　　　　　　装帧设计：关　飞

出版发行：化学工业出版社（北京市东城区青年湖南街13号　邮政编码100011）
印　　刷：大厂聚鑫印刷有限责任公司
装　　订：三河市宇新装订厂
880mm×1230mm　1/16　印张26¾　彩插1　字数874千字　2019年5月北京第2版第1次印刷

购书咨询：010-64518888　　售后服务：010-64518899
网　　址：http://www.cip.com.cn

凡购买本书，如有缺损质量问题，本社销售中心负责调换。

定　　价：68.00元　　　　　　　　　　　　　　　　　　　　　版权所有　违者必究

《基础化学（第二版）》编写组

主　编 : 王一凡　刘绍乾

副主编 : 何跃武　王曼娟

编 写 者 (以姓氏笔画为序)：

王一凡　王曼娟　向　娟　向　阳

刘绍乾　李战辉　何跃武　张寿春

易小艺　董子和　钱　频　梁逸曾

前言

由中南大学主编、化学工业出版社出版的医科大学化学系列教材《基础化学》《有机化学》自 2013 年出版以来，无论是在知识水平的深度还是广度上，对现代医药人才化学基础和理科思维的培养，均发挥了积极作用，获得了广大师生的普遍好评。同时，对我国医药化学系列课程的建设也起到了重要的推动作用，以该系列教材为蓝本而分别建设并正式上线的中南大学慕课（MOOC）《大学化学（上）、（下）》于 2017 年获得首批国家精品在线开放课程认定。其中，《大学化学（上）》与生物医药类《基础化学》课程对接、《大学化学（下）》与生物医药类《有机化学》课程对接，为医药学生和社会学习者构建了一个现代化的自主学习平台。

在第一版教材出版发行的五年时间里，化学学科飞速发展，新知识层出不穷，移动互联网快速发展，一场以学生自主学习能力培养为主要目标、以颠覆传统观念的"翻转课堂"理念为标志的、基于慕课的混合式教学改革（SPOC），正在我国高等教育界掀起浪潮。为贯彻落实教育部教育信息化"十三五"规划，推动"全国信息技术与教学深度融合"的要求，顺应新一轮教学改革形势，我们决定对医科大学化学系列教材《基础化学》《有机化学》进行修订再版。

《基础化学（第二版）》的内容特色主要如下：

（1）继续以"大化学融合"的理念，通过进一步整合涵盖无机化学、分析化学和物理化学基础知识的"溶液理论""化学反应理论与电化学""物质结构""化学分析"和"仪器分析"5 大模块内容，构筑"加强化学原理，突出定量训练，反映医学特色，利于自主学习"的《基础化学》课程新体系。全书的章节编排，在保持原有体例和风格的前提下，仍然遵循"由中学化学知识自然过渡、与大一学生数学基础协调，并考虑生物医药类专业后续课程学习和未来工作需要"的原则，强调化学知识结构完整性和系统性，更加注重基本概念的理解和基本原理、基本公式在医学、药学、生物学上的应用。

（2）以二维码形式，引进了 163 个与教材配套的国家精品在线开放课程《大学化学》（上）数字资源，开发了 14 种精密分析仪器结构和原理简介的虚拟仿真，实现了线下文字阅读与线上视频观看的融合，堪称"互联网＋"立体化教材。

（3）为了开阔医学生的知识视野和激发他们的学习兴趣，第二版还采取框图、双栏、双色印刷等形式，新编入许多与生物医药相关的反映 21 世纪化学学科发展以及能源、材料、信息、环境等领域热点问题的"拓展知识"模块；增加和完善"科学家小传"和"化学史话"2 个模块，以培养医学生的科学人文精神和创新思维。

（4）在教材使用的过程中，也发现了诸多需要改进之处。本次修订，对部分章节的内容进行了增删，对一些重要概念的表达，也力求更准确和科学等。如将一些具有铺垫性质的原正文内容重新整合为"拓展知识"穿插介绍，以明晰教学大纲内容和一般知识性介绍内容的分界线。

《基础化学（第二版）》是教育工作者们集体智慧的结晶。其编者主要是来自中南大学从事医学基础化学教学一线的骨干教师，教学经验丰富。本书由中南大学王一凡、刘绍乾担任主编，何跃武、王曼娟担任副主编。全书由王一凡教授统稿，刘绍乾协助统稿，全体主编和副主编负责审稿工作，校对工作由全体编者承担。本书编写的具体分工如下：第 1、10 章由刘绍乾负责编写；第 2 章由王曼娟负责编写；第 3、4 章由何跃武负责编写；第 5、15、16 章由向娟负责编写；第 6、7、8 章由王一凡负责编写；第 9 章由向阳负责编写；第 11 章由钱频负责编写；第 12 章由李战辉负责编写；第 13 章由张寿春负责编写；第

14 章由易小艺负责编写；第 17 章由董子和与 梁逸曾 负责编写。

本书在编写过程中，得到了化学工业出版社的大力支持，中南大学本科生院、化学化工学院也给予了课题资助，特别是中南大学《大学化学》国家精品在线开放课程团队（负责人：王一凡教授）为本书提供了王一凡、刘绍乾、钱频、王曼娟、何跃武、肖旭贤、张寿春、颜军、文莉、易小艺、周建良等录制的多媒体教学视频，董子和老师也为本书制作了他本人配音讲解的精密分析仪器结构和原理的虚拟仿真，在此一并表示衷心的感谢！

此外，在这里，我们还要对本教材的第一版主编 梁逸曾 教授表示崇高的敬意和深切的怀念！他生前是国内外知名的分析化学家，曾荣获"国家自然科学二等奖"和"国际计量化学终身成就奖"，由于他的求学生涯中有一段医药学背景，长期以来他十分关注医学化学教学改革，对医学化学教材的改革提出过许多宝贵的见解，他的心血和付出为本书的编写出版奠定了良好的基础。

限于编者的水平，本书的疏漏和不足在所难免，欢迎广大读者批评指正。

编　者
2018 年 11 月

第一版 前言

由化学工业出版社出版、中南大学主编的改革教材《医科大学化学》（上、下册）于 2003 年问世，其初衷旨在强调现代医学，无论是基础或临床的研究，皆已进入分子水平，化学已成为医学学习不可或缺的重要基础；同时，借鉴"四大化学融合"的教学模式，力争构建为医学专业学生服务的现代化学教育平台，以适应我国目前各综合性大学医学学科发展的需要。但经十年使用，我们发现，该教材还有诸多需改进的地方，遂决定结合近几年的课程建设和教学改革经验及对学生基础知识的分析，对《医科大学化学》系列教材进行改版，重新编写新版的医学化学系列教材，即现在的《基础化学》和《有机化学》，以适应教学改革的需要。

《基础化学》教材仍以"四大化学融合"为主旨，突破原来化学学科按二级学科设课之束缚，充分加强了各二级学科知识模块之间的有机结合，避免彼此不必要的重复，以加强化学学科的整体基础性。在此基础上，我们针对医学学生的特殊性及我校现有学时的限制，在强调基础和知识结构完整性的同时，将主要注意力放在化学基本概念的理解和应用上。如在讲述物理化学的内容中，有意减少或简化了一些无需医科学生掌握的公式推导和运算；在讲述无机化学的内容中，略去了有关元素化学部分的详细介绍；在讲述分析化学的内容时，略去了仪器分析有关仪器的基础而强调其应用性质等。总之，医学化学系列教材——《基础化学》将更适应医科学生的所学课时限制和医学化学基础的要求。

此外，在对目前国内外流行的生物医药类专业化学基础课教材进行了充分调研的基础上，力争在编写过程中，努力把握好基础知识与应用知识之间的结合度，尽力实现教材可读性与完整性，注重化学与医学和生物学的结合，以激起医科学生对化学的兴趣。所以，本教材具有如下特点。

1. 整合知识模块内容，建立课堂教学体系 全书将化学内容整合为"溶液理论""化学反应理论与电化学""物质结构""化学分析"和"仪器分析"5 个模块，建立了"加强化学原理，突出定量训练，反映医学特色"的《基础化学》教学体系。在化学原理阐述时，根据现代医学研究的需要，有意加强了基础理论知识的系统性和完整性，但针对医学学生的特殊性，将主要注意力放在化学基本概念的理解和应用之上，减少或简化了无须医科学生掌握的公式推导和运算。此外，适当拓宽内容，如增加了"气体分压定律""亨利定律"，介绍了"定量分析过程"和"定量分析结果的表示"，增加了"相律""水的相图""盐水体系相图""配位滴定反应的副反应系数与条件稳定常数"和"斯莱特规则"等，以突出化学中的定量概念，以满足医学化学的要求。所以，与传统的基础化学教材相比，本书适当拓宽了内容。

2. 注重知识衔接搭配，合理编排章节顺序 全书的章节编排，主要遵循知识内容的内在联系和与中学化学知识点的衔接。在充分考虑与大一学生数学基础协调的基础上，尽量实现化学理论知识的系统化，并能为后续《有机化学》课程提供相应的基础知识。如将相对较易理解的溶液理论编在前面 3 章，而将热力学与动力学内容适当后移（第 6～8 章），以期与大一学生的数学基础协调；又如将结构化学与配位化学内容（第 11～14 章）融合，以保持结构知识的系统性，为后续《有机化学》中分子结构讲解提供坚实的基础。为保持基础化学中实验教学的连贯性，本书还特意将化学分析中部分内容提前（第 5 章）及相关的"配位化学基础"移至第 14 章"晶体结构基础"之前，而与实验教学无缝对接。

3. 辅以案例阅读资料，启迪学生学习兴趣 全书每一章，都精心编制了 1～2 个典型案例分析，通过引出问题，介绍其背景和解决问题的思路，力图使学生加深对化学基本理论和基本知识的理解，以培养学生发现问题、分析问题和解决问题的能力以及科学探索精神。每章最后的"阅读资料"，围绕基础化学与生物医学的结合，以化学史话、化学在医学上的应用等形式，使医学学生提高学习化学的兴趣和领略科学大师的创造性思维。

4. 加强全程思考引导，有利培养自学能力　全书在每章开头，即开门见山展示该章的要点，章节中还有意穿插适当数量的思考题，每章结尾按"掌握""熟悉"和"了解"三层次对基本知识、基本理论给出了"复习指导"，书后按章节给出了部分习题的参考答案或解答提示，有利于学生自学时思考、复习和总结。同时，各章节中的重要专业名词的英文词汇列于每章之后，以便学生及时查找，为学生日后阅读专业文献和后续课程的双语教学奠定基础。

本教材从编写原则的确定、章节结构和内容的安排到初稿的完成；从编者的相互审阅到主编和副主编的全面审阅和修订，都凝结了集体的智慧。本书由中南大学梁逸曾教授任主编，王一凡、刘绍乾任副主编，并负责全书的编排设计、统稿和审订。各章编者分工如下：刘绍乾（第1、10章）、王曼娟（第2章）、何跃武（第3、4章）、向娟（第5、15、16章）、王一凡（第6、7、8章）、向阳（第9章）、钱频（第11章）、李战辉（第12章）、张寿春（第13章）、易小艺（第14章）、梁逸曾（第17章）。

本书的出版得到中南大学本科生院、化学化工学院和化学工业出版社的领导和同仁的大力支持和帮助，也得益于教育部精品课程建设、湖南省教育厅精品课程建设、湖南省教学改革研究课题、中南大学精品教材建设和中南大学基础化学课程改革等多项教改基金的支持，在此一并表示衷心的感谢！

限于编者的水平，我们诚恳希望阅读和使用本教材的广大师生，对本书的不足之处提出批评指正，也欢迎与我们直接交流。

编　者
2013 年 5 月于岳麓山下

目 录

第7章　化学平衡与相平衡 / 128

第8章　化学反应速率 / 153

第 12 章　共价键与分子结构 / 265

第 13 章　配位化学基础 / 292

第 14 章　晶体结构基础 / 321

第15章　化学分析法（二）　/ 344

第16章　紫外-可见分光光度法 / 359

第17章　仪器分析简介 / 373

附 录 / 397

第1章

绪　论

本章介绍化学的定义、分类和基本特征，化学与医学的关系，基础化学课程的内容和作用，我国的法定计量单位。重点介绍有效数字及其运算规则，溶液及其组成的量度等基础知识，为后续各章节的学习奠定基础。

1.1　化学是一门中心科学

化学（chemistry）是研究物质的组成、结构、性质及其变化规律的科学，是人类认识世界，改造世界的主要方法和手段之一。传统上化学分为无机化学、有机化学、分析化学和物理化学四个基础学科，但随着科学的发展，化学已经发展衍生出高分子化学、生物化学、放射化学和生物无机化学等许多新的分支。

化学的定义和主要分支

科学家小传——波义耳

波义耳（R. Boyle, 1627—1691），英国科学家，近代化学的奠基人。1627年1月25日生于爱尔兰利斯莫尔，父亲是伯爵。1635年入伊顿公学学习。1639年赴欧洲游学，1644年回国。1654年，在一位教育家的鼓励下，他决心在牛津系统地研究医学，由于要自己配药，于是在家里建造了实验室，逐渐对化学实验产生了兴趣，并成长为实验化学家。同时，他又阅读了大量的英文、法文、拉丁文医药化学家的著作，认识到化学必须从炼金术和医药学分离出来成为一门独立的科学而不仅仅是一种实用工艺。他是第一个发现指示剂和明确酸碱定义的人，也是波义耳气体定律的发现者。他的最大贡献是给元素提出了科学的定义，把化学确立为科学。科学史家都把波义耳的《怀疑派化学家》一书问世的1661年作为近代化学的开端。1663年当选为英国皇家学会会员，1680年当选为会长。1691年12月30日在伦敦逝世。

1.1.1　化学及其主要特征

化学具有三大特征。

（1）化学是一门以实验为基础的学科

"Chemistry"一词最早出现在1856年英国传教士韦廉森（Alexander Williamson）

编的"格物探源"一书。"Chemistry"来源于拉丁语"alchemy（炼金术）"，后者源于阿拉伯语"al-kimiya"，而"al-kimiya"普遍认为来源于古埃及语"chemia"。在古埃及语中，"chemia"指的是金属加工和提纯、合金制取、贵金属仿制及伪制等制造金银的工艺。显然，化学起源于人类的生产劳动。我国古代在冶炼、染色、制盐、酿造、造纸、火药以及炼丹术等方面的发展直接推动了化学的发展。

（2）化学的主要任务是创造新物质

通过化学反应，反应物变成生成物，可以创造新的化合物和新材料。目前，已发现的化学元素有100多种，以这些元素及其衍生物为基础，化学工作者以每10年几乎翻一番的速度发现和创造新的化合物。迄今，有机和无机化学物质多达2400余万种；生物序列4800余万条。每天更新约40000条。这些新分子、新物质都是当今人类社会赖以生存和发展的物质宝库。

炼金术士
德国炼金术士 Hennig Brand 在实验室
中蒸馏时，点燃了磷光，从而于
1669 年发现了磷这种物质。

（3）化学是一门中心科学

"化学是中心科学"的说法是由英国科学家、诺贝尔奖获得者罗宾逊（Robinson）提出的，科学技术发展的历史已然证明这一说法的正确性和科学性。原始人类从茹毛饮血发展到火的应用，劳动工具从石器时代进化到铁器时代，中国古代四大发明中的造纸、火药，都广泛涉及化学知识的运用。现代社会中，新建筑材料、新通讯材料、绿色农药、绿色化肥、新药、新能源等的开发和生产，都离不开化学。化学与我们生活中的衣、食、住、行等各方面都有着非常紧密的联系。原美国化学会主席布里斯罗（R. Breslow）在《化学的今天和明天——一门中心的、实用的和创造性的科学》一书中，有一段生动的叙述，大意如下：从早晨开始，我们从用化学产品建造的住宅和公寓中醒来。家具是部分的用化学工业生产的现代材料制作的。我们用化学家们研制的肥皂和牙膏，穿上合成纤维和合成染料制成的衣着。即使天然的纤维（如羊毛或棉花）也经化学品处理和上色来改进它们的性质。农作物用肥料、除草剂和农药使之成长。家畜用兽医药来防病。维生素类可以加到食品中或制成片剂后服用。甚至我们购买的天然食品，诸如牛奶，也必须要经化学检验来保证纯度。我们的交通工具——汽车、火车、飞机，在很大程度上要依靠化学加工业的产品。晨报是印刷在经化学方法制成的纸上，所用的油墨是由化学家们制造的，用于说明事物的照片要用化学家们制造的胶片。矿石经过以化学为基础的冶炼法变成金属或合金，成为我们生活中所用的金属制品。化学油漆能避免金属制品被氧化腐蚀。化妆品需由化学家制造和检验。执法用的和国防用的武器要依靠化学方法制造。事实上我们日常生活用品中很难找出有哪一种不是依靠化学或是在化学家们的帮助下制造出来的。

在生产实践中，化学与信息、生命、材料、环境、能源、地球、空间和核科学八大朝阳科学（sun-rise sciences）紧密联系，相互渗透，产生了许多重要的交叉学科（见图1-1）。

1.1.2 化学与医学的关系

化学与医学的关系十分密切。早在18世纪末，英国化学家 H. Davy 就发现了笑气（一氧化二氮）的麻醉作用。1846年，美国牙科医生 William Thomas 在美国人 Jackson 的帮助下，通过多次实验发现了乙醚的麻醉作用。英国医生 Simpson 在乙醚吸入麻醉

化学的主要特征

化学科学的形成

化学是能源的开拓者

化学与材料、环境和美好生活的关系

化学与医学的关系

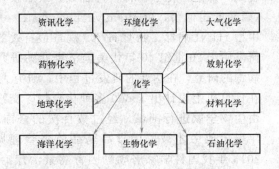

图 1-1　化学是中心科学

法的启发下，向一些化学家、医学家发信，征求气体化学药物，以寻求更安全有效的麻醉剂。经过不懈的努力，Simpson 发现法国化学家杜马寄给他的氯仿有很强的麻醉

巴斯德
(L. Pasteur，1822—1895)

作用。后来普鲁卡因（Procaine）等局部麻醉剂也被相继发现。在麻醉剂被发现之前，外科医生手术时不用麻醉药，病人痛苦不堪，手术很难进行。这些麻醉药的使用使手术可以顺利完成，拯救了很多病人的生命。但是，手术成功后仍有不少患者因为术后创口的不易愈合而感染，导致病人死亡。1864 年，英国著名医生，被称为"外科消毒之父"的 Joseph Lister 在法国微生物学家、化学家、被誉为"细菌学之祖"的 Louis Pasteur 的"细菌是物质产生腐败的原因"的报告的启发下，开始了寻找临床消毒剂的试验。经过大量的实验，Joseph Lister 于 1865 年发现利用石炭酸（苯酚）作消毒剂进行临床试验，创口感染死亡的病例大大下降。经过方法的改进，

到 1869 年，在 Joseph Lister 主管的病房中，术后病人的死亡率迅速从 45％下降到 15％。

　　在磺胺类药物问世之前，西医对于炎症，尤其是对流行性脑膜炎、肺炎、败血症等，仍然感到十分棘手，死亡率很高。1932 年，德国内科医生 Gerhard Domagk 经过数千次的实验，惊喜地发现，将一种由偶氮染料和一个磺氨基结合而成的橘红色化合物注射给被链球菌感染的小鼠，这些小鼠不但没死，反而日渐康复。该橘红色化合

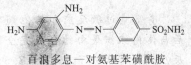

百浪多息—对氨基苯磺酰胺

新药研发与化学的关系

物的商品名叫"百浪多息"，是一种早在 1908 年就能人工合成的染料。后来，就是这个百浪多息拯救了 Gerhard Domagk 受链球菌感染而奄奄一息的女儿。这也是磺胺的首次人体应用试验。在此启发下，化学家们制备了很多类型的磺胺类药物，如 1937 年研制出了"磺胺吡啶"，1939 年研制出了"磺胺噻唑"，1941 年研制出了"磺胺嘧啶"等，开创了今天的抗生素领域。磺胺的应用挽救了千万人的生命，它的发现者 Gerhard Domagk 于 1939 年获得了诺贝尔医学与生理学奖。

　　现代化学与医学的联系更加密切。医学的主要任务是研究人体生理、病理和心理现象中的规律，以寻求诊断、治疗和预防疾病的有效方法，保障人类健康。这些都与化学密切相关。例如，生物化学就是在无机化学、有机化学和生理学的基础上发展起来的研究生命活动的一门学科。它利用化学的原理和方法，研究人体各组织的组成、亚细胞结构和功能、物质代谢和能量变化等生命活动。新药的发现、设计和生产过程中，更离不开化学方法。要设计新药，首先要能够在细胞、分子水平上深入地了解疾病发生的机理，只有阐明了疾病发生的分子机理，才可能有针对性地设计药物，然后

合成，筛选，化学修饰，再合成，最后投入生产。例如，达菲（磷酸奥司他韦，Oseltamivir phosphate）是公认的抗禽流感、甲型 H1N1 病毒、亚型 H7N9 病毒最有效的药物之一。达菲的研发始于 20 世纪 40 年代美国洛克菲勒研究所的科学家对流感病毒的研究，在达菲的研发过程中，研究人员根据实验的要求在计算机上设计出了 600 多种化合物，交给化学家合成，然后由生物学家进行测试。经过数百次的修饰和筛选，直到 1999 年奥司他韦才被美国食品药品监督管理局批准上市。再如，2015 年我国科学家屠呦呦因青蒿素治疗疟疾的研究成果获得诺贝尔生理学或医学奖，在她提取青蒿素的过程中，其成功的关键方法就是采用乙醚等低沸点化学溶剂冷浸萃取法。显然，没有化学方法的应用，是不可能取得这些成就的。

达菲

Nobel 奖是当今世界最享盛誉、最具权威性的国际大奖，纵观一百多届诺贝尔化学奖获奖人的获奖工作，充分揭示了现代化学与医学的密切联系。例如：1902 年，Hermann Emil Fischer 因研究糖和嘌呤衍生物的合成而获奖；1930 年，Hans Fischer 因研究血红素和叶绿素，合成血红素而获奖；1958 年，Frederick Sanger 因测定胰岛素分子结构而获奖；1984 年，Brace Merrifield 因研究多肽合成而获奖；特别是从 2001 年到 2010 年的 10 届诺贝尔化学奖中，有 6 届授予了在生命科学研究中取得突出成就的科学家。生命现象的物质基础和有机分子的生物功能是生命科学研究的永恒主题，而无机化学与生物化学结合，有机化学与生物化学相结合，从分

诺贝尔（A. B. Nobel，1833—1896）
瑞典化学家、工程师、发明家

子水平来研究生物学问题，既是化学也是生命科学研究的前沿之一。近几十年来，分子生物学的蓬勃发展，也是源于化学方法在生物高分子研究中的突破，使得人类能够解开遗传的奥秘并在分子水平上了解生命现象。

青霉素过敏

青霉素过敏反应和其他药物过敏反应相似，都是由于药物半抗原进入人体后与体内组织蛋白结合成完全抗原，因而刺激人体产生免疫反应。青霉素分子在 pH=7.5 的水溶液中，可很快重新排列成青霉素烯酸，进而分解为青霉噻唑酸。这种青霉噻唑酸可与人体组织内的 γ-球蛋白和白蛋白结合成青霉噻唑蛋白。青霉噻唑蛋白即是引起青霉素过敏反应的主要致敏物质。青霉噻唑蛋白不但在人体内形成，也可在青霉素生产过程或储存过程中形成，特别是纯度差或含有杂质较多的青霉素溶液，其本身就可能含有青霉噻唑蛋白，注射这种青霉素溶液，可直接引起过敏反应，甚至发生过敏性休克。因此，对于曾有青霉素过敏史或属于过敏体质者，无论皮试和用药，均须十分谨慎。

青霉素

青霉素过敏处理方法：患者出现过敏性休克后，应立即停药，就地抢救，争分夺秒。措施：①立即平卧（有利于脑部血液供应），保暖（以防循环衰竭），氧气吸入；②注射肾上腺素，该药为抢救过敏性休克的首选药物，具有收缩血管、增强血管外周阻力、兴奋心肌、增加心输出量及松弛支气管平滑肌的作用。

在生命科学高度发展的今天，医学工作者和生命科学家们越来越体会到化学对生

命科学发展的重要性。美国著名化学家 R. Breslow 曾经指出:"考虑到化学在了解生命中的重要性和药物化学对健康的重要性,在医务人员的正规教育中涵盖不少化学课程就不足为奇了。"所以,在高等医学教育中,不论是中国还是任何其他发达国家,历来都将化学作为医学专业学生的重要基础课。

1.2 基础化学课程简介

1.2.1 基础化学课程的内容和作用

基础化学是我国高等医学院校为一年级学生开设的第一门化学课。它涉及无机化学、分析化学和物理化学的一些基础知识和基本原理,其内容是根据医学专业的特点而选定的,主要包括分散系及水溶液中的性质、有关理论和应用,化学反应的基本原理,物质结构与性质的关系,滴定分析方法和分光光度法等。在保证化学的基本原理、基础知识的前提下,紧密结合和突出化学与医学的联系,介绍化学在医学中的应用。为了适应现代医学的需要,还增加了对现代仪器分析方法的介绍。

基础化学的教学任务是向高等医学院校一年级学生提供与医学相关的现代化学基本概念、基本原理及其应用知识,将基础性、学科性和医学性有机结合,为学生后续课程,如有机化学、生物化学、药理学、生理学等专业基础课程的学习打下较为广泛和较为深入的基础。同时,通过实验课的训练,让学生掌握基本的实验技能,使学生养成实事求是的科学态度和严谨细致的工作作风,培养学生科学的世界观和方法论,训练学生的专业素质,开发学生的创新意识。

1.2.2 如何学好基础化学

基础化学是医学专业学生进入大学后的第一门重要的基础课,如何深入扎实地学习并掌握其基础理论和基本概念,同时在学习这些化学基本原理和知识的基础上,尽快地适应大学的学习模式和方法,不仅对本课程的学习十分重要,而且对后续课程的学习,甚至对学生在未来工作中的专业发展都影响深远。

基础化学课程简介

首先,学习态度是学好基础化学的关键。1919 年,心理学家 W. MacDouqai 和 W. Smith 在一项实验中发现,积极的学习态度对学习效率有促进作用。1952 年,Carry 在总结一项实验研究时指出,男女大学生对解决问题不同的态度,直接影响解决问题的效果。研究表明,学生的学习态度不仅直接影响学习行为,而且还直接影响着学习成绩。那些喜欢学习,认为学习很有意义的学生,上课能认真听讲,积极地跟踪老师的思维,认真做好笔记,课后能主动地复习并按时完成作业,学习成绩优良。相反,那些对学习不感兴趣,认为学习无用的学生,在课堂上不认真听课,课后更不复习,不按要求完成作业,当然学习效果不好。由此可见,学生学习态度的好坏与其学习效果密切相关。因此,要学好基础化学,首先必须明白该课程对医学学生的重要性,树立一个正确的学习态度。在基础化学的学习过程中,由于种种原因,比如老师的教学水平不尽相同,某些章节与医学的联系不多,特别是某些高年级学长对学习化学课程的误导等,造成一些学生对基础化学课程的学习兴趣不高,认为没有必要花太多的时间去学习这门课程,从而导致学习成绩差,甚至不及格,严重影响后续课程的学习。这些都是因为学生没有理解化学与医学的关系,没有端正学习态度而造成的。

学习方法是学好基础化学的保障。基础化学是无机化学、分析化学和物理化学的

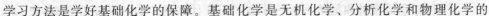

一些基础知识和基本原理的提炼和融合，知识覆盖面广，信息量大，内容浓缩简洁。因此，要学好基础化学，必须做好预习。在每章教学之前，通篇浏览一下整章内容，对内容的重点难点有一定的了解，为课堂听课争取主动，从而提高学习效率。这就是一种积极的学习态度。

课堂认真听课对学好一门课程十分重要。教师的每一堂课都是根据教学计划精心准备的。课堂上教师通过文字、图示、动画、讲解、比拟、分析、推理、归纳、总结等多种方式，以利突出重点，化解难点，帮助学生理解、消化、掌握教学内容。学生听课时特别要注意弄清基本原理、基本概念，同时要注意教师提出的问题，以及分析问题和解决问题的思路和方法。如果学生课前有预习，课堂上又能认真听课，有重点地做课堂笔记的话，那他一定会学得轻松，达到事半功倍的学习效果。

课后复习是消化掌握所学课堂知识的一个至关重要的环节。基础化学课程的特点是理论性强，知识点多，有些概念比较抽象，往往在课堂上不能完全听懂，这就需要课后对课堂内容的进一步消化、掌握。课后复习的最常见方式就是做作业或课外练习。完成作业的过程中需要运用书本知识，请教同学、老师，查阅参考资料等，这就是一个重新学习、理解、消化、巩固和掌握知识的过程，也是培养学生独立思考和分析、解决问题能力的过程。

提倡自主学习，培养自学能力，是大学的主要培养目标之一。对每一门课程，学生除了要认真完成上述的预习、听课、复习、做课堂练习外，还应该在教师的指导下利用图书馆、专业网站查阅相关的参考书刊、文献等，解决课堂上和课外练习中遇到的问题。不管什么教材，内容毕竟有限，而且教材内容可能会因编者的观点、能力而受限，这些都会影响学生对教材内容的理解和掌握。如果能够查阅文献书刊，利用互联网，不仅可以加深理解课堂内容，还可以扩大知识面，活跃思维，开阔视野，提高学习兴趣。遇到专业问题去图书馆，上互联网，这是大学生必须养成的一个习惯，是大学生有别于中学生的一个基本专业素质。

化学是一门建立在实验基础上的学科，《基础化学实验》是《基础化学》的姊妹课程，基础化学理论课与实验课实际上是一个整体，它们相互补充和完善。在学习中，实验可以加深感性认识，而理论可以加深对感性认识的理解，从而更牢固地掌握基础化学知识。

1.3 有效数字及其运算规则

1.3.1 有效数字的概念

在任何实验中，只要是用仪器测量的数据总是存在误差的，准确度是有限的，只能以一定的近似值来表示。这个近似值不仅表达测量值的大小，而且反映测量的准确程度。在测定实验数据时，应保留多少位数？计算结果应保留几位数字？才能正确地反映出测量的准确度，要正确地解决这些问题，必须了解有效数字的概念。

有效数字（significant figure）就是一种既能表达数值大小，又能表明测量值准确程度的数字表示方法。具体地说，是指在分析工作中实际能够测量到的数字。所谓能够测量到的数值包括了最后一位估计的、不确定的数字。通过直读获得的准确数字叫做可靠数字；通过估读得到的那部分数字叫做存疑数字或者不可靠数字。有效数字包括测量结果中全部准确数和一位存疑数字，存疑数字的误差为±1。例如，用一测量误差为±0.01℃的温度计测量某溶液的温度，温度计水银柱的液面停留在65.5～65.6℃

之间无刻度部分的中间位置（见图 1-2），则该溶液温度测量数据可以记录为 65.55℃。该数据中前三位数 65.5 是可以从温度计上准确读取的，是准确数字，末尾的 5 是根据水银柱液面停留的位置估计的，是存疑数字。因此，65.55℃ 就是包括了三位准确数和一位存疑数的有效数字。

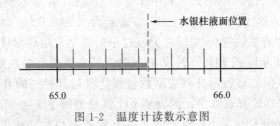

图 1-2　温度计读数示意图

1.3.2 有效数字位数的确定

在实验中，记录和计算时只记下有效数字，多记或少记都是错误的。而有效数字中保留的末尾一位存疑数字通常是根据测量仪器的最小分度值来估计的，反映了仪器实际能达到的精确度。显然，有效数字的位数与仪器的制造精度直接相关，记录的数据高于或低于仪器的精确度都是不正确的。在上述溶液温度的测量中，将测量温度记录为 65.55℃ 是正确的有效数字记录方法，它表示该温度计的测量数据能精确到 0.01℃，测量结果可能有 ±0.01℃ 的误差，溶液的实际温度应为 65.55℃±0.01℃ 范围内的某一数值。如果将该温度计数据记录为 65.5℃，则数据上反映出温度计的精确度或测量误差为 ±0.1℃，较实际测量中使用的温度计的精确度低。如果将该温度计数据记录为 65.553℃，则数据上反映出温度计的精确度或测量误差为 ±0.001℃，较实际测量中使用的温度计的精确度高。因此，这两个记录数据都没有反映出该温度计的实际精确度。又如，某溶液的体积用最小刻度为 1mL 的量筒测量，溶液弯月面底部大约在 12.6mL 处，则该溶液的体积记录为 12.6mL，其中，12 是直接由量筒的刻度读出的，而 0.6 是由肉眼估计的，故该溶液体积用量筒测量时有效数字是 3 位。如果换用最小刻度为 0.1mL 的滴定管测量该溶液的体积，则溶液的弯月面底部可能在 12mL 处，则该溶液的体积应记录为 12.62mL，其中，12.6 是直接由量筒的刻度读出的，而 0.02 是由肉眼估计的，故该溶液体积用滴定管测量时有效数字是 4 位。

按照数字的精度也可决定选择合适的仪器，例如，取溶液 2.00mL，要求使用刻度吸量管；取溶液 2.0mL，用量筒即可；取溶液 2mL，则可粗略估计，如用滴管直接滴取 40 滴左右等方法。若取溶液 25.00mL，则必须用移液管或滴定管。

在有效数字的表示和位数计算中，应注意下面几点：

①实验中的测量数字和数学上的数字意义是不一样的。如数学上，5.28＝5.280＝5.2800。而对于实验中的测量数据，5.28≠5.280≠5.2800，因这三个数据的测量精确度不同。

②有效数字的位数与被测物的大小和测量仪器的精确度有关。如同一物体的长度用不同最小分度尺的仪器测量时，仪器的最小分度尺越小，测量数据的有效数字位数越多。

③数字中所有非零数字（1～9）都是有效数字。如 53 有 2 位有效数字，16.2 有 3 位有效数字，0.1560 有 4 位有效数字。

④非零数字间的零都是有效数字。如 201.83 和 131.05 都有 5 位有效数字。

⑤当数字中有小数点时，第一个非零数字之后的零都是有效数字。如 3.00 有 3 位有效数字，20.10 有 4 位有效数字，1.100 有 4 位有效数字。

⑥第一个非零数字之前的零都不是有效数字，常起定位作用。如某溶液的体积以毫升作单位时为 12.50mL，若用升作单位时为 0.01250L，后者在数字 1 前的"0"只

起定位作用，不是有效数字。因此，12.50mL 和 0.01250L 的有效数字都是 4 位，即改变一个数字的单位，其有效数字位数不会改变。

⑦当数字中没有小数点时，末尾的零不一定是有效数字。如 1200g，就无法确定其有效数字位数。为了准确地表达有效数字，需要使用科学计数法（scientific notation）。科学计数法将数字表示成 $a \times 10^n$ 的形式，其中 $1 \leqslant |a| < 10$，n 表示整数。如 1200g 可用科学计数法表示为 1.2×10^3 g（2 位有效数字），表示为 1.20×10^3 g（3 位有效数字），表示为 1.200×10^3 g（4 位有效数字）。对于过大或过小的数字常用科学计数法表示。

⑧当计算的数值为 lg 或 pH、pK 等对数时，其有效数字的位数仅取决于小数点后的位数，因为小数点前的整数部分只表示数量级，仅与其对应的真数中的 10 的方次有关。如 pH＝6.26 有 2 位有效数字，因为该 pH 值是通过 pH＝ $-$lg[H$^+$] 换算方法由 [H$^+$]＝5.5×10^{-7} mol·L^{-1} 计算得到的，其有效数字位数应该与氢离子浓度数值中的有效数字位数一致。

⑨实验中常遇到测定次数、系数、倍数、转换因子、常数等，这些数被视为确切数（exact number），不受有效数字位数的限制。如 1in（英寸）＝2.54cm，1min＝60s 中的 2.54 和 60 都不受有效数字位数的限制。也不考虑理想气体摩尔体积（约 22.41410L·mol^{-1}）、圆周率 π、e 以及原子量等常数的有效数字位数。

1.3.3 有效数字的运算规则

（1）修约

当各测定值和计算值的有效数字位数确定后，对其后面多余的数字要进行取舍，这一过程称为修约（rounding）。修约通常按照"四舍六入五成双"的规则进行。

①当保留 n 位有效数字，若第 $n+1$ 位数字≤4 就舍掉。如 5.428 取 2 位有效数字时，结果为 5.4。

②当保留 n 位有效数字，若第 $n+1$ 位数字≥6 时，则第 n 位数字进 1。如 5.428 取 3 位有效数字时，结果为 5.43。

③当保留 n 位有效数字，若第 $n+1$ 位数字＝5 且后面数字为 0 时，修约方法为：

若第 n 位数字为偶数时舍掉后面的数字。如 5.450 取 2 位有效数字时，结果为 5.4；

若第 n 位数字为奇数时将第 n 位数加 1。如 5.350 取 2 位有效数字时，结果为 5.4。

④当保留 n 位有效数字，若第 $n+1$ 位数字＝5 且后面还有不为 0 的任何数字时，无论第 n 位数字是奇数还是偶数都加 1。如 5.4502 取 2 位有效数字时，结果为 5.5。5.3502 取 2 位有效数字时，结果为 5.4。

对于原始数据只能修约一次。例如，将 6.5473 修约为 2 位有效数字时，不能先将其修约为 3 位 6.55，再修约为 6.6，而只能一次修约为 6.5。对于需要经过计算才能得出的结果应该先计算后修约。

（2）加减运算

在加减运算中，计算结果所保留的数字的小数点后的位数应与参加运算的各数字中小数点后位数最少的数相同，因为运算式中小数点后位数最少的数的绝对误差最大。例如，0.3652＋0.54，和为 0.9052，修约为 0.91。

（3）乘除运算

在乘除运算中，计算结果所保留的有效数字的位数应与参加运算的各数字中有效数字位数最少的数相同，因为运算式中有效数字位数最少的数的相对误差最大。例如，0.3652×0.54×1.16，积为 0.22876128，修约为 0.23。

思考题 1-1 实验测量中如何确定数据的有效数字位数？pH＝5.36 中只有 2 位有效数字，为什么？

1.4 我国的法定计量单位

最早的度量衡大约始于父系氏族社会末期，因地域和国情不同计量统计方式也不同。随着社会文明程度的提高以及科学发展的需要，原始的度量衡演变为现在的计量制度。国际单位制是全世界几千年生产和科学技术发展的综合结果。1875 年，由 17 个国家代表在巴黎签订了"米制公约"，成立国际计量委员会（CIPM），设立了国际计量局（BIPM），其标志见图 1-3。我国于 1977 年加入该组织。

图 1-3　巴黎国际计量局
（BIPM）徽记

国际计量大会（CGPM）由米制公约缔约国的代表参加，是米制公约组织的最高组织。1948 年第九届国际计量大会责成 CIPM 创立一种简单而科学的、供所有米制公约组织成员国均能使用的实用单位制。1954 年第十届国际计量大会决定采用米（m）、千克（kg）、秒（s）、安培（A）、开尔文（K）和坎德拉（cd）作为基本单位。1960 年第十一届国际计量大会决定将以这六个单位为基本单位的实用计量单位制命名为"国际单位制"，并用国际符号"SI"（SI 是法文 Système International d'Unités 的缩写）表示。1971 年第十四届国际计量大会决定将物质的量的单位摩尔（mol）增加作为 SI 基本单位。因此，目前国际单位制共有七个 SI 基本单位（见附录一表 1）。此外，国际单位制还有两个辅助单位（见附录一表 1），即弧度和球面度。

国际单位制由 SI 单位和 SI 单位的倍数单位组成。其中 SI 单位由 SI 基本单位和 SI 导出单位（见附录一表 2）两部分构成。SI 单位的倍数单位由 SI 词头（见附录一表 3）加 SI 单位构成。在实际应用中，这些 SI 单位或单独、或交叉、或混合使用，覆盖了整个科学技术领域，构成了一个现今世界上最普遍采用的十进制进位的标准度量衡单位系统。

我国法定计量单位是由我国国务院发布的在全国采用的计量单位。国务院于 1977 年 5 月 27 日发布实行《中华人民共和国计量管理条例（试行）》，使我国的计量工作由对计量器具的监督管理引申到对计量（测量）数据的监督管理。1978 年，国务院批准成立国家计量总局，统一管理全国计量工作。从 1984 年开始，我国全面推行以国际单位制为基础的法定计量单位。一切属于国际单位制的单位都是我国的法定计量单位。同时，根据我国的实际情况明确规定了在法定计量单位中可采用若干能与国际单位制并用的我国法定计量单位（见附录一表 4）。为了在各学科中具体地、正确地使用国家法定计量单位，"全国量和单位标准化技术委员会"于 1983 年制定了有关量和单位的 15 项国家标准，1986 年和 1993 年又进行了两次修改。这套代号为 GB 3100—1993～GB 3102—1993 的新标准于 1994 年 7 月 1 日开始实施，它是我国非常主要的基础性强制标准。

1.5 溶液及其组成的量度

1.5.1 物质的量

物质的量（amount of substance）是国际单位制中 7 个基本物理量之一，它和"长度""质量"等概念一样，是一个物理量的整体名词。物质 B 的物质的量用 n_B 表示。物质的量的基本单位是摩尔（mole），单位符号为 mol。摩尔的定义是："摩尔是某一系统的物质的量，该系统所包含的基本单元（elementary entity）数与 0.012kg 碳 12 的原子数目相等。在使用摩尔时，基本单元应予指明，可以是原子、分子、离子、电子及其他粒子，或这些粒子的特定组合。"

物质的量是表示一定数目粒子的集合体的物理量，属于专有名词，研究对象只能是粒子，用来衡量物质微观粒子数目的多少。摩尔是物质的量的单位，不是质量的单位。质量的单位是千克，单位符号为 kg。由于 0.012kg 碳 12 的原子数目是阿伏伽德罗常数（Avogadro constant，符号 N_A）的数值，因此，只要系统中基本单元 B 的数目与 0.012kg 碳 12 的原子数目相同，该系统中基本单元 B 的物质的量就是 1mol，即该系统中基本单元 B 的数目就等于阿伏伽德罗常数。阿伏伽德罗常数 $N_A = (6.0221367 \pm 0.0000036) \times 10^{23} \, mol^{-1}$，这个数值还会随测定技术的提高而改变。因此，把每摩尔物质含有的基本单元数用阿伏伽德罗常数来定义更为确切，而不应把每摩尔物质含有的基本单元数用为 6.022×10^{23} 那么具体的一个数来定义。

为什么以 ^{12}C 作为摩尔的数目基准？

1803 年道尔顿首次提出原子量的概念，他使用的基准是氢，即把氢的原子量定义为 1。19 世纪初，贝采里乌斯提出以氧作为原子量基准，定义氧的原子量为 100，因为当时原子量测量需要化合物用于比较，而氧能与大多数元素形成化合物。但由于氧基准的测量精度等问题，氢基准并没有被完全弃用。19 世纪末，统一原子量的要求更加强烈，由于氧标准在实际操作中更方便，于是国际计量委员会倾向于使用氧的原子量为 16 作基准，并成为主流。摩尔的概念于 19 世纪末才出现，1929 年又发现了氧的同位素 ^{17}O 和 ^{18}O，导致氧基准的不确定性。到 20 世纪中期，原子量测量不必再依赖化合物，质谱成为最准确的方法。从事质谱的物理学家建议以 ^{12}C 的原子量为 12 作为基准，这样对历史数据造成的影响更小。因此，这个建议得到了广泛接受。1960 年 IUPAC（国际纯粹与应用化学联合会）正式认可 ^{12}C 成为原子量的新标准。

按照摩尔的定义，使用摩尔时，必须同时指明基本单元。基本单元应该用粒子符号、物质的化学式或它们的特定组合表示。例如，可以说 H、H_2、CO_2、$1/2CO_2$、$1/2NO_3^-$、$(3H_2 + N_2)$ 等的物质的量。但是，如果说硝酸的物质的量，就会含义不清了，因为没有指明基本单元的化学式，它们可能是 HNO_3，也可能是 $1/2HNO_3$ 或者是 $1/3HNO_3$ 的物质的量。可以说 1mol 的 HNO_3 具有质量 63g，1mol 的 $1/2HNO_3$ 具有质量 31.5g，1mol 的 $(3H_2 + N_2)$ 具有质量 34g，都是正确的。

某物质的物质的量可以通过该物质的质量和摩尔质量（molar mass）求算。物质 B 的摩尔质量 M_B 定义为：B 的质量 m_B 除以 B 的物质的量 n_B，即

$$M_B \stackrel{\text{def}}{=\!=} m_B/n_B \tag{1-1}$$

式中，符号 $\stackrel{\text{def}}{=\!=}$ 意为"按定义等于"，在书写定义式时须以此注明。

摩尔质量的单位为千克每摩尔，符号为 $kg \cdot mol^{-1}$。当摩尔质量的单位用 $g \cdot mol^{-1}$ 时，某原子的摩尔质量在数值上等于该原子的原子量 A_r，某分子的摩尔质量在数值上等于该分子的分子量 M_r。原子量和分子量的单位为 1。对于某一纯净物来说，它的摩尔质量是固定不变的。

【例题 1-1】 0.40g NaOH 的物质的量是多少？

解 $n(NaOH) = \dfrac{0.40g}{40g \cdot mol^{-1}} = 0.01mol$

1.5.2　物质的量浓度

物质的量浓度（amount of substance concentration，or molarity）定义为：溶质 B 的物质的量 n_B 除以混合物的体积 V。对溶液而言，物质的量浓度定义为溶质的物质的量 n_B 除以溶液的体积 V，用符号 c_B 表示，即

$$c_B \xlongequal{def} n_B/V \tag{1-2}$$

式中，c_B 为物质 B 的物质的量浓度；n_B 是物质 B 的物质的量；V 是溶液的体积。

物质的量浓度的单位是摩尔每立方米，符号为 $mol \cdot m^{-3}$。由于立方米太大，物质的量浓度常用摩尔每立方分米，符号为 $mol \cdot dm^{-3}$，也可以使用摩尔每升（$mol \cdot L^{-1}$）、毫摩尔每升（$mmol \cdot L^{-1}$）以及微摩尔每升（$\mu mol \cdot L^{-1}$）表示。

物质的量浓度可简称为浓度（concentration）。本书采用 c_B 表示 B 的浓度，用 $[B]$ 表示 B 的平衡浓度。

使用物质的量浓度时需注意：①在一定物质的量浓度溶液中取出任意体积的溶液，其浓度不变；②溶质可以是单质、化合物，也可以是离子或其他特定组合。因此，在使用物质的量浓度时，必须指明物质的基本单元。如 $c(H_2SO_4)=1.50mol \cdot L^{-1}$，$c(1/2H_2SO_4)=1.0mol \cdot L^{-1}$，$c(1/2Cu^{2+})=1.0mol \cdot L^{-1}$ 等。括号中的化学式符号表示物质的基本单元。

世界卫生组织提议凡是已知分子量的物质在体液内的含量均应用物质的量浓度表示，所以，物质的量浓度在医学上也被广为采用。例如人体血液葡萄糖含量的正常值，过去习惯表示为 $70 \sim 100mg\%$（W/V），意为每 $100mL$ 血液中含葡萄糖 $70 \sim 100mg$。按照法定计量单位应表述为 $c(C_6H_{12}O_6)=3.9 \sim 5.6mol \cdot L^{-1}$。

1.5.3　质量摩尔浓度

质量摩尔浓度（molality）定义为：溶质 B 的物质的量 n_B 除以溶剂的质量，符号为 b_B，即

$$b_B \xlongequal{def} n_B/m_A \tag{1-3}$$

式中，b_B 为物质 B 的质量摩尔浓度，$mol \cdot kg^{-1}$；n_B 是物质 B 的物质的量；m_A 是溶剂的质量。

因物质的量和物质的质量均不随温度的变化而改变，所以，质量摩尔浓度也不会随温度的变化而发生改变。

【例题 1-2】　将 $58.5g$ 氯化钠溶于 $2000.0g$ 水中，该溶液中氯化钠的质量摩尔浓度为多少？

解　氯化钠的摩尔质量为 $58.5g \cdot mol^{-1}$，氯化钠的质量摩尔浓度为：

$$b(NaCl) = \frac{58.5g/58.5g \cdot mol^{-1}}{2000.0 \times 10^{-3}kg} = 0.5mol \cdot kg^{-1}$$

1.5.4　物质的量分数

物质的量分数（mole fraction）定义为：物质 B 的物质的量除以混合物中各组分的物质的量之和，符号为 x_B，即

$$x_B \xlongequal{def} n_B / \sum_A n_A \tag{1-4}$$

式中，x_B 为物质 B 的物质的量分数，也可称为摩尔分数，量纲为 1；n_B 是物质 B 的物质的量；$\sum\limits_A n_A$ 为混合物的物质的量之和。

设溶液由溶质 B 和溶剂 A 组成,则溶质 B 的物质的量分数为

$$x_B = n_B/(n_A + n_B)$$

式中,n_B 为溶质的物质的量;n_A 为溶剂的物质的量。同理,溶剂 A 的物质的量分数为

$$x_A = n_A/(n_A + n_B)$$

显然,$x_A + x_B = 1$。

物质的量分数既适用于溶液体系,也可适用于气相体系和固相体系。当混合物中含多个组分时,常用物质的量分数表示各组分的含量。如设某溶液中有 i 个组分,它们的物质的量分别为 n_1、n_2、n_3、$\cdots$、n_i,则组分 1 的物质的量分数为

$$x_1 = n_1/(n_1 + n_2 + n_3 + \cdots + n_i)$$

显然,$x_1 + x_2 + x_3 + \cdots + x_i = 1$,或 $\sum\limits_{i=1}^{i} x_i = 1$。

【例题 1-3】 将 12.00g 结晶草酸($H_2C_2O_4 \cdot 2H_2O$)溶于 168.0g 水中,求该溶液中草酸的物质的量分数 $x(H_2C_2O_4)$。

解 结晶草酸的摩尔质量 $M(H_2C_2O_4 \cdot 2H_2O) = 126 g \cdot mol^{-1}$,而 $M(H_2C_2O_4) = 90.0 g \cdot mol^{-1}$,则 12.00g 结晶草酸中草酸的质量为

$$m(H_2C_2O_4) = \frac{12.00g \times 90.0g \cdot mol^{-1}}{126g \cdot mol^{-1}} = 8.57g$$

溶液中水的质量为

$$m(H_2O) = 168 + (12.00 - 8.57) = 171.43g, \quad 则$$

$$x(H_2C_2O_4) = \frac{8.57g/90.0g \cdot mol^{-1}}{(8.57g/90.0g \cdot mol^{-1}) + (171.43/18.0g \cdot mol^{-1})} = 0.00990$$

思考题 1-2 物质的摩尔质量、物质的量分数、质量摩尔浓度和物质的量浓度都不随温度变化,对吗?

1.5.5 质量分数

质量分数(mass fraction)定义为:物质 B 的质量除以混合物中各组分的质量之和,符号为 w_B,即

$$w_B \stackrel{\text{def}}{=\!=\!=} m_B/\sum_A m_A \tag{1-5}$$

式中,w_B 为物质 B 的质量分数,量纲为 1;m_B 是物质 B 的质量;$\sum\limits_A m_A$ 是混合物中各组分的质量之和。质量分数也可用百分数表示。

设某溶液由溶质 B 和溶剂 A 组成,则溶质 B 的质量分数为

$$w_B = m_B/[m_B + m_A]$$

式中,m_B 为溶质的质量;m_A 为溶剂的质量。同理,溶剂 A 的质量分数为

$$w_A = m_A/[m_B + m_A]$$

显然,$w_A + w_B = 1$。对于多组分混合物,则有 $\sum\limits_{i=1}^{i} w_i = 1$。

【例题 1-4】 实验室常用 65% 的稀硝酸,密度为 $1.4 g \cdot mL^{-1}$,计算该溶液中物质的量浓度 $c(HNO_3)$ 和 $c(1/2HNO_3)$。

解 HNO_3 的摩尔质量为 $63 g \cdot mol^{-1}$,$1/2HNO_3$ 的摩尔质量为 $31.5 g \cdot mol^{-1}$。

$$c(HNO_3) = \frac{1000mL \times 1.4g \cdot mL^{-1} \times 65\%}{63g \cdot mol^{-1} \times 1L} = 14.44 mol \cdot L^{-1}$$

$$c(1/2HNO_3) = \frac{1000mL \times 1.4g \cdot mL^{-1} \times 65\%}{31.5g \cdot mol^{-1} \times 1L} = 28.88 mol \cdot L^{-1}$$

思考题 1-3　1mol 的 1/3HNO$_3$ 的质量是多少？0.200kg 1/2Na$_2$CO$_3$ 的物质的量是多少？

思考题 1-4　浓度很稀时，同一溶液的物质的量浓度和质量摩尔浓度可近似相等，为什么？

1.5.6　体积分数

体积分数（volume fraction）定义为：物质 B 的体积除以混合物中各组分在混合之前的总体积，符号为 φ_B，即

$$\varphi_B \xmapsto{def} V_B / \sum_A V_A \tag{1-6}$$

式中，φ_B 为物质 B 的体积分数，量纲为 1；V_B 是物质 B 混合前的体积；$\sum_A V_A$ 是混合物中各组分在混合之前的总体积。体积分数用小数表示，但也可用％等来表示。

在理想溶液中，溶液的体积具有加和性。因此，混合溶液的总体积等于混合物中各组分混合前的体积之和。此时，混合物中各组分的体积分数之和为 1，即 $\sum_{i=1}^{i} \varphi_i = 1$。

1.5.7　质量浓度

质量浓度（mass concentration）定义为：物质 B 的质量除以混合物的体积，符号为 ρ_B，即

$$\rho_B \xmapsto{def} m_B / V \tag{1-7}$$

式中，ρ_B 为物质 B 的质量浓度，单位为 $kg \cdot L^{-1}$ 或 $mg \cdot L^{-1}$ 等；m_B 是混合物中物质 B 的质量；V 是混合物的体积。质量浓度也可用百分数来表示。质量浓度常用于表示相对分子质量未知的物质的浓度。

思考题 1-5　临床上使用的葡萄糖溶液的质量浓度为 $\rho(葡萄糖) = 50.0g \cdot L^{-1}$，该溶液中葡萄糖的物质的量浓度为多少？若某患者需补充 0.6mol 葡萄糖，需用该葡萄糖溶液多少毫升？

────── 复习指导 ──────

掌握：SI 单位及其应用；有效数字及其应用；物质的量、物质的量浓度、质量摩尔浓度、物质的量分数等量度的定义、计算及换算方法。

熟悉：化学和生命科学的关系；化学与医学科学的密切关系。

了解：化学对医学科学发展的贡献。

────── 英汉词汇对照 ──────

化学	chemistry	摩尔	mole
基础化学	basic chemistry	物质的量浓度	molarity
有效数字	significant figure	质量摩尔浓度	molality
科学计数法	scientific notation	物质的量分数	mole fraction
确切数	exact number	质量分数	mass fraction
修约	rounding	体积分数	volume fraction
物质的量	amount of substance	质量浓度	mass concentration

屠呦呦与青蒿素的发现

屠呦呦（1930—），我国女药学家。中国中医科学院终身研究员兼首席研究员。1930年12月30日生于浙江省宁波市，是家里5个孩子中惟一的女孩。"呦呦鹿鸣，食野之苹（蒿）"，《诗经·小雅》的名句寄托了父母对她的美好期望。因发现青蒿素治疗疟疾的新疗法，2011年获被誉为诺贝尔奖"风向标"的美国临床医学拉斯克奖，2015年获诺贝尔生理学或医学奖。2016年度国家最高科学技术奖获得者，同时也是首位获该奖的女性科学家。屠呦呦是第一位获得诺贝尔科学奖项的中国本土科学家，更是第一位获得诺贝尔生理学或医学奖的华人科学家。

她自幼耳闻目睹了中药治病的奇特疗效，这也促使了她后来去探索其中的奥秘。1951年，屠呦呦考入北京大学医学院药学系，所选专业正是当时一般人不感兴趣的生药学，但她认为生药学专业最接近历史悠久的中医药领域，符合自己的志趣和理想。大学期间，她努力学习，成绩优良，对植物化学、本草学和植物分类学兴趣极大。1955年，从院系调整之后的北京医学院（现北京大学医学部）毕业，被分配在卫生部中医研究院（现中国中医科学院）中药研究所工作。

1956年，全国掀起防治血吸虫病的高潮，在老师楼之岑先生的指导下，她对治疗晚期血吸虫病有效的中药半边莲进行了生药学研究。后来，她又完成了品种较复杂的中药银柴胡的生药学研究。这两项成果被相继收入《中药志》。

1959~1962年，屠呦呦参加卫生部全国第三期西医离职学习中医班，系统地学习了中医药知识，深入药材公司，向老药工学习中药鉴别及炮制技术，并参加北京市炮制经验总结，从而对药材的品种真伪和质量以及炮制技术有了进一步的感性认识。她还参加了卫生部下达的中药炮制研究工作，是《中药炮制经验集成》一书的主要编著者之一。

20世纪60年代初，全球疟疾疫情难以控制。当时正值越南战争时期，美国政府曾公布，1967~1970年，在越美军因疟疾减员数十万人。疟疾同样困扰着越军。拥有抗疟特效药，成为决定战争胜负的重要因素。美国不惜花大力气研制抗疟新药，筛选了20多万种化合物，终未找到理想药物。越南则求助于中国政府。

葛洪炼丹图

1967年，毛泽东主席和周恩来总理下令，启动一个旨在援外备战的紧急军事项目，即集中全国科技力量，联合研发抗疟新药。由国家科委与总后勤部牵头，组成"疟疾防治研究领导小组"，并于当年5月23日在北京召开"全国疟疾防治研究协作会议"。因此，"523"便成了研制抗疟疾新药项目的代号。

"523"项目是一个持续了13年之久、在医药领域堪比"两弹一星"的秘密军事科研任务，全国60多个科研单位参加，常规工作人员达五六百人，加上中途轮换的，总计有两三千人之多。

1969年，中国中医研究院接受抗疟药研究任务，屠呦呦任科技组组长。

1969年1月开始，屠呦呦领导课题组从系统收集整理历代医籍、本草、民间方药入手，在收集2000余方药基础上，编写了640种药物为主的《抗疟单验方集》，对其中200多种中药开展实验研究，历经380多次失败。1971年屠呦呦从东晋医药家葛洪所著的《肘后备急方》中"青蒿一握，水一升渍，绞取汁尽服之"一句领悟到需用低温萃取的化学方法才可提取青蒿抗疟疾的有效成分。于是，屠呦呦和她的同事用乙醚等低沸点溶剂冷浸处理青蒿，终于在1972年提取到了一种分子式为$C_{15}H_{22}O_5$、熔点为156~157℃的无色晶体。这种活性成分在动物实验中对疟原虫显示了惊人的100%抑制率，遂被她们取名为青蒿素。这是一种"高效、速效、低毒"的全新结构抗疟药，对各型疟疾，特别是对抗性疟有特效。

1972 年 3 月，屠呦呦在南京召开的"523"项目工作会议上报告了实验结果。同年，为确证青蒿素结构中的羰基，她们合成了比天然青蒿素的药效强得多的双氢青蒿素。又经构效关系研究，明确了在青蒿素结构中过氧是主要抗疟活性基团，在保留过氧的前提下，羰基还原为羟基可以增效，为国内外开展青蒿素衍生物研究打开了局面。1977 年 3 月，屠呦呦以"青蒿素结构研究协作组"名义撰写的论文《一种新型的倍半萜内酯——青蒿素》发表于《科学通报》。

　　1978 年，"523"项目科研成果鉴定会最终认定青蒿素研制成功，按中药用药习惯，将中药青蒿抗疟成分正式定名为青蒿素。1979 年，青蒿素获"国家发明奖"。1986 年，青蒿素获一类新药证书。1992 年"双氢青蒿素及其片剂"获一类新药证书和"全国十大科技成就奖"。目前，以青蒿素为基础的复方药物已经成为疟疾的标准治疗药物，被世界卫生组织（WHO）列入基本药品目录。

青蒿素

　　青蒿素的提取和合成采用的主要是化学方法。可以说，作为举世公认的高效抗疟新药青蒿素的研制，是化学方法在中医药研究领域的成功应用典范。

　　屠呦呦是新中国培养的第一代药学家，她和团队成员所有的工作都是在二十世纪六七十年代那样极为艰苦的科研条件下于国内完成的。几十年来，她与她所领导的研究团队为了人类福祉，围绕国家需求，执着追求，艰苦卓绝，联合攻关，从中医药这一伟大宝库中寻找创新源泉，从浩瀚的古代医籍中汲取创新灵感，从现代科学技术中汲取创新手段，成功研制出青蒿素系列药品，挽救了全球特别是发展中国家数百万人的生命，在世界抗疟史上具有里程碑意义。屠呦呦的成功告诉我们：兴趣是最好的老师，但仅凭兴趣是远远不够的，要取得无愧于祖国和人民的光辉业绩，更需要目标坚定、潜心钻研、埋头苦干、不畏困难、坚韧不拔、戒骄戒躁、淡泊名利、持之以恒的优秀品质。

　　屠呦呦是中国科技人员和劳动妇女的杰出代表，是中医药界的骄傲，也是整个中国科技界的骄傲。

习　题

1. 为什么说化学是医学专业课程的基础？举例说明。

2. 什么是 SI 单位制？SI 单位制由哪几部分组成？请给出 6 个 SI 倍数单位的例子。

3. 下列数据各有几位有效数字？

(1) 2.3301　　(2) 0.05360　　(3) pH＝2.85　　(4) 2.36×10^{-7}　　(5) 6.30%

(6) pK_a(HAc)＝4.75

4. 将下列数据修约为 3 位有效数字，结果各为多少？

(1) 2.3361　　(2) 0.55350　　(3) 5.325　　(4) 4.6451　　(5) 4.6441

5. 根据有效数字的运算规则，下列算式的计算结果各为多少？

(1) (2.60＋5.478)/3.856　　(2) (8.43－5.478)×1.1/3.856

(3) (2.63＋5.478)×2.663/2.2

6. 计算 0.020kg NaOH、0.020kg $1/2Na_2CO_3$、0.020kg $1/2Cu^{2+}$ 的物质的量各为多少？

7. 每 100mL 血浆中含 K^+ 和 Cl^- 分别为 20mg 和 366mg，它们的质量浓度和物质的量浓度分别各为多少？

8. 某患者需补充 0.01mol Na^+，如用生理盐水 [ρ(NaCl)＝9.0g·L^{-1}] 补充，需多少毫升？

9. 浓硫酸的密度为 1.84g·mL^{-1}，质量分数为 0.983，则该浓硫酸中 c(H_2SO_4)、c($1/2$ H_2SO_4)、b(H_2SO_4)、x(H_2SO_4) 各为多少？

第1章 习题解答

10. 将 100mL 质量分数为 0.98、密度为 1.84g·mL^{-1} 的浓硫酸与 400mL 蒸馏水混合制成稀硫酸，若测得稀硫酸的密度为 1.225g·mL^{-1}。计算稀硫酸中溶质的质量分数和物质的量浓度。（提示：注意体积变化。1mL 水按 1g 计算）

（中南大学　刘绍乾）

第2章
稀溶液的依数性

本章重点讨论混合气体的性质，稀溶液依数性的含义，依数性与溶液浓度的关系及其在医学、药学中的应用。

2.1 物质的状态与气体的变化

2.1.1 物质的存在形式

自然界中，由原子、分子、离子等微观粒子组成的物质处于永恒的运动和变化中。由于微观粒子间相互作用力不同，物质的存在形式也不同。常温常压下，物质主要以气态（gaseous state）、液态（liquid state）和固态（solid state）三种聚集状态存在。在适当的温度和压力条件下，物质还能以等离子态（plasma state）等形式存在。

物质的三种聚集状态各有特点，并可在一定条件下相互转化。气体中分子间相距甚远，其本身的体积远小于容器的容积，因此，气体分子间作用力很小，加之分子的无规则运动，这就使得气体具有高扩散性和高压缩性，没有一定的形状和体积。液体分子间的平均距离较气体小得多，分子间的作用力较大，较难压缩，因此，液体虽然没有固定的形状，但却有一定的体积。固体粒子结合紧密，不能自由运动，既难于压缩，更不能流动。因此，固体有一定的形状和体积。

与液体和固体相比，气体是物质的一种较简单的聚集状态。气体无处不在，人类就生活在地球的大气中，像鱼儿离不开水一样，人类一刻也不能没有空气。许多生化过程和化学变化都是在空气中进行的，如动物的呼吸、植物的光合作用、燃烧、生物固氮等都与空气密切相关。在实验研究和工业生产中，许多气体参与了重要的化学反应，因此，自然科学工作者必须掌握气体的基本知识。

气体的基本物理特性为扩散性和可压缩性。主要表现在如下方面。

①气体没有固定的形状和体积。当将一定量的气体引入一密闭容器中时，气体扩散并均匀地充满容器的整个空间。气体只能具有与容器相同的形状和体积。

②不同的气体能以任意比例相互均匀地混合。这是气体自动扩散的必然结果。

③气体可被压缩。在外界作用力下，气体可被压缩进某一密闭容器中。

④气体可产生压力，压力的大小与容器中气体的量成正比，并随温度的升高而增加。

⑤气体的密度比液体和固体的密度小得多。

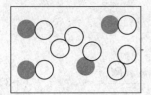

图 2-1 刚性容器示意图

2.1.2 道尔顿气体分压定律

理想气体状态方程不仅适用于单一气体，也适用于混合气体。当几种不同的理想气体在同一容器中混合时，相互间不发生化学反应，分子本身的体积和它们相互间的作用力都可以忽略不计。混合气体中每一组分气体都均匀地充满整个容器的空间，且互不干扰，混合气体中每一组分气体在容器中的行为和该组分单独占有该容器时的行为完全一样。

真实气体

真实气体是指气体分子本身的体积和分子间相互作用不能忽略不计的气体。只有在压强不太高和温度不太低时，真实气体分子间的距离才很大，分子自身的体积相对于气体所占体积而言微不足道，气体分子间的作用力对气体的宏观物理性质不会产生明显的影响时，才能将其当成理想气体而运用理想气体的状态方程。许多实际气体，特别是那些不容易液化的气体（如氦气、氢气、氧气、氮气等），在常温常压下的性质已接近理想气体。

在同一个刚性容器（见图 2-1）中，若温度 T、体积 V 一定，一定量的混合气体充入该容器对容器器壁所产生的压力，称为总压（total pressure）；若 T、V 不变，混合气体中某组分单独存在于该容器中对容器器壁所产生的压力，称为该组分气体的分压（partial pressure）。

1801 年，英国科学家道尔顿（J. Dalton）在研究空气的性质时观察到：混合气体的总压等于各组分气体单独存在于与混合气体相同温度、相同体积的条件下产生的压力的总和，即混合气体的总压等于各组分气体的分压之和。这就是道尔顿分压定律（Dalton's law of partial pressures），其数学表达式为：

$$p_{总} = p_1 + p_2 + \cdots = \sum_B p_B \qquad (2-1)$$

式中，$p_{总}$ 为混合气体的总压；p_1，p_2 $\cdots$ 为各组分气体的分压。

化学家小传——道尔顿

道尔顿（J. Dalton，1766—1844） 英国化学家。1766 年 9 月 6 日出生在英国坎伯一个贫困的乡村，家境十分困顿。仅受了极少的初级教育。15 岁去外地谋生，边当教师边自学。1793 年出版了第一本科学著作《气象观察与研究》。1799 年，他开始致力于气体混合物的研究，之后提出了道尔顿分压定律。1803 年他提出了著名的原子论，该理论是继拉瓦锡的氧化学说之后理论化学的又一次重大进步。他还是第一个发现色盲这种疾病的人。原子论的建立使道尔顿名震欧洲，各种荣誉纷至沓来。但在荣誉面前，他开始骄傲、保守，最终故步自封。他对吕萨克气体反应的体积定律和阿伏伽德罗的分子论等都给予了无情的抨击。道尔顿一直到死都是新元素符号的反对者。1844 年 7 月 28 日逝世。

如果以 n_B 表示 B 组分气体的物质的量，p_B 表示其分压，温度 T 时，混合气体体积为 V，则

$$p_B V = n_B RT$$

即

$$p_B = \frac{n_B RT}{V} \qquad (2-2)$$

以 $n_总$ 表示混合气体中各组分气体的物质的量之和，即

$$n_总 = n_1 + n_2 + \cdots = \sum_B n_B$$

则

$$p_总 = p_1 + p_2 + \cdots = \frac{n_1 RT}{V} + \frac{n_2 RT}{V} + \cdots = \frac{n_总 RT}{V} \tag{2-3}$$

以式（2-2）除以式（2-3），得

$$\frac{p_B}{p_总} = \frac{n_B}{n_总} = x_B$$

式中，x_B 表示混合气体中 B 组分气体的摩尔分数（mole fraction）。则

$$p_B = x_B p_总 \tag{2-4}$$

上式表明，混合气体中某组分的分压等于该组分气体的摩尔分数与总压的乘积。

【例题 2-1】　潜水员携带的呼吸器中充有氧气和氦气（氮气在血液中的溶解度较大，易导致潜水员患上气栓病，所以以氦气代替氮气）。25℃、100kPa 时，将 60.0g 氧气和 1.0g 氦气充入一体积为 5.0L 的钢瓶中，计算该钢瓶中两种气体的摩尔分数、分压及钢瓶的总压。

解　已知 $T = (25 + 273)\text{K} = 298\text{K}$，$V(总) = 5.0\text{L}$，混合前，$V(O_2) = 46\text{L}$，$V(\text{He}) = 12\text{L}$，$p(O_2) = p(\text{He}) = 100\text{kPa}$，则

$$n(O_2) = \frac{60.0\text{g}}{32.0\text{g} \cdot \text{mol}^{-1}} = 1.88\text{mol}$$

$$n(\text{He}) = \frac{1.0\text{g}}{4.0\text{g} \cdot \text{mol}^{-1}} = 0.25\text{mol}$$

则　　$x(O_2) = n(O_2)/[n(O_2) + n(\text{He})] = 1.88\text{mol}/(1.88\text{mol} + 0.25\text{mol}) = 0.88$

$$x(\text{He}) = 1 - x(O_2) = 1 - 0.88 = 0.12$$

根据理想气体状态方程可得

$$p(O_2) = \frac{n(O_2)RT}{V} = \frac{1.88\text{mol} \times 8.314\text{kPa} \cdot \text{L} \cdot \text{mol}^{-1} \cdot \text{K}^{-1} \times 298\text{K}}{5.0\text{L}} = 931.57\text{kPa}$$

$$p(\text{He}) = \frac{n(\text{He})RT}{V} = \frac{0.25\text{mol} \times 8.314\text{kPa} \cdot \text{L} \cdot \text{mol}^{-1} \cdot \text{K}^{-1} \times 298\text{K}}{5.0\text{L}} = 123.88\text{kPa}$$

$$p_总 = p(O_2) + p(\text{He}) = 931.57\text{kPa} + 123.88\text{kPa} = 1055.45\text{kPa}$$

分压定律有很多实际应用。在实验室中，常用于计算化学反应中不溶于水的气体的产量。当用排水集气法收集气体时，收集到的气体是含有水蒸气的混合物，计算气体的产量时必须考虑到水蒸气的存在。不同温度下水的蒸气压见表 2-1。

表 2-1　不同温度下水的蒸气压

T/K	p/kPa	T/K	p/kPa
273	0.61129	323	12.344
278	0.87260	333	19.932
283	1.2281	343	31.176
288	1.7056	353	47.373
293	2.3388	363	70.117
298	3.1690	373	101.32
303	4.2455	383	101.32
308	5.6267	393	198.48
313	9.5898	403	270.02

【例题 2-2】 实验室用加热氯酸钾的方法制备氧气，在 26℃、102kPa 下，用排水集气法收集到 0.250L 氧气，已知 26℃时水的蒸气压为 3.33kPa，计算收集到的氧气的质量。

解 $p(O_2) = p_{总} - p(H_2O) = 98.67kPa$，$V = 0.250L$，$T = (26 + 273)K = 299K$，根据理想气体状态方程，得

$$n(O_2) = \frac{p(O_2)V}{RT} = \frac{98.67kPa \times 0.250L}{8.314kPa \cdot L \cdot mol^{-1} \cdot K^{-1} \times 299K} = 0.00992mol$$

因此，收集到的氧气质量为

$$m(O_2) = 0.00992mol \times 32.00g \cdot mol^{-1} = 0.317g$$

2.1.3 气体在液体中的溶解——亨利定律

气体的液化与临界现象

气体转化为液体的过程叫气体的液化。任何气体的液化，都必须在降低温度或同时增加压力的条件下才能实现。这是因为降温可以减小分子的动能，增大分子间引力；而加压则可使分子间距离减小，使分子间引力增大。因此，当降温或加压到一定程度，分子间引力大到足以克服气体分子热运动导致的扩散膨胀倾向时，气体就会液化。

在一定温度下，压缩气体的体积也可以使某些气体液化，但有时却不能奏效。此时，必须首先将气体温度降到一定值，然后再加以足够的压强才能实现液化，当温度高于那个定值，则无论给气体施加多大的压强都不能使其液化。这个在加压下使气体液化所需的最低温度就是该气体的临界温度 T_c（critical temperature）。在临界温度时使气体液化所需的最低压为称为临界压力 p_c（critical pressure）。在 p_c 和 T_c 条件下，1mol 气体所占有的体积称为临界体积 V_c（critical volume）。

1803 年，英国科学家亨利（J. Henry）在研究气体在液体中的溶解度规律时发现："在一定温度下，气体在液体中的溶解度与该气体在液面上的平衡分压成正比。"后来发现，此规律对挥发性溶质也适用。因此，上述规律又可表述为："在一定温度下，一种挥发性溶质的平衡分压与溶质在溶液中的物质的量分数成正比。"即

$$p_B = k_x x_B \tag{2-5}$$

式（2-5）称为亨利定律。p_B 为溶解气体的分压（或与溶液平衡的挥发性溶质的蒸气压）；x_B 是气体（或挥发性溶质）在溶液中的物质的量分数；k_x 在一定范围内为常数，其数值只与温度、溶质和溶剂的性质有关，与压强无关。显然，在温度一定时，气体的分压越高，气体在液体中的溶解度越大，即使液面上混合气体的总压不变；此外，k_x 随温度升高而增大，因此，在相同平衡分压条件下，温度升高，气体的溶解度降低。

一般来说，由于气体和挥发性溶质在液体中的溶解度很小，所形成的溶液属于稀溶液。此时溶解的气体相当于稀溶液中的挥发性溶质，气体分压则相当于溶质的蒸气压。

对于稀溶液，式（2-5）可以简化为

$$p_B = k_x x_B = k_x \frac{n_B}{n_A + n_B} \approx k_x \frac{n_B}{n_A} = k_x \frac{n_B M_A}{m_A}$$

所以上式又可转化为以质量摩尔浓度 b 表示的形式，即

$$p_B = k_b b_B \tag{2-6}$$

式（2-6）中，$k_b = k_x M_A$。若稀溶液中溶质的浓度用物质的量浓度表示，上式又

可表示为

$$p_B = k_c c_B \tag{2-7}$$

式（2-7）中，$k_c = k_x M_A / \rho$，ρ 为溶液的密度；式（2-5）～式（2-7）都是亨利定律的数学表达式，k_x、k_b、k_c 也都称为亨利常数。使用亨利定律时须注意一下几点。

①p_B 是某气体在液面上的分压。对于混合气体，在总压不大时，亨利定律能适用于每一种气体。

②溶质在气相和在溶液中的分子状态必须是相同的，一旦发生离解或缔合，例如气体 HCl 溶于水，由于其在溶液中电离出 H^+ 和 Cl^-，这时亨利定律就不再适用。

③实验表明，只有当气体在液体中的溶解度不很高时，亨利定律才是比较准确的。如果稀溶液中挥发性溶质的浓度增大到一定程度时，实际上此时的溶液已不再是稀溶液了。

【例题 2-3】 在 273.15K 时，101.325kPa 的 O_2 在水中的溶解度为 $0.0449L \cdot kg^{-1}$。试求 273.15K 时 O_2 在水中溶解的亨利常数 k_x。

解 在标准状态下，每摩尔气体体积为 22.4L；又因稀溶液的质量可近似等于水的质量，即 1kg 溶液中，水的质量近似等于 1kg。故：

$$x(O_2) = \frac{0.0449L \cdot kg^{-1}/22.4L \cdot mol^{-1}}{1kg/(0.018kg \cdot mol^{-1}) + 0.0449L \cdot kg^{-1}/22.4L \cdot mol^{-1}} = 3.61 \times 10^{-5}$$

$$k_x = \frac{p(O_2)}{x(O_2)} = \frac{101.325kPa}{3.61 \times 10^{-5}} = 2.81 \times 10^6 kPa$$

亨利定律在医学研究中也有应用。例如，潜函病，也称减压病，其根源可用亨利定律解释。因为人体通过呼吸空气，必然在血液中溶有一定量的 O_2、N_2、CO_2 等气体，当人下潜到深海之中时，因外压增大，即总压增大，O_2、N_2、CO_2 等气体的分压也随之增大，从而使血液中气体的溶解量成倍增加。如果潜水员骤然从海底上升，则在高压下溶解的气体将在低压环境下快速、大量地从血液中释放而形成气泡，堵塞血管，造成血栓（thrombus），轻则头晕，重则危及生命。

思考题 2-1 什么是理想气体？在什么条件下真实气体接近于理想气体？

思考题 2-1 什么是道尔顿分压定律？它有哪些重要应用？

2.2 溶液的蒸气压下降

溶解过程是一个特殊的物理化学过程，当溶质溶解于溶剂中形成溶液后，溶液的某些性质已不同于原来的溶质和溶剂。溶液的性质可分为两类：一类是由溶质的本性决定的，例如溶液的颜色、体积、导电性等；另一类与溶质本性无关，主要取决于溶液中所含溶质粒子的浓度，如溶液的蒸气压下降、沸点升高、凝固点降低和渗透压等。这类与溶质本性无关而与溶质浓度有关的性质具有一定的规律性，称为依数性（colligative properties），本章只讨论难挥发性非电解质稀溶液的依数性，当溶质为电解质或非电解质但溶液很浓时，依数性规律将发生偏离。

2.2.1 纯物质的蒸气压

在一定温度下，将某纯溶剂放在真空密闭容器中，由于分子的热运动，液面上的一部分动能较高的溶剂分子将自液面逸出，扩散到液面上方形成气相分子，这一过程称为蒸发（evaporation）。同时，气相的溶剂分子不断运动而被液体吸引进入液相中，这一过程称为凝结（condensation）。开始阶段，蒸发过程占优势，但随着气相蒸气密度的增加，凝结的速率增大，最后蒸发速率与凝结速率相等，气相和液相达到动态平衡，此时气相蒸气对液面所产生的压力称为该温度下该溶剂的饱和蒸气压（saturated vapor pressure），简称蒸气压（vapor pressure），用符号 p 表示，单位是 Pa 或 kPa。

蒸气压与物质的本性有关。不同的物质，蒸气压不同，如在 293K 时，水的蒸气压为 2.34kPa，乙醚的蒸气压为 57.6kPa。

蒸气压与温度有关。温度不同，同一物质的蒸气压也不相同。蒸发是吸热过程，因此蒸气压随温度升高而增大。如水的蒸气压在 278K 时为 0.87kPa，在 373K 时为 101kPa（表 2-1）。

固体也具有一定的蒸气压。固体直接蒸发为气体的过程称为升华（sublimation）。大多数固体的蒸气压都很小，但冰、碘、樟脑、萘等均具有较显著的蒸气压。

2.2.2 溶液的蒸气压下降——拉乌尔定律

大量实验证明，含有难挥发性溶质溶液的蒸气压总是低于同温度下纯溶剂的蒸气压。

在含有难挥发性溶质的溶液中，由于溶质难挥发，溶液的蒸气压就是溶液中溶剂的蒸气压，如图 2-2 所示。由于难挥发性溶质的溶解，溶剂的部分表面被溶质粒子占据，使得单位时间内逸出液面的溶剂分子数较纯溶剂减少，所以，达到平衡后，溶液的蒸气压必然低于同温度时纯溶剂的蒸气压。这种现象称为溶液的蒸气压下降（vapor pressure lowering）。显然，溶液中难挥发性溶质浓度越大，占据溶液表面的溶质质点越多，蒸气压下降就越多。

溶液的蒸气压
下降

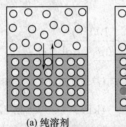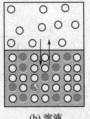

(a) 纯溶剂　　　(b) 溶液

图 2-2　纯溶剂和溶液蒸发-凝聚示意图
○ 溶剂分子　● 溶质分子

1887 年，法国化学家拉乌尔（F. M. Raoult）根据大量实验结果得出，难挥发性非电解质稀溶液蒸气压下降有如下规律：

$$p = p° x_A \tag{2-8}$$

式中，p 为某温度时溶液的蒸气压；$p°$ 为同温度下纯溶剂的蒸气压；x_A 为溶液中溶剂的摩尔分数。即在一定温度下，难挥发非电解质稀溶液的蒸气压等于纯溶剂的蒸气压与溶剂摩尔分数的乘积。

由于 x_A 小于 1，所以 p 必然小于 $p°$。对于只有一种溶质的稀溶液，设 x_B 为溶质的摩尔分数，由于 $x_A + x_B = 1$，式（2-8）可以写成

$$p = p°(1 - x_B)$$
$$p° - p = p° x_B$$
$$\Delta p = p° x_B \tag{2-9}$$

式中，Δp 是溶液蒸气压的下降值。式（2-8）称为拉乌尔定律，式（2-9）是拉乌尔定律的另一种表达形式。其意义为：在一定温度下，难挥发非电解质稀溶液的蒸气压下降与溶质的摩尔分数成正比，与溶质的本性无关。

拉乌尔定律只适用于难挥发非电解质稀溶液。因为在稀溶液中，溶剂分子之间的引力受溶质分子的影响很小，溶液的蒸气压仅取决于单位体积内溶剂的分子数。如果溶质易挥发，那么溶质和溶剂的蒸发对蒸气压均有贡献；如果溶液是电解质，由于电解质的电离，上述公式必须修正；如果溶液浓度较高，溶质对溶剂分子之间的引力有显著影响，溶液的蒸气压不符合拉乌尔定律，则会出现较大偏差。

若溶质的物质的量为 n_B，溶剂的物质的量为 n_A，溶剂的质量为 m_A（g），溶剂的摩尔质量为 M_A，那么，在稀溶液中，$n_A \gg n_B$，因此 $n_A + n_B \approx n_A$，则

$$x_B = \frac{n_B}{n_A + n_B} \approx \frac{n_B}{n_A} = \frac{n_B}{m_A/M_A} = b_B \frac{M_A}{1000}$$

代入式（2-9），得

$$\Delta p = p^\circ x_B \approx p^\circ \frac{M_A}{1000} b_B = K b_B$$

即

$$\Delta p = K b_B \tag{2-10}$$

式中，K 为比例系数，在一定温度下是常数，它取决于 p° 和溶剂的摩尔质量 M_A。所以，拉乌尔定律又可表述为：在一定温度下，难挥发非电解质稀溶液的蒸气压下降与溶质的质量摩尔浓度 b_B 成正比，与溶质的本性无关。

【例题 2-4】 已知 293K 时水的饱和蒸气压为 2.34kPa，将 17.1g 蔗糖（$C_{12}H_{22}O_{11}$）溶于 100.0g 水中，计算蔗糖溶液的质量摩尔浓度和蒸气压。

解 $T = 293K$，$p^\circ = 2.34kPa$，$m(C_{12}H_{22}O_{11}) = 17.1g$，$m(H_2O) = 100.0g$，$M(C_{12}H_{22}O_{11}) = 342.0 g \cdot mol^{-1}$，则

$$b(C_{12}H_{22}O_{11}) = \frac{17.1g}{342.0 g \cdot mol^{-1}} \times \frac{1000 g \cdot kg^{-1}}{100.0g} = 0.50 mol \cdot kg^{-1}$$

水的摩尔分数为

$$x(H_2O) = \frac{\dfrac{100.0g}{18.0 g \cdot mol^{-1}}}{\dfrac{100.0g}{18.0 g \cdot mol^{-1}} + \dfrac{17.1g}{342.0 g \cdot mol^{-1}}} = 0.99$$

蔗糖溶液的蒸气压为：$p = p^\circ x_A = 2.34kPa \times 0.99 = 2.32kPa$。

思考题 2-3 拉乌尔定律仅适用于难挥发非电解质稀溶液，为什么？

2.3 溶液的沸点升高

2.3.1 纯液体的沸点

液体的蒸气压随温度升高而增加，当其蒸气压等于外界大气压时，液体就沸腾，这时的温度就是液体的沸点（boiling point）。液体的沸点与外压有关，液体的正常沸点（normal boiling point）是指外压为 101.3kPa 时的沸点，用 T_b° 表示。例如水的正常沸点是 373.15K。没有专门指出压力条件的沸点通常都是指正常沸点，简称沸点，见表 2-2。

液体的沸点随外压的增大而升高，这种性质常被应用于实际工作中，例如，采用减压蒸馏或减压浓缩的方法提取和精制物质，尤其适用于热稳定性差的物质。又如，医学上常见的高压灭菌法，即是在密闭的高压消毒器内加热，对热稳定性高的注射液和某些医疗器械、敷料进行消毒灭菌。

2.3.2 溶液的沸点升高

实验表明，溶液的沸点总是高于纯溶剂的沸点，这一现象称为溶液的沸点升高（boiling point elevation）。

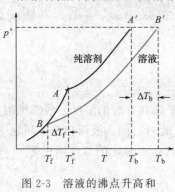

图 2-3　溶液的沸点升高和
凝固点下降

溶液沸点升高的原因是溶液的蒸气压低于纯溶剂的蒸气压。在图 2-3 中，横坐标表示温度，纵坐标表示蒸气压。AA' 表示纯溶剂的蒸气压曲线，BB' 表示稀溶液的蒸气压曲线。从图 2-3 中可以看出，在任何温度下，溶液的蒸气压都低于纯溶剂的蒸气压，所以 BB' 处于 AA' 的下方。纯溶剂的蒸气压等于外压 101.3kPa 时，所对应的温度 T_b° 就是纯溶剂的正常沸点，此温度时溶液的蒸气压仍低于 101.3kPa，只有升高温度达到 T_b 时，溶液的蒸气压才等于外压，溶液才会沸腾。T_b 是溶液的正常沸点，溶液的沸点上升为 ΔT_b，$\Delta T_b = T_b - T_b^\circ$。

可见，溶液的沸点升高是由溶液的蒸气压下降引起的，因此，根据拉乌尔定律，可以得到难挥发非电解质稀溶液沸点上升与溶液质量摩尔浓度之间的关系：

$$\Delta T_b = T_b^\circ - T_b = K_b b_B \tag{2-11}$$

式中，K_b 为溶剂的摩尔沸点升高常数，它只与溶剂的本性有关。式（2-11）的意义为：难挥发非电解质稀溶液的沸点升高与溶质的质量摩尔浓度成正比，与溶质的本性无关。表 2-2 列出了一些常见溶剂的沸点及摩尔沸点上升常数。

表 2-2　常见溶剂的沸点及摩尔沸点升高常数与凝固点及摩尔凝固点降低常数

溶剂	T_b° / K	$K_b/ (K \cdot kg \cdot mol^{-1})$	T_f° / K	$K_f/ (K \cdot kg \cdot mol^{-1})$
水	373.1	0.512	273.0	1.86
苯	353.2	2.53	278.5	5.10
环己烷	354.0	2.79	279.5	20.2
乙酸	391.0	2.93	290.0	3.90
乙醇	351.4	1.22	155.7	1.99
乙醚	307.7	2.02	156.8	1.80
氯仿	334.2	3.63	209.5	4.90
四氯化碳	349.7	5.03	250.1	32.0
萘	491.0	5.80	353.0	6.90
樟脑	481.0	5.95	451.0	40.0

必须指出的是，纯溶剂的沸点是恒定的，但溶液的沸点却在不断变化。因为随着溶液的沸腾，溶剂不断蒸发，溶液浓度不断增大，沸点也不断升高，直到形成饱和溶液。此时，溶剂蒸发，溶质析出，溶液浓度不再改变，蒸气压保持不变，沸点恒定，称为恒沸溶液。通常，溶液的沸点是指溶液刚开始沸腾时的温度。

【例题 2-5】　已知苯的沸点是 353.2K，将 2.67g 某难挥发性物质溶于 100g 苯中，测得该溶液的沸点上升了 0.531K，求该物质的摩尔质量。

解　$\Delta T_b = 0.531K$，$K_b = 2.53 K \cdot kg \cdot mol^{-1}$，$m_B = 2.67g$，$m_A = 100g$，则

$$\Delta T_b = K_b b_B = K_b \cdot \frac{m_B}{m_A M_B}$$

$$M_B = \frac{K_b m_B}{\Delta T_b m_A} = \frac{2.53K \cdot kg \cdot mol^{-1} \times 2.67g}{0.531K \times 0.1kg} = 128g \cdot mol^{-1}$$

因此可利用溶液沸点上升测定溶质的摩尔质量。

2.4　溶液的凝固点降低

2.4.1　纯液体的凝固点

凝固点（freezing point）是物质的固态和它的液态平衡共存时的温度。液态纯溶剂和它的固态平衡共存时的温度就是该溶剂的凝固点 T_f°。此时，固、液两相蒸气压相等。纯水的凝固点为 273.15K，此温度又称为水的冰点，此时，水和冰的蒸气压相等。

2.4.2　溶液的凝固点降低

在溶剂的凝固点 T_f° 时，由于溶液的蒸气压低于纯溶剂的蒸气压，此时，固、液两相不能共存，所以在 T_f° 时溶液不凝固。只有当温度继续下降到 T_f 时，溶液和溶剂的蒸气压才相等，这个平衡温度 T_f 就是溶液的凝固点。所以，溶液的凝固点总是比纯溶剂的凝固点低，这一现象就是溶液的凝固点降低（freezing point depression）（见图 2-3）。

可见，溶液的凝固点降低也是由溶液的蒸气压下降引起的，因此，根据拉乌尔定律，可以得到难挥发非电解质稀溶液凝固点降低与溶液质量摩尔浓度之间的关系：

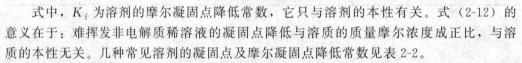

$$\Delta T_f = T_f^\circ - T_f = K_f b_B \tag{2-12}$$

式中，K_f 为溶剂的摩尔凝固点降低常数，它只与溶剂的本性有关。式（2-12）的意义在于：难挥发非电解质稀溶液的凝固点降低与溶质的质量摩尔浓度成正比，与溶质的本性无关。几种常见溶剂的凝固点及摩尔凝固点降低常数见表 2-2。

溶液的凝固点降低

利用凝固点降低也可以测定溶质的摩尔质量，而且较沸点上升法更适用。因为大多数溶剂的 K_f 值大于 K_b 值，因此，同一溶液的凝固点降低值比沸点上升值大，实验测量误差小；而且，达到凝固点时溶液中有溶剂的晶体析出，现象明显，易于观察；再者，溶液的凝固点测定在低温下进行，即使多次重复测定也不会引起待测样品的变性或破坏，溶液浓度也不易改变。因此，在医学和生物科学实验中凝固点降低法的应用更为广泛。

【例题 2-6】　将 0.749g 谷氨酸溶于 50.0g 水中，其凝固点降低了 0.188K，求谷氨酸的摩尔质量。

解　$\Delta T_f = 0.188K$，$K_f = 1.86K \cdot kg \cdot mol^{-1}$，$m_B = 0.749g$，$m_A = 50.0g$，则

$$\Delta T_f = K_f b_B = K_f \frac{m_B}{m_A M_B}$$

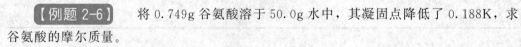

$$M_B = \frac{K_f m_B}{\Delta T_f m_A} = \frac{1.86K \cdot kg \cdot mol^{-1} \times 0.749g}{0.188K \times 50.0g} = 148g \cdot mol^{-1}$$

凝固点降低的性质还有许多实际应用，如制作防冻剂和冷却剂。严寒的冬天，在汽车水箱中加入甘油或乙二醇可降低水的凝固点，防止水箱中的水因结冰体积膨大，胀裂水箱。将盐和冰放在一起，冰的表面总附有少量水，盐溶于其中形成溶液，导致蒸气压下降，冰就会融化，冰融化时将吸收大量的热，于是冰盐混合物的温度就会降低。采用 NaCl 和冰混合，混合液温度可降到 251K，用 $CaCl_2 \cdot 2H_2O$ 和冰混合，混合液温度可降到 218K。在水产事业和食品贮藏及运输中，广泛应用盐和冰混合而成的冷却剂。

在冷却过程中，物质的温度随时间而变化的曲线，叫做步冷曲线。在步冷曲线中，纵坐标为温度，横坐标为时间。图 2-4 是水和溶液的步冷曲线。

曲线（1）是 H_2O 的步冷曲线，AB 段是 H_2O 的液相，温度不断下降；B 点开始结冰；BC 段温度不变；C 点全部结冰；CD 段冰的温度不断下降。曲线（2）是稀水溶液的步冷曲线，$A'B'$ 段是液相，温度不断下降；溶液的凝固点下降，所以 B' 点低于273K，有冰析出后，溶液的浓度增加，凝固点更低，温度继续下降，故 $B'C'$ 段温度不恒定；C' 点时，冰和溶质一同析出，且二者具有固定的比例，即和此时溶液的比例相同。从 C' 点析出的冰盐混合物，叫做低共熔混合物，C' 点的温度称为低共熔点。这样析出冰和溶质时，溶液的组成不再改变，故 $C'D'$ 段呈现平台，D' 点全部成为固体，$D'E'$ 继续降温。曲线（3）也是该种溶液的步冷曲线，从 B'' 的温度比 B' 的低，可知溶液的浓度要比（2）的大。溶质相同而浓度不同的溶液，析出的低共熔混合物的组成相同，低共熔点也相同。故 C'' 点与 C' 点温度相同，$C''D''$ 段与 $C'D'$ 段同样呈现平台，D'' 点也全部成为固体，$D''E''$ 也继续降温。盐水体系相变化详情，请见第 7 章图 7-4 及其说明。

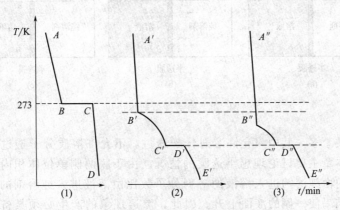

图 2-4　水和溶液的步冷曲线

> ⋙【案例分析 2-1】　浮在海水上的冰山中含盐量极少，试解释之。
>
> 　问题：为什么浮在海水上的冰山中含盐量很少？
>
> 　分析：海水是一种水溶液，当温度下降至低于溶液的凝固点时，如图 2-4（2）所示，首先析出的是纯溶剂的固体——冰，随着溶剂的不断析出，溶液的浓度不断增大，凝固点也不断降低，只有当温度降至溶液的低共熔点时，才会析出冰盐混合物。由于海水的量非常大，析出少量的冰并不会引起其浓度的明显变化，所以海水结冰的过程总是停留在图 2-4（2）中曲线的 $B'C'$ 段，因此海水上的冰山中含盐量极少。

思考题 2-6　有机化学中常用测定熔点的方法检验物质的纯度，其依据是什么？

2.5　溶液的渗透压

2.5.1　渗透现象与渗透压

扩散（diffuse）是指物质分子从高浓度区域向低浓度区域转移直到均匀分布的现

象，它是由于分子热运动而产生的质量迁移现象，主要是由于密度差引起的。如在容器中加入一定量的蔗糖溶液，再在溶液上方加入一层水，在避免任何机械振动的情况下，静置一段时间，蔗糖分子将向水层运动，水分子将向蔗糖溶液中运动，最后将形成均匀化的蔗糖溶液。

渗透现象与渗透压

假如用一种只允许溶剂分子透过，而溶质分子不能透过的半透膜（semi-permeable membrane）将上述的蔗糖与水分开，如图 2-5(a) 所示，一段时间后，可以看到蔗糖一侧的液面上升，如图 2-5(b) 所示。这说明水分子不断地通过半透膜转移到蔗糖溶液中。不同浓度的两个溶液用半透膜隔开，也会发生这种现象。这种溶剂分子因在膜两侧浓度不均匀通过半透膜而扩散导致的从纯溶剂向溶液或从稀溶液向较浓溶液的净转移现象称为渗透（osmosis）。

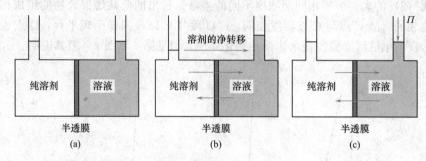

图 2-5　渗透现象和渗透压

半透膜种类繁多，其中只允许溶剂分子透过，不允许溶质分子透过的半透膜称为理想半透膜。本章主要讨论理想半透膜的情况。由于膜两侧单位体积内溶剂分子数不等，单位时间内由纯溶剂进入溶液的溶剂分子数比由溶液进入纯溶剂的多，膜两侧渗透速度不同，结果使一侧的液面上升。因此，渗透现象的产生必须具备两个条件：一是有半透膜存在；二是半透膜两侧单位体积内溶剂分子数不相等。渗透的方向总是溶剂分子从溶剂向溶液，或是从稀溶液向浓溶液迁移，从而缩小溶液的浓度差。

发生渗透现象后，溶液液面升高，静水压增大，驱使溶液中的溶剂分子加速通过半透膜，当静水压增大到一定值后，单位时间内从膜两侧透过的溶剂分子数相等，溶液液面不再变化，达到渗透平衡。如果要使渗透现象不发生，必须在溶液一侧施加一额外压力，如图 2-5(c)，这种为维持被半透膜隔开的纯溶剂与溶液之间的渗透平衡所需要加给溶液的额外压力称为渗透压（osmotic pressure）。渗透压以符号 Π 表示，单位为 Pa 或 kPa。溶液的渗透压具有依数性质。溶液的渗透压在生物学中有很重要的作用，植物细胞汁的渗透压可高达 2.0×10^6 Pa，土壤中水分通过这种渗透作用，送到树梢。鲜花插在水中，可以数日不萎缩，海水中的鱼不能在淡水中生活，都与渗透压有关。

若在溶液一侧施加大于渗透压的额外压力，则溶液中将有更多的溶剂分子通过半透膜进入溶剂一侧。这种使渗透作用逆向进行的过程称为反渗透（reverse osmosis）。反渗透原理在工业废水处理、海水淡化、浓缩溶液等方面都有广泛应用。用反渗透法来淡化海水所需要的能量仅为蒸馏法的 30%，目前已成为一些海岛、远洋客轮、某些缺少饮用淡水的国家获得淡水的重要方法。反渗透法处理无机废水，去除率可达 90% 以上，对于含有机物的废水，有机物的去除率也在 80% 以上。

2.5.2　渗透压与浓度、温度的关系

渗透压与浓度、温度的关系

实验证明：在一定温度下，稀溶液的渗透压与其浓度成正比；在浓度一定时，溶液的渗透压与绝对温度成正比。1886 年，荷兰物理化学家范特霍夫（J. H. Van't Hoff）通过实验得出稀溶液的渗透压与溶液浓度和温度关系：

$$\Pi V = n_B RT \qquad (2\text{-}13)$$

$$\Pi = c_B RT \qquad (2\text{-}14)$$

式中，Π 是渗透压；V 为溶液体积；n_B 为溶质的物质的量；c_B 为溶质的物质的量浓度；R 为摩尔气体常数；T 为热力学温度。式（2-14）称为范特霍夫定律，它表明，在一定温度下，稀溶液的渗透压与单位体积溶液中溶质质点的数目成正比，与溶质的本性无关。

化学家小传——范特霍夫

范特霍夫（J. H. van'tHoff，1852—1911），荷兰化学家。1852 年 8 月 30 日生于鹿特丹一个医生家庭。1874 年获博士学位；1876 年起在乌德勒州立兽医学院任教。1877 年起在阿姆斯特丹大学任教，先后担任化学、矿物学和地质学教授。1885 年被选为荷兰皇家学会会员，他还是柏林科学院院士及许多国家的化学学会会员。1911 年 3 月 1 日在柏林逝世。

范特霍夫首先提出碳原子是正四面体构型的立体概念，弄清了有机物旋光异构的原因，开辟了立体化学的新领域。在物理化学方面，他研究过质量作用和反应速度，发展了近代溶液理论，包括渗透压、凝固点、沸点和蒸气压理论；并应用相律研究盐的结晶过程；还与奥斯特瓦尔德（Ostwald）一起创办了《物理化学杂志》。1901 年，他以溶液渗透压和化学动力学的研究成果，成为第一个诺贝尔化学奖获得者。主要著作有：《空间化学引论》《化学动力学研究》《数量、质量和时间方面的化学原理》等。

范特霍夫精心研究过科学思维方法，曾做过关于科学想象力的讲演。他竭力推崇科学想象力，并认为大多数卓越的科学家都有这种优秀素质。他具有从实验现象中探索普遍规律的高超本领，同时又坚持："一种理论，毕竟是只有在它的全部预见能够为实验所证实的时候才能成立"。

对于稀水溶液，浓度很低，物质的量浓度近似地等于质量摩尔浓度，即 $c_B \approx b_B$，因此，式（2-14）可改写为

$$\Pi \approx b_B RT \qquad (2\text{-}15)$$

【例题 2-7】　将 2.00g 蔗糖（$C_{12}H_{22}O_{11}$）溶于水，配成 50.0mL 溶液，求该溶液在 37℃时的渗透压。

解　$T = (37 + 273)\,K = 310\,K$，$m(C_{12}H_{22}O_{11}) = 2.00\,g$，$V = 50.0\,mL$，$M(C_{12}H_{22}O_{11}) = 342\,g \cdot mol^{-1}$，则

$$c(C_{12}H_{22}O_{11}) = \frac{n}{V} = \frac{2.00\,g}{342\,g \cdot mol^{-1} \times 50.0 \times 10^{-3}\,L} = 0.117\,mol \cdot L^{-1}$$

$$\Pi = c_B RT = 0.117\,mol \cdot L^{-1} \times 8.314\,kPa \cdot L \cdot K^{-1} \cdot mol^{-1} \times (273 + 37)\,K = 302\,kPa$$

非电解质稀溶液的依数性可用于测定溶质的摩尔质量。事实上，常用凝固点降低法和渗透压法来测定，因为这两种依数性改变最显著。但是小分子溶质的摩尔质量用渗透压法测定相当困难，多用凝固点降低法测定。而对于蛋白质等大分子物质的摩尔质量的测定，凝固点降低法和渗透压法都可采用，渗透压法测量误差更小，比凝固点降低法更灵敏。

【例题 2-8】　将 35.0g 血红蛋白（Hb）溶于足量纯水中，配成 1.00L 溶液，在 298K 时测得溶液的渗透压为 1.33kPa，求 Hb 的摩尔质量。

解　$T = (25 + 273)\,K = 298\,K$，$m_B = 35.0\,g$，$V = 1.00\,L$，$\Pi = 1.33\,kPa$，则

$$\Pi V = n_B RT = \frac{m_B}{M_B} RT$$

$$M_B = \frac{m_B RT}{\Pi V} = \frac{35.0\,g \times 8.314\,kPa \cdot L \cdot K^{-1} \cdot mol^{-1} \times 298\,K}{1.33\,kPa \times 1.00\,L} = 6.52 \times 10^4\,g \cdot mol^{-1}$$

2.5.3 渗透压在医学上的意义

2.5.3.1 渗透作用与生理现象

对稀溶液而言,渗透压具有依数性,仅与溶液中溶质粒子的浓度有关,与粒子的本性无关。将溶液中能够产生渗透效应的溶质粒子(分子、离子等)统称为渗透活性物质,在医学上,将渗透活性物质物质的量浓度的总和定义为渗透浓度(osmolarity),且常用渗透浓度表示溶液渗透压的大小。因为根据范特霍夫定律,在一定温度下,稀溶液的渗透压与渗透活性物质的总浓度成正比。渗透浓度的符号为 c_{os},单位为 $mol \cdot L^{-1}$ 或 $mmol \cdot L^{-1}$。

渗透压在医学上的意义

溶液渗透压的高低是相对的,渗透压相等的两种溶液互称为等渗溶液(isotonic solution)。渗透压不相等的两种溶液中,渗透压较高的溶液称为高渗溶液(hypertonic solution),渗透压较低的溶液称为低渗溶液(hypotonic solution)。医学上溶液的等渗、低渗、高渗是以血浆总渗透浓度为标准确定的。正常人血浆的渗透浓度为 $304mmol \cdot L^{-1}$,临床上规定渗透浓度在 $280 \sim 320mmol \cdot L^{-1}$ 之间的溶液为生理等渗溶液。如 $9.0g \cdot L^{-1}$ 的生理盐水($308mmol \cdot L^{-1}$)、$50.0g \cdot L^{-1}$ 的葡萄糖溶液($280mmol \cdot L^{-1}$)、$12.5g \cdot L^{-1}$ 的 $NaHCO_3$ 溶液($298mmol \cdot L^{-1}$)都是生理等渗溶液。

在临床治疗中,当为病人大量输液时,要特别注意输液的渗透浓度,否则可能导致机体内水分调节失常及细胞的变形和破坏。以红细胞为例(图 2-6),由于红细胞膜具有理想半透膜的性质,正常情况时,膜内的细胞液和膜外的血浆等渗,因此,若将红细胞置于生理等渗溶液中,细胞内外仍处于渗透平衡状态,红细胞保持不变 [图 2-6(a)]。但若将细胞置于低渗溶液中,膜外溶液的渗透压低于膜内细胞液的渗透压,细胞外液中的水分将向细胞内渗透,以致细胞内的液体逐渐增多,细胞膨胀,严重时可使红细胞破裂,释放出红细胞内的血红蛋白使溶液染成红色,医学上将这一过程称为细胞溶血(hemolysis) [图 2-6(b)]。但若将细胞置于高渗溶液中,膜外溶液的渗透压高于膜内细胞液的渗透压,细胞内液中的水分将向细胞外渗透,使细胞内的液体减少,细胞逐渐皱缩 [图 2-6(c)],皱缩的红细胞互相聚结成团。此现象若发生于血管内,将产生"栓塞"(embolism)。

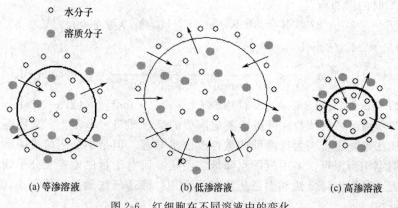

(a) 等渗溶液　　　　(b) 低渗溶液　　　　(c) 高渗溶液

图 2-6　红细胞在不同溶液中的变化

> ⟫⟫【案例分析 2-2】　在临床治疗中,当为患者大量输液时,一般需使用等渗溶液。但在处理低血糖患者时,可注射少量 $500g \cdot L^{-1}$ 葡萄糖溶液,试说明原因。
>
> **问题:** 为什么临床治疗中有时可不使用等渗溶液?

分析： 溶液渗透压过高或过低都会造成细胞活性的破坏，只有等渗溶液才能维持细胞的正常活性。$500g \cdot L^{-1}$ 葡萄糖溶液属于高渗溶液，如果大剂量使用，会造成细胞活性的破坏，在临床治疗中，为患者大量输液时是坚决不允许使用的。但在低血糖或重症（如休克等）患者需急救时却可使用，使用时必须采用小剂量、慢速度注射，由于体液的量相对很大，注射进入人体的浓溶液会被体液逐渐稀释和吸收代谢，因而不致引起局部高渗等不良后果。

2.5.3.2　晶体渗透压和胶体渗透压

医学上，习惯将电解质和小分子物质称为晶体物质，而将高分子物质称为胶体物质。血浆中含有小分子和离子（如 Na^+、K^+、HCO_3^-、葡萄糖、氨基酸等）和高分子（如蛋白质、核酸等），血浆渗透压是这两类物质所产生渗透压的总和。其中由小分子晶体物质产生的渗透压叫做晶体渗透压（crystal osmotic pressure）；由高分子胶体物质产生的渗透压叫做胶体渗透压（colloidal osmotic pressure）。

血浆中晶体物质的含量约为 0.75%，胶体物质约为 7%。虽然胶体物质的含量高，但它们的分子量很大，粒子数很少。晶体物质在血浆中含量虽然很低，但分子量很小，多数又可离解成离子，因此粒子数较多。所以，血浆总渗透压绝大部分是由晶体物质产生的。在 $37℃$ 时，血浆总渗透压约为 $769.9kPa$，其中胶体渗透压仅为 $2.9 \sim 4.0kPa$。

晶体渗透压和胶体渗透压在体内起着重要的调节作用，但由于人体内各种半透膜的通透性不同，晶体渗透压和胶体渗透压在维持体内水盐平衡功能上也各不相同。

细胞膜是体内的一种较理想的半透膜，它将细胞内液和细胞外液隔开，水分子在膜两边可以相对自由地通过，而 Na^+、K^+ 等离子却不易通过。因此，晶体渗透压对维持细胞内外的水盐平衡起着主要作用。如果由于某种原因引起人体缺水，则细胞外液中盐的浓度将相对升高，晶体渗透压增大，于是细胞内液的水分子透过细胞膜向细胞外液渗透，造成细胞内失水。又如，大量饮水或静脉输入过多的溶液时，细胞外液电解质的浓度就会降低，晶体渗透压减小，细胞外液中的水分子将透过细胞膜向细胞内液渗透，严重时可产生水中毒。临床上常用晶体物质的溶液来纠正某些疾病所引起的水盐失调。日常生活中，向高温作业者提供盐汽水，就是为了维持细胞外液晶体渗透压的恒定。

血液净化技术

血液净化技术是近年来临床医学领域迅速发展起来的一门新兴交叉学科，它起源于肾脏疾病的治疗，现被广泛应用于医学多个专业中，成功治疗了很多疑难病症，特别是在危重病监护（ICU）方面发挥了巨大作用，为患者康复做出了重要贡献。由于其发展需借助生物材料、微电子学、分子生物学等领域的先进技术，因此，血液净化已成为医院现代化的重要衡量标志之一。

血液净化技术的原理是将患者血液引出体外，建立血管循环通路，通过系列净化装置——透析机、透析器、血管路、透析液，利用弥散、对流、吸附、分离等原理，除去某些致病物质，净化血液，从而达到治疗疾病的目的。

例如，血液透析就是血液净化的一种方式，目的在于通过扩散、对流等原理将肾衰竭患者体内各种有害的、多余的代谢废物和过多的电解质移出体外，从而调节水、电解质和酸碱平衡的部分功能，净化血液。这种方法是根据膜平衡渗透原理，将患者的血液与透析液同时引入透析器内，利用渗透膜两侧溶质的浓度差，达到清除体内多余水分、代谢产物和毒性溶质或向体内补充所需溶质的目的。现代血液透析还被拓展到药物和毒物中毒、戒毒、心力衰竭等各个系统的疾患中。

目前临床上采用的血液净化方法很多，如血液透析、血液透析滤过、连续性肾脏替代、血液灌流、单纯超滤、序贯透析、血浆置换、腹膜透析、腹水回输等。根据不同的治疗目的，选择不同的血液净化方式。

毛细血管壁也是体内的一种半透膜，它间隔着血浆和组织间液，可以允许水分子和各种小分子小离子透过，而不允许蛋白质等高分子物质透过。因此，胶体渗透压虽然很小，却对维持毛细血管内外的水盐平衡起主要作用。如果由于某种疾病造成血浆蛋白质减少时，则血浆的胶体渗透压降低，血浆中的水和盐等小分子小离子物质就会透过毛细血管壁进入组织间液，造成组织间液增多，血容量下降，这是形成水肿的原因之一。临床上对大面积烧伤或失血过多等原因造成血容量下降的患者进行补液时，由于这类患者血浆蛋白质损失较多，除补给电解质溶液外，还要输入血浆或右旋糖酐，以恢复血浆的胶体渗透压并增加血容量。

思考题 2-7　浓度不同的两溶液用半透膜分隔开，会产生渗透现象吗？为维持渗透平衡，需在浓溶液液面上施加压力，此压力是浓溶液的渗透压吗？

思考题 2-8　渗透平衡时，半透膜两边溶液浓度是否一定相同？

===== 复习指导 =====

掌握：稀溶液的蒸气压下降、沸点升高、凝固点降低；渗透压的概念和计算；渗透压在医学上的意义。

熟悉：物质的存在形式、理想气体；稀溶液依数性相互间的换算。

了解：道尔顿分压定律及其应用；气体在液体中的溶解；稀溶液的蒸气压下降、沸点升高、凝固点降低产生的原因。

===== 英汉词汇对照 =====

气态 gaseous state　　　　液态 liquid state
固态 solid state　　　　等离子态 plasma state
理想气体状态方程 the ideal gas equation　　分压 partial pressures
道尔顿分压定律 Dalton's law of partial pressures　　摩尔分数 mole fraction
真实气体 real gases　　　　血栓 thrombus
临界温度 critical temperature　　临界压强 critical pressure
临界体积 critical volume　　依数性 collgiative properties
蒸发 evaporation　　　　凝结 condensation
饱和蒸气压 saturated vapor pressure　　蒸气压 vapor pressure
升华 sublimition　　　　蒸气压下降 vapor pressure lowering
沸点 boiling point　　　　正常沸点 normal boiling point
沸点上升 boiling point elevation　　凝固点 freezing point
凝固点降低 freezing point depression　　扩散 diffuse
半透膜 semi-permeable membrane　　渗透 osmosis
渗透压 osmotic pressure　　反渗透 reverse osmosis
渗透浓度 osmolarity　　　　等渗溶液 isotonic solution
高渗溶液 hypertonic solution　　低渗溶液 hypotonic solution
溶血 hemolysis　　　　栓塞 embolism
晶体渗透压 crystal osmotic pressure　　胶体渗透压 colloidal osmotic pressure

张孝骞与血容量研究

张孝骞（1897—1987），我国著名内科专家、医学教育家、中国消化病学奠基人。1897 年 12 月 28 日生于长沙的一个普通教师家庭。中学毕业于长沙长郡中学。1914 年，张孝骞以第一名的考试成绩成为湘雅医学院的首批学生。

在医学院学习期间，张孝骞非常刻苦努力。他晚年回忆大学时代印象最深的两位老师，一位是当时的湘雅医院院长美国人爱德华·胡美，他是著名内科学家奥斯勒的学生，他以《奥氏内科学》作为教材给学生上课，使张孝骞对内科学产生了浓厚兴趣。另一位是留美博士、化学老师徐善祥教授，他上课所用教材也是他自己编写的中文版《化学》和英文版《分析化学》。徐老师既教书，又育人，对学生严格、耐心，并不断以进步的政治主张影响学生，引导他们关心国家和民族的命运。在老师们的影响下，聪明勤奋的张孝骞不仅学业进步很快，而且思想也渐趋成熟。1921 年毕业时，张孝骞的考试成绩和临床研究均获得第一，顺利留校成为一名内科住院医师。

1923 年 9 月，已是内科总住院医师的张孝骞去协和医学院进修学习，协和医学院的内科主任罗伯逊教授看重他的才学和人品，诚恳地邀请他到协和医学院工作。1924 年 1 月，张孝骞正式来到协和医学院，凭借自己的实力和出色的工作，1926 年被选送到美国约翰·霍普金斯医学院进修，师从哈罗普教授进行血容量的研究工作，从此与血容量结缘。血容量（blood volume）是指全身有效循环血量，测定血容量对协助诊断和治疗具有重要意义。如出血、休克、烧伤和电解质紊乱可造成血容量减小，从而使毛细血管壁两侧的胶体渗透压不平衡，是引起水肿的原因之一。经过一年的努力，张孝骞终于完成了论文《糖尿病酸中毒时的血容量》，发表在美国《临床研究》杂志上，并在美国临床研究会上宣读，获得高度评价，初步展现了他将基础研究与临床医学结合的功力。回国后，他一直跟进对甲状腺、肾脏病人的血容量变化的研究。通过反复观察病人的临床表现，推断甲状腺机能亢进病人的血容量可能增加，并通过实验获得验证。这项成果在美国《临床研究》杂志上发表，再次让世人刮目。这些开拓性研究，使张孝骞成为血容量研究方面的"大家"。

20 世纪 30 年代初，为了填补协和医学院的空白，学院决定成立消化专业组，并把这个任务交给了张孝骞。从此，张孝骞又开始了对消化病理的研究。他博采中外医学，对胃的分泌功能进行多方面的研究，并发表一系列的学术论文，开拓了我国消化病学的研究。

华北沦陷之后，张孝骞回到母校担任教务长和内科教授，并决定在湘雅医学院继续他在协和医学院没有完成的事业。他以基础研究的专长，还兼任过化学科生化教师。谁料好景不长，这年秋天，长沙也遭到了日本飞机的轰炸，在学校无人主事的危难之际，张孝骞毅然搁置个人的学术研究，挑起了院长的重任。

为了保全湘雅医学院，张孝骞带领全院师生西迁贵阳。1938 年 10 月，260 多名师生带着 40 多吨教学仪器和图书资料，辗转多日，终于胜利到达目的地。两周后，湘雅师生在贵阳上起了第一堂课。1944 年 11 月，随着日军进犯广西与贵阳，张孝骞不得不再次率领师生搬迁。在重庆，师生们因陋就简，将兵工署仓库作为学生宿舍，用竹子盖起了教室和实验室，两个月后就恢复了上课。抗战胜利后，1946 年夏天，在张孝骞的带领下，学院迁回长沙。尽管这些年兵荒马乱，经费短缺，但靠着张孝骞的四处求助、精心筹措，一次又一次地保全了湘雅医学院。

1948 年，张孝骞卸去院长重担，再次回到协和医学院，从事他牵挂的临床与基础研究，主持内科工作。同年，张孝骞以医学教育与内科临床的出色成就当选为第一届中央研究院 81 名院士之一。新中国成立之后，1955 年被推选为中国科学院生物学部委员。1962 年 9 月，张孝骞被任命为协和医学院副校长。20 世纪 60 年代，他主持制定了胃肠炎病的国家重点科研规划。张孝骞参与创建中华医学会内科学分会并担任第一届主任委员。他目光远大，在协和医学院内科筹建了遗传专业组。20世纪70年代末，张孝骞任中国医学科学院副院长，担任中国消化学会名誉主任委员，并长期担任《中华内科杂志》主编。1984年，湘雅医学院七十周年校庆之际，他给母校发来了满怀期望的贺信，语重心长地告诫湘雅人：要攀登医学高峰，首先要重视数理化生等基础课教学。

  1987年8月8日，张孝骞告别了为之孜孜以求半个多世纪的医学科学。他的一生为我国广大医务工作者树立了崇高典范。他坚持基础研究与临床医学结合的学术思想和临危受命、不负重托、待患似母、诲人不倦的精神，将会光照后人，传颂久远。

─────────── **习 题** ───────────

  1.下列说法是否正确？为什么？

  (1) 一定量气体的体积与温度成正比。

  (2) 1mol任何气体的体积都是22.4L。

  (3) 气体的体积百分组成与其摩尔分数相等。

  (4) 对于一定量混合气体，当体积变化时，各组分气体的物质的量亦发生变化。

  2.在标准状况下，0.00400L的AsH_3气体的物质的量为多少？此时，该气体的密度是多少？

  3.由0.538mol He (g)、0.315mol Ne (g)和0.103mol Ar (g)组成的混合气体，在25℃时体积为7.00L，试计算（1）各气体的分压；（2）混合气体的总压力。

  4.乙炔是一种重要的焊接燃料，实验室用电石（CaC_2）与水反应制备乙炔：$CaC_2(s)+2H_2O(l)$ ——→$C_2H_2(g)+Ca(OH)_2(aq)$ 某学生在23℃时用排水集气法收集乙炔，气体总压力为98.4kPa，总体积为523mL，已知23℃时水的蒸气压为2.8kPa，计算该同学收集到的乙炔气体质量。

  5.实际气体的行为在什么条件下接近理想气体？实际气体与理想气体发生偏差的主要原因是什么？

  6.用亨利定律说明"潜涵病"的成因。

  7.稀溶液的沸点是否一定比纯溶剂高？为什么？

  8.拉乌尔定律和亨利定律的适用范围分别是什么？

  9.将0℃的冰放在0℃的水中和将0℃的冰放在0℃的盐水中，各有什么现象？为什么？

  10.判断下列说法是否正确，为什么？

  (1) 在T℃时，液体A较液体B有较高的蒸气压，可以推断A比B有较低的正常沸点。

  (2) $0.1mol \cdot kg^{-1}$甘油的水溶液和$0.1mol \cdot kg^{-1}$甘油的乙醇溶液，应有相同的沸点升高。

  (3) 质量分数0.01的葡萄糖水溶液和质量分数0.01的果糖水溶液有相同的渗透压。

  (4) 溶液的蒸气压与溶液的体积有关，体积越大，蒸气压越大。

  11.简要回答下列问题：

  (1) 提高水的沸点可以采用什么方法？

  (2) 为什么海水鱼不能生活在淡水中？

  (3) 雪地里撒些盐，雪就融化了，简述原因。

  (4) 盐碱地的农作物长势不良，甚至枯萎；施了太浓的肥料，植物会被"烧死"，能否用某个依数性来说明部分原因？

  (5) 处于恒温条件下的封闭容器中有两个杯子，A杯为纯水，B杯为蔗糖溶液，放置足够长时间后会有何现象发生？为什么？

  (6) 北方冬天吃冻梨前，先将冻梨放入凉水中浸泡一段时间，会发现冻梨表面结了一层薄冰，而梨里面已经解冻了，为什么？

  12.某化合物的最简式是$C_4H_8O_2$，将2.56g该化合物溶解于100g苯中，测得凝固点比纯苯低0.738K。已知苯的$K_f=5.12K \cdot kg \cdot mol^{-1}$，计算并推断该化合物在苯溶液中的化学式。

  13.临床上用的葡萄糖（$C_6H_{12}O_6$，摩尔质量为180）等渗液的凝固点降低值为0.543℃，溶液的密度为$1.085g \cdot cm^{-3}$。试求此葡萄糖溶液的质量分数和37℃时人体血液的渗透压为多少？（水的$K_f=1.86K \cdot kg \cdot mol^{-1}$）

  14.在37℃时人体血液的渗透压为780kPa，现需要配制与人体血液渗透压相等的葡萄糖盐水溶液供静脉注射，若已知上述 1.0L 葡萄糖盐水溶液含 22g 葡萄糖，问其中应含食盐多少？

15.将 5.00g 鸡蛋白溶于水中并配成 1.00L 溶液，测得该溶液在 25℃ 时的渗透压为 306Pa，求鸡蛋白的平均摩尔质量。

16.某水溶液中含非挥发性溶质，在 271.7K 时凝固，298.15K 时纯水的蒸气压为 3.178kPa，水的 $K_f = 1.86K \cdot kg \cdot mol^{-1}$，$K_b = 0.512K \cdot kg \cdot mol^{-1}$，求：（1）该溶液的正常沸点；（2）在 298.15K 时的蒸气压；（3）298.15K 时的渗透压（假定溶液是理想的）。

（中南大学　王曼娟）

第2章 习题解答

第3章

电解质溶液

本章重点内容为酸碱质子理论，各类酸碱溶液的pH值计算，难溶强电解质的沉淀与溶解平衡。由于电解质在体液中以一定的状态及含量存在，影响到体液的渗透平衡和酸碱度，并对神经、肌肉等组织的生理、生化功能起着重要的作用，因此，学习本章知识，对医学生的后续课程十分重要。

3.1 强电解质溶液理论

3.1.1 强电解质、弱电解质与解离度

酸、碱、盐是比较普通又很重要的物质，当它们溶于水时，与蔗糖、尿素等含碳化合物相比较，在性质上有显著不同，前者可以导电，后者不能。通常，把在水溶液中或熔融状态下能导电的物质称为电解质（electrolyte）；不能导电的物质称为非电解质（nonelectrolyte）。

强电解质、弱电解质和解离度

电解质又分为强电解质和弱电解质两类。从结构上看，强电解质（strong electrolyte）包括离子型化合物（如 NaCl、KOH 等）和强极性共价化合物（如 HCl、HNO$_3$ 等），它们在水溶液中完全解离为离子，不存在解离平衡。如：

$$KOH \longrightarrow K^+ + OH^-$$
$$HCl \longrightarrow H^+ + Cl^-$$

弱电解质（weak electrolyte）是在水溶液中只有部分解离成离子的化合物（如 HAc、NH$_3$ 等）。在水溶液中存在解离的动态平衡。如：

$$HAc \Longleftrightarrow H^+ + Ac^-$$

电解质在水溶液中的解离程度用解离度（degree of dissociation）衡量，它是指电解质达到解离平衡时，已解离的分子数和原有的分子总数之比。用希腊字母 α 表示，即：

$$\alpha = \frac{已解离的分子数}{原有的分子总数} \tag{3-1}$$

解离度的量纲为1，习惯上用百分率来表示。

在第2章中，介绍了非电解质稀溶液的依数性，它的蒸气压下降、沸点升高、凝固点降低和渗透压都与溶液的质量摩尔浓度成正比，而且计算值与实验结果相符。如

果将电解质一类的化合物溶解在水中，测定它们的依数性，实验结果与计算值是否相符呢？现将一些电解质溶液的凝固点下降计算值和实验值列于表 3-1 中。

由表 3-1 中数据可以看出：这三种电解质溶液的 ΔT_f 实验值都比同浓度非电解质稀溶液的计算值大得多。其他几种依数性也有类似结果。我们知道，1mol 非电解质溶解在 1000g 水中，所得溶液应含有阿伏伽德罗常数个溶质分子，如果 1mol 电解质同样溶解在 1000g 水中，电解质会发生解离，导致溶质粒子增加，溶液中所含的粒子数会大于阿伏伽德罗常数。至于总粒子数究竟是多少，与该电解质的解离程度有关。由于稀溶液的依数性与溶质的粒子数有关，故相同浓度电解质溶液的依数性数值比非电解质溶液依数性数值大。因此在计算电解质溶液依数性的公式中，需加入校正系数 i，如：

表 3-1　一些电解质溶液的凝固点下降值

$b_B/\text{mol} \cdot \text{kg}^{-1}$	ΔT_f 计算值/K	ΔT_f 实验值/K		
		NaCl	$MgSO_4$	K_2SO_4
0.01	0.01858	0.03606	0.0300	0.0515
0.05	0.09290	0.1758	0.1294	0.239
0.10	0.1858	0.3470	0.2420	0.458

$$\Delta T_f' = iK_f b_B \tag{3-2}$$

电解质溶液依数性的校正系数 i 可以通过实验测定，常用的方法是：同时测出电解质溶液凝固点下降值 $\Delta T_f'$ 和相同浓度非电解质稀溶液的凝固点下降值 ΔT_f，其比值就等于 i。

同理：

$$i = \frac{\Delta p'}{\Delta p} = \frac{\Delta T_f'}{\Delta T_f} = \frac{\Delta T_b'}{\Delta T_b} = \frac{\Pi'}{\Pi} \tag{3-3}$$

根据表 3-1 的数据，现将一些电解质 i 值的计算结果列于表 3-2 中。

表 3-2　电解质稀溶液凝固点下降值和同浓度非电解质稀溶液凝固点下降值的比值

电解质	i 的理论值	$i = \dfrac{\Delta T_f'}{\Delta T_f}$		
		$0.01\text{mol} \cdot \text{kg}^{-1}$	$0.05\text{mol} \cdot \text{kg}^{-1}$	$0.10\text{mol} \cdot \text{kg}^{-1}$
NaCl	2	1.93	1.89	1.87
$MgSO_4$	2	1.62	1.43	1.42
K_2SO_4	3	2.77	2.57	2.46

从表 3-2 可以看出，对某一个电解质来说，溶液越稀，i 值越大，越趋于理论值；相同类型的不同电解质，i 值不同，充分证明它们在溶液中是以不同程度发生解离的。可以通过校正系数 i 计算解离度 α，例如 1∶1 型电解质 MA 的质量摩尔浓度为 b，解离度为 α，校正因子为 i，在溶液中建立如下平衡：

$$MA \rightleftharpoons M^+ + A^-$$

$$平衡时 \quad b(1-\alpha) \quad b\alpha \quad b\alpha$$

MA 解离后，溶液中分子和离子的总浓度为：

$$b(1-\alpha) + b\alpha + b\alpha = b(1+\alpha)$$

$$i = \frac{b(1+\alpha)}{b}; \quad \alpha = i - 1$$

【例题 3-1】　$0.100\text{mol} \cdot \text{kg}^{-1}$ CH_3COOH 溶液的凝固点为 $-0.188℃$，计算其解离度。

解　根据式（3-3）　$i = \dfrac{\Delta T_f'}{\Delta T_f} = \dfrac{0 - (-0.188)}{0.100 \times 1.86} = 1.01$

$$\alpha = i - 1 = 1.01 - 1 = 0.01 = 1\%$$

各种电解质由于本性不同，它们解离的程度差别很大，通常按照解离度的大小，对于质量摩尔浓度为 $0.1 mol \cdot kg^{-1}$ 的电解质溶液来说，解离度大于 30% 的称为强电解质；解离度介于 $30\% \sim 5\%$ 之间的称为中强电解质；解离度小于 5% 的称为弱电解质。

X 射线结构分析实验证实：多数强电解质在固体时是离子晶体，根本没有分子存在，它们在水溶液中应该全部以离子的形式存在。所以，在理论上，它们的解离度应为 100%。然而，从一些实验事实和计算结果表明，它们的解离度并不是 100%，不同的实验结果出现了互相矛盾的现象，这种现象可用强电解质溶液理论进行解释。

离子互吸学说

3.1.2 强电解质溶液理论——离子互吸学说

1923 年，德拜（P. Debye）和休克尔（E. Hückel）对强电解质稀溶液依数性的偏差做出了理论解释，提出离子互吸理论（ion interaction theory）。该理论认为：①强电解质在水溶液中是完全解离的，溶液中离子浓度较大；②离子间通过静电力相互作用，异号电荷的离子相互吸引，距离越近的吸引力越大；同号电荷的离子相互排斥，距离越近的排斥力越大，离子在水溶液中并不完全自由，其分布也不均匀，在一个阳离子的周围，平均来说，阴离子数目多一些；而在一个阴离子周围，阳离子数目也要多一些。总的结果是：任何一个离子都好像被许许多多球形对称的异号电荷离子包围着，形成所谓离子氛（ionic atmosphere）。离子氛是一个平均统计模型，如图 3-1 所示，一个离子氛的中心离子同时又是另一个离子氛的反电荷离子的成员。在离子氛的影响下，强电解质溶液中的离子不能完全自由运动，也就不能百分之百地发挥

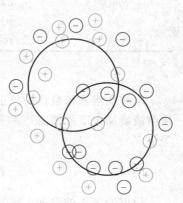

图 3-1　离子氛示意图

应有的作用。此外，在高浓度时，强电解质溶液中带相反电荷的离子还可以产生缔合现象，形成的离子对可作为一个个独立的单位运动，事实上也会使自由离子的浓度下降。两种情况都会导致通过溶液依数性等实验方法测定获得的解离度小于 100%。可见，实验测定的解离度并不代表强电解质的真实解离的百分数，它只反映了溶液中离子间相互牵制的程度。因此，这种解离度称为"表观解离度"（apparent dissociation degree）。

离子氛和离子对的形成显然与溶液的浓度和离子的电荷有关，溶液越浓，离子所带电荷越多，离子之间的相互作用越显著。

化学家小传——德拜

德拜（P. J. W. Debye，1884—1966），荷兰裔美籍物理学家、化学家。1884 年 3 月 24 日生于荷兰马斯特里赫特，1900 年进德国亚琛工业大学学习，1906 年随导师索末菲到慕尼黑大学，1908 年获博士学位，曾在瑞士苏黎世大学等任物理教授，1934 年到柏林组建皇家物理研究所。1936 年获诺贝尔化学奖。1940 年去美国，任康奈尔大学化学系主任。1966 年 11 月 2 日逝世于纽约伊萨卡。

德拜早期从事固体物理研究。1916 年，他和 P. 谢乐发展了劳厄的 X 射线晶体结构测定方法，他采用粉末状的晶体代替较难制备的大块晶体。粉末状晶体样品经 X 射线照射后在照相底片上可得到同心圆环的衍射图样，可用来鉴定样品的成分并决定晶胞大小。德拜在盐溶液极化分子、分子偶极矩和分子结构理论方面也有重要的贡献。他的第一个研究是对偶极矩的理论处理，偶极矩是电场对结构中一部分带

有正电而另一部分带有负电的分子在取向上影响的量度（偶极矩的单位称为德拜），使人们对分子极化的认识有了飞跃。最引人注目的是，德拜通过定量研究溶质与溶剂分子间的相互作用，于 1923 年提出了强电解质溶液理论，即德拜-休克尔理论及其数学式，解释了浓溶液中的一些反常现象，是现代阐明溶液性质的关键。

3.1.3　活度与活度系数

由于强电解质溶液中存在离子氛和离子对，每个离子不能完全自由地发挥它在导电等方面的作用，路易斯（Lewis）提出了活度的概念。活度（activity）是溶液中离子的有效浓度，即溶液中实际能起作用的离子浓度。活度用 a_B 表示，它与质量摩尔浓度 b_B 的关系为：

$$a_B = \gamma_B b_B / b^\ominus \tag{3-4}$$

式中，$b^\ominus$ 为标准质量摩尔浓度（即 $1 mol \cdot kg^{-1}$）；γ_B 为溶质 B 的活度系数（activity coefficient），也称为活度因子（activity factor），a 和 γ 的量纲均为 1。活度因子 γ 的大小反映了离子间相互影响的程度。由于 $a_B < b_B$，故 $\gamma_B < 1$。溶液越浓，离子间的牵制作用越强，活度系数越小，活度与浓度差别越显著；溶液越稀，离子间的距离越大，离子间的牵制作用越弱，活度系数越大，也越接近于 1，表示离子活动的自由程度越大。当溶液无限稀释时，活度系数等于 1，这时离子的运动几乎完全自由，离子活度近似等于离子浓度。一般认为：①对于无限稀释的溶液，离子间的距离较大，牵制作用较弱，活度接近浓度，即 $\gamma_B \approx 1$；②通常认为中性分子的 $\gamma_B \approx 1$；③对于弱电解质，因其离子浓度很小，也可以认为 $\gamma_B \approx 1$；④对于一般浓度的溶液：$\gamma_B < 1$，$a_B < b_B$。

活度和活度系数

电解质溶液中同时存在正离子和负离子，虽然目前实验方法无法分别测出正离子的活度系数 γ_+ 和负离子的活度系数 γ_-，但是可以求得电解质的正、负离子的平均活度系数 $\gamma_\pm$，表 3-3 中列出了 25℃时一些强电解质离子的平均活度系数。1-1 型电解质离子的平均活度 $a_\pm$，定义为正离子活度 a_+ 和负离子活度 a_- 的几何平均值，即 $a_\pm = \sqrt{a_+ a_-}$。根据式（3-4）可分别得到：$a_+ = \gamma_+ b_+ / b^\ominus$；$a_- = \gamma_- b_- / b^\ominus$，代入上式得：$a_\pm = \sqrt{\gamma_+ b_+ \gamma_- b_-} / b^\ominus$，即平均活度系数 $\gamma_\pm = \sqrt{\gamma_+ \gamma_-}$，平均离子质量摩尔浓度 $b_\pm = \sqrt{b_+ b_-}$，强电解质溶液的活度一般是指溶液的平均活度（$a_\pm$）。即：

$$a_\pm = \gamma_\pm b_\pm / b^\ominus \tag{3-5}$$

表 3-3　一些强电解质离子的平均活度系数（25℃）

$b_B / mol \cdot kg^{-1}$	0.001	0.005	0.01	0.05	0.1	0.5	1.0
HCl	0.966	0.928	0.904	0.803	0.796	0.758	0.809
KOH	0.96	0.92	0.90	0.82	0.80	0.73	0.76
KCl	0.965	0.927	0.901	0.815	0.769	0.651	0.606
CuSO₄	0.74	0.53	0.41	0.21	0.16	0.068	0.047

【例题 3-2】　已知 25℃时，$0.10 mol \cdot kg^{-1}$ KCl 溶液中，离子的平均活度系数为 0.769，求离子的平均活度。

解　已知 KCl 溶液 $\gamma_\pm = 0.769$　对于 1-1 型强电解质 $b_\pm = \sqrt{b_+ b_-} = 0.10 mol \cdot kg^{-1}$
　　根据式（3-5）　$a_\pm = 0.769 \times 0.10 / 1 = 0.077$

思考题 3-1　为何弱电解质的活度系数近似等于 1，而强电解质的活度系数反而小于 1？
思考题 3-2　溶液越稀，为何活度系数越大，浓度与活度之间的差别越小？

3.1.4 活度系数与离子强度的关系

溶液中离子的活度系数不仅与离子本身的浓度和电荷数有关，并且还与溶液中其他各种离子的浓度及离子的电荷数有关，但与离子的本性无关。因此，溶液中离子的浓度和离子的电荷数就成为影响离子活度系数的主要因素。为了阐明两者对离子活度的影响，引入了离子强度的概念。离子强度（ionic strength）表示溶液中离子所产生的电场强度。它是溶液中各种离子的质量摩尔浓度与离子电荷数平方乘积的总和的1/2。

活度系数与离子强度的关系

$$I = \frac{1}{2} \sum b_i z_i^2 \tag{3-6}$$

式中，I 代表溶液的离子强度，单位为 $mol \cdot kg^{-1}$；b_i 是 i 离子的质量摩尔浓度；z_i 是 i 离子的电荷数。近似计算时，可以用 c_i 代替 b_i。

【例题 3-3】 溶液中含有 $0.05 mol \cdot kg^{-1}$ NaCl 和 $0.01 mol \cdot kg^{-1}$ KCl，求该溶液的离子强度。

解 $I = \frac{1}{2} \times \{[0.05 \times (+1)^2 + 0.05 \times (-1)^2] + [0.01 \times (+1)^2 + 0.01 \times (-1)^2]\} mol \cdot kg^{-1}$

$= 0.06 mol \cdot kg^{-1}$

P. Debye 和 E. Hückel 根据"离子氛"模型，从理论上推导出离子的平均活度系数 $\gamma_\pm$ 与离子强度 I 之间的关系式：

$$\lg \gamma_\pm = -A |z_+ z_-| \sqrt{I} \tag{3-7}$$

式中，A 为常数，在 298.15K 的水溶液中，其值为 0.509；z_+ 和 z_- 分别是阳离子和阴离子所带的电荷数。对某一给定的电解质来说，z_+ 和 z_- 是恒定的，电解质的平均活度系数只与溶液中的离子强度有关，与电解质的本性无关，与溶液中其他电解质的种类、性质无关。上式只适用于 $I < 0.01 mol \cdot kg^{-1}$ 的极稀溶液；对于较浓溶液，公式需要修正，在此不予介绍。

【例题 3-4】 分别用离子浓度和离子活度计算 $0.010 mol \cdot kg^{-1}$ NaCl 溶液在 25℃时的渗透压。

解 （1）NaCl 的离子浓度为 $2 \times 0.010 = 0.020 mol \cdot kg^{-1}$，$c_i \approx b_i$

$\Pi = cRT = 0.020 \times 8.314 \times 298.15 kPa = 50 kPa$

（2）$I = 1/2 \times [0.010 \times (+1)^2 + 0.010 \times (-1)^2] mol \cdot kg^{-1} = 0.010 mol \cdot kg^{-1}$

$\lg \gamma_\pm = -A |z_+ z_-| \sqrt{I}$

$= -0.509 \times |(+1) \times (-1)| \times \sqrt{0.010}$

$= -0.051$

$\gamma_\pm = 0.89$

$a_\pm = \gamma_\pm b_B / b^\ominus$

$= 0.89 \times 0.010/1 = 0.0089$

$c(NaCl) \approx 0.0089 mol \cdot L^{-1}$

$\Pi = icRT, i = 2$

$\Pi = 2 \times 0.0089 \times 8.314 \times 298.15 kPa = 44 kPa$

用离子活度计算的渗透压为 44kPa，与实验测定值 43kPa 非常接近，而与不考虑活度时的计算值 50kPa 则相差较大。

离子强度、活度和活度系数等概念对研究生物化学有重要意义，如动物血液中离子强度约为 0.16，因此，离子强度对酶、激素和维生素的功能影响不能忽视。本书除特别声明外，对稀溶液一般不考虑离子强度的影响。

3.2 酸碱理论

3.2.1 酸碱理论的发展

酸和碱是两类重要的电解质。人们对酸、碱概念的认识经历了一个由浅入深、由现象到本质的逐步完善过程。通过对酸、碱物质的性质、组成及结构关系的研究，先后提出了多种酸碱理论，其中较重要的有 S. A. Arrhenius 的电离理论，J. N. Bronsted 与 T. M. Lowry 的质子理论和 G. N. Lewis 的电子理论。电离理论在中学已讨论过，本节将着重讨论酸碱质子理论，并将此理论作为本书酸碱分类和计算的主要依据。

经典的酸碱理论是瑞典化学家 S. A. Arrhenius 于 1889 年根据他的电离学说提出的，该理论认为：在水溶液中电离生成的阳离子全部是 H^+（水合质子）的物质是酸；电离生成的阴离子全部是 OH^- 的物质是碱。它从物质的化学组成上揭示了酸碱的本质，促进了化学的发展，至今仍普遍应用，但它把酸碱概念局限在水溶液中，因此对非水体系和无溶剂体系都不适用，另外，电离理论把碱限制为氢氧化物，无法解释氨水表现为碱性这一事实，这说明电离理论还不完善，需要进一步补充和发展。

酸碱理论

3.2.2 酸碱的质子理论

3.2.2.1 质子酸碱的概念

1923 年，J. N. Bronsted 与 T. M. Lowry 同时提出了酸碱质子理论（proton theory of acid and base）。该理论认为：凡是能给出质子（H^+）的物质都是酸（acid），凡是能接受质子的物质都是碱（base）。酸是质子的给予体，碱是质子的接受体，酸和碱不是孤立的，酸给出质子后余下的部分就是碱，而碱结合质子后就变为酸，两者相互依赖，在一定条件下可以相互转化，这种关系称为共轭关系，用通式表示为：

$$
\begin{array}{ccccc}
酸 & \rightleftharpoons & 质子 & + & 碱 \\
HCl & \rightleftharpoons & H^+ & + & Cl^- \\
[Al(H_2O)_6]^{3+} & \rightleftharpoons & H^+ & + & [Al(H_2O)_5OH]^{2+} \\
NH_4^+ & \rightleftharpoons & H^+ & + & NH_3 \\
H_3O^+ & \rightleftharpoons & H^+ & + & H_2O \\
H_2PO_4^- & \rightleftharpoons & H^+ & + & HPO_4^{2-}
\end{array}
$$

从上述酸碱的共轭关系可以看出，酸和碱可以是分子，也可以是阴离子或阳离子，另外像 $H_2PO_4^-$、HPO_4^{2-} 等物质，既可以给出质子表现为酸，又可以接受质子表现为碱，这种物质称为两性物质（amphoteric substance）。仅相差一个质子的一对酸和碱称为共轭酸碱对（conjugated pair of acid-base），共轭酸（conjugate acid）总是比其共轭碱（conjugate base）多一个质子（H^+）。例如 HCl 的共轭碱是 Cl^-，Cl^- 的共轭酸是 HCl，HCl 和 Cl^- 互为共轭酸碱对。

3.2.2.2 酸碱反应的实质

根据酸碱质子理论可知，酸和碱是成对存在的，酸给出质子，必须有接受质子的碱存在，质子才能从酸转移至碱。因此，酸碱反应的实质是两个共轭酸碱对之间的质子转移反应，可用通式表示为：

$$\overset{\displaystyle \underset{\big\downarrow}{\overline{H^+}}}{\text{酸}_1 \ + \ \text{碱}_2 \ \rightleftharpoons \ \text{酸}_2 \ + \ \text{碱}_1} \tag{3-8}$$

在上式中，酸$_1$和碱$_1$，酸$_2$和碱$_2$互为共轭酸碱对，质子从一种物质（酸$_1$）转移到另一种物质（碱$_2$）上。这种反应无论是在水溶液中，还是在非水溶液中或气相中进行，其实质都是一样的，解释了非水溶液和气体间的酸碱反应，为研究质子反应开辟了广阔的天地。

3.2.2.3　酸碱的强度

在质子转移反应中，争夺质子的过程决定反应的方向。酸碱反应的结果必然是较强的酸和较强的碱作用，向着生成较弱的酸和较弱的碱的方向进行，相互作用的酸和碱越强，反应就进行得越完全，因此，判断酸碱的强度是酸碱理论中的一个重要内容。质子理论认为，决定酸碱强弱的因素有两个。其一，酸碱本身给出或接受质子的能力，在具有共轭关系的酸碱对中，它们的强度是相互制约的。酸的酸性越强，其对应的共轭碱的碱性就越弱；反之亦然。如：HCl 在水中是强酸，其共轭碱 Cl^- 就是较弱的碱；HAc 在水中是弱酸，其共轭碱 Ac^- 就是较强的碱。因此，从酸性看，HCl＞HAc；从碱性看，$Ac^-＞Cl^-$。其二，由于质子酸和质子碱的酸碱性需通过溶剂分子转移质子方可体现，酸碱强弱还取决于溶剂接受或给出质子的能力。因此同一种酸在不同的溶剂中，呈现出不同的强度。如 HNO_3 在水中为强酸，溶于冰醋酸时，其酸度大大降低，而溶于纯硫酸中却显碱性。

$$HNO_3 \ + \ H_2O \ \rightleftharpoons \ H_3O^+ \ + \ NO_3^- \quad (HNO_3 \text{ 为强酸})$$
$$HNO_3 \ + \ HAc \ \rightleftharpoons \ H_2Ac^+ \ + \ NO_3^- \quad (HNO_3 \text{ 为弱酸})$$
$$HNO_3 \ + \ H_2SO_4 \ \rightleftharpoons \ H_2NO_3^+ \ + \ HSO_4^- \quad (HNO_3 \text{ 为碱})$$

酸碱的强弱是相对的，在同一溶剂中，酸、碱的相对强弱取决于酸、碱本身的性质，而同一酸或碱在不同的溶剂中的相对强弱则取决于溶剂的性质。

讨论酸碱的相对强度，必须以同一溶剂作为比较标准。水是最常用的溶剂，本书主要讨论水溶液中酸碱的相对强度。

酸碱质子理论与电离理论相比较，扩大了酸和碱的范畴，增加了离子酸和离子碱，排除了"盐"的概念。它不仅适用于水溶液体系，也适用于非水体系和气相体系。此外，它还把许多离子平衡都归结为酸碱反应而使之系统化。但是质子理论也有局限性，不能解释没有质子转移的酸碱反应，此外，酸必须含有氢原子且能和溶剂发生质子交换，因而，质子酸不能包括那些化学组成中不含氢原子但又具有酸性的物质，如 SO_3、BF_3、$SnCl_4$、$AlCl_3$ 等，它们和含氢酸一样在非水溶剂中仍然可以表现为酸性，这些物质的酸性可由酸碱电子理论来解释。

3.2.3　酸碱的电子理论与软硬酸碱规则

3.2.3.1　酸碱的电子理论

（1）电子酸碱的定义

在酸碱质子理论提出的同年，美国化学家 G. N. Lewis 提出了酸碱电子理论（electron theory of acid and base）。Lewis 定义：凡是能给出电子对的分子、离子或原子团都叫做碱，碱是电子对的给予体，必须具有未共享的孤对电子；凡是能接受电子对的分子、离子或原子团都叫做酸，酸是电子对的接受体，必须具有可以接受电子对的空轨道。酸碱反应的实质是碱提供一对电子与酸形成配位键而生成酸碱配合物，并不发生电子转移。可用通式表示为：

$$\text{酸} \qquad \text{碱} \qquad \Longrightarrow \qquad \text{酸碱配合物}$$

$$\text{A} \quad + \quad :\text{B} \quad \Longrightarrow \quad \text{AB}$$

$$\text{H}^+ \quad + \quad :\text{OH}^- \quad \Longrightarrow \quad \text{H}{\leftarrow}\text{OH}$$

$$\text{BF}_3 \quad + \quad :\text{F}^- \quad \Longrightarrow \quad [\text{F}{\rightarrow}\text{BF}_3]^-$$

$$\text{Ag}^+ \quad + \quad 2:\text{NH}_3 \quad \Longrightarrow \quad [\text{H}_3\text{N}{\rightarrow}\text{Ag}{\leftarrow}\text{NH}_3]^+$$

OH^-、F^- 和 NH_3 都是电子对给予体，它们都是碱，也叫亲核试剂；而 H^+、BF_3 和 Ag^+ 都是电子对接受体，它们都是酸，也叫亲电试剂。

化学家小传——路易斯

路易斯（G. N. Lewis，1785—1946），美国物理化学家。1875 年 10 月 25 日生于马萨诸塞州的一个律师家庭。13 岁入内布拉斯加大学预备学校。24 岁获哈佛大学博士学位。1900 年到德国格丁根大学进修，回国后任教哈佛大学。1904 年任菲律宾计量局局长。1905 年到麻省理工学院任教，1911 年晋升教授。1912 年起任加利福尼亚大学伯克利分校化学系主任。曾获戴维、阿伦尼乌斯和吉布斯等奖章。1946 年 3 月 23 日逝世。

1901 年和 1907 年，路易斯先后提出"逸度"和"活度"概念；1916 年提出共价键的电子理论；1923 年对价键理论和共用电子对成键理论作了进一步阐述，并列出了电子结构式。1921 年将离子强度的概念引入热力学，提出了稀溶液中盐的活度系数由离子强度决定的经验定律。1923 年与兰德尔合作写书，深入探讨了化学平衡，对自由能、活度等概念作出了新的解释。同年，提出路易斯酸碱理论，扩大了酸碱的定义范围，在有机反应和催化反应中得到广泛应用。他还研究过重氢及其化合物、荧光、磷光等现象。

路易斯善于采用非传统的研究方法，能设想出简单而又形象的模型和概念。他经常在未充分查阅文献时就开展研究。他认为，若彻底掌握了文献资料，有可能受前人思想的束缚而影响自己的独立思考。他还是一位著名的化学教育家，十分重视基础教育，在他的学生中有 5 人获得诺贝尔化学奖。

含有配位键的化合物普遍存在，所以电子酸碱的范围相当广泛，酸碱配合物几乎无所不包。凡是金属离子都是酸，与金属离子结合的不管是阴离子或中性分子都是碱。而电离理论中所谓盐类如 $MgSO_4$、$SnCl_4$ 等；金属氧化物如 CuO、Fe_2O_3 等；各种配合物如 $[FeCl_4]^-$、$[Cu(NH_3)_4]^{2+}$ 等都是酸碱配合物。许多有机化合物也可看作是酸碱配合物，如乙醇可以看作是由乙基离子 $C_2H_5^+$（酸）和羟基离子 OH^-（碱）组成的，乙酸乙酯可看作是由乙酰离子 CH_3CO^+（酸）和乙氧离子 $C_2H_5O^-$（碱）组成的，甚至烷烃类也可看作是由 H^+（酸）和碳负离子 R^-（碱）组成的酸碱配合物。

由此可见，电子论定义的酸碱包含的物质种类极为广泛。为了区别不同理论所指的酸碱，常把电子酸碱理论所定义的酸碱称为路易斯酸和路易斯碱。

（2）酸碱反应的类型

根据酸碱电子理论，酸碱反应分为以下四种类型：

①酸碱加合反应　如 $Cu^{2+} + 4NH_3 \Longrightarrow [Cu(NH_3)_4]^{2+}$。

前面所讨论酸碱反应的例子都属于加合反应。

②碱取代反应　如 $HCN + H_2O \Longrightarrow H_3O^+ + CN^-$。

在酸碱配合物如 HCN 中加入 H_2O，则 H_2O 作为路易斯碱取代了另一个碱 CN^-，所以叫做碱取代反应，也可以叫做亲核取代。

③酸取代反应 如 $Al(OH)_3 + 3H^+ \rightleftharpoons Al^{3+} + 3H_2O$。

在酸碱配合物如 $Al(OH)_3$ 中加入酸 H^+，则酸 H^+ 取代了另一个酸 Al^{3+}，所以叫做酸取代反应，也可以叫做亲电取代。

④双取代反应 如 $HCl + NaOH \rightleftharpoons NaCl + H_2O$。

在此反应中，酸 H^+ 取代酸 Na^+，同时碱 OH^- 取代碱 Cl^-，即在同一个反应中既有酸的取代反应又有碱的取代反应，所以叫做双取代反应。

酸碱电子理论扩大了酸碱的范围，可以有不含氢的酸并把酸碱概念用于许多有机反应和无溶剂体系中。此外，它还把所有的反应简化成酸碱反应和氧化还原反应两大类。但是酸碱电子理论对酸碱的强弱不能给出定量的标准，它认为：酸碱强弱的顺序就是取代的顺序，而取代需用某种酸或碱作参照标准，参照标准不同，测出酸碱强度的顺序可能不同。这是酸碱电子理论的不足之处。

3.2.3.2 软硬酸碱规则

软硬酸碱（soft hard acid base）是对路易斯酸碱的进一步分类。它是根据路易斯酸中接受电子原子和路易斯碱中给出电子原子的价电子性质的不同而采取的一种分类方法。软硬酸碱的定义如下。

①硬碱 碱中给电子原子不易失去电子，它较紧密地保护它的价电子，电负性大，难变形，不易被氧化，即原子对外层电子的吸引力强。常见的硬碱有 H_2O、OH^-、O^{2-}、F^-、PO_4^{3-}、SO_4^{2-}、Cl^-、CO_3^{2-}、ClO_4^-、NO_3^-；ROH、RO^-、R_2O；NH_3、RNH_2、N_2H_4、N_2、O_2、F_2 等。

②软碱 碱中给电子原子易失去电子，易极化变形，电负性小，即原子对外层电子的吸引力弱。常见的软碱有 R_2S、RSH、RS^-；I^-、SCN^-、$S_2O_3^{2-}$、S^{2-}、R_3P、AsR_3、CN^-、CO、C_2H_4、C_6H_6、H^-、R^- 及烯烃、芳烃、异腈等。

③硬酸 酸中接受电子原子的体积小，带正电荷多，没有易变形和易失去的电子，即受电子原子对外层电子的吸引力很强。常见的硬酸有 H^+，周期表中主族金属的离子如 Li^+、Na^+、Mg^{2+}、Ca^{2+} 等，某些过渡金属离子如 Mn^{2+}、Cr^{3+}、Co^{3+}、Fe^{3+} 等，以及 BF_3、$AlCl_3$、AlH_3、SO_3、CO_2、I^{7+}、I^{5+}、Cl^{7+}、Cr^{6+} 等。

④软酸 酸中接受电子原子的体积大，带正电荷少或不带电荷，有若干易变形或易失去的电子，即受电子原子对外层电子的吸引力弱。常见软酸有金属原子、Cu^+、Ag^+、Au^+、Hg^+、Tl^+、Cd^{2+}、Hg^{2+}、Tl^{3+}、Pt^{2+}、Pt^{4+} 及 BH_3、O、Cl、Br、I、N 等。

介于软硬之间的酸碱称为交界酸碱。例如交界碱：$C_6H_5NH_2$、C_6H_5N、N_3^-、NO_2^-、SO_3^{2-}、Br^- 等。交界酸：Fe^{2+}、Co^{2+}、Ni^{2+}、Cu^{2+}、Zn^{2+}、Pb^{2+}、Sn^{2+}、Sb^{3+}、Bi^{3+}、SO_2、NO^+、Cr^{2+} 等。一种物质属于哪类不是固定的，它随电荷不同而改变。例如 Fe^{3+} 是硬酸，Fe^{2+} 则是交界酸；Cu^{2+} 是交界酸，而 Cu^+ 为软酸；又如 SO_4^{2-} 是硬碱，SO_3^{2-} 是交界碱，$S_2O_3^{2-}$ 则是软碱。

由于路易斯酸碱是多种多样的，分类比较粗略，反应比较复杂，目前还没有大家公认的定量理论将它们系统连贯起来。只有一个经验总结，这就是软硬酸碱（缩写为 SHAB）原则：硬酸倾向与硬碱结合，软酸倾向与软碱结合。因为硬-硬结合和软-软结合形成的酸碱配合物的稳定性更大，但并不是说软硬之间不能结合，只是结合形成的酸碱配合物稳定性不够且反应慢。这一原则不能定量，且有不少例外不能解释。尽管如此，它还是一个很有用的理论，软硬酸碱原则可对化合物的稳定性，自然界中矿物的存在形式，含金属离子化合物的结合形式及金属催化剂的中毒现象等都能给予较好的解释。总之，软硬酸碱原则的应用很广，它涉及无机化学和有机化学的各个方面。

3.3 弱电解质溶液的解离平衡

3.3.1 水的解离平衡

3.3.1.1 水的质子自递平衡

水分子是一种酸碱两性物质，它既可给出质子，又可接受质子。在水分子之间也能发生质子转移反应，称为水的质子自递反应（proton self-transfer reaction）：

$$H_2O \ + \ H_2O \ \Longrightarrow \ OH^- \ + \ H_3O^+$$
$$\text{酸}_1 \qquad \text{碱}_2 \qquad\quad \text{碱}_1 \qquad \text{酸}_2$$

弱电解质溶液的
解离平衡

这种质子自递反应的平衡常数表达式为：

$$K = \frac{[H_3O^+][OH^-]}{[H_2O][H_2O]}$$

式中，$[H_2O]$ 可以看成是一常数，将它与 K 合并，则：

$$K_w = [H_3O^+][OH^-]$$

为简便起见，用 H^+ 代表水合氢离子 H_3O^+，则有

$$K_w = [H^+][OH^-] \tag{3-9}$$

式中，K_w 称为水的质子自递常数（proton self-transfer constant），又称为水的离子积（ion product of water）。其数值与温度有关，水的质子自递反应是吸热反应，故 K_w 值随温度的升高而增大。在 25℃ 的纯水中，K_w 为 1.00×10^{-14}，故

$$[H^+] = [OH^-] = \sqrt{K_w} = 1.00 \times 10^{-7}\,mol \cdot L^{-1}$$

水的离子积表明了一个重要规律：在一定温度下，任何稀水溶液或纯水中，H^+ 浓度和 OH^- 浓度的乘积是一个常数。也可以认为，在任何稀水溶液或纯水中，都同时存在 H^+ 和 OH^-，若已知 H^+ 或 OH^- 浓度和该温度下的 K_w，就可以利用式（3-9）计算溶液中 OH^- 或 H^+ 的浓度。

3.3.1.2 水溶液的酸碱性

如果已知溶液中的 H^+ 或 OH^- 浓度，就可定量地表达出溶液的酸碱度，一般用 $[H^+]$ 表示。室温时：

中性溶液中 $\quad [H^+] = [OH^-] = 1.00 \times 10^{-7}\,mol \cdot L^{-1}$

酸性溶液中 $\quad [H^+] > 1.00 \times 10^{-7}\,mol \cdot L^{-1} > [OH^-]$

碱性溶液中 $\quad [H^+] < 1.00 \times 10^{-7}\,mol \cdot L^{-1} < [OH^-]$

考虑到许多溶液的 $[H^+]$ 很小，为了使用方便，常用 pH 值表示溶液的酸碱性，pH 值的定义为氢离子活度的负对数：

$$pH = -\lg a(H^+)$$

在稀溶液中，浓度和活度的数值很接近，通常在实际工作中近似地用浓度代替活度：

$$pH = -\lg[H^+] \tag{3-10}$$

这样，室温时

中性溶液中 $\qquad$ pH = 7.00

酸性溶液中 $\qquad$ pH < 7.00

碱性溶液中 $\qquad$ pH > 7.00

溶液的酸碱性也可以用 pOH 表示，pOH 是 OH^- 活度的负对数：

$$pOH = -\lg a(OH^-)$$

同理:
$$pOH = -\lg[OH^-] \tag{3-11}$$

25℃时，水溶液中 $[H^+][OH^-] = 1.00 \times 10^{-14}$，故有 pH+pOH=14.00。当溶液中的 H^+ 浓度为 $1 \sim 10^{-14}$ mol·L^{-1} 时，pH 值范围在 $1 \sim 14$。溶液的酸性越强，pH 值越小；碱性越强，pH 值越大。若溶液中的 H^+ 或 OH^- 浓度大于 1mol·L^{-1}，则直接用 H^+ 或 OH^- 浓度来表示。

【例题 3-5】 已知某溶液的 pH 值为 8.70，计算其 $[H^+]$。

解
$$pH = 8.70 = -\lg[H^+]$$
$$\lg[H^+] = -8.70$$
$$[H^+] = 2.0 \times 10^{-9} \text{mol·L}^{-1}$$

3.3.2 弱电解质溶液的解离平衡

3.3.2.1 一元弱酸、弱碱的解离平衡

根据酸碱质子理论，一元弱酸、弱碱是指那些只能给出一个质子或接受一个质子的物质。在一元弱酸 HB 的水溶液中，存在 HB 与 H_2O 之间的质子转移平衡，可用通式表示：

$$HB + H_2O \rightleftharpoons B^- + H_3O^+$$

其平衡常数为：

$$K_i = \frac{[H_3O^+][B^-]}{[HB][H_2O]}$$

在稀水溶液中，$[H_2O]$ 可视为常数，上式可写为：

$$K_a = \frac{[H_3O^+][B^-]}{[HB]} \tag{3-12}$$

式中，K_a 称为酸的质子转移平衡常数（proton transfer constant of acid），简称为酸常数。在一定温度下，其值一定。K_a 的大小表示酸在水溶液中给出质子的能力强弱，即酸的相对强弱，K_a 越大，说明该酸在水溶液中越易给出质子，即酸性越强。

一元弱碱 B^- 在水溶液中的质子转移平衡通式为：

$$B^- + H_2O \rightleftharpoons HB + OH^-$$

同理
$$K_b = \frac{[HB][OH^-]}{[B^-]} \tag{3-13}$$

式中，K_b 称为碱的质子转移平衡常数（proton transfer constant of base），简称为碱常数。在一定温度下，其值一定。K_b 的大小表示碱在水溶液中接受质子的能力强弱，即碱的相对强弱，K_b 越大，说明该碱在水溶液中越易接受质子，即碱性越强。

3.3.2.2 共轭酸碱解离常数的关系

一元弱酸 HB 的质子转移平衡常数 K_a 与其共轭碱 B^- 的质子转移平衡常数 K_b 之间有确定的关系，将式（3-12）和式（3-13）相乘得：

$$K_a K_b = [H^+][OH^-]$$

又因为溶液中同时存在水的质子自递平衡，将 K_a、K_b 代入式（3-9），可得：

$$K_a K_b = K_w \tag{3-14}$$

式（3-14）表明一定温度时 K_a 与 K_b 成反比，说明酸越强，其共轭碱越弱；碱越强，其共轭酸越弱。一般化学手册中不常列出离子酸、离子碱的质子转移平衡常数，但根据已知分子酸的 K_a（或分子碱的 K_b），可以方便地计算其共轭离子碱的 K_b 或共轭离子酸的 K_a。常见质子酸碱的质子转移平衡常数参见书后附录三。

【例题 3-6】 已知甲酸 HCOOH 的 K_a 为 1.78×10^{-4}，求 $HCOO^-$ 的 K_b。

解　　　　　　HCOO$^-$ 的共轭酸是 HCOOH，根据式（3-14）

$$K_b = K_w / K_a = 1.00 \times 10^{-14} / (1.78 \times 10^{-4}) = 5.62 \times 10^{-11}$$

3.3.2.3　多元弱酸、弱碱的解离平衡

多元弱酸或多元弱碱在水中的质子转移反应是分步进行的，每一步都有对应的质子转移平衡常数，例如 H_3PO_4，其质子转移分三步进行：

$$H_3PO_4 + H_2O \rightleftharpoons H_2PO_4^- + H_3O^+$$

$$K_{a1} = \frac{[H_2PO_4^-][H_3O^+]}{[H_3PO_4]} = 6.92 \times 10^{-3}$$

$$H_2PO_4^- + H_2O \rightleftharpoons HPO_4^{2-} + H_3O^+$$

$$K_{a2} = \frac{[HPO_4^{2-}][H_3O^+]}{[H_2PO_4^-]} = 6.17 \times 10^{-8}$$

$$HPO_4^{2-} + H_2O \rightleftharpoons PO_4^{3-} + H_3O^+$$

$$K_{a3} = \frac{[PO_4^{3-}][H_3O^+]}{[HPO_4^{2-}]} = 4.79 \times 10^{-13}$$

H_3PO_4、$H_2PO_4^-$、HPO_4^{2-} 都为酸，它们对应的共轭碱分别为 $H_2PO_4^-$、HPO_4^{2-}、PO_4^{3-}，其质子转移平衡常数分别为：

$$PO_4^{3-} + H_2O \rightleftharpoons HPO_4^{2-} + OH^-$$

$$K_{b1} = K_w / K_{a3} = 2.09 \times 10^{-2}$$

$$HPO_4^{2-} + H_2O \rightleftharpoons H_2PO_4^- + OH^-$$

$$K_{b2} = K_w / K_{a2} = 1.62 \times 10^{-7}$$

$$H_2PO_4^- + H_2O \rightleftharpoons H_3PO_4 + OH^-$$

$$K_{b3} = K_w / K_{a1} = 1.45 \times 10^{-12}$$

【例题 3-7】　　已知 $H_2C_2O_4$ 的 K_{a1} 为 5.89×10^{-2}，K_{a2} 为 6.46×10^{-5}，求 $C_2O_4^{2-}$ 的 K_{b1} 和 K_{b2}。

解　$C_2O_4^{2-}$ 与 $HC_2O_4^-$ 为共轭酸碱对，$K_{b1}K_{a2} = K_w$

$$K_{b1} = K_w / K_{a2} = 1.0 \times 10^{-14} / (6.46 \times 10^{-5}) = 1.55 \times 10^{-10}$$

$HC_2O_4^-$ 与 $H_2C_2O_4$ 为共轭酸碱对，$K_{b2}K_{a1} = K_w$

$$K_{b2} = K_w / K_{a1} = 1.0 \times 10^{-14} / (5.89 \times 10^{-2}) = 1.70 \times 10^{-13}$$

3.3.2.4　酸碱平衡的移动

质子转移平衡和其他平衡一样，只是相对的和暂时的，若改变平衡的条件，平衡就会被破坏，直到建立新的平衡为止。

（1）浓度对质子转移平衡的影响

弱酸 HB 在水中的质子转移平衡为：

$$HB + H_2O \rightleftharpoons H_3O^+ + B^-$$

达到平衡后，若增大溶液中 HB 的浓度 c(HB)，平衡被破坏，向着 HB 解离的方向移动，导致 H_3O^+ 和 B^- 的浓度增大，应注意，平衡虽然向右移动，使 $[H_3O^+]$ 增大，但 HB 的解离度 α 却减小。因为 HB 的解离度是一个比值，即 $\alpha = [H_3O^+] / c(HB)$，$[H_3O^+]$ 增加的幅度小于 c(HB) 的增加幅度。α 与 HB 浓度的定量关系推导如下：

若 HB 的浓度为 c（或叫总浓度，包括解离的及未解离的 HB 的浓度），平衡时 HB 的解离度为 α，当达平衡时：

$$HB + H_2O \rightleftharpoons H_3O^+ + B^-$$

$$c-c\alpha \qquad\qquad c\alpha \qquad c\alpha$$

$$K_a = \frac{[H_3O^+][B^-]}{[HB]} = \frac{c\alpha c\alpha}{c-c\alpha} = \frac{c\alpha^2}{1-\alpha} \tag{3-15}$$

由于弱电解质在一般浓度时 $\alpha < 5\%$，则 $1-\alpha \approx 1$，$K_a = c\alpha^2$

$$\alpha = \sqrt{\frac{K_a}{c}} \tag{3-16}$$

上式表明：温度一定时，K_a 是常数，同一弱电解质的解离度与其溶液浓度的平方根成反比，即解离度随溶液浓度的增大而减小；相同浓度的不同弱电解质，其解离度与酸常数的平方根成正比，即 K_a 较大的弱电解质的解离度亦大，此关系称为稀释定律。

表 3-4 列出不同浓度 HAc 的解离度和 $[H^+]$ 的数据，结果证实了增大 HAc 的浓度，$[H^+]$ 浓度增大，但解离度 α 却减小了。

表 3-4　不同浓度 HAc 的 α 和 [H⁺]

$c/\text{mol} \cdot L^{-1}$	$\alpha/\%$	$[H^+]/\text{mol} \cdot L^{-1}$
0.020	2.95	5.90×10^{-4}
0.100	1.32	1.32×10^{-3}
0.200	0.932	1.86×10^{-3}

（2）同离子效应

在弱酸或弱碱的水溶液中，加入与弱酸或弱碱含有相同离子的易溶强电解质，使弱酸或弱碱的解离度减小的现象称为同离子效应（common ion effect）。

如在 HAc 溶液中，加入含有相同离子的 NaAc，由于 NaAc 是强电解质，在水溶液中全部解离成 Na^+ 和 Ac^-，使溶液中 Ac^- 的浓度增大，破坏了 HAc 在水溶液中的质子转移平衡，使平衡向生成 HAc 分子的方向移动，溶液中的 H_3O^+ 浓度减小，导致 HAc 的解离度减小。

$$HAc + H_2O \rightleftharpoons H_3O^+ + Ac^-$$

平衡移动方向　　　　　　　　　　　　$+$

$$Na^+ \longleftarrow NaAc$$

【例题 3-8】　在 $0.10\text{mol} \cdot L^{-1}$ HAc 溶液中加入固体 NaAc，使溶液中 NaAc 的浓度为 $0.10\text{mol} \cdot L^{-1}$（溶液体积变化忽略不计），计算加 NaAc 前、后溶液中 HAc 的解离度。

解　（1）加 NaAc 前

$$HAc + H_2O \rightleftharpoons H_3O^+ + Ac^-$$

平衡时　　$c(1-\alpha)$　　　　　　　$c\alpha$　　$c\alpha$

据式（3-16）得　$\alpha = \sqrt{\dfrac{K_a}{c}} = \sqrt{\dfrac{1.74 \times 10^{-5}}{0.10}} = 1.3 \times 10^{-2} = 1.3\%$

（2）加 NaAc 后

因为 NaAc 在溶液中全部解离，由于 NaAc 解离而增加的 Ac^- 浓度为 $0.10\text{mol} \cdot L^{-1}$。

则　　　　　　　$HAc + H_2O \rightleftharpoons H_3O^+ + Ac^-$

平衡时　　$0.10-[H^+] \approx 0.10$　　　　　$[H^+]$　　$0.10+[H^+] \approx 0.10$

根据 $K_a = [H_3O^+][Ac^-]/[HAc]$

得：$[H_3O^+] = K_a[HAc]/[Ac^-] = 1.74 \times 10^{-5} \times 0.10/0.10\text{mol} \cdot L^{-1} = 1.7 \times$

$10^{-5}\,mol \cdot L^{-1}$

此时解离度 $\alpha' = [H_3O^+]/c(HAc) = 1.7 \times 10^{-5}/0.10 = 1.7 \times 10^{-4} = 0.017\%$

加入 NaAc 前、后溶液中 HAc 的解离度之比

$$\alpha/\alpha' = 1.3 \times 10^{-2}/1.7 \times 10^{-4} \approx 76$$

表明由于同离子效应的存在，HAc 的解离度降低约 76 倍。

同离子效应很有实际意义，由于它可以控制弱酸或弱碱溶液的 H^+ 或 OH^- 浓度，故在实际应用中常用来调节溶液的酸碱性，有关内容将在缓冲溶液中介绍。

酸碱催化剂

一般而言，在无机化合物的液相反应中，离子反应是最快的；而有机化合物因大都是共价化合物，相互之间反应较慢，通常除利用光、自由基引发外，也可在酸或碱的作用下使之"离子化"而发生反应，当这些酸或碱可循环作用时，即为酸碱催化反应，这些酸或碱就是酸碱催化剂。酸碱催化剂有液体和固体催化剂之分，也可按酸碱性质分为质子酸碱催化剂和路易斯  酸碱催化剂。酸碱催化反应数目众多，属于均相催化的有水解、水合、缩合、酯化、烷基化、重排等，如乙烯在硫酸催化下水合为乙醇；醚、酯在酸催化下水解；二丙酮醇在碱性溶液中分解等。属于多相催化的有烯烃聚合、催化裂化、烯烃和烷烃的异构化、缩合、加成、歧化等，如苯和乙烯在固体磷酸上烷基化为乙苯，烯烃在固体碱（如碳酸钠）催化下二聚等。有些反应既可酸催化也可碱催化，如丙酮的卤化。而芳烃和单烯在酸催化下反应产物是烷基加到芳香环上；在碱催化下芳烃的侧链烷基化产物不同。有些反应只有在酸和碱的协同催化下才能进行，如糖类的变旋光现象，需要弱酸性的甲酚和碱性的吡啶同时存在。还有如 $AlCl_3$ 催化下苯与卤代烃的反应，可使苯环烷基化，则属于路易斯酸碱催化反应。总之，许多酸碱催化反应很有实际意义，是石油炼制、石油化工中的重要催化反应。

（3）盐效应

在弱电解质溶液中，加入与此弱电解质不含相同离子的易溶强电解质，使弱电解质的解离度略有增大，这种作用称为盐效应（salt effect）。因为加入的强电解质在水溶液中全部解离，溶液中的离子浓度显著增大，阴、阳离子间相互牵制作用增强，因此应当用活度进行有关计算。例如在 $0.10\,mol \cdot L^{-1}$ HAc 溶液中加入 NaCl，使其浓度为 $0.10\,mol \cdot L^{-1}$，则溶液中的 $[H^+]$ 由 $1.3 \times 10^{-3}\,mol \cdot L^{-1}$ 增加到 $1.8 \times 10^{-3}\,mol \cdot L^{-1}$，即 HAc 的解离度由 1.3% 增大为 1.8%。

稀释定律、同离子效应与盐效应实质上都是酸碱平衡体系中离子浓度的变化使平衡发生移动的结果。产生同离子效应时，必然还伴随有盐效应，但同离子效应的影响一般情况下要大得多，因此，除非离子强度很大的溶液，否则不同时考虑盐效应的影响。

思考题 3-3   酸的浓度与酸度两者的概念是否相同？

思考题 3-4   HAc 溶液加水稀释时，解离度增大，为何溶液的酸性却降低？

3.4 酸碱溶液 pH 值的计算

3.4.1 强酸或强碱溶液

强酸或强碱都属于强电解质，它们在水中完全解离，虽然溶液中存在水的质子自递反应产生的 H^+ 和 OH^-，但 H_2O 为弱电解质，其解离程度很弱，又因为强酸或强碱的同离子效应强烈地抑制了 H_2O 的解离，使 H_2O 解离产生的 H^+ 和 OH^- 可忽略不计。

因此，一般浓度时，对于强酸 HA，$[H^+] = c(HA)$；对于强碱 B，$[OH^-] = c(B)$。

当强酸或强碱的浓度很小，溶液中 $[H^+]$ 或 $[OH^-] < 10^{-6}\,mol \cdot L^{-1}$ 时，由 H_2O 解离出的 H^+ 或 OH^- 就不能忽略。

3.4.2 一元弱酸或弱碱溶液

根据质子转移平衡常数，可以计算弱酸、弱碱水溶液中的 H^+ 浓度或 OH^- 浓度。

在一元弱酸 HB 的水溶液中存在着下列两种质子转移平衡：

$$HB + H_2O \rightleftharpoons H_3O^+ + B^-$$

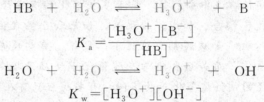

$$K_a = \frac{[H_3O^+][B^-]}{[HB]}$$

$$H_2O + H_2O \rightleftharpoons H_3O^+ + OH^-$$

$$K_w = [H_3O^+][OH^-]$$

溶液中 H_3O^+ 分别来自 HB 和 H_2O 的解离，由 HB 解离产生的 H_3O^+ 浓度等于 B^- 浓度，由 H_2O 解离产生的 H_3O^+ 浓度等于 OH^- 浓度，在溶液中，HB、H_3O^+、B^- 和 OH^- 四种离子的浓度都是未知的，要精确求得 $[H_3O^+]$，计算比较复杂，在多数情况下，采取合理近似处理。

当 $K_a c_a \geqslant 20K_w$ 时，可以忽略水的质子自递平衡，只考虑 HB 的质子转移平衡

$$HB + H_2O \rightleftharpoons H_3O^+ + B^-$$

达到平衡时，$[H_3O^+] \approx [B^-]$，$[HB] \approx c_a - [H_3O^+]$

$$K_a = \frac{[H_3O^+][B^-]}{[HB]} = \frac{[H_3O^+]^2}{c_a - [H_3O^+]} \tag{3-17}$$

$$[H_3O^+]^2 + K_a[H_3O^+] - K_a c_a = 0$$

$$[H_3O^+] = \frac{-K_a + \sqrt{K_a^2 + 4K_a c_a}}{2} \tag{3-18}$$

式 (3-18) 是计算一元弱酸溶液中 $[H_3O^+]$ 的近似式，使用此式要满足的条件是 $K_a c_a \geqslant 20K_w$。

当弱酸的 $c_a/K_a \geqslant 500$ 或解离度 $\alpha < 5\%$ 时，已解离的酸极少，与酸的原始浓度 c_a 相比可忽略，可以认为 $[HB] \approx c_a$，式 (3-17) 表示为 $K_a = [H_3O^+]^2/c_a$。

则

$$[H_3O^+] = \sqrt{K_a c_a} \tag{3-19}$$

式 (3-19) 是计算一元弱酸 $[H_3O^+]$ 的最简式，使用此式要满足的两个条件是 $K_a c_a \geqslant 20K_w$ 和 $c_a/K_a \geqslant 500$ 或 $\alpha < 5\%$，否则将造成较大误差。

对于一元弱碱溶液，同理可以得到。

当 $K_b c_b \geqslant 20 K_w$ 时，计算一元弱碱溶液中 $[OH^-]$ 的近似式为：

$$[OH^-] = \frac{-K_b + \sqrt{K_b^2 + 4K_b c_b}}{2} \tag{3-20}$$

当 $K_b c_b \geqslant 20 K_w$ 且 $c_b/K_b \geqslant 500$ 或 $\alpha < 5\%$ 时，计算一元弱碱溶液中 $[OH^-]$ 的最简式为：

$$[OH^-] = \sqrt{K_b c_b} \tag{3-21}$$

【例题 3-9】 计算 $0.100 \text{mol} \cdot \text{L}^{-1}$ NH_4Cl 溶液的 pH 值。

解 NH_4^+ 为一元弱酸，NH_4^+-NH_3 为共轭酸碱对，已知 NH_3 的 $K_b = 1.79 \times 10^{-5}$，

则 NH_4^+ 的 $K_a = K_w/K_b = 1.00 \times 10^{-14}/1.79 \times 10^{-5} = 5.59 \times 10^{-10}$

$K_a c_a > 20 K_w$，$c_a/K_a > 500$，故可采用最简式（3-19）计算：

$$[H_3O^+] = \sqrt{K_a c_a} = \sqrt{5.59 \times 10^{-10} \times 0.100} \text{ mol} \cdot \text{L}^{-1} = 7.48 \times 10^{-6} \text{mol} \cdot \text{L}^{-1}$$

$$pH = -\lg[H_3O^+] = -\lg(7.48 \times 10^{-6}) = 5.13$$

【例题 3-10】 计算 $5.00 \times 10^{-4} \text{mol} \cdot \text{L}^{-1}$ HAc 溶液的 pH 值。

解 已知 HAc 的 $K_a = 1.76 \times 10^{-5}$

$K_a c_a = 1.76 \times 10^{-5} \times 5.00 \times 10^{-4} > 20 K_w$，$c_a/K_a = 5.00 \times 10^{-4}/1.76 \times 10^{-5} < 500$

可采用近似式（3-18）计算：

$$[H_3O^+] = \frac{-K_a + \sqrt{K_a^2 + 4K_a c_a}}{2}$$

$$= \frac{-1.76 \times 10^{-5} + \sqrt{(1.76 \times 10^{-5})^2 + 4 \times 1.76 \times 10^{-5} \times 5.00 \times 10^{-4}}}{2} \text{mol} \cdot \text{L}^{-1}$$

$$= 8.54 \times 10^{-5} \text{ mol} \cdot \text{L}^{-1}$$

$$pH = -\lg(8.54 \times 10^{-5}) = 4.07$$

【例题 3-11】 计算 $0.100 \text{mol} \cdot \text{L}^{-1}$ 乳酸钠（$CH_3CHOHCOONa$）溶液的 pH 值。

解 乳酸钠为一元弱碱，它与乳酸为共轭酸碱对，已知乳酸的 $K_a = 1.38 \times 10^{-4}$，

则乳酸钠的 $K_b = K_w/K_a = 1.00 \times 10^{-14}/1.38 \times 10^{-4} = 7.25 \times 10^{-11}$

$K_b c_b = 7.25 \times 10^{-11} \times 0.100 > 20 K_w$，$c_b/K_b = 0.100/7.25 \times 10^{-11} > 500$

可采用最简式（3-21）计算：

$$[OH^-] = \sqrt{K_b c_b} = \sqrt{7.25 \times 10^{-11} \times 0.100} \text{ mol} \cdot \text{L}^{-1} = 2.69 \times 10^{-6} \text{mol} \cdot \text{L}^{-1}$$

$$pOH = -\lg(2.69 \times 10^{-6}) = 5.57，pH = 14.00 - 5.57 = 8.43$$

3.4.3 多元酸碱溶液

多元弱酸的水溶液是一个复杂的酸碱平衡系统，其质子转移是分步进行的。例如二元酸 H_2CO_3 在水溶液中存在下列质子转移平衡：

第一步质子转移反应　　$H_2CO_3 + H_2O \rightleftharpoons HCO_3^- + H_3O^+$

$$K_{a1} = \frac{[HCO_3^-][H_3O^+]}{[H_2CO_3]} = 4.47 \times 10^{-7}$$

第二步质子转移反应　　$HCO_3^- + H_2O \rightleftharpoons CO_3^{2-} + H_3O^+$

$$K_{a2} = \frac{[CO_3^{2-}][H_3O^+]}{[HCO_3^-]} = 4.68 \times 10^{-11}$$

水的质子自递反应　　$H_2O + H_2O \rightleftharpoons H_3O^+ + OH^-$

在 H_2CO_3 溶液中，H_3O^+ 分别来自上述三个平衡，$[H_3O^+]$ 是同一个值，即溶液中

H_3O^+ 的平衡浓度。在酸性溶液中，由于受第一步解离产生的 H_3O^+ 同离子效应的影响，水的质子自递反应及第二步质子转移受到抑制，故由水的质子自递产生的 H_3O^+ 可以忽略不计，又因 K_{a1} 比 K_{a2} 大 10^4 倍，H_2CO_3 的第二步质子转移要比第一步质子转移困难得多，因此，溶液中的 H_3O^+ 主要来源于 H_2CO_3 第一步质子转移。

根据以上考虑，在计算多元酸中各种离子浓度时：

①当 $K_{a1}c_a \geq 20K_w$ 时，忽略水的质子自递平衡。

②若三元弱酸 $K_{a1} \gg K_{a2} \gg K_{a3}$，即 $K_{a1}/K_{a2} > 10^2$ 时，计算溶液中离子浓度时，可忽略第二步及以后质子转移反应所产生的 H_3O^+，当作一元弱酸处理，则 $[H_3O^+] \approx [H_2A^-]$，$[H_3A] \approx c(H_3A) = c_a$。二元弱酸的处理以此类推。

③若 $c_a/K_{a1} < 500$ 时，计算 H_3O^+ 浓度用近似式（3-18）；若 $c_a/K_{a1} \geq 500$ 或 $\alpha < 5\%$，计算 H_3O^+ 浓度用最简式（3-19）。

④多元酸第二步质子转移平衡所得的共轭碱的浓度近似等于 K_{a2}，与酸的浓度关系不大。如 H_3PO_4 溶液中，$[HPO_4^{2-}] \approx K_{a2}$；$H_2CO_3$ 溶液中，$[CO_3^{2-}] \approx K_{a2}$。

⑤多元弱酸第二步及以后各步的质子转移平衡所得的相应共轭碱的浓度都很低。多元弱碱在溶液中的分步解离与多元弱酸相似，根据类似的条件，可按一元弱碱的计算方法处理。

【例题 3-12】 计算 $0.100\text{mol} \cdot L^{-1}$ H_3PO_4 溶液的 pH 值，并求 $[H_2PO_4^-]$、$[HPO_4^{2-}]$、$[PO_4^{3-}]$ 和 $[OH^-]$。

解 已知 H_3PO_4 的 $K_{a1} = 7.52 \times 10^{-3}$，$K_{a2} = 6.23 \times 10^{-8}$，$K_{a3} = 2.20 \times 10^{-13}$

当 $K_{a1}c_a \geq 20K_w$ 时，忽略水的质子自递平衡；

当 $K_{a1} \gg K_{a2} \gg K_{a3}$，即 $K_{a1}/K_{a2} > 10^2$ 时，可忽略第二步及以后的质子转移所产生的 H^+，当作一元弱酸处理，则

$$[H_3O^+] \approx [H_2PO_4^-], \quad [H_3PO_4] \approx c_a = 0.100\text{mol} \cdot L^{-1}$$

因 $c_a/K_{a1} = 0.100/7.52 \times 10^{-3} < 500$，故用近似公式（3-18）计算：

$$[H_3O^+] = \frac{-K_{a1} + \sqrt{K_{a1}^2 + 4K_{a1}c_a}}{2}$$

$$= \frac{-7.52 \times 10^{-3} + \sqrt{(7.52 \times 10^{-3})^2 + 4 \times 7.52 \times 10^{-3} \times 0.100}}{2}\text{mol} \cdot L^{-1}$$

$$= 2.39 \times 10^{-2}\text{mol} \cdot L^{-1}$$

$$pH = -\lg(2.39 \times 10^{-2}) = 1.62$$

$$[H_2PO_4^-] \approx [H_3O^+] = 2.39 \times 10^{-2}\text{mol} \cdot L^{-1}$$

由 $K_{a2} = \dfrac{[HPO_4^{2-}][H_3O^+]}{[H_2PO_4^-]}$ 得 $[HPO_4^{2-}] \approx K_{a2} = 6.23 \times 10^{-8}$

由 $K_{a3} = \dfrac{[PO_4^{3-}][H_3O^+]}{[HPO_4^{2-}]}$ 得 $[PO_4^{3-}] = K_{a3} \times \dfrac{[HPO_4^{2-}]}{[H_3O^+]} = 2.20 \times 10^{-13} \times \dfrac{6.23 \times 10^{-8}}{2.39 \times 10^{-2}}\text{mol} \cdot L^{-1}$

$$= 5.73 \times 10^{-19}\text{mol} \cdot L^{-1}$$

$$[OH^-] = K_w/[H_3O^+] = 1.00 \times 10^{-14}/2.39 \times 10^{-2}\text{mol} \cdot L^{-1} = 4.18 \times 10^{-13}\text{mol} \cdot L^{-1}$$

【例题 3-13】 计算 $0.100\text{mol} \cdot L^{-1}$ $Na_2C_2O_4$ 溶液的 pH 值。

解 已知 $H_2C_2O_4$ 的 $K_{a1} = 5.89 \times 10^{-2}$，$K_{a2} = 6.46 \times 10^{-5}$

$C_2O_4^{2-}$ 为多元碱，则 $K_{b1} = K_w/K_{a2} = 1.00 \times 10^{-14}/(6.46 \times 10^{-5}) = 1.55 \times 10^{-10}$

$$K_{b2} = K_w/K_{a1} = 1.00 \times 10^{-14}/(5.89 \times 10^{-2}) = 1.70 \times 10^{-13}$$

因 $K_{b1}/K_{b2} > 10^2$，$c_b/K_{b1} > 500$，故可按最简式（3-21）计算：

$$[OH^-] = \sqrt{K_b c_b} = \sqrt{1.55 \times 10^{-10} \times 0.100} \text{ mol} \cdot L^{-1} = 3.94 \times 10^{-6} \text{ mol} \cdot L^{-1}$$

$$pOH = 5.40, \quad pH = 14.00 - 5.40 = 8.60$$

酸碱式灭火器

燃烧是可燃物在燃点温度以上与氧化剂发生的一种剧烈、发光、发热的化学反应。火的利用是人类的伟大发现之一。但是燃烧反应不能有效控制，可造成火灾。若火势还可控制，通常使用灭火器。酸碱灭火器就是一种内部分别装有65％的工业硫酸和碳酸氢钠水溶液的灭火器。它由筒体、筒盖、硫酸瓶胆、喷嘴等组成。筒体内装有碳酸氢钠水溶液，硫酸瓶胆内装有浓硫酸。瓶胆口有铅塞，用来封住瓶口，以防瓶胆内的浓硫酸吸水稀释或同瓶胆外的药液混合。酸碱灭火器的原理是利用两种药剂混合后发生化学反应生成不助燃、同时隔绝氧气的CO_2气体，产生压力使药剂喷出，从而扑灭火灾。反应如下：

$$H_2SO_4 + 2NaHCO_3 \rightarrow Na_2SO_4 + 2H_2O + 2CO_2\uparrow$$

其灭火方法为：平稳地将灭火器提到起火处，用手指压紧喷嘴，将灭火器颠倒过来，上下摇动几下，松开手指，对准燃烧最猛烈处喷射。这种灭火器适用于扑救竹、木、棉、纸等一般可燃物质的初起火灾，但不宜用于扑救油类、忌水和忌酸物质及带电设备的火灾，否则需要用干粉灭火器。干粉灭火器的灭火成分是干粉，常见的干粉是磷酸二氢铵（$NH_4H_2PO_4$），它在燃烧中吸热分解出氨气和磷酸，磷酸进一步分解为P_2O_5，P_2O_5形成玻璃状覆盖层而隔绝氧气。

3.4.4 两性物质溶液

在质子酸碱理论中，既可给出质子又可接受质子的物质称为两性物质。除水外，多元酸的酸式盐、弱酸弱碱盐和氨基酸等都是两性物质，两性物质溶液中的质子转移平衡十分复杂。根据具体情况，在计算时进行合理的近似处理。

可用K_a表示两性物质作为酸时，酸的质子转移平衡常数，K_a'表示两性物质作为碱时，其对应的共轭酸的质子转移平衡常数，c表示两性物质的浓度。

当$K_a c > 20K_w$，且$c > 20K_a'$时，水的质子自递反应可以忽略，根据数学推导，两性物质溶液计算$[H^+]$的最简式为：

两性物质溶液
pH计算

$$[H^+] = \sqrt{K_a K_a'} \quad \text{或} \quad pH = \frac{1}{2}(pK_a + pK_a') \tag{3-22}$$

3.4.4.1 两性阴离子溶液

以HCO_3^-为例，K_{a1}和K_{a2}分别表示H_2CO_3的一级和二级质子转移平衡常数。HCO_3^-给出质子作为酸时，其酸常数$K_a = K_{a2}$，在水中的质子转移反应：

$$HCO_3^- + H_2O \rightleftharpoons H_3O^+ + CO_3^{2-}$$

HCO_3^-接受质子作为碱时，HCO_3^-的共轭酸为H_2CO_3，其酸常数为K_{a1}，即$K_a' = K_{a1}$，在水中的质子转移反应：

$$HCO_3^- + H_2O \rightleftharpoons H_2CO_3 + OH^-$$

当$K_{a2}c > 20K_w$，且$c > 20K_{a1}$时，溶液中$[H_3O^+]$的近似计算公式为：

$$[H_3O^+] = \sqrt{K_a K_a'} = \sqrt{K_{a2}K_{a1}} \quad \text{或} \quad pH = \frac{1}{2}(pK_{a1} + pK_{a2})$$

同理，对于 $H_2PO_4^-$ 溶液，$K_a = K_{a2}$，$K_a' = K_{a1}$，则 $[H_3O^+] = \sqrt{K_{a2}K_{a1}}$ 或 pH $= \frac{1}{2}(pK_{a1} + pK_{a2})$

对于 HPO_4^{2-} 溶液，$K_a = K_{a3}$，$K_a' = K_{a2}$，则 $[H_3O^+] = \sqrt{K_{a3}K_{a2}}$ 或 pH $= \frac{1}{2}(pK_{a2} + pK_{a3})$

3.4.4.2　由弱酸弱碱盐组成的两性物质溶液

以 NH_4Ac 为例，它在水中发生下列质子转移平衡：

$$NH_4^+ + H_2O \rightleftharpoons NH_3 + H_3O^+$$
$$Ac^- + H_2O \rightleftharpoons HAc + OH^-$$

给出质子的酸是 NH_4^+，其酸常数 $K_a = K_a(NH_4^+) = K_w/K_b(NH_3)$
接受质子的碱是 Ac^-，其共轭酸是 HAc，则 $K_a' = K_a(HAc)$
当 $K_ac > 20K_w$，且 $c > 20K_a'$ 时，有

$$[H_3O^+] = \sqrt{K_aK_a'} = \sqrt{K_a(NH_4^+)K_a(HAc)}$$

3.4.4.3　氨基酸型两性物质溶液

氨基酸的通式为 $NH_3^+CHRCOO^-$，式中 NH_3^+ 基团作为酸可以给出质子；COO^- 基团作为碱可以接受质子，故为两性物质。

以甘氨酸（$NH_3^+CH_2COO^-$）为例，它在水溶液中的质子转移平衡为：
给出质子作为酸时

$$NH_3^+CH_2COO^- + H_2O \rightleftharpoons NH_2CH_2COO^- + H_3O^+ \quad K_a = 1.56 \times 10^{-10}$$

接受质子作为碱时

$$NH_3^+CH_2COO^- + H_2O \rightleftharpoons NH_3^+CH_2COOH + OH^- \quad K_b' = 2.24 \times 10^{-12}$$

K_a 为甘氨酸作为酸时的酸常数，K_a' 为甘氨酸作为碱时，其共轭酸 $NH_3^+CH_2COOH$ 的酸常数，可由 K_b' 求出，即 $K_a' = K_w/K_b'$。
在甘氨酸水溶液中：

$$[H_3O^+] = \sqrt{K_aK_a'} = \sqrt{\frac{1.56 \times 10^{-10} \times 1.0 \times 10^{-14}}{2.24 \times 10^{-12}}} \text{ mol} \cdot L^{-1} = 8.34 \times 10^{-7} \text{ mol} \cdot L^{-1}$$
$$pH = -\lg(8.34 \times 10^{-7}) = 6.08$$

上述两性物质不管是何种类型，在水溶液中的酸碱性都取决于相应的酸常数 K_a 与碱常数 K_b 的相对大小，即 $K_a > K_b$，溶液呈酸性；$K_a < K_b$，溶液呈碱性；$K_a \approx K_b$，溶液呈中性。

> ⫸【案例分析 3-1】　**NaH_2PO_4 和 $NaHCO_3$ 均为两性物质，为何前者的水溶液呈弱酸性，而后者的水溶液呈弱碱性？**
>
> **问题：** 试从定量判断酸碱强度的标准说明。
>
> **分析：** NaH_2PO_4 是两性物质，$H_2PO_4^-$ 给出质子作为酸时的酸常数 $K_a(H_2PO_4^-) = K_{a2}(H_3PO_4) = 6.23 \times 10^{-8}$；$H_2PO_4^-$ 接受质子作为碱时的碱常数 $K_b(H_2PO_4^-) = K_{b3}(PO_4^{3-}) = K_w/K_{a1}(H_3PO_4) = 1.33 \times 10^{-12}$，由于 $K_a(H_2PO_4^-) > K_b(H_2PO_4^-)$，故 $H_2PO_4^-$ 给出质子的能力大于其接受质子的能力，因此其水溶液呈弱酸性。同理，$NaHCO_3$ 也为两性物质，HCO_3^- 的酸常数 $K_a(HCO_3^-) = K_{a2}(H_2CO_3) = 5.61 \times 10^{-11}$，$HCO_3^-$ 的碱常数 $K_b(HCO_3^-) = K_{b2}(CO_3^{2-}) = K_w/K_{a1}(H_2CO_3) = 2.33 \times 10^{-8}$，由于 $K_b(HCO_3^-) > K_a(HCO_3^-)$，故接受质子的能力大于其给出质子的能力，因此其水溶液呈弱碱性。

3.5 难溶强电解质的沉淀与溶解平衡

强电解质中，有一类物质，如 $BaSO_4$、PbI_2、$AgCl$ 等，虽然它们在水中的溶解度很小，但在水中溶解的部分是完全解离的，这类物质称为难溶性强电解质。

3.5.1 溶解度与溶度积

3.5.1.1 溶解度

溶质的分子或离子与溶剂分子相互作用形成松散键合集合体的过程称为溶剂化（或合）过程，如果溶剂是水，这个过程就叫水合。若溶质与溶剂的分子结构比较相似的话，则该溶质比较容易溶解在此溶剂中，也即常说的相似相溶规则。

在一定温度下，将固体溶质放到一种溶剂中时，固体表面的分子或离子，由于与溶剂的相互作用（溶剂化作用）脱离固体表面，均匀地分布在溶剂的各个部分，这个过程就是溶解；另一方面，溶质颗粒在溶剂中不停地运动，其中有些溶质颗粒在运动中碰到固体表面时，会被吸引而重新回到固体表面上来，这个过程就是沉淀。如果溶解的速率大于沉淀的速率，溶质就会继续溶解；如果溶解的速率小于沉淀的速率，溶质就会沉淀。当溶解的速率等于沉淀的速率，溶液中的离子的浓度不再随时间而变化时，就达到沉淀溶解平衡。此时的溶液为饱和溶液。在给定条件下，把饱和溶液的浓度称为溶质在溶剂中的溶解度（solubility）。表示溶液浓度的方法都可以用于表示溶解度，一般以一定温度下，每100g溶剂中所能溶解的溶质克数来表示。本节只讨论溶剂为水的行为。

溶解度与溶度积

根据电解质在水中的溶解度大小，可以大致把电解质分为易溶电解质和难溶电解质两类。习惯上把溶解度小于 0.01g/100g 水的电解质称为难溶电解质。难溶电解质的沉淀溶解平衡是指已溶解的离子与未溶解的难溶电解质固体间的多相平衡。

3.5.1.2 溶度积

若以 A_mB_n 表示难溶电解质，当达到沉淀溶解平衡时，溶液为难溶电解质的饱和溶液。可用下式表示：

$$A_mB_n(s) \rightleftharpoons mA^{n+}(aq) + nB^{m-}(aq)$$

平衡时，

$$K = \frac{[A^{n+}]^m[B^{m-}]^n}{[A_mB_n]}$$

温度一定时，K 为一常数，固体 A_mB_n 的"浓度"也为一常数，两者合并得：

$$K_{sp} = [A^{n+}]^m[B^{m-}]^n \tag{3-23}$$

K_{sp} 称为溶度积常数（solubility product constant），简称溶度积。是一种难溶电解质固体和它的饱和溶液在平衡时的平衡常数，与温度有关。但温度对 K_{sp} 的影响不是很大，在实际工作中，常采用室温 25℃时的溶度积。严格地说，溶度积应以离子活度幂的乘积来表示，但在稀溶液中，离子强度很小，活度系数趋近于1，通常就用浓度代替活度。一些难溶电解质的 K_{sp} 值见书后附录四。

3.5.1.3 溶度积与溶解度的关系

溶度积和溶解度都可以表示难溶电解质的溶解能力，两者既有联系又有区别。溶度积是在一定温度下，难溶电解质饱和溶液中各离子浓度以其化学计量系数为指数的乘积；而溶解度是指在一定温度下物质饱和溶液的浓度。在同一温度下，一般可以将溶度积与溶解度之间进行互相换算。在换算时，应注意溶解度的单位应以 $mol \cdot L^{-1}$ 表示。由于难溶电解质的溶解度很小，即溶液很稀，可以近似地认为它们饱和溶液的密度和纯水一样为 $1g \cdot cm^{-3}$。

设难溶电解质 A_mB_n 的溶解度为 $S(mol \cdot L^{-1})$，在其饱和溶液中：

$$A_mB_n(s) \rightleftharpoons mA^{n+} + nB^{m-}$$

平衡浓度/$mol \cdot L^{-1}$ $\qquad\qquad mS \qquad nS$

根据式（3-23）得： $\qquad K_{sp} = [A^{n+}]^m[B^{m-}]^n = (mS)^m \cdot (nS)^n$

$$= m^m n^n S^{(m+n)} \tag{3-24}$$

或 $\qquad\qquad\qquad S = \sqrt[m+n]{\dfrac{K_{sp}}{m^m n^n}} \tag{3-25}$

式(3-24)、式(3-25)就是难溶电解质的溶解度与其溶度积的定量关系式。

【例题 3-14】 25℃时，$BaSO_4$ 的溶解度为 $2.43 \times 10^{-4} g \cdot (100g \text{水})^{-1}$，计算 $BaSO_4$ 的溶度积。

解 已知 $BaSO_4$ 的摩尔质量 $M(BaSO_4) = 233.4 g \cdot mol^{-1}$，将 $BaSO_4$ 的溶解度的单位换算为 $mol \cdot L^{-1}$，由于 $BaSO_4$ 的饱和溶液极稀，可近似认为其密度为 $1g \cdot cm^{-3}$。

溶解度 $\qquad S = (2.43 \times 10^{-4} \times 1000/100) \div 233.4 \, mol \cdot L^{-1}$
$\qquad\qquad\qquad = 1.04 \times 10^{-5} \, mol \cdot L^{-1}$

$$BaSO_4(s) \rightleftharpoons Ba^{2+} + SO_4^{2-}$$

$BaSO_4$ 饱和溶液中 $\quad [Ba^{2+}] = [SO_4^{2-}] = 1.04 \times 10^{-5} \, mol \cdot L^{-1}$

$\qquad K_{sp}(BaSO_4) = [Ba^{2+}][SO_4^{2-}] = (1.04 \times 10^{-5})^2$
$\qquad\qquad\qquad = 1.08 \times 10^{-10}$

【例题 3-15】 25℃时，$Ag_2C_2O_4$ 的 K_{sp} 为 5.40×10^{-12}，计算它的溶解度。

解 设 $Ag_2C_2O_4$ 的溶解度为 $S \, mol \cdot L^{-1}$，

$$Ag_2C_2O_4(s) \rightleftharpoons 2Ag^+ + C_2O_4^{2-}$$

在饱和溶液中 $\quad [Ag^+] = 2S \, mol \cdot L^{-1}$，$[C_2O_4^{2-}] = S \, mol \cdot L^{-1}$

$\qquad K_{sp}(Ag_2C_2O_4) = [Ag^+]^2[C_2O_4^{2-}] = (2S)^2 \times S = 4S^3$

$\qquad S = \sqrt[3]{\dfrac{5.40 \times 10^{-12}}{4}} \, mol \cdot L^{-1} = 1.11 \times 10^{-4} \, mol \cdot L^{-1}$

【例题 3-16】 25℃时，CaF_2 的溶解度为 $4.42 \times 10^{-4} mol \cdot L^{-1}$，求其溶度积。

解 $\qquad\qquad CaF_2(s) \rightleftharpoons Ca^{2+} + 2F^-$

在饱和溶液中，$[Ca^{2+}] = 4.42 \times 10^{-4} \, mol \cdot L^{-1}$，$[F^-] = 2 \times 4.42 \times 10^{-4} \, mol \cdot L^{-1}$

$\qquad K_{sp}(CaF_2) = [Ca^{2+}][F^-]^2 = (4.42 \times 10^{-4}) \times (2 \times 4.42 \times 10^{-4})^2$
$\qquad\qquad\qquad = 3.45 \times 10^{-10}$

以上三个例题的计算结果列于表 3-5。

表 3-5 例题的计算结果比较

电解质类型	难溶电解质	溶解度/$mol \cdot L^{-1}$	溶度积
AB	$BaSO_4$	1.04×10^{-5}	1.08×10^{-10}
A_2B	$Ag_2C_2O_4$	1.11×10^{-4}	5.40×10^{-12}
AB_2	CaF_2	4.42×10^{-4}	3.45×10^{-10}

对于同类型的难溶电解质，如 $Ag_2C_2O_4$ 与 CaF_2，计算结果表明，溶解度越大，溶度积也越大，可以直接用溶度积比较溶解度的大小。但对于不同类型的难溶电解质，如 $BaSO_4$ 与 $Ag_2C_2O_4$ 和 CaF_2，则不能直接用溶度积来比较溶解度的大小，必须通过溶解度进行确定。

应该指出，由于影响难溶电解质溶解度的因素很多，在运用式（3-24）和式（3-25）进行溶解度与溶度积之间换算时，应注意以下几点。

①只适用于离子强度很小，浓度可以代替活度的溶液。对于溶解度较大的难溶电解质（如 $CaSO_4$、$CaCrO_4$ 等），由于溶液中离子强度较大，将会产生较大误差。

②只适用于溶解后解离出的阴、阳离子在水溶液中不发生水解等副反应或副反应程度很小的物质。对于难溶的硫化物、碳酸盐、磷酸盐等，由于 S^{2-}、CO_3^{2-}、PO_4^{3-} 的水解（阳离子如 Fe^{3+} 等也易水解），就不宜用上述方法换算。

③只适用于已溶解部分能全部解离的难溶电解质。对于 Hg_2Cl_2、Hg_2I_2 等共价性较强的物质，溶液中存在着溶解了的分子与水合离子间的解离平衡，用上述方法换算也会产生较大误差。

3.5.2 沉淀溶解平衡

3.5.2.1 溶度积规则

在任一条件下，难溶电解质的溶液中，溶解的各离子浓度以其化学计量数为指数的乘积称为离子积 IP（ion product）。IP 的表达形式与 K_{sp} 类似，但其意义不同。K_{sp} 表示难溶电解质达到沉淀溶解平衡时，溶液中离子的平衡浓度幂的乘积，而 IP 表示任何情况下，离子浓度幂的乘积。K_{sp} 是 IP 中的一个特例。

对于某一给定的难溶电解质溶液，IP 与 K_{sp} 之间可能有下列三种情况。

沉淀溶解平衡

①$IP > K_{sp}$　表示溶液是过饱和的。这时溶液中会有沉淀析出，直至溶液达饱和为止。

②$IP = K_{sp}$　表示溶液是饱和的。这时溶液既无沉淀析出，又无沉淀溶解，处于沉淀与溶解的动态平衡状态。

③$IP < K_{sp}$　表示溶液是不饱和的。这时溶液无沉淀析出，若体系中有难溶电解质的固体，或加入难溶电解质，则会发生溶解，直至溶液达饱和为止。

以上三点称为溶度积规则，可应用它判断和解释难溶电解质沉淀的生成和溶解。

溶度积规则在医学中有着广泛的应用，如骨盐 $[3Ca_3(PO_4)_2 \cdot Ca(OH)_2]$ 的形成、肾结石等的病因都涉及溶度积规则。有关肾结石的理论指出，若尿液中结石的组分 $[$如 CaC_2O_4、$Ca_3(PO_4)_2]$ 呈过饱和状态，其离子积大于溶度积，可自发沉淀，晶体聚集形成核心及结石。根据尿样中有关离子积的测定，就可判断患者是否有生成结石的趋势；在用药物进行治疗的前后，测定结石组分的离子积，能判断药物是否有效。

3.5.2.2 同离子效应与盐效应

与其他任何平衡一样，难溶电解质在水溶液中的多相平衡也是相对的、有条件的。如 $BaSO_4$ 的饱和溶液中，存在着如下平衡

$$BaSO_4(s) \rightleftharpoons Ba^{2+} + SO_4^{2-}$$

当在此饱和溶液中加入 Na_2SO_4，由于 Na_2SO_4 在水溶液中完全解离，使 SO_4^{2-} 的浓度增大，$IP > K_{sp}$，原来的平衡被破坏，根据溶度积规则，平衡向生成 $BaSO_4$ 沉淀的方向移动，直到溶液中 $IP = K_{sp}$ 为止。新平衡中 Ba^{2+} 的浓度要小于 $BaSO_4$ 溶解在纯水中的 Ba^{2+} 的浓度，而 SO_4^{2-} 的浓度则大于 $BaSO_4$ 溶解在纯水中 SO_4^{2-} 的浓度。$BaSO_4$ 的溶解度要用达新平衡时 Ba^{2+} 的浓度来量度，显然，$BaSO_4$ 在 Na_2SO_4 溶液中的溶解度要小于在纯水中的。

在难溶电解质的饱和溶液中加入含有相同离子的易溶强电解质，使难溶电解质溶解度减小的现象称为沉淀溶解平衡中的同离子效应。

难溶电解质的饱和溶液中，离子浓度小，一般用离子浓度积表示 K_{sp}，如果考虑离子间的相互作用，就应该用离子活度积表示 K_{sp}。例如，在 $PbSO_4$ 的饱和溶液中：

$$PbSO_4(s) \rightleftharpoons Pb^{2+} + SO_4^{2-}$$

其离子活度积为 $\qquad K_{sp} = a(Pb^{2+})a(SO_4^{2-})$

即 $\qquad K_{sp} = \gamma(Pb^{2+})[Pb^{2+}]\gamma(SO_4^{2-})[SO_4^{2-}]$

若在此溶液中加入 KNO_3，它在水溶液中完全解离为 K^+ 和 NO_3^-，结果使溶液中的离子数目增多，离子强度增大，活度系数 γ 减小，则 $\gamma(Pb^{2+})[Pb^{2+}]\gamma(SO_4^{2-})[SO_4^{2-}] < K_{sp}$。根据溶度积规则，平衡向 $PbSO_4$ 溶解的方向移动。当达到新的平衡时，$PbSO_4$ 的溶解度要大于在纯水中的。

在难溶电解质的饱和溶液中加入不含有相同离子的易溶强电解质，使难溶电解质的溶解度略有增大的现象称为盐效应。

同离子效应与盐效应的效果相反，但通常前者的影响比后者大得多，当两种效应共存时，一般可忽略盐效应的影响。

龋病与防治

关于龋病的病因，有很多学说，最流行的是细菌、食物和牙齿三联因素论。致龋细菌是链球菌族等，它们是产生有害物质，如有机酸等的因子。因为牙齿表面最常见的生物矿化物质是羟磷灰石 $[Ca_{10}(PO_4)_6(OH)_2]$ 的一种难溶物，在唾液中存在下列平衡：

$$Ca_{10}(PO_4)_6(OH)_2(s) \rightleftharpoons 10Ca^{2+}(aq) + 6PO_4^{3-}(aq) + 2OH^-(aq)。$$

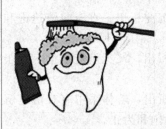

食物中的糖被细菌利用而产生有机酸，并合成多糖。有机酸能中和上述平衡中的 OH^-，使平衡向右（脱矿方向）移动，加速牙齿羟磷灰石保护层溶解破坏，而多糖则促进细菌在牙面的黏附。此外，牙齿有一定的抗龋力，一些痕量元素（特别是氟）能提高牙釉质的抗酸力，因为氟离子能与羟磷灰石 $[Ca_{10}(PO_4)_6(OH)_2]$ 反应，生成更难溶的氟磷灰石 $Ca_{10}(PO_4)_6F_2$。

氟在血液中有离子氟和结合氟两种形式，只有离子氟对龋病的预防有意义，血氟浓度不能自身调节，一般与居住地区的饮用水含氟量有关。只有饮用水含氟量低于 $0.5mg \cdot L^{-1}$，才考虑人工加氟。可用 2% 氟化钠溶液等局部涂擦或漱口，含氟牙膏也很有效。当然，刷牙控制牙菌斑和少食含糖食物也很重要。

【例题 3-17】 25℃时，Ag_2CrO_4 的 $K_{sp} = 1.12 \times 10^{-12}$，计算（1）在纯水中的溶解度；（2）在 $0.010mol \cdot L^{-1} K_2CrO_4$ 溶液中的溶解度；（3）在 $0.010mol \cdot L^{-1} AgNO_3$ 溶液中的溶解度。

解 （1）设 Ag_2CrO_4 在纯水中的溶解度为 $S\ mol \cdot L^{-1}$

$$Ag_2CrO_4(s) \rightleftharpoons 2Ag^+ + CrO_4^{2-}$$

饱和溶液中：$[Ag^+] = 2S\ mol \cdot L^{-1}$，$[CrO_4^{2-}] = S\ mol \cdot L^{-1}$

$$K_{sp} = [Ag^+]^2[CrO_4^{2-}] = (2S)^2(S) = 4S^3$$

$$S = \sqrt[3]{\frac{K_{sp}}{4}} = \sqrt[3]{\frac{1.12 \times 10^{-12}}{4}}\ mol \cdot L^{-1}$$

$$= 6.5 \times 10^{-5}\ mol \cdot L^{-1}$$

（2）设 Ag_2CrO_4 在 $0.010mol \cdot L^{-1} K_2CrO_4$ 溶液中的溶解度为 $S_1\ mol \cdot L^{-1}$

由于 K_2CrO_4 的存在，对 Ag_2CrO_4 产生同离子效应。当达到新的沉淀溶解平衡时，

饱和溶液中：$[Ag^+] = 2S_1\ mol \cdot L^{-1}$，$[CrO_4^{2-}] = 0.010 + S_1 \approx 0.010mol \cdot L^{-1}$

$$K_{sp} = [Ag^+]^2[CrO_4^{2-}] = (2S_1)^2(0.010) = 0.040S_1^2$$

$$S_1 = \sqrt{\frac{K_{sp}}{0.040}} = \sqrt{\frac{1.12 \times 10^{-12}}{0.040}} \text{ mol} \cdot L^{-1} = 5.3 \times 10^{-6} \text{ mol} \cdot L^{-1}$$

（3）设 Ag_2CrO_4 在 $0.010 \text{mol} \cdot L^{-1}$ $AgNO_3$ 溶液中的溶解度为 $S_2 \text{ mol} \cdot L^{-1}$。由于 $AgNO_3$ 的存在，对 Ag_2CrO_4 产生同离子效应。当达到新的沉淀溶解平衡时，饱和溶液中：$[Ag^+] = 2S_2 + 0.010 \approx 0.010 \text{mol} \cdot L^{-1}$，$[CrO_4^{2-}] = S_2 \text{ mol} \cdot L^{-1}$

$$K_{sp} = [Ag^+]^2[CrO_4^{2-}] = (0.010)^2(S_2)$$

$$S_2 = 1.12 \times 10^{-12}/(0.010)^2 \text{ mol} \cdot L^{-1}$$

$$= 1.1 \times 10^{-8} \text{ mol} \cdot L^{-1}$$

上述计算结果表明，Ag_2CrO_4 在含有相同离子的 K_2CrO_4 或 $AgNO_3$ 溶液中，其溶解度比在纯水中要小。Ag_2CrO_4 为 A_2B 型的难溶电解质，当分别加入相同浓度的 A 或 B 溶液时，同离子效应的影响程度是不一样的。

3.5.3 沉淀的生成与溶解

3.5.3.1 沉淀的生成

根据溶度积规则，生成沉淀的惟一条件就是使溶液中的 $IP > K_{sp}$，因此，只要控制离子浓度，使之满足此条件，就可达到生成沉淀的目的。

沉淀的生成
与溶解

【例题 3-18】 25℃时，AgBr 的 $K_{sp} = 5.38 \times 10^{-13}$。将 $4.0 \times 10^{-4} \text{mol} \cdot L^{-1}$ $AgNO_3$ 溶液与 $2.0 \times 10^{-4} \text{mol} \cdot L^{-1}$ KBr 溶液等体积混合，是否产生 AgBr 沉淀。

解 两溶液等体积混合后，浓度减小一半。

$[Ag^+] = 4.0 \times 10^{-4}/2 \text{mol} \cdot L^{-1} = 2.0 \times 10^{-4} \text{mol} \cdot L^{-1}$

$[Br^-] = 2.0 \times 10^{-4}/2 \text{mol} \cdot L^{-1} = 1.0 \times 10^{-4} \text{mol} \cdot L^{-1}$

$$IP = [Ag^+][Br^-] = 2.0 \times 10^{-4} \times 1.0 \times 10^{-4} = 2.0 \times 10^{-8}$$

$$IP > K_{sp} \quad \text{故有 AgBr 沉淀产生。}$$

【例题 3-19】 25℃时，$Mg(OH)_2$ 的 $K_{sp} = 5.61 \times 10^{-12}$，欲使 $0.0010 \text{mol} \cdot L^{-1}$ 的 Mg^{2+} 开始生成 $Mg(OH)_2$ 沉淀，溶液的 pH 值为多少。

解 $IP = [Mg^{2+}][OH^-]^2$，已知溶液中 $[Mg^{2+}] = 0.0010 \text{mol} \cdot L^{-1}$，要生成 $Mg(OH)_2$ 沉淀，则 $[Mg^{2+}][OH^-]^2 > K_{sp}$

$$[OH^-] > \sqrt{\frac{K_{sp}}{[Mg^{2+}]}} = \sqrt{\frac{5.61 \times 10^{-12}}{0.0010}} \text{ mol} \cdot L^{-1} = 7.49 \times 10^{-5} \text{ mol} \cdot L^{-1}$$

$$pOH = 4.13 \quad pH = 14.00 - pOH = 14.00 - 4.13 = 9.87$$

故开始生成 $Mg(OH)_2$ 沉淀时，溶液的 pH 值应大于 9.87。

【例题 3-20】 25℃时，PbI_2 的 $K_{sp} = 9.80 \times 10^{-9}$，向 $Pb(NO_3)_2$ 溶液中加入过量的 NaI 析出 PbI_2 沉淀，若达到平衡时，溶液中 I^- 的浓度为 $0.10 \text{mol} \cdot L^{-1}$，$Pb^{2+}$ 是否沉淀完全。

解 平衡时 $K_{sp} = [Pb^{2+}][I^-]^2 = 9.80 \times 10^{-9}$

因 $[I^-] = 0.10 \text{mol} \cdot L^{-1}$

故 $[Pb^{2+}] = 9.80 \times 10^{-9}/(0.10)^2 \text{mol} \cdot L^{-1} = 9.80 \times 10^{-7} \text{mol} \cdot L^{-1}$

在分析化学中，当离子的浓度 $\leq 1 \times 10^{-5} \text{mol} \cdot L^{-1}$ 时，已经难以鉴定，可以认为该离子已被沉淀"完全"。本题中 $[Pb^{2+}] < 1 \times 10^{-5} \text{mol} \cdot L^{-1}$，故已沉淀完全。

3.5.3.2 分步沉淀

如果溶液中同时含有两种或两种以上离子可与同一沉淀剂反应生成沉淀时，生成

分步沉淀

沉淀的先后顺序取决于各难溶电解质达到 $IP > K_{sp}$ 的顺序。首先析出的是离子积最先达到溶度积的化合物。这种按先后顺序沉淀的现象就是分步沉淀（fractional precipitate）。利用分步沉淀原理，通过控制沉淀剂的浓度，使其中一种离子先生成沉淀，而其余的离子暂不沉淀。当其他离子开始沉淀时，若溶液中剩下的先沉淀离子的浓度小于 $1 \times 10^{-5}\,mol \cdot L^{-1}$，可认为该离子已沉淀完全，可达到把该离子从溶液中分离出来的目的。此外，当加入沉淀剂时，若有多种沉淀物同时都能满足溶度积规则，则会得到多种沉淀的混合物，这就是共沉淀（co-precipition）。

【例题 3-21】 25℃时，$K_{sp}(AgCl) = 1.77 \times 10^{-10}$，$K_{sp}(AgI) = 8.52 \times 10^{-17}$。某溶液中含有浓度均为 $0.010\,mol \cdot L^{-1}$ 的 Cl^- 和 I^-，能否通过控制 $AgNO_3$ 的浓度将它们分离。

解　当 AgI 沉淀时，溶液中 Ag^+ 的浓度为：

$$[Ag^+]_1 = K_{sp}(AgI)/[I^-] = 8.52 \times 10^{-17}/0.010\,mol \cdot L^{-1}$$
$$= 8.52 \times 10^{-15}\,mol \cdot L^{-1}$$

当 AgCl 沉淀时，溶液中 Ag^+ 的浓度为：

$$[Ag^+]_2 = K_{sp}(AgCl)/[Cl^-] = 1.77 \times 10^{-10}/0.010\,mol \cdot L^{-1}$$
$$= 1.77 \times 10^{-8}\,mol \cdot L^{-1}$$

由计算结果可知，在混合溶液中逐滴加入 $AgNO_3$ 溶液，当 Ag^+ 的浓度达到 $8.52 \times 10^{-15}\,mol \cdot L^{-1}$ 时，AgI 先沉淀，当 Ag^+ 的浓度增大至 $1.77 \times 10^{-8}\,mol \cdot L^{-1}$ 时，AgCl 才开始沉淀，而此时溶液中 I^- 的浓度为：

$$[I^-] = K_{sp}(AgI)/[Ag^+] = 8.52 \times 10^{-17}/1.77 \times 10^{-8}\,mol \cdot L^{-1}$$
$$= 4.81 \times 10^{-9}\,mol \cdot L^{-1} < 1 \times 10^{-5}\,mol \cdot L^{-1}$$

当 AgCl 开始沉淀时，溶液中的 I^- 已沉淀完全。因此，只要控制溶液中 $AgNO_3$ 的浓度大于 $8.52 \times 10^{-15}\,mol \cdot L^{-1}$，但小于 $1.77 \times 10^{-8}\,mol \cdot L^{-1}$，就可以达到分离的目的。

思考题 3-5　$K_{sp}(Ag_2C_2O_4) = 5.40 \times 10^{-12} < K_{sp}(AgCl) = 1.77 \times 10^{-10}$，溶液中 CrO_4^{2-} 与 Cl^- 的浓度相同，当滴加 $AgNO_3$ 溶液时，是否 $Ag_2C_2O_4$ 先沉淀？

思考题 3-6　怎样应用溶度积规则的知识来分离溶液中的离子？

3.5.3.3　沉淀的转化

由一种难溶电解质转化为另一种难溶电解质的过程称为沉淀的转化。

沉淀的转化

例如 $K_{sp}(BaCO_3) = 2.58 \times 10^{-9}$，$K_{sp}(BaCrO_4) = 1.17 \times 10^{-10}$，在含有 $BaCO_3$ 沉淀的饱和溶液中，加入淡黄色的 K_2CrO_4 溶液，由于 $K_{sp}(BaCrO_4)$ 小于 $K_{sp}(BaCO_3)$，Ba^{2+} 和 CrO_4^{2-} 生成 $BaCrO_4$ 黄色沉淀，从而使溶液中的 $[Ba^{2+}]$ 降低，这时对 $BaCO_3$ 来说溶液是未饱和的，根据溶度积规则，$BaCO_3$ 沉淀就会逐渐溶解。只要加入的 K_2CrO_4 的量足够大，$BaCrO_4$ 沉淀就不断生成，直到 $BaCO_3$ 完全转化为 $BaCrO_4$ 为止。此过程可表示如下：

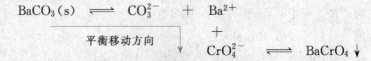

沉淀转化的程度可以用转化反应的平衡常数值来表示：

$$BaCO_3(s) + CrO_4^{2-} \rightleftharpoons BaCrO_4(s) + CO_3^{2-}$$

$$K = \frac{[CO_3^{2-}]}{[CrO_4^{2-}]} = \frac{[Ba^{2+}][CO_3^{2-}]}{[Ba^{2+}][CrO_4^{2-}]}$$

$$= \frac{K_{sp}(BaCO_3)}{K_{sp}(BaCrO_4)} = \frac{2.58 \times 10^{-9}}{1.17 \times 10^{-10}} = 22.1$$

平衡常数值越大，表示沉淀转化的程度越大。一般来说，由一种难溶电解质转化为另一种更难溶电解质的过程是很易实现的，但反过来，就比较困难。此外，沉淀的转化除与平衡常数有关外，还与离子浓度有关。当涉及两种溶解度或溶度积相差不大的难溶电解质的转化，且有关离子浓度差别很大时，必须进行具体计算，才能确定转化反应进行的方向。

3.5.3.4　沉淀的溶解

根据溶度积规则，只要设法降低难溶电解质饱和溶液中有关离子的浓度，使 $IP < K_{sp}$，就能使沉淀溶解平衡向沉淀溶解的方向移动。常用的方法有以下几种。

(1) 生成弱电解质使沉淀溶解

①碳酸盐沉淀的溶解　碳酸盐中的 CO_3^{2-} 与 H^+ 反应生成难解离的 HCO_3^- 乃至 CO_2 气体。例如 $CaCO_3$ 可溶于 HCl。

$$CaCO_3(s) \rightleftharpoons Ca^{2+} + CO_3^{2-}$$
$$+$$
平衡移动方向　$\downarrow$　$2H^+ \rightleftharpoons CO_2\uparrow + H_2O$

加入 HCl 后，上述反应发生，生成了 CO_2 气体和弱电解质 H_2O，使溶液中 $[CO_3^{2-}]$ 降低，导致 $IP < K_{sp}(CaCO_3)$，沉淀溶解。

②金属氢氧化物沉淀的溶解　金属氢氧化物可以溶于 HCl 或 NH_4Cl 溶液中。以 $Mg(OH)_2$ 为例，其反应如下：

$$Mg(OH)_2(s) \rightleftharpoons Mg^{2+} + 2OH^-$$
$$+$$
平衡移动方向　$\downarrow$　$2H^+ \rightleftharpoons 2H_2O$

$$Mg(OH)_2(s) \rightleftharpoons Mg^{2+} + 2OH^-$$
$$+$$
平衡移动方向　$\downarrow$　$2NH_4^+ \rightleftharpoons 2NH_3 + 2H_2O$

当加入 H^+ 或 NH_4^+ 时，体系中的 OH^- 浓度由于与 H^+ 或 NH_4^+ 作用，生成弱电解质 H_2O 或 NH_3 而大大降低，使 $IP < K_{sp}[Mg(OH)_2]$，沉淀溶解。

③金属硫化物沉淀的溶解　由于金属硫化物沉淀的 K_{sp} 值相差很大，数量级从 10^{-9} 到 10^{-50}，因而它们的溶解情况也不一样，像 ZnS、MnS、FeS、NiS 等 K_{sp} 值较大的金属硫化物都能溶于酸。例如 MnS 溶于 HCl 的反应如下：

$$MnS(s) \rightleftharpoons Mn^{2+} + S^{2-}$$
$$+$$
平衡移动方向　$\downarrow$　$2H^+ \rightleftharpoons H_2S\uparrow$

加入 H^+ 后，生成弱电解质 H_2S，使体系中的 S^{2-} 浓度减小，MnS 的 $IP < K_{sp}$，沉淀溶解。

④$PbSO_4$ 沉淀的溶解　在含有 $PbSO_4$ 沉淀的饱和溶液中加入 NH_4Ac，可以生成可溶性的弱电解质 $Pb(Ac)_2$，使溶液中 $[Pb^{2+}]$ 降低，$PbSO_4$ 的 $IP < K_{sp}$，沉淀溶解。

$$PbSO_4(s) \rightleftharpoons SO_4^{2-} + Pb^{2+}$$
$$+$$
平衡移动方向　$\downarrow$　$2Ac^- \rightleftharpoons Pb(Ac)_2$

（2）利用氧化还原反应使沉淀溶解

金属硫化物中 PbS、CdS、CuS 等 K_{sp} 值很小，溶液中的 $[S^{2-}]$ 极小，即使加入浓度相当大的 H^+，也不能和微量的 S^{2-} 反应生成 H_2S，因此它们不能溶于 HCl。在这种情况下，可通过加入氧化剂，使某一离子发生氧化还原反应而减小其浓度，达到沉淀溶解的目的。例如 CuS（$K_{sp}=1.27\times10^{-36}$）可溶于 HNO_3，反应如下：

$$CuS(s) \rightleftharpoons Cu^{2+} + S^{2-}$$

$$3S^{2-}+8H^++2NO_3^- \rightleftharpoons 3S\downarrow + 2NO\uparrow + 4H_2O$$

S^{2-} 被 HNO_3 氧化成单质硫，使溶液中 $[S^{2-}]$ 降低，致使 CuS 的 $IP<K_{sp}$，沉淀溶解。

（3）利用配位反应使沉淀溶解

AgCl 沉淀通过配位反应可溶于氨水，因为 Ag^+ 可以与 NH_3 结合成难解离的配离子 $[Ag(NH_3)_2]^+$，使溶液中的 $[Ag^+]$ 降低，导致 AgCl 沉淀溶解。AgBr 沉淀难溶于氨水，却溶于 $Na_2S_2O_3$ 溶液，反应如下：

$$AgBr(s) + 2S_2O_3^{2-} \rightleftharpoons [Ag(S_2O_3)_2]^{3-} + Br^-$$

由于 Ag^+ 可以与 $S_2O_3^{2-}$ 结合成更难解离的配离子 $[Ag(S_2O_3)_2]^{3-}$，使溶液中 $[Ag^+]$ 降低，导致 AgBr 沉淀溶解。一般情况下，当难溶化合物的溶度积 K_{sp} 不是很小，且配合物的生成常数 K_s 比较大时，就有利于配位溶解反应的发生。此外，配位剂的浓度也是影响难溶化合物能否发生配位溶解的重要因素之一。

> **⟫⟫【案例分析 3-2】** 将 H_2S 通入 $ZnSO_4$ 溶液中，ZnS 沉淀很不完全，如果先加入 NaAc，然后通入 H_2S 气体，为何 ZnS 几乎沉淀完全？
>
> **问题：** 试从平衡移动及溶度积规则说明。
>
> **分析：** H_2S 通入 $ZnSO_4$ 溶液中会发生下列反应：$Zn^{2+}+H_2S \rightleftharpoons ZnS\downarrow + 2H^+$，随着反应进行，溶液中 H^+ 浓度逐渐增大，逆反应趋势逐渐增大，使正反应不能进行到底，因此 ZnS 沉淀不完全。如果先加入 NaAc，NaAc 完全解离，大量存在的 Ac^- 与溶液中 H^+ 结合生成弱电解质 HAc，使溶液中 H^+ 浓度降低，致使平衡向右移动，正反应能进行到底，故几乎沉淀完全。

─────── 复习指导 ───────

掌握： 酸碱质子理论的基本要点；酸碱的定义、共轭酸碱对、酸碱强度的概念和判断；酸常数 K_a 与碱常数 K_b 的应用及共轭酸碱对 K_a 与 K_b 的关系；一元弱酸、一元弱碱、多元弱酸、多元弱碱及两性物质水溶液 pH 值的近似计算；难溶电解质溶度积的表达式，溶度积和溶解度的关系，溶度积规则；同离子效应和盐效应对弱酸、弱碱的解离度，以及对难溶电解质的溶解度的影响。

熟悉： 表观解离度、活度、活度因子、离子强度的概念，能计算电解质溶液的离子强度；应用溶度积规则判断沉淀的生成、溶解及沉淀的先后次序。

了解： 活度因子及其计算。

─────── 英汉词汇对照 ───────

电解质　electrolyte
非电解质　nonelectrolyte
强电解质　strong electrolyte
弱电解质　weak electrolyte

解离度　degree of dissociation
离子互吸理论　ion interaction theory
离子氛　ionic atmosphere
表观解离度　apparent dissociation degree

活度	activity	软硬酸碱	soft hard acid base
活度因子	activity factor	质子自递反应	proton self-transfer reaction
活度系数	activity coefficient	酸碱指示剂	acid-base indicator
离子强度	ionic strength	酸常数	proton transfer constant of acid
酸碱的质子理论	proton theory of acid and base	碱常数	proton transfer constant of base
酸	acid	同离子效应	common ion effect
碱	base	盐效应	salt effect
两性物质	amphoteric substance	溶解度	solubility
共轭酸碱对	conjugated pair of acid-base	溶度积常数	solubility product constant
共轭酸	conjugate acid	离子积	ion product
共轭碱	conjugate base	分步沉淀	fractional precipitate
酸碱电子理论	electron theory of acid and base	共沉淀	co-precipitation

阿伦尼乌斯与电离学说

阿伦尼乌斯（S. A. Arrhenius, 1859—1927），瑞典化学家。1859 年 2 月 19 日生于瑞典乌普萨拉附近的维克城堡。3 岁开始识字，并学会了算术，6 岁时就能够帮担任大学总务主任的父亲进行复杂的计算。他聪明好学，但小时候也惹是生非。读中学后，各门功课名列前茅，特别喜欢物理和化学。遇到疑难问题总喜欢问个为什么？经常与老师和同学们辩论科学问题。17 岁进入乌普萨拉大学，只花两年时间就获得学士学位。1878 年开始攻读物理学博士，他除了学习导师要求的光谱分析，还时常去旁听其他教授与物理有关的课程。渐渐地，他对电学产生了兴趣，热衷于电流现象和导电性的研究，这引起了导师的不满。由于他与导师要求的目标不同，1881 年不得不去斯德哥尔摩另求深造。当时瑞典科学院物理所的埃德伦德教授正在研究溶液的电导问题，非常欢迎他去当实验室助理员。在教授的指导下，他开展了浓度很稀的电解质溶液电导研究，他夜以继日地做实验，一干就是两年。经过刻苦钻研，他具备了很强的实验能力，能协助教授完成许多复杂的实验。1882 年开始，他几乎将所有的时间都用来从事自己的独立研究。

长期的实验室工作，养成了阿伦尼乌斯对任何问题都一丝不苟、追根究底的工作习惯。因而他对所研究的课题，往往都能提出一些具有重大意义的假说，创立新颖独特的理论。电离理论的创建，就是阿伦尼乌斯在化学领域最重要的贡献。其实，在 19 世纪上半叶，已经有人提出了电解质在溶液中产生离子的观点，但当时科学界普遍认同法拉第 "离子是在电流作用下产生的" 的观点。阿伦尼乌斯在研究电解质溶液的导电性时发现，浓度影响着许多稀溶液的导电性。他就这一发现特地向埃德伦德教授请教，教授很欣赏他敏锐的观察能力，告诫他进一步做好实验、深入探索才是关键。阿伦尼乌斯大胆改进实验仪器，用几个月时间就得到了大量的实验结果。期间他还发现了一些更有趣的事实，如气态的氨是不导电的，但氨水却导电，且溶液越稀导电性越好。实验固然重要，但对实验结果的思考更重要。为了探索实验数据背后的规律，他度过了许多不眠之夜，但他紧紧抓住稀溶液的导电性不放，力图以化学观点来说明溶液的电学性质。

阿伦尼乌斯通过对 "浓溶液和稀溶液之间的差别是什么?" "浓溶液加了水就变成稀溶液了，可见水在这里起了很大的作用" "纯净的水不导电，纯净的固体食盐也不导电，盐水却导电。水在这里起了什么作用?" 等问题的反复思考，大胆地提出了与法拉第观点不一样的设想："是不是食盐溶解在水里就电离成为氯离子和钠离子了呢?" "氯气是有毒气体，盐水里有氯元素，并没有哪个人因为喝了盐水而中毒，看来氯离子和氯原子在性质上是有区别的"。那时候，人们还不清楚原子和分子的结构。阿伦尼乌斯能有这样的想象力已经很不简单了。他说："当溶液稀释时，由于水的作用，它的导电性增加，必须假定电解质在溶液中具有两种不同的形态，非活性的分子形态和活性的离子形态。实际上，稀释时电解质的部分分子就分解为离子了……"。他又说："当溶液稀释时，活性形态的数量增加，所以溶液导电性增强"。多么伟大的发现！阿伦尼乌斯的这些想法，终于突破了传统观念，提出了电解质自动电离的新观点。

1883 年 5 月，阿伦尼乌斯带着关于电离理论的论文回到乌普萨拉大学，向化学教授克莱夫请教。但是这位很有名望的实验化学家只说了一句："这个理论纯粹是空想，我无法相信。"这使阿伦尼乌斯知道要在乌普萨拉大学通过博士论文绝非易事，虽然他认为自己的观点和实验数据并没有错。为了从理论上阐明自己的研究成果，他写成了两篇论文送到瑞典科学院请求专家们审议。经过讨论后，被推荐发表在《皇家科学院论著》杂志。同时，他认为自己的博士论文既要坚持自己的观点又不能过分与传统的理论对抗。1884 年，他以《电解质的导电性研究》一文申请答辩，虽说他的材料和数据都很充分，答辩委员会却认为论文不是很好，但仍被评为有保留通过的四等。博士学位是得到了，但电离学说却不被人理解，当时在瑞典国内几乎无人支持。幸运的是，物理化学创始人奥斯特瓦尔德对阿伦尼乌斯的态度迥然不同。1884 年 6 月奥斯特瓦尔德读到了阿伦尼乌斯寄来的论文，他觉得这个年轻人的观点是可取的，并敏锐地意识到，阿伦尼乌斯正在开创一个新的领域并立刻动手做实验加以证实。随后，他亲自到乌普萨拉大学请阿伦尼乌斯担任里加工学院副教授，这才迫使乌普萨拉大学聘任他为编外讲师。1885 年后，阿伦尼乌斯作为访问学者在奥斯特瓦尔德的实验室里工作过，与当时需要用电离学说来解释其工作的著名科学家范特霍夫也一起搞过研究。正是由于这些著名学者的支持，加上原子内部结构的逐步揭示，电离学说才最终被人们所接受。

1891 年，阿伦尼乌斯回国任瑞典皇家工业学院副教授，4 年后升教授，1896～1905 年任斯德哥尔摩大学校长。在此期间多次谢绝国外聘请。1901 年当选为瑞典科学院院士。1903 年荣获诺贝尔化学奖。1905 年起任诺贝尔研究所物理化学部长。1927 年 10 月 2 日逝世。

阿伦尼乌斯一生不信宗教，坚信科学。他知识渊博，对自然科学的各个领域都学有所长，在酸碱定义、活化分子和活化能的概念、阿伦尼乌斯方程、最早预言太阳的能量来自原子反应、二氧化碳引起温室效应、最先对血清疗法的机理作出化学解释和开创免疫化学研究等方面作出了贡献。特别是他放弃国外优越条件而报效祖国的精神，更值得全世界的科学工作者学习。

习　题

1. 指出下列各酸的共轭碱：$H_2PO_4^-$、HPO_4^{2-}、NH_4^+、H_3O^+、H_2O。

指出下列各碱的共轭酸：Ac^-、NH_2^-、$[Al(H_2O)_5OH]^{2+}$、HCO_3^-、H_2O。

2. 已知 H_2S 的 $pK_{a1}=7.05$，$pK_{a2}=11.95$，$NH_3 \cdot H_2O$ 的 $pK_b=4.75$，试比较 S^{2-}、HS^- 和 NH_3 的碱性强弱。

3. 计算 $0.10mol \cdot L^{-1} H_2C_2O_4$ 水溶液中各离子的平衡浓度。

4. 已知 $NH_3 \cdot H_2O$ 溶液的浓度为 $0.10mol \cdot L^{-1}$。（1）计算该溶液的 OH^- 浓度、pH 值和解离度。（2）若在该溶液中加入 NH_4Cl，使其在溶液中的浓度为 $0.10mol \cdot L^{-1}$，计算此溶液的 OH^- 浓度、pH 值和解离度。（3）比较上述计算结果并解释。

5. 分别计算两性物质 $HCOONH_4$ 溶液和 $NaHCO_3$ 溶液的 pH 值，解释为何前者呈弱酸性，后者呈弱碱性。

6. 将 $0.10mol \cdot L^{-1}$ 的某一元弱酸 $60mL$，与 $0.10mol \cdot L^{-1} NaOH$ 溶液 $20mL$ 混合，并稀释至 $100mL$ 后，测得溶液的 pH 值为 5.40，求该一元弱酸的质子转移平衡常数。

7. 浓度均为 $0.10mol \cdot L^{-1}$ 的 Na_2S 和 Na_3PO_4，哪种溶液的 pH 值较小？

8. 在 $0.20mol \cdot L^{-1}$ HAc 溶液中，[已知 $K_a(HAc)=10^{-5}$，$K_b(NH_3 \cdot H_2O)=10^{-5}$]

（1）加入等体积的 H_2O，解离度 $\alpha=$_____%，pH=_____。

（2）加入等体积的 $0.2mol \cdot L^{-1} NaOH$ 的溶液，pH=_____。

（3）加入等体积的 $0.2mol \cdot L^{-1} NH_3 \cdot H_2O$ 的溶液，pH=_____。

9. 室温下 $0.10mol \cdot L^{-1}$ HB 溶液的 pH 值为 3，则 $0.10mol \cdot L^{-1} NaB$ 溶液的 pH 值为多少？

10. 已知 25℃时，PbI_2 的 $K_{sp} = 7.1 \times 10^{-9}$，计算

(1) PbI_2 在水中的溶解度（$mol \cdot L^{-1}$）；

(2) PbI_2 饱和溶液中 $[Pb^{2+}]$ 和 $[I^-]$；

(3) PbI_2 在 $0.10 mol \cdot L^{-1} KI$ 溶液中的溶解度（$mol \cdot L^{-1}$）；

(4) PbI_2 在 $0.20 mol \cdot L^{-1} Pb(NO_3)_2$ 溶液中的溶解度（$mol \cdot L^{-1}$）。

11. 在 $Pb(NO_3)_2$ 与 $NaCl$ 的混合溶液中，$Pb(NO_3)_2$ 的浓度为 $0.20 mol \cdot L^{-1}$，在此混合溶液中

(1) Cl^- 的浓度为 $5.0 \times 10^{-4} mol \cdot L^{-1}$ 时，能否产生 $PbCl_2$ 沉淀。

(2) Cl^- 的浓度为多大时，开始生成 $PbCl_2$ 沉淀。

(3) Cl^- 的浓度为 $6.0 \times 10^{-2} mol \cdot L^{-1}$ 时，溶液中 Pb^{2+} 的浓度为多少。

12. $0.30 mol \cdot L^{-1} HCl$ 溶液中含有一定数量的 Cd^{2+}，当不断通入 H_2S 气体并达到饱和（$[H_2S] = 0.10 mol \cdot L^{-1}$）时，$Cd^{2+}$ 能否沉淀完全。

13. 某溶液中含有 Fe^{3+} 和 Mg^{2+}，浓度均为 $0.10 mol \cdot L^{-1}$，欲将两者分离，应如何控制溶液的 pH 值。

14. 在 500mL $0.20 mol \cdot L^{-1}$ 的 $MgCl_2$ 溶液中，加入 500mL $0.020 mol \cdot L^{-1} NH_3 \cdot H_2O$，是否有 $Mg(OH)_2$ 沉淀产生。若再加入 $0.10 mol$ NH_4Cl 固体，有无变化。

15. 判断下列反应进行的方向。（设各反应离子的浓度均为 $0.10 mol \cdot L^{-1}$）

(1) $PbCO_3(s) + S^{2-} \rightleftharpoons PbS(s) + CO_3^{2-}$

(2) $AgBr(s) + Cl^- \rightleftharpoons AgCl(s) + Br^-$

（中南大学　何跃武）

第3章 习题解答

第4章

缓冲溶液

缓冲溶液的重要作用是控制溶液的pH值。本章重点内容为缓冲溶液的组成、作用原理、pH值的计算、缓冲容量、缓冲范围及缓冲溶液的配制。生物体在代谢过程中不断产生酸和碱，但各种体液的pH值总能维持在一定范围内。因此，研究如何获得具有一定pH值的溶液，怎样控制溶液的pH值，并保持其相对的稳定，在化学和医学上都具有重要的意义。

4.1 缓冲溶液与缓冲原理

溶液的酸碱性是影响化学反应的重要因素之一。在溶液中进行的许多化学反应，特别是生物体内的化学反应，常常需要在一定 pH 值的条件下才能顺利进行，表 4-1 列出了正常人各种体液的 pH 值范围，若 pH 值超过一定范围，人的正常生理活动就要受到影响，导致疾病发生，严重时可危及生命。

表 4-1　人体各种体液的 pH 值

体 液	pH 值	体 液	pH 值
血清	7.35～7.45	大肠液	8.3～8.4
成人胃液	0.9～1.5	乳 汁	6.0～6.9
婴儿胃液	5.0	泪 水	约 7.4
唾液	6.35～6.85	尿 液	4.8～7.5
胰液	7.5～8.0	脑脊液	7.35～7.45
小肠液	约 7.6	细胞液	7.20～7.45

4.1.1　缓冲溶液及其组成

（1）缓冲溶液的概念

有许多外界因素会使纯水和一般溶液的 pH 值发生改变，如空气中的二氧化碳，可使 pH 值降低。如果有少量的强酸或强碱加入溶液中，pH 值的变化就更为显著了。但有这样一种溶液，当在其中加入少量强酸或强碱或稍加稀释时，溶液的 pH 值基本不变，这种能抵抗外加少量强酸、强碱或稍加稀释而保持溶液 pH 值基本不变的溶液称为缓冲溶液（buffer solution）。缓冲溶液对强酸、强碱或稀释的抵抗作用，称为缓冲作用（buffer action）。

缓冲溶液及
其组成

（2）缓冲溶液的组成

医学上常用的缓冲溶液，按照质子酸碱理论，主要由浓度足够和比例适当的共轭酸及其共轭碱两种物质组成，这两种物质合称为缓冲系（buffer system）或缓冲对（buffer pair）。此外，较浓的强酸或强碱以及两性物质有时也可作为缓冲溶液；若按照电离学说，缓冲系又可认为是由弱酸及其盐如 HAc-NaAc，弱碱及其盐如 NH_3-NH_4Cl，多元酸的酸式盐及其次级盐如 NaH_2PO_4-Na_2HPO_4 组成。一些常见的缓冲系见表 4-2。

表 4-2 常见的缓冲系

缓冲系	共轭酸	共轭碱	质子转移平衡	pK_a（25℃）
HAc-NaAc	HAc	Ac^-	$HAc + H_2O \rightleftharpoons Ac^- + H_3O^+$	4.76
H_2CO_3-$NaHCO_3$	H_2CO_3	HCO_3^-	$H_2CO_3 + H_2O \rightleftharpoons HCO_3^- + H_3O^+$	6.35
H_3PO_4-NaH_2PO_4	H_3PO_4	$H_2PO_4^-$	$H_3PO_4 + H_2O \rightleftharpoons H_2PO_4^- + H_3O^+$	2.16
Tris·HCl-Tris[①]	Tris·H^+	Tris	$Tris·H^+ + H_2O \rightleftharpoons Tris + H_3O^+$	7.85
$H_2C_8H_4O_4$-$KHC_8H_4O_4$[②]	$H_2C_8H_4O_4$	$HC_8H_4O_4^-$	$H_2C_8H_4O_4 + H_2O \rightleftharpoons HC_8H_4O_4^- + H_3O^+$	2.89
NH_4Cl-NH_3	NH_4^+	NH_3	$NH_4^+ + H_2O \rightleftharpoons NH_3 + H_3O^+$	9.25
$CH_3NH_3^+Cl^-$-CH_3NH_2[③]	$CH_3NH_3^+$	CH_3NH_2	$CH_3NH_3^+ + H_2O \rightleftharpoons CH_3NH_2 + H_3O^+$	10.63
NaH_2PO_4-Na_2HPO_4	$H_2PO_4^-$	HPO_4^{2-}	$H_2PO_4^- + H_2O \rightleftharpoons HPO_4^{2-} + H_3O^+$	7.21
Na_2HPO_4-Na_3PO_4	HPO_4^{2-}	PO_4^{3-}	$HPO_4^{2-} + H_2O \rightleftharpoons PO_4^{3-} + H_3O^+$	12.32

①代表三（羟甲基）甲胺盐酸盐-三（羟甲基）甲胺。

②代表邻苯二甲酸-邻苯二甲酸氢钾。

③代表盐酸甲胺-甲胺。

4.1.2 缓冲溶液的作用原理

缓冲溶液为什么具有缓冲作用，能抵抗外来少量的强酸或强碱呢？下面以 HAc-NaAc 缓冲系为例来说明缓冲溶液的作用原理。

HAc 为弱电解质，在水溶液中部分解离为 H_3O^+ 和 Ac^-；而 NaAc 为强电解质，在水溶液中完全解离为 Na^+ 和 Ac^-，它们之间的质子转移平衡关系可表示为：

$$HAc + H_2O \rightleftharpoons H_3O^+ + Ac^-$$
$$NaAc \longrightarrow Na^+ + Ac^-$$

缓冲溶液的
作用原理

因为来自 NaAc 中 Ac^- 的同离子效应，抑制了 HAc 的解离，使 HAc 的质子转移平衡左移，HAc 的解离度会降低，因此在水溶液中 HAc 几乎全部以分子的形式存在。所以在此混合体系中 Na^+、Ac^- 和 HAc 的浓度较大，其中 HAc-Ac^- 为共轭酸碱对。

当外加少量强酸时，体系中大量存在的 Ac^- 与外加 H_3O^+ 作用生成 HAc，使上述平衡左移，当达到新的平衡时，体系中 H_3O^+ 的浓度没有明显增加，pH 值保持基本不变。Ac^- 实际起到抵抗外加强酸的作用，故 Ac^-（共轭碱）又称为抗酸成分。

当外加少量强碱时，外加的 OH^- 与体系中的 H_3O^+ 作用生成 H_2O，使体系中的 H_3O^+ 浓度减小，上述平衡右移，大量存在的 HAc 将质子传递给 H_2O，补充消耗的 H_3O^+。当达到新的平衡时，体系中 H_3O^+ 的浓度没有明显减小，pH 值也保持基本不变。HAc 实际起到抵抗外加强碱的作用，故 HAc（共轭酸）又称为抗碱成分。

当溶液稍加稀释时，体系中各种离子的浓度都有所降低，H_3O^+ 浓度虽然也降低，但溶液稀释导致同离子效应减弱，促使 HAc 的解离度增大。HAc 进一步解离产生的 H_3O^+ 可使溶液的 pH 值保持基本不变。

总之，在缓冲溶液中同时存在足量的共轭酸和共轭碱，当外加少量强酸、强碱或稍加稀释时，通过共轭酸碱间的质子转移平衡的移动发挥抵抗作用，维持溶液的 pH 值基本不变。缓冲溶液是同离子效应的一个重要应用。

> **【案例分析 4-1】**　**HAc 溶液中含有 HAc 和 Ac⁻ 共轭酸碱对，因而 HAc 水溶液是缓冲溶液？**
>
> **问题：** 试从缓冲溶液的定义判断。
>
> **分析：** 缓冲溶液是指能同时抵抗少量外加强酸或强碱及适量稀释，而保持其 pH 值基本不变的溶液，即具有缓冲能力的溶液。它必须同时含有大量的抗酸成分与抗碱成分（即共轭酸碱对）。HAc 水溶液不符合此要求，因为 HAc 在水中是弱电解质（$K_a = 1.76 \times 10^{-5}$），大部分以 HAc 分子形式存在，Ac⁻ 含量极少，例如 $0.1 \text{mol} \cdot \text{L}^{-1}$ HAc 在室温下的解离度仅为 1.33%。因此 HAc 水溶液不具备缓冲能力，不是缓冲溶液。

4.2　缓冲溶液 pH 值的计算

4.2.1　缓冲溶液 pH 值的近似计算

计算缓冲溶液 pH 值的近似公式，可根据质子转移平衡关系推导。

若以 HB 表示缓冲系中的共轭酸，NaB 表示缓冲系中的共轭碱，在水溶液中，它们存在如下质子转移平衡：

$$HB + H_2O \rightleftharpoons H_3O^+ + B^-$$

$$NaB \longrightarrow Na^+ + B^-$$

$$K_a = \frac{[H_3O^+][B^-]}{[HB]}, \quad [H_3O^+] = K_a \times \frac{[HB]}{[B^-]}$$

等式两边取负对数可得：

$$pH = pK_a + \lg \frac{[B^-]}{[HB]} \quad \text{或} \quad pH = pK_a + \lg \frac{[\text{共轭碱}]}{[\text{共轭酸}]} \tag{4-1}$$

缓冲溶液的 pH 值计算

上式为计算缓冲溶液 pH 值的 Henderson-Hasselbalch 方程式。式中 pK_a 为缓冲系中共轭酸的解离常数的负对数，$[HB]$ 和 $[B^-]$ 分别为共轭酸、碱的平衡浓度，$[B^-]/[HB]$ 比值称为缓冲比（buffer-component ratio），$[B^-] + [HB]$ 称为缓冲溶液的总浓度。

> **科学家小传——亨德森**
>
>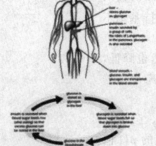
> 亨德森（L. J. Henderson，1878—1942），美国著名生理学家，同时也是一位化学家、生物学家和医师。1878 年 6 月 3 日生于美国马萨诸塞州的林恩，1942 年 2 月 10 日去世。
>
> 在哈佛大学念书时，他就对阿伦尼乌斯的电离理论感兴趣，并坚信该理论可应用于生物学研究。大学毕业后，到德国随著名胶体化学家霍夫迈斯特（Hofmeister）学习物理化学。在那里他不仅受到了良好的科学训练，而且深受德国分析学派思想的影响。他认为：生物学家必须用物理化学方法去研究生物体的结构和功能。1904 年，回到哈佛任教。1908 年，在电离理论的基础上着手研究酸碱平衡问题，通过水溶液中氢离子浓度与未解离的酸或盐的关系，提出了著名的、定量描述缓冲体系的亨德森方程［1916 年，丹麦人

哈塞尔巴尔赫（K. A. Hasselbalch）将其写为对数形式]。由此，他认定含有酸、碱和盐的体液中一定存在着缓冲体系。通过模拟血液中的 7 组缓冲成分，最终研究发现了血液能发挥缓冲作用的奥秘。

1913 年，亨德森把法国生理学家贝尔纳（C. Bernard）的内环境理论和自己的实验结合起来，从体液平衡的角度为内环境的稳定提供了科学依据。同时，阐述了自己对生命现象的独特见解，特别强调应该研究生命现象的整合和协调作用，大大地发展了贝尔纳的理论。他的美国同事坎农（W. B. Cannon），在贝尔纳和他工作的基础上建立了标志着现代生理学开端的内稳态理论。

若缓冲系中 HB 的初始浓度为 $c(HB)$，其已解离部分的浓度为 $c'(HB)$，NaB 的初始浓度为 $c(B^-)$，则 HB 和 B^- 的平衡浓度分别为：

$$[HB]=c(HB)-c'(HB), \quad [B^-]=c(B^-)+c'(HB)$$

由于 HB 为弱酸，解离度较小，又因为 B^-（来自 NaB）的同离子效应，使 HB 的解离度进一步降低，故 $c'(HB)$ 可忽略。平衡浓度近似等于初始浓度。式（4-1）可写为：

$$pH=pK_a+\lg\frac{[B^-]}{[HB]}=pK_a+\lg\frac{c(B^-)}{c(HB)} \tag{4-2}$$

若以 $n(HB)$ 和 $n(B^-)$ 分别表示 V 体积缓冲溶液中所加共轭酸碱的物质的量，则：

$$c(HB)=n(HB)/V, c(B^-)=n(B^-)/V$$

代入式（4-2）可得：

$$pH=pK_a+\lg\frac{n(B^-)/V}{n(HB)/V}=pK_a+\lg\frac{n(B^-)}{n(HB)} \tag{4-3}$$

式（4-2）和式（4-3）是式（4-1）的不同表示形式。

【例题 4-1】 欲配制 pH＝5.10 的缓冲溶液，需要在 50mL 0.10mol·L^{-1} HAc 溶液中加入 0.10mol·L^{-1} NaOH 溶液多少毫升？已知 HAc 的 pK_a＝4.75。

解 设应加 0.10mol·L^{-1} NaOH 溶液体积为 x mL

$$HAc \quad + \quad NaOH \quad \longrightarrow \quad NaAc \quad + \quad H_2O$$

反应前/mmol 50×0.10　　　　0.10x

反应后/mmol 50×0.10－0.10x　　　　　　0.10x

根据式（4-3）：

$$pH=pK_a+\lg\frac{n(Ac^-)}{n(HAc)}$$

$$5.10=4.75+\lg\frac{0.10x}{50\times0.10-0.10x}$$

即

$$0.35=\lg\frac{0.10x}{50\times0.10-0.10x}$$

$$x=35mL$$

故应加入 0.10mol·L^{-1} NaOH 溶液的体积为 35mL。

根据前面对缓冲作用原理的讨论，可以知道，当外加少量强酸时，加入的 H^+ 与溶液中的共轭碱 B^- 结合成 HB。减少了的共轭碱的浓度近似等于外加酸的浓度，增加了的共轭酸的浓度也近似等于外加酸的浓度，因而使溶液的 pH 值有微小变化，缓冲溶液外加少量强酸后，溶液的 pH 值计算式为：

$$pH=pK_a+\lg\frac{[共轭碱]-[酸]_{外加}}{[共轭酸]+[酸]_{外加}} \tag{4-4}$$

或

$$pH=pK_a+\lg\frac{n_{共轭碱}-n_{外加酸}}{n_{共轭酸}+n_{外加酸}} \tag{4-5}$$

同理，当缓冲溶液中外加少量强碱时，溶液的 pH 值也发生微小变化，pH 值的计算式为：

$$pH=pK_a+\lg\frac{[共轭碱]+[碱]_{外加}}{[共轭酸]-[碱]_{外加}} \tag{4-6}$$

或
$$pH = pK_a + \lg \frac{n_{共轭碱} + n_{外加碱}}{n_{共轭酸} - n_{外加碱}} \qquad (4-7)$$

【例题 4-2】 计算 200mL 0.20mol·L^{-1} 的 NH$_3$ 和 300mL 0.10mol·L^{-1}NH$_4$Cl 混合溶液的 pH 值。并分别计算在此混合溶液中加入 20mL 0.10mol·L^{-1}HCl、20mL 0.10mol·L^{-1}NaOH 及 100mL H$_2$O 后，混合溶液的 pH 值。

解 此混合溶液由 NH$_4^+$-NH$_3$ 组成，共轭酸为 NH$_4^+$，查有关手册知 pK_a=9.25

(1) 原混合液的 pH 值可用式（4-3）计算：
$$pH = pK_a + \lg \frac{n(NH_3)}{n(NH_4^+)} = 9.25 + \lg \frac{0.20 \times 200}{0.10 \times 300} = 9.37$$

(2) 加入 20mL 0.10mol·L^{-1}HCl 后，溶液的 pH 值可用式（4-5）计算：
$$pH = 9.25 + \lg \frac{0.20 \times 200 - 0.10 \times 20}{0.10 \times 300 + 0.10 \times 20} = 9.32$$

加入 20mL 0.10mol·L^{-1}HCl 后，溶液的 pH 值由 9.37 减小为 9.32，pH 值减少了 0.05，结果表明缓冲溶液具有抵抗外来少量强酸的能力。

(3) 加入 20mL 0.10 mol·L^{-1}NaOH 后，溶液的 pH 值可用式（4-7）计算：
$$pH = 9.25 + \lg \frac{0.20 \times 200 + 0.10 \times 20}{0.10 \times 300 - 0.10 \times 20} = 9.43$$

加入 20mL 0.10mol·L^{-1}NaOH 后，溶液的 pH 值由 9.37 增大为 9.43，pH 值增加了 0.06，结果表明缓冲溶液具有抵抗外来少量强碱的能力。

(4) 加入 100mL H$_2$O 后，缓冲溶液中共轭酸、碱的浓度同时降低，共轭酸与共轭碱的物质的量和缓冲比不变，据式（4-3）可知，pH 值基本不变，说明缓冲溶液具有抵抗稀释的作用。

4.2.2 缓冲溶液 pH 值计算公式的校正

利用前面介绍的计算缓冲溶液 pH 值的公式，得到的 pH 值只是一个近似值，它与实际测定值存在一定误差，由于缓冲溶液中阴、阳离子的浓度较大，精确计算缓冲溶液的 pH 值时，必须考虑溶液中离子强度的影响，用共轭酸与共轭碱的活度代替它们的平衡浓度，则式（4-2）应为：

$$pH = pK_a + \lg \frac{a(B^-)}{a(HB)} = pK_a + \lg \frac{[B^-]\gamma(B^-)}{[HB]\gamma(HB)}$$
$$= pK_a + \lg \frac{[B^-]}{[HB]} + \lg \frac{\gamma(B^-)}{\gamma(HB)} \qquad (4-8)$$

式（4-8）就是校正的缓冲溶液 pH 值的计算式。式中 $\gamma(HB)$ 和 $\gamma(B^-)$ 分别为共轭酸、碱的活度系数，$\lg \frac{\gamma(B^-)}{\gamma(HB)}$ 为校正因数，与缓冲溶液的离子强度（I）和共轭酸的电荷数（z）有关，离子强度可根据缓冲溶液中各离子的浓度进行计算得到，再根据共轭酸的电荷数 z（如在 NH$_4^+$-NH$_3$ 缓冲系中 z=+1；在 HAc-Ac$^-$ 缓冲系中 z=0；在 HPO$_4^{2-}$-PO$_4^{3-}$ 缓冲系中 z=-2），从有关手册中查得校正因数，代入式（4-8）中便可求得缓冲溶液较精确的 pH 值。表 4-3 列出几种共轭酸电荷数 z 不同的缓冲系的校正因数（20℃），0~30℃的校正因数基本与表 4-3 中（20℃）数据相同。

表 4-3 不同 I 和 z 时缓冲溶液的校正因数（20℃）

I	z=+1	z=0	z=-1	z=-2
0.01	+0.04	-0.04	-0.13	-0.22
0.05	+0.08	-0.08	-0.25	-0.42
0.10	+0.11	-0.11	-0.32	-0.53

【例题 4-3】 $0.050mol \cdot L^{-1}KH_2PO_4$ 与 $0.050mol \cdot L^{-1}Na_2HPO_4$ 等体积混合成 $500mL$ 缓冲液，求此缓冲液近似和精确的 pH 值，并与测定值 6.86 比较。（$H_2PO_4^-$ 的 $pK_a=7.21$）

解 （1）缓冲溶液 pH 值的近似值

两种溶液等体积混合，则：

$$c(H_2PO_4^-)=0.050/2mol \cdot L^{-1}=0.025mol \cdot L^{-1}$$

$$c(HPO_4^{2-})=0.050/2mol \cdot L^{-1}=0.025mol \cdot L^{-1}$$

代入式（4-2）得：

$$pH=7.21+lg\frac{0.025}{0.025}=7.21$$

（2）缓冲溶液 pH 值的精确值

混合溶液中有四种离子，它们的浓度分别为：

$c(K^+)=0.050/2mol \cdot L^{-1}=0.025mol \cdot L^{-1}$，$c(Na^+)=0.050 \times 2/2mol \cdot L^{-1}=0.050mol \cdot L^{-1}$

$c(H_2PO_4^-)=0.050/2mol \cdot L^{-1}=0.025mol \cdot L^{-1}$，$c(HPO_4^{2-})=0.050/2mol \cdot L^{-1}=0.025mol \cdot L^{-1}$

则此缓冲溶液的离子强度为：

$$I=1/2\sum c_i z_i^2$$
$$=1/2 \times [0.025 \times 1^2+0.050 \times 1^2+0.025 \times (-1)^2+0.025 \times (-2)^2] mol \cdot L^{-1}$$
$$=0.10mol \cdot L^{-1}$$

共轭酸 $H_2PO_4^-$ 的 $z=-1$，查表 4-3 得校正因数为 -0.32。

代入式（4-8）可得缓冲溶液 pH 值的精确值为：

$$pH=7.21+(-0.32)=6.89$$

校正后的 pH 值 6.89 与测定值 6.86 较接近，而近似计算值 7.21 与测定值相差较大。

4.2.3 影响缓冲溶液 pH 值的因素

从缓冲溶液 pH 值的精确计算式（4-8）中，可以了解到影响缓冲溶液 pH 值的主要因素有以下几个方面。

①缓冲溶液的 pH 值首先取决于共轭酸的酸常数 K_a 值，K_a 与温度有关，另外，温度变化会导致溶液中离子的活度因子改变，故校正因数也随之而发生变化。因此，温度变化将使缓冲溶液的 pH 值改变。这种改变值可用温度系数来表示，它是指温度每变化 1℃时缓冲溶液 pH 值的变化值。温度系数可能为"＋"，也可能为"－"，表示缓冲溶液的 pH 值随温度升高而升高或降低。温度对缓冲溶液 pH 值的影响比较复杂，不做深入讨论。

②对于同一缓冲系，K_a 值一定，缓冲溶液的 pH 值随着缓冲比的改变而改变，当缓冲比等于 1 时，缓冲溶液的 pH 值等于 pK_a。

③当缓冲溶液加水稀释时，由于共轭酸、碱的浓度以同等程度降低，缓冲比基本不变，由式（4-2）计算的 pH 值不变，但实际上稀释会使溶液中的离子强度减小，对于不同类型的缓冲溶液，稀释对共轭酸和共轭碱的活度因子影响的程度不同，校正因数发生改变，缓冲溶液的 pH 值也随之有微小的改变。缓冲溶液的 pH 值随着稀释的变化，可用稀释值表示。当缓冲溶液的浓度为 c 时，加入等体积纯水稀释，稀释后与稀释前溶液 pH 值之差为稀释值，符号为 $\Delta pH_{1/2}$，用公式表示如下：

$$\Delta pH_{1/2}=(pH)_{c/2}-(pH)_c$$

对于不同类型的缓冲溶液，稀释值的正负和大小不相同，这里不做深入讨论。

4.3 缓冲容量和缓冲范围

4.3.1 缓冲容量

缓冲容量和
缓冲范围

任何缓冲溶液的缓冲能力都有一定的限度，只有在加入的酸和碱不超过一定量时，才能有效地发挥缓冲作用，若加入的酸或碱的量过大，缓冲溶液的缓冲能力就将减弱乃至完全丧失。1922 年，V. Slyke 提出用缓冲容量（buffer capacity）β 作为衡量缓冲能力大小的尺度。缓冲容量就是使单位体积缓冲溶液的 pH 值改变一个单位时，所需外加一元强酸或一元强碱的物质的量，用微分公式表示为：

$$\beta = \frac{dn_{a(b)}}{V|dpH|} \tag{4-9}$$

式中，$dn_{a(b)}$ 是加入微小量一元强酸（dn_a）或一元强碱（dn_b）的物质的量，mol 或 mmol；V 是缓冲溶液的体积，L 或 mL；$|dpH|$ 是缓冲溶液 pH 微小改变量的绝对值。β 只能为正值，其值越大，表示缓冲能力越强；反之，缓冲能力越弱。

由共轭酸碱对构成的缓冲溶液，其缓冲容量与总浓度（$c_{总}=[HB]+[B^-]$）及 $[HB]$、$[B^-]$ 的关系式，可由式（4-9）推导（这里不介绍）而得：

$$\beta = 2.303 \frac{[HB]}{[HB]+[B^-]} \times \frac{[B^-]}{[HB]+[B^-]} \times \{[HB]+[B^-]\} \tag{4-10}$$

$$\beta = 2.303 \frac{[HB]}{c_{总}} \times \frac{[B^-]}{c_{总}} \times c_{总} = 2.303[HB][B^-]/c_{总} \tag{4-11}$$

4.3.2 缓冲容量的影响因素

影响缓冲容量的因素主要有两个，其一是缓冲溶液的总浓度，即 $[HB]+[B^-]$；其二是缓冲溶液的缓冲比，即 $[B^-]/[HB]$，现将这两个因素的影响分述如下。

（1）缓冲容量与总浓度的关系

当给定的缓冲溶液的缓冲比一定时，总浓度越大，即溶液中抗酸、抗碱成分越多，缓冲容量越大。这种关系可用表 4-4 所列实例说明。

表 4-4　缓冲容量与总浓度的关系

缓冲溶液	$c_{总}/mol \cdot L^{-1}$	$c_{NH_3} : c_{NH_4^+}$	$\beta/mol \cdot L^{-1} \cdot pH^{-1}$
I	0.20	0.10 : 0.10	0.115
II	0.10	0.050 : 0.050	0.058
III	0.040	0.020 : 0.020	0.023

表中数据表明，由同一共轭酸碱对组成的缓冲溶液，当缓冲比相同时，总浓度较大的，其缓冲容量也较大。

（2）缓冲容量与缓冲比的关系

当给定的缓冲溶液的总浓度相同时，缓冲容量与缓冲比有关。缓冲比越接近于 1，其缓冲容量越大，这种变化关系可用表 4-5 所列实例说明。

表 4-5　缓冲容量与缓冲比的关系

缓冲溶液	$c_{NH_3}/mol \cdot L^{-1}$	$c_{NH_4^+}/mol \cdot L^{-1}$	缓冲比	$c_{总}/mol \cdot L^{-1}$	$\beta/mol \cdot L^{-1} \cdot pH^{-1}$
Ⅰ	0.095	0.005	19:1	0.1	0.0109
Ⅱ	0.09	0.01	9:1	0.1	0.0207
Ⅲ	0.05	0.05	1:1	0.1	0.0576
Ⅳ	0.01	0.09	1:9	0.1	0.0207
Ⅴ	0.005	0.095	1:19	0.1	0.0109

表 4-5 中数据表明，由同一共轭酸碱对组成的缓冲溶液，缓冲比越接近于 1，缓冲容量越大；缓冲比越远离 1（即 pH 值偏离 pK_a 越远）时，缓冲容量越小。当缓冲比等于 1（即 $pH = pK_a$）时，缓冲容量最大，用 $\beta_{极大}$ 表示，它与缓冲溶液总浓度的关系为：

$$\beta_{极大} = 2.303(c_{总}/2)(c_{总}/2)/c_{总} = 0.576c_{总} \tag{4-12}$$

总之，缓冲溶液的总浓度和缓冲比是影响缓冲容量的两个重要因素。

pH<3 的强酸或 pH>11 强碱，也常作缓冲溶液，虽然体系中没有缓冲对，不属于所要讨论的缓冲溶液类型，但它们的缓冲能力很强，因为含有较多的 H^+ 或 OH^-，当加入少量的强酸或强碱时，不会引起溶液酸度或碱度的明显改变，故它们的缓冲容量较大。

4.3.3　缓冲范围

根据上述讨论可知，当缓冲溶液的总浓度一定时，缓冲比为 1 时，缓冲容量最大，缓冲比偏离 1 时，缓冲容量减小。实验证明，缓冲比大于 10:1 或小于 1:10，即溶液的 pH 值与 pK_a 相差超过 1 个 pH 单位时，缓冲溶液几乎丧失缓冲能力。通常把缓冲比在 0.1～10 范围之间所对应的缓冲溶液的 pH 值称为缓冲溶液的有效缓冲范围（buffer effective range）。根据式（4-2）可得：

$$pH = pK_a \pm 1 \tag{4-13}$$

根据式（4-13）可以计算任一缓冲溶液的缓冲范围，不同的缓冲系，因弱酸的 pK_a 值不同，所以缓冲范围也各不相同。

酶活性与最适宜pH值

通常各种酶只有在一定的 pH 值范围内才显示活性。一种酶表现其催化活性最高时的 pH 值称为该酶的最适 pH 值。大于或小于最适 pH 值，都会逐渐降低酶活性。主要表现在两个方面：①改变底物分子和酶分子的带电状态，从而影响酶和底物的结合；②过高或过低的 pH 值都会影响酶的稳定性，甚至使酶遭受不可逆破坏，因为许多酶的催化活性部位一般含有重要的、对酶活性构象起决定作用的酸性基团或碱性基团，这些基团也像简单酸或简单碱一样可以解离，而且随着 pH 值而变化。不同的酶，其最适 pH 值不同。例如，胃蛋白酶的最适 pH 值为 1.5～2.5，胰蛋白酶为 8，凝血酶为 7～9，马铃薯的酪氨酸酶的最适 pH 值是 8.2，过氧化氢酶为 6.8，具有细胞内消化功能的溶酶体水解酶的最适 pH 值在 5.0 左右；酶的最适 pH 值还受反应物性质和缓冲液性质的影响。例如，唾液淀粉酶的最适 pH 值约为 6.8，但在磷酸缓冲液中，其最适 pH 值为 6.4～6.6，在醋酸缓冲液中则为 5.6。

4.4 缓冲溶液的配制

4.4.1 缓冲溶液的配制方法

根据对缓冲容量的讨论，在配制一定 pH 值的缓冲溶液时，为了使所配制的溶液具有一定的缓冲能力，应按下列原则和步骤进行。

（1）选择适当的缓冲系

在选择缓冲溶液时，除要求缓冲溶液对反应没有干扰，有足够的缓冲容量外，还要使所要求的 pH 值包括在此缓冲溶液的缓冲范围内，并且尽量接近共轭酸的 pK_a，使缓冲容量接近极大值。如欲配制 pH＝4.0 的缓冲溶液，可选择 $HCOOH$-$HCOO^-$ 缓冲系，$HCOOH$ 的 pK_a＝3.75，还可选择 HAc-Ac^- 缓冲系，HAc 的 pK_a＝4.75，在相同条件下，选择 $HCOOH$-$HCOO^-$ 缓冲系的缓冲容量更大一些。

缓冲溶液的配制

（2）配制的缓冲溶液要有适当的总浓度

缓冲溶液的总浓度太低，缓冲容量过小；总浓度太高，会造成溶液中离子强度太大，导致副反应发生，对主反应有影响，在实际应用中也没有必要。一般总浓度控制在 $0.05 \sim 0.2 mol \cdot L^{-1}$ 范围内为宜。

（3）计算所需共轭酸和共轭碱的量

为方便起见，常常使用相同浓度的共轭酸和共轭碱溶液进行配制。设缓冲溶液的总体积为 V，需取共轭酸的体积为 $V(HB)$，共轭碱的体积为 $V(B^-)$，混合前浓度均为 c，则混合后：

$$c(HB)=cV(HB)/V \quad , \quad c(B^-)=cV(B^-)/V$$

代入式（4-2），得

$$pH=pK_a+lg\frac{cV(B^-)/V}{cV(HB)/V}$$

$$pH=pK_a+lg\frac{V(B^-)}{V(HB)} \tag{4-14}$$

$$V=V(HB)+V(B^-)$$

利用上式很容易计算出共轭酸和共轭碱的体积。

（4）校正

按计算结果，分别量取 $V(HB)$ 体积的 HB 溶液和 $V(B^-)$ 体积的 B^- 溶液相混合，就可配制成 V 体积的所需 pH 值近似的缓冲溶液，如果要求 pH 值较精确的实验，还需用 pH 计对所配缓冲溶液的 pH 值进行校正。

【例题 4-4】 如何配制 100mL pH 值约为 9.00 的缓冲溶液。

解 （1）选择缓冲系

查表 4-2 常见缓冲系可知，NH_4Cl-NH_3 缓冲系中共轭酸 NH_4^+ 的 pK_a＝9.25，与欲配制缓冲溶液的 pH 值较为接近，可选用此缓冲系。

（2）确定总浓度

若配制具备中等能力的缓冲溶液，并考虑计算方便，选用浓度均为 $0.10mol \cdot L^{-1}$ 的 NH_4Cl 和 NH_3 溶液，应用式（4-14）可得：

$$9.00=9.25+lg\frac{V(NH_3)}{V(NH_4^+)}$$

$$100mL=V(NH_4^+)+V(NH_3)$$

计算可得 $V(NH_4^+)=64mL$, $V(NH_3)=100mL-64mL=36mL$

按计算结果，分别量取 $0.10mol \cdot L^{-1}$ NH_4Cl 溶液 64mL 和 $0.10mol \cdot L^{-1}$ NH_3 溶液 36mL，混合均匀即可得所需的缓冲溶液，如有必要，可用 pH 计校正。

根据上述方法配制的缓冲溶液与实际测定值还有一定误差，因为没有考虑离子强度所引起的偏差及温度等因素的影响。为了准确又方便地配制所需 pH 值的缓冲溶液，科学家们对缓冲溶液的配制进行了精密和系统的研究，并制订了许多配制准确 pH 值缓冲溶液的配方，在实际工作中往往不需临时计算，可查有关手册，根据这些标准配方进行配制，就可得到所需准确 pH 值的缓冲溶液。

在生理学和生物化学中，最常采用的缓冲系是三（羟甲基）甲胺及其盐酸盐，符号分别为 Tris 和 Tris·HCl，它们的化学式为 $(HOCH_2)_3CNH_2$ 和 $(HOCH_2)_3CNH_2 \cdot HCl$。在 Tris 缓冲溶液中加入 NaCl 是为了调节离子强度至 0.16，使其与生理盐水等渗。表 4-6 是 Tris 和 Tris·HCl 组成的缓冲溶液的配方，以供参考。

表 4-6　Tris 和 Tris·HCl 组成的缓冲溶液

缓冲溶液组成/mol·kg^{-1}			pH 值	
Tris	Tris·HCl	NaCl	25℃	37℃
0.02	0.02	0.14	8.220	7.904
0.05	0.05	0.11	8.225	7.908
0.006667	0.02	0.14	7.745	7.428
0.01667	0.05	0.11	7.745	7.427
0.05	0.05		8.173	7.851
0.01667	0.05		7.699	7.382

思考题 4-3　配制缓冲溶液时，总浓度是否越大越好？

4.4.2　标准缓冲溶液

使用 pH 计测量溶液的 pH 值时，必须先用标准缓冲溶液校正仪器，标准缓冲溶液的性质稳定，具有一定缓冲容量和抗稀释能力，其 pH 值是在一定温度下通过实验准确测定的。一些常用标准缓冲溶液的 pH 值及温度系数列于表 4-7。

表 4-7 中温度系数为"+"时，表示缓冲溶液的 pH 值随温度的升高而增大；温度系数为"-"时，则表示 pH 值随温度的升高而减小。

在配制标准缓冲溶液时，要求水的纯度很高，一般用重蒸水，配制碱性（pH＞7）的标准缓冲溶液时，要用新排除 CO_2 的重蒸水。

表 4-7　标准缓冲溶液

溶　　液	浓度/mol·L^{-1}	pH 值(25℃)	温度系数/ΔpH·℃$^{-1}$
酒石酸氢钾($KHC_4H_4O_6$)	饱和,25℃	3.557	-0.001
邻苯二甲酸氢钾($KHC_8H_4O_4$)	0.05	4.008	+0.001
KH_2PO_4-Na_2HPO_4	0.025,0.025	6.865	-0.003
KH_2PO_4-Na_2HPO_4	0.008695,0.03043	7.413	-0.003
硼砂($Na_2B_4O_7 \cdot 10H_2O$)	0.01	9.180	-0.008

▶▶▶【案例分析 4-2】　　表 4-7 中，酒石酸氢钾（$KHC_4H_4O_6$）、邻苯二甲酸氢钾（$KHC_8H_4O_4$）和硼砂（$Na_2B_4O_7 \cdot 10H_2O$）标准缓冲溶液，为何可以由单一化合物配制而成？硫酸氢钾的水溶液 KHSO$_4$ [$pK_a(HSO_4^-)=1.92$] 也可以做缓冲溶液吗？

> **问题：** 试从缓冲溶液的定义及解离平衡加以说明。
>
> **分析：** 酒石酸氢钾和邻苯二甲酸氢钾在水中都能解离产生两性离子，如邻苯二甲酸氢钾溶于水完全解离成 K^+ 和两性离子 $HC_8H_4O_4^-$，$HC_8H_4O_4^-$ 可接受质子生成共轭酸 $H_2C_8H_4O_4$，也可给出质子生成共轭碱 $C_8H_4O_4^{2-}$，形成 $H_2C_8H_4O_4$-$HC_8H_4O_4^-$ 和 $HC_8H_4O_4^-$-$C_8H_4O_4^{2-}$ 两个缓冲系，因而存在接受质子和给出质子的两个平衡，又因邻苯二甲酸氢钾的两个解离常数比较接近，使其缓冲范围重叠，增强了缓冲能力。酒石酸氢钾与邻苯二甲酸氢钾类似。1mol 硼砂相当于 2mol 偏硼酸（HBO_2）和 2mol 偏硼酸钠（$NaBO_2$），即硼砂溶液中含有同浓度的弱酸（HBO_2）和共轭碱（BO_2^-）。因此，上述三种物质可以配制成缓冲溶液。而 HSO_4^- 是比较强的酸，它给出质子的能力较强，多数以 SO_4^{2-} 形式存在，但不能接受质子，无法形成 H_2SO_4-HSO_4^- 缓冲系和 HSO_4^--SO_4^{2-} 缓冲系，基本上没有缓冲作用。

4.5 缓冲溶液在医学上的意义

缓冲溶液无论在基础医学还是临床医学，都有重要的作用和广泛的用途。例如，在生物体内进行的许多化学反应，都需要酶做催化剂，而每一种酶只有在一定的 pH 值下才具有活性。此外，在组织切片、微生物培养、细菌染色、血液保存、临床化验、一些药物的配制等方面，都要求溶液保持一定的 pH 值。在研究人体的生理机制和病理变化、体液中酸碱平衡和水盐代谢，以及研究蛋白质的分离和提纯、核酸及遗传基因等许多方面的工作，都要用到缓冲溶液及其配制方面的知识。人体内的各种体液都有一定的 pH 值范围，见表 4-1。正常人血液的 pH 值相当稳定，始终维持在 7.40 ± 0.05 范围内，有许多因素都能导致血液中酸度或碱度发生变化，如果血液的 pH 值改变 0.1 单位以上，就会出现酸中毒（acidosis）或碱中毒（alkalosis）的现象，严重时甚至危及生命。血液的 pH 值之所以能维持在一个窄小的范围内，是由于血液中存在的多种缓冲系的缓冲作用及肺、肾的生理调节的结果。

红细胞中存在的缓冲系主要有：H_2CO_3-HCO_3^-、$H_2PO_4^-$-HPO_4^{2-}、H_2bO_2-HbO_2^-（氧合血红蛋白）和 H_2b-Hb^-（血红蛋白）。其中以氧合血红蛋白和血红蛋白缓冲系最重要。当人体各组织和细胞代谢产生大量 CO_2 时，主要通过它们发挥缓冲作用。首先，代谢产生的大量 CO_2 与血红蛋白离子作用如下：

$$CO_2 + H_2O + Hb^- \rightleftharpoons H_2b + HCO_3^-$$

产生的 HCO_3^- 由血液运输至肺，并与氧合血红蛋白作用如下：

$$HCO_3^- + H_2bO_2 \rightleftharpoons HbO_2^- + H_2O + CO_2$$

这说明由于氧合血红蛋白和血红蛋白的缓冲作用，将代谢产生的大量 CO_2，从组织和细胞迅速运输至肺部并呼出，血液的 pH 值不会受太大影响。

血浆中存在的缓冲系主要有：H_2CO_3-HCO_3^-、$H_2PO_4^-$-HPO_4^{2-} 和 H_nP-$H_{n-1}P^-$（H_nP 代表蛋白质）。其中以 H_2CO_3-HCO_3^- 缓冲系的浓度最高，缓冲能力最强，在维持血液正常 pH 值中发挥的作用最重要。当人体各组织和细胞代谢产生比 CO_2 酸性更强的非挥发性酸，如硫酸、磷酸和乳酸等进入血浆时，主要由 HCO_3^- 发挥其抗酸作用，与这些酸解离出的 H^+ 结合生成 H_2CO_3，增加的 H_2CO_3 可以从肺部以 CO_2 的形式呼出，而损失的 HCO_3^- 可由肾的生理调节得到补充。HCO_3^- 是血浆中抵抗非挥发性酸的最主要成分，习惯上把血浆中的 HCO_3^- 称为碱储。体内产生的碱性物质则由 H_2CO_3 发挥其抗碱作用，因此，血浆的 pH 值可以保持相对恒定。

酸碱平衡紊乱

正常人血液的 pH 值相对恒定是机体进行正常生理活动的基本条件之一。机体每天在代谢过程中，均会产生一定量的酸性或碱性物质并不断地进入血液，这都可能影响到血液的 pH 值。尽管如此，血液 pH 值仍恒定在的 7.35～7.45 之间。健康机体是如此，一般疾病过程中仍然如此。之所以血液酸碱度能如此稳定，是因为人体有一整套调节酸碱平衡的机制，首先依赖于血液内一些如碳酸和碳酸氢盐为主的酸性或碱性物质以一定比例构成的多种缓冲系来完成，而这种比例的恒定，却又依赖于肺和肾等脏器的调节作用，把过剩的酸或碱给予消除，使体内酸碱度保持相对平衡状态。机体这种调节酸碱物质含量及其比例，维持血液 pH 值在正常范围内的过程，称为酸碱平衡。因此，正常状态下，甚至是疾病过程中，一般不易发生酸碱平衡失调。只有在严重时，机体内产生或丢失的酸碱过多而超过机体自身调节能力，或机体对酸碱调节机制出现障碍时，才会导致酸碱平衡失调，这种情况称为酸碱平衡紊乱。它是临床常见的一种症状，各种疾患均有可能出现。例如严重的代谢性碱中毒患者可有烦躁不安、谵妄、精神错乱等表现或低 K^+ 血症等；又如，严重的代谢性酸中毒患者可引起心律失常、心肌收缩力减弱，或意识障碍、嗜睡、昏迷，最后可因呼吸中枢和血管运动中枢麻痹而死亡等。

H_2CO_3 在溶液中主要是以溶解的 CO_2 形式存在，确切地说，H_2CO_3-HCO_3^- 缓冲系应写为 CO_2溶解-HCO_3^-。正常人体血浆中，$[HCO_3^-]$ 和 $[CO_2]_{溶解}$ 的平均值分别为 24.0mmol·L^{-1} 和 1.20mmol·L^{-1}，在 37℃时，血浆中的离子强度为 0.16，经校正后血浆中的碳酸缓冲系 pH 值的计算式为：

$$pH = pK_a' + lg\frac{[HCO_3^-]}{[CO_2]_{溶解}} \qquad (4-15)$$
$$= 6.10 + lg24.0/1.20 = 7.40$$

人体血浆中 HCO_3^--CO_2溶解 缓冲系的缓冲比为 20:1，HCO_3^- 的含量远大于 H_2CO_3，抗酸能力很强，这与人体代谢产物中酸远多于碱的生理情况是相适应的。该缓冲比已超出体外缓冲溶液有效缓冲比（1:10～10:1）的范围，但仍具有很强的缓冲能力，这是因为人体是一个开放体系，由于肺呼吸及肾的排泄作用的调节，使得血液中的 HCO_3^- 和 CO_2溶解的浓度和比值，始终保持相对稳定的缘故。有关这方面的知识，还要在后继课程的学习中详细讨论。

总之，由于血液中多种缓冲系的缓冲作用和肺、肾的调节作用，使正常人血液的 pH 值维持在 7.40±0.05 的狭小范围内，而血液中的缓冲系所起的主要作用是将组织、细胞代谢所产生的大量酸在运送至排出部位（肺、肾等）的过程中，保持血液的 pH 值相对稳定。

思考题 4-4 血浆中 HCO_3^--CO_2溶解 缓冲系的缓冲比为 20:1，为何还具有缓冲作用？

━━━━━ 复习指导 ━━━━━

掌握：缓冲溶液的概念、组成和缓冲作用原理；影响缓冲溶液 pH 值的因素和 Henderson-Hasselbalch 方程式及几种表示形式；缓冲溶液的 pH 值近似计算；缓冲容量的概念及影响因素。

熟悉：缓冲溶液 pH 值计算公式的校正；缓冲溶液的配制原则、方法和步骤；血液中主要缓冲系及在恒定血液 pH 值过程中的作用。

了解：医学上常用的缓冲溶液配方和标准缓冲溶液的组成。

━━━━━ 英汉词汇对照 ━━━━━

缓冲溶液	buffer solution	缓冲容量	buffer capacity
缓冲作用	buffer action	有效缓冲范围	buffer effective range
缓冲系	buffer system	酸中毒	acidosis
缓冲对	buffer pair	碱中毒	alkalosis
缓冲比	buffer-component ratio		

化学史话

侯德榜与制碱技术

侯德榜（1890—1974），名启荣，字致本。我国著名化学家，中国近代化学工业的奠基人之一。1890 年 8 月 9 日生于福建省闽侯县一个普通农家，只念了两年私塾就因贫困而辍学，但他在爷爷的教育下酷爱读书，即使是踩着水车车水时，也要靠着横木双手拿着书读。1903 年，在姑妈的资助下考入福州英华书院学习，在这所教会学校里，他对数理化产生了浓厚的兴趣，同时也看到了中国人被外人欺凌的场景，从此立下了科学救国的志向。1907 年，他考入上海闽皖铁路学堂。1911 年，考入北平清华留美预备学堂。他学习非常刻苦，第一学期考试结束时，曾以 10 门功课 1000 分的满分轰动了清华园。1913 年，清华第一批毕业生赴美留学，他榜上有名，被保送麻省理工学院化工科学习。1917 年毕业后，再入普拉特专科学院学习制革，次年获制革化学师文凭。1918 年参与哥伦比亚大学研究院制革研究。1921 年获博士学位。他的博士论文在《美国制革化学师协会会刊》被特许全文连载，成为制革界至今广为引用的经典文献之一。

纯碱（学名碳酸钠，Na_2CO_3）是造纸、医药、玻璃、印染、食品工业不可缺少的重要化工原料。1791 年，法国医生路布兰以食盐、硫酸、焦炭和石灰石为原料，首先制得了纯碱，并取得专利，称为路布兰制碱法，但产生的废弃物氯化氢和硫化钙污染环境。1862 年，比利时人索尔维发明了以食盐、氨、石灰石为原料制取纯碱的氨碱法，即索尔维法。该法使生产实现了连续性，产生的 CO_2、NH_4Cl 和 CaO 回收或相互反应后可重复利用，既提高了食盐的利用率，又使产品成本低、质量纯。1867 年，索尔维的产品在巴黎世界博览会上获铜质奖章，但这项技术长期被由西方几家大公司成立的索尔维公会所封锁。

1917 年，素怀兴办民族工业大志的爱国实业家、湖南湘阴人范旭东先生（后来被毛泽东主席称为"中国实业界四个不能忘记的人"之一）在天津塘沽创办了永利碱业公司。创业之初，他就深知：要掌握制碱技术，关键是要物色可靠的自主研发人才。经推荐，范旭东选中侯德榜来主持。1920 年赴美考察的陈调甫受范委托，在纽约找到了侯德榜，陈把国内兴办制碱工业的困难以及范氏求贤的急切心情向侯德榜做了介绍。侯德榜被范先生工业救国的抱负、胆识和热情所打动，毅然接受永利公司的聘请，于 1921 年回国就任塘沽碱厂技师长，1923 年兼任制造长。侯德榜在强烈的爱国心驱使下，为揭开索尔维法的奥秘，把全部身心都扑在改进工艺和设备上，带领广大员工艰苦奋战数年，解决了一系列难题，于 1924 年 8 月正式投产。但刚开始的产品呈暗红色，经化验原来是铁锈所致。侯德榜设法往碳化塔中放入少量硫化钠，使其与铁塔内层作用，在表面结成一层硫化铁保护膜，终于生产出雪白的纯碱，彻底掌握了索尔维法的全部技术秘密。1926 年，永利生产的"红三角"牌纯碱在美国费城万国博览会上获金质奖章，并畅销国内外。当时，如果永利公司和侯德榜以专利形式高价出售，将会大发横财，但他们没有这样做。1933 年，侯德榜在《纯碱制造》英文专著中将其制碱技术无偿地公诸于世，使工业落后的国家不再仰仗技术大国的鼻息。

1927 年起，侯德榜任永利公司总工程师兼塘沽碱厂厂长。化工行业都知道，三酸二碱是化工基本原料，仅能生产纯碱是不够的。1937 年 1 月，侯德榜仅用 30 个月就在南京领导并建成了中国第一座兼产合成氨、硝酸、硫酸和硫酸铵的联合企业——永利宁厂，生产的硝酸和硫酸铵，达到了当时国际水平。

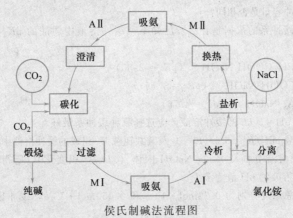

侯氏制碱法流程图

抗战期间，永利公司于 1938 年在川西五通桥筹建永利川厂，侯德榜被任命为厂长兼总工程师。四川所产的盐是井盐，而五通桥一带又只有氯化钠含量小的黄卤水，必须先经浓缩或加食盐饱和后，才能作为制碱的原料，再采用索尔维法成本太高。为此，侯德榜赴德国准备购买察安法专利，但对方的条件公然否定东三省是我国领土。对此，侯德榜愤然终止谈判，决心自行研究新的制碱法。侯德榜认为，索尔维法的缺点在于：食盐和石灰石两种原料都只用了它们组成中的一半，即氯化钠中的钠与碳酸钙中的碳酸根结合成产品碳酸钠；而氯化钠中的氯离子与碳酸钙中的钙结合生成的氯化钙，却只是作为废物堆积起来。因此，他将提高食盐利用率作为技术突破口，提出了联产纯碱和氯化铵的新方案。1941 年，他们成功研制出将"氨碱法和合成氨法"融于一体的联产纯碱和氯化铵化肥的新工艺。新法是在氨碱法的滤液中加入食盐固体，并在 30～40℃ 下往滤液中通入氨气和二氧化碳，使它达到饱和，然后冷却到 10℃ 以下，即有氯化铵结晶析出，母液又可重新作为氨碱法的制碱原料。不但使食盐得到充分利用，还生产出了化肥。1943 年 3 月永利川厂厂务会议决定将联合制碱法命名为"侯氏制碱法"。1943 年 11 月，永利川厂试车成功，使食盐的利用率达到 98%。侯德榜为世界化学工业作出的杰出贡献受到各国人民的尊敬和爱戴，1943 年 6 月美国哥伦比亚大学授予侯德榜名誉博士学位。同年 12 月，他被选为英国皇家化学工业学会名誉会员（当时国外会员仅 12 人，亚洲仅中国、日本两国各一名）。

1945 年 8 月，范旭东先生不幸病逝，侯德榜继任永利化学工业公司总经理。1948 年，侯德榜当选中央研究院院士，1955 年当选中国科学院学部委员，1957 年加入中国共产党，1958 年当选中国科协副主席并任化工部副部长。在他的建议和指导下，1958 年开始建设大型联合制碱车间，1963 年达到日产 120 吨，终于使"侯氏制碱法"实现了工业化和大面积推广。侯德榜还曾先后担任中国化学会和中国化学化工学会理事长等职。1974 年 8 月 26 日在北京病逝，享年 84 岁。

侯德榜的一生之所以充满传奇色彩，首先就在于他始终把振兴民族工业视为己任，敢于选择最具挑战性的技术难题，同时又十分重视学习，尤其是从实践中学习，并具有坚忍不拔的毅力。其次，在于他敢于质疑前人，善于独立思考，锐意创新、科学严谨、作风民主。再者，强烈的爱国热情和对被压迫民族的伟大同情心，以及不计个人利益的崇高境界，是他不懈奋斗的内在动力。

1. 举例说明缓冲溶液的作用原理。

2. 缓冲溶液的组成特点是什么？下列组合中，哪些可以配制成缓冲溶液？

(1) HAc-NaOH   (2) HCl-NaCl   (3) HCl-Tris

(4) NaH_2PO_4-NaOH   (5) $HCl-NH_3 \cdot H_2O$ (6) H_2CO_3-NaOH

3. 分别计算下列三种缓冲溶液的 pH 值，其中哪种溶液的缓冲能力最强？（乳酸的 $pK_a = 3.86$）

(1) 1L 溶液中含有 0.010mol 乳酸和 0.10mol 乳酸钠

(2) 1L 溶液中含有 0.050mol 乳酸和 0.050mol 乳酸钠

(3) 1L 溶液中含有 0.10mol 乳酸和 0.10mol 乳酸钠

4. 影响缓冲容量的主要因素有哪些？总浓度相同，缓冲比相同的 HAc-NaAc 和 HCOOH-HCOONa 缓冲系的缓冲容量是否相同？

5. 选择缓冲系的依据是什么？已知下列缓冲溶液中弱酸的 pK_a 值，试计算各缓冲溶液的缓冲范围。

(1) $ClCH_2COOH$-NaOH   ($pK_a = 2.85$)

(2) HCOOH-NaOH   ($pK_a = 3.75$)

(3) HAc-NaOH   ($pK_a = 4.76$)

欲配制 pH = 3.00 的缓冲溶液，应选择哪种缓冲系最好。

6. 由弱酸 HB（$K_a = 5.0 \times 10^{-6}$）及其共轭碱 B^- 组成的缓冲溶液中，HB 的浓度为 $0.25 mol \cdot L^{-1}$，在 100mL 此溶液中加入 0.20g NaOH 固体（忽略体积变化），所得溶液的 pH 值为 5.60，计算加 NaOH 之前溶液的 pH 值为多少。

7. 计算总浓度分别为 $0.20 mol \cdot L^{-1}$ 和 $0.050 mol \cdot L^{-1}$，缓冲比均为 1：1 的某缓冲系的缓冲容量。

8. 配制 pH = 5.0 的缓冲溶液 100mL，应选择何种缓冲系？所选缓冲系中的共轭酸碱各需多少毫升？（浓度均为 $0.1 mol \cdot L^{-1}$）

9. 37℃时实验测得某血样中，HCO_3^- 和 CO_2（溶解）的总浓度为 $2.80 \times 10^{-2} mol \cdot L^{-1}$，pH = 7.46，求此血样中 HCO_3^- 和 CO_2（溶解）的浓度分别为多少？（血浆中 H_2CO_3 的 $pK_a' = 6.10$）

10. 配制 pH = 10.00 的 NH_3-NH_4^+ 缓冲溶液 1.0L，需要在 350mL 浓度为 $15 mol \cdot L^{-1}$ 的 $NH_3 \cdot H_2O$ 中加入 NH_4Cl 多少克，已知 $NH_3 \cdot H_2O$ 的 $pK_b = 4.75$。

11. 用 $0.025 mol \cdot L^{-1}$ 的 H_3PO_4 溶液和 $0.025 mol \cdot L^{-1}$ 的 NaOH 溶液，配制 pH 值为 7.40 的缓冲溶液 100mL。计算所需 H_3PO_4 和 NaOH 溶液的体积比。

（中南大学　何跃武）

第4章 习题解答

第5章
化学分析法（一）

本章将在简要介绍化学分析法中的定量分析和定量分析中的滴定分析法的基础上，重点讨论分析结果的误差和酸碱滴定法及其应用。

5.1 定量分析概述

化学定量分析（quantitative analysis）属于化学分析（chemical analysis），而化学分析是利用物质的化学反应及其计量关系确定被测物质的组成及含量的分析方法，又称为经典分析法。化学分析还包括化学定性分析（qualitative analysis）。定量分析又分为重量分析（gravimetric analysis）、滴定分析（titrimetric analysis）和容量分析（volumetric analysis）。化学分析所用仪器简单，结果准确，但只适用于常量组分的分析，且灵敏度较低，分析速度较慢。

定量分析概述

定量分析的任务是测定试样中某一或某些组分的量，有时是测定所有组分，即全分析（total analysis）。一般情况下，需要先进行定性分析，确定试样成分，而后进行定量分析。在试样的成分已知时，可以直接进行定量分析。

> ### 科学家小传——拉瓦锡

拉瓦锡（A. L. Lavoisier，1743—1794），法国化学家，被认为是人类历史上最伟大的化学家。被后世尊称为"定量化学之父"。

1743 年 8 月 26 日生于巴黎一个律师家庭。5 岁丧母，从小受到良好的教育。1763 年毕业于索尔蓬纳学院法学系，但大学期间对自然科学产生了兴趣。在石膏成分的研究中，因经常使用天平，从而总结出了质量守恒定律。

为了解释"燃烧"这一常见的化学现象，德国医生斯塔尔提出"燃素说"，认为物质在空气中燃烧是物质失去燃素，空气得到燃素的过程。但拉瓦锡并不相信燃素说，1772 年秋天，拉瓦锡开始对硫、锡和铅在空气中燃烧的现象进行研究。为了确定空气是否参加反应，他设计了著名的钟罩实验。1775 年，拉瓦锡对氧气进行研究时发现，燃烧时增加的质量恰好是氧气减少的质量。以前认为可燃物燃烧时是吸收了一部分空气，实验证明是可燃物与氧气化合，彻底推翻了燃素说。

1777 年 9 月 5 日，拉瓦锡向法国科学院提交了划时代的《燃烧概论》，系统地阐述了燃烧的氧化学说。化学自此切断与古代炼丹术的联系，揭掉了神秘的面纱，取而代之的是科学实验和定量研究。

化学由此进入定量化学时期。令人痛惜的是，为了谋取科研经费而成为包税官的他，1794 年 5 月 8 日在法国大革命中被送上了断头台。死后两年，法国人才懂得他的价值，并为他举行了庄严的追悼会。

5.1.1 定量分析过程

定量分析过程通常包括取样、试样的处理与分解、分离与富集、分析方法的选择与分析测定、分析结果的计算与评价。

（1）试样的采取、处理与分解

试样的采取与制备必须保证所得到的是具有代表性的试样（representative sample），即分析试样的组成能代表整批物料的平均组成。否则，无论后续的分析测定完成得怎样认真、准确，所得结果也是毫无实际意义的。对于各类试样采取的具体操作方法可参阅有关的国家标准或行业标准。

（2）分析化学中常见的分离与富集方法

复杂试样中常含有多种组分，在测定其中某一组分时，共存的其他组分常会产生干扰，因而应设法消除干扰。采用掩蔽剂消除干扰是一种有效而又简便的方法。若无合适的掩蔽方法，就需要将被测组分与干扰组分进行分离（常同时伴有富集）。常用的方法有沉淀分离法、萃取分离法、离子交换分离和色谱分离法等。分离与测定常常是连续或同步进行的。

（3）分析测定

根据被测组分的性质、含量以及对分析结果准确度的要求等，选择合适的分析方法进行分析测定。这要求从理论上熟悉各种分析方法的原理、准确度、灵敏度、选择性和适用范围等。

（4）分析结果的计算与评价

根据试样质量、测量所得数据和分析过程中有关反应的计量关系，计算试样中有关组分的含量或浓度。关于分析化学中的误差与数据处理、分析质量保证与控制将在下面的章节介绍。

生物样品的处理

生物样品的处理主要有干法灰化法和湿法消化法。

干法灰化法：样品在马弗炉中（通常 $550 \sim 600 ℃$，4h）被充分灰化。灰化前先炭化，即先把装有样品的坩埚放在电炉上使样品炭化，在此过程中为避免测定物质的散失，往往加入少量碱性或酸性物质（固定剂），故又称碱性干法灰化或酸性干法灰化。该法的优点是能处理较多的样品，提高检出率，不加试剂，空白值较低，适用范围广，操作简单。但也有灰化时间长、敞口高温导致被测成分挥发，坩埚对被测成分的吸留导致某些成分的回收率低等缺点。

马弗炉照片

湿法消化法：在样品中加入强氧化剂（如浓硝酸、高氯酸、高锰酸钾等），使样品消化而让被测物质呈离子状态保存于溶液中。优点是有机物分解速度快，加热温度较干法灰化法低，可减少待测成分的挥发损失。但具有试剂用量大，有时空白值较高，消化过程中会产生大量有害气体等缺点。

5.1.2　定量分析结果的表示

5.1.2.1　待测组分的化学表示形式

分析结果通常以待测组分实际存在形式的含量表示。例如，测得试样中氮的含量以后，根据实际情况，可以 NH_3、N_2O_5 或 NO_2 等形式的含量表示分析结果。

如果待测组分的实际存在形式不清楚，分析结果最好以氧化物（如 CaO、MgO、P_2O_5 和 SiO_2 等）或元素（如 Fe、Cu、Mo、C、O 等）的含量表示。

在工业分析中，有时还用所需要的组分的含量表示分析结果。例如，分析铁矿石的目的是为了寻找炼铁的原料，这时就以金属铁的含量来表示分析结果。

电解质溶液的分析结果，常以存在的离子，如 K^+、Na^+、Cl^- 等的含量或浓度表示。

5.1.2.2　待测组分含量的表示方法

（1）固体试样

固体试样中待测组分含量，通常以质量分数表示。试样中含待测物质 B 的质量以 m_B 表示，试样的质量以 m_S 表示，它们的比称为物质 B 的质量分数，以符号 w_B 表示，即

$$w_B = \frac{m_B}{m_S} \qquad (5\text{-}1)$$

在实际工作中使用的百分比符号"％"是质量分数的一种表示方法，可理解为"10^{-2}"。例如某铁矿中含铁的质量分数 $w_{Fe}=0.5643$ 时，也可以表示为 $w_{Fe}=56.43\%$。

当待测组分含量非常低时，可采用 $\mu g \cdot g^{-1}$（或 10^{-6}），$ng \cdot g^{-1}$（或 10^{-9}）和 $pg \cdot g^{-1}$（或 10^{-12}）来表示。

（2）液体试样

液体试样中待测组分的含量可用物质的量浓度（$mol \cdot L^{-1}$）、质量摩尔浓度（$mol \cdot kg^{-1}$）、质量浓度（$mg \cdot L^{-1}$、$\mu g \cdot L^{-1}$ 或 $\mu g \cdot mL^{-1}$、$ng \cdot mL^{-1}$、$pg \cdot mL^{-1}$）、质量分数、体积分数、摩尔分数等方式来表示。

（3）气体试样

气体试样中的常量或微量组分的含量，通常以体积分数或质量浓度表示。

5.2　分析结果的误差

5.2.1　误差产生的原因与分类

定量分析的目的是通过实验确定试样中被测组分的量。但由于受分析方法、测量仪器、试剂和分析人员主客观因素等方面的限制，使得测量值不可能与真实值完全一致。分析结果与真实值之差称为误差（error）。误差是客观存在的，只可能尽量减小，不可能完全消除。依据产生原因的不同，误差可分为系统误差和随机误差两大类。

（1）系统误差

系统误差（systematic error）又称可测误差，是由某种固定、经常性原因引起的具有单向性和重复性的误差，其大小、正负可重复显示，并可测量。系统误差影响分析结果的准确度；它可以通过校正减小或消除。

分析结果的误差
与有效数字

系统误差产生的原因可由分析方法本身原因引起，如重量分析中沉淀的溶解损失、滴定分析中反应不完全等。也可由于仪器不够精密，如容量器皿刻度不准确、砝码质量不符等。也可由于分析人员操作技术与正确操作技术之间的差别，如分析人员辨别颜色偏深、读取刻度数偏高等均会引起实验分析结果偏高或偏低。

（2）随机误差

随机误差（random error）又称偶然误差，它是由一些偶然原因引起的误差，其大小、正负不定，不能重复显示。引起原因可能由于测量时外界温度、湿度、气压、放置时间等微小的变化。偶然误差影响分析结果的精确度和准确度。很难找到定量的影响因素，它不能通过校正的方法减小或消除。但可以通过增加测定次数，用数理统计方法处理分析结果来减小误差。

（3）过失误差

过失误差（fault error）由于工作中的差错，操作者违反规程而造成，如加错试剂、读错刻度，此数据应在处理分析结果前舍去。

（4）公差

公差（tolerance）为生产部门允许存在的误差。若分析结果超过公差范围称为"超差"，不能采用。公差范围视分析工作对准确度的要求、试样成分、含量不同而规定其范围。

5.2.2　误差的表示方法

（1）误差与准确度

准确度（accuracy）是指测量值与真实值接近的程度。测量值与真值越接近，测量越准确。误差是衡量测量准确度高低的尺度，有绝对误差（absolute error）和相对误差（relative error）两种表示方法。

绝对误差是测量值与真值之差。若以 x 代表测量值，以 μ 代表真值，则绝对误差 δ 为：

$$\delta = x - \mu \tag{5-2}$$

绝对误差以测量值的单位为单位，误差可正可负。误差的绝对值越小，测量值越接近于真值，测量的准确度就越高。

相对误差是绝对误差 δ 与真值 μ 的比值，表示如下：

$$相对误差 = \frac{\delta}{\mu} \times 100\% \tag{5-3}$$

相对误差反映了误差在测量结果中所占的比例，它同样可正可负，但无单位。在比较各种情况下测量值的准确度时，相对误差更为合理。

【例题 5-1】　用分析天平称量两个试样，一个是 0.0021g，另一个是 0.5432g。两个测量值的绝对误差都是 0.0001g，试计算相对误差。

解　前一个测量值的相对误差为：$\dfrac{0.0001}{0.0021} \times 100\% = 4.8\%$

后一个测量值的相对误差为：$\dfrac{0.0001}{0.5432} \times 100\% = 0.02\%$

可见，当测量值的绝对误差恒定时，测定的试样量越高，相对误差就越小，准确度越高；反之，则准确度越低。因此，对常量分析的相对误差应要求严格，而对微量分析的相对误差可以允许大些。例如，用重量法或滴定法进行常量分析时，允许的相对误差仅为千分之几；而用光谱法、色谱法等仪器分析法进行微量分析时，允许的相对误差可为百分之几，甚至更高。

（2）偏差与精密度

①精密度（precision）　是平行测量的各测量值之间互相接近的程度。各测量值间

越接近，测量的精密度越高。精密度的高低用偏差来衡量。偏差表示数据的离散程度，偏差越大，数据越分散，精密度越低。反之，偏差越小，数据越集中，精密度就越高。偏差有以下几种表示方法。

②绝对偏差（deviation） 单个测量值与测量平均值之差称为绝对偏差，其值可正可负。若令 $\bar{x}$ 代表一组平行测量的平均值，则单个测量值 x_i 的偏差 d 为：

$$d = x_i - \bar{x} \tag{5-4}$$

③平均偏差（average deviation） 各单个偏差绝对值的平均值，称为平均偏差，以 $\bar{d}$ 表示：

$$\bar{d} = \frac{\sum\limits_{i=1}^{n} |x_i - \bar{x}|}{n} \tag{5-5}$$

式中，n 表示测量次数。平均偏差均为正值。

④相对平均偏差（relative average deviation） 平均偏差 $\bar{d}$ 与测量平均值 $\bar{x}$ 的比值称为相对平均偏差，定义如下式：

$$相对平均偏差 = \frac{\bar{d}}{\bar{x}} \times 100\% = \frac{\sum\limits_{i=1}^{n} |x_i - \bar{x}|/n}{\bar{x}} \times 100\% \tag{5-6}$$

⑤标准偏差（standard deviation；s） 在平均偏差和相对平均偏差的计算过程中忽略了个别较大偏差对测定结果重复性的影响，而采用标准偏差则可以突出较大偏差的影响。对少量测定值（$n \leqslant 20$）而言，其标准偏差的定义式如下：

$$s = \sqrt{\frac{\sum\limits_{i=1}^{n} (x_i - \bar{x})^2}{n-1}} \quad 或 \quad s = \sqrt{\frac{\sum\limits_{i=1}^{n} x_i^2 - \frac{1}{n}(\sum\limits_{i=1}^{n} x_i^2)}{n-1}} \tag{5-7}$$

⑥相对标准偏差（relative standard deviation；RSD） 标准偏差 s 与测量平均值 $\bar{x}$ 的比值称为相对标准偏差，也称为变异系数（coefficient of variation；CV），定义如下式：

$$RSD = \frac{s}{\bar{x}} \times 100\% = \frac{\sqrt{\dfrac{\sum\limits_{i=1}^{n} (x_i - \bar{x})^2}{n-1}}}{\bar{x}} \times 100\% \tag{5-8}$$

在实际工作中多用 RSD 表示分析结果的精密度。

【例题 5-2】 四次标定某溶液的浓度，结果（$mol \cdot L^{-1}$）为 0.2041、0.2049、0.2039 和 0.2043。计算测定结果的平均值，平均偏差，相对平均偏差，标准偏差及相对标准偏差。

解 $\bar{x} = (0.2041 + 0.2049 + 0.2039 + 0.2043)/4 = 0.2043$

$\bar{d} = (0.0002 + 0.0006 + 0.0004 + 0.0000)/4 = 0.0003$

$\bar{d}/\bar{x} = (0.0003/0.2043) \times 100\% = 0.15\%$

$$s = \sqrt{\frac{0.0002^2 + 0.0006^2 + 0.0004^2 + 0.0000^2}{4-1}} = 0.0004$$

$RSD = (0.0004/002043) \times 100\% = 0.2\%$

（3）重复性与重现性

重复性（repeatability）和重现性（reproducibility）均反映了测定结果的精密度，但二者具有不同概念。重复性是指在同样操作条件下，在较短的时间间隔内，由同一分析人员对同一试样测定所得结果的接近程度；重现性系指在不同实验室之间，由不同分析人员对同一试样测定结果的接近程度。要将分析方法确定为法定标准（如药典）时，应进行重现性试验。

5.2.3 准确度与精密度的关系

准确度与精密度的概念不同。当有真值（或标准值）作比较时，它们从不同侧面反映了分析结果的可靠性。准确度表示测量结果的正确性，精密度表示测量结果的重复性或重现性。

图 5-1 表示甲、乙、丙、丁四人测定同一试样中某组分含量时所得的结果。每人均测定六次。试样的真实含量为 10.0%。由图 5-1 可见，甲所得结果的精密度虽然很高，但准确度较低；乙的精密度和准确度均好，结果可靠；丙的精密度很差，其平均值虽然接近真值，但这是由于大的正负误差相互抵消的结果，纯属偶然，并不可取；丁所得结果的精密度和准确度都不好。由此可见，精密度是保证准确度的先决条件，精密度差，所得结果不可靠。但高的精密度不一定能保证高的准确度，因为可能存在系统误差（如甲的结果）。总之，只有精密度与准确度都高的测量值才是可取的。

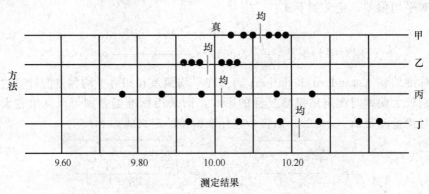

图 5-1 定量分析中的准确度与精密度

由于通常真值是未知的，如果消除或校正了系统误差，精密度高的有限次测量的平均值 $\bar{x}$ 就接近于真值 μ。因此常常根据测定结果的精密度来衡量测定结果是否可靠。

5.2.4 提高分析结果准确度的方法

要想得到准确的分析结果，必须设法减免在分析过程中带来的各种误差。减免分析误差的主要方法包括下面几种。

（1）选择恰当的分析方法

不同分析方法的灵敏度和准确度不同。化学分析法的灵敏度虽然不高，但对常量组分的测定能获得比较准确的分析结果（相对误差≤0.2%），而对微量或痕量组分的测定灵敏度难以达到。仪器分析法灵敏度高、绝对误差小，虽然其相对误差较大，不适合于常量组分的测定，但能满足微量或痕量组分测定准确度的要求。另外，选择分析方法时还应考虑共存物质的干扰。总之，应根据分析对象、样品情况及对分析结果的要求，选择恰当的分析方法。

（2）减小系统误差

检验分析结果的准确度可用来检验方法的可靠性和校正分析结果。验证方法有：做空白试验和对照实验。用蒸馏水或已知准确含量的标样代替试样在同一条件下测量，选用公认的标准分析方法与采用的分析方法对照；也可用标准加入回收法，判断分析结果的可靠性。实验前对仪器校正、对选用的分析方法校正，都能减小系统误差，从而提高分析结果的准确度。

（3）减小偶然误差

增加测定次数，分析结果分布应符合统计规律，即正误差和负误差出现的概率相等，小误差出现的次数多，大误差出现的次数少，特别大的误差出现次数极少。虽然偶然误差在分析操作过程中无法避免，但在消除了系统误差的基础上，增加测定次数和细心操作可以减小偶然误差。

（4）回归分析法

回归分析法是减小测量误差最常用的数学方法。在分析化学特别是仪器分析中，由于测量仪器本身的精密度及测量条件的微小变化，即使同一浓度的溶液，两次测量结果也不完全一致。以分光光度法为例，标准溶液的浓度 c 与吸光度 A 之间的关系，在一定范围内，可以用直线方程描述，即比耳定律。但在实际测量中，由于误差的存在，各测量点对于以比耳定律为基础所建立的直线，往往会有一定的偏离。这就需要用数理统计的方法找到一条最接近于各测量点的直线，它对所有测量点来说误差是最小的。如何得到这条直线？如何估计直线上各点的精密度以及数据间的相关性？对数据进行回归分析是较好的选择。这里介绍最简单的一元线性回归，适用于单一组分测定的线性校正模式。

回归直线可用方程表示：

$$y = a + bx$$

式中，a 为直线的截距；b 为直线的斜率。

设作标准曲线时取 n 个实验点 (x_1, y_1)，(x_2, y_2)，…，(x_n, y_n)，则每个实验点与回归直线的误差可用 $Q_i = [y_i - (a + bx_i)]^2$ 来定量描述。回归直线与所有实验点的误差即为：

$$Q = \sum_{i=1}^{n} Q_i = \sum_{i=1}^{n} [y_i - (a + bx_i)]^2 \tag{5-9}$$

要使所确定的回归方程和回归直线最接近实验点的真实分布状态，则 Q 必然取极小值。用数学上求极值的方法，即有 $\dfrac{\partial Q}{\partial a} = 0$ 和 $\dfrac{\partial Q}{\partial b} = 0$，可推出 a 和 b 的计算式：

$$a = \frac{\sum_{i=1}^{n} y_i - b \sum_{i=1}^{n} x_i}{n} = \bar{y} - b\bar{x} \tag{5-10}$$

$$b = \frac{\sum_{i=1}^{n} (x_i - \bar{x})(y_i - \bar{y})}{\sum_{i=1}^{n} (x_i - \bar{x})^2} \tag{5-11}$$

式中，$\bar{x}$、$\bar{y}$ 分别为 x 和 y 的平均值。当直线的截距 a 和斜率 b 确定后，一元线性回归方程（regression equation）和回归直线就确定了。

在实际工作中，当两个变量间并不是严格的线性关系，数据的偏离较严重时，虽然也可以求得一条回归直线，但这条直线是否有意义，可用相关系数（correlation co-efficient，r）来检验。相关系数的定义为：

$$r = b \sqrt{\frac{\sum_{i=1}^{n} (x_i - \bar{x})^2}{\sum_{i=1}^{n} (y_i - \bar{y})^2}} = \frac{\sum_{i=1}^{n} (x_i - \bar{x})(y_i - \bar{y})}{\sqrt{\sum_{i=1}^{n} (x_i - \bar{x})^2 \sum_{i=1}^{n} (y_i - \bar{y})^2}} \tag{5-12}$$

相关系数的物理意义如下：

①当两个变量之间存在完全的线性关系，所有 y_i 值都在回归线上时，$r = 1$。

②当两个变量 y 与 x 之间完全不存在线性关系时，$r = 0$。

③当 r 值在 $0 \sim 1$ 之间，表示 y 与 x 之间存在相关性。r 值越接近 1，线性关系越好。

思考题 5-1　导致误差产生的原因有哪些？误差的表示方法有哪些？如何减小误差？

思考题 5-2　准确度和精密度各指什么？它们之间有什么关联？

5.3 滴定分析概述

5.3.1 滴定分析术语与特点

将试样制成溶液，用已知准确浓度的标准溶液（standard solution）通过滴定管加入，当按照化学计量关系恰好反应完全时，由指示剂颜色的变化指示滴定终点，这个过程称为滴定分析（titrimetric analysis）。滴定分析是最常用的定量分析方法。

通常将已知准确浓度的试剂溶液称为"滴定剂"（titrant）。把滴定剂从滴定管滴加到被测物质溶液中的过程叫"滴定"。加入的标准溶液与被测物质定量反应完全时，反应即到达了"化学计量点"（stoichiometric point，以 sp 表示）。一般依据指示剂的变色来确定化学计量点。在滴定中指示剂改变颜色的那一点称为"滴定终点"（end point，以 ep 表示）。滴定终点与化学计量点不一定完全吻合，由此造成的分析误差称为"终点误差"或"滴定误差"（titration error），以 E_t 表示。

滴定分析根据所选方法原理不同分为酸碱滴定法、配位滴定法、氧化还原滴定法和沉淀滴定法。所有滴定分析法均适于常量分析，其优点是准确度高、相对误差小（±0.1%）、仪器简单、操作简便快速。滴定分析常作为标准方法，用于测定很多元素和化合物。常见的滴定装置如图 5-2 所示。

滴定分析法概述

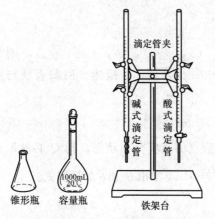

图 5-2 滴定装置

5.3.2 滴定分析对化学反应的要求和滴定方式

（1）滴定分析法对化学反应的要求

①反应必须具有明确的化学计量关系，这是定量计算的基础。

②反应必须定量地进行。

③必须具有较快的反应速率。对于反应速率较慢的反应，有时可加热或加入催化剂来加速反应的进行。

④必须有适当简便的方法确定滴定终点。

（2）常用的滴定方式

①直接滴定法（direct titration） 凡能满足上述滴定分析要求的反应，都可用直接滴定法即用标准溶液直接滴定待测物质。直接滴定法是滴定分析中最常用和最基本的滴定方法。

②返滴定法（back titration） 当试液中待测物质与滴定剂反应很慢，或者用滴定剂直接滴定固体试样时，反应不能立即完成，故不能用直接滴定法进行滴定。此时可先准确加入过量的标准溶液，使之与试液中的待测物质或固体试样进行反应，待反应完成后，再用另一种标准溶液滴定剩余的标准溶液。

③置换滴定法（replacement titration） 当待测组分所参与的反应不按一定反应式进行或伴有副反应时，可先用适当试剂与待测组分反应，使其等量地置换为另一种物质，再用标准溶液滴定这种物质，这种滴定方法称为置换滴定法。

④间接滴定法（indirect titration） 不能与滴定剂直接反应的物质，有时可以通过

另外的化学反应，以滴定法间接进行滴定。

　　滴定分析法的产生可追溯到 17 世纪后期。最初，"滴定"这种想法是直接从生产实践中得到启示的。1685 年，格劳贝尔介绍利用硝酸和锅灰碱制造纯硝石时就曾指出："把硝酸逐滴加到锅灰碱中，直到不再发生气泡为止，这时两种物料就都失掉了它们的特性，这是反应达到中和点的标志。"可见那时已经有了关于酸碱反应中和点的初步概念。

　　在工业革命开始之后，使用各种化学产品的厂家，为了保证自身产品的质量，避免经济上的损失，纷纷建起原料质量检验部门——工厂化验室。为适应简陋的环境和紧张的生产速度，工厂化验室需要快速和简易的分析方法。然而，当时流行的重量分析方法需要经过分离、提纯、称量等多个步骤，显然不能满足要求。由此，滴定法应时而生，滴定分析得到进一步发展。

　　19 世纪 30～50 年代，滴定分析法达到了极盛时期。盖·吕萨克的银量法使其准确度空前提高，可与重量分析法相媲美，在货币分析中赢得了信誉，从而引起了法国以外的化学家对滴定法的关注，促进了滴定分析法的推广。与此同时，滴定分析法中还广泛应用于氧化还原反应中，使碘量法、高锰酸钾法、铈量法等纷纷建立。

5.3.3　标准溶液的配制和基准物质

（1）基准物质

滴定分析中离不开标准溶液。能用于直接配制标准溶液或标定溶液准确浓度的物质称为基准物质，或一级标准物质。基准物质应符合下列要求：

①试剂的组成与化学式完全相符，若含结晶水，如 $H_2C_2O_4 \cdot 2H_2O$、$Na_2B_4O_7 \cdot 10H_2O$ 等，其结晶水的含量均应符合化学式；

②试剂的纯度足够高（质量分数在 99.9％以上）；

③有较大的摩尔质量，以减小称量时的相对误差；

④性质稳定，不易与空气中的 O_2 及 CO_2 反应，亦不吸收空气中的水分；

⑤试剂参加滴定反应时，应按反应式定量进行，没有副反应。

常用的基准物质有纯金属和纯化合物。如 Ag、Cu、Si、Ge 和 NaCl、$K_2Cr_2O_7$、邻苯二甲酸氢钾、硼砂、As_2O_3、$Na_2C_2O_4$ 等。它们的质量分数一般在 99.9％以上，甚至可达 99.99％以上。虽然有些超纯试剂和光谱纯试剂的纯度很高，但是，有时候因为其中含有不定组成的水分和气体杂质，以及试剂本身的组成不固定等原因，使主要成分的质量分数达不到 99.9％，因此不能用作基准物质。基准物质不可随意认定。

（2）标准溶液的配制

配制标准溶液的方法有直接法和标定法两种。

①直接法　准确称取一定量的基准物质，溶解后配成一定体积的溶液，根据物质质量和溶液体积，即可计算出该标准溶液的准确浓度。例如，称取 4.903g 基准物 $K_2Cr_2O_7$，用水溶解后，置于 1L 容量瓶中，用水稀释至刻度，摇匀，即得 $0.01667 mol \cdot L^{-1} K_2Cr_2O_7$ 标准溶液。

②标定法　有很多物质不能直接用来配制标准溶液，但可将其先配制成一种近似于所需浓度的溶液，然后用基准物质（或已经用基准物质标定过的标准溶液）来标定它的准确浓度。例如，欲配制 $0.1 mol \cdot L^{-1}$ HCl 标准溶液，先用浓 HCl 稀释配制成浓度大约是 $0.1 mol \cdot L^{-1}$ 的稀溶液，然后称取一定量的基准物质如硼砂进行标定，或者

用已知准确浓度的 NaOH 标准溶液进行标定，这样便可求得 HCl 标准溶液的准确浓度。

5.3.4 滴定分析的计量关系式

在直接滴定法中，设定 T（标准溶液）与被滴物质 B 有下列反应

$$tT + bB \Longrightarrow cC + dD$$

式中，C 和 D 为滴定产物。那么滴定剂 T 的物质的量 n_T 与被测物质 B 的物质的量 n_B 之间的反应计量数比（简称计量数比）为

$$n_T : n_B = t : b \tag{5-13}$$

例如，在酸性溶液中，用 $H_2C_2O_4$ 作为基准物质标定 $KMnO_4$ 溶液的浓度，滴定反应为：

$$2MnO_4^- + 5C_2O_4^{2-} + 16H^+ \Longrightarrow 2Mn^{2+} + 10CO_2 + 8H_2O$$

即可得出

$$n_{KMnO_4} : n_{H_2C_2O_4} = 2 : 5$$

根据实际反应中滴定剂 T 与待测物 B 之间的反应计量数比，可以方便地进行各种有关滴定分析的计算。

在置换滴定法和间接滴定法中，涉及两个以上的反应，此时应从总的反应中找出实际参加反应的物质的量之间的关系。例如在酸性溶液中以 $K_2Cr_2O_7$ 为基准物质，标定 $Na_2S_2O_3$ 溶液的浓度时，其中包括了两个反应。首先是在酸性溶液中 $K_2Cr_2O_7$ 与过量的 KI 反应析出 I_2：

$$Cr_2O_7^{2-} + 6I^- + 14H^+ \Longrightarrow 2Cr^{3+} + 3I_2 + 7H_2O \qquad （Ⅰ）$$

然后用 $Na_2S_2O_3$ 滴定析出的 I_2：

$$I_2 + 2S_2O_3^{2-} \Longrightarrow 2I^- + S_4O_6^{2-} \qquad （Ⅱ）$$

在反应（Ⅰ）中，I^- 被 $K_2Cr_2O_7$ 氧化为 I_2，但在反应（Ⅱ）中，I_2 又被 $Na_2S_2O_3$ 还原为 I^-。因此，实际上总反应相当于 $K_2Cr_2O_7$ 氧化了 $Na_2S_2O_3$。将反应（Ⅱ）的系数乘以 3，再与反应（Ⅰ）合并，得到 $K_2Cr_2O_7$ 与 $Na_2S_2O_3$ 的反应计量数比为 1：6，即

$$n_{Na_2S_2O_3} = 6n_{K_2Cr_2O_7}$$

思考题 5-3 滴定分析方法有哪几类，各有什么特点？

思考题 5-4 定量分析结果有哪些表示方法，如何确定有效数字？

5.4 酸碱滴定法

酸碱滴定法（acid-base titrimetry）是基于酸碱反应的滴定分析方法。该方法简便、快速，是广泛应用的分析方法之一。酸碱滴定法的理论基础是酸碱质子理论。

5.4.1 酸碱指示剂

酸碱指示剂

酸碱指示剂（acid-base indicators）多为有机弱酸（常用 HIn 表示）和弱碱，指示剂酸式型和碱式型具有不同的颜色。如 HIn 在水溶液中存在平衡：

$$HIn \Longrightarrow H^+ + In^-$$

$$\underset{\text{酸式型（色甲）}}{} \quad \underset{\text{碱式型（色乙）}}{}$$

$$K_{HIn} = [H^+][In^-]/[HIn] \tag{5-14}$$

两边取负对数：$pH = pK_{HIn} + \lg([In^-]/[HIn])$

溶液 pH 值改变时，指示剂由于酸式型和碱式型浓度突变而改变颜色。根据人眼对颜色辨别：

$$[In^-]/[HIn] \geqslant 10 \qquad \text{显}[In^-]\text{色，}$$
$$[In^-]/[HIn] \leqslant 1/10 \qquad \text{显}[HIn]\text{色，}$$
$$[In^-]/[HIn] = 1 \qquad \text{显混色，为化学计量点}$$
$$pH = pK_a \pm 1 \qquad \text{理论变色范围（相当2个 pH 范围）}$$

实际上，指示剂酸式色和碱式色由于深浅引起肉眼敏感度不同，变色范围不都是2个 pH 值。如甲基橙变色范围为 pH 3.1～4.4。指示剂使用时受溶液温度、介质、共存离子用量等因素影响。

选择指示剂时，应尽量使 pK_{HIn} 接近 pH_{sp}（化学计量点），使变色范围部分或全部落在滴定突跃范围内。

指示剂变色范围（color-change range）越窄，其性能和敏锐程度越好。混合指示剂（mixed indicators）比单一指示剂变色更敏锐，混合指示剂由两种指示剂混合或由一种指示剂加一种背景染料组成。

例如：甲基红和溴甲酚绿组成的混合指示剂

溶液的酸度	甲基红	溴甲酚绿	混合指示剂
pH<4.0	红	黄	酒红
pH=5.1	橙	绿	灰
pH>6.2	黄	蓝	绿

混合指示剂终点更易于观察（见表 5-1）。

表 5-1 常用酸碱指示剂

指示剂	变色范围 pH 值	颜色变化	变色点 pH 值	浓度及组成
百里酚蓝	1.2～2.8 8.0～9.6	红～黄～蓝	1.7 8.9	0.1%In+20%乙醇液
甲基橙	3.1～4.4	红～黄	3.4	0.05%In+水
甲基红	4.4～6.2	红～黄	5.0	0.1%In+60%乙醇液
溴百里酚蓝	6.2～7.6	黄～蓝	7.3	0.1%In+20%乙醇液
中性红	6.8～8.0	红～橙	7.4	0.1%In+60%乙醇液
酚酞	8.0～10.0	无色～红	9.1	0.1%In+90%乙醇液
百里酚酞	9.4～10.6	无色～蓝	10.0	0.1%In+90%乙醇液

5.4.2 酸碱滴定曲线与指示剂的选择

滴定过程中溶液 pH 值随滴定剂的不断加入而变化，在化学计量点附近（误差±0.1%）时，pH 值发生突变，此时选择合适的指示剂指示终点，以得到准确的分析结果。

（1）强碱滴定强酸

用 $0.1000\text{mol} \cdot \text{L}^{-1}$ NaOH 滴定 20.00mL 等浓度的 HCl，滴定反应为：

$$H^+ + OH^- \longrightarrow H_2O$$

用滴定分数 a（titration fraction）表示滴定反应进行的程度：

$$a = \frac{n_{NaOH}}{n_{HCl}} = \frac{c_b V_b}{c_a V_a} \tag{5-15}$$

式中，c_b 和 V_b 为加入 NaOH 瞬间浓度和体积；c_a 和 V_a 分别为 HCl 起始浓度和

滴定曲线与指示剂
的选择：强酸强
碱、一元弱酸弱碱

体积。

①滴定前，$a=0$，溶液中的酸度等于 HCl 的起始浓度，即 $[H^+]=0.1000\text{mol}\cdot L^{-1}$，pH$=1.00$。

②滴定开始至化学计量点前，溶液的酸度取决于剩余 HCl 的浓度。例如，当滴加 NaOH 溶液 18.00mL，即 $a=0.90$ 时，$[H^+]=0.1000\times2.00/(20.00+18.00)\text{mol}\cdot L^{-1}$ $=5.26\times10^{-3}\text{mol}\cdot L^{-1}$，pH$=2.28$；当滴加 NaOH 体积 19.98mL，即 $a=0.999$ 时，$[H^+]=0.1000\times0.02/(20.00+19.98)\text{mol}\cdot L^{-1}=5.00\times10^{-5}\text{mol}\cdot L^{-1}$，pH$=4.30$。

③化学计量点时，滴入 NaOH 溶液 20.00mL，$a=1.00$。此时溶液呈中性，$[H^+]=[OH^-]=1.00\times10^{-7}\text{mol}\cdot L^{-1}$，pH$=7.00$。

④化学计量点后，溶液的碱度取决于过量 NaOH 的浓度。例如，滴加 NaOH 溶液 20.02mL，即 $a=1.001$ 时，$[OH^-]=0.1000\times0.02/(20.00+20.02)=5.0\times10^{-5}$ mol$\cdot L^{-1}$，pH$=9.7$。

如此逐一计算，以 NaOH 的滴定分数为横坐标，以 pH 值为纵坐标绘图，可得到图 5-3 所示酸碱滴定曲线。由图可见：当 $a=1.000$ 时为化学计量点，pH$=7.00$。当 a 在 99.09%～100.1% 时，pH 值由 4.30～9.70 为突跃范围（ΔpH）。

滴定突跃（titration jump）有着重要的实际意义，它是选择指示剂的依据。凡是变色范围全部或部分区域落在滴定突跃范围内的指示剂都可以用来指示滴定终点。例如，图 5-3 中滴定突跃范围为 4.30～9.70，可选酚酞、甲基红、甲基橙等作为指示剂。

图 5-4 为不同浓度 NaOH 滴定不同浓度 HCl 的滴定曲线，可见 ΔpH 受酸碱浓度影响，c 越大则 ΔpH 越大，但滴入一滴标液引起的误差也大，故滴定应控制适宜的浓度。强酸滴定强碱计算和处理方法与强碱滴定强酸相似（见图 5-5）。

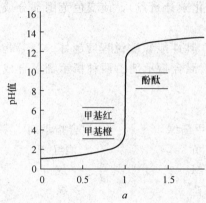

图 5-3　用 $0.1000\text{mol}\cdot L^{-1}$ NaOH 溶液滴定 20.00mL 等浓度的 HCl 溶液滴定曲线

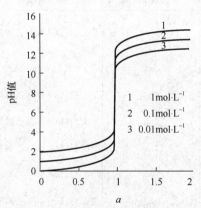

图 5-4　不同浓度 NaOH 溶液滴定不同浓度 HCl 溶液的滴定曲线

（2）强碱滴定一元弱酸

$0.1000\text{mol}\cdot L^{-1}$ NaOH 滴定 20.00mL $0.1000\text{mol}\cdot L^{-1}$ HAc，滴定反应为：

$$HAc+OH^-\Longrightarrow H_2O+Ac^-$$

①滴定前，$a=0$，溶液是 $0.1000\text{mol}\cdot L^{-1}$ HAc，溶液的酸度为：$[H^+]=\sqrt{K_ac}=\sqrt{1.8\times10^{-5}\times0.1000}\text{mol}\cdot L^{-1}=1.34\times10^{-3}\text{mol}\cdot L^{-1}$，pH$=2.87$。

②滴定开始至化学计量点前，溶液中未反应的 HAc 和反应产物 Ac^- 同时存在，组成一个缓冲体系，溶液的酸度可根据缓冲体系 pH 值计算公式计算。例如，当滴加 NaOH 溶液 19.80mL 时，

$$c_{HAc}=\frac{0.20}{20.00+19.80}\times0.1000\text{mol}\cdot L^{-1}=5.03\times10^{-4}\text{mol}\cdot L^{-1}$$

$$c_{Ac^-}=\frac{19.80}{20.00+19.80}\times0.1000\text{mol}\cdot L^{-1}=4.97\times10^{-2}\text{mol}\cdot L^{-1}$$

$$pH = pK_a + \lg \frac{c_{Ac^-}}{c_{HAc}} = 4.74 + \lg \frac{4.97 \times 10^{-2}}{5.03 \times 10^{-4}} = 6.73$$

③化学计量点时，此时全部 HAc 被中和，生成 NaAc。由于 Ac^- 为弱碱，溶液 pH 值可根据弱碱的有关计算式计算。

$$[OH^-] = \sqrt{K_b c} = \sqrt{\frac{K_w}{K_a} c}$$

$$= \sqrt{\frac{1.0 \times 10^{-14}}{1.8 \times 10^{-5}} \times 0.05000 \text{ mol} \cdot L^{-1}}$$

$$= 5.3 \times 10^{-6} \text{ mol} \cdot L^{-1}, pH = 8.72$$

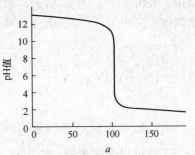

图 5-5　用 $0.1000 \text{mol} \cdot L^{-1}$ HCl 溶液滴定 20.00mL 等浓度的 NaOH 溶液滴定曲线

④化学计量点后，过量 NaOH 的存在抑制了 Ac^- 的解离，溶液的碱度取决于过量 NaOH 的浓度。例如，滴加 NaOH 溶液 20.02mL（即 $a=1.001$），$[OH^-]=0.1000 \times 0.02/(20.00+20.02) \text{mol} \cdot L^{-1} = 5.00 \times 10^{-5} \text{mol} \cdot L^{-1}, pH=9.7$。

如此逐一计算，以 NaOH 的滴定分数为横坐标，以 pH 值为纵坐标绘图，可得到图 5-6 所示酸碱滴定曲线。由图知，$a=1.000$ 时为化学计量点，此时 pH=8.72。当 a 在 99.9%～100.1%时，pH 值为 7.74～9.70，$\Delta pH = 9.70 - 7.74 = 1.96$，该区间为突跃范围。显然，在酸性区域变色的指示剂如甲基橙、甲基红等都不能用，应选用在碱性区域内变色的指示剂，如酚酞或百里酚酞。

图 5-7 表示了强碱滴定 K_a 值不同的弱酸时 pH 值的变化。图表明，影响突跃范围的因素有 K_a 和浓度。浓度一定，K_a 越大，ΔpH 越大。K_a 一定，浓度增大，突跃起点 pH 值基本不变，但终点增高，ΔpH 增大。$K_a < 10^{-8}$ 滴定无明显突跃。能实现准确滴定的条件是 $cK_a \geqslant 10^{-8}$。

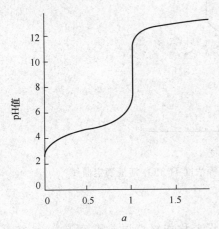

图 5-6　$0.1000 \text{mol} \cdot L^{-1}$ NaOH 溶液滴定 20.00mL 等浓度的 HCl 溶液

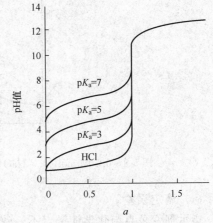

图 5-7　强碱滴定 K_a 值不同的弱酸

（3）多元酸滴定

多元酸（polyprotic acid）分步解离，强碱滴定剂能否滴出每一步突跃以及能滴定到第几步，这是滴定研究的目的。由于滴定曲线计算复杂，通常只计算化学计量点时的 pH 值。

凡能满足 $cK_a \geqslant 10^{-8}$ 的酸都可被准确滴定，能否分步滴定则要满足 $K_{a1}/K_{a2} > 10^5$。

如用 $0.1000 \text{mol} \cdot L^{-1}$ NaOH 滴定 20.00mL 同浓度的 H_3PO_4 溶液。第一化学计量点产物为 $H_2PO_4^-$，浓度 $c_{H_2PO_4^-} = 0.05 \text{mol} \cdot L^{-1}$。因 $c_{ep1} K_{a1} > 10^{-8}$，故可以准确

滴定；又由于 $K_{a1}/K_{a2}>10^5$，故可滴出第一突跃。此时，$c_{ep1}K_{a1}>20K_w$，可忽略水的离解；又由于 $c_{ep1}<20K_{a1}$，因此第一突跃点的 pH 值可用近似式：

$$[H^+]=\sqrt{\frac{K_{a1}K_{a2}c}{K_{a1}+c}}=\sqrt{\frac{7.5\times10^{-3}\times6.3\times10^{-6}\times0.5}{7.5\times10^{-3}+0.05}}\,mol\cdot L^{-1}=2.0\times10^{-5}mol\cdot L^{-1}$$

$$pH=4.70$$

第二化学计量点产物是 HPO_4^{2-}，浓度 $c_{HPO_4^{2-}}=0.033mol\cdot L^{-1}$，因 $c_{ep2}K_{a2}\approx10^{-8}$，故可以准确滴定；$K_{a2}/K_{a3}>10^5$，可以滴出第二突跃。因 $c_{ep2}K_{a3}\approx K_w$，不能忽略水的离解；$c_{ep2}>20K_w$，用不忽略水离解的近似式计算第二突跃点的 pH 值：

$$[H^+]=\sqrt{\frac{K_{a2}(K_{a3}c+K_w)}{c_{ep2}}}$$

$$=\sqrt{\frac{6.3\times10^{-8}\times(0.033\times4.4\times10^{-13}+1.0\times10^{-14})}{0.033}}\,mol\cdot L^{-1}$$

$$=2.2\times10^{-10}mol\cdot L^{-1}$$

$$pH=9.66$$

对于第三化学计量点，因 $c_{ep3}K_{a3}\ll10^{-8}$，故不能准确滴定。但若在溶液加入 $CaCl_2$，可以强化 HPO_4^{2-} 的解离，使第三步电离产生 H^+，此时又可继续用 NaOH 滴出突跃。如图 5-8 所示。

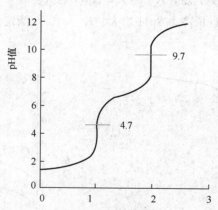

图 5-8　$0.1000mol\cdot L^{-1}$ NaOH 溶液滴定等浓度 H_3PO_4 溶液滴定曲线

（4）滴定误差

指示剂变色点与化学计量点不一致，引起的误差称作终点误差或滴定误差（titration error），表达为：

$$TE=-\frac{终点时剩余物质的量}{化学计量点时应加入物质的量}\times100\%$$

滴定剂为酸：

$$TE=\frac{[OH^-]_{ep}-[H^+]_{ep}}{c_a^{ep}}\times100\% \tag{5-16}$$

滴定剂为碱：

$$TE=\frac{[H^+]_{ep}-[OH^-]_{ep}}{c_b^{ep}}\times100\% \tag{5-17}$$

滴定终点在化学计量点前，产生负误差，使分析结果偏低；滴定终点在化学计量点后，产生正误差，使分析结果偏高。

5.4.3 酸碱标准溶液的配制与标定

酸碱滴定中最常用的标准溶液是 HCl 和 NaOH，也可用 H_2SO_4、HNO_3、KOH 等其他强酸、强碱。浓度一般在 $0.01 \sim 1 mol \cdot L^{-1}$ 之间，最常用的浓度是 $0.1 mol \cdot L^{-1}$。通常采用间接法配制。

（1）酸标准溶液

酸碱滴定法

HCl 标准溶液一般用浓 HCl 间接法配制。先配制成大致浓度后再用基准物质标定。常用的基准物质是无水碳酸钠和硼砂。无水碳酸钠吸湿性强，用前应在 $270 \sim 300℃$ 干燥至恒重，置于干燥器中保存备用。硼砂（$Na_2B_4O_7 \cdot 10H_2O$）有较大的摩尔质量，称量误差小，无吸湿性，纯度高。但是由于它在空气中易风化失去结晶水，因此应保存在相对湿度为 60% 的密闭容器中备用。

（2）碱标准溶液

碱标准溶液一般用 NaOH 配制。由于 NaOH 易吸收空气中的水分和二氧化碳，因此不能直接配制标准溶液，必须用标准物质进行标定。一般用邻苯二甲酸氢钾（$KHC_8H_4O_4$）作为基准物质，此试剂易制得纯品，摩尔质量大（$204.2 g \cdot mol^{-1}$），在空气中不易吸潮，容易保存，是标定碱较好的基准物质。标定反应如下：

滴定产物是 $KNaC_8H_4O_4$，化学计量点时溶液呈弱碱性，故可选用酚酞做指示剂。

5.4.4 酸碱滴定法的应用实例

酸碱滴定法在生产实践中应用广泛，许多化工产品，如烧碱、纯碱、硫酸铵和碳酸氢铵等，一般用酸碱滴定法测定其主成分的含量。钢铁及某些原材料中碳、硫、磷、硅和氮等元素的测定，也可采用酸碱滴定法。其他如有机合成工业和医药工业中的原料、中间产品及成品的分析等，有时也用酸碱滴定法。下面介绍的是应用酸碱滴定法的几个实例。

（1）混合碱的分析

烧碱中 NaOH 和 Na_2CO_3 含量的测定。氢氧化钠俗称烧碱，在生产和贮藏过程中，常因吸收空气中的 CO_2 而部分转变为 Na_2CO_3。对于烧碱中 NaOH 和 Na_2CO_3 含量的测定，通常有两种方法。

①氯化钡法 准确称取一定量的试样，将其溶解于已除去了 CO_2 的蒸馏水中，稀释到一定体积后分成两等份进行滴定。第一份溶液用甲基橙作指示剂，用 HCl 标准溶液滴定，测定其总碱度。反应如下：

$$NaOH + HCl \Longrightarrow NaCl + H_2O$$
$$Na_2CO_3 + 2HCl \Longrightarrow 2NaCl + CO_2 \uparrow + H_2O$$

滴定至橙红色，消耗 HCl 的体积为 V_1。第二份溶液中加 $BaCl_2$，使 Na_2CO_3 转化为微溶的 $BaCO_3$。

$$Na_2CO_3 + BaCl_2 \Longrightarrow BaCO_3 + 2NaCl$$

然后以酚酞作指示剂，用 HCl 标准溶液滴定，消耗 HCl 的体积为 V_2。根据 V_2 可求得 NaOH 的质量分数：

$$w_{NaOH} = \frac{c_{HCl}V_2 M_{NaOH}}{m_s} \times 100\%$$

滴定混合碱中 Na_2CO_3 所消耗的 HCl 的体积为 $(V_1 - V_2)$，所以

$$w_{Na_2CO_3} = \frac{(1/2)c_{HCl}(V_1 - V_2)M_{Na_2CO_3}}{m_s} \times 100\%$$

②双指示剂法　准确称取一定量试样，溶解后以酚酞为指示剂，用 HCl 标准溶液滴定至红色刚好消失，记下用去 HCl 的体积 V_1。这时 NaOH 全部被中和，而 Na_2CO_3 仅被中和到 $NaHCO_3$。向溶液中加入甲基橙，继续用 HCl 滴定至橙红色，记下用去 HCl 的体积 V_2。显然，V_2 是滴定 $NaHCO_3$ 所消耗 HCl 的体积。

由计量关系可知，Na_2CO_3 被中和至 $NaHCO_3$ 与 $NaHCO_3$ 被中和至 H_2CO_3 所消耗的 HCl 的体积是相等的。所以

$$w_{Na_2CO_3} = \frac{(1/2)c_{HCl} \times 2V_2 M_{Na_2CO_3}}{m_s} \times 100\%$$

$$w_{NaOH} = \frac{c_{HCl}(V_1 - V_2)M_{NaOH}}{m_s} \times 100\%$$

（2）铵盐的测定

常用于测定铵盐含量的方法有以下两种。

①蒸馏法　向铵盐试液中加浓 NaOH 并加热，将 NH_3 蒸馏出来。用 H_3BO_3 溶液吸收释放出的 NH_3，然后采用甲基红与溴甲酚绿的混合指示剂，用标准硫酸溶液滴定至灰色时为终点。H_3BO_3 的酸性极弱，它可以吸收 NH_3，但不影响滴定，故不需要定量加入。也可以用标准 HCl 或 H_2SO_4 溶液吸收，过量的酸用 NaOH 标准溶液返滴，以甲基红或甲基橙为指示剂。

②甲醛法　甲醛与铵盐作用，生成等物质量的酸（质子化的六亚甲基四胺和 H^+）：

$$4NH_4^+ + 6HCHO \Longrightarrow (CH_2)_6 N_4 H^+ + 3H^+ + 6H_2O$$

然后，以酚酞作指示剂，用 NaOH 标准溶液滴定。如果试样中含有游离酸，则需事先以甲基红为指示剂，用 NaOH 将其中和。此时不能用酚酞作指示剂，否则，部分铵根也将被中和。

（3）克氏定氮法

克氏（Kjeldahl）定氮法是测定有机化合物中氮含量的重要方法。在有机试样中加入硫酸和硫酸钾溶液进行煮解，加入硒（或铜）盐作催化剂，提高煮解效率。在煮解过程中，有机物中的氮定量转化为 NH_4HSO_4 或 $(NH_4)_2SO_4$。然后在上述煮解液中加入浓氢氧化钠至呈强碱性，析出的 NH_3 随水蒸气蒸馏出来，将其导入过量的 HCl 标准溶液中，最后以 NaOH 标准溶液返滴定多余的 HCl。根据消耗 HCl 的量，计算氮的质量分数。在上述操作中，也可用饱和硼酸溶液吸收蒸馏出来的氨，然后用 HCl 标准溶液滴定。

克氏定氮法适于蛋白质、胺类、酰胺类及尿素等有机化合物中氮的测定，对于含硝基、亚硝基或偶氮基等的有机化合物，煮解前必须用还原剂处理，使氮定量转化为铵离子。常用的还原剂有亚铁盐、硫代硫酸盐和葡萄糖等。

三聚氰胺的危害

三聚氰胺［化学式：$C_3N_3(NH_2)_3$］，俗称密胺、蛋白精，是一种三嗪类含氮杂环有机化合物，被用作化工原料。它是白色单斜晶体，几乎无味，微溶于水可溶于甲醇、甲醛、乙酸、热乙二醇、甘油、吡啶等，不溶于丙酮、醚类、对身体有害，不可用于食品加工或食品添加物。

三聚氰胺的结构

长期或反复大量摄入三聚氰胺可能对肾与膀胱产生影响，导致结石。试验发现将大剂量的三聚氰胺饲喂给大鼠、兔和狗后没有观察到明显的中毒现象。动物长期摄入三聚氰胺会造成生殖、泌尿系统的损害，膀胱、肾部结石，并可进一步诱发膀胱癌。2017 年 10 月 27 日，世界卫生组织国际癌症研究机构公布了致癌物清单，

三聚氰胺被列入 2B 类致癌物清单中。犯罪分子之所以在奶粉中添加三聚氰胺，是因为其含氮量高，而国际上使用最多的饲料蛋白质含量检测法为"克氏定氮法"，但该法只能测出含氮量，不能区别饲料中有无违规化学物质。

不同蛋白质中氮的含量基本相同，因此，根据氮的含量可计算蛋白质的含量。将氮的质量换算为蛋白质的质量的换算因数约为 6.25（即蛋白质中含 16％ 的氮），若蛋白质中的大部分为白蛋白，则质量换算因数为 6.27。

思考题 5-5 指示剂的变色原理是什么？酸碱滴定中如何选择合适的指示剂？

思考题 5-6 一元酸碱滴定中如何计算滴定终点的突跃范围？

===== 复习指导 =====

掌握：定量分析结果的表示；误差的产生原因和减免方法；误差的表示方法；准确度与精密度的关系；绝对偏差、相对平均偏差、标准偏差的计算；化学计量点 pH 值、滴定突跃范围的计算；指示剂的选择；准确滴定的判断条件。

熟悉：分析方法的分类及分析过程和步骤；滴定分析术语，标准溶液的配制和一级标准物质；酸碱滴定法的应用实例；滴定误差的计算。

了解：分析化学的定义及其任务和作用；混合指示剂的应用；一元线性回归方程；酸碱标准溶液的配制、标定及应用。

===== 英汉词汇对照 =====

化学分析	chemical analysis	相对标准偏差	relative standard deviation
试样	sample	重复性	repeatability
试剂	reagent	重现性	reproducibility
定性分析	qualitative analysis	回归方程	regression equation
定量分析	quantitative analysis	相关系数	correlation coefficient
重量分析	gravimetric analysis	标准溶液	standard solution
滴定分析	titrimetric analysis	滴定分析	titrimetric analysis
容量分析	volumetric analysis	滴定剂	titrant
全分析	total analysis	化学计量点	stoichiometric point
代表性的试样	representative sample	滴定终点	end point
有效数字	significant figures	直接滴定法	direct titration
标准溶液	standard solution	返滴定法	back titration
误差	error	置换滴定法	replacement titration
系统误差	systematic error	间接滴定法	indirect titration
随机误差	random error	酸碱滴定法	acid-base titrimetry
过失误差	fault error	酸碱指示剂	acid-base indicators
公差	tolerance	变色范围	color-change range
准确度	accuracy	混合指示剂	mixed indicators
绝对误差	absolute error	滴定分数	titration fraction
相对误差	relative error	滴定突跃	titration jump
精密度	precision	质子平衡方程	proton balance equation，PBE
绝对偏差	deviation	滴定曲线	titration curve
平均偏差	average deviation	多元酸	polyprotic acid
相对平均偏差	relative average deviation	滴定误差	titration error
标准偏差	standard deviation		

贝采里乌斯与分析化学

贝采里乌斯（J. J. Berzelius，1779—1848），瑞典化学家，现代化学命名体系的建立者，硅、硒、钍和铈等元素的发现者，以及催化等概念的提出者，被誉为分析化学大师。

1779年8月20日生于瑞典南部的乡村，父母是农民。4岁丧父，6岁随母改嫁，8岁丧母。幸运的是，作为牧师的继父虽不富有，但待贝采里乌斯兄妹俩像亲生儿女，提供了良好的教育。1796年，他考入乌普萨拉大学医学院，做家庭教师时自学法语、德语和英语，靠着微薄的助学金兼打临工读完了大学。尽管最初的求职也不顺利，但他依然保持乐观的人生态度。1807年，贝采里乌斯被任命为斯德哥尔摩大学教授。一年后又当选为瑞典科学院院士。1810年，他还担任了卡罗林外科医学院的化学与制药学教研室主任。从此，他连续进行了20年的原子量研究工作。在1810～1830年间，贝采里乌斯先把许多科学家的研究成果做了比较，确认水分子是由两个氢原子和一个氧原子构成的，测得氧的原子量是16。随后他又以氧作标准来测定其他元素的原子量，从而使原子量的测定工作大大地简化。他对当时已知40多种元素的2千多种单质或化合物进行了分析，克服重重困难，终于取得了惊人的成果。

1814年，他发表了第一个原子量表。1818年，贝采里乌斯所分析的数据更加丰富，更加精确，第二个原子量表内已列入47种元素。只是由于计算原则未变，使某些元素的原子量较实际值高了一倍到几倍。1826年，他发表的第三个原子量表，已全部完成了元素原子量的测定工作。除个别元素（如银、钾和钠）的原子量以外，几乎与现代值一样。到1830年时，贝采里乌斯已重新列出一张原子量表，表上的原子量与2000年所用的就完全相同了。

通过对化学亲和力的研究，使贝采里乌斯建立起电化二元论的学说，贝采里乌斯早年对电解过程做过仔细考察，特别是电解槽两极的电荷相反，电荷之间的吸引和排斥给他留下了深刻印象，促使他决心应用电学的观点来分析化合物组成和化学反应机理。1811年，经过更多实验后，他提出一个被认为更合理的化学亲和力理论，即电化二元论。

贝采里乌斯是当时最著名的分析化学家之一。他在测定原子量时，把许多新的分析方法、新试剂和新仪器引进分析化学中来，使定量分析的精确度空前提高。此外，他还对各种分析操作进行过细致的研究与改进。例如他曾指出，漏斗的锥角为60度时过滤速度最快，而且滤纸不能高出漏斗，否则溶剂在滤纸边缘会很快蒸发，使沉淀难以洗净。他对矿物学也做过长期系统的研究。在对矿物进行定量全分析时，发现其中大部分是"硅质"，硅质与其他金属氧化物的复合物，就是矿物的主要成分。贝采里乌斯把这类矿物，取名为"硅酸盐"，并对各种硅酸盐按其组成做了分类，这种分类法沿用至今。1814年，他发表了关于矿物新的纯化学分类法的论文，引起学术界极大重视。同时在矿物研究中，他还发现了一些新元素。例如1803年，发现铈；1817年，发现了硒；1828年，发现钍。另外，还发现了硅、钫、钽、锗等。1824年，他还发现了同分异构现象。

贝采里乌斯在科学研究上能成就一番伟业，并成为当时全球化学界的泰斗，源于他视野开阔，能正确把握科学方向，善于运用综合的思想方法和有创见的实验方式，以及不屈不挠的精神和非凡的想象力。

习 题

1. 简述一般试样的分析过程。

2. 准确度和精密度有何区别和联系？

3. 标定 NaOH 溶液浓度时，邻苯二甲酸氢钾（$KHC_8H_4O_4$，$M=204.23\text{g}\cdot\text{mol}^{-1}$）和二水合草酸（$H_2C_2O_4\cdot2H_2O$，$M=126.07\text{g}\cdot\text{mol}^{-1}$）都可以作为基准物质。选择哪一种更好？为什么？

4. 下列情况可能引起什么误差？如是系统误差，应如何消除？

（1）天平零点稍有变动；

（2）过滤时出现透滤现象没有及时发现；

（3）读取滴定管读数时，最后一位估计不准；

（4）标准试样保存不当，失去部分结晶水；

（5）移液管转移溶液之后残留量稍有不同；

（6）试剂中含有微量待测组分；

（7）重量法测定 SiO_2 时，试样中硅酸沉淀不完全；

（8）砝码腐蚀；

（9）用 NaOH 标准溶液滴定 HAc，选酚酞为指示剂确定终点颜色时稍有出入。

5.下列数据的有效数字位数各是多少？

0.007，7.026，pH＝5.36，$6.00×10^{-5}$，1000，91.40，pK_a＝9.26

6.某分析天平的称量误差为 ±0.1mg，如果称取试样 0.0600g，相对误差是多少？如称样为 1.0000g，相对误差又是多少？这些结果说明什么问题？

7.测定某试样的含氮量，六次平行测定的结果为 20.48%、20.55%、20.58%、20.60%、20.53%、20.50%。

（1）计算这组数据的平均值、平均偏差、标准偏差和相对标准偏差；

（2）若此试样是标准试样，含氮量为 20.45%，计算测定结果的绝对误差和相对误差。

8.按国家标准规定，化学试剂 $FeSO_4 \cdot 7H_2O$（M＝278.04g·mol^{-1}）的含量：99.50%～100.5% 为一级（G.R.）；99.00%～100.5% 为二级（A.R.）；98.00%～101.0% 为三级（C.P.）。现以 $KMnO_4$ 法测定，称取试样 1.012g，在酸性介质中用 0.02034mol·L^{-1} $KMnO_4$ 标准溶液滴定，至终点时消耗 35.70mL。计算此产品中 $FeSO_4 \cdot 7H_2O$ 的质量分数，并判断此产品符合哪一级化学试剂标准。

9.0.200g 某含锰试样中锰含量的分析结果如下：加入 50.0mL 0.100mol·L^{-1} $(NH_4)_2Fe(SO_4)_2$ 标准溶液还原 MnO_2 到 Mn^{2+}，完全还原以后，过量的 Fe^{2+} 在酸性溶液中被 0.0200mol·L^{-1} $KMnO_4$ 标准溶液滴定，需 15.00mL。今有 $MgSO_4 \cdot 7H_2O$ 纯试剂一瓶，设不含其他杂质，但有部分失水变成 $MgSO_4 \cdot 6H_2O$，测定其中 Mg 含量后，全部按 $MgSO_4 \cdot 7H_2O$ 计算的质量分数为 100.96%。试计算试剂中 $MgSO_4 \cdot 6H_2O$ 的质量分数。

10.吸收了空气中 CO_2 的 NaOH 标准溶液，用于测定强酸、弱酸时，对测定结果有无影响？

11.为什么用盐酸可以滴定硼砂而不能直接滴定醋酸钠？为什么用氢氧化钠可以滴定醋酸而不能直接滴定硼酸？

12.取某一元弱酸（HA）纯品 1.250g，制成 50mL 水溶液。用 NaOH 标准溶液（0.0900mol·L^{-1}）滴定至化学计量点，消耗 41.20mL。在滴定过程中，当滴定剂加到 8.24mL 时，溶液的 pH 值为 4.30。计算：（1）HA 的摩尔质量；（2）HA 的 K_a 值；（3）化学计量点的 pH 值。

（中南大学　向　娟）

第5章 习题解答

第6章

化学热力学基本定律与函数

本章重点讨论热力学第一定律，反应热的求算，熵的物理意义，反应熵变的求算，吉布斯自由能判据和吉布斯–赫姆霍兹公式，为后续各章节的学习奠定化学热力学基础。

6.1 化学热力学简介

化学热力学简介

自然界中存在各种各样的化学反应，人体的生命活动也是靠体内一个个链接的生化反应来维持的。但不管是什么样的反应，它们都会遇到这样一类基本问题：如果将两种或多种物质放在一起，能发生化学反应吗？如果发生的话，是正向还是逆向自发进行？到什么程度才会终止或平衡？简而言之，这就是反应的可能性、方向和限度的问题。这类问题在化学中是由化学热力学（chemical thermodynamic）来解决的。化学热力学又是如何解决这类问题的呢？由于化学反应往往伴随着能量的变化，如吸热或放热，是否通过研究反应的能量变化能够解决化学反应的上述基本问题呢？

热力学是研究热能与其他形式的能之间相互转换规律的一门科学。它建立在热力学第一、第二和第三定律的基础之上。这些热力学定律是在 18 世纪中叶至 20 世纪初由无数实验事实所总结出来的，是正确和可靠的。热力学方法是一种宏观的研究方法，它只讨论大量微观粒子（宏观体系）的平均行为（宏观性质），而不管其微观结构，也不涉及时间因素；它只预测过程发生的可能性，而不管其过程实际上是否发生、如何发生及过程进行的快慢，往往只需知道体系的始、终态和外界条件，就能得到可靠结论，且这些结论在其应用范围内带有普遍的指导意义。

1876～1878 年间，美国科学家吉布斯（J. W. Gibbs）在前人研究的基础上提出了化学热力学理论，建立了描述体系平衡的热力学函数以及这些函数之间的关系。化学热力学是研究化学反应的物质转变和能量变化规律的一门科学，它是热力学原理在化学中的应用，也是物理化学中历史最悠久的一个分支学科。

思考题 6-1 热力学研究方法有什么特点和局限性？
思考题 6-2 化学热力学主要解决化学中的哪些问题？

6.2.1 体系与环境

根据热力学研究的需要从周围的物质世界中人为地划分出来的一部分称为热力学体系（thermodynamic system），简称体系，实际上就是热力学的研究对象。严格来说，除体系以外，与体系有相互作用的一切物质都称为环境（surrounding）。不过，往往只将与体系密切相关的那部分物质作为环境。例如要研究某容器中酸碱溶液的中和反应，容器中的酸碱混合液称为体系，而溶液以外的部分称为环境。体系是由大量微观粒子（原子、分子和离子等）组成的宏观集合体。体系与环境之间具有界面，但不一定是明显的物理界面，也可以是主观确定的用来划定研究对象的空间范围。如上述例子中，若容器是敞开的，也可以将整个容器部分作为体系，即包含反应液和液面上的部分混合空气。

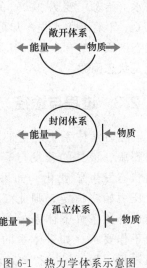

图 6-1 热力学体系示意图

体系与环境之间往往进行着物质的交换和能量的传递，按交换与传递情况的不同，热力学体系（图 6-1）可分为三类：如果体系与环境之间既有物质的交换，又有能量的传递，此类体系称为敞开体系（open system），自然界中所有的生物体系都可看作敞开体系，也称为开放系统。如果体系与环境之间只有能量的传递而无物质的交换，此类体系称为封闭体系（closed system），如金属钠与水作用生成氢氧化钠和氢气并放出热量的反应在一个密闭容器中进行，若该容器不让任何物质逸散和加入，但容器不是绝热的，除自身温度升高外，还能将热量传递到周围的空气中，则这个容器中的所有物质可以视为一个封闭体系；如果体系与环境之间既无物质的交换也无能量的传递，此类体系称为孤立体系（isolated system）。实际上，严格的孤立体系是不存在的，但由于研究的需要，常常将一些体系近似地看作孤立体系。如前述的密闭容器换成绝热的材料，假设还不辐射和吸收能量，则这样的体系就可看作是孤立体系。此外，体系与环境加起来，也可以看作一个大的孤立体系。

6.2.2 状态与状态函数

体系的状态是体系物理性质和化学性质的综合表现。这些性质都是宏观的物理量，故又称为体系的宏观性质，如温度（T）、压力（p）、体积（V）、物质的量（n）、质量（m）、密度（ρ）等。当体系的宏观性质都具有确定的数值而不随时间而变时，体系就处在一定的热力学状态，简称状态。这种状态是一种平衡态，也就是说，此时体系内已达到热平衡、力平衡、相平衡和化学平衡。若体系的宏观性质变了，状态也就随之而变，变化前的状态称为始态（initial state），变化后的状态称为终态（final state）。也可以说，体系的这些宏观性质与体系的状态之间存在对应的函数关系。描述体系状态的这些宏观性质又称为状态函数（state function），前面提到的物理量 T、p、V、n、m、ρ 等都是状态函数。本章还将介绍一些新的状态函数。

状态函数可分为两类：一类称为广度性质（extensive property），如体积 V、物质

体系与环境，状态与状态函数，过程与途径

的量 n、质量 m 及后面将介绍的热力学能 U、焓 H、熵 S、自由能 G 等，这类性质具有加合性，其数值大小与总量有关。例如 50mg 水与 50mg 水相混合其总质量为 100mg。另一类称为强度性质（intensive property），如温度 T、压力 p、密度 ρ 等，这些性质没有加合性，其数值大小与总量无关。例如 100℃的水与 100℃的水相混合，水的温度仍为 100℃。两类性质之间可以互相转化，如 $\rho = m/V$。

应该指出，描述体系的状态不一定要用该体系的全部状态函数，而用它的某几个状态函数就行，因为这些状态函数间往往有一定的联系。例如，要描述一理想气体所处的状态，只需知道温度 T、压力 p、体积 V 就够用，因为根据理想气体的状态方程 $pV = nRT$，此理想气体的物质的量 n 也就确定了。

此外，要特别强调的是，状态函数具有如下特点：①在外界条件一定时，状态一定，状态函数就有一定值，而且是惟一值；②条件变化时，状态也将变化，但状态函数的变化值只取决于始态和终态，而与状态变化的具体途径无关。例如使一定量50℃的水（始态）变为 100℃的水（终态），其状态函数——温度 T 的变化值 ΔT 总是 50℃，不管是将水先冷却再加热，还是使之先加热再冷却再又加热；③当状态变化时，状态函数一定有改变，但并不一定全部改变；④状态函数的集合（和、差、积、商）也是状态函数。

6.2.3　过程与途径

热力学体系中发生的一切变化都称为热力学过程，简称过程，如气体的压缩与膨胀、液体的蒸发与凝固以及化学反应等都是热力学过程，因为它们都使体系的状态发生了变化。如果体系在状态变化过程中，体系的压力等于环境的压力，且压力始终恒定，则此变化过程称为恒压过程。而等压过程（isobaric process）是指恒外压条件下体系始态与终态的压力相等，且等于外压，而对过程中体系的压力不作要求；如果体系的状态变化是在温度恒定的条件下进行的，此变化称为恒温过程。而等温过程（isothermal process）只强调始态与终态的温度相同，且等于环境温度，而对过程中体系的温度不作要求；如果体系的变化是在体积恒定的条件下进行的，此变化称恒容过程。若只强调始态与终态的体积相等，称为等容过程（isovolumic process）；如果体系的变化是在绝热的条件下进行的，此变化称为绝热过程（adiabatic process）。如果体系从某状态 A 出发，经过一系列变化后又回到状态 A，这种变化称为循环过程（cyclic process）。后面还将介绍可逆过程与不可逆过程等一些特殊的过程。

体系由同一始态变到同一终态可以经由不同的方式，这种不同的方式称为途径（path）。

思考题 6-3　体系与环境间的界面必须是真实存在的，对吗？为什么？

思考题 6-4　为什么要对恒压过程与等压过程，恒温过程与等温过程加以区别？

6.2.4　热力学能

能量是物质运动的基本形式。一般体系的能量，包括以下三个部分。

①动能——由体系的运动所决定的能量。

②势能——由体系在某一外力场中的位置所决定的能量。

③内能——体系内部所储藏的能量。

如图 6-2 所示，在一辆匀速平稳前进的列车中放置一个敞口的反应器，且让化学反应在其中的溶液里开始进行，那么反应完成之后，该反应器的动能和势能并没有变化，

热力学能，热和功

图 6-2 匀速平稳前进的列车

但由于反应总是伴随有热量的吸收或释放，则以反应器作为体系，其内能必然会发生变化。也就是说，体系的动能和势能在化学变化中一般没有变化，仅仅内能在变化，因此内能在化学反应中具有特别重要的意义。为了简化问题，化学热力学通常只研究静止的体系，且不考虑外力场的作用，则热力学体系的能量，也就仅指内能而言。因此，内能（internal energy）又称热力学能（thermodynamic energy）。

热力学能是体系内部一切能量形式的总和，常用符号 U 表示。它包括平动动能、分子间吸引和排斥产生的势能、分子内部的振动能和转动能、电子运动能、核能等。由于微观粒子运动的复杂性，至今仍无法确定一个体系内能的绝对值。但可以肯定的是，处于一定状态的体系必定有一个确定的内能值，即内能是状态函数。尽管内能 U 的绝对值无法确知，值得庆幸的是，热力学并不需要知道其大小，关键的是要知道内能的变化值 ΔU 及其以什么形式表现出来，因为 ΔU 的大小正好是体系与环境之间所传递的能量大小，而热和功则是能量传递的两种基本表现形式。

此外，根据焦耳（J. P. Joule）实验，热力学已证明，当理想气体的量及组成一定时，其热力学能只是温度的单值函数，与体系的体积和压力无关。

6.2.5 热和功

6.2.5.1 热和功

热（heat）是因温度不同而在体系和环境之间传递的能量形式，常用符号 Q 表示，其本质是物质粒子混乱运动的宏观表现。除了热以外，体系和环境之间的一切能量传递形式都称之为功（work），常用符号 W 表示，如体积功、机械功、电功、表面功等，其本质是物质粒子做定向运动的结果。

热力学规定：体系向环境放热，Q 为负值，即 $Q<0$；体系从环境吸热，Q 为正值，即 $Q>0$。体系对环境做功，功为负值，即 $W<0$；环境对体系做功，功为正值，即 $W>0$。

热和功都不是状态函数，其值与体系状态变化的途径有关。例如一块石头从山顶上的同一起点，假定分两次沿着不同路径能滚到山脚下的同一终点，所做的功和因摩擦所生的热绝对是不同的，尽管始、终态相同。再者，也不能说体系有多少热和功，正如不能说河水中有多少雨或冰雹一样，因为雨和冰雹是水从天上掉到河里的过程中出现的不同形式。同理，热与功也是能量传递过程中存在的不同形式。下面将以理想气体的恒温膨胀为例，来进一步说明热和功不是状态函数。

6.2.5.2 体积功、可逆过程与最大功

如图 6-3 所示，有一导热性能极好的气缸置于温度为 T 的大环境中，由于环境极大，失去或得到少量的热 Q 不会导致温度改变，体系和环境的温度在变化过程中始终相同。假设活塞没有质量，活塞（截面积为 S）与气缸之间无摩擦力，气缸内充有一定量的理想气体。若缸内气体反抗所承受的外力 $F_{外}$ 使活塞在抵抗外力方向上移动了 dL 距离。则体系克服外力对环境所做的功可以用式（6-1）计算：

$$\delta W_e = -F_{外}\, dL = -p_{外} S dL = -p_{外}\, dV \tag{6-1}$$

式中，$p_{外}$ 是外压，$p_{外}=F_{外}/S$；dV 为气体体积的变化值，$dV=SdL$。热力学中

将引起体系体积变化所做的功称为体积功（volume work）或膨胀功（expension work），用 δW_e 表示。式（6-1）就是体积功的计算通式。除体积功以外的其他形式的功，称为非体积功，也称有用功，用 $\delta W'$ 表示。由于化学反应一般不做电功、表面功等非体积功，对于常见的化学过程，特别是有气体参与的过程来说，体积功有着特殊的意义。

在等温条件下，体系从始态变为终态全过程的体积功为各微小体积功之和：

$$W_e = -\sum_{V_1}^{V_2} \delta W_e = -\int_{V_1}^{V_2} p_{外} \mathrm{d}V \tag{6-2}$$

若外压 $p_{外}$ 恒定，则有

$$W_e = -\int_{V_1}^{V_2} p_{外} \mathrm{d}V = -p_{外} \int_{V_1}^{V_2} \mathrm{d}V = -p_{外} \Delta V \tag{6-3}$$

式中，$\Delta V = V_2 - V_1$。若图 6-3 中缸内理想气体承受的外压 $p_{外}$ 仅由活塞上放置的一块大砖头和两块小砖头的重量所产生，即 $p_{外} = p_1$。当气体的内压与外压相等时，体系处于热力学平衡态，为体系始态。设理想气体的始态条件为 $p_1 = 405.5 \mathrm{kPa}$，$V_1 = 1.00 \mathrm{dm}^3$，$T_1 = 273 \mathrm{K}$。若活塞上只剩一块大砖头时为终态，这块大砖头重量产生的外压 $p_{外} = p_2$，此时，又是一个平衡态，体系终态的压力必等于 p_2。设理想气体的终态条件为 $p_2 = 101.3 \mathrm{kPa}$，$V_2 = 4.00 \mathrm{dm}^3$，$T_2 = 273 \mathrm{K}$，则体系由同一始态到同一终态的不同恒温膨胀途径，如图 6-3 所示。

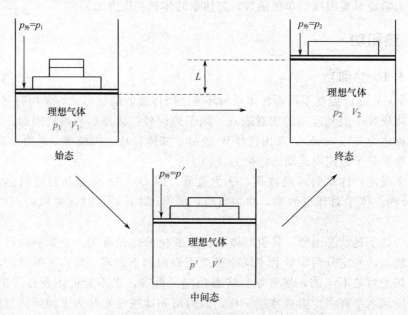

图 6-3　理想气体恒温膨胀示意图

（1）体系一步膨胀到终态

若一次性将两块小砖头全部抽掉，则外压从 405.2kPa 猛然减小到 101.3kPa，此时内压大于外压，气体将反抗恒外压而膨胀到终态，对环境做体积功为：

$$W_1 = -p_{外} \Delta V = -101.3 \times 10^3 \mathrm{Pa} \times (4-1) \times 10^{-3} \mathrm{m}^3 = -304 \mathrm{J}$$

（2）体系分两步膨胀到终态

若两块小砖头分两次抽掉，假设外压第一步先从 405.2kPa 一次减少到 202.6kPa，气体将反抗恒外压 202.6kPa 膨胀到中间的平衡态，运用理想气体状态方程，可得中间态的状态函数分别为：$p' = 202.6 \mathrm{kPa}$，$V' = 2.00 \mathrm{dm}^3$，$T' = 273 \mathrm{K}$；当第二块小砖头被抽掉之后，外压第二步将从 202.6kPa 再一次减小到 101.3kPa，气体将反抗恒外压

101.3kPa 膨胀到终态。两步膨胀过程，体系对环境所做的总体积功为：

$$W_2 = W_I + W_{II} = -202.6 \times 10^3 \, \text{Pa} \times (2-1) \times 10^{-3} \, \text{m}^3 - 101.3 \times 10^3 \, \text{Pa} \times (4-2) \times 10^{-3} \, \text{m}^3$$
$$= -405\text{J}$$

进一步的计算将表明，如果从同一始态到同一终态分步膨胀的次数越多，或者说，经过的中间平衡态越多，则体系对环境做的总体积功会越大。

（3）体系分无穷多步膨胀到终态

如果气缸活塞上的两块小砖头可以被磨成颗粒大小达到无穷小的粉末，则每取走一颗粉粒，理想气体就膨胀一次，且每一步膨胀时，外压仅仅比内压减少一个无穷小量 dp，从而使体系在每一步膨胀过程中都无限接近于平衡态，经过无穷多次膨胀后（也就是小颗粒被取完时）而达到终态，这种过程称为准静态过程。当然，完成此过程需要无限长的时间。此时体系对外做的总体积功在数值上为同一始、终态条件下不同膨胀途径中的最大功，为：

$$W_3 = W_r = -\int_{V_1}^{V_2} p_{\text{外}} dV = -\int_{V_1}^{V_2} \frac{nRT}{V} dV = -nRT \ln \frac{V_2}{V_1}$$

根据理想气体状态方程，气缸中理想气体的物质的量 n 为：

$$n = \frac{p_1 V_1}{RT} = \frac{405.2 \times 10^3 \, \text{Pa} \times 1.00 \times 10^{-3} \, \text{m}^3}{8.314 \text{J} \cdot \text{mol}^{-1} \cdot \text{K}^{-1} \times 273 \text{K}} = 0.178 \text{mol}$$

则无穷多步膨胀体系对外做的总体积功为

$$W_r = -0.178 \text{mol} \times 8.314 \text{J} \cdot \text{mol}^{-1} \cdot \text{K}^{-1} \times 273 \text{K} \times \ln \left(\frac{4.00 \text{dm}^3}{1.00 \text{dm}^3} \right) = -560\text{J}$$

可逆过程

以上理想气体恒温膨胀做功的计算结果具体地说明了功不是状态函数，它的数值与所经历的途径有关。在上面讨论的几种膨胀途径中，（1）和（2）代表的是自然界中存在的自发过程，简称自发过程（spontaneous process），后面还将详细介绍。而（3）代表的是一种理想化的过程——可逆过程（reversible process）。

可逆过程的概念非常重要，其定义为：体系与环境能够同时复原而不留下任何变化痕迹的过程。上例中体系分无穷多步膨胀途径到终态所进行的过程之所以是可逆过程，是因为体系从指定始态出发经历准静态恒温膨胀过程到所指定的终态，然后从该终态又经准静态恒温压缩过程可使体系恢复到原来的始态。在此往返过程中，环境将在正过程中得到的功在逆过程中全部还给体系；而在正过程中供给体系的热，又在逆过程中原封不动地收回来了，从而使体系和环境都恢复原状，没有留下任何变化的痕迹。可逆过程是热力学中常用的重要过程，它是从实际过程中抽象出来的一种理想过程，在自然界中并不严格存在，自然界的实际过程只能尽量地趋近于它。例如在气、液两相平衡共存时液体蒸发或气体冷凝的过程；可逆的化学反应达到动态平衡时反应物变成产物或产物变成反应物的过程，都可近似地看作可逆过程。可逆过程所做的功常用符号 W_r 表示（下标"r"表示"可逆"）。在同一始、终态之间，可逆过程体系对外做的功最大，而自发过程体系对外做的功相对较小，故可逆过程可作为其他过程的比较标准。

由于理想气体恒温膨胀是通过体系对环境做功的同时又向环境吸热来实现的，因此，热 Q 同样不是状态函数，也与变化途径有关，因为从同一始态到同一终态，膨胀途径不同，功 W 虽然不一样，但热力学能的变化值 ΔU 却相同，这样热 Q 就不可能相同了。在同一始、终态之间，既然可逆过程体系对外做的功最大，则可逆过程中体系从环境吸收的热 Q_r 也必然是最大热，而且总是比自发过程要大。

思考题 6-5 体系从始态到终态，若恒温变化，则表示它与环境之间无热量交换，对否？

思考题 6-6 体积功的计算式中为什么压力是外压？什么情况下可用内压代替？

6.3.1 热力学第一定律

6.3.1.1 热力学第一定律

热力学第一定律

18 世纪中叶，经瓦特（J. Watt）改进的蒸汽机的广泛应用成为第一次工业革命的主要标志，同时也大大地促进了人们对于能量转化规律的认识与研究。1842 年，迈耶（J. R. Mayer）发表论文，最早勾画出了能量守恒与转化定律的主要轮廓。焦耳（J. P. Joule）在 1840~1848 年间进行了大量实验，精确测定了热功当量，为能量守恒与转化定律奠定了坚实的实验基础。而亥姆霍兹（H. v. Helmholtz）在 1847 年则给出了能量守恒与转化定律明确的数学表述。19 世纪中叶，通过众多科学家的共同努力，科学界终于以定律的形式公认能量守恒与转化这一普遍的自然科学规律，即热力学第一定律（the first law of thermodynamics）。

科学家小传——亥姆霍兹

亥姆霍兹（H. v. Helmholtz，1821~1894），德国物理学家、数学家、生理学家、心理学家。

1821 年 8 月 31 日生于柏林波茨坦。1842 年获医学博士学位后开始研究生理学。1847 年他在德国物理学会发表了关于力的守恒演讲，在科学界赢得很大声望，次年担任柯尼斯堡大学生理学副教授。亥姆霍兹在这次演讲中，发展了迈耶（J. R. Mayer）、焦耳（J. P. Joule）等人的工作，严密论证并第一次以数学方式表达了能量守恒定律。在柯尼斯堡期间，亥姆霍兹测量了神经刺激的传播速度，发明了检眼镜。1855 年他转到波恩大学任教授，出版了《生理学手册》第一卷，并开始流体力学的涡流研究。1857 年起担任海德堡大学生理学教授。期间他用共鸣器分离并加强了声音的谐音。1863 年出版了《音调的生理基础》。1868 年亥姆霍兹转向物理学研究，于 1871 年任柏林大学物理学教授，测出了电磁感应的传播速度，由法拉第电解定律导出电可能是粒子，并于 1882 年发表《化学过程的热力学》论文，把化学反应中的"束缚能"和"自由能"区别开来，指出前者只能转化为热，后者却可以转化为其他形式的能量，从而导出了著名的吉布斯-亥姆霍兹方程。在数学领域中，他提出的有关黎曼度量的论断及李—亥姆霍兹空间问题的重要性在许多自然科学领域中都得到了证实。

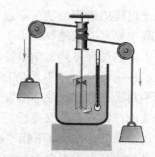

热功当量实验示意图

亥姆霍兹的一生，研究领域十分广泛，且贡献巨大。曾荣任柏林大学校长、国家科学技术局主席和国家物理工程研究所所长，主张基础理论与应用研究并重。1860 年被选为英国皇家学会会员，并获该会 1873 年度"科普利"奖。1894 年 9 月 8 日在夏洛滕堡逝世。

热力学第一定律认为：自然界的一切物质都具有能量。能量既不能消灭，也不能创造。能量存在各种各样的形式，不同的能量形式之间可以相互转化，能量在不同的物体之间可以相互传递，而在转化和传递过程中能量的数量保持不变。

20 世纪初，爱因斯坦（Albert Einstein）在狭义相对论中提出了质能关系式：$E=$

mc^2。根据此关系式，质量可看作是能量非常密集的形式，这样就可以解释核反应为什么能放出巨大的能量，当然，代价是拉瓦锡（A. L. Lavoisier）的质量守恒定律在核反应中被推翻，但热力学第一定律不仅依然成立，而且更加无懈可击。

对于物质的量 n 一定的封闭系统，体系和环境之间只有热和功的交换。当体系发生状态变化时，体系的热力学能将发生变化，若变化过程中体系从环境吸热使体系由始态（U_1）变化至终态（U_2），同时体系对环境做功，按能量守恒与转化定律，体系的热力学能变为：

$$\Delta U = U_2 - U_1 = Q + W \tag{6-4}$$

对于体系状态发生微小变化时，则有：

$$dU = \delta Q + \delta W \tag{6-5}$$

式（6-4）和式（6-5）是热力学第一定律的数学表达式。式（6-5）中以全微分 dU 表示热力学能的微小变化，说明热力学能是状态函数；而以变分符号 δQ 和 δW 表示不是状态函数的功和热的微小量，使之与全微分表示的状态函数微小变化量相区别。

【例题 6-1】 设有 1mol 理想气体，由 487.8K、20L 的始态，反抗恒外压 101.325kPa 迅速膨胀至 101.325kPa、414.6K 的状态。因膨胀得非常快，体系与环境来不及进行热交换。试计算 W、Q 及体系的热力学能变 ΔU。

解 按题意此过程可认为是绝热膨胀，故 $Q = 0$。

$$W = -p_{外} \Delta V = -p_{外}(V_2 - V_1)$$

$$V_2 = \frac{nRT_2}{p_2} = \frac{1mol \times 8.314 Pa \cdot m^3 \cdot mol^{-1} \cdot K^{-1} \times 414.6K}{101325Pa} = 0.034 m^3$$

$$W = -101\,325Pa \times \left(0.034 m^3 - 20L \times \frac{1m^3}{10^3 L}\right) = -1420.48J$$

$$\Delta U = Q + W = 0J - 1420.48J = -1420.48J$$

ΔU 为负值，表明在绝热膨胀过程中体系对环境所做的功是消耗体系热力学能的。

思考题 6-7 Q 和 W 均非状态函数，$Q + W$ 与途径有关吗？$\Delta U = Q + W$ 适于敞开体系吗？

6.3.1.2 焓与焓变

自然界中，一般的过程，包括一般的化学反应，往往只涉及体积功，很少做非体积功。当然，电化学过程与表面现象例外。

仅考虑体积功时，$W' = 0$，$W = W_e + W' = W_e = -p_{外} \Delta V$，则热力学第一定律演变为

$$\Delta U = Q + W = Q - p_{外} \Delta V \tag{6-6}$$

而这些只涉及体积功的过程又常常在特定的条件下进行，如等容条件和等压条件。下面分别讨论这两种情况。

（1）等容过程热与热力学能变

若在等容条件下，则状态函数的变化值 $\Delta V = 0$，故 $\Delta U = Q - p_{外} \Delta V = Q_V$ 整理后，得

$$\Delta U = Q_V \tag{6-7}$$

焓与焓变，热容，反应热

式中，Q_V 称为等容过程热，式（6-7）表明，在不做非体积功的条件下，体系在等容过程中与环境所交换的热在数值上等于体系的热力学能变。

（2）等压过程热与焓变

若在等压条件下，则恒外压，且 $p_{外} = p_{体} = p_1 = p_2$；若变化过程中 $p_{外}$ 与 p 也差别很小，则

$$\Delta U = Q - p_{外} \Delta V = Q_p - p \Delta V$$

即 $U_2 - U_1 = Q_p - p(V_2 - V_1) = Q_p - pV_2 + pV_1 = Q_p - p_2 V_2 + p_1 V_1$

移项整理 $(U_2 + p_2 V_2) - (U_1 + p_1 V_1) = Q_p$

定义 $$H = U + pV \qquad (6\text{-}8)$$

得 $U_2 + p_2 V_2 = H_2, \ U_1 + p_1 V_1 = H_1$

$$\Delta H = H_2 - H_1 = Q_p \qquad (6\text{-}9)$$

因为式（6-8）中 U、p、V 均为状态函数，故 H 也为状态函数，称为焓（enthalpy）。它是一个具有能量量纲的抽象的热力学函数，其本身的物理意义并不像热力学能 U 那样明确。此外，由于体系热力学能 U 的绝对值不能确定，H 的绝对值也无法确定。式（6-9）中 Q_p 称为等压过程热，式（6-9）表明，在不做非体积功的条件下，体系在等压过程中与环境所交换的热在数值上等于体系的焓变。

焓的导出虽借助于等压过程，但不是说非等压过程就没有焓变。根据焓的定义式（6-8），一般情况下的焓变为

$$dH = dU + d(pV) = dU + pdV + Vdp \qquad (6\text{-}10)$$

从式（6-10）可知，Vdp 只是体现了压力变化对焓变的影响，不是能量；pdV 也不是体积功。因此，一般情况下，焓变也无明确的物理意义。只有在特定的条件下，如仅做体积功的等压过程，dH 才具有明确的物理意义。因为此时 $dp = 0$，$pdV = p_{外}dV$，由式（6-10）推算

$$
\begin{aligned}
dH &= dU + pdV + Vdp = \delta Q + \delta W + pdV + Vdp \\
&= \delta Q_p - p_{外}dV + \delta W' + pdV + Vdp \\
&= \delta Q_p - p_{外}dV + pdV \\
&= \delta Q_p
\end{aligned}
$$

由于许多化学反应往往是在不做非体积功的等压条件下进行的，其化学反应的热效应 $\delta Q_p = dH$ 或 $Q_p = \Delta H$，因此，在化学热力学中，常用 ΔH 或 dH 来直接表示等压反应热。

（3）理想气体的焓

对于组成及量一定的理想气体，$pV = nRT$，则理想气体的焓为

$$H = U + pV = U + nRT$$

而前面已经介绍，理想气体的热力学能 U 仅是温度的单值函数，故理想气体的焓 H 也只是温度的单值函数，因为 n、R 在上式中皆为常数。即温度不变，焓变为零。

6.3.1.3 热容

（1）等压热容和等容热容

在不发生相变和化学变化的前提下，体系与环境所交换的热与由此引起的温度变化之比称为体系的热容（thermal capacity），用符号 C 表示。体系与环境所交换的热的大小应与物质种类、状态和物质的量有关，也与热交换的方式有关。热容的单位为 $J \cdot K^{-1}$，是体系的广度性质；$1mol$ 物质的热容称为摩尔热容，以 C_m 表示，单位为 $J \cdot mol^{-1} \cdot K^{-1}$，$C = nC_m$；单位质量物质的热容称为比热。

由于热与过程、途径有关，物质的热容也会因过程不同而有所不同，常用的热容有等压热容 C_p 和等容热容 C_V。

热力学可证明，在仅做体积功的条件下，体系经过等容变化过程，有

$$\Delta U = C_V \Delta T = Q_V \ \text{或} \ dU = C_V dT = \delta Q_V \qquad (6\text{-}11)$$

同理，在仅做体积功的条件下，体系经过等压变化过程，则有

$$\Delta H = C_p \Delta T = Q_p \ \text{或} \ dH = C_p dT = \delta Q_p \qquad (6\text{-}12)$$

又由于 $dH = dU + d(pV)$

所以，在仅做体积功的条件下有：

$$C_p dT = C_V dT + d(pV) \qquad (6\text{-}13)$$

（2）理想气体的热容

对于一定量的理想气体，$d(pV)=nRdT$，代入式（6-13）可得

$$C_p = C_V + nR \tag{6-14}$$

$$C_{m,p} = C_{m,V} + R \tag{6-15}$$

利用气体分子运动论可近似地得出理想气体的热容，一般实际气体在低压条件下可视为理想气体。对于单原子分子气体，其 $C_{m,V}=3R/2$；对于双原子分子气体，其 $C_{m,V}=5R/2$；对于多原子分子气体，其 $C_{m,V}\geqslant 3R$。此外，将 $C_{m,V}$ 值代入式（6-15），$C_{m,p}$ 值也可求出。

6.3.2 热化学

化学反应常伴随着气体的产生或消失，因而化学反应常以热和体积功的形式与环境进行能量交换。但一般情况下，反应过程中的体积功在数量上与热相比是很小的，故化学反应的能量交换以热为主。研究化学反应有关热变化的科学称为热化学（thermochemistry）。

6.3.2.1 化学反应的热效应

（1）反应热

化学反应的热效应，简称反应热（heat of reaction）。它是指在仅做体积功的条件下，当一个化学反应发生后，反应物转变为产物，若使产物的温度再回到反应物的起始温度，整个过程中体系与环境所交换的热量。

对于等压反应过程，即为等压反应热，$Q_p = \Delta_r H$，也就是在等压等温条件下的反应热。

对于等容反应过程，即为等容反应热，$Q_V = \Delta_r U$，也就是在等容等温条件下的反应热。

热化学

（2）反应进度

根据质量守恒定律，用规定的化学符号和化学式来表示化学反应的式子，称为化学反应方程式，又称化学反应计量式，它表示化学反应总的计量结果。对任一反应，可写成：

$$aA + dD \Longrightarrow eE + fF$$

移项整理，又可写为

$$0 = eE + fF - aA - dD$$

或简化成

$$0 = \sum_B \nu_B B \tag{6-16}$$

式（6-16）为任意反应计量式的标准缩写式。式中 B 代表参与反应的任意物种，可以是反应物或产物，ν_B 为 B 的化学计量数（stoichiometric number）。化学计量数 ν_B 可为整数或简单分数；对于反应物，ν_B 为负值（如 $\nu_A = -a$，$\nu_D = -d$）；对于产物，ν_B 为正值（如 $\nu_E = e$，$\nu_F = f$）。

反应进度（extent of reaction）表示反应进行的程度，常用符号 ζ 表示，其定义为：

$$\zeta = \frac{n_B(\xi) - n_B(0)}{\nu_B} \tag{6-17}$$

式中，$n_B(0)$ 为反应起始时刻，即反应进度 $\zeta=0$ 时 B 的物质的量；$n_B(\zeta)$ 为反应进行到 t 时刻，即反应进度 $\zeta=\zeta(t)$ 时 B 的物质的量。显然，反应进度 ζ 的单位为 mol。

如果所选始态的反应进度不为零，则应表示为反应进度的变化 $\Delta\zeta$ 或 $d\zeta$。即

$$\Delta\zeta = \zeta(t) - \zeta(0) = \frac{\Delta n_B}{\nu_B} \quad 或 \quad d\zeta = \frac{dn_B}{\nu_B} \tag{6-18}$$

例如：

反应		$N_2(g)$	$+3H_2(g)$	$\Longrightarrow 2NH_3(g)$	ζ
起始时	n_B/mol	3.0	10.0	0	0
t_1时	n_B/mol	2.0	7.0	2.0	ζ_1
t_2时	n_B/mol	1.5	5.5	3.0	ζ_2

$$\zeta_1 = \frac{\Delta n(N_2)}{\nu(N_2)} = \frac{\Delta n(H_2)}{\nu(H_2)} = \frac{\Delta n(NH_3)}{\nu(NH_3)}$$

$$= \frac{(2.0-3.0)\,mol}{-1} = \frac{(7.0-10.0)\,mol}{-3} = \frac{(2.0-0)\,mol}{2} = 1.0\,mol$$

$$\zeta_2 = \frac{(1.5-3.0)\,mol}{-1} = \frac{(5.5-10.0)\,mol}{-3} = \frac{(3.0-0)\,mol}{2} = 1.5\,mol$$

$$\Delta\zeta = \zeta(t_2) - \zeta(t_1) = \frac{(1.5-2.0)\,mol}{-1} = \frac{(5.5-7.0)\,mol}{-3} = \frac{(3.0-2.0)\,mol}{2} = 0.5\,mol$$

由上例可知，当 $\zeta=1.0\,mol$ 时，反应消耗了 $1.0\,mol\ N_2$ 和 $3.0\,mol\ H_2$，新生成了 $2.0\,mol$ 的 NH_3，而这三个摩尔数在数值上恰巧等于参与反应的三个物种的化学计量数的绝对值；况且，对于同一化学反应计量式，无论用哪个物种来求算反应进度 ζ，其结果都是相同的。此外，反应进度 ζ 是与化学反应计量式相匹配的，若化学计量数改变，或者说反应方程式的写法两样，即使 Δn_B 不变时，反应进度 ζ 也不同。若上述合成氨反应式写成：

$$\frac{1}{2}N_2(g) + \frac{3}{2}H_2(g) \Longrightarrow NH_3(g)$$

则 t_1 时，
$$\zeta_1 = \frac{\Delta n(N_2)}{\nu(N_2)} = \frac{(2.0-3.0)\,mol}{-1/2} = 2.0\,mol$$

（3）热化学方程式

表示化学反应、反应条件及反应热关系的方程式称为热化学方程式（thermodynamic equation）。如：

$$2H_2(g) + O_2(g) \Longrightarrow 2H_2O(l) \qquad \Delta_r H_m^\ominus(298.15K) = -571.6\,kJ \cdot mol^{-1}$$

$$2H_2(g) + O_2(g) \Longrightarrow 2H_2O(g) \qquad \Delta_r H_m^\ominus(298.15K) = -563.7\,kJ \cdot mol^{-1}$$

$$C(石墨) + O_2(g) \Longrightarrow CO_2(g) \qquad \Delta_r H_m^\ominus(298.15K) = -393.5\,kJ \cdot mol^{-1}$$

上述热化学方程式中的反应热符号 $\Delta_r H_m^\ominus(298.15K)$ 表示该反应在 298.15K（即 25℃）等温条件下的等压反应热；符号中的上标"$\ominus$"表示标准态，表示各反应物和产物的压力均为 100kPa（100kPa 称为标准压力，用 $p^\ominus$ 表示。注意：以往的教材曾用 101.325kPa 作为标准压力）；下标"m"表示反应进度 $\zeta=1\,mol$；下标"r"表示化学反应。

完整的热化学方程式要求：①写出化学反应计量式；②注明反应体系的温度、压力、反应进度和反应热；③标出参与反应的各种物质的聚集状态。一般用 g、l 和 s 分别表示气态、液态和固态，用 aq 表示水溶液（aqueous solution）。若固体，必须指明具体晶型（如单质碳 C 有石墨和金刚石，单质硫 S 有单斜硫和斜方硫等晶型）。

为了比较反应热的大小，需要规定共同的比较标准。根据国家标准，热力学标准态（standard state）是指在某温度 T 和标准压力 $p^\ominus$(100kPa)下该物质的状态。标准态不仅用于气体，也用于液体、固体或溶液。同一种物质，所处的状态不同，标准态的含义也不同。现分述如下。

气体：标准压力下的纯理想气体。混合气体中各气体的分压为标准压力并均具有理想气体的性质。

纯液体（或纯固体）：标准压力下的纯液体（或纯固体）。

溶液：溶质的标准态是指标准压力下，溶质浓度（严格应为活度）为 $1\,mol \cdot L^{-1}$ 或质量摩尔浓度为 $1\,mol \cdot kg^{-1}$，且符合理想稀溶液定律的溶质。

标准态明确指定了标准压力 $p^\ominus$ 为 100kPa，但未指定温度，或者说标准态规定中不包含温度。但 IUPAC（国际纯粹与应用化学联合会）推荐 298.15K 为参考温度。从手册和教科书中查到的热力学常数也大多数是 298.15K 条件下的数据。

（4）等容反应热的测定及其与等压反应热的关系

化学反应热可用实验方法直接测定，但通常在带有密闭反应器（又称氧弹）的量热计中进行，如图 6-4 所示。测量时将待测物置于刚性的氧弹中，并充以高压氧，使其发生燃烧反应，所放出的热可从氧弹外围水温的变化而测得。用此种方法所获得的数据为等容反应热 Q_V。

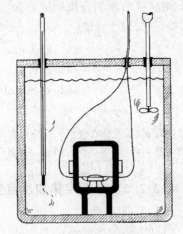

图 6-4　氧弹

等容反应热与
等压反应热

而大多数化学反应是在等压下进行的，如果知道 Q_p 与 Q_V 的换算关系，等压反应热就能够通过实验测得的等容反应热数据求得。

式（6-10）是焓变的求算公式：$dH = dU + d(pV)$ 或 $\Delta H = \Delta U + \Delta(pV)$，如果是纯气相反应，且参加反应的为仅做体积功的理想气体，则 $pV = nRT$。尽管同一化学反应在等压下进行与在等容下进行的终态不可能相同，但根据反应热的定义，对于在等压等温和等容等温下进行的同一反应来说，其始态相同，其终态的产物和温度也相同。而组成及量一定的理想气体的热力学能和焓只是温度的单值函数，即 $\Delta U = C_V \Delta T$，$\Delta H = C_p \Delta T$。也就是说，理想气体产物再经过一个等温的物理变化过程，最终都可以达到同一终态，并且这个过程的内能变和焓变为零。

若产物为真实气体或液、固态物质，则此物理变化过程的内能变和焓变虽不为零，但与前一步化学反应过程的内能变和焓变相比是很微小的，一般可忽略不计。

由此可见，在等压等温条件和等容等温条件下进行的理想气体的同一反应，其反应焓变 ΔH 相等，反应内能变 ΔU 也相等。又由于等压反应热 $\delta Q_p = dH$ 或 $Q_p = \Delta H$，等容反应热 $\delta Q_V = dU$ 或 $Q_V = \Delta U$，将之与 $pV = nRT$ 一并代入式（6-10），得

$$dH = dU + d(pV) = dU + dn(RT) = \delta Q_V + dn(RT) = \delta Q_p$$

或表示为

$$\Delta H = \Delta U + \Delta(pV) = \Delta U + \Delta n(RT) = Q_V + \Delta n(RT) = Q_p$$

整理后得

$$\delta Q_p = \delta Q_V + dn(RT) \quad \text{或} \quad Q_p = Q_V + \Delta n(RT) \tag{6-19}$$

上式对理想气体的反应严格符合；对于有气体参与的多相反应近似相等，这也可用以下理由来解释，即反应中的纯液体或固体及溶液部分，体积变化极小，对 $d(pV)$ 或 $\Delta(pV)$ 的贡献很小，可以忽略。因此，可以认为 dn 或 Δn 主要来自反应前后的气体的物质的量的变化，这样式（6-19）又可改写成适合于各种情况的近似式

$$\delta Q_p \approx \delta Q_V + dn_g(RT) \quad \text{或} \quad Q_p \approx Q_V + \Delta n_g(RT) \tag{6-20}$$

式（6-20）即等压反应热与等容反应热的关系式。式中 Δn_g 表示反应后的气体产物的物质的量的总和减去反应前的气体反应物的物质的量的总和。

【例题 6-2】　正庚烷的燃烧反应为

$$C_7H_{16}(l) + 11O_2(g) \longrightarrow 7CO_2(g) + 8H_2O(l)$$

298.15K 时，在氧弹量热计中 1.250g 正庚烷完全燃烧所放出的热为 60.09kJ。试求该反应在等压及 298.15K 条件下进行时的等压反应热 $\Delta_r H_m$。

解　正庚烷的摩尔质量 $M = 100.2 \, \text{g} \cdot \text{mol}^{-1}$，故其物质的量为

$$n = \frac{1.250\text{g}}{100.2 \, \text{g} \cdot \text{mol}^{-1}} = 1.248 \times 10^{-2} \, \text{mol}$$

而氧弹量热计中发生的是等容反应，所以

$$Q_V = -60.09\text{kJ}$$

$$Q_{V,m} = \frac{Q_V}{n} = \frac{-60.09\text{kJ}}{1.248 \times 10^{-2} \, \text{mol}} = -4815\text{kJ} \cdot \text{mol}^{-1}$$

则反应的摩尔等压反应热为

$$\Delta_r H_m = Q_{p,m} \approx Q_{V,m} + \Delta n_g(RT)$$
$$= -4815 kJ \cdot mol^{-1} + (7-11) \times 8.314 \times 10^{-3} kJ \cdot K^{-1} \cdot mol^{-1}$$
$$\times 298.15 K$$
$$= -4825 kJ \cdot mol^{-1}$$

思考题6-8 为什么要引入反应进度的概念？它与反应计量式、热化学方程式有关吗？

思考题6-9 热不是状态函数，为何计算化学反应的等压热效应 Q_p 时又只取决于始、终态？

6.3.2.2 盖斯定律和反应热的计算

（1）盖斯定律

对反应热的实验测定方法虽已有所了解，但化学反应成千上万，如果每一个反应的反应热都要通过实验测定，其工作量之浩繁是难以想象的，而且有些反应的反应热很难通过实验测定。为此，化学家们依据现有的实验数据研究了多种化学反应热的理论计算方法。

科学家小传——盖斯

盖斯（G. H. Germain Henri Hess，1802—1850），俄国化学家。俄文名为 Герман Иванович Гесс。

1802年8月8日生于瑞士日内瓦市一位画家家庭，三岁时随父亲定居俄国莫斯科，因而在俄国上学和工作。1825年毕业于多尔帕特大学医学系，并取得医学博士学位。1826年弃医专攻化学，并到瑞典斯德哥尔摩，在柏济力阿斯的实验室进修化学，从此与柏济力阿斯建立了深厚的友谊。回国后到乌拉尔做地质调查和勘探工作，曾对巴库附近的矿物和天然气进行分析，做出了一定成绩，后又到伊尔库茨克研究矿物，还曾发现蔗糖可氧化成糖二酸。1830年专门从事化学热效应测定方法的改进，曾改进拉瓦锡和拉普拉斯的冰量热计，从而较准确地测定了化学反应中的热量。1836年经过许多次实验，他总结出举世闻名的盖斯定律，1860年以热的加和性守恒定律形式发表。其主要著作有《纯化学基础》（1834），曾被俄国用作教科书达40年。1828年由于在化学领域的卓越贡献被选为圣彼得堡科学院院士，旋即被聘为圣彼得堡工艺学院理论化学教授，兼中央师范学院和矿业学院教授。1838年被选为俄国科学院院士。1850年卒于俄国圣彼得堡。

盖斯定律

1836年，俄国化学家盖斯（Гесс）在大量实验的基础上总结出："一个化学反应不管是一步完成或是分几步完成，它的反应热都是相同的"。这就是盖斯定律。这个经验定律在热力学第一定律发现之前的1840年公布于世，给热力学第一定律的提出奠定了坚实的实验基础。反过来，在热力学第一定律提出之后，这个定律就很容易从理论上解释了。由于化学反应一般都在等压或等容条件下进行，而等压反应热 $Q_p = \Delta H$，等容反应热 $Q_V = \Delta U$，H 和 U 都是状态函数，其 ΔH 和 ΔU 只取决于始态和终态，与所经历的途径无关。因此，这个定律应该更准确地表述为：在不做非体积功、等压或等容条件下，任何一个化学反应不管是一步完成还是分几步完成，其反应热只决定于体系的始态和终态，与反应所经历的途径无关。盖斯定律是热化学计算的基础。

例如碳的燃烧反应，在298.15K下，可按反应①式一步完成：

①C(石墨)+O_2(g)===CO_2(g)　　　　$\Delta_r H^\ominus_{m,1} = -393.5 kJ \cdot mol^{-1}$

也可分下列两步完成：

②C(石墨)$+\dfrac{1}{2}O_2(g)$══CO(g)　　　$\Delta_r H_{m,2}^{\ominus}=-110.51\,kJ\cdot mol^{-1}$

③CO(g)$+\dfrac{1}{2}O_2(g)$══$CO_2(g)$　　　$\Delta_r H_{m,3}^{\ominus}=-282.99\,kJ\cdot mol^{-1}$

确定始态为C(石墨)$+O_2(g)$，终态为$CO_2(g)$，如图6-5所示：

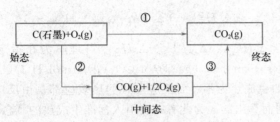

图6-5　状态变化的两种途径

则根据盖斯定律有：

$$\Delta_r H_{m,1}^{\ominus}=\Delta_r H_{m,2}^{\ominus}+\Delta_r H_{m,3}^{\ominus}$$
$$=-110.51\,kJ\cdot mol^{-1}+(-282.99\,kJ\cdot mol^{-1})$$
$$=-393.5\,kJ\cdot mol^{-1}$$

　　而上述三个化学反应方程式之间的关系为："反应②式＋反应③式＝反应式①"。与反应热的关系一样。由此可以推论：一个反应如果是另外两个或更多个反应之和，则该反应的等压反应热必然是各分步反应的等压反应热之和。用此盖斯定律的推论就能使化学反应方程式像代数方程式一样进行加减消元运算，并根据某些已经测出的反应热数据来计算一些难以直接测定的化学反应的热效应。

　　【例题6-3】　已知标准态下298.15K时下列反应的热效应：

①C(石墨)$+O_2(g)$══$CO_2(g)$　　　　　　　　　　$\Delta_r H_{m,1}^{\ominus}=-393.5\,kJ\cdot mol^{-1}$

②$H_2(g)+\dfrac{1}{2}O_2(g)$══$H_2O(l)$　　　　　　　　$\Delta_r H_{m,2}^{\ominus}=-285.8\,kJ\cdot mol^{-1}$

③$CH_3COOH(l)+2O_2(g)$══$2CO_2(g)+2H_2O(l)$　$\Delta_r H_{m,3}^{\ominus}=-874.2\,kJ\cdot mol^{-1}$

试计算难以测定的$2C$(石墨)$+2H_2(g)+O_2(g)$══$CH_3COOH(l)$的$\Delta_r H_m^{\ominus}(298.15K)$。

　　解　反应①式×2＋反应②式×2－反应③式，得：

$$2C(石墨)+2H_2(g)+O_2(g)══CH_3COOH(l)$$

根据盖斯定律的推论，可得

$$\Delta_r H_m^{\ominus}=2\times\Delta_r H_{m,1}^{\ominus}+2\times\Delta_r H_{m,2}^{\ominus}-\Delta_r H_{m,3}^{\ominus}$$
$$=2\times(-393.5\,kJ\cdot mol^{-1})+2\times(-285.8\,kJ\cdot mol^{-1})-(-874.2\,kJ\cdot mol^{-1})$$
$$=-484.4\,kJ\cdot mol^{-1}$$

　　运算时应注意，只有相同状态的同类物质项才能相加减。此外，每个反应热的测定值都会有误差，因此，在设计途径时，应尽量减少那些不必要的已知反应。

　　（2）反应热的计算

　　前已指出，利用盖斯定律，可由已知相关反应的热效应来间接计算某一指定反应的热效应。为了寻求一种只利用最少数目的相关反应的反应热数据计算任一反应的反应热的方法，人们在盖斯定律的基础上建立了常用的热化学数据库。

　　1）标准生成热计算反应热

　　现以葡萄糖在体内氧化供给能量的反应为例加以说明。该氧化反应可由下列四种物质的生成反应，经代数消元法处理而得出：

①$6C$(石墨)$+6H_2(g)+3O_2(g)$══$C_6H_{12}O_6(s)$　　　$\Delta_r H_{m,1}^{\ominus}$

②$O_2(g)$══$O_2(g)$　　　　　　　　　　　　　　　　$\Delta_r H_{m,2}^{\ominus}$

③C(石墨)$+O_2(g)$══$CO_2(g)$　　　　　　　　　　　$\Delta_r H_{m,3}^{\ominus}$

由标准生成热
计算反应热

④$H_2(g) + \dfrac{1}{2}O_2(g) \!=\!\!=\!\! H_2O(l)$ $\Delta_r H^{\ominus}_{m,4}$

$(6 \times ③ + 6 \times ④) - (① + 6 \times ②)$，得：

⑤$C_6H_{12}O_6(s) + 6O_2(g) \!=\!\!=\!\! 6CO_2(g) + 6H_2O(l)$ $\Delta_r H^{\ominus}_{m,5}$

根据盖斯定律的推论，反应⑤的反应热应为：

$$\Delta_r H^{\ominus}_{m,5} = (6\Delta_r H^{\ominus}_{m,3} + 6\Delta_r H^{\ominus}_{m,4}) - (\Delta_r H^{\ominus}_{m,1} + 6\Delta_r H^{\ominus}_{m,2}) \tag{6-21}$$

式中，$\Delta_r H^{\ominus}_{m,1}$、$\Delta_r H^{\ominus}_{m,2}$、$\Delta_r H^{\ominus}_{m,3}$、$\Delta_r H^{\ominus}_{m,4}$ 可理解为在指定温度及压力下，分别为1mol $C_6H_{12}O_6(s)$、1mol $O_2(g)$、1mol $CO_2(g)$、1mol $H_2O(l)$ 的生成热（或生成焓）。显然，$O_2(g)$ 的生成热为零。而反应⑤式的热效应都是由反应⑤式中参与反应的各物种的生成热数据而算出的。为此有必要引入标准生成热的概念。

标准生成热（standard heat of formation），也称标准摩尔生成热，是指在给定温度及标准压力下，由指定单质（习惯上称为稳定单质）作为始态一步生成 1mol 物质的反应（称为生成反应）的热效应，符号为 $\Delta_f H^{\ominus}_m$，单位 $kJ \cdot mol^{-1}$，下标"f"表示生成。各种物质 $\Delta_f H^{\ominus}_m(298.15K)$ 数据见附录二中表1。

同素异形体

同一元素不同晶型的单质往往互为同素异形体。同素异形体是指由同样的单一化学元素组成，因排列方式或结构不同，而具有不同性质的单质。彼此之间的性质差异主要表现在物理性质上。例如，磷有两种同素异形体：白磷和红磷。白磷化学式为 P_4，呈正四面体结构，白色蜡状固体，遇光会逐渐变为淡黄色晶体。红磷是链状结构，化学式写为 P，为热力学稳定单质。白磷和红磷的着火点分别是 40℃ 和 240℃；白磷有毒，可溶于 CS_2；红磷无毒，且不溶于 CS_2。

又如，硫的同素异形体有斜方硫（又称菱形硫）和单斜硫。斜方硫是热力学稳定单质。单斜硫是针状晶体，只稳定存在于 95.6℃ 以上，室温下缓慢转变成斜方硫。黄色斜方硫的熔点为 112.8℃，密度为 $2.06g \cdot cm^{-3}$；浅黄色单斜硫的熔点为 119℃，密度为 $1.96g \cdot cm^{-3}$。

所谓稳定单质是指在给定的温度和压力下生成反应的产物中所含各种元素的能够稳定存在的单质。如在 298K、$p^{\ominus}$ 下，$O_2(g)$、$H_2(g)$、C(石墨)、S(斜方)、$Br_2(l)$、Hg(l) 等均为稳定单质；而 $Br_2(g)$、$O_2(l)$、C(金刚石)、S(单斜) 等则不是稳定单质。由于稳定单质本身不可能再发生生成反应，因此规定稳定单质的标准生成热为零。

利用 $\Delta_f H^{\ominus}_m(B, 298.15K)$ 可计算化学反应的热效应。如前例中，由盖斯定律导出的式（6-21）可以看出，等式的右边第一个括号内为反应⑤式产物的生成反应 $\Delta_r H_m$ 之和；第二个括号内则为反应⑤式反应物的生成反应 $\Delta_r H_m$ 之和。如果这些生成反应中所有物质都处在指定温度及 $p^{\ominus}$ 下，则相应的 $\Delta_r H^{\ominus}_m$ 即为这些物质的标准生成热 $\Delta_f H^{\ominus}_m$。从而由式（6-21）可类推出一般化学反应的热效应由标准生成热计算的公式。

若将化学反应写成通式 $aA + dD \!=\!\!=\!\! eE + fF$

则该反应在标准态下的反应热为：

$$\Delta_r H^{\ominus}_m(T) = [e\Delta_f H^{\ominus}_m(E,T) + f\Delta_f H^{\ominus}_m(F,T)]_{产物} - [a\Delta_f H^{\ominus}_m(A,T) + d\Delta_f H^{\ominus}_m(D,T)]_{反应物}$$

或 $$\Delta_r H^{\ominus}_m(T) = \sum \nu_B \Delta_f H^{\ominus}_m(B,T) \tag{6-22}$$

此即利用 $\Delta_f H^{\ominus}_m(B,T)$ 计算任一化学反应的热效应的公式，式中 ν_B 为参与反应的任意物种 B 的化学计量数。由于附录中的标准生成热皆为 298.15K 的数据，下列公式更为常用：

$$\Delta_r H_m^{\ominus}(298.15K) = \sum \nu_B \Delta_f H_m^{\ominus}(B, 298.15K) \tag{6-23}$$

还要补充说明的是，对于有离子参加的化学反应，如能求出每种离子的生成热，则这类反应的热效应同样可用上述公式计算。标准离子生成热是指在给定温度下，由处于标准状态的稳定单质生成 1mol 离子所放出或吸收的热。用 $\Delta_f H_m^{\ominus}(B, aq\infty)$ 表示，$aq\infty$ 表示无限稀释的水溶液。由于溶液中正、负离子总是按电中性的原则而共同存在，因此无法测出单一离子的生成热，只好规定（也是现在公认的标准）氢离子在无限稀释的水溶液中的标准生成热为零。附录中的离子生成热数据就是以此为标准而求出的。

【例题 6-4】 反应 $2C_2H_2(g) + 5O_2(g) == 4CO_2(g) + 2H_2O(l)$ 在标准态及 298.15K 下的反应热效应为 $\Delta_r H_m^{\ominus}(298.15K) = -2600.4kJ \cdot mol^{-1}$。已知相同条件下，$CO_2(g)$ 和 $H_2O(l)$ 的标准生成热分别为 $-393.5kJ \cdot mol^{-1}$ 和 $-285.8kJ \cdot mol^{-1}$。试计算乙炔 $C_2H_2(g)$ 的标准生成热 $\Delta_f H_m^{\ominus}(298.15K)$。

解 根据乙炔的氧化反应方程式，有

$$\Delta_r H_m^{\ominus}(298.15K) = 4\Delta_f H_m^{\ominus}[CO_2(g)] + 2\Delta_f H_m^{\ominus}[H_2O(l)]$$
$$- 2\Delta_f H_m^{\ominus}[C_2H_2(g)] - 5\Delta_f H_m^{\ominus}[O_2(g)]$$

则

$$\Delta_f H_m^{\ominus}[C_2H_2(g), 298.15K] = \frac{4 \times (-393.5kJ \cdot mol^{-1}) + 2 \times (-285.8kJ \cdot mol^{-1}) - 5 \times 0 - (-2600.4kJ \cdot mol^{-1})}{2}$$
$$= 227.4kJ \cdot mol^{-1}$$

2）由标准燃烧热计算反应热

大多数有机物很难从稳定单质直接合成，例如环己烷和甲基环戊烷之间的异构化，其生成热就不易由实验测定。但它们可以燃烧或氧化，故其燃烧热很容易由实验得到，因此可以利用物质的燃烧热数据求算任一化学反应的热效应。

由标准燃烧热
计算反应热

在指定温度及标准态下，1mol 可燃物质完全燃烧（或完全氧化）所放出的热称为该物质的**标准燃烧热**（standard heat of combustion），也称标准摩尔燃烧热，符号为 $\Delta_c H_m^{\ominus}$（下标 "c" 指 combustion），单位 $kJ \cdot mol^{-1}$。这里 "完全燃烧" 或 "完全氧化" 是指将可燃物中的 C、H、S、P、N、Cl 等元素氧化为 $CO_2(g)$、$H_2O(l)$、$SO_2(g)$、$P_2O_5(s)$、$N_2(g)$、$HCl(aq)$；由于反应物已 "完全燃烧" 或 "完全氧化"，上述这些指定的稳定产物意味着不能再燃烧，实际上规定这些产物为不燃物或燃烧热为零。标准燃烧热 $\Delta_c H_m^{\ominus}(298.15K)$ 的数据见书末附录二中表 2。利用这些数据可计算化学反应的热效应。

【例题 6-5】 计算 $(COOH)_2(s) + 2CH_3OH(l) == (COOCH_3)_2(s) + 2H_2O(l)$ 在 298.15K 及标准态下的反应热。已知 $\Delta_c H_m^{\ominus}[(COOH)_2, s] = -246.0kJ \cdot mol^{-1}$，$\Delta_c H_m^{\ominus}(CH_3OH, l) = -726.8kJ \cdot mol^{-1}$，$\Delta_c H_m^{\ominus}[(COOCH_3)_2, s] = -1678kJ \cdot mol^{-1}$。

解 利用上述反应的反应物和产物的标准燃烧热数据可以求该反应的 $\Delta_r H_m^{\ominus}$，其 $\Delta_r H_m^{\ominus}$ 与 $\Delta_c H_m^{\ominus}$ 的关系如下：

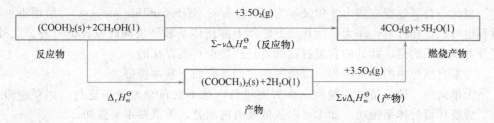

根据盖斯定律，有

$$\sum -\nu \Delta_c H_m^\ominus (反应物) = \Delta_r H_m^\ominus + \sum \nu \Delta_c H_m^\ominus (产物)$$

则

$$\Delta_r H_m^\ominus = \sum -\nu \Delta_c H_m^\ominus (反应物) - \sum \nu \Delta_c H_m^\ominus (产物)$$

此反应的热效应为

$$\Delta_r H_m^\ominus (298.15K) = \{\Delta_c H_m^\ominus [(COOH)_2 , s] + 2\Delta_c H_m^\ominus (CH_3 OH, l)\} - \{\Delta_c H_m^\ominus [(COOCH_3)_2 ,$$
$$s] + 0\}$$
$$= -246.0 kJ \cdot mol^{-1} + 2 \times (-726.8 kJ \cdot mol^{-1}) - (-1678 kJ \cdot mol^{-1})$$
$$= -21.6 kJ \cdot mol^{-1}$$

结果表明，该反应的标准反应热等于其反应物总的标准燃烧热减去产物总的标准燃烧热。

因而，利用 $\Delta_c H_m^\ominus (B, T)$ 计算任一化学反应的热效应的公式，可用下列通式表示：

$$\Delta_r H_m^\ominus (T) = \sum -\nu \Delta_c H_m^\ominus (反应物) - \sum \nu \Delta_c H_m^\ominus (产物)$$
$$= -\sum \nu_B \Delta_c H_m^\ominus (B, T) \tag{6-24}$$

或
$$\Delta_r H_m^\ominus (298.15K) = -\sum \nu_B \Delta_c H_m^\ominus (B, 298.15K) \tag{6-25}$$

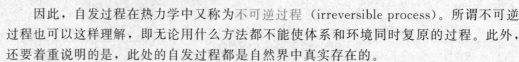

思考题 6-10 盖斯定律的作用是能使热化学方程式像代数式一样进行加减消元运算来求任意化学反应的热效应，这种说法对否？

6.4 热力学第二定律和熵

在化学热力学研究中，化学家常要考察物理变化和化学变化的方向性。然而，热力学第一定律对变化过程的方向并没有给出任何限制。实际上，自然界中任何自发过程都是具有方向性的。热力学第二定律恰好指出了这种宏观变化过程进行的条件和方向。与热力学第一定律一样，它也是大量经验事实的总结。由于自动发生的化学反应也属于自发过程，下面将首先来讨论自发过程及其一般特征。

6.4.1 自发过程和热力学第二定律

6.4.1.1 自发过程及其特征

自发过程及其特征

自发过程（spontaneous process）是在一定条件下不需要任何外力推动就能自动进行的过程。联系日常生活经验和化学基础知识，可以举出许多实例。例如：水从高处自动流向低处，直到水位差等于零为止，此时达到力平衡；热从高温物体自动地向低温物体传递，直到温度差等于零为止，达到热平衡；不同浓度的溶液混合时，溶质会自动地从高浓度的地方往低浓度的地方扩散，直到体系各部分浓度相同为止，达到物质平衡；锌粒投入到过量的硫酸铜溶液中会自动地发生置换反应，直到化学平衡为止。而这些自发过程的逆过程绝不可能自动进行。

因此，自发过程在热力学中又称为不可逆过程（irreversible process）。所谓不可逆过程也可以这样理解，即无论用什么方法都不能使体系和环境同时复原的过程。此外，还要着重说明的是，此处的自发过程都是自然界中真实存在的。

考察自然界中的自发过程，可以发现它们具有如下基本特征。

①单向性　即总是自动地向一个方向进行，绝不会自动地逆向进行。如果要逆向进行，需要环境对体系做功。如水可以从低处流向高处，但需要水泵做功。

②具有做非体积功的能力　所有自发过程都有做非体积功的潜能。水由高处流向

低处可以推动发动机做电功或推动水轮机做机械功。由高温热源向低温热源自发传递的热量可使热机运动做功。锌与硫酸铜的反应是自发进行的，它可以组装成原电池做电功。过程的自发性愈大，作非体积功的潜能也愈大。

③具有一定的限度　任何自发过程单向地进行到热力学平衡态时，宏观上就不再继续进行。这种平衡状态就是一定条件下自发过程进行的限度。此时做非体积功的本领也等于零。如将一个氧化还原反应设计组装成原电池，电池反应平衡后，原电池也就失效了。

6.4.1.2　热力学第二定律的经典表述

由自然界中的自发过程可见：任何体系在没有外界影响时，总是单向地趋于某种极限状态——热力学平衡态，而绝不可能自动地逆向进行。这一结论就是热力学第二定律（the second law of thermodynamics）。

热力学第二定律有各种各样的表述，这从另一个角度反映了其研究历史，但不管如何表述，其实质都是一样的。

早在 19 世纪 20 年代，法国工程师卡诺（N. L. S. Carnot）在研究热机的效率问题时就曾指出："热机必须在两个热源之间工作，从高温热源吸取一定数量的热，只有一部分能转变为功，其余的热传给低温热源。"这个结论当时并没有引起人们的重视。后来英国的开尔文（L. Kelvin）及德国的克劳修斯（R. J. E. Clausius）分别对卡诺的观点进行研究，认为卡诺的结论是正确的，但他们用"热质说"证明其观点的方法是错误的，必须找到一个新的自然规律才能证明卡诺结论的正确性。这个规律就是热力学第二定律。它是人类长期以来在生产实践及科学试验中总结出来的普遍真理，对于任何客观体系都是适用的。现举出热力学第二定律的几种经典表述如下。

热力学第二定律
的经典表述

克劳修斯（1850 年）的表述："热不能自动地从低温物体传至高温物体。"

开尔文（1851 年）的表述："不可能从单一热源吸取热，使之全部转变为功，而不留下其他影响。"对此表述也可以理解为：功可以自发地完全转变成热而不引起其他变化，但其逆过程却不能自发进行。

开尔文的表述后来被奥斯特瓦尔德（F. W. Ostwald）等改述为："第二类永动机是不可能实现的。"所谓第二类永动机是指它能从单一热源吸取热，并使之全部转变为功而不留下其他影响的机器。事实证明，永远也造不成这种并不违反能量守恒的机器。否则的话，飞机在蓝天中飞翔，船只在海洋上航行，都不用带燃料了，因为海洋和大气都是理想的单一热源。这也再次说明，功和热是能量传递的不同形式，且这两种形式在转换过程中存在方向性。

6.4.2　熵和熵变

6.4.2.1　自发的化学反应的推动力

判断一个化学反应能否自发，对于化学研究和化工生产，甚至医学等应用领域都具有重要的意义。因为，如果事先知道一个反应根本不可能发生，人们就不必再花精力去研究它。可是，古代西方的炼金术士和东方的炼丹家并不知道这个道理，他们怀着把贱金属变成贵重金属或者将草木炼成使人长生不老的丹药的宏愿，前赴后继，付出了毕生精力。然而，他们的目标是不正确的，努力当然也是徒劳的。再如，19 世纪末化学家曾进行了许多从石墨制造金刚石的实验，结果都以失败告终。后来经过理论研究证明，在常温常压下，石墨不可能变成金刚石，只有当压力超过 $1.5 \times 10^9\, Pa$ 时，石墨才有可能变成金刚石。那么，推动化学反应自发的因素是什么呢？

自发的化学反应
的推动力

19 世纪 70 年代，法国的贝赛罗（P. E. M Berthelot）和丹麦的汤姆斯（J. Thomson）就提出过反应的热效应可作为化学反应自发进行的一种判断依据，并认为"只有放热反应才能自发进行"。这种观点尽管存在片面性，但也有一定的道理，因为处于高能态的体系是不稳定的，而一般来说，化学反应的能量交换以热为主。经过反应，将一部分能量以热的形式释放给环境，使高能态的反应物变成低能态的产物，体系才会更稳定。事实上，放热反应也的确大都是自发反应。由此可见，自然界中能量降低的趋势是化学反应自发的一种重要推动力。

是不是所有吸热过程或吸热反应都不自发呢？事实并非如此，有些吸热过程或吸热反应就是自发的，如 KNO_3 晶体溶于水的过程既吸热又自发。又如碳酸钙的分解：

$$CaCO_3(s) \rightleftharpoons CaO(s) + CO_2(g)$$

在高温（大约840℃以上）时也是自发进行的吸热反应。再如，下面的反应：

$$CoCl_2 \cdot 6H_2O(s) + 6SOCl_2(l) \rightleftharpoons CoCl_2(s) + 6SO_2(g) + 12HCl(g)$$

也是吸热反应，却能够自发进行。

因此，能量下降的趋势虽是推动自发的重要因素，但并非唯一因素。考察上述自发又吸热的反应或过程可以发现，它们有一个共同的特征，即过程或反应发生后体系的混乱程度增大了。KNO_3 晶体中 K^+ 和 NO_3^- 的排布是相对有序的，其内部离子基本上只在晶格结点上振动。溶于水后，K^+ 和 NO_3^- 会在水溶液中因热运动而使体系的混乱度大增。碳酸钙的分解等反应，从仅有固体和液体的状态，转变为有气体的状态，而气体分子能在空中到处运动，使混乱度增加更大。可见，混乱度增大的趋势是化学反应自发的又一重要推动力。

6.4.2.2　熵和熵变的概念

熵（entropy）代表体系混乱度的大小，常用符号 S 表示。体系的混乱度越大，熵值越大。热力学已经证明，熵是状态函数。因此，熵变的大小只取决于体系的始态与终态，与变化途径无关。熵变的计算公式也已由热力学导出（其推导过程已超出本教材要求的范围，此处从略），即：体系由始态变至终态时引起状态函数熵的变化值 ΔS 为：

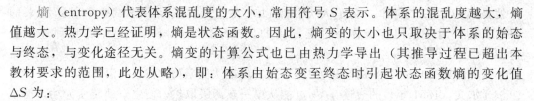

$$\Delta S = S_2 - S_1 = \sum \frac{\delta Q_r}{T} = \int_1^2 \frac{\delta Q_r}{T} \tag{6-26}$$

对于体系的状态发生一微小的变化时（即体系的始态与终态是两个非常接近的平衡态），则熵的微小变化值 dS 为：

$$dS = \frac{\delta Q_r}{T} \tag{6-27}$$

式（6-26）、式（6-27）中，Q_r 表示可逆过程体系吸收或放出的热（下标"r"表示可逆过程），δQ_r 表示状态发生微小变化时，可逆过程体系吸收或放出的微量热，T 为体系的热力学温度。式（6-26）、式（6-27）均表明，当体系的状态发生变化时，其熵的变化值等于其由始态至终态经可逆过程这种途径变化的热温商。需要加以说明的是，体系由同一始态到同一终态，也可经不可逆过程的途径变化过去，但状态函数熵的变化值 ΔS 是一样的。因 δQ_r 与体系物质的总量有关，所以熵是体系的广度性质。熵的单位是 $J \cdot K^{-1}$。

对于恒温过程来说，式（6-26）又可变为：

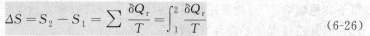

$$\Delta S = S_2 - S_1 = \int_1^2 \frac{\delta Q_r}{T} = \frac{\int_1^2 \delta Q_r}{T} = \frac{Q_r}{T} \tag{6-28}$$

对于非恒温过程来说，体系由始态变至终态，既可经过可逆过程的途径，也可经过不可逆过程的途径，但用来计算熵变的只能是可逆过程。而可逆过程是由无穷多步的变化构成的，其中每一步都是状态发生的微小变化。每个微小变化，因热力学温度 T 的数值相对较大，对 T 的影响也将微乎其微，因而可看作一个个微小的恒温过程。也就是说，非恒温过程的熵变等于其可逆过程途径中所有恒温微小变化的热温商之和，故熵变需用式（6-26）作定积分计算（实际上本章并不真用该积分式计算 ΔS，只是用它阐明熵变的物理意义）。

此外，熵变 ΔS 之所以与温度成反比，是因为在低温时，体系内部质点（分子、离子或原子）的热运动程度相对较小，整个体系的混乱度小，吸收一定量的热后，能使混乱度变化较大，在高温时，混乱度本来就很大，即使吸收同样量的热，也只是使混乱度略微增加。

6.4.2.3　熵的统计意义

熵的概念是在19世纪由克劳修斯提出的，但由于当时对这一概念缺乏物理意义的解释，故人们对熵持怀疑和拒绝的态度。直到玻耳兹曼（L. E. Boltzmann）把熵与体系状态的存在概率联系起来，使熵有了明确的物理意义，熵才为人们所广泛接受。

著名的玻耳兹曼关系式为：

$$S = k\ln\Omega \qquad (6-29)$$

式中，$k = 1.38 \times 10^{-23} \text{J} \cdot \text{K}^{-1}$，为玻耳兹曼常数；$\Omega$ 为热力学概率，即某一宏观状态所对应的微观状态数（混乱度）。这一关系式对宏观物理量熵作出了微观解释，建立了热力学第二定律与概率论规律的"直通车"，揭示了热现象的本质，奠定了统计热力学的基础，具有划时代的意义。

熵的统计意义

科学家小传——玻尔兹曼

玻尔兹曼（L. E. Boltzmann，1844—1906），奥地利物理学家、哲学家，热力学和统计物理学的奠基人之一。

1844年2月20日生于维也纳，1866年获维也纳大学博士学位。历任格拉茨大学、维也纳大学、慕尼黑大学和莱比锡大学教授。玻尔兹曼的贡献主要在热力学和统计物理方面。1869年，他将麦克斯韦速度分布律推广到保守力场作用下的情况，得到了玻尔兹曼分布律。1872年，玻尔兹曼建立了玻尔兹曼方程（又称输运方程），用来描述气体从非平衡态到平衡态过渡的过程。1877年他又提出了著名的玻尔兹曼公式，从而发展了麦克斯韦的分子运动论学说，把宏观体系的熵和存在概率联系起来，阐明了热力学第二定律的统计性质，并引出能量均分理论（麦克斯韦-玻尔兹曼定律）。他最先把热力学原  理应用于辐射，导出热辐射定律，称斯忒藩-玻尔兹曼定律。他还注重自然科学哲学问题的研究，著有《物质的动理论》等。作为哲学家，他反对实证论和现象论，并在原子论遭到严重攻击时坚决捍卫它。作为一位唯物论者，玻尔兹曼深信分子与原子的存在而反对以奥斯特瓦尔德为首的否认原子存在的唯能论者。因孤立感与疾病缠身，1906年9月5日在意大利的杜伊诺自杀身亡。

为了更好地理解玻耳兹曼关系式的深刻内含，下面来看一看艾特金斯（B. W. Atkins）所设计的"棋盘游戏"。

假设棋盘上有1600个格点，分棋盘为两个区域：中间区域为系统Ⅰ，有100个格点；外面区域为系统Ⅱ，有1500个格点；系统Ⅰ与系统Ⅱ合起来构成一个孤立系统。

设想游戏开始前，整个孤立系统的宏观状态处于始态，即所有的棋子（100颗）都集中在中间区域的状态。则这100个棋子将"一个萝卜一个坑"地占满系统Ⅰ的格点，同时假定棋子在格点之间不能相互交换位置，不可自由调动。显然，孤立系统的始态所对应的微观状态只可能有一个，则玻耳兹曼关系式 $S = k\ln\Omega$ 中的热力学概率 $\Omega = 1$，此时熵 $S = 0$。

开始玩游戏后，假定完全无规地将一个棋子从中间区域挪到外面区域1500个格点中的任意一个格点上，此时整个孤立系统从宏观上看处于一种（1个棋子在外，99个棋子在中间）的状态，在考虑孤立系统的熵值时，则应分别计算系统Ⅰ与系统Ⅱ的熵再求总和。系统 I，100 个格点，99 个被棋子占满，1 个空缺，而空缺的格点可在 100 个格点位置上任意选择，因此热力学概率 $\Omega_1 = 100$，则 $S_1 = k\ln 100$。类似地，系统 II，一个棋子可在 1500 个格点位置上任放，就有 1500 种可能性，所以 $\Omega_2 = 1500$，则 $S_2 = k\ln 1500$。整个孤立系统的熵值为 $S = S_1 + S_2 = k\ln(100 \times 1500)$。即这种宏观状态所对应的微观状态数等于 1.5×10^5，熵值 S 也不再为零。

若再从中间区域移走一个棋子，此时整个孤立系统从宏观上看处于一种（2 个棋子在外、98 个棋子在中间）的状态，则计算 Ω 与 S 值的方法差不多。结果为：

$$\Omega_1 = \frac{100 \times 99}{2}, S_1 = k\ln \frac{100 \times 99}{2}$$

$$\Omega_2 = \frac{1500 \times 1499}{2}, S_2 = k\ln \frac{1500 \times 1499}{2}$$

$$S = S_1 + S_2 = k\ln\left[\frac{100 \times 99}{2} \times \frac{1500 \times 1499}{2}\right]$$

计算结果表明，这种宏观状态所对应的微观状态数约为 5.6×10^9，熵值 S 也进一步增大，也就是说，体系会更乱。因此，熵具有统计意义，它是体系混乱程度的一种量度。

6.4.2.4　化学反应熵变与规定熵

在一定的条件下，化学反应向着自发的方向进行，直至终点，这是一个不可逆过程。其反应热效应是不可逆过程热，因此，化学反应体系的熵变不能由其热温商直接求得。但熵是状态函数，反应前后各物质的熵值应有一确定值，如有下述反应：

$$a\mathrm{A} + d\mathrm{D} \Longrightarrow e\mathrm{E} + f\mathrm{F}$$

该反应体系的熵变应为

$$\Delta_r S_m = (eS_E + fS_F) - (aS_A + dS_D) = \sum \nu_B S_B \tag{6-30}$$

由式（6-30）可知，求算反应熵变的大小，关键在于求算参与反应各物质的摩尔熵值 S_B。

（1）规定熵与热力学第三定律

1912 年普朗克（M. Plank）在理查兹（T. W. Richards）和能斯特（H. W. Nernst）的工作基础上，根据统计理论指出：对于任何纯物质的完整晶体（指晶体内部无任何缺陷，质点排列完全有序，无杂质）来说，在热力学零度时，热运动几乎停止，体系的混乱度最低，其熵值 S_0 为零。这就是热力学第三定律（the third law of thermodynamics）。以此为相对标准求得的熵值 S_T 称为物质的规定熵（conventional entropy）。并非所有物质在绝对零度时都能形成完整晶体，如玻璃体、同位素共存体等就不能形成，其热力学零度时熵值非零。但热力学可证明，规定熵的概念也可用于非完整晶体的纯物质。

规定熵的求算

热力学第三定律有多种表述，但其内容实质具有一定的联系和等效性。热力学第三定律的一种基本表述为："不能用有限的手续把一个物体的温度降到绝对零度"。而化学热力学中最普遍的表述为："在绝对零度时任何纯物质的完整晶体的熵等于零"。因为在绝对零度时完整晶体中所有的微粒都处于理想的晶格结点位置上，没有任何热运动，完全有序，原子或分子都只有一种排列形式，即热力学概率 $\Omega = 1$，混乱度最小，即熵值为零。利用热力学的方法和热化学测量，可求得纯物质的完整晶体从绝对零度加热到某一温度 T 的过程的熵变 $\Delta S(T)$。必须说明：真正的完整晶体和绝对零度都是达不到的，规定熵实际上是在相当接近这一理想状态的条件下得到的实验结果经外推后，用图解积分的方法求得的。

（2）标准摩尔熵 $S_m^{\ominus}$

在标准状态下 1mol 纯物质在温度 T 时的规定熵称为标准摩尔规定熵，简称标准摩尔熵（standard molar entropy），用 $S_m^{\ominus}$ 表示，单位是 $J \cdot K^{-1} \cdot mol^{-1}$。一些物质的 $S_m^{\ominus}(298.15K)$ 数据见书末附录二中表1。要注意，稳定单质的标准摩尔熵不为零。

需要指出的是，水溶液中离子的 $S_m^{\ominus}$，也是规定在标准态下水合 H^+ 的标准摩尔熵值为零的基础上求得的相对值。

根据熵的意义，物质的标准摩尔熵 $S_m^{\ominus}$ 值一般呈现如下的变化规律。

① 同一物质的不同聚集态，其 $S_m^{\ominus}$ 值是：

$$S_m^{\ominus}(气态) > S_m^{\ominus}(液态) > S_m^{\ominus}(固态)$$

② 对于同一种聚集态的不同分子，分子量大的，$S_m^{\ominus}$ 值更大；对于同一种聚集态的同分异构体，支链越多的分子，$S_m^{\ominus}$ 值更大，如：

$$S_m^{\ominus}(CH_4,g) < S_m^{\ominus}(C_2H_6,g) < S_m^{\ominus}(C_3H_8,g)$$

③ 当压力一定时，对同一聚集态的同种物质，温度升高，熵值加大。

④ 在温度一定时，对气态物质，加大压力，熵值减小；对固态和液态物质，压力改变对它们的熵值影响不大。

> **思考题 6-11** 在同一始、终态间，可逆过程的热温商大于不可逆过程的热温商，即"可逆过程的熵变值大于不可逆过程的熵变值"。此说法对吗？

（3）化学反应标准熵变 $\Delta_r S_m^{\ominus}(T)$ 的计算

由标准摩尔熵 $S_m^{\ominus}(T)$ 可计算任一化学反应的标准熵变 $\Delta_r S_m^{\ominus}(T)$：

设化学反应为：

$$aA + dD \Longrightarrow eE + fF$$

则根据式（6-30），可得

$$\Delta_r S_m^{\ominus}(T) = (eS_E^{\ominus} + fS_F^{\ominus})_{产物} - (aS_A^{\ominus} + dS_D^{\ominus})_{反应物}$$
$$= \sum \nu_B S_B^{\ominus}(B,T) \tag{6-31}$$

由于本书附录中标准摩尔熵 $S_m^{\ominus}$ 为 298.15K 的数据，在 298.15K 时，式（6-31）变为

$$\Delta_r S_m^{\ominus}(298.15K) = \sum \nu_B S_B^{\ominus}(B,298.15K) \tag{6-32}$$

此外，当温度改变不太大时，因 $\Delta_r S_m^{\ominus}$ 变化不大，可以将 298.15K 时的 $\Delta_r S_m^{\ominus}$ 数据近似地当作某温度 T 下的 $\Delta_r S_m^{\ominus}$ 来应用。

【例题 6-6】 铁的氧化反应为：$4Fe(s) + 3O_2(g) \Longrightarrow 2Fe_2O_3(s)$，查附录可知，相关物质 $Fe(s)$、$O_2(g)$、$Fe_2O_3(s)$ 在 298.15K 下的标准摩尔熵 $S_m^{\ominus}$ 分别为 27.28J·mol^{-1}·K^{-1}、205.14J·mol^{-1}·K^{-1}、87.40J·mol^{-1}·K^{-1}。试计算在 298.15K 下该反应的标准摩尔熵变 $\Delta_r S_m^{\ominus}(298.15K)$。

解 因为 $\Delta_r S_m^{\ominus}(298.15K) = \sum \nu_B S_B^{\ominus}(B,298.15K)$，则

$$\Delta_r S_m^{\ominus}(298.15K) = 2S_m^{\ominus}[Fe_2O_3(s)] - 4S_m^{\ominus}[Fe(s)] - 3S_m^{\ominus}[O_2(g)]$$
$$= 2 \times 87.40J \cdot mol^{-1} \cdot K^{-1} - 4 \times 27.28J \cdot mol^{-1} \cdot K^{-1} - 3$$
$$\times 205.14J \cdot mol^{-1} \cdot K^{-1}$$
$$= -549.74J \cdot mol^{-1} \cdot K^{-1}$$

6.4.2.5 熵增加原理

自发的化学反应有两个推动力：一个是能量降低的趋势，另一个是体系的熵增加的趋势。对于孤立体系来说，推动体系内化学反应自发进行的因素就只剩下一个，那就是熵增加。因此，引入熵的概念之后，热力学第二定律又可表述为：在孤立体系内，任何变化都不可能使熵的总值减少。这就是熵增加原理（principle of entropy increase）。其数学表达式为

$$\Delta S_{孤立} \geqslant 0 \quad 或 \quad dS_{孤立} \geqslant 0 \tag{6-33}$$

热力学第二定律
的熵表述

式（6-33）中 $\Delta S_{孤立}$ 或 $dS_{孤立}$ 表示孤立体系的熵变。如果变化过程是不可逆过程（自发过程），则 $\Delta S_{孤立}>0$ 或 $dS_{孤立}>0$；如果是可逆过程，则 $\Delta S_{孤立}=0$ 或 $dS_{孤立}=0$；总之，熵有增无减。

实际上，熵增加原理也是孤立体系中过程能否自发或体系是否处于平衡的判断依据，简称熵判据（entropy criterion）。它源自于一般体系中过程能否自发或体系是否处于平衡状态的判据推理。体系由同一始态到同一终态，不管经可逆过程变化过去，还是经不可逆过程变化过去，但状态函数熵的变化值 dS 是一样的。如果一般体系经过一个未知的过程变化，假定其热温商 $\dfrac{\delta Q}{T}$ 和状态变化引起的熵变 dS 已经知道，而 $dS=\dfrac{\delta Q_r}{T}$，要判断是什么样的过程，则有

$$\dfrac{\delta Q}{T}<dS \qquad 为自发过程（不可逆过程）$$

$$\dfrac{\delta Q}{T}=dS \qquad 为可逆过程（体系处于平衡） \qquad (6-34)$$

$$\dfrac{\delta Q}{T}>dS \qquad 为不自发过程（不可能发生的过程）$$

式（6-34）乃一般体系中过程能否自发的熵判据，它也可表示为

$$TdS\geqslant\delta Q \qquad (6-35)$$

式（6-34）和式（6-35）也是热力学第二定律的一种表述。

若孤立体系，其过程热 $\delta Q=0$，则

$$\dfrac{\delta Q}{T}=0<dS \qquad dS>0 \qquad 自发过程$$

$$\dfrac{\delta Q}{T}=0=dS \quad 即 \quad dS=0 \qquad 可逆过程（平衡） \qquad (6-36)$$

$$\dfrac{\delta Q}{T}=0>dS \qquad dS<0 \qquad 不自发过程$$

式（6-36）是式（6-33）熵增加原理的另一种表述，即前述的孤立体系中过程能否自发的熵判据。

真正的孤立体系是不存在的，因为体系和环境之间总会存在或多或少的能量交换。如果把与体系有相互作用的那一部分环境也包括进去，就构成了一个新的体系，这个新体系可以看成是一个大的孤立体系，其熵变为 $\Delta S_{总}$。这样，式（6-33）可改写为：

$$\Delta S_{总}=(\Delta S_{体系}+\Delta S_{环境})\geqslant 0 \qquad (6-37)$$

利用式（6-37）可以解决化学反应自发进行方向的判断问题。只要算出体系的熵变和环境的熵变，两者之和大于零即表示反应正向自发，等于零即表示反应达到平衡，小于零则说明此反应不可能发生。所以式（6-37）常称为化学反应自发性的熵判据。但式（6-37）应用起来很不方便，既要计算体系的熵变，又要计算环境的熵变。对于环境熵变的计算，有时是很复杂的，有时还不好计算。

对于某些化学反应，体系的熵变 $\Delta S_{体系}$ 正好是反应的熵变。热力学研究表明，对于等温等压下环境的熵变正比于反应的焓变 $\Delta_r H$ 的负值，反比于环境的热力学温度，即

$$\Delta S_{环境}=-\dfrac{\Delta H}{T} \qquad (6-38)$$

虽然，在这里对此式不推导，但仍然能够比较形象地说明之。因为体系在等压条件下反应，若为放热反应，则体系给予环境的热等于反应焓变 $\Delta H_{体系}$，而对于环境来说，相当于环境以可逆过程从体系吸收的热 $Q_{r环境}$，所以 $Q_{r环境}=-\Delta H_{体系}$，之所以说环境此时近似于可逆过程，是由于大环境从反应吸收的热仅

仅引起极微小的变化，仍可以认为环境经历了可逆过程且保持恒温，环境的熵变就可以直接用其可逆过程的热温商来计算了。

思考题 6-12 只要是熵增加的过程，就一定是自发过程吗？

6.5 吉布斯自由能判据与标准吉布斯自由能变 $\Delta_r G_m^\ominus$

在热力学第一定律和热力学第二定律的基础上，应用两个基本的热力学函数——热力学能 U 和熵 S，原则上可以解决热力学所面临的问题，但在具体计算上也会带来诸多不便。如在判断化学反应自发性和方向时，能否找到一个更为方便的，即不用考虑环境因素，只需考虑体系本身的情况，就可以解决大多数化学反应的自发性和方向问题的判据呢？为此，有必要引入新的热力学函数，以作为在相应条件下，过程自发或反应自发的方向及限度的判断依据。而大多数化学反应都是在等压等温条件下进行的，且自发的化学反应又属于热力学上的自发过程。前已论及，这种过程都具有做非体积功的本领，能否从等压等温及非体积功的角度来寻找这个新的热力学函数呢？

6.5.1 吉布斯自由能与吉布斯自由能判据

6.5.1.1 吉布斯自由能与最大非体积功

由热力学第一定律得
$$dU = \delta Q + \delta W$$
$$\delta Q = dU - \delta W = dU - (\delta W_e + \delta W') = dU + p_{外} dV - \delta W'$$
根据热力学第二定律，由式（6-32）得： $\delta Q \leqslant T dS$

则
$$dU + p_{外} dV - \delta W' \leqslant T dS \tag{6-39}$$

在等压等温条件下，$T_{始} = T_{终}$；$p_{始} = p_{终} = p_{体} = p_{外}$。

则
$$T dS = T dS + S dT = d(TS); \quad p_{外} dV = p dV = p\, dV + V dp = d(pV)$$

故式（6-39）又可写成
$$dU + d(pV) - \delta W' \leqslant d(TS)$$

整理后得
$$d(U + pV) - \delta W' \leqslant d(TS)$$

而 $U + PV = H$，故
$$dH - d(TS) = d(H - TS) \leqslant \delta W'$$

即
$$-d(H - TS) \geqslant -\delta W' \tag{6-40}$$

式中 $(H - TS)$ 由状态函数 H、T、S 组合而成，故这一组合值也应是体系的状态函数，用符号 G 表示，即 G 被定义为：

$$G = H - TS \tag{6-41}$$

G 称为吉布斯自由能（Gibbs free energy）。将此定义式代入式（6-40）中，则得：

$$-dG_{T,p} \geqslant -\delta W' \quad \text{或} \quad -\Delta G_{T,p} \geqslant -W' \tag{6-42}$$

式（6-42）中 $-W'$ 或 $-\delta W'$ 是正值，因为热力学规定体系对外做功为负。式（6-42）表明，在等压等温条件下，可逆过程所做非体积功即体系对外所能做的最大非体积功等于吉布斯自由能的减少，即

$$-\Delta G_{T,p} = -W'_r = -W'_{最大} \tag{6-43}$$

而在同一始、终态条件下进行的自发过程，体系所做的非体积功总是小于其吉布斯自由能的减少值。也就是说，此过程中始态的吉布斯自由能 G_1 总是大于终态的吉布斯自由能 G_2。因此，体系吉布斯自由能 G 又可看作是在等压等温条件下体系总能量中

吉布斯自由能与
自由能判据

具有做非体积功本领的那部分能量。

6.5.1.2　吉布斯自由能判据与化学反应方向的判断

很多化学反应都是在等压等温、不做非体积功的条件下进行的，此时 $\delta W' = 0$，$\Delta G_{T,p}$ 表示化学反应的吉布斯自由能变 $\Delta_r G_{T,p}$，则式（6-42）变为：

$$dG_{T,p} \text{ 或 } \Delta G_{T,p} = \Delta_r G_{T,p} \begin{cases} <0 & \text{自发过程（反应正向自发）} \\ =0 & \text{可逆过程（反应达到平衡）} \\ >0 & \text{不自发过程（反应正向不自发）} \end{cases}$$

（6-44）

式（6-44）是在等压等温、不做非体积功的条件下过程或化学反应自发性及方向的判据，又称吉布斯自由能判据（Gibbs free energy criterion），式（6-44）也可表述为

$$dG_{T,p} \leqslant 0 \text{ 或 } \Delta G_{T,p} \leqslant 0$$

（6-45）

式（6-44）和式（6-45）可解释为：如果 $\Delta_r G_{T,p} < 0$，反应正向自发；$\Delta_r G_{T,p} = 0$，反应达到平衡，此时体系的吉布斯自由能 G 达到最小值；$\Delta_r G_{T,p} > 0$，正向反应不能自发，若该反应为可逆反应，则逆向反应能自发进行。此外，还要加以说明的是，$\Delta_r G_{T,p}$ 的符号只是反映了反应自发进行的可能性大小。

思考题 6-13　是否说 $\Delta_r G_{T,p}$ 为负，就一定会反应？或者说，$\Delta_r G_{T,p}$ 越负，就越容易反应呢？

6.5.2　吉布斯-亥姆霍兹公式与标准吉布斯自由能变 $\Delta_r G_m^{\ominus}$

6.5.2.1　吉布斯-亥姆霍兹公式

吉布斯-赫姆霍兹公式

根据吉布斯自由能的定义，$G = H - TS$，则在等压等温条件下，状态变化的自由能变 $\Delta G_{T,p}$ 为：

$$dG_{T,p} = dH - d(TS) = dH - TdS - SdT = dH - TdS$$

即

$$dG_{T,p} = dH_T - TdS_T \text{ 或 } \Delta G_{T,p} = \Delta H_T - T\Delta S_T$$

（6-46）

式（6-46）就是著名的吉布斯-亥姆霍兹公式（Gibbs-Helmholtz formula）。此公式把影响过程自发或化学反应自发的两个因素：能量变化（这里表现为等压过程热或等压反应热 ΔH）与混乱度变化量度（即过程熵变或反应熵变 ΔS）完美地统一起来了。从吉布斯-亥姆霍兹公式可以看出，温度 T 对吉布斯自由能变 $\Delta G_{T,p}$ 也有明显影响。相对而言，不少变化过程的 ΔH 和 ΔS 随温度变化的改变值很小，故一般不考虑温度 T 对 ΔH 和 ΔS 的影响。

在不同温度下过程自发或反应自发进行的方向取决于 ΔH 和 $T\Delta S$ 值的相对大小。现分别讨论如下（为了简便，在此讨论中省略了热力学函数的下标表示）。

根据吉布斯自由能判据，$\Delta G \leqslant 0$，即 $\Delta H - T\Delta S \leqslant 0$。则：

①$\Delta H < 0$，$\Delta S > 0$，即放热、熵增加的过程或反应，按式（6-46），在任何温度下均有 $\Delta G < 0$，即任何温度下过程或反应都可能正向自发。

②$\Delta H > 0$，$\Delta S < 0$，即吸热、熵减小的过程或反应，由于两个因素都对反应自发进行不利，按式（6-46），在任何温度下都有 $\Delta G > 0$，此类情况正向总是不可能自发进行。

③$\Delta H < 0$，$\Delta S < 0$，即放热、熵减小的过程或反应，按式（6-46），低温有利于过程或反应正向自发进行。

④$\Delta H > 0$，$\Delta S > 0$，即吸热、熵增加的过程或反应，按式（6-46），高温有利于过程或反应正向自发进行。

从以上分析可知，只有 ΔH 和 ΔS 这两个因素对自发性的影响相反（二者正、负符号相同的情况），即一个有利，另一个不利时，才可能通过改变温度来改变反应自

发进行的方向，而 $\Delta G = 0$ 时的温度，即化学反应达到平衡时的温度，也叫作转变温度：

$$T_{转变} = \frac{\Delta H}{\Delta S} \tag{6-47}$$

在放热、熵减少的情况下，这个温度是反应能正向进行的最高温度；在吸热熵增加的情况下，这个温度是反应能正向进行的最低温度。

可燃冰

处于化石燃料时代的人类社会，正面临资源枯竭和环境污染两大问题，开发清洁高效的新能源势在必行。"可燃冰"就是人们关注的焦点之一。可燃冰，即天然气水合物（gas hydrate），因多呈白色或浅灰色晶体，酷似冰雪，可像固体酒精一样被点燃而得名。它是由天然气与水分子在高压（＞100atm）和低温（0~10℃）条件下合成的，是一种笼型化合物，即由水分子构成多面体笼子，以甲烷为主的气体分子被包裹其中。1810年，可燃冰在实验室被发现。苏联1934年在天然气输

气管道里发现了可燃冰，1965年又在西伯利亚永久冻土带发现可燃冰矿藏。可燃冰是全球第二大碳储库，其蕴藏的天然气资源潜力巨大。按保守估计，"全世界以可燃冰形式存在的碳的总量是地球上已知化石燃料（石油、煤）中碳含量的2倍"。1999年广州海洋地质调查局在我国的南海北部初步发现了可燃冰，其储量约相当于我国已探明油气资源量的一半。另外，我国青藏高原的永久冻土层也可能埋藏着丰富的可燃冰。由于可燃冰分解释放后的天然气主要是甲烷，它比常规天然气含杂质更少。因此，可燃冰将可能成为21世纪的一种主要清洁能源。

有人预言："谁掌握可燃冰的勘探开采技术，谁就可以执21世纪世界能源之牛耳。"目前，可燃冰的勘探手段较多，开采技术也可行。关键是如何解决同时产生的大量甲烷对气候和地质带来的温室效应、海底滑坡、海水毒化等问题。2017年5月18日中国地质调查局宣布，我国在南海北部神狐海域进行的可燃冰试开采获得成功，这一突破标志着我国成为全球第一个实现了在海域可燃冰试开采中获得连续稳定产气的国家，这必将对世界未来的能源发展产生极其深远的影响。

6.5.2.2 用吉布斯-亥姆霍兹公式计算标准态下化学反应的 $\Delta_r G_m^{\ominus}$

对于任意一等压等温不做非体积功的化学反应：

$$a\mathrm{A} + d\mathrm{D} \Longrightarrow e\mathrm{E} + f\mathrm{F}$$

根据吉布斯-亥姆霍兹公式，该反应的吉布斯自由能变为

$$\Delta G_{T,p} = \Delta H_T - T\Delta S_T$$

若等压条件为标准压力 $p^{\ominus}$，则是反应的标准自由能变，即：

$$\Delta_r G_m^{\ominus}(T) = \Delta_r H_m^{\ominus}(T) - T\Delta_r S_m^{\ominus}(T) \tag{6-48}$$

其中
$$\Delta_r H_m^{\ominus}(T) = (e\Delta_f H_E^{\ominus} + f\Delta_f H_F^{\ominus})_{产物} - (a\Delta_f H_A^{\ominus} + d\Delta_f H_D^{\ominus})_{反应物}$$
$$\Delta_r S_m^{\ominus}(T) = (eS_E^{\ominus} + fS_F^{\ominus})_{产物} - (aS_A^{\ominus} + dS_D^{\ominus})_{反应物}$$

因此，只要算出 $\Delta_r G_m^{\ominus}(T)$ 的结果，根据正、负符号，便可判断上述反应自发进行的方向。

化学反应标准吉布斯自由能变的计算(1)

【例题 6-7】 已知 $\Delta_f H_m^\ominus [C_6H_6(l),298.15K]=49.10kJ \cdot mol^{-1}$，$\Delta_f H_m^\ominus [C_2H_2(g),$ $298.15K]=226.73kJ \cdot mol^{-1}$；$S_m^\ominus [C_6H_6(l),298.15K]=173.40J \cdot mol^{-1} \cdot K^{-1}$，$S_m^\ominus$ $[C_2H_2(g),298.15K]=200.94J \cdot mol^{-1} \cdot K^{-1}$。试判断反应：$C_6H_6(l)\Longrightarrow 3C_2H_2(g)$ 在 298.15K，标准态下正向能否自发？并估算最低反应温度。

解 根据吉布斯-亥姆霍兹公式

$$\Delta_r G_m^\ominus(T)=\Delta_r H_m^\ominus(T)-T\Delta_r S_m^\ominus(T)$$

$$\Delta_r G_m^\ominus(298.15K)=\Delta_r H_m^\ominus(298.15K)-T\Delta_r S_m^\ominus(298.15K)$$

而 $\Delta_r H_m^\ominus(298.15K)=3\Delta_f H_m^\ominus[C_2H_2(g),298.15K]-\Delta_f H_m^\ominus[C_6H_6(l),298.15K]$

$$=3\times226.73kJ \cdot mol^{-1}-1\times49.10kJ \cdot mol^{-1}$$

$$=631.09kJ \cdot mol^{-1}$$

$\Delta_r S_m^\ominus(298.15K)=3S_m^\ominus[C_2H_2(g),298.15K]-S_m^\ominus[C_6H_6(l),298.15K]$

$$=3\times200.94J \cdot mol^{-1} \cdot K^{-1}-1\times173.40J \cdot mol^{-1} \cdot K^{-1}$$

$$=429.42J \cdot mol^{-1} \cdot K^{-1}$$

故 $\Delta_r G_m^\ominus(298.15K)=631.09kJ \cdot mol^{-1}-298.15K\times429.42\times10^{-3}kJ \cdot mol^{-1} \cdot K^{-1}$

$$=503.06kJ \cdot mol^{-1}>0 \quad 正向反应不自发。$$

若使 $\Delta_r G_m^\ominus(T)=\Delta_r H_m^\ominus(T)-T\Delta_r S_m^\ominus(T)<0$，则正向自发。

又因为 $\Delta_r H_m^\ominus$、$\Delta_r S_m^\ominus$ 随温度变化不大，即

$$\Delta_r G_m^\ominus(T)\approx\Delta_r H_m^\ominus(298.15K)-T\Delta_r S_m^\ominus(298.15K)<0$$

则 $T>631.09kJ \cdot mol^{-1}/429.42\times10^{-3}kJ \cdot mol^{-1} \cdot K^{-1}=1469.6K$

故最低反应温度为 1469.6K。

【例题 6-8】 已知在 298.15K 时，反应 $N_2(g)+3H_2(g)\Longrightarrow 2NH_3(g)$ 的标准反应热 $\Delta_r H_m^\ominus$ 和标准反应熵变 $\Delta_r S_m^\ominus$ 分别为 $-92.22kJ \cdot mol^{-1}$ 和 $-198.76J \cdot mol^{-1} \cdot K^{-1}$。试问该反应在 298.15K，标准态下正向能否自发进行？并求最高反应温度。

解 根据吉布斯-亥姆霍兹公式

$$\Delta_r G_m^\ominus(T)=\Delta_r H_m^\ominus(T)-T\Delta_r S_m^\ominus(T)$$

$$\Delta_r G_m^\ominus(298.15K)=\Delta_r H_m^\ominus(298.15K)-T\Delta_r S_m^\ominus(298.15K)$$

$$=(-92.22kJ \cdot mol^{-1})-298.15K\times(-198.76$$

$$\times10^{-3}kJ \cdot mol^{-1} \cdot K^{-1})$$

$$=32.96kJ \cdot mol^{-1}>0 \quad 正向反应不自发。$$

若使 $\Delta_r G_m^\ominus(T)=\Delta_r H_m^\ominus(T)-T\Delta_r S_m^\ominus(T)<0$，则正向自发。

又因为 $\Delta_r H_m^\ominus$、$\Delta_r S_m^\ominus$ 随温度变化不大，即

$$\Delta_r G_m^\ominus(T)\approx\Delta_r H_m^\ominus(298.15K)-T\Delta_r S_m^\ominus(298.15K)<0$$

即 $-198.76\times10^{-3}kJ \cdot mol^{-1} \cdot K^{-1}T>-92.22kJ \cdot mol^{-1}$

而按不等式运算规则，有 $T<-92.22kJ \cdot mol^{-1}/(-198.76\times10^{-3}kJ \cdot mol^{-1} \cdot K^{-1})$ $=463.98K$，故最高反应温度为 463.98K。

6.5.2.3 用标准吉布斯生成自由能计算标准态下化学反应的 $\Delta_r G_m^\ominus$

用吉布斯-亥姆霍兹公式计算化学反应的标准吉布斯自由能变 $\Delta_r G_m^\ominus$，涉及等压反应热和反应熵变的计算，非常烦琐。如果利用一些特殊反应的 $\Delta_r G_m^\ominus$ 数据，就可以更加简便。

由于 G 是状态函数，化学反应的 $\Delta_r G_m$ 也应该只取决于始、终态，与所经历的途径无关。因此，其吉布斯自由能的变化应为：

$$\Delta_r G=\sum G(产物)-\sum G(反应物) \tag{6-49}$$

从 $G=H-TS$ 看，虽然可求出反应温度 T 下的规定熵 S，但无法知道 H 的绝对值，因此也无法确定自由能 G 的绝对值。要计算反应的 $\Delta_r G$，就得用类似于由标准生

成热计算反应热的方法解决。

由稳定单质生成1mol物质的生成反应的吉布斯自由能变称为该物质的摩尔吉布斯生成自由能。在标准状态下某物质的摩尔吉布斯生成自由能称为该物质的标准吉布斯生成自由能（standard molar Gibbs free energy of formation），符号 $\Delta_f G_m^\ominus$，单位为 $kJ \cdot mol^{-1}$。

按照 $\Delta_f G_m^\ominus$ 的定义，稳定单质的 $\Delta_f G_m^\ominus$ 为零。与 $\Delta_f H_m^\ominus$ 一样，$\Delta_f G_m^\ominus$ 也是相对值。各种物质的 $\Delta_f G_m^\ominus$（298.15K）数据见书末附录二中表1。热力学可证明，按照盖斯定律求反应热的方式，通过加、减的方法，利用标准生成自由能数据，可以求算出在298.15K、不做非体积功条件下的任一化学反应的标准自由能变 $\Delta_r G_m^\ominus$。

如化学反应为：
$$aA + dD = eE + fF$$

则
$$\Delta_r G_m^\ominus(298.15K) = (e\Delta_f G_E^\ominus + f\Delta_f G_F^\ominus)_{产物} - (a\Delta_f G_A^\ominus + d\Delta_f G_D^\ominus)_{反应物}$$
$$= \sum \nu_B \Delta_f G_m^\ominus(B, 298.15K) \tag{6-50}$$

注意，与 $\Delta_r H_m^\ominus$ 和 $\Delta_r S_m^\ominus$ 不同，温度对 $\Delta_r G_m^\ominus$ 有很大影响。

【例题 6-9】 已知在 298.15K 时 $NH_3(g)$ 的标准摩尔生成自由能 $\Delta_f G_m^\ominus$ 为 $-16.45kJ \cdot mol^{-1}$，计算合成氨反应：$N_2(g) + 3H_2(g) === 2NH_3(g)$ 的 $\Delta_r G_m^\ominus(298.15K)$。

解 根据合成氨的反应方程式，按式（6-50），得
$$\Delta_r G_m^\ominus(298.15K) = 2\Delta_f G_m^\ominus[NH_3(g)] - \{1 \times \Delta_f G_m^\ominus[N_2(g)] + 3\Delta_f G_m^\ominus[H_2(g)]\}$$
$$= 2 \times (-16.45kJ \cdot mol^{-1}) - 0kJ \cdot mol^{-1}$$
$$= -32.90kJ \cdot mol^{-1}$$

从 [例题 6-9] 计算结果来看，与 [例题 6-8] 的熵法计算结果不完全一样，但非常接近，说明采用不同实验方法所得到的数据存在误差。

思考题 6-14 实际工作中经常采用标准生成吉布斯自由能 $\Delta_f G_m^\ominus$ 数据计算标准态下化学反应的 $\Delta_r G_m^\ominus$，是因为此法更方便。对吗？

——— 复习指导 ———

掌握：热力学第一定律及其数学表达式；盖斯定律和生成热、燃烧热数据求算标准反应热；标准熵数据求算标准反应熵变；吉布斯自由能判据和吉布斯-赫姆霍兹公式求算标准吉布斯自由能变和转变温度的方法。

熟悉：等压反应热与等容反应热的关系；热化学方程式；热力学标准态；吉布斯生成自由能的有关计算。

了解：热力学基本概念；自发过程与可逆过程；熵的物理意义。

——— 英汉词汇对照 ———

化学热力学　chemical thermodynamic　　　规定熵　conventional entropy
环境　surrounding　　　　　　　　　　　　熵增加原理　principle of entropy increase
封闭体系　closed system　　　　　　　　　吉布斯自由能　Gibbs free energy
状态函数　state function　　　　　　　　　热力学体系　thermodynamic system
强度性质　intensive property　　　　　　　敞开体系　open system
等温过程　isothermal process　　　　　　　孤立体系　isolated system
内能　internal energy　　　　　　　　　　广度性质　extensive property
自发过程　spontaneous process　　　　　　等压过程　isobaric process
焓　enthalpy　　　　　　　　　　　　　　等容过程　isovolumic process
化学计量数　stoichiometric number　　　　体积功　volume work
热化学方程式　thermodynamic equation　　可逆过程　reversible process
标准燃烧热　standard heat of combustion　热容　thermal capacity

反应进度　extent of reaction　　　　　标准摩尔熵　standard molar entropy
标准生成热　standard heat of formation　　熵判据　entropy criterion
熵　entropy

吉布斯与化学热力学的创立

　　吉布斯（J. W. Gibbs）美国物理学家、化学家。1839 年 2 月 11 日生于纽黑文。1854 年到耶鲁学院工程系学习。1863 年获博士学位。1871 年从欧洲留学回国后任耶鲁学院数学物理教授。1903 年 4 月 28 日在家乡逝世。

　　19 世纪中叶，物理学中热力学第一、第二定律的发现，标志着热力学的基本框架已经定型，但有关热力学的文献仍处于杂乱无章的状态，许多概念也相当含糊。为了建立较完整的热力学理论体系，吉布斯在熟读文献和掌握研究状况的基础上，将他在欧洲之行获取的多元代数学、微积分、毛细现象等前沿数理知识运用于热力学去解决化学反应的基本问题，1873～1878 年在名不见经传的《康涅狄格科学院学报》发表了三篇总计约四百页的论文，堪称数学-物理-化学综合法成功运用的经典之作。他把这些文章寄给世界各地有影响的科学家，但因为在文中很少援引范例帮助说明其论证，很少有人能读懂。其实，吉布斯对化学热力学已经叙述得十分翔实。他以严密的逻辑推理和数学形式，导出了数百个公式，提出了化学势的概念，采用热力学势处理热力学问题，从而建立了关于物相变化的相律。他引入新的热力学函数，提出热力学基本方程，创立了化学热力学。科学史家认为，单凭这一项贡献就足以使他名列科学史上最伟大理论学者的行列。物理化学创始人、德国科学家奥斯特瓦尔德（F. W. Ostwald）称赞吉布斯："从内容到形式，他赋予物理化学整整一百年"，法国物理化学家勒沙特列（H. L. Le Chatelier）认为吉布斯工作的意义可与拉瓦锡的成就媲美。当时的杰出物理学家麦克斯韦（J. C. Maxwell）就看出了吉布斯工作的意义，并在自己的著作中反复引证。

　　19 世纪的美国，是一个功利至上的国度。吉布斯所在的大学认为他的研究不实用，因而任教授的头十年不给他薪俸。他逝世 47 年之后，才被选入纽约大学的美国名人馆。但吉布斯心灵宁静而恬淡，对自己工作的重要性也从不低估和炫耀。他是笃志于事业而不乞求同时代人承认的罕见伟人。吉布斯所取得的伟大成就告诉我们：要在科学上获得成功，不仅要敢于怀疑前人，还要敢于面对别人的怀疑；不仅要有雄厚的专业知识，还要有扎实的相关知识。

习　题

　　1. 1mol 气体从同一始态出发，分别进行恒温可逆膨胀或恒温不可逆膨胀达到相同的终态，由于恒温可逆膨胀时所做的功 W_r 大于恒温不可逆膨胀时的体积功 W_{ir}，则 $Q_r > Q_{ir}$。对否？为什么？

　　2. 下列叙述是否正确？试解释之。

　　（1）$H_2O(l)$ 的标准摩尔生成热等于 $H_2(g)$ 的标准摩尔燃烧热；

　　（2）对于封闭体系来说，体系与环境之间既有能量交换又有物质交换；

　　（3）$Q_p = \Delta H$，H 是状态函数，所以 Q_p 也是状态函数；

　　（4）石墨和金刚石的燃烧热相等；

　　（5）乙烯加氢生成乙烷的等压反应热与乙炔加氢生成乙烷的等压反应热相比较，前者约是后者的二分之一。

　　3. 热不是状态函数，为何计算化学反应的等压热效应 Q_p 时又只取决于始、终态？

　　4. 有人认为，当体系从某一始态变至另一终态，无论其通过何种途径，而 ΔG 的值总是一定的，而且总是等于 W'。这种说法对吗？

　　5. 为什么在一定条件下有些反应的 $\Delta G < 0$，但实际上未发生反应？

　　6. 下列说法是否正确，简要说明理由。

　　（1）单质的标准生成热都为零；

(2) 凡是放热反应都能自发进行；

(3) 熵变为正值的反应都能自发进行。

7. 一体系由 A 态到 B 态，沿途径 I 放热 100J，环境对体系做功 50J。试计算：

(1) 体系由 A 态沿途经 II 到 B 态对环境做功 80J，其 Q 值为多少？

(2) 体系由 A 态沿途经 III 到 B 态，吸热 40J，其 W 值为多少？

8. 在一定温度下，4.0mol H_2(g) 与 2.0mol O_2(g) 混合，经一定时间反应后，生成了 0.6mol H_2O (g)。请按下列两个不同反应式计算反应进度 ξ。

(1) $2H_2(g) + O_2(g) = 2H_2O(g)$

(2) $H_2(g) + \frac{1}{2}O_2(g) = H_2O(g)$

9. 有一种甲虫，名为投弹手，它能用由尾部喷射出来的爆炸性排泄物的方法作为防卫措施，所涉及的化学反应是氢醌被过氧化氢氧化生成醌和水：

$$C_6H_4(OH)_2(aq) + H_2O_2(aq) \longrightarrow C_6H_4O_2(aq) + 2H_2O(l)$$

根据下列热化学方程式在相同条件下的数据计算该反应的 $\Delta_r H_m^{\ominus}$。

(1) $C_6H_4(OH)_2(aq) \longrightarrow C_6H_4O_2(aq) + H_2(g)$ $\Delta_r H_m^{\ominus}(1) = 177.4 \text{kJ} \cdot \text{mol}^{-1}$

(2) $H_2(g) + O_2(g) \longrightarrow H_2O_2(aq)$ $\Delta_r H_m^{\ominus}(2) = -191.2 \text{kJ} \cdot \text{mol}^{-1}$

(3) $H_2(g) + \frac{1}{2}O_2(g) \longrightarrow H_2O(g)$ $\Delta_r H_m^{\ominus}(3) = -241.8 \text{kJ} \cdot \text{mol}^{-1}$

(4) $H_2O(g) \longrightarrow H_2O(l)$ $\Delta_r H_m^{\ominus}(4) = -44.0 \text{kJ} \cdot \text{mol}^{-1}$

10. 利用 298.15K 时有关物质的标准生成热的数据，计算下列反应在 298.15K 及标准态下的等压热效应。

(1) $Fe_3O_4(s) + CO(g) = 3FeO(s) + CO_2(g)$

(2) $4NH_3(g) + 5O_2(g) = 4NO(g) + 6H_2O(l)$

11. 利用 298.15K 时的标准燃烧热的数据，计算下列反应在 298.15K 时的 $\Delta_r H_m^{\ominus}$。

(1) $CH_3COOH(l) + CH_3CH_2OH(l) \longrightarrow CH_3COOCH_2CH_3(l) + H_2O(l)$

(2) $C_2H_4(g) + H_2(g) = C_2H_6(g)$

12. 当仓鼠从冬眠状态苏醒过来时，它的体温可升高 10K。假定仓鼠体温升高所需的热全部来自其体内脂肪酸（$M_r = 284$）的氧化作用，仓鼠组织的热容（1g 仓鼠组织的温度升高 1K 时所吸收的热）是 $3.30 \text{J} \cdot \text{K}^{-1} \cdot \text{g}^{-1}$。已知脂肪酸的燃烧热 $\Delta_c H_m^{\ominus} = -11381 \text{kJ} \cdot \text{mol}^{-1}$，试计算一只体重为 100g 的仓鼠从冬眠状态苏醒过来所需氧化的脂肪酸的质量。

13. 甘油三酸酯是一种典型的脂肪，它在人体内代谢时发生下列反应：

$C_{57}H_{104}O_6(s) + 80O_2(g) \longrightarrow 57CO_2(g) + 52H_2O(l)$ $\Delta_r H_m = -3.35 \times 10^4 \text{kJ} \cdot \text{mol}^{-1}$

如果上述反应热效应的 40% 可用做肌肉活动的能量，试计算 1kg 这种脂肪在人体内代谢时将获得的肌肉活动的能量。

14. 不查表，排出下列反应的标准熵变 $\Delta_r S_m^{\ominus}$ 由大到小的顺序：

(1) $S(s) + O_2(g) \longrightarrow SO_2(g)$

(2) $H_2(g) + O_2(g) \longrightarrow H_2O_2(l)$

(3) $C(s) + H_2O(g) \longrightarrow CO(g) + H_2(g)$

15. 对生命起源问题，有人提出最初植物或动物的复杂分子是由简单分子自动形成的。例如尿素（NH_2CONH_2）的生成可用反应方程式表示如下：

$$CO_2(g) + 2NH_3(g) \longrightarrow (NH_2)_2CO(s) + H_2O(l)$$

(1) 计算 298K 时的 $\Delta_r G_m^{\ominus}$，并说明此反应在 298.15K 和标准态下能否自发进行；

(2) 在标准态下最高温度为何值时，反应就不再自发进行了？

16. 糖代谢的总反应为

$$C_{12}H_{22}O_{11}(s) + 12O_2(g) \longrightarrow 12CO_2(g) + 11H_2O(l)$$

$$\Delta_r H_m^{\ominus}(298) = -5650 \text{kJ} \cdot \text{mol}^{-1} \quad \Delta_r G_m^{\ominus}(298) = -5790 \text{kJ} \cdot \text{mol}^{-1}$$

(1) 如果只有 30% 的吉布斯自由能变转化为非体积功，则 1mol 糖在体温 37℃ 进行代谢时可以得到多少非体积功？

(2) 1 体重为 70kg 的人应该吃多少摩尔糖才能获得登上高度为 2.0km 高山所需的能量？

（中南大学　王一凡）

第6章 习题解答

第7章

化学平衡与相平衡

　　本章首先通过讨论化学平衡的基本特征和化学反应等温方程式，引入了反应商和标准平衡常数的概念，并将它们应用于预测反应方向、确定反应限度和化学平衡移动的影响因素。其次，讨论了单组分和多组分体系的相平衡。建立了相、独立组分数、自由度等概念，运用给定的相律和两相平衡的温度与压力间的定量关系，对单组分和双组分体系的典型相图的绘制及其应用进行了简介。

7.1 化学平衡与标准平衡常数

7.1.1 化学平衡的基本特征

化学平衡的
基本特征

　　通常，化学反应都具有可逆性（放射性元素的蜕变、氯与氢或氧与氢的爆炸式反应等除外），只是可逆的程度有所不同。在一定条件（温度、压力、浓度等）下，当正反两个方向的反应速率相等时，反应物和产物的浓度不再随时间而变化的状态，称为化学平衡（chemical equilibrium），这也就是化学反应所能达到的最大限度。只要外界条件不变，这个状态就不再随时间而变化。平衡状态从宏观上看似乎是静止的，但实际上这并不意味着反应已经停止，只不过正、逆反应以相等的速率进行，所以化学平衡实际上是一种微观动态平衡（kinetic equilibrium）。

　　此外，还应说明的是，化学平衡是指原始的反应物和最后产物之间达成的平衡，它与反应是一步完成还是分几步完成无关。在一定条件下，不同的化学反应进行的程度是不相同的；而且同一反应在不同的条件下，它进行的程度也有很大的差别。在给定条件下，如何控制反应条件从而确定反应进行的最大限度？这些都是化学平衡所研究的问题。化学平衡和相平衡不仅在解释许多纯化学性质的过程和反应中是重要的，而且在解释包括血液、体液和细胞物质的生命体系以及腺分泌的过程等也是重要的。

　　思考题 7-1　平衡浓度是否随时间而变化？是否随起始浓度而变化？是否随温度而变化？

7.1.2 化学反应等温方程式

7.1.2.1 化学反应等温方程式

$\Delta_r G_m^\ominus$ 只可以判断标准态下化学反应自发进行的方向。实际应用中，反应混合物在起始时刻很少处于相应的标准状态。化学反应的真正推动力是起始时刻处于任意状态的摩尔吉布斯自由能变 $\Delta G_{T,p}$ 或者说非标准态下化学反应的 $\Delta_r G_m$。而且，反应进行时，气体物质的分压和溶液中溶质的浓度均在不断变化中，直至平衡，此时 $\Delta_r G_m = 0$。$\Delta_r G_m$ 不仅与温度有关，而且与体系组成有关。热力学已证明，在等温条件下，同一反应非标准态下化学反应的 $\Delta G_{T,p}$ 与其标准态下化学反应的 $\Delta_r G_m^\ominus$ 以及体系组成之间存在一个关系式，即化学反应等温方程式（chemical reaction isotherm equation）。

化学反应等温
方程式

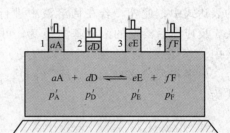

范特霍夫平衡箱

假设图中1、2、3、4四个小气缸，分别装有 a、d、e、f 摩尔的 A、D、E、F 四种理想气体，且这些小气缸与大反应箱之间分别以只让这四种气体单独通过的半透膜相连。若在等温等容的反应箱中，同时放入 a、d、e、f 摩尔的 A、D、E、F 四种理想气体作为始态，且分压分别为 p_A'、p_D'、p_E'、p_F'，则随着反应的进行，每反应掉一个无穷小量的气体 A、D，就会有气体 A、D 按比例从1、2号小气缸中通过施压及时补充，同时生成的无穷小量的气体 E、F 又会按比例被抽到3、4号小气缸中，这样就可维持反应箱内总压和四种气体的分压不变，将反应掉 a、d 摩尔的气体 A、D，同时产生 e、f 摩尔的气体 E、F 作为终态。整个反应过程可实现在等温等压下完成。

若以起始时刻处于非标准态下的任意气相化学反应 $a\mathrm{A} + d\mathrm{D} \rightleftharpoons e\mathrm{E} + f\mathrm{F}$ 为例，假设气体为理想气体。则反应等温方程式为：

$$\Delta_r G_{T,p} = \Delta_r G_T^\ominus + RT\ln J$$

或表达为

$$\Delta_r G_m = \Delta_r G_m^\ominus + RT\ln J \tag{7-1}$$

式中，$\Delta_r G_{T,p}$ 是反应在非标准态下摩尔吉布斯自由能变，也可理解为起始时刻处于任意状态的体系摩尔吉布斯自由能与该反应达到平衡态时的体系摩尔吉布斯自由能之间的变化值。所谓非标准态，是指等压等温条件下参与气相反应的气体的起始瞬时分压不一定是标准压力 $p^\ominus$，而是任意分压 p；$\Delta_r G_T^\ominus$ 是该反应在标准态下摩尔自由能变，也可理解为起始时刻处于标准态的体系摩尔吉布斯自由能与该反应达到平衡态时的体系摩尔吉布斯自由能之间的变化值，即参与气相反应的气体的起始瞬时分压为标准压力 $p^\ominus$（100kPa）；R 是气体常数，T 是热力学温度；J 称为化学反应的反应商（reaction quotient），量纲为1，其表达式为：

$$J = \frac{(p_E/p^\ominus)^e (p_F/p^\ominus)^f}{(p_A/p^\ominus)^a (p_D/p^\ominus)^d} \tag{7-2}$$

式中，$p/p^\ominus$ 称为瞬时相对分压。若上述化学反应为等温等压条件下溶液中进行的均相反应，则化学反应等温方程式与式（7-1）的形式完全一样，只是反应商的表达式为：

$$J = \frac{(c_E/c^{\ominus})^e (c_F/c^{\ominus})^f}{(c_A/c^{\ominus})^a (c_D/c^{\ominus})^d} \qquad (7\text{-}3)$$

式中，$c/c^{\ominus}$ 称为瞬时相对浓度。即指等温等压条件下参与溶液反应的物种的起始瞬时浓度不是标准浓度 $c^{\ominus}$（$1\text{mol} \cdot \text{L}^{-1}$），而是任意浓度 c。

若上述化学反应为多相反应，如

$$a\,\text{A(aq)} + d\,\text{D(s)} \Longrightarrow e\,\text{E(aq)} + f\,\text{F(g)}$$

且气相为理想气体，忽略压力对液、固相的影响。则在等温等压条件下该化学反应的等温方程式也与式（7-1）的形式完全一样，只是反应商的表达式为：

$$J = \frac{(c_E/c^{\ominus})^e (p_F/p^{\ominus})^f}{(c_A/c^{\ominus})^a} \qquad (7\text{-}4)$$

式中，参与多相反应的气体物质 F 在起始时刻以瞬时相对分压表示；处于溶液状态的物质 A、E 在起始时刻以瞬时相对浓度表示；参与多相反应的纯液体和纯固体物质如 D，在起始时刻的瞬时相对浓度视为 1 或者说活度 $a = 1$，不要写入反应商 J 的表达式中；此外，若在稀溶液中进行的反应，溶剂也参加反应，因溶剂量相对很大，反应前后溶剂的浓度基本不变，可以看作一个常数，也不写入反应商 J 的表达式中。

如多相反应 $\text{Zn(s)} + 2\text{H}^+(\text{aq}) \Longrightarrow \text{Zn}^{2+}(\text{aq}) + \text{H}_2(\text{g})$，其反应商 J 的表达式为：

$$J = \frac{(c_{\text{Zn}^{2+}}/c^{\ominus})(p_{\text{H}_2}/p^{\ominus})}{(c_{\text{H}^+}/c^{\ominus})^2}$$

如醋酸的解离平衡 $\text{HAc(aq)} + \text{H}_2\text{O(aq)} \Longrightarrow \text{H}_3\text{O}^+(\text{aq}) + \text{Ac}^-(\text{aq})$，其反应商 J 的表达式为：

$$J = \frac{(c_{\text{H}_3\text{O}^+}/c^{\ominus})(c_{\text{Ac}^-}/c^{\ominus})}{(c_{\text{HAc}}/c^{\ominus})}$$

思考题 7-2　化学反应等温方程式是否仅适用于可逆反应的平衡状态？

7.1.2.2　化学反应等温方程式的应用

应用化学反应等温方程式，可以计算非标准态下的吉布斯自由能变 $\Delta_r G_{T,p}$，再根据吉布斯自由能判据，从而判断给定条件下该反应自发进行的方向。

【例题 7-1】　试通过计算解释下列现象：398.15K 时铜线暴露在空气中（O_2 的分压为 21.3kPa），其表面逐渐覆盖一层 CuO。已知反应 $\text{Cu(s)} + \frac{1}{2}\text{O}_2(\text{g}) \longrightarrow \text{CuO(s)}$ 在 298.15K 时的 $\Delta_r H_m^{\ominus}$ 和 $\Delta_r S_m^{\ominus}$ 分别为 $-155.0\text{kJ} \cdot \text{mol}^{-1}$ 和 $-92.2\text{J} \cdot \text{K}^{-1} \cdot \text{mol}^{-1}$。

解　由于上述反应不是在标准态下进行的，必须应用化学反应等温方程式，求算非标准态下该反应的自由能变 $\Delta_r G_{T,p}$，方能判断该反应在给定条件下能否自发。

因为 $\Delta_r G_{T,p} = \Delta_r G_T^{\ominus} + RT\ln J$，且 $\Delta_r G_m^{\ominus} = \Delta_r H_m^{\ominus} - T\Delta_r S_m^{\ominus}$，故：

$$\begin{aligned}
\Delta_r G_{T,p} &= (\Delta_r H_m^{\ominus} - T\Delta_r S_m^{\ominus}) + RT\ln J \\
&\approx (\Delta_r H_{298K}^{\ominus} - T\Delta_r S_{298K}^{\ominus}) + RT\ln\frac{1}{\{p[\text{O}_2(\text{g})]/p^{\ominus}\}^{1/2}} \\
&= [-155.0\times10^3\text{J} \cdot \text{mol}^{-1} - 398.15\text{K}\times(-92.2)\text{J} \cdot \text{K}^{-1} \cdot \text{mol}^{-1}] + \\
&\quad\ 8.314\text{J} \cdot \text{mol}^{-1} \cdot \text{K}^{-1} \times 398.15\text{K} \ln(21.3/100)^{-1/2} \\
&= -115.7\times10^3\text{J} \cdot \text{mol}^{-1} < 0 \qquad \text{反应自发}
\end{aligned}$$

此计算结果说明 398.15K 时铜线暴露在空气中，其表面会自发地反应生成 CuO。

7.1.3　标准平衡常数

对任意一可逆的化学反应 $a\mathrm{A}+d\mathrm{D} \rightleftharpoons e\mathrm{E}+f\mathrm{F}$，其非标准态下自由能变 $\Delta_r G_m$ 可以用化学反应等温方程式（7-1）计算：

$$\Delta_r G_{T,p} = \Delta_r G_T^\ominus + RT\ln J \quad (\text{或} \; \Delta_r G_m = \Delta_r G_m^\ominus + RT\ln J)$$

若起始时刻所处的这个任意状态，刚好是平衡态，则起始时刻体系摩尔吉布斯自由能与该反应达到平衡态时的体系摩尔吉布斯自由能之间的变化值为零。即当反应达到平衡时，反应的自由能变 $\Delta_r G_{T,p}=0$，此时反应物和产物的瞬时浓度或瞬时分压恰好为平衡浓度或平衡分压，且不再随时间变化，这也就是化学反应的限度。此时的反应商 J 称为标准平衡常数（normal equilibrium constant），用符号 $K^\ominus$ 表示，代入式（7-1），得：

标准平衡常数

$$0 = \Delta_r G_T^\ominus + RT\ln K^\ominus$$

故
$$\Delta_r G_T^\ominus = -RT\ln K^\ominus \tag{7-5}$$

式（7-5）也就是由标准自由能变计算化学反应的标准平衡常数的公式。在同一化学反应中，标准平衡常数 $K^\ominus$ 的表达式与反应商 J 的表达式相同，因为标准平衡常数 $K^\ominus$ 是化学平衡时的反应商。只不过在标准平衡常数 $K^\ominus$ 的表达式中反应物和产物的瞬时相对分压、瞬时相对浓度分别用平衡相对分压或平衡相对浓度表示。

例如多相反应 $\mathrm{Zn(s)}+2\mathrm{H}^+(\mathrm{aq}) \rightleftharpoons \mathrm{Zn}^{2+}(\mathrm{aq})+\mathrm{H}_2(\mathrm{g})$，其标准平衡常数 $K^\ominus$ 的表达式为：

$$K^\ominus = \frac{[c_e(\mathrm{Zn}^{2+})/c^\ominus][p_e(\mathrm{H}_2)/p^\ominus]}{[c_e(\mathrm{H}^+)/c^\ominus]^2} \tag{7-6}$$

式中，p_e、c_e 表示平衡分压或平衡浓度。从式（7-5）还可以看出，标准平衡常数 $K^\ominus$ 与温度有关，与浓度或分压无关。$K^\ominus$ 的数值反映了化学反应的本性，$K^\ominus$ 值越大，正向反应进行的程度越大，也就是说，达到平衡时会有更多的反应物转变为产物。因此，标准平衡常数 $K^\ominus$ 是一定温度下，化学反应可能进行的最大限度的一种量度。$K^\ominus$

的量纲为1。

另外，标准平衡常数的数值和标准平衡常数的表达式都与化学反应方程式的写法有关。如合成氨的反应：

$$N_2(g)+3H_2(g)\rightleftharpoons 2NH_3(g)$$

$$K_1^\ominus=\frac{[p_e(NH_3)/p^\ominus]^2}{[p_e(N_2)/p^\ominus][p_e(H_2)/p^\ominus]^3}$$

$$\frac{1}{2}N_2(g)+\frac{3}{2}H_2(g)\rightleftharpoons NH_3(g)$$

$$K_2^\ominus=\frac{[p_e(NH_3)/p^\ominus]}{[p_e(N_2)/p^\ominus]^{1/2}[p_e(H_2)/p^\ominus]^{3/2}}$$

在温度相同时，$K_1^\ominus$ 和 $K_2^\ominus$ 的数值不一样，两者之间的关系为 $K_1^\ominus=(K_2^\ominus)^2$。为方便起见，一般情况下，标准平衡常数 $K^\ominus$ 的写法仍会沿用习惯性的平衡常数 K 的表达，即式中不出现 $c^\ominus$、$p^\ominus$，但实际上平衡常数 K 的数据已是标准平衡常数 $K^\ominus$ 的数据，特此说明。

【例题 7-2】 求 298.15K 时反应

$$2SO_2(g)+O_2(g)\rightleftharpoons 2SO_3(g)$$

的标准平衡常数 $K^\ominus$。已知 $\Delta_fG_m^\ominus(SO_2)=-300.2kJ\cdot mol^{-1}$，$\Delta_fG_m^\ominus(SO_3)=-371.1kJ\cdot mol^{-1}$。

解 该反应的 $\Delta_rG_m^\ominus$ 为：

$$\begin{aligned}\Delta_rG_m^\ominus&=2\Delta_fG_m^\ominus(SO_3)-2\Delta_fG_m^\ominus(SO_2)-\Delta_fG_m^\ominus(O_2)\\&=2\times(-371.1kJ\cdot mol^{-1})-2\times(-300.2kJ\cdot mol^{-1})\\&\quad-0kJ\cdot mol^{-1}\\&=-141.8kJ\cdot mol^{-1}\end{aligned}$$

而
$$\Delta_rG_m^\ominus=-RT\ln K^\ominus$$

故
$$\ln K^\ominus=-\Delta_rG_m^\ominus/RT$$

$$=\frac{141.8\times10^3J\cdot mol^{-1}}{8.314J\cdot mol^{-1}\cdot K^{-1}\times298.15K}=57.20$$

$$K^\ominus=7.0\times10^{24}$$

思考题 7-3 某可逆反应在某温度下的标准平衡常数 $K^\ominus=2.4$。是否可以说此反应在该温度下处于标准状态时其平衡常数为 2.4？

7.1.4 标准平衡常数的实验测定

有些化学反应几乎能进行到底，如前述的氯酸钾分解反应，在 MnO_2 催化下 $KClO_3$ 基本上能全部转变为 KCl 和 O_2。这种反应称为不可逆反应。实际上绝大多数化学反应都是不能进行到底的反应，也就是可逆反应（reversible reaction）。如四氧化二氮的分解反应：

$$N_2O_4(g)\rightleftharpoons 2NO_2(g)$$

实验测定表明，在 373K 下，当反应达到平衡时，NO_2 与 N_2O_4 的物质的量浓度按下式求出的比值为一常数，即：

$$K=\frac{\{c_e(NO_2)\}^2}{c_e(N_2O_4)}=0.36$$

式中，K 称为实验平衡常数（experimental equilibrium constant）。当参与反应的物质在式中的浓度项或分压项直接用浓度（以物质的量浓度为单位）或分压（以 kPa 为单位）表示时，其实验平衡常数表达式与标准平衡常数的表达式基本相同（数值上可能有所不同）；实验平衡常数 K_c 和 K_p 表达式的书写原则也大体与标准平衡常数 $K^\ominus$ 的相同。

对于任意一溶液中的反应：

$$aA+dD \Longrightarrow eE+fF$$

实验测定表明，当反应达到平衡时，若反应物的平衡浓度为 $c_e(A)$、$c_e(D)$，产物的平衡浓度为 $c_e(E)$、$c_e(F)$，则它们之间的关系可用下式表示：

$$K_c = \frac{c_e(E)^e c_e(F)^f}{c_e(A)^a c_e(D)^d} \tag{7-7}$$

式中，K_c 称为浓度平衡常数；反应物和产物的平衡浓度皆为物质的量浓度。如果 $a+d=e+f$，则 K_c 的量纲为 1；如果 $a+d \neq e+f$，则 K_c 的量纲为 $(\text{mol} \cdot L^{-1})^{(e+f)-(a+d)}$。其实，不论 K_c 的量纲是否为 1，K_c 和 $K^\ominus$ 在数值上是相等的。

若上述反应为气相反应，则：

$$K_p = \frac{p_e(E)^e p_e(F)^f}{p_e(A)^a p_e(D)^d} \tag{7-8}$$

式中，$p_e(A)$、$p_e(D)$ 和 $p_e(E)$、$p_e(F)$ 分别为反应物和产物的平衡分压，单位为 kPa，K_p 称为压力平衡常数。当 $a+d=e+f$ 时，K_p 的量纲为 1，K_p 在数值上等于 $K^\ominus$；当 $a+d \neq e+f$ 时，K_p 的量纲不为 1，K_p 的数值也不等于 $K^\ominus$。K_c 和 K_p 均称为实验平衡常数。实验平衡常数值越大，化学反应正向进行的程度越彻底，这一点与 $K^\ominus$ 是相同的。实验平衡常数是标准平衡常数实验测定的基础，在化学平衡的计算中仍在广泛应用。

7.2 标准平衡常数的应用

7.2.1 预测非标准态下的化学反应方向

将式（7-5）代入式（7-1），可得：

$$\Delta_r G_{T,p} = -RT\ln K^\ominus + RT\ln J \tag{7-9}$$

式（7-9）是化学反应等温方程式的另一表达形式。从式（7-9）可知，比较标准平衡常数 $K^\ominus$ 与反应商 J 的相对大小，也可以预测等压等温、不做非体积功时，化学反应自发进行的方向。

预测非标准态下的化学反应方向

当 $J < K^\ominus$ 时，则 $\Delta_r G_{T,p} < 0$，正向反应自发；

当 $J = K^\ominus$ 时，则 $\Delta_r G_{T,p} = 0$，化学反应达到平衡；

当 $J > K^\ominus$ 时，则 $\Delta_r G_{T,p} > 0$，逆向反应自发。

这是化学反应能否自发以及自发进行方向的另一判据，一般称为反应商判据。如果反应商 J 不等于标准平衡常数 $K^\ominus$，就表明反应体系处于非平衡态，此时体系具有从正向或逆向自动地朝着平衡态运动的趋势。对于化学反应来说，就是存在自发进行反应的趋势。J 值与 $K^\ominus$ 值相差越大，从正向或逆向自发进行反应的趋势就越大。

【例题 7-3】　已知 298.15K、100kPa 下，水的饱和蒸气压为 3.12kPa，$CuSO_4 \cdot 5H_2O(s)$、$CuSO_4(s)$、$H_2O(g)$ 的 $\Delta_f G_m^\ominus$ 分别为 $-1880.06\text{kJ} \cdot \text{mol}^{-1}$、$-661.91\text{kJ} \cdot \text{mol}^{-1}$、$-228.50\text{kJ} \cdot \text{mol}^{-1}$。相对湿度（$RH$）定义为：

$$RH = \frac{\text{空气中水蒸气分压}}{\text{该温度下水的饱和蒸气压}} \times 100\%$$

（1）下述反应的 $\Delta_r G_m^\ominus$、$K^\ominus$ 各是多少？

$$CuSO_4 \cdot 5H_2O(s) \Longrightarrow CuSO_4(s) + 5H_2O(g)$$

（2）若空气中水蒸气的相对湿度为 5.0%，上述反应的 $\Delta_r G_m$ 是多少？$CuSO_4 \cdot 5H_2O(s)$ 是否会风化？$CuSO_4(s)$ 是否会潮解？

解 （1） $\Delta_r G_m^\ominus(298.15K) = \sum \nu_B \Delta_f G_m^\ominus(B, 298.15K)$

$$= -661.91kJ \cdot mol^{-1} + 5 \times (-228.50kJ \cdot mol^{-1})$$
$$- (-1880.06kJ \cdot mol^{-1})$$
$$= 75.65kJ \cdot mol^{-1}$$

$$\Delta_r G_m^\ominus = -RT\ln K^\ominus$$
$$K^\ominus = 5.25 \times 10^{-14}$$

（3）空气中水蒸气分压 $p(H_2O) = p(H_2O 饱和) \times RH = 3.12kPa \times 5.0\% = 0.16kPa$
则上述非标准态下反应的反应商为

$$J = [p(H_2O)/p^\ominus]^5 = 1.0 \times 10^{-14}$$

因 $J < K^\ominus = 5.25 \times 10^{-14}$，则 $\Delta_r G_{T,p} < 0$，正向反应自发，故 $CuSO_4 \cdot 5H_2O(s)$ 会自动风化，而 $CuSO_4(s)$ 不会自动潮解。

7.2.2 确定反应限度与平衡组成

确定反应限度
与平衡组成

在一定条件下化学反应达到平衡时，其平衡组成不再随时间而变。这表明反应物向产物转变达到了最大限度。指定浓度下的反应限度常用平衡转化率来表示。反应物 B 的平衡转化率 α（B） 被定义为：

$$\alpha(B) = \frac{n_0(B) - n_e(B)}{n_0(B)} \tag{7-10}$$

式中，n_0（B）反应开始时 B 的物质的量；n_e（B）为平衡时 B 的物质的量。$K^\ominus$ 越大，往往 α（B）也越大。因而，只要知道反应体系的起始组成，利用 $K^\ominus$ 可计算反应物的平衡转化率和反应体系的平衡组成。

【例题 7-4】 反应 $CO(g) + Cl_2(g) \Longrightarrow COCl_2(g)$ 在恒容等温条件下进行，已知 373K 时 $K^\ominus = 1.5 \times 10^8$；反应开始时，$c_0(CO) = 0.0350mol \cdot L^{-1}$，$c_0(Cl_2) = 0.0270mol \cdot L^{-1}$，$c_0(COCl_2) = 0$。计算 373K 下反应达到平衡时各物种的分压和 CO 的平衡转化率。（假定气体符合理想气体行为）

解 $pV = nRT$ 因为 T、V 不变，$p \propto n_B$ $p = cRT$
$p_0(CO) = 0.0350 \times 8.314 \times 373kPa = 108.5kPa$
$p_0(Cl_2) = 0.0270 \times 8.314 \times 373kPa = 83.7kPa$

$$CO(g) + Cl_2(g) \Longrightarrow COCl_2(g)$$

| 开始 p_B/kPa | 108.5 | 83.7 | 0 |

先假设 Cl_2 全部转化

| p_B/kPa | 108.5 − 83.7 | 0 | 83.7 |

再考虑 $COCl_2$ 解离

| 平衡时 p_B/kPa | 24.8 + x | x | 83.7 − x |

将平衡分压代入标准平衡常数 $K^\ominus$ 的表达式中，得

$$K^\ominus = \frac{p_e(COCl_2)/p^\ominus}{\{p_e(CO)/p^\ominus\}\{p_e(Cl_2)/p^\ominus\}} = \frac{(83.7-x)/100}{\{(24.8+x)/100\}(x/100)} = 1.5 \times 10^8$$

因为 $K^\ominus$ 很大，x 很小，故 $83.7 - x \approx 83.7$，$24.8 + x \approx 24.8$，则

$$K^\ominus = \frac{83.7 \times 100}{24.8x} = 1.5 \times 10^8$$

$$x = 2.3 \times 10^{-6}kPa$$

参与反应各物种的平衡分压为

$$p(CO) \approx 24.8kPa, p(Cl_2) = 2.3 \times 10^{-6}kPa, p(COCl_2) \approx 83.7kPa$$

则 CO 的平衡转化率为

$$\alpha(CO) = \frac{p_0(CO) - p_e(CO)}{p_0(CO)} = \frac{108.5kPa - 24.8kPa}{108.5kPa} \times 100\%$$
$$= 77.1\%$$

思考题 7-4 某一反应物的平衡转化率越大，则该反应的平衡常数也越大。对吗？

思考题 7-5 平衡常数和平衡转化率都能表示反应进行的程度，其作用的区别是什么？

7.3 多重平衡与偶合反应

实际的化学过程往往有若干种平衡状态同时存在。在指定条件下，一个反应体系中有一个或多个物种同时参与两个（或两个以上）的化学反应，而这些反应都共同达到化学平衡时，整个体系才达到平衡，这种情况称为**多重平衡**（multiple equilibrium），也称**同时平衡**（simultaneous equilibrium）。多重平衡的基本特征是参与多个反应的物种的浓度或分压必须同时满足这些平衡。H_3PO_4 在水溶液中的分步解离就是一个多重平衡的典型例子：

多重平衡与
偶合反应

(1) $H_3PO_4 + H_2O \rightleftharpoons H_3O^+ + H_2PO_4^-$ $\Delta_r G_{m,1}^\ominus = -RT\ln K_1^\ominus$

(2) $H_2PO_4^- + H_2O \rightleftharpoons H_3O^+ + HPO_4^{2-}$ $\Delta_r G_{m,2}^\ominus = -RT\ln K_2^\ominus$

(3) $HPO_4^{2-} + H_2O \rightleftharpoons H_3O^+ + PO_4^{3-}$ $\Delta_r G_{m,3}^\ominus = -RT\ln K_3^\ominus$

总平衡：$H_3PO_4 + 3H_2O \rightleftharpoons 3H_3O^+ + PO_4^{3-}$ $\Delta_r G_m^\ominus = -RT\ln K^\ominus$

如 H_3O^+ 同时参与了 (1)、(2)、(3) 三个平衡，它的浓度必须同时满足这三个平衡，因为平衡时溶液中 H_3O^+ 浓度只可能有一个；再如，HPO_4^{2-} 同时参与了 (2)、(3) 两个平衡，它的浓度必须同时满足这两个平衡，因为平衡时溶液中 HPO_4^{2-} 浓度也只可能有一个。吉布斯自由能 G 是具有广度性质的状态函数，其 $\Delta_r G_m^\ominus$ 具有加合性。而 H_3PO_4 的总解离平衡反应为 (1)、(2)、(3) 三个分步解离平衡反应之和，故有：

$$\Delta_r G_m^\ominus = \Delta_r G_{m,1}^\ominus + \Delta_r G_{m,2}^\ominus + \Delta_r G_{m,3}^\ominus$$
$$-RT\ln K^\ominus = -RT\ln K_1^\ominus - RT\ln K_2^\ominus - RT\ln K_3^\ominus$$
$$RT\ln K^\ominus = RT\ln(K_1^\ominus K_2^\ominus K_3^\ominus)$$

则 $$K^\ominus = K_1^\ominus K_2^\ominus K_3^\ominus$$ (7-11)

即 H_3PO_4 的总的解离常数 $K^\ominus$ 等于各分步解离平衡的解离常数的乘积。在多重平衡体系中，一个平衡如果是另外两个或更多个平衡之和，则该总平衡反应的标准自由能变必然是各分步平衡反应的标准自由能变之和。或者说，如果一个反应由两个或多个反应相加或相减得来，则该反应的标准平衡常数等于这两个或多个反应标准平衡常数的积或商。这个原则不仅可用于标准平衡常数，也可用于实验平衡常数，带有普遍的意义。

前已述及，在多重平衡的体系中，只有几个反应都达到平衡后，体系才真正达到化学平衡状态。也就是说，即使有个别反应先期暂时达到"平衡"，此"平衡"也必定受尚未平衡的反应影响而继续进行，各个反应之间的影响是相互交叉的，直至同时达到平衡为止。不仅如此，有时候，这种影响甚至能使原本不自发进行的反应变得可以自发。当体系中一个反应的产物同时又是另一个反应的反应物之一时，因为多重平衡的相互影响，其中一个极易进行的反应很可能带动另一个难以进行的反应，此两个反应合起来称为偶合反应（coupling reaction）。

如在标准态、298.15K 条件下，以 $TiO_2(s)$ 为原料制备 $TiCl_4(l)$：

(1) $TiO_2(s)+2Cl_2(g) \Longrightarrow TiCl_4(l)+O_2(g)$ $\Delta_r G_{m,1}^{\ominus}=161.9 kJ \cdot mol^{-1}$

(2) $C(s)+O_2(g) \Longrightarrow CO_2(g)$ $\Delta_r G_{m,2}^{\ominus}=-394.4 kJ \cdot mol^{-1}$

如果按照反应（1）制备，显然得不到目标产物 $TiCl_4(l)$，因为 $\Delta_r G_{m,1}^{\ominus}>0$，该反应正向不自发；而反应（2）的 $\Delta_r G_{m,2}^{\ominus}<0$，正向具有很强的自发性。若将反应（1）和反应（2）偶合，即(1)+(2)，可得：

(3) $C(s)+TiO_2(s)+2Cl_2(g) \Longrightarrow TiCl_4(l)+CO_2(g)$

根据盖斯定律，$\Delta_r G_{m,3}^{\ominus}=\Delta_r G_{m,1}^{\ominus}+\Delta_r G_{m,2}^{\ominus}=-232.5 kJ \cdot mol^{-1}<0$，正向反应能自发进行。说明强自发性的反应（2）能够带动反应（1）自发进行。因此，按照偶合反应（3）在上述条件下制备 $TiCl_4(l)$ 在热力学上是可行的。偶合反应对生命活动的意义也十分重大。在等温等压下，体内的许多生化反应、生理过程如 DNA 的复制、RNA 的转录、蛋白质的生物合成、细胞膜的主动运输等大都是吸能反应（$\Delta_r G_m>0$），它们正是在与其他放能反应（$\Delta_r G_m<0$）发生偶合后，使总反应的 $\Delta_r G_m<0$，才被带动起来的。

离子通道

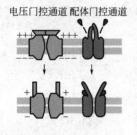
电压门控通道 配体门控通道

生物膜（如细胞膜）对无机离子的跨膜运输有被动运输（顺离子浓度梯度）和主动运输（逆离子浓度梯度）两种方式。被动运输的通路称离子通道（ion channels of biomembrane），主动运输的离子载体称为离子泵，如 ATP 驱动泵。生物膜对离子的通透性与多种生命活动过程密切相关。例如，神经兴奋与传导，心脏搏动，平滑肌蠕动，骨骼肌收缩，激素分泌，光合作用和氧化磷酸化过程中跨膜质子梯度的形成等。

离子通道由细胞产生的特殊蛋白质构成，它们聚集起来并镶嵌在细胞膜上，中间形成水分子占据的孔隙，这些孔隙就是水溶性物质快速进出细胞的通道。离子通道的活性，是指细胞通过离子通道开关调节物质进出细胞速度的能力大小。德国的 A.内尔和 B.扎克曼因发现细胞内离子通道并开创膜片钳技术而获 1991 年诺贝尔生理学或医学奖。

离子通道多由"门控"调节活化，主要有电压门控通道和配体门控通道两类。电压门控通道的开放受膜电位的控制，如 Na^+、Ca^{2+}、Cl^- 和一些类型的 K^+ 通道；配体门控通道是靠化学物质与膜上受体相互作用而活化的通道，如 N 型乙酰胆碱 Ach 受体通道、氨基酸受体通道、Ca^{2+} 活化的 K^+ 通道等。

7.4 化学平衡的移动

一切化学平衡都是相对的、有条件的。一旦维持平衡的条件发生了变化，体系的宏观性质和物质的组成都将发生变化，原有的平衡也会被破坏并发生移动，如各种物质的浓度（或分压）的改变等，直到在新的条件下建立新的平衡。这种由于条件变化导致化学平衡移动的过程，称为化学平衡的移动（shift of chemical equilibrium）。下面讨论浓度、压力和温度变化对化学平衡的影响。

7.4.1　浓度对化学平衡的影响

根据式（7-9），对于任一可逆的化学反应，其等温等压下的吉布斯自由能变为：

$$\Delta_r G_{T,p} = -RT\ln K^\ominus + RT\ln J$$

如果反应商与标准平衡常数的关系为：$J = K^\ominus$，则 $\Delta_r G_{T,p} = 0$，反应达到平衡。当增加反应物的浓度或减少产物的浓度时，将使 J 减小，从而使 $J < K^\ominus$，则 $\Delta_r G_{T,p} < 0$，原有平衡被打破，正向反应将自发进行，平衡向右移动，使 J 增大，直到再一次使 $J = K^\ominus$，建立新的平衡为止。反之，如果增加产物的浓度或减少反应物的浓度，将导致 J 增大，从而使 $J > K^\ominus$，$\Delta_r G_{T,p} > 0$，逆向反应将自发进行，平衡向左移动，使 J 减小，直至 $J = K^\ominus$，达到新的平衡。

浓度、压力对化学
平衡的影响

7.4.2　压力对化学平衡的影响

压力的变化对液相和固相反应的平衡几乎没有影响，但对于气体参与的任一化学反应：

$$a\mathrm{A} + d\mathrm{D} \rightleftharpoons e\mathrm{E} + f\mathrm{F}$$

如果保持反应在等温等容下进行，增加反应物的分压或减少产物的分压，将使 $J < K^\ominus$，则 $\Delta_r G_{T,p} < 0$，平衡向右移动。反之，增大产物的分压或减少反应物的分压，将使 $J > K^\ominus$，$\Delta_r G_{T,p} > 0$，平衡向左移动。分压对化学平衡的影响，与浓度对化学平衡的影响完全相同，分压的变化不改变标准平衡常数 $K^\ominus$ 的数值，只改变反应商 J 的数值。

若上述反应是一个已达平衡的气相反应，如果改变体系的体积将导致体系总压的增加或减小，同时反应物与产物分压也将变化，可分以下两种情况讨论对化学平衡所产生的影响。

①当 $a + d = e + f$ 时，即反应物气体分子总数与产物气体分子总数相等，则增加总压与降低总压，各组分分压变大或变小，但不会改变 J 值，仍然维持 $J = K^\ominus$，化学平衡将不发生移动；

②如果反应物气体分子总数与产物气体分子总数不相等，即 $a + d \neq e + f$，改变总压不仅改变各组分分压，还将改变 J 值，使 $J \neq K^\ominus$，平衡将发生移动。增加总压力，平衡将向气体分子总数减少的方向移动。减小总压力，平衡将向气体分子总数增加的方向移动。

▦▦【案例分析 7-1】　　**不参与化学反应的惰性气体，对化学平衡如何影响？**

这里所说的惰性气体，通常是指一些不参与化学反应的气态物质，如 $H_2O(g)$、$N_2(g)$ 等。它们的存在是如何影响化学平衡的呢？

问题： 试从不同的情况出发说明惰性气体对化学平衡的具体影响。

分析： 若某反应在有惰性气体存在下已达平衡，等温下增大总压将体系的体积压缩为原来的一半，各组分分压也将增大 2 倍，但因惰性气体的分压不出现在 J 和 $K^\ominus$ 的表达式中，只要反应物气体分子总数与产物气体分子总数不相等，平衡将向气体分子总数减少的方向移动；若某反应在等温等容下已达平衡，再引入惰性气体，体系的总压将增大，但参与反应各组分的分压不变，$J = K^\ominus$，平衡不移动；若某反应在等温等压下已达平衡，再引入惰性气体，为保持总压不变，可使体系的体积相应增大，此时各组分分压将相应减小相同倍数，只要反应物气体分子总数与产物气体分子总数不相等，平衡将向气体分子总数增多的方向移动。

7.4.3 温度对化学平衡的影响

温度对化学平衡的影响，勒沙特列原理

浓度或压力对化学平衡的影响只改变 J 值，而不改变标准平衡常数 $K^\ominus$。而温度对化学平衡的影响却完全不同，因为由标准自由能变计算化学反应的标准平衡常数的公式可知，温度改变，$K^\ominus$ 值也将发生改变。即：

$$\Delta_r G_m^\ominus = -RT\ln K^\ominus$$

又因为

$$\Delta_r G_m^\ominus = \Delta_r H_m^\ominus - T\Delta_r S_m^\ominus$$

故将两式合并，可得：

$$\ln K^\ominus = -\frac{\Delta_r H_m^\ominus}{RT} + \frac{\Delta_r S_m^\ominus}{R} \tag{7-12}$$

设在温度为 T_1 和 T_2 时反应的标准平衡常数分别为 $K_1^\ominus$ 和 $K_2^\ominus$，并假定温度对 $\Delta_r H_m^\ominus$ 和 $\Delta_r S_m^\ominus$ 的影响可以忽略，则

$$(1)\ \ln K_1^\ominus = -\frac{\Delta_r H_m^\ominus}{RT_1} + \frac{\Delta_r S_m^\ominus}{R}$$

$$(2)\ \ln K_2^\ominus = -\frac{\Delta_r H_m^\ominus}{RT_2} + \frac{\Delta_r S_m^\ominus}{R}$$

由式(2)-式(1)得：

$$\ln\frac{K_2^\ominus}{K_1^\ominus} = \frac{\Delta_r H_m^\ominus}{R}\left(\frac{T_2 - T_1}{T_1 T_2}\right) \tag{7-13}$$

式 (7-13) 是表示标准平衡常数 $K^\ominus$ 与温度关系的重要方程式，称为范特霍夫方程 (J. H. van't Hoff equation)。通过测定不同温度 T 下的 $K^\ominus$ 值，以 $\ln K^\ominus$ 对 $1/T$ 作图可得一直线，由直线斜率和截距可以求得化学反应的 $\Delta_r H_m^\ominus$ 和 $\Delta_r S_m^\ominus$。

通过式 (7-13) 可进一步探讨温度对化学平衡的影响。对于正向吸热反应，$\Delta_r H_m^\ominus > 0$，升高温度时，即 $T_2 > T_1$，必然有 $K_2^\ominus > K_1^\ominus$，平衡将正向移动；也就是说，升高温度平衡将朝着吸热反应方向移动；对于正向放热反应，$\Delta_r H_m^\ominus < 0$，升高温度时，即 $T_2 > T_1$，式 (7-13) 右边必为负值，则有 $K_2^\ominus < K_1^\ominus$，就是说平衡向逆反应方向移动（逆反应为吸热反应）。式 (7-13) 还告诉我们，$\Delta_r H_m^\ominus$ 绝对值越大，温度改变对平衡的影响越大。

如果已知化学反应的标准反应热 $\Delta_r H_m^\ominus$，某温度 T_1 时的标准平衡常数 $K_1^\ominus$，利用式 (7-13) 就能够求出任意一温度 T_2 时的标准平衡常数 $K_2^\ominus$。

【例题7-5】 已知 309.15K 时，ATP 水解反应的标准反应热 $\Delta_r H_m^\ominus = -20.08\text{kJ}\cdot\text{mol}^{-1}$，标准平衡常数 $K_1^\ominus = 1.70\times10^5$。计算在北海鳕的 278.15K 肌肉中 ATP 水解反应的标准平衡常数 $K_2^\ominus$。

解 由于温度变化幅度不大，故温度对 $\Delta_r H_m^\ominus$ 的影响可忽略，故可应用式 (7-13) 计算，即：

$$\ln\frac{K_2^\ominus}{K_1^\ominus} = \frac{\Delta_r H_m^\ominus}{R}\left(\frac{T_2 - T_1}{T_1 T_2}\right)$$

则 278.15K 时，反应的标准平衡常数为：

$$\ln K_2^\ominus = \frac{\Delta_r H_m^\ominus}{R}\left(\frac{T_2 - T_1}{T_1 T_2}\right) + \ln K_1^\ominus$$

$$= \frac{-20.08\times10^3\text{J}\cdot\text{mol}^{-1}\times(278.15\text{K}-309.15\text{K})}{8.314\text{J}\cdot\text{mol}^{-1}\cdot\text{K}^{-1}\times278.15\text{K}\times309.15\text{K}} + \ln(1.70\times10^5)$$

$$=12.914$$
$$K_2^{\ominus}=4.06\times10^5$$

思考题 7-8 温度相同时，两个不同的化学反应，平衡常数 K 值较大者，其进行程度也一定大吗？

7.4.4 勒沙特列原理

浓度、压力、温度等因素对化学平衡的影响，可以用 1887 年法国化学家勒沙特列（H. L. Le Chatelier）总结出的一条普遍规律来判断：平衡总是向着消除外来影响，恢复原有状态的方向移动。这就是著名的勒沙特列平衡移动原理。该原理适用于任何已达成平衡的体系，物理平衡的体系亦不例外。没有达成平衡的体系，不能应用勒沙特列原理。

科学家小传——勒沙特列

勒沙特列（H. L. Le Chatelier）（1850—1936），法国化学家。1850 年 10 月 8 日出生于巴黎的一个化学世家。因他从小受到科学氛围的熏陶，中学时代便特别爱好化学实验。

勒沙特列具有多方面的知识和才能，如受母亲的影响，他对艺术也很有兴趣，但他的父亲坚持认为，献身崇高的科学才是男子汉的天职。于是，勒沙特列考入了巴黎工业学院。1871 年普法战争后，他回校专修矿冶工程（他父亲曾任法国矿山总监）。1875 年，他以优异成绩毕业，1887 年获博士学位，并在高等矿业学校任普通化学教授。他为防止矿井爆炸而研究过火焰的化学原理，进而去研究热和热的测量。1877 年他提出用热电偶测量高温。他还发明了一种测量 3000℃ 以上的光学高温计。他研究过水泥的煅烧和凝固、陶器和玻璃的退火、磨蚀剂的制造等问题。此外，他发明了金属切割和焊接的氧炔焰发生器。对热学的研究很自然地将他引导到热力学领域中，使他得以在 1888 年总结出勒沙特列原理。该原理的应用可使某些工业生产过程的转化率接近最高的理论值，同时也可避免一些无效的方案等。勒沙特列是欧洲最先发现吉布斯的人之一，并致力于通过实验来研究相律等。他一生发表了 500 多篇科学论文和 10 余部专著。1907 年他曾兼任法国矿业部长。他不仅是一位杰出的化学家，还是一位伟大的爱国者。当第一次世界大战爆发时，法兰西处于危难中，他勇敢地担任起武装部长的职务，为保卫祖国而战。于 1936 年 9 月 17 日逝世。

7.5 相平衡

相平衡主要研究多相体系的相变化规律，具体而言，就是研究温度、压力和组成对多相体系状态的影响。对于一个单组分、单相的封闭体系，只需两个独立变量，便可描述该体系的状态，如一定量的理想气体，用 T、p 两个状态函数就可描述状态了，因为根据其状态方程，当 n、T、p 确定时，V 也随之而定。但对于一个多组分、单相的封闭体系，描述体系的状态除了 T、p 以外，还需要知道体系的组成（n_1，n_2，n_3，…，n_k）。如果是一个多相平衡的体系，描述体系状态的独立变量数，还与平衡时体系中共存的相数有关。

7.5.1 相律

相律（phase rule）是确定平衡体系内的相数、独立组分数、自由度数和影响体系性质的其他因素（如温度、压力等可独立变化的强度性质）数目之间关系的规律。1875 年由吉布斯提出，这是任何平衡体系的多相平衡都遵守的一个共同的自然规律。

为了研究体系的可独立变化的强度性质的数目问题，需进入相律讨论，在此之前，有必要介绍一些基本概念。

7.5.1.1 相与相数

所谓相（phase）就是体系中物理性质和化学性质完全均匀的部分。也就是说，同一相的性质完全均匀。同一种物质即使有不同的分散度，因性质相同，仍为同一相，如大块状的 $CaCO_3$ 固体与小颗粒状的 $CaCO_3$ 固体共存时仍属同一相；不同物质之间，尽管相互分散较细，表面上似乎很均匀，但只要性质不均匀，则不属于同一相，如红糖和砂子混合后仍是两相；当然，不同物质之间，已形成称为固溶体（solid solution）的固态溶液时，由于性质已达均匀，则属同一相。相与相之间有明显的宏观界面，越过此界面，性质会发生突变，如液态乙醇变成气态乙醇，其密度、折射率等性质的数值都将发生突变。

相数就是表示体系中所具有的相的总数，用符号 Φ 表示。通常，各种气体均能无限混合，因而平衡体系内不论有多少种气体，都只有一个气相。液体、固体则可以有多个不同的相。液体由于其互溶程度不同，一个体系中可以出现一个、两个乃至三个液相共存。如无机盐的不饱和水溶液是一个液相；熔盐电解时的熔盐和液体金属，因两种液体不互溶，故为共存的两个液相；生物体内的细胞两侧虽然都是水溶液，但因细胞膜将其分隔，因此也是两个液相。固体除形成固溶体外，一般是有一种固体就有一个相。同种固体，若有不同晶型，则有几种晶型共存就有几相。没有气相的体系常称为"凝聚系"。有时气体虽在，但可不予考虑，如水盐体系和合金体系仍都被视为凝聚系。

同一体系在不同的条件下，可以有不同的相和相数。如 NaCl 水溶液，在常温常压下，低浓度时，形成相数为一的不饱和水溶液；但浓度高到超过其溶解度时，不论析出 NaCl 固体的粒度大小，都是 NaCl 固体与其饱和溶液的两相共存。又如，水在压力为 101.325kPa、温度低于 273.15K 时为固态，相数为一；在 101.325kPa、273.15K 时，水有固、液两态，两相共存；而压力为 0.611kPa、温度为 273.16K 时，水有固、液、气三态，三相共存。

7.5.1.2 物种数和组分数

体系中能独立存在的纯化学物质的种类数目称为物种数（species number），用符号 S 表示，所谓物种是用物理方法或化学方法能够单独分离得到的物质。如 NaCl 溶于水，物种数为 2，尽管溶液中存在 Na^+、Cl^-、H^+、OH^- 等多种离子，但它们都无法独立存在。

体系中的物种数，并不一定都是独立可变的数，也许其中某个物种变化后，可引起其他物种的变化。确定平衡体系中各相组成所需要的最少独立物种数称为独立组分数（number of independent component），简称组分数，用符号 K 表示。显然，组分数不一定与物种数相同。当体系中各物质之间没有发生化学反应时，组分数就等于物种数。若体系中各物质之间发生了化学反应，并建立了化学平衡，则在等温等压下，各种物质的平衡组成必须满足平衡常数表达式，因而组分数将少于物种数。有的体系同时存在多个化学平衡，则还要考虑这些平衡是否都是独立的。即要考虑其中的某个平衡是否来自于另外几个平衡。独立的化学平衡数（the number of independent chemical equilibrium）用符号 R 表示。此时，对于这种有化学反应的体系，其组分数应由下式确定：

$$组分数＝物种数－独立的化学平衡数，即$$

$$K＝S－R \tag{7-14}$$

例如，构成一个含有任意量 $N_2(g)$、$H_2(g)$ 和 $NH_3(g)$ 的体系，如果 $N_2(g)$ 和 $H_2(g)$ 不发生化学反应，则此体系的组分数等于物种数，$K＝S－R＝3－0＝3$。

如果 $N_2(g)$ 和 $H_2(g)$ 能够发生如下反应

$$N_2(g)＋3H_2(g)\rightleftharpoons 2NH_3(g)$$

但 $N_2(g)$、$H_2(g)$ 和 $NH_3(g)$ 三种物质的起始投放量是任意的，且相互间没有什么浓度限制，则此体系的组分数 $K＝S－R＝3－1＝2$。这是因为平衡关系的出现，三种物质中只有任意两种是可以独立变动的。

如果参与反应的几种物质在同一相中的浓度能保持某种数量关系，常将这种关系的数目称为独立浓度限制数（independent concentration limit），用符号 R' 表示。计算组分数时应扣除这种数量关系数 R'。因此，对于既有化学平衡又有物质的浓度必须满足一定比例关系的体系，其组分数应由下式确定：

$$组分数＝物种数－独立的化学平衡数－独立浓度限制数，即$$

$$K＝S－R－R' \tag{7-15}$$

如 $N_2(g)$ 和 $H_2(g)$ 能够发生反应，且量有限制，二者按 $n(N_2)：n(H_2)＝1：3$ 投放，或起始时仅有 $NH_3(g)$，而 $N_2(g)$ 和 $H_2(g)$ 是由 $NH_3(g)$ 分解而来的，则 $R'＝1$，组分数 $K＝S－R－R'＝3－1－1＝1$。原因在于上述三者的浓度关系受制于平衡常数，其中只有一个浓度关系是独立的。还应该说明的是，浓度限制关系必须是在同一相中并有一个反应方程式将物质之间的浓度联系起来，不同相中没有此种限制条件。如 $CaCO_3$(s) 的分解，虽然产物 $CaO(s)$ 和 $CO_2(g)$ 的物质的量相等，但它们不处在同一相中，故此时，$R'＝0$。

7.5.1.3　自由度数

物质的量不影响相平衡，因为相的存在与物质的量无关，故影响相平衡的仅为体系的强度性质。体系在指定条件下的自由度（degree of freedom），就是在不引起旧相消失和新相形成的前提下，可以在一定范围内自由变动的强度性质（如温度、压力、浓度）。而这种可以随意独立改变的强度性质的最大数目称为自由度数（number of degrees of freedom），用符号 f 表示。如描述一定量液态水的状态，需要指定水所处的温度和压力，且在液相不消失，同时也不生成新相冰或水蒸气的情况下，体系的温度和压力均可在一定范围内分别地独立变动，是两个独立变量，此时自由度数 $f＝2$。当纯水与其蒸汽处于平衡共存时，由于体系的压力必须等于体系所处温度下水的饱和蒸气压，因而只有一个独立变量，则自由度数 $f＝1$。

7.5.1.4　吉布斯相律公式及其作用

由数学原理可知，当求解的未知数等于独立方程式数时，未知数才有解；当独立方程式数少于未知数时，两者之差等于独立变量数，将其应用于相平衡时则有

$$自由度数（独立变量数）＝总变量数－独立方程式数 \tag{7-16}$$

假设某相平衡体系内有 S 种物质分布于 Φ 个相的每一相中，影响平衡的外界因素有 n 个，则每个相的变量数为 $(S＋n)$ 个，共 Φ 个相，则相平衡体系应有的总变量数为 $\Phi(S＋n)$ 个。

至于相平衡体系中的独立方程式数，根据吉布斯的推导（具体推导从略），共有

$$独立方程式总数＝n(\Phi－1)＋S(\Phi－1)＋\Phi＋R＋R'$$
$$＝(\Phi－1)(n＋S)＋\Phi＋R＋R' \tag{7-17}$$

其中有如因外界因素（如温度、压力等）恒定而出现的独立方程式数，任意一个外界因素就有 $(\Phi－1)$ 个不同相之间温度或压力相等的方程式，有 n 个外界因素就有

$n(\Phi-1)$个这样的等式；还有如相平衡时，若用物质的量分数表示物质在每个相中的浓度，则每个相中必有一个各物质的浓度之和等于 1 的方程式，而 Φ 个相应有 Φ 个方程式等。

综上所述，自由度数（独立变量数）的计算关系式，即吉布斯相律公式（Gibbs phase rule formula）为：

$$自由度数(f)=总变量数-独立方程式总数$$
$$=\Phi(S+n)-[(\Phi-1)(n+S)+\Phi+R+R']$$
$$=S-R-R'+n-\Phi$$
$$=K-\Phi+n \tag{7-18}$$

若不考虑重力场、电场、磁场、表面能等，只考虑温度和压力两个外界因素对相平衡的影响，则 n＝2。此时，描述体系平衡状态所需的独立变量数，即自由度数为

$$f=K-\Phi+2 \tag{7-19}$$

相律只适用于平衡体系，同时适用于多组分多相体系（heterogeneous system）。

【例题 7-6】 求 $NH_4Cl(s)$、$NH_3(g)$、$HCl(g)$平衡体系的自由度。

解 平衡时 $\quad\quad\quad\quad NH_4Cl(s)\Longrightarrow NH_3(g)+HCl(g)$
$$S=3,R=1,R'=0,\Phi=2$$
$$f=(3-1-0)-2+2=2$$

计算结果表明：影响该体系平衡态的独立变量数只有两个，如在 T、p 和气相中的摩尔分数 $x(NH_3)$ 或 $x(HCl)$ 之中，指定 T、p，则气相组成确定，或者指定温度及一个摩尔分数，则体系的总压也就随之而定了。

【例题 7-7】 求 $NH_4Cl(s)$分解产生 $NH_3(g)$、$HCl(g)$平衡体系的自由度。

解 此题因 $NH_3(g)$ 和 $HCl(g)$ 皆由 $NH_4Cl(s)$ 分解产生，故两气体的物质的量相等。因而：

$$S=3,R=1,R'=1,\Phi=2$$
$$f=(3-1-1)-2+2=1$$

在本题所给定的条件下，体系的独立变量数只有一个，如指定温度，则体系的总压及气体分压随之确定；若指定总压，则体系的温度及气体分压也随之确定。

【例题 7-8】 求 $CaCO_3(s)$分解产生 $CaO(s)$、$CO_2(g)$平衡时的自由度。

解 $\quad\quad\quad\quad CaCO_3(s)\Longrightarrow CaO(s)+CO_2(g)$
$$S=3,R=1,R'=0,\Phi=3$$
所以 $\quad\quad\quad\quad f=(3-1-0)-3+2=1$

指定温度则分解压一定，若指定 $p(CO_2)$ 则分解温度一定。这里 $R'=0$，是因为分解产物都是纯物质，不需要用摩尔分数描述体系状态，没有浓度也就不存在浓度限制条件。

必须指出，相律能够用于确定相数或自由度数，但不能确定具体是什么相，或具体是什么独立变量，要具体情况具体分析。

思考题 7-9 小水滴与水蒸气混在一起，彼此都有相同的组成和化学性质，它们属于同一相吗？
思考题 7-10 什么是独立组分数？自由度数是在一定范围内可以独立变化的强度性质数吗？

7.5.2 单组分体系的相平衡

水、乙醇、苯等纯物质，因组分数为 1，称为单组分体系。相律应用于单组分体系，得：

$$f=K-\Phi+2=1-\Phi+2=3-\Phi \tag{7-20}$$

因自由度最小为 $f=0$，据此，可求出单组分平衡体系中最多的共存相数：

$$f=3-\varPhi=0 \quad \varPhi_{\max}=3$$

最大相数为 3，如气、液和固三相共存平衡。又如，对于单组分体系，相数最小为 $\varPhi=1$，此时有最大的自由度数：

$$f=3-\varPhi=3-1 \quad f_{\max}=2$$

即最多有两个自由度，具体来说，就是指温度 T 和压力 p 两个可独立变化的强度性质。

单组分体系中最常见的是气-液、气-固和固-液两相平衡共存的问题。由于此时 $\varPhi=2$，则 $f=1$。这表明两相平衡共存时温度 T 和压力 p 之中只有一个可独立变化，另一个必然与之存在某种函数关系。如气-液、气-固两相平衡共存时就有克劳修斯－克拉佩龙方程。

7.5.2.1 克劳修斯-克拉佩龙方程

若在纯物质体系的两相平衡中有一相是气相，如蒸发或升华过程，假定蒸气可视为理想气体，则可应用温度对化学平衡影响的范特霍夫方程，即式（7-13）：

$$\ln \frac{K_2^{\ominus}}{K_1^{\ominus}}=\frac{\Delta_r H_m^{\ominus}}{R}\left(\frac{T_2-T_1}{T_1 T_2}\right)$$

相平衡可看作化学平衡的一种，如对于水的气-液平衡

$$H_2O(l)\Longleftrightarrow H_2O(g)$$

因而液态水的摩尔蒸发热 $\Delta_{vap}H_m=\Delta_r H_m^{\ominus}$，相平衡的标准平衡常数 $K^{\ominus}=p/p^{\ominus}$。若两个温度 T_1 和 T_2 下液态水的蒸气压分别为 p_1 和 p_2，则 $K_1^{\ominus}=p_1/p^{\ominus}$，$K_2^{\ominus}=p_2/p^{\ominus}$，代入式（7-13），得

$$\ln \frac{p_2}{p_1}=\frac{\Delta_{vap}H_m}{R}\left(\frac{T_2-T_1}{T_1 T_2}\right) \tag{7-21}$$

式（7-21）称为克劳修斯-克拉佩龙方程（Clausius-Clapeyron equation），也即温度 T 和压力 p 的函数关系式。在温度变化范围不太大时，$\Delta_{vap}H_m$ 可视为常数。需要说明的是，实际上，在任何纯物质的蒸发、熔化、升华等两相平衡体系中都存在一个严格的温度和压力的函数关系式，即克拉佩龙方程（Clapeyron equation），克劳修斯-克拉佩龙方程也是由它推导而来的，在此介绍从略。

科学家小传——克拉佩龙

克拉佩龙（B. P. é. Clapeyron，1799—1864），法国物理学家。1799 年 2 月 26 日生于巴黎，1818 年毕业于巴黎综合理工学院，后在国立巴黎高等矿业学校接受工程师训练。1820 年克拉佩龙和朋友加布里埃尔·拉梅前往圣彼得堡执教，指导工程项目。10 年后回国，1833 年两人合写了《均一固体的内部力平衡》，这是最早提到应力张量的文献。克拉佩龙看到了铁路发展的潜力，提出了建设连接巴黎、凡尔赛和圣日耳曼铁路的建议。

1834 年他发表了题为"热的推动力"的报告，扩展了法国工程师卡诺的工作。虽然卡诺已经发展了一种分析热机的方法，但他是用热质说解释的。克拉佩龙则用更简单的图解法，表达了卡诺循环在 p-V 图上是一条封闭的曲线，曲线所围面积等于热机所做的功。

1843 年克拉佩龙进一步发展了可逆过程的概念，给出了卡诺定理的微分表达式。他用这一发现扩展了克劳修斯的工作，建立了计算蒸气压随温度变化的克劳修斯-克拉佩龙方程。他还考虑了相变过程中的连续问题。他对理想气体进行了研究，他把描述气体状态的压强 p、体积 V 和温度 T 归于一个方程，即 $pV=kT$，被称为克拉佩龙方程。

1844 年起，克拉佩龙任巴黎桥梁道路学校教授。1858 年被选为法国科学院院士。1864 年 1 月 28 日在巴黎去世。

7.5.2.2 单组分体系相图

描述多相平衡体系的状态如何随温度、压力、浓度等强度性质的改变而变化，有多种方法，如表格法、解析法和图形法等。其中最为常用而直观的是称为相图（phase diagram）的图形法，相图是根据实验数据，运用几何语言（点、线、面等）来描述体系的状态及其变化的几何图形。通过相图可知平衡体系有哪些相？各相的组成是什么？相数如何随 T、p 和浓度变化？相图在科学研究和生产实践中作用重大，尤其在冶金和化工的分离、提纯、精馏、萃取等过程中更被视为工程师的"地图"。

相图有多种类型。按组分数来分，有单组分体系（monocomponent system）相图、双组分体系（bi-component system）相图、三组分体系（three-component system）相图等；按体系的基本存在相态来分，有气-液平衡相图、液-固平衡相图等。液-固平衡相图也称为凝聚系相图。对于凝聚系，由于受压力的影响很小，可将体系视为压力恒定或无压力变量。

单组分体系 $K=1$，应用相律得 $f=3-\Phi$。若体系为单相，$\Phi=1$，则 $f=2$，称之为双变量体系，即在一定范围内可同时改变温度和压力而保持原相态不变；若体系为两相，$\Phi=2$，则 $f=1$，称之为单变量体系，即在一定范围内只要改变温度（或压力），另一变量压力（或温度）就有相应的确定值，只有这样才能维持两相平衡共存；若体系为三相，$\Phi=3$，则 $f=0$，称之为无变量体系，即温度和压力皆有确定值，改变其中任何一个变量都会导致三相平衡被破坏，从而使体系的相数减少。由于单组分体系最多只能三相平衡共存，最多只能有两个自由度，故其相图可用双变量平面图来表示。图 7-1 是以 T、p 为变量，即以压力为纵坐标、温度为横坐标，通过实验获得的数据绘制而成的水的相图，它是单组分体系中最简单的相图。图中共有三个单相区、三条两相线和一个三相点。

图 7-1 中"冰""水""水蒸气"是三个单相区。在这三个区域内，$\Phi=1$，则 $f=2$，温度和压力都可有限地独立改变，而不引起旧相的消失和新相的形成。体系的状态必须在同时指定温度和压力后，才能完全确定。

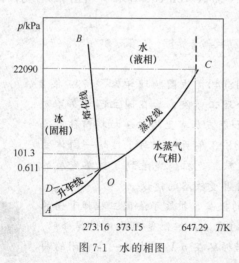

图 7-1　水的相图

图 7-1 中 OA、OB 和 OC 是三条两相平衡共存线，在线上，$\Phi=2$，$f=1$。此时，只有一个独立变量，指定了温度就不能再任意指定压力，二者互为函数。OC 是水蒸气-水的两相平衡共存线，即水在不同温度下的蒸气压曲线。OC 线向上不能任意延长，只能延伸到水的临界点（critical point）$C(647.3\text{K}, 2.209\times10^7\text{Pa})$，在临界点液体的密度与蒸汽的密度相等，液相与气相的界面消失，在此点之上水处于超临界流体状态。OC 线向下延伸则为 OD 线，此时的水为过冷水。OD 线为不稳定的液-气平衡线，因而以虚线表示。由于 OD 线高于 OA 线，故在 273.16K 温度以下，过冷水的饱和蒸气压大于冰的饱和蒸气压，说明此时水的稳定性低于冰的稳定性，因此过冷水处于一种介稳状态，虽可暂时存在一段时间，但只要稍受外界因素干扰（如搅动或放入晶种），便会立刻转化为更稳定的冰形式。OA 线为固-气两相平衡共存线，即冰的升华曲线，也称冰的蒸气压曲线。OA 线向上不能超过 O 点，因为不存在过热的冰。OA 线向下可延伸到热力学零度附近。OB 线为固-液两相平衡共存线，称为冰的融化（或熔点）曲线，即固-液两相蒸气压相等的曲线。OB 线同样不能向上无限延伸，

大约在 2.027×10^8 Pa、253.2K 左右开始，会有多种不同晶型的冰生成，相图呈现复杂情况。此外，OB 线向下也不能低于 O 点。

图 7-1 中 O 点是 OA、OB 和 OC 三条曲线的交点，即冰、水、水蒸气三相共存的平衡点，故称三相点 (triple point)。在此点上，$\Phi = 3$，$f = 0$，温度和压力都有唯一的确定值，分别为 273.16K（0.01℃）和 0.6106kPa。通常所说的冰点是水的正常冰点，温度和压力分别为 273.15K（0℃）和 101.325kPa，这个冰点的概念与三相点的概念并不一样。三相点涉及的是严格的单组分体系，它是水在自身蒸气压下的凝固点。而冰点是水暴露于空气中并被空气所饱和的体系在空气总压下的凝固点，实际上冰点涉及的是一个多组分的稀溶液体系。由于水中溶解了空气，将使之变成浓度为 0.00130mol·kg^{-1} 的稀溶液，凝固点将下降 0.0023K，加之压力从 0.6106kPa 增大到 101.325kPa，又会使凝固点下降 0.0075K，所以二者之和约为 0.01K，即暴露在空气中的水在总压为 101.325kPa 下的凝固点（即冰点）将比纯水的凝固点（即三相点）降低 0.01K，即为 273.15K（0℃）。

单组分体系中 CO_2 的相图具有实用价值，它的点、线、面与水的相图类似，只不过数值不同。如 CO_2 三相点的温度和压力分别为 216.8K 和 517.8kPa。由于其三相点的压力远在 101.325kPa 之上，故在 101.325kPa 时，只存在固-气平衡，干冰（固态 CO_2）如果受热将直接升华为蒸气而不会熔化为液体。要获得液态的 CO_2 必须加压，压力要在 517.8kPa 以上，如温度在 298.15K 时，压力要大于 6788.8kPa，才能形成液态 CO_2。又如，CO_2 临界点的温度和压力分别为 304.2K 和 7376.5kPa，比水的临界常数（647.3K，2.209×10^7Pa）要小得多，使之可以应用到实际工作中。处于超临界流体状态的 CO_2，兼有液体和气体的双重特性，其黏度近于气体，扩散能力是一般液体的数倍，因而传质速度快，加上其密度近于液体，因而又具有很强的溶解能力。尤其重要的是，超临界 CO_2 无毒、无味、惰性、价廉，可用来在常温、高压和无氧条件下从天然产物中萃取中药的有效成分等，同时又可高压灭菌、循环利用。因此，CO_2 超临界流体萃取分离技术是一种前景广阔的绿色化学工艺。

思考题 7-11 纯水在三相点处，自由度为零。在冰点处，自由度是否也等于零？临界点的自由度数为多少？

思考题 7-12 水的相图对于进一步认识稀溶液的凝固点下降和沸点上升有何意义？

7.5.3 双组分体系相图及其应用

对于双组分体系，$K = 2$，应用相律得 $f = K - \Phi + 2 = 4 - \Phi$。当 $f = 0$ 时，双组分平衡体系有最多的共存相数，$\Phi = 4$。若体系为单相，$\Phi = 1$，则有最大的自由度数 $f = 3$。也就是说，描述双组分体系通常需要三个独立变量，即温度 T、压力 p 和组成（浓度）。这样必须由三维坐标表示，其相图为一个空间立体形状。但在生产实践中，为了方便绘制和使用，通常在三个变量中固定一个，其他两个变量用两维的平面图（相当于立体图的截面图）来表示。即

固定 T：绘制 p-x 图，即蒸气压-组成图；

固定 p：绘制 T-x 图，即温度-组成图；

固定 x：绘制 p-T 图，即蒸气压-温度图。

其中常用的是 p-x 图和 T-x 图。因双组分体系种类繁多，本节仅简介双组分气-液和固-液体系，具体包括完全互溶的双液系的 p-x 图、T-x 图（又称沸点-组成图）和固相完全不互溶的盐水系的 T-x 图（又称熔点-组成图）。它们对于分离提纯具有实质性指导作用或参考意义。

7.5.3.1 双组分气-液体系——理想的完全互溶双液系的相图

两种液体能够以任意比例互相混合溶解，且两组分的行为在全浓度范围内均遵守拉乌尔定律的体系称为理想的完全互溶双液系。如甲醇-乙醇、苯-甲苯等就近似为这种体系。

（1）理想的完全互溶双液系的 $p\text{-}x$ 图

对于一定温度下的理想液体混合物，可应用拉乌尔定律的式（2-8），得

$$p_A = p_A^\circ x_A, p_B = p_B^\circ x_B$$

$$\begin{aligned}
p &= p_A + p_B = p_A^\circ x_A + p_B^\circ x_B\\
&= p_A^\circ(1-x_B) + p_B^\circ x_B\\
&= p_A^\circ + (p_B^\circ - p_A^\circ)x_B
\end{aligned} \tag{7-22}$$

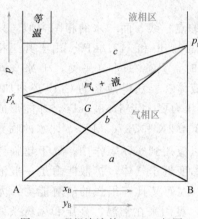

图 7-2 理想溶液的 $p\text{-}x(y)$ 相图

式中，p_A°、p_B° 分别为温度 T 时 A、B 两组分的饱和蒸气压；p 为总压力；x_A、x_B 分别为两组分在溶液中的物质的量分数。显然，在 T 恒定时，$p_A\text{-}x_A$、$p_B\text{-}x_B$、$p\text{-}x_B$ 均为直线关系。若以压力为纵坐标，组成为横坐标，设等温条件下，$p_A^\circ < p_B^\circ$，将上述关系绘入图 7-2 之中，且当 $x_A = 1$ 时，$p_A = p_A^\circ x_A = p_A^\circ$，点落在左纵坐标上，即图中 p_A° 点；当 $x_A = 0$ 时，$p_A = p_A^\circ x_A = 0$，点落在右纵坐标零点上。连接两点获图中 a 直线。同理，依据 $p_B = p_B^\circ x_B$ 和 $p = p_A^\circ + (p_B^\circ - p_A^\circ)x_B$，可分别在图中获得直线 b 和 c。直线 c 是总压与溶液组成的关系线，习惯上称为液相线（liquidus）。由图 7-2 可见，$p_A^\circ < p < p_B^\circ$。

由于 A、B 组分的饱和蒸气压不同，与溶液平衡共存的气相组成是不同于其液相组成的。设 A、B 两液体的蒸气是理想气体混合物，则服从分压定律，设气相组成为 y_A 和 y_B，在气相也有 $y_A + y_B = 1$，即

$$y_A = \frac{p_A}{p} = \frac{p_A^\circ x_A}{p} = p_A^\circ(1-x_B)/p \tag{7-23}$$

$$y_B = \frac{p_B}{p} = p_B^\circ x_B/p \tag{7-24}$$

将 $p = p_A^\circ + (p_B^\circ - p_A^\circ)x_B$ 代入式（7-23）和式（7-24）中，可得 $y_A - x_A$ 或 $y_B - x_B$ 的气相与液相平衡组成之间的关系式。这些关系也可绘入图 7-2 之中，得 G 线，它是与溶液平衡的蒸气组成线，称为气相线（vapor line）。当 $x_A = 1$，$x_B = 0$ 时，$p = p_A^\circ + (p_B^\circ - p_A^\circ)x_B = p_A^\circ$，则根据式（7-24），得 $y_B = 0$；当 $x_A = 0$，$x_B = 1$ 时，$p = p_A^\circ + (p_B^\circ - p_A^\circ)x_B = p_B^\circ$，则根据式（7-24），得 $y_B = 1$，这两点分别落在图中 p_A°、p_B° 点上。

因 $p_A^\circ < p < p_B^\circ$，故 $p_B^\circ/p > 1$，$p_A^\circ/p < 1$，据 $y_A = p_A^\circ x_A/p$ 和 $y_B = p_B^\circ x_B/p$，必有以下结果

$$y_A < x_A, y_B > x_B$$

这说明挥发性不同的两种液体形成理想液态混合物呈气-液平衡时，易挥发组分在气相中的相对含量高于其在液相中的相对含量。表示气相组成点的 G 线，除两端之外，中间不会与表示液相组成点的 c 线重合，且 G 线必在液相线的下方。图 7-2 中气相线 G 线与液相线 c 线两端重合而中间不重合围成的梭形区，即为气-液两相共存区；液相线的上方区域，体系压力高于与液相平衡共存的气相的压力，为液相单相区，液相能稳定存在；气相线的下方区域，体系压力低于与液相平衡共存的气相的压力，为气相单

相区，气相能稳定存在。单相区由于 p-x 图的温度已确定，故 $f=2-\Phi+1=3-\Phi=3-1=2$，即压力和组成在一定范围内为独立变量；两相区 $f=2-\Phi+1=3-\Phi=3-2=1$，即压力、液相组成和气相组成三者中只有一个变量可独立改变。如果气-液两相共存区内的压力确定了，通过连接此压力值的水平线，可使该水平线与气相线、液相线相交，两个交点分别为此压力下体系的气相组成和液相组成的确定值。如果气-液两相共存区内的液相组成确定，通过液相线上液相组成点作水平线分别与纵坐标和气相线相交，则交点分别为此液相组成时体系的总蒸气压和气相组成。

（2）理想的完全互溶双液系的 T-x 图

在生产实际中，一些分离操作在固定压力下进行的情况比较多见，如蒸馏。因此，讨论一定压力 p 下根据实验数据绘制的温度-组成图（T-x 图）更有实用价值。

如恒定压力为 101.325kPa 时，由实验测定不同浓度的溶液在沸腾时液气两相的组成，绘出的理想的完全互溶双液系的 T-$x(y)$ 图，如图 7-3 所示。若 $p_A^\circ < p_B^\circ$，则 A、B 两液态纯物质的正常沸点之间的关系为 $T_A > T_B$。气-液两相的平衡温度则为该 A、B 两组分液体混合物体系（即溶液）的正常沸点，且溶液的蒸气压越高，溶液的正常沸点就越低。因此，此时的 T-x

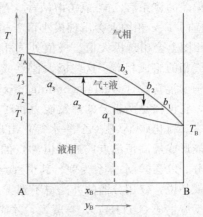

图 7-3　理想溶液的 T-$x(y)$ 相图

(y) 图又称为沸点-组成图。在气-液平衡时，两相温度相等，前面已经介绍，蒸气压高的易挥发组分在气相中的浓度高于其在液相中的浓度，故其在相图中的气相点一定处在其液相点的水平右边。因此，T-$x(y)$ 图中气相组成线（气相线）必定居于液相组成线（液相线）的右上方，由这两条曲线两端重合中间不重合围成的梭形区，也为气-液两相共存区，与 p-x 图相比，形状有些相似，但气相区与液相区、气相线与液相线以及梭形区两端点的位置正好相反。

由图可见，由于 T-x 图的压力已确定，故单相区的 $f=2-\Phi+1=3-\Phi=3-1=2$，即温度和组成在一定范围内为独立变量；两相区 $f=2-\Phi+1=3-\Phi=3-2=1$，即只要沸点温度确定，其液相组成和气相组成便可随之而定。

图 7-3 中 T_1、T_2、T_3 对应的是液相组成 x_B 分别为 a_1、a_2、a_3，气相组成 y_B 分别为 b_1、b_2、b_3 的三种理想溶液的正常沸点。蒸馏或分馏是利用液态混合物在发生相变过程中组分间挥发性的差异而将各组分分离的操作，其原理可运用 T-$x(y)$ 相图进行分析。

若某液态混合物的组成为 a_1，在 101.325kPa 恒定压力下加热，当温度低于 T_1 时，混合物仍然保持液相，组成也无变化，但温度升高到 T_1 时，开始沸腾，混合液部分蒸发，达到气、液平衡后，液相组成 x_B 仍为 a_1，但气相组成 y_B 为 b_1。当温度升高到 T_2 时，液、气相组成 x_B 为 a_2，y_B 为 b_2。显然，$b_2 > a_2$，即气相中易挥发组分 B 的分量比剩下来的液相中 B 的分量要高，且 $a_2 < a_1$，即液相中 B 的分量变小。如果将 B 组分的组成 y_B 为 b_2 的气相冷却到 T_1，发生部分冷凝，这时所余气相中 B 组分的组成 y_B 将升高到 b_1，因为 $b_1 > b_2$。若再次将气相冷凝，如此重复地部分冷凝下去，气相的组成将沿着气相线向纯 B 的方向变化，最终得到易挥发组分 B 的纯气体。另一方面，若将温度达到 T_2、组成 x_B 为 a_2 的液相继续加热到 T_3，仍然部分蒸发，则所余的液中 B 组分组成将减小到 a_3。如此将液相重复地部分蒸发下去，液相中 B 组分会越来越小，也就是说，液相组成将沿着液相线向纯 A 的方向变化，最终可得到难挥发组分 A 的纯液体。可见，采用这种不断反复的部分蒸发和部分冷凝的方法可使 A 和 B 完全分离。

在生产实际中，这种分离是在精馏塔中实现分馏的。在一个多层塔板的精馏塔内，温度由下到上逐渐降低。每层塔板上都同时发生着由下一层塔板上升的蒸气的部分冷凝和由上一层塔板下流的液体的部分蒸发过程，原料液经预热从塔的中部加入，最终上升到塔顶的蒸气几乎全是低沸点组分，即易挥发组分，下降到塔底的液体几乎全是高沸点组分，即难挥发组分，从而达到分离目的。

实际溶液由于不同分子间引力差别较大，溶液的总蒸气压与理想溶液相比总是会出现不同程度的正、负偏差。例如出现正偏差的体系有甲醇-水、四氯化碳-苯等；出现负偏差的体系有乙醚-氯仿溶液等。当偏差很大时，总蒸气压曲线上若出现极大值，则相应的 T-x 相图上会出现极小值。相反，若总蒸气压曲线上出现极小值，则相应的 T-x 相图上会出现极大值。极值处气相线与液相线相切于一点，所对应的溶液相与平衡蒸气相的组成相等。这些极大值点或极小值点称为最高恒沸点或最低恒沸点，溶液称为恒沸混合物（constant boiling mixture）。恒沸混合物并非一种具有确定组成的化合物，它仅仅是两组分的挥发能力暂时均等而已的体现。在 p-x 相图上出现极大值的体系有二硫化碳-丙酮、乙醇-水等；出现极小值的体系有硝酸-水、氯仿-丙酮等。对于这种能形成最高恒沸点或最低恒沸点的双液系，用简单的分馏法，得不到两个分离的纯组分。以乙醇-水体系为例，其恒沸点是 78.15℃，其恒沸混合物组成含乙醇 95.57%。也就是说，仅用分馏的办法得不到无水乙醇，需在 95.57% 的乙醇中加入 CaO，使之与水反应生成 $Ca(OH)_2$，再蒸馏，才能得到。

7.5.3.2 双组分固液体系——固相完全不互溶的盐-水体系相图

因为固体与液体平衡时，其上方的平衡蒸气压很小，对体系的影响就很小，可将体系视为压力恒定或无压力变量，故常将液-固平衡体系称为凝聚系。因此，液-固平衡相图也称为凝聚系相图，它是液-固平衡体系在外压恒定的条件下通过实验获得的温度-组成相图。绘制这种相图常用的实验方法有溶解度法和热分析法。很多情况下，两组分在某一温度某一组成下能形成比两组分单独存在的纯态时的熔点还要低的共熔点混合物，而且两组分的固相完全不互溶，如盐水、某些合金便属于此类双组分体系。在此仅介绍具有最低共熔点的固相完全不互溶的盐-水体系相图。

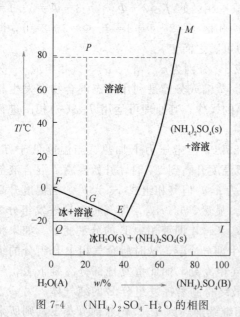

图 7-4　$(NH_4)_2SO_4$-H_2O 的相图

盐-水双组分体系通常采用溶解度法绘制相图。具体方法为：在确定温度下，以过量的某种固态盐加入水中搅拌，部分溶解直至平衡（即水中含盐量不再增加时的固液平衡），测出的溶液中盐的浓度即该温度下盐在水中的溶解度。将不同温度下测定的盐在水中的溶解度数据用温度-组成图表示，即为该盐-水体系的相图。以 $(NH_4)_2SO_4$-H_2O 体系为例（见图 7-4）。

取三个具有代表性组成的不同盐浓度的溶液做降温实验。第一个取盐浓度为零的纯水，液态水降温至 0℃（即 273.15K）时析出冰，呈水的固液平衡，此时对应 $(NH_4)_2SO_4$ 的质量分数为零的一个平衡点，记作 F。温度降至 0℃ 以下时，水立刻全部转变为冰，也就是说，纯水的固液平衡共存温度为一个温度点，即冰点。第二个取含盐量较少、图中 P 点的 $(NH_4)_2SO_4$ 溶液，其质量分数约为 20%，此时为液态单相，从 P 点开始逐渐降温至 G 点时开始析出纯 H_2O 的固体——小冰晶，固-液两相开始平衡共存，根据稀溶液的依数性，溶液的凝固点应比纯水的冰点低，G 点的温度的确低于 F 点的温度。进入两相区 $f=2-\Phi+1=3-\Phi=3-2=1$，即温度是独立变量，可以继续下降。这说明，溶液的凝固点不是一个温度点，而是一个温度范围。实验证明，在固-液共存区，随着温度的不断降低，冰也会不断析出，致使留在液相中的盐浓度会沿着 FGE 线从左往右、从上往下逐渐增大，直到 E 点。此时，刚刚析出的固态盐与固态冰、溶液三相平衡共存。E 点温度为 $-21.8℃$（即 251.35K），$(NH_4)_2SO_4$ 溶液的质量分数为 39.8%。第三个取较高温度下盐浓度接近饱和的溶液，其质量分数略大于 60%，即图中靠近 M 点左上方的某一点，降温至某一值后，将变成 $(NH_4)_2SO_4$ 的饱和溶液，开始析出极少量的纯 $(NH_4)_2SO_4$ 的晶体。测定此温度和相应的溶液浓度，可得一个固态盐与其饱和溶液的两相平衡点 M。进入固-液两相区后，温度可继续下降，在此过程中盐晶体会不断析出，留在溶液中的盐含量即溶液浓度会沿着 ME 线从右往左、从上往下不断减小，直至 $(NH_4)_2SO_4$ 溶液的质量分数为 39.8%。此时温度降至 $-21.8℃$（即 251.35K），体系同样到达 E 点，刚刚析出的固态冰与固态盐、溶液三相平衡共存。

显然，图 7-4 中的 FGE 线，是与固态冰平衡共存的不同浓度溶液的起始凝固点曲线；ME 线则是不同温度下与固态盐平衡共存的饱和溶液曲线或盐的溶解度曲线，它们都是一系列固-液两相平衡点的连接线。E 点即三相点（triple point），对应的温度是溶液所能存在的最低温度，故称之为最低共熔点（the minimum co-melting point）。QEI 线是三相共存线，三相线上 $H_2O(s)$、盐水溶液和 $(NH_4)_2SO_4(s)$ 平衡共存。$FGEM$ 上方为单一液相区；$FGEQF$ 围成的面为冰和溶液的两相共存区；MEI 所围面则是固态盐与其饱和盐溶液两相共存区；QEI 三相线以下的面是两个互不相溶的固态冰和固态盐的两相共存区。

盐-水体系相图在使用结晶法分离和提纯无机盐方面具有重要意义。某些盐-水体系的最低共熔点及其组成见表 7-1。

表 7-1　各种盐-水体系的最低共熔点及其组成

盐	最低共熔点/K	共熔混合物 $w_盐$/%	盐	最低共熔点/K	共熔混合物 $w_盐$/%
NaCl	252.05	23.3	NaBr	245.15	40.3
NaI	241.65	39.0	KCl	262.45	19.7
KBr	260.55	31.3	KI	250.15	52.3
$(NH_4)_2SO_4$	254.85	39.8	$MgSO_4$	269.25	16.5
Na_2SO_4	272.05	3.84	KNO_3	270.15	11.20
$CaCl_2$	218.15	29.9	$FeCl_3$	218.15	33.1

思考题 7-13　能否用市售烈性白酒经反复蒸馏而制取 100% 的纯乙醇？

思考题 7-14　运用盐水相图解释海上浮冰是淡水的来源之一？海水中 NaCl 的质量分数至少低于多少？

───────── 复习指导 ─────────

掌握：反应商与标准平衡常数的表示法；标准平衡常数与标准吉布斯自由能变的关系式；预测反应方向、确定反应限度等标准平衡常数的应用。

熟悉：化学平衡的基本特征；化学反应等温方程式；温度对化学平衡影响的范特霍夫方程；相、独立组分数、自由度的概念；水的相图。

了解：多重平衡与偶合反应；浓度、压力对化学平衡移动的影响；相律；理想的完全互溶双液系的相图；固相完全不互溶的盐-水体系相图。

英汉词汇对照

化学平衡　chemical equilibrium

化学反应等温方程式　chemical reaction isotherm equation

标准平衡常数　normal equilibrium constant

实验平衡常数　experimental equilibrium constant

偶合反应　coupling reaction

范特霍夫方程　J. H. van't Hoff equation

固溶体　solid solution

独立组分数　number of independent component

独立的化学平衡数　the number of independent chemical equilibrium

独立浓度限制数　independent concentration limit)

克劳修斯-克拉佩龙方程　Clausius-Clapeyron equation

相图　phase diagram

双组分体系　bi-component system

临界点　critical point

液相线　liquidus

恒沸混合物　constant boiling mixture

动态平衡　kinetic equilibrium

反应商　reaction quotient

可逆反应　reversible reaction

多重平衡　multiple equilibrium

化学平衡的移动　shift of chemical equilibrium

自由度　degree of freedom

物种数　species number

自由度数　number of degrees of freedom

相律　phase rule

吉布斯相律公式　Gibbs phase rule formula

多相体系　heterogeneous system

单组分体系　monocomponent system

三组分体系　three-component system

三相点　triple point

气相线　vapor line

最低共熔点　the minimum co-melting point

化学史话

普里高津与耗散结构论

普里高津（I. Prigogine），比利时物理化学家。1917 年 1 月 25 日生于莫斯科。1934 年进入布鲁塞尔大学攻读化学，1941 年获博士学位。1947 年任该校教授。1977 年荣获诺贝尔化学奖。2003 年 5 月 28 日病逝。

普里高津从小兴趣广泛，对历史、考古学、文学和音乐都有所涉猎。17 岁时，当他看到一本关于"大脑的化学组成"一书后，决心献身化学。普里高津对非平衡态热力学的探索热情是被他的大学老师对热力学第二定律的独特理解所激发的。该定律的中心内容是判断自发变化的方向和限度，并认为，在孤立体系中不可逆过程的发生必然是熵增加过程，最终达到平衡态，表现为从有序到无序。大千世界，难道所有的变化都是如此吗？普里高津发现生物体系就不一样，人类从细胞到胚胎，通过摄取营养变成有序的大分子蛋白质，进而形成耳朵、眼睛、四肢等高度对称的结构。达尔文（C. R. Darwin）也在生物进化论中，用大量事实说明，从生命的低级形式到高级形式，生物世界是不断地趋于有序。生物进化与热力学第二定律之间为什么存在如此巨大的鸿沟呢？普里高津萌生了要弄清其中缘由的想法，试图寻找内在的统一规律。

这是一个极其大胆的想法，在此之前的经典热力学毕竟应用了百余年，它主要研究平衡态的性质，而自然界的生物体系多为开放的、非平衡的。因此，开展非平衡态热力学研究是普里高津确定的行动方向。但他深知从事这样的科学研究单枪匹马不行，必须组织跨学科小组，这就是布鲁塞尔学派形成的由来。

他们首先对生物界进行了研究，发现存在一种自组织现象。比如，蜜蜂的单独行为似乎是随机的，但蜜蜂王国的协同作用却能完成结构精巧的蜂巢。其他生物系统也表现出这种特征。这说明在一定条件下，低级的、无序的相互作用会自发地组织成高级的、有序的运动。这是热力学第二定律解释不了的。

无生命世界是否也存在类似的现象呢？法国科学家贝纳德的流体实验引起了普里高津的兴奋，贝纳德将一层液体的上下各跟一块恒温热源板接触，然后逐渐加大两板的温度差，相当于将液体不断地推向远离平衡的状态。结果发现，当温差大于某一临界值时，液体原来的静止热传导状态被突然打破，出现了对流现象，即液体分子突然被组织起来进行统一的有序运动，这实质上也是一种自组织现象。接下来，他发现激光也是一种自组织现象。化学领域他也找到了，尤以 1959 年苏联化学家发现的 BZ 振荡反应令人信服。在铈离子的催化下，溴酸钾氧化柠檬酸时，会产生浓度振荡现象。用肉眼就能观察到铈离子浓度的周期性变化，因为 Ce^{4+} 是黄色的，而 Ce^{3+} 是无色的，黄色隔一段时间准时出现，就像钟表一样，因此被称为"化学钟"。

普里高津以博学的思想、敏锐的眼光抓住"化学钟"这一典型事例进行研究，发现振荡反应也是高度有序的。他和同事奋斗了二十多年，终于在 1969 年查明了自组织现象形成的条件：开放体系，远离平衡态，有反馈存在，并提出了耗散结构论。耗散结构是指远离平衡态的开放、稳定而有序的物质体系。

耗散结构论认为：任何体系，在平衡态附近时，如果没有与外界的物质或能量交换的话，那么它以后的发展过程就会受制于热力学第二定律，逐步趋向平衡态。可是，在远离平衡态的条件下，体系与外界既有物质流又有能量流的交换，则它的发展过程可以经受突变，导致新的结构形成和有序度的增加，即自组织现象的产生，进入完全不同的新状态。为了维持这种定态，必须不断地对体系做功，耗散能量。

根据普里高津的理论，一个复杂体系不能只看作是许多很小的基本单元的简单组合，尤其在生物体系中，如反馈、自组织、自催化等现象的产生，其体系内各个部分的联系机制和相互作用，从数学角度看，具有非线性特点。正是这种非线性的相干机制，导致大量粒子的协同动作、突变而产生有序结构，从而使一个远离平衡态的开放体系具有简单体系所不具有的惊人功能，如激光的形成、化学钟的产生和生命现象等。

今天已经知道，无论是整个生物圈，还是它的组成部分，都远离平衡态。在这个意义上，生命正是自组织现象的最高表现。如人体，一个相对稳定的开放体系，所接受的与所输出的，接近于相等。因此，人体可保持一定的温度，与外界有一个温度差。此外，人体所摄入的食物，往往是有序度较高的有机物，如肉类、蔬菜等，而排泄出去的则大多是经过体内消化的终产物，是一些有序度更低的小分子。这样，就等于引入了负熵流，即流入的熵小于流出的熵，构成了人类生存和发展的基本条件。当不再能够引入负熵流时，人体处于近平衡态或临终状态。普里高津从讨论化学平衡向化学非平衡的转变入手，是对化学思想方法的重大发展。传统的观念是反应达到化学平衡以后，反应物和产物的浓度都不再随时间而变。但普里高津等从中看出了问题，他们指出，反应在开放体系中则完全是另一个样子，通过控制物质流同样可以创造条件，使体系达到一种状态，即反应物和产物的浓度都不再随时间而变，但它们之间的浓度比例再也不是由平衡常数决定，这种状态是一种"非平衡定态"，可以在物质或能量的流入或流出中，建立一种新的秩序（宏观上的有序结构等）。耗散结构论不仅对自然科学，如物理、化学、农学、工程技术，而且对生命科学，如医学、生物学，甚至对社会科学，如哲学、经济学、社会学等诸多领域都有应用价值。

习　题

1.写出下列反应的标准平衡常数 $K^{\ominus}$ 的表达式：

(1) $CH_4(g) + H_2O(g) \rightleftharpoons CO(g) + 3H_2(g)$

(2) $C(s) + H_2O(g) \rightleftharpoons CO(g) + H_2(g)$

(3) $2MnO_4^-(aq) + 5H_2O_2(aq) + 6H^+(aq) \rightleftharpoons 2Mn^{2+}(aq) + 5O_2(g) + 8H_2O(l)$

(4) $VO_4^{3-}(aq) + H_2O(l) \rightleftharpoons [VO_3(OH)]^{2-}(aq) + OH^-(aq)$

(5) $2NO_2(g) + 7H_2(g) \rightleftharpoons 2NH_3(g) + 4H_2O(l)$

2.已知下列反应

$$2SO_2(g) + O_2(g) \rightleftharpoons 2SO_3(g)$$

在 800K 时，$K^\ominus = 910$，试求 900K 时此反应的 $K^\ominus$。假设温度对此反应的 $\Delta_r H_m^\ominus$ 的影响可以忽略。

3. 在一定温度下，二硫化碳能被氧氧化，其反应方程式与标准平衡常数如下：

(1) $CS_2(g) + 3O_2(g) \rightleftharpoons CO_2(g) + 2SO_2(g)$ $K_1^\ominus$

(2) $1/3CS_2(g) + O_2(g) \rightleftharpoons 1/3CO_2(g) + 2/3SO_2(g)$ $K_2^\ominus$

试确立 $K_1^\ominus$、$K_2^\ominus$ 之间的定量关系。

4. 光气（又称碳酰氯）的合成反应为：$CO(g) + Cl_2(g) \rightleftharpoons COCl_2(g)$，100℃下该反应的 $K^\ominus = 1.50 \times 10^8$。若反应开始时，在 1.00L 容器中，$n_0(CO) = 0.0350 \text{mol}$，$n_0(Cl_2) = 0.0270 \text{mol}$，$n_0(COCl_2) = 0.0100 \text{mol}$，试通过计算反应商判断反应方向，并计算平衡时各物种的分压。

5. 蔗糖的水解反应为：

$$C_{12}H_{22}O_{11} + H_2O \rightleftharpoons C_6H_{12}O_6(葡萄糖) + C_6H_{12}O_6(果糖)$$

若在反应过程中水的浓度不变，试计算

(1) 若蔗糖的起始浓度为 $a \text{ mol} \cdot L^{-1}$，反应达到平衡时，蔗糖水解了一半，$K^\ominus$ 应为多少？

(2) 若蔗糖的起始浓度为 $2a \text{ mol} \cdot L^{-1}$，则在同一温度下达到平衡时，葡萄糖和果糖的浓度各为多少？

6. 具有生化重要性的乙酰辅酶 A（CoA）的水解反应在活细胞中是放能反应，水解反应式为

$$乙酰 CoA + H_2O \rightleftharpoons CH_3COO^- + H^+ + CoA$$

已知 298.15K 时 $\Delta_r G_m^\ominus = -15.48 \text{kJ} \cdot \text{mol}^{-1}$。试计算 298.15K 时，当溶液 pH = 7，CH_3COO^-、CoA 和乙酰 CoA 的浓度均为 $0.01 \text{mol} \cdot L^{-1}$ 时反应的吉布斯自由能变。

7. 肌红蛋白（Mb）是存在肌肉组织中的一种缀合蛋白，具有携带 O_2 的能力。肌红蛋白的氧合作用为

$$Mb(aq) + O_2(g) \rightleftharpoons MbO_2(aq)$$

在 310.15K 时，反应的标准平衡常数 $K^\ominus = 7.9 \times 10^{-3}$，试计算当 O_2 的分压为 5.3kPa 时，氧合肌红蛋白（MbO_2）与肌红蛋白的浓度比值。

8. 已知反应 $C(s) + CO_2(g) \rightleftharpoons 2CO(g)$ 在温度为 1040K 和 940K 时的标准平衡常数分别为 4.6 和 0.50。试通过计算判断上述反应是吸热反应还是放热？并求 $\Delta_r H_m^\ominus$、$\Delta_r S_m^\ominus$ 和 940K 时的 $\Delta_r G_m^\ominus$。

9. 什么是独立组分数？独立组分数与物种数有何区别和联系？

10. 试以 NaCl 和水构成的体系为例说明体系的物种数可以随考虑问题的出发点和处理方法而有所不同，但独立组分数却不受影响。

11. "单组分体系的相数一定少于多组分体系的相数，一个平衡体系的相数最多只有气、液、固三相。"这个说法是否正确？为什么？

12. 什么是自由度？自由度数是否等于体系状态的强度变量数？如何理解自由度为零的状态？

13. 二液体组分若形成恒沸混合物，试讨论在恒沸点时组分数、自由度数和相数各为多少？

14. 试计算下列平衡体系的自由度数：

(1) 298.15K、101325Pa 下固体 NaCl 与其水溶液平衡；

(2) NaCl(s) 与含有 HCl 的 NaCl 饱和溶液。

15. 固体 NH_4HS 和任意量的 H_2S 及 NH_3 气体混合物组成的体系按下列反应达到平衡：

$$NH_4HS(s) \rightleftharpoons NH_3(g) + H_2S(g)$$

(1) 求该体系组分数和自由度数；

(2) 若将 NH_4HS 放在一抽空容器内分解，平衡时，其组分数和自由度数又为多少？

16. 已知 $Na_2CO_3(s)$ 和 $H_2O(l)$ 可形成的水合物有三种：$Na_2CO_3 \cdot H_2O(s)$、$Na_2CO_3 \cdot 7H_2O(s)$ 和 $Na_2CO_3 \cdot 10H_2O(s)$，试问：

(1) 在 101325Pa 下，与 Na_2CO_3 水溶液及冰平衡共存的含水盐最多可有几种？

(2) 在 293.15K 时，与水蒸气平衡共存的含水盐最多可有几种？

（中南大学 王一凡）

第7章 习题解答

第8章

化学反应速率

本章主要讨论化学反应速率的表示法及其重要的影响因素——物质浓度、体系温度和催化剂，同时简介化学反应速率理论，建立反应机理概念。

8.1 化学动力学简介

化学热力学主要从相对静止的角度来探讨化学反应的规律性。如研究化学反应在指定条件下的能量效应、自发进行的方向和限度，采用的方法是状态函数法，往往只涉及体系在两个平衡态之间状态函数的差值。尽管化学热力学能预测反应发生的可能性，但并不考虑其反应实际上是否发生、具体经过什么样的途径发生以及完成反应所需的时间，也就是说，无法解决化学反应速率和反应机理的问题。譬如，下列反应

化学动力学简介

$$H_2(g) + \frac{1}{2}O_2(g) \longrightarrow H_2O(l) \qquad \Delta_r G_m^\ominus (298K) = -237.13 kJ \cdot mol^{-1}$$

从化学热力学的角度看，其标准自由能变是一个绝对值很大的负值，在298.15K，标准状态下，这个反应可以正向自发进行。但实际上，在上述给定的条件下将氢气与氧气放在一起几乎观察不出任何反应现象。之所以如此，是因为在上述条件下，该反应的速率太慢了，其实际效果就等于没有发生。在生产实践中，化学反应速率恰恰是决定生产效率和成本的重要因素，而反应所经历的途径也必然会对反应完成的时间产生影响。因此，研究反应速率和反应机理，找到实现反应的条件，才能使化学热力学预测的自发反应真正得以实现。如上例中的反应，在反应温度上升到500℃时，只需2h就能完成，如果温度高于700℃，则将以爆炸的方式瞬间完成。

任何化学反应都会遇到反应速率和反应机理的问题，这类问题也是化学反应的基本问题，属于化学动力学的研究范畴。化学动力学（chemical kinetics）就是研究反应速率及其影响因素的作用规律和反应机理的科学。近年来，化学学科取得巨大发展的重要标志之一是从静态到动态的深入，也就是说，化学动力学越来越受到人们的重视。与化学热力学不同，化学动力学是用绝对运动观点去探讨化学反应的规律性。从这种意义上说，化学动力学就是动态化学，是专门研究化学反应的发生、发展和消亡的科学。

化学动力学已有近三百年的历史，但真正的定量和系统研究是从提出质量作用定律的19世纪中叶开始的，随后在研究温度对反应速率影响的过程中所得出的阿伦尼乌斯方程及其对活化能的合理分析和解释，为化学动力学理论研究的发展奠定了坚实的基础。借助分子运动理论、统计力学和量子力学的研究方法，化学家又先后建立了碰

撞理论模型和过渡态反应速率模型。20 世纪 80 年代以来，由于许多强有力的先进科学仪器和分析技术的出现，化学家在分子水平上研究化学动力学问题已有了突破性进展。目前，利用激光技术、高速计算机、傅里叶变换红外光谱、离子回旋加速器共振技术、交叉分子束以及同步辐射源等技术，人们已经能够跟踪化学变化的瞬态过程。如在最接近反应实际的分子水平——"态-态"水平上考察反应物分子的单次碰撞，由此促成了分子反应动态学的建立，使化学动力学从宏观时期进入微观反应动力学时期。1986 年，美籍华人李远哲等因交叉分子束研究获得诺贝尔化学奖。现在，对于瞬态物种如介于反应物和产物之间的反应中间体、自由基，甚至人类最早掌握的瞬间反应——燃烧的全过程，化学家采用超短脉冲激光技术都能在比其存在寿命还要短的时间内（往往是飞秒水平）去"拍照"记录，美籍埃及人泽维尔（A. H. Zewail）就因开创飞秒化学技术成功实现研究单个原子的运动过程而荣获 1999 年诺贝尔化学奖。

科学家小传——泽维尔

泽维尔（A. H. Zewail，1946—2016）著名物理化学家。

美国、埃及双重国籍。1946 年 2 月 26 日生于埃及，1967 年毕业于埃及亚历山大大学，后在美国亚历山德里亚大学获得理工学士和硕士学位；1974 年在宾夕法尼亚大学获得博士学位。1976 年起在加州理工学院任教，1990 年任化学系主任。他生前是美国科学院、美国哲学院、第三世界科学院、欧洲艺术科学和人类学院等多家科学机构的会员。20 世纪 80 年代，泽维尔教授做了一系列试验，他用当时世界上最快的激光闪光照相机拍摄到一百万亿分之一秒瞬间处于化学反应中的原子的化学键断裂和新形成的过程，以及反应中一次原子振荡的图像，成功实现研究单个原子的运动过程，为整个化学界带来了革命。这种技术被称为飞秒化学。飞秒是一秒的千万亿分之一。1999 年，他因开创飞秒化学技术而荣获诺贝尔化学奖，也是首位获得诺贝尔科学类奖的阿拉伯人。2016 年 8 月 2 日逝世。

化学动力学的发展与生命科学、医学的关系十分密切。如通过临床上药物代谢的机制研究，常常希望药物作用达到速效或长效，速效感冒胶囊、长效青霉素就是基于这样的目的研制出来的；又如，口腔补牙材料的固化，固定骨折用的石膏绷带的硬化等问题；再者，对于探讨衰老机制等具有很重要的意义的体内瞬态物种——氧自由基的研究等。这些研究都受到化学动力学的重要影响。当然，另一方面，生物医学对化学动力学也具有推动作用，如生物模拟、仿生化学为寻找能用于工业化的新型催化剂——人工酶等开辟了广阔的前景。

> **思考题 8-1** 化学动力学主要解决化学中的哪些问题？它必须以化学热力学的研究为基础吗？
> **思考题 8-2** 化学动力学目前已进入什么发展阶段？本章将主要讨论属于哪个阶段的内容？

8.2 化学动力学基本术语

8.2.1 总包反应、元反应与态-态反应

化学动力学探讨的对象是化学反应，而化学反应大致可分为总包反应、元反应和

态-态反应三个层次。

通常所见到的化学反应方程式，就是总包反应（overall reaction），其计量方程的形式，即化学反应的计量方程式，十分简单。如溴化氢合成的总包反应计量方程如下：

$$H_2 + Br_2 \longrightarrow 2HBr$$

而它实际上是由如下一系列元反应所构成的：

$$Br_2 \longrightarrow 2Br$$
$$Br + H_2 \longrightarrow HBr + H$$
$$H + Br_2 \longrightarrow HBr + Br$$
$$H + HBr \longrightarrow H_2 + Br$$
$$2Br \longrightarrow Br_2$$

化学动力学
基本术语

元反应（elementary reaction）是宏观上从反应物到产物能一步完成的化学反应，过程中没有稳定的中间产物。从本质上讲，具有统计平均的性质。而每一个元反应又由许许多多的态-态反应（state-to-state reaction）所构成。所谓态-态反应是指参与反应的化学粒子和生成的化学粒子因微观物理化学性质有所不同而定义的微观层次的反应，它是在分子水平和量子状态上研究指定能态粒子之间反应规律的。尽管同一元反应中有不同的态-态反应，即这些粒子的微观量子状态有所不同或者说在分子水平上略有差异，但它们的宏观性质是相同的，都可以用同一元反应方程式来表达。

本章仅在总包反应和元反应这两个层面上来讨论化学动力学问题。

总包反应分为简单反应和复杂反应两种类型。只包含一个元反应的总包反应称为简单反应（simple reaction）；包含多个元反应的总包反应称为复杂反应（complex reaction），换句话说，它是从反应物到产物分多步完成的反应，整个过程中有稳定的中间产物。可以说，简单反应就是某个元反应，但元反应不能说成是简单反应，如复杂反应中的元反应就不能这样说。

8.2.2　反应机理

从总包反应的层面看，反应机理（reaction mechanism）是由实现化学反应的各步元反应所组成的过程。简单地说，就是化学反应所经历的途径。前述的溴化氢合成反应的机理包含 5 个元反应，它们就是该反应的机理。再譬如，五氧化二氮的分解反应为：

$$2N_2O_5 \longrightarrow 4NO_2 + O_2$$

其反应机理如下：

$$N_2O_5 \longrightarrow NO_3 + NO_2 （慢反应）$$
$$2NO_3 \longrightarrow 2NO_2 + O_2 （快反应）$$

这两步都是元反应，其中慢的那一步称为速率控制步骤（rate-determining step），也即，该复杂反应的速率取决于慢的元反应速率。或者说，这步慢反应限制了整个复杂反应的速率。

对于总包反应来说，反应速率是其表观，反应机理则是其实质，两者互为表里，共同构成总包反应动力学的主要内容。

8.2.3　均相反应与多相反应

均相反应（homogeneous reaction）就是在同一相中进行的化学反应。如：

$$2ICl(g) + H_2(g) \longrightarrow I_2(g) + 2HCl(g)$$
$$HCl(aq) + NaOH(aq) \longrightarrow NaCl(aq) + H_2O(aq)$$

均为常见的均相反应。而人体内发生的化学反应大多数也是在水溶液中进行的均相反应。

多相反应（heterogeneous reaction）就是反应物和产物并不处于同一相的化学反应。如：

$$C(s)+O_2(g)\longrightarrow CO_2(g)$$
$$Zn(s)+2HCl(aq)\longrightarrow ZnCl_2(aq)+H_2(g)$$

在多相反应中，化学反应在相与相界面上发生，其反应速率除受物质本性、浓度、温度、压力等因素的影响外，还与界面的大小、扩散速率和传质速率等多种因素有关，比均相反应的情况更复杂。日常生活中有不少多相反应加快的例子。如木材的燃烧反应，木屑比木块易燃，鼓风则柴火更旺。

因多相反应的速率情况复杂，本章将主要讨论情况较为简单的均相反应的速率问题。

8.2.4 化学反应速率的表示

化学反应速率的表示

不同化学反应的速率是极不相同的，有的很快，如酸碱反应、血红蛋白与氧结合的生化反应可在飞秒级的时间内完成；有的则很慢，如某些放射性元素的衰变反应需要亿万年的时间。因此，如何来表示化学反应速率是非常重要的。

化学反应速率（rate of chemical reaction）是衡量化学反应过程进行快慢的量度。即反应体系中各物质的数量随时间的变化率。

8.2.4.1 以反应进度随时间的变化率定义的反应速率

若整个反应用一个统一的速率来表示，则称之为反应速率 v，其定义为：单位体积内反应进度（ξ）随时间的变化率。即

$$v=\frac{1}{V}\frac{\mathrm{d}\xi}{\mathrm{d}t} \tag{8-1}$$

式中，V 为反应体系的体积。对于任一个化学反应计量方程式，则有

$$\mathrm{d}\xi=\frac{\mathrm{d}n_B}{\nu_B} \tag{8-2}$$

式中，n_B 为 B 的物质的量；ν_B 为 B 的化学计量数；ξ 的单位为 mol。若化学反应在恒容恒温条件下进行，则 B 的物质的量浓度为 $c_B=\dfrac{n_B}{V}$，故

$$v=\frac{1}{V}\frac{\mathrm{d}n_B}{\nu_B\mathrm{d}t}=\frac{1}{\nu_B}\frac{\mathrm{d}c_B}{\mathrm{d}t} \tag{8-3}$$

在溶液中进行的化学反应 $a\mathrm{A}+d\mathrm{D}=\!\!=\!\!=e\mathrm{E}+f\mathrm{F}$ 可看作恒容反应，则该反应的统一速率为：

$$v=-\frac{1}{a}\frac{\mathrm{d}c_A}{\mathrm{d}t}=-\frac{1}{d}\frac{\mathrm{d}c_D}{\mathrm{d}t}=\frac{1}{e}\frac{\mathrm{d}c_E}{\mathrm{d}t}=\frac{1}{f}\frac{\mathrm{d}c_F}{\mathrm{d}t} \tag{8-4}$$

v 为整个反应的速率，这种以反应进度随时间的变化率定义的反应速率，一个反应只有一个值，与反应体系中选择何种物质表示反应速率无关，但与化学反应计量方程式的写法有关。

8.2.4.2 以指定物种浓度随时间的变化率定义的组分速率

由于反应物或产物的量分别随反应时间的推移减少或增加，各不相同。因此，习惯上又将恒容条件下反应体系中某指定物种 B 的浓度随时间的变化率所定义的反应速率称为组分速率（component velocity），以符号 v_B 表示。组分速率对同一化学反应可有多个值，即

对于任一反应物，v_B 表示为：

$$v_B=-\frac{\mathrm{d}c_B}{\mathrm{d}t} \tag{8-5}$$

对于任一产物，v_B 表示为：

$$v_B = \frac{dc_B}{dt}$$

(8-6)

式（8-5）和式（8-6）中之所以有正负号之分，是因为反应速率没有负值，而反应物的浓度一般是减小的，dc_B 为负值；产物的浓度一般是增大的，dc_B 为正值。如合成氨的反应

$$N_2(g) + 3H_2(g) \Longrightarrow 2NH_3(g)$$

在同一时刻，各组分速率之间的关系为：

$$\frac{1}{1}v[N_2(g)] = \frac{1}{3}v[H_2(g)] = \frac{1}{2}v[NH_3(g)]$$

$$-\frac{1}{1}\frac{dc_{N_2}}{dt} = -\frac{1}{3}\frac{dc_{H_2}}{dt} = \frac{1}{2}\frac{dc_{NH_3}}{dt}$$

(8-7)

组分速率是反应体系中各物质的浓度随时间的变化率，量纲为"浓度·时间$^{-1}$"。其中浓度用 $mol \cdot L^{-1}$ 表示，而时间则可用 s（秒）、min（分）、h（小时）、d（天）、a（年）等表示。

对绝大多数反应而言，反应速率随反应时间的推进而不断变化，开始时较快，然后逐渐减慢。而反应速率是通过实验测定在一定的时间间隔内某反应物或某产物浓度的变化来确定的。因此，反应速率又有平均速率和瞬时速率之分。式（8-3）、式（8-5）和式（8-6）都是瞬时速率。

8.2.4.3 平均速率和瞬时速率

以过氧化氢的分解反应为例。室温时含有少量 I^- 的情况下，过氧化氢（H_2O_2）水溶液的分解反应为：

$$H_2O_2(aq) \xrightarrow{I^-} H_2O(l) + \frac{1}{2}O_2(g)$$

由实验测定氧气的量，便可计算 H_2O_2 浓度的变化。若有一份浓度为 $0.80 mol \cdot L^{-1}$ H_2O_2 溶液（含有少量 I^-），在分解过程中其浓度随时间变化的曲线如图 8-1 所示。在反应开始的第一个 20min 内，H_2O_2 的浓度降低较快，$\Delta c = 0.40 mol \cdot L^{-1} - 0.80 mol \cdot L^{-1} = -0.40 mol \cdot L^{-1}$；在第二个 20min 内，$H_2O_2$ 的浓度降低变慢，$\Delta c = 0.20 mol \cdot L^{-1} - 0.40 mol \cdot L^{-1} = -0.20 mol \cdot L^{-1}$；每个考察浓度变化的时间间隔 $\Delta t = 20min$ 相同，随着反应继续，H_2O_2 浓度降低的幅度将减少。

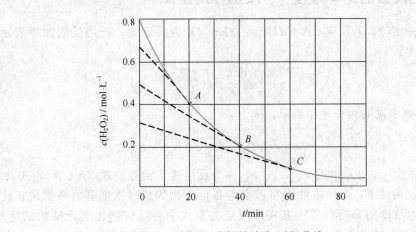

图 8-1　H_2O_2 分解的浓度-时间曲线

因此，每一个 20min 内的反应速率仅表示这个 20min 间隔内的平均速率（average rate）用符号 $\bar{v}$ 表示。即

$$\overline{v} = -\frac{\Delta c(H_2O_2)}{\Delta t} \tag{8-8}$$

因此，第一个 20min 内的平均速率

$$\overline{v} = -\frac{-0.40 \text{mol} \cdot L^{-1}}{20 \text{min}} = 0.020 \text{mol} \cdot L^{-1} \cdot \text{min}^{-1}$$

第二个 20min 内的平均速率

$$\overline{v} = -\frac{-0.20 \text{mol} \cdot L^{-1}}{20 \text{min}} = 0.010 \text{mol} \cdot L^{-1} \cdot \text{min}^{-1}$$

当然，平均速率并不能确切地表示过氧化氢分解的真实速率，必须用瞬时速率 (instantaneous rate) 的概念来表示反应进程中任一时刻的反应速率。

瞬时速率就是将平均速率中的时间间隔缩短，令 Δt 趋近于零时的速率。若开始设第 20min 为 t_1 时刻，t_1 之后设一个 t_2 时刻，则 t_1 时刻的瞬时速率为 t_2 无限接近于 t_1 时的速率，即

$$v = \lim_{t_2 \to t_1} \overline{v} = \lim_{\Delta t \to 0} \left[-\frac{\Delta c(H_2O_2)}{\Delta t} \right] = -\frac{dc(H_2O_2)}{dt} \tag{8-9}$$

化学反应的瞬时速率可通过作图法求得。如上述在第 20min 时 H_2O_2 分解的瞬时速率，可在图 8-1 的曲线上找到对应于第 20min 时的 A 点，求出曲线上 A 点切线斜率的负值即是。

思考题 8-3 在反应速率的几种表示中能表达真实情况的是哪一种？

8.3 浓度对化学反应速率的影响——速率方程

速率方程是描述反应速率 v 与其影响因素关系的方程式。对一般的均相（气相、液相）反应来说，通常只需考虑浓度（或分压）和温度的影响。在等温条件下，反应速率则仅仅是浓度（或分压）的函数。

8.3.1 元反应的速率方程——质量作用定律

当温度一定时，若反应 $a\text{A} + d\text{D} \Longrightarrow e\text{E} + f\text{F}$ 为元反应，若用反应速率表示，则其速率方程为：

$$v = \frac{1}{\nu_B}\frac{dc_B}{dt} = kc_A^a c_D^d \tag{8-10}$$

若用 A 组分速率或 E 组分速率表示，则为：

$$v_A = -\frac{dc_A}{dt} = k_A c_A^a c_D^d \quad \text{或} \quad v_E = \frac{dc_E}{dt} = k_E c_A^a c_D^d \tag{8-11}$$

质量作用定律与复杂反应的速率方程

式 (8-10) 和式 (8-11) 中的 k、k_A、k_E 称为反应速率常数。式 (8-10) 和式 (8-11) 表明：在一定条件下，元反应的瞬时速率与各反应物的瞬时浓度幂的乘积成正比，且各反应物瞬时浓度的幂指数等于其在元反应方程式中各反应物化学计量数的绝对值。这就是 1876 年由挪威化学家古德贝格（C. M. Guldberg）和瓦格（P. Waage）在大量实验基础上提出的质量作用定律（law of mass action），也即浓度对元反应速率影响的定量关系式。之所以命名为"质量作用定律"，是因为他们当年描述浓度时采用了"有效质量"这一历史名词。

科学家小传——古德贝格和瓦格

古德贝格（C. M. Guldberg，1836—1902），挪威应用数学家；瓦格（P. Waage，1833—1900），挪威化学家。

古德贝格和瓦格受动态平衡观念的影响，在前人工作的基础上，于 1862 年至 1864 年间，共同合作做了近 300 个实验，确立了质量作用定律。于 1864 年发表了该研究结果。古德贝格和瓦格认为：影响化学反应的是所谓"活动质量"，即单位体积内的质量。他们对这个定律的表述与我们今天的表述有所不同。所谓活动质量，实际上就是浓度。因此，浓度对反应速率影响的规律被称为质量作用定律，这个名称沿用至今。

古德贝格和瓦格的研究结果发表后，没有引起人们的注意。甚至在 1867 年，他们用法文出版了《化学亲合力研究》一书，仍然没有引起关注。后来，范特霍夫和德国化学家霍斯特曼分别从热力学导出了平衡常数关系，在德国的一个重要刊物上全面阐述了古德贝格和瓦格的结果，才引起化学界的重视，而这已是 1879 年。

如 $NO_2(g)+CO(g)\!=\!=\!NO(g)+CO_2(g)$ 在温度高于 225℃ 时是一个元反应，根据质量作用定律，其反应速率方程为

$$v=-\frac{1}{1}\frac{dc_{反}}{dt}=\frac{1}{1}\frac{dc_{产}}{dt}=kc(NO_2)c(CO)$$

质量作用定律可以简单说明如下：要发生反应，反应物必须相互碰撞，碰撞次数越多，反应速率越大，单位体积内反应物分子的碰撞次数应与反应物浓度的乘积成正比，因此反应速率和反应物浓度的乘积成正比。

在应用质量作用定律来书写速率方程时，应注意以下几点：

①质量作用定律仅适用于元反应。如前已述及的复杂反应

$$2N_2O_5(g)\!=\!=\!4NO_2(g)+O_2(g)$$

实验证明其反应速率仅与 $c(N_2O_5)$ 浓度成正比，而并不是与 $\{c(N_2O_5)\}^2$ 成正比，即

$$v=kc(N_2O_5)$$

从反应速率的角度进一步说明了该反应不是元反应。

②对于多相元反应，也可应用质量作用定律，但纯固态或纯液态反应物的浓度不写入速率方程。如属于元反应的碳的燃烧反应

$$C(s)+O_2(g)\!=\!=\!CO_2(g)$$

因反应只在碳的表面进行，对一定粒度的碳固体，其表面为一常数，故速率方程为

$$v=kc(O_2)$$

③在稀溶液中进行的元反应，若溶剂参与反应，而溶剂的浓度几乎维持不变，故也不写入速率方程。如蔗糖的水解反应

$$\underset{蔗糖}{C_{12}H_{22}O_{11}}+H_2O\!=\!=\!\underset{葡萄糖}{C_6H_{12}O_6}+\underset{果糖}{C_6H_{12}O_6}$$

其速率方程为

$$v=kc(C_{12}H_{22}O_{11})$$

思考题 8-4 不能光凭速率方程中浓度项的幂指数与反应方程式中反应物系数一致就判断为元反应，对吗？

思考题 8-5 适用于质量作用定律的元反应速率方程中采用不同的组分速率表示时，相应的速率常数也不同，对吗？如果换成以反应进度定义的反应速率表示时，则一个反应只有一个速率常数，对否？

8.3.2 复杂反应的速率方程

对复杂反应而言，其速率方程就不一定具有质量作用定律的表达方式。一般有幂函数和非幂函数两种形式，若总反应为

$$a\mathrm{A}+d\mathrm{D}\Longrightarrow e\mathrm{E}+f\mathrm{F}$$

则幂函数形式的通式可写成

$$v=\frac{1}{\nu_\mathrm{B}}\cdot\frac{\mathrm{d}c_\mathrm{B}}{\mathrm{d}t}=kc_\mathrm{A}^\alpha c_\mathrm{D}^\beta c_\mathrm{E}^\gamma c_\mathrm{F}^\delta \tag{8-12}$$

非幂函数形式最常见的是

$$v=\frac{1}{\nu_\mathrm{B}}\frac{\mathrm{d}c_\mathrm{B}}{\mathrm{d}t}=\frac{kc_\mathrm{A}^\alpha c_\mathrm{D}^\beta c_\mathrm{E}^\gamma c_\mathrm{F}^\delta}{1+k'c_\mathrm{A}^{\alpha'}c_\mathrm{D}^{\beta'}c_\mathrm{E}^{\gamma'}c_\mathrm{F}^{\delta'}} \tag{8-13}$$

式（8-12）和式（8-13）中浓度的幂指数 α、β、γ、δ、α'、β'、γ'、δ' 可能与化学反应方程式中的化学计量数相等，也可能不相等。此外，上述两式还表明，产物的浓度对反应速率也可能有影响。例如，氢气与不同卤素气体的反应均为复杂反应，其相应的速率方程分别为：

①$\mathrm{H_2+I_2\Longrightarrow 2HI}$ $\qquad v=k_1c(\mathrm{H_2})c(\mathrm{I_2})$

②$\mathrm{H_2+Cl_2\Longrightarrow 2HCl}$ $\qquad v=k_2c(\mathrm{H_2})c^{\frac{1}{2}}(\mathrm{Cl_2})$

③$\mathrm{H_2+Br_2\Longrightarrow 2HBr}$ $\qquad v=\dfrac{k_3c(\mathrm{H_2})c^{\frac{1}{2}}(\mathrm{Br_2})}{1+k'_3c(\mathrm{HBr})c^{-1}(\mathrm{Br_2})}$

用平衡近似处理法，也可以由反应机理推导复杂反应的速率方程，从而解释其速率方程的实验测定结果。所谓平衡近似处理法，就是指：当可逆反应达到平衡时，反应物的浓度就确定了，即反应物浓度随时间的变化率为零。

$$\left(-\frac{\mathrm{d}c_{反}}{\mathrm{d}t}\right)_{平}=0 \tag{8-14}$$

如实验测得光气的合成反应 $\mathrm{CO+Cl_2\longrightarrow COCl_2}$ 的速率方程为：

$$v=kc(\mathrm{CO})c^{\frac{3}{2}}(\mathrm{Cl_2})$$

而该复杂反应的机理如下：

①$\mathrm{Cl_2}\xrightarrow{k_1}\mathrm{2Cl}$ $\qquad\qquad\qquad$ （快）

②$\mathrm{2Cl}\xrightarrow{k_2}\mathrm{Cl_2}$ $\qquad\qquad\qquad$ （快）

③$\mathrm{Cl_2+Cl}\xrightarrow{k_3}\mathrm{Cl_3}$ $\qquad\qquad$ （快）

④$\mathrm{Cl_3}\xrightarrow{k_4}\mathrm{Cl_2+Cl}$ $\qquad\qquad$ （快）

⑤$\mathrm{Cl_3+CO}\xrightarrow{k_5}\mathrm{COCl_2+Cl}$ $\quad$ （慢，速控步骤）

元反应①和②，③和④分别互为逆反应，构成两个可逆反应，且这四步均为快步骤，说明这两个可逆反应可快速达到平衡；而步骤⑤为慢步骤，则 $\mathrm{Cl_3}$ 的消耗速率较小，因此，$\mathrm{Cl_2}$ 浓度可近似看作平衡浓度，不随时间而变化，即 $-\dfrac{\mathrm{d}c(\mathrm{Cl_2})}{\mathrm{d}t}=0$；由于步骤⑤为速控步骤，根据质量作用定律，则总反应速率为：

$$v_{总}\approx v_5=k_5c(\mathrm{Cl_3})c(\mathrm{CO})$$

由步骤①和②可得：

$$-\frac{\mathrm{d}c(\mathrm{Cl_2})}{\mathrm{d}t}=k_1c(\mathrm{Cl_2})-k_2c^2(\mathrm{Cl})=0, 即\quad c^2(\mathrm{Cl})=\frac{k_1}{k_2}c(\mathrm{Cl_2})$$

由步骤③和④可得：

$$-\frac{\mathrm{d}c(\mathrm{Cl}_2)}{\mathrm{d}t}=k_3c(\mathrm{Cl}_2)c(\mathrm{Cl})-k_4c(\mathrm{Cl}_3)=0,即$$

$$c(\mathrm{Cl}_3)=\frac{k_3}{k_4}c(\mathrm{Cl}_2)c(\mathrm{Cl})=\frac{k_3}{k_4}c(\mathrm{Cl}_2)\left[\frac{k_1}{k_2}c(\mathrm{Cl}_2)\right]^{\frac{1}{2}}$$

代入总反应速率方程得：

$$v_{总}=k_5c(\mathrm{Cl}_3)c(\mathrm{CO})=k_5\frac{k_3}{k_4}\times\frac{k_1^{\frac{1}{2}}}{k_2^{\frac{1}{2}}}c^{\frac{3}{2}}(\mathrm{Cl}_2)c(\mathrm{CO})=kc(\mathrm{CO})c^{\frac{3}{2}}(\mathrm{Cl}_2)$$

结果表明，此推导所得的速率方程与实验测定的速率方程吻合。

8.3.3 反应速率常数、反应级数和反应分子数

反应速率方程中的比例系数 k 称为反应速率常数（rate constant），但它并非一个绝对的常数，它与温度及反应条件（如介质、催化剂、器壁性质等）等诸多因素有关。

k 在数值上相当于各反应物浓度均为 $1\mathrm{mol}\cdot\mathrm{L}^{-1}$ 时的反应速率，故 k 又称为反应的比速率。在相同条件下，k 越大，表示反应的速率越大。k 的量纲则根据速率方程中浓度项上幂指数的不同而不同，k 值可通过实验而测定。

在反应速率方程中，各物种浓度的幂指数分别称为反应中该物种的级数，也称分级数，而分级数之和称为反应总级数，简称反应级数（reaction order），用符号 n 表示。通常，仅反应物浓度对反应速率有影响，故一般将各反应物的级数之和称为反应级数。例如，式（8-10）和式（8-11）表明：符合质量作用定律的元反应中，A 与 D 的反应级数分别为 a 和 d，反应级数 $n=a+d$。式（8-12）和式（8-13）则表明：以幂函数形式表示速率方程的复杂反应中，A、D、E、F 物的级数分别为 α、β、γ、δ，反应级数 $n=\alpha+\beta+\gamma+\delta$。

速率常数，反应级数
与反应分子数，
初始速率法

反应级数的大小一般反映了反应物浓度对反应速率的影响程度，并能对推测反应机理有所启发。其值可以是正整数，也可以是分数，还可以是零或负数。级数越大，表明反应物浓度对反应速率的影响越大；若为负级数，则表示反应物对反应的进行起阻碍作用。

在动力学研究中，通常按反应级数大小将反应分为零级反应、一级反应、二级反应、三级反应和分数级反应等。由于元反应速率方程也具有幂函数形式，与具有幂函数形式速率方程的复杂反应相似，两者可统称为具有简单级数的反应。

与反应级数相关，而且容易混淆的一个概念是反应分子数（molecularity of reaction），它是指元反应中作为反应物参与的化学粒子（分子、原子、离子或自由基）的数目，或者说是导致化学反应发生的反应物粒子同时碰撞所需的最少数目。它反映了化学反应的微观特征，它与总包反应的反应级数是属于不同范畴的概念，也就是说，仅元反应具有反应分子数的概念。对于元反应来说，反应级数和反应分子数的概念均可被引用，通常其值相等，但其意义是有区别的，反应级数描述元反应宏观速率对浓度的依赖程度。反应分子数的大小等于元反应方程式中各反应物的化学计量数绝对值之和。反应分子数只能是正整数，即不能为零、负数或分数。

原则上按反应分子数不同，可将元反应分为单分子反应、双分子反应和三分子反应。如

$$\mathrm{CH_3COCH_3}=\!=\!=\mathrm{C_2H_4}+\mathrm{CO}+\mathrm{H_2}$$

即为单分子反应；而反应

$$2\mathrm{N_2O(g)}=\!=\!=2\mathrm{N_2(g)}+\mathrm{O_2(g)}$$

则是双分子反应；又如复杂反应 $\mathrm{H_2(g)}+\mathrm{I_2(g)}=\!=\!=2\mathrm{HI(g)}$ 的机理研究表明，其中的一个元反应

$$\mathrm{H_2(g)}+2\mathrm{I(g)}\longrightarrow 2\mathrm{HI(g)}$$

可视为三分子反应。三分子反应极为少见，因为三个分子（或三个化学粒子）同时碰撞并发生反应的概率很小。至于三分子以上的反应，至今尚未发现。

8.3.4　确定速率方程的实验方法——初始速率法

对于具有幂函数形式速率方程的任一反应而言，其速率方程必须由实验确定。若反应为 $a\mathrm{A}+d\mathrm{D}=\!=\!=e\mathrm{E}+f\mathrm{F}$，则速率方程中反应物和产物的级数 α、β、γ、δ，只能根据实验确定。如果上述反应的速率不受产物浓度影响的话，当反应物的级数 α 和 β 分别确定之后，反应速率常数 k 也就能确定了。最简单的确定速率方程的方法是初始速率法。

初始速率就是在一定条件下反应起始时刻的瞬时速率。因反应刚开始时，逆反应和副反应的干扰小，能较真实地反映反应物浓度对反应速率的影响。

由初始速率确定速率方程的方法，称为初始速率法。具体操作是：将各种反应物按不同初始浓度配制成一系列混合物，这些混合物中的几个反应物种是相同的。其中的某一混合物，与另一种混合物相比，也许仅仅改变了一种反应物 A 的初始浓度，而其他反应物初始浓度不变。若反应在某一温度下开始进行，记录在一定时间间隔内 A 浓度的变化，以 c_A 对时间 t 作图，可确定 $t=0$ 时反应的瞬时速率。若能得到两个或两个以上不同 $c_{\mathrm{A},0}$ 条件下（其他反应物浓度不变）的初始速率，就可以确定反应物 A 的级数。同理，其他反应物的级数也可以如上法确定。

【例题 8-1】　　在 298.15K 时，对下列有幂函数形式速率方程的反应
$$\mathrm{S_2O_8^{2-}(aq)}+3\mathrm{I^-(aq)}=\!=\!=2\mathrm{SO_4^{2-}(aq)}+\mathrm{I_3^-(aq)}$$
且知其反应速率不受产物浓度的影响。用初始速率法进行实验，得到数据如下：

实验编号	$c(\mathrm{S_2O_8^{2-}})/\mathrm{mol \cdot L^{-1}}$	$c(\mathrm{I^-})/\mathrm{mol \cdot L^{-1}}$	$v/\mathrm{mol \cdot L^{-1} \cdot min^{-1}}$
1	1.0×10^{-4}	1.0×10^{-2}	0.65×10^{-6}
2	2.0×10^{-4}	1.0×10^{-2}	1.30×10^{-6}
3	2.0×10^{-4}	0.5×10^{-2}	0.65×10^{-6}

试确定该反应的速率方程式。

解　由表中实验数据比较可知：当 $c(\mathrm{I^-})$ 不变时，$c(\mathrm{S_2O_8^{2-}})$ 增大至 2 倍，反应初始速率 v_0 增大至 2 倍，可见，当反应物 $\mathrm{I^-}$ 的浓度保持恒定时，反应速率与 $\mathrm{S_2O_8^{2-}}$ 浓度成正比，即 $v\infty c(\mathrm{S_2O_8^{2-}})$；当 $c(\mathrm{S_2O_8^{2-}})$ 不变时，$c(\mathrm{I^-})$ 减小一半，反应初始速率 v_0 也减小一半，因此，当反应物 $\mathrm{S_2O_8^{2-}}$ 的浓度保持恒定时，反应速率与 $\mathrm{I^-}$ 浓度成正比，即 $v\infty c(\mathrm{I^-})$。因此，该反应的速率方程式为：
$$v=kc(\mathrm{S_2O_8^{2-}})c(\mathrm{I^-})$$

该反应对 $\mathrm{S_2O_8^{2-}}$ 是一级反应，即 $\alpha=1$；对 $\mathrm{I^-}$ 也是一级反应，即 $\beta=1$。总的反应级数 $n=2$。将表中任意一组数据代入上式，可求得反应速率常数。现将第一组数据代入：
$$k=\frac{v}{c(\mathrm{S_2O_8^{2-}})c(\mathrm{I^-})}=\frac{0.65\times10^{-6}\mathrm{mol \cdot L^{-1} \cdot min^{-1}}}{1.0\times10^{-4}\mathrm{mol \cdot L^{-1}}\times1.0\times10^{-2}\mathrm{mol \cdot L^{-1}}}$$
$$=0.65\mathrm{mol^{-1} \cdot L \cdot min^{-1}}$$

必要时可多取几组数据求 k 的平均值作为速率方程中的速率常数更加精确。此外，还应说明的是，即使由实验求得的速率方程和根据质量作用定律直接写出的一致，该反应也不一定是元反应，如反应 $\mathrm{H_2}+\mathrm{I_2}=\!=\!=2\mathrm{HI}$，实验测得的速率方程为
$$v=k_1 c(\mathrm{H_2})c(\mathrm{I_2})$$
虽与按质量作用定律写出的一致，但实验测定证实，其可能的反应机理为：

①$I_2 \longrightarrow 2I$
②$2I \longrightarrow I_2$
③$H_2 + 2I \longrightarrow 2HI$

因而上述反应 $H_2 + I_2 =\!=\!= 2HI$ 并不是元反应。

思考题 8-6　元反应和具有幂函数形式速率方程的复杂反应都是具有确定反应级数数值的反应，对吗？

思考题 8-7　反应分子数是对于什么反应而言的？反应级数为整数的一定是元反应吗？

8.4 几种具有简单级数的反应及其特征

此处介绍的几种具有简单级数的反应是特指反应级数为 0、1、2 的反应。反应级数相同的反应，可能是元反应，也可能是复杂反应，但不管怎样，它们都具有相同的特征。因此，仅讨论常见的一级、二级和零级反应及其特征。

8.4.1 一级反应

一级反应（reaction of the first order）是反应速率与反应物浓度的一次方成正比的反应。一级反应的实例很多，如大多数的热分解反应；分子内部的重排反应及异构化反应；一般放射性元素的蜕变；许多药物在体内的代谢（前提是这些药物在代谢转化部位的浓度低于其药物代谢酶的限制浓度。大多数药物或外源性物质在体内的氧化代谢是由肝脏中种类相对有限的药物代谢酶所介导和催化的）等。许多物质在水溶液中的水解反应，实际上是二级反应，但因大量水的存在，水的浓度可看作常数而不写入速率方程式，故可按一级反应的方程式处理而表现出一级反应的特征，称为准一级反应（pseudo-first-order reaction）。

一级反应及其
特征

设反应　$B \longrightarrow$ 产物　为一级反应，以组分速率表示，则其速率方程为：

$$v_B = -\frac{dc_B}{dt} = k_1 c_B \tag{8-15}$$

将上式分离变量后，定积分

$$\int_{c_{B,0}}^{c_B} \frac{dc_B}{c_B} = -\int_0^t k_1 dt$$

得

$$\ln c_B - \ln c_{B,0} = -k_1 t \tag{8-16}$$

式（8-16）为一级反应速率方程的积分形式，称之为纯一级反应的动力学方程。它表明了反应物浓度与时间的关系。其中 $c_{B,0}$ 为反应物的初浓度；c_B 为反应进行到 t 时刻的反应物瞬时浓度。反应物浓度 c_B 由 $c_{B,0}$ 变为 $c_{B,0}/2$ 时，亦即反应物浓度减半所需要的时间称为半衰期（half-life），常用 $t_{1/2}$ 表示。代入式（8-16）得

$$t_{1/2} = \frac{\ln 2}{k_1} \tag{8-17}$$

由此可见，一级反应的特征为：

①以 $\ln c$-t 作图，应得一直线，斜率为 $-k_1$。

②反应速率常数（k_1）的值与反应物浓度所采用的单位无关，k_1 的量纲为（时间）$^{-1}$。

③反应的半衰期（$t_{1/2}$）与反应物的初始浓度（$c_{B,0}$）无关。半衰期可衡量反应速率的大小，显然半衰期愈大，反应速率愈慢。

【例题 8-2】 四环素药物进入人体后，一方面，它在血液和体液之间建立平衡，另一方面，它由肾脏排出。平衡达到后，四环素在血液中显示一级代谢过程。今给人体注射 0.500g 四环素，然后在不同时间测定血中该药物的含量，得如下数据：

服药后时间 t/h	4	6	8	10	12	14	16
血中四环素含量 $c/\text{mg} \cdot \text{L}^{-1}$	4.6	3.9	3.2	2.8	2.5	2.0	1.6

试求：（1）四环素代谢的半衰期；（2）若血液中四环素的最低有效量相当于 3.7mg·L^{-1}，则需几小时后注射第二次？

解 （1）先求速率常数 k_1，再由 k 求半衰期 $t_{1/2}$。

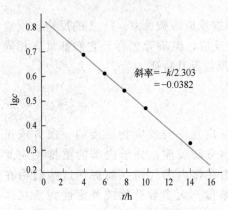

图 8-2 四环素在血中含量的变化

一级反应以 $\lg c$ 对 t 作图，可得一直线，如图 8-2 所示。由前后两点或由直线回归可得斜率为：

$$\text{斜率} = \frac{\lg 1.6 - \lg 4.6}{16h - 4h} = -0.038 h^{-1}$$

因 $\ln c_B - \ln c_{B,0} = -k_1 t$

$$\text{斜率} = -k_1/2.303$$

$$k_1 = -2.303 \times \text{斜率}$$

$$= -2.303 \times (-0.038 h^{-1}) = 0.088 h^{-1}$$

$$t_{1/2} = \frac{\ln 2}{k_1} = 0.693/(0.088 h^{-1}) = 7.9h$$

（2）由图 8-2 可知，在 $t=0$ 时，$\lg c_{B,0} = 0.81$，将此数值及 $c = 3.7\text{mg} \cdot \text{L}^{-1}$ 一并代入式（8-16），得应第二次注射的时间为：

$$t = \frac{2.303 \times (\lg c_B - \lg c_{B,0})}{-0.088 h^{-1}} = \frac{2.303 \times (0.57 - 0.81)}{-0.088 h^{-1}} = 6.3h$$

计算表明，半衰期为 7.9h，要使血中四环素含量不低于 3.7mg·L^{-1}，应于第一次注射后 6.3h 之前注射第二次。临床上一般控制在 6h 后注射第二次，每昼夜注射 4 次。

【例题 8-3】 已知 ^{60}Co 衰变的 $t_{1/2} = 5.26a$，放射性 ^{60}Co 所产生的 γ 射线广泛应用于癌症治疗，放射性物质的强度以 Ci（居里）表示。某医院购买一台 20Ci 的钴源，在作用 10a（年）后，还剩多少？

解 因为放射性元素的衰变遵循一级反应规律，由式（8-17）

$$t_{1/2} = \frac{\ln 2}{k_1}$$

可得

$$k_1 = \frac{\ln 2}{t_{1/2}} = \frac{\ln 2}{5.26a} = 0.132 a^{-1}$$

以 ^{60}Co 的原始浓度为 20Ci，$k_1 = 0.132 a^{-1}$ 代入式（8-16）可得：

$$\ln c_B - \ln 20\text{Ci} = -0.132 a^{-1} \times 10a$$

$$c_B = 5.3\text{Ci}$$

故 10 年后 ^{60}Co 的瞬时强度为 5.3Ci，即剩下的钴源为 5.3 居里。

在活着的有机体内，有稳定同位素^{12}C，还有小部分放射性同位素^{14}C。生物体活着时通过呼吸来补充^{14}C，死亡后，其体内的^{14}C含量不再稳定而开始衰变，但^{12}C的含量不变。已知^{14}C衰变遵循一级反应规律，可通过测量样品中^{14}C的衰变程度来确定样品年代。^{14}C的半衰期为5730年，因此，可以用来测定距今最多6万年左右的化石。发现这一自然现象并用实验加以证实的是^{14}C纪年测定法创始人利比。

利比（Willard Libby），美国放射化学家。1908 年 12 月 17 日生于美国。加利福尼亚大学伯克利分校博士。1933～1945 年留校任教。1941～1945 年任职曼哈顿工程，参与分离铀同位素的研究。1945～1959 年在芝加哥大学核子研究院工作。1946 年他证明了宇宙辐射产生氚。次年他与他人合作研制出^{14}C测年技术。1959 年后担任加州大学洛杉矶分校化学教授。1960 年，获诺贝尔化学奖。1980 年 9 月 8 日去世。

8.4.2 二级反应

二级反应（reaction of the second order）是反应速率与反应物浓度的二次方成正比的反应。二级反应是常见的一类化学反应，有纯二级和混二级之分。纯二级反应的例子有：部分气相中的热分解反应，如 $2NO_2 \longrightarrow 2NO + O_2$；离子的分解反应，如 $2ClO^- \longrightarrow 2Cl^- + O_2$；有机物的二聚反应，如 $2C_2H_4 \longrightarrow (C_2H_4)_2$。而混二级反应是最常见的情况，有大量的双分子元反应，如 $H + Br_2 \longrightarrow HBr + Br$；一些气相合成反应，如 $H_2 + I_2 \longrightarrow 2HI$；许多溶液相的有机化学反应，如叔胺盐与卤代烷生成季铵盐的反应等；还有一些加成反应、取代反应等。

设反应 $B + D \longrightarrow$产物 为二级反应，则有下列三种情况：

①B＝D，纯二级反应：$2B \longrightarrow$产物。

②B≠D，但 B 和 D 的初浓度相等，$c_{B,0} = c_{D,0}$，则反应过程中瞬时浓度 $c_B = c_D$，可视作第一种情况，即与纯二级反应的数学处理相同。

③B≠D，且 $c_{B,0} \neq c_{D,0}$，则 $c_B \neq c_D$，乃混二级反应，数学处理较复杂，此处不作介绍。

二级反应、零级
反应及其特征

本章所讨论的是第一种情况和第二种情况，以组分速率表示，其速率方程为：

$$v_B = -\frac{dc_B}{dt} = k_2 c_B c_D = k_2 c_B^2 \tag{8-18}$$

将上式分离变量后，定积分

$$\int_{c_{B,0}}^{c_B} \frac{dc_B}{c_B^2} = -\int_0^t k_2 dt$$

得

$$\frac{1}{c_B} - \frac{1}{c_{B,0}} = k_2 t \tag{8-19}$$

式（8-19）为纯二级反应速率方程的积分形式，也称纯二级反应的动力学方程。由上式可见，此类二级反应的特征为：

①以 $1/c$ 对 t 作图，得一直线，斜率为 k_2。

②速率常数（k_2）的量纲为浓度$^{-1}\cdot$时间$^{-1}$。

③反应的半衰期（$t_{1/2}$）与反应物的初始浓度（$c_{B,0}$）成反比：

$$t_{1/2} = \frac{1}{k_2 c_{B,0}} \qquad (8\text{-}20)$$

【例题 8-4】 在 298.15K 时，乙酸乙酯的皂化反应为：

$$CH_3COOC_2H_5 + NaOH \longrightarrow CH_3COONa + C_2H_5OH$$

反应物 $CH_3COOC_2H_5$（A）及 NaOH（F）的原始浓度均为 $0.01000 \text{mol} \cdot L^{-1}$，反应 20min 后，NaOH 的浓度减少了 $0.00566 \text{mol} \cdot L^{-1}$，试求该二级反应的速率常数 k 值和半衰期 $t_{1/2}$。

解 因 $c_{A,0} = c_{F,0}$，故可按式（8-19）和式（8-20）进行计算：

$$\frac{1}{c_B} - \frac{1}{c_{B,0}} = k_2 t$$

则

$$
\begin{aligned}
k_2 &= \frac{1}{t}\left(\frac{1}{c_B} - \frac{1}{c_{B,0}}\right) \\
&= \frac{1}{20\text{min}} \times \left(\frac{1}{0.01000\text{mol} \cdot L^{-1} - 0.00566\text{mol} \cdot L^{-1}} - \frac{1}{0.01000\text{mol} \cdot L^{-1}}\right) \\
&= 6.52\text{mol}^{-1} \cdot L \cdot \text{min}^{-1}
\end{aligned}
$$

$$t_{1/2} = \frac{1}{k_2 c_{B,0}} = \frac{1}{6.52\text{mol}^{-1} \cdot L \cdot \text{min}^{-1} \times 0.01000\text{mol} \cdot L^{-1}} = 15.3\text{min}$$

由计算可得该二级反应的速率常数 k 值为 $6.52\text{mol}^{-1} \cdot L \cdot \text{min}^{-1}$，半衰期 $t_{1/2}$ 为 15.3min。

8.4.3 零级反应

零级反应（reaction of zero order）是指反应速率与反应物浓度无关的反应。在温度一定时，其反应速率为一常数。反应级数为零的反应并不多，常见的零级反应是一些多相催化反应。例如 NH_3 在金属催化剂钨（W）表面上分解为 N_2 和 H_2 的反应，首先 NH_3 被吸附在 W 表面上，然后再进行分解，由于 W 表面上的活性中心是有限的，当活性中心被占满后，再增加 NH_3 浓度，对反应速率没有影响，表现出零级反应的特性。当药物代谢酶的活性部位全部被其代谢药物饱和时，药物代谢显示零级速率过程。近年来发展的一些缓释长效药物，其释药速率在相当长的时间范围内比较恒定，属一类特殊的零级反应。如一月一针的长效青霉素的缓释速率可使血药浓度长时间维持在一定的水平；又如，在国际上应用较广的一种皮下植入剂，内含女性避孕药左旋 18-炔诺孕酮，每天约释药 $30\mu g$，可一直维持 5 年左右。

设反应 $B \longrightarrow$ 产物 为零级反应，以组分速率表示，则其速率方程为：

$$v_B = -\frac{dc_B}{dt} = k_0 \qquad (8\text{-}21)$$

分离变量后，定积分，可得零级反应的动力学方程为：

$$c_B - c_{B,0} = -k_0 t \qquad (8\text{-}22)$$

可见，零级反应的特征为：

①以 c-t 作图，是一直线，斜率为 $-k_0$。

②速率常数 k_0 的量纲为浓度·时间$^{-1}$。

③反应半衰期（$t_{1/2}$）与反应物的初始浓度（$c_{B,0}$）成正比：

$$t_{1/2} = \frac{c_{B,0}}{2k_0} \qquad (8\text{-}23)$$

现将以上介绍的几种简单级数反应的特征列于表 8-1 中。

表 8-1　几种简单级数反应的特征

反应级数	一级反应	二级反应	零级反应
动力学方程	$\ln c_B - \ln c_{B,0} = -k_1 t$	$\dfrac{1}{c_B} - \dfrac{1}{c_{B,0}} = k_2 t$	$c_B - c_{B,0} = -k_0 t$
直线关系	$\ln c$ 对 t	$1/c$ 对 t	c 对 t
斜率	$-k_1$	k_2	$-k_0$
半衰期($t_{1/2}$)	$\ln 2/k_1$	$1/k_2 c_{B,0}$	$c_{B,0}/2k_0$
k 的量纲	时间$^{-1}$	浓度$^{-1}$·时间$^{-1}$	浓度·时间$^{-1}$

▓▓▓【案例分析 8-1】　　静脉注射、静脉滴注和血管外途径给药分别对血药浓度有何影响?

　　药物进入人体后,与受体形成可逆结合,产生药理效应。对大多数药物而言,药理作用的强弱和持续时间,与药物在受体部位的浓度成正比。然而,直接测定受体部位的浓度,目前尚无法做到。通常只能测定血液中的药物浓度,即血药浓度,它间接地反映了药物在受体部位的浓度。因此,了解血药浓度的变化情况,对确定药效和给药时间至关重要。

　　问题:　静脉注射、静脉滴注和血管外途径(口服、肌注等)给药对血药浓度的影响相同吗?

　　分析:　静脉注射给药后,药物在体内只有消除过程,血药浓度按一级反应速率变化,即以 $\ln c$ 对 t 作图为一条直线;静脉滴注给药,是以恒定速率向血管内给药,在滴注时间内,体内除药物的一级消除过程外,同时存在一个恒速增加药量的零级过程,血药浓度的变化速率是这两部分的代数和。经计算得知,在滴注开始的一段时间内,血药浓度逐渐上升,然后趋近于一个称为稳态血药浓度的恒定水平,此时消除速率等于输入速率;血管外途径给药后,药物有一个一级速率的吸收过程,进入体内后又以一级速率过程从体内消除,血药浓度的变化速率是吸收速率与消除速率之差。计算结果表明,血药浓度与时间的关系为单峰曲线,即开始一段时间,血药浓度呈上升状态,达到峰顶时称为峰浓度,过后血药浓度呈下降状态。

8.5　温度对化学反应速率的影响

　　众所周知,温度对反应速率的影响是非常显著的。生物体系同样如此。例如土拨鼠在正常活动时,心率为 80 次·min^{-1},但冬眠期只有 4 次·min^{-1};动力工厂排出的温热水,可使池塘里的水生生物代谢速率加快,耗氧量增大,严重时导致水中的鱼儿缺氧死亡;再如,人发高烧的时候,心率加快,呼吸变急促。那么,温度是如何影响化学反应速率的呢?

8.5.1　温度对反应速率影响的类型

　　温度对反应速率的影响表现为速率常数随温度的变化情况。对大多数化学反应来说,温度对反应速率的影响如图8-3(a)所示;只有少数反应属于其他类型,如图8-3(b)所示,温度升高,反应速率反而降低,如 NO 氧化成 NO_2 的气相反应就属此类反应,在 $183 \sim 773K$ 温度范围内,k 随 T 升高而降低,但在 773K 以上时,k 值几乎不随 T

而变化了；又如，图8-3(c)所示的类型，一些酶催化反应就有如此表现，这可解释为温度升高到某一值时，酶遭到了破坏，反应速率迅速下降；图8-3(d)代表的是某些碳氢化合物（如烃类）的气相氧化反应特征（称为支化反应），在某一温度区间内出现原因不明的速率降低现象；图8-3(e)则是爆炸反应的表现。在此主要讨论温度对图8-3(a)所示的大多数化学反应的影响规律。

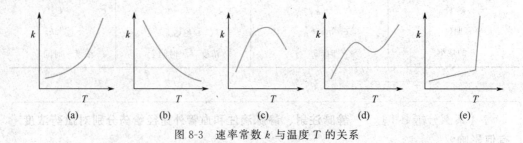

图 8-3　速率常数 k 与温度 T 的关系

8.5.2　范特霍夫规则与阿伦尼乌斯方程

对大多数反应而言，温度升高，速率常数增加，反应速率加快。人们在探索温度对速率常数的定量影响时，获得了许多经验规律。范特霍夫规则（van't Hoff rule）认为：一般的化学反应，温度每升高 10K，反应速率增加 2～4 倍。其数学表达式为：

$$\frac{k_{10+T}}{k_T}=\gamma \quad \text{或} \quad \frac{k_{T_2}}{k_{T_1}}=\frac{k_{T+10n}}{k_T}=\gamma^n \tag{8-24}$$

式中，γ 称为反应速率的温度系数，$\gamma\approx 2\sim 4$；$n=(T_2-T_1)/10$。

1889 年，阿伦尼乌斯（S. A. Arrhenius）在范特霍夫等人研究的基础上，结合大量实验结果的验证，提出了速率常数 k 与反应温度 T 的半定量关系式——阿伦尼乌斯方程，即：

$$k=A\mathrm{e}^{-E_a/RT} \tag{8-25}$$

$$\ln k=-\frac{E_a}{RT}+\ln A \tag{8-26}$$

式（8-25）和式（8-26）分别为阿伦尼乌斯方程的指数形式和对数形式。式中 E_a 称为反应的实验活化能，简称活化能（activation energy），单位为 kJ·mol^{-1}；A 为常数，称为指前因子（frequency factor），反应不同，A 值可以不同，其单位与 k 一致；T 为热力学温度；R 为气体常数（8.314J·mol^{-1}·K^{-1}）。对同一反应而言，当温度变化范围不大时，可认为 E_a、A 与 T 无关，视作常数。

8.5.3　阿伦尼乌斯方程的应用

（1）计算反应的活化能 E_a

阿伦尼乌斯方程表明，以 $\ln k$ 对 $\dfrac{1}{T}$ 作图，为一条直线，由斜率可求 E_a 值。由于同一反应 E_a 和 A 近似为常数，活化能 E_a 值也可由两个不同温度下的 k 值数据代入式（8-26）求算，得：

$$\ln\left(\frac{k_2}{k_1}\right)=\frac{E_a}{R}\left(\frac{1}{T_1}-\frac{1}{T_2}\right) \tag{8-27}$$

式（8-27）是阿伦尼乌斯方程的另一表述。具有幂函数形式速率方程的反应，计算活化能 E_a 时均可采用。

范特霍夫规则，阿伦尼乌斯方程

阿伦尼乌斯方程的应用

（2）计算反应速率常数 k

如果已知某个温度条件下的速率常数 k 和反应活化能 E_a，可以应用式（8-27）计算另一温度条件下的速率常数 k。

【例题 8-5】 已知在 298.15K 和 318.15K 时，CCl_4 中 N_2O_5 分解反应的速率常数 k_1 和 k_2 分别为 $0.469 \times 10^{-4} s^{-1}$ 和 $6.29 \times 10^{-4} s^{-1}$，试计算该反应活化能 E_a 和速率常数为 $2k_2$ 时的反应温度 T_3。

解 由式（8-27）变化，可得

$$E_a = R\left(\frac{T_1 T_2}{T_2 - T_1}\right)\ln\left(\frac{k_2}{k_1}\right)$$

$$= 8.314 J \cdot mol^{-1} \cdot K^{-1} \frac{298.15K \times 318.15K}{318.15K - 298.15K}\ln\frac{6.29 \times 10^{-4}}{0.469 \times 10^{-4}}$$

$$= 102 \times 10^3 J \cdot mol^{-1}$$

又由式（8-27），得 $\quad \ln\left(\frac{k_2}{k_1}\right) = \frac{E_a}{R}\left(\frac{1}{T_1} - \frac{1}{T_2}\right)$

可得 $\quad \ln 2 = \frac{102 \times 10^3 J \cdot mol^{-1}}{8.314 J \cdot mol^{-1} \cdot K^{-1}}\left(\frac{1}{318.15K} - \frac{1}{T_3}\right)$

$$T_3 = 324K$$

故该反应的活化能 E_a 为 $102 kJ \cdot mol^{-1}$，速率常数为 $2k_2$ 时的反应温度 T_3 为 324K。

（3）关于阿伦尼乌斯方程的讨论

由阿伦尼乌斯方程确定的实验活化能 E_a，对速率常数 k 有着显著影响。在温度一定的条件下，活化能 E_a 大的反应，其速率常数 k 则小，从而导致反应速率较小；反之 E_a 小的反应，其 k 值则较大，反应速率较大。

对元反应而言，E_a 具有明确的物理意义，它代表一部分能量大到有可能发生化学反应的反应物分子（称为活化分子）的平均能量 $E^{\neq}$ 与所有反应物分子的平均能量 $\bar{E}$ 之差。即

$$E_a = E^{\neq} - \bar{E} \tag{8-28}$$

对复杂反应来说，由阿伦尼乌斯方程确定的活化能 E_a，称为表观活化能（apparent activation energy），它是复杂反应各步元反应活化能 E_{ai} 的组合，其大小并不一定能真实地表达反应过程中需要克服"能垒"的高低，故其物理意义不明确，它仅仅是总反应的动力学特征参量。

> **思考题 8-8** 温度对反应速率的影响很大，它主要是通过改变速率方程中的哪一项来施加这种影响的？
>
> **思考题 8-9** 活化能在元反应和复杂反应中意义不同，但不论怎样，表观活化能的大小对反应速率的影响规律是相同的。这种说法对吗？

8.6 化学反应速率理论简介

速率方程和阿伦尼乌斯方程皆为实验事实的总结。如何从微观上对这些经验规律和活化能的本质加以解释？为什么在相同条件下，反应速率千差万别？物质本性是如何影响反应速率的？因简单反应和复杂反应皆由元反应构成，要解决上述问题，必须讨论元反应的过程。化学反应速率理论实际上是元反应的速率理论，在此简要介绍碰撞理论和过渡态理论。

艾根（Eigen，Manfred；1927—　），德国化学家，研究化学分子动力学，与英国的 R. G. W. 诺里什和 G. 波特共获 1967 年诺贝尔化学奖，20 世纪 70 年代提出细胞信息进化的分子系统超循环理论，奠基了分子细胞层次的系统生物学研究。

1927 年 5 月 9 日生于德国波鸿。1945 年进入格丁根的格奥尔格-奥古斯特大学，学习物理和化学，1951 年获博士学位。1951~1953 年，在格丁根大学从事物理化学研究工作。1953 年在格丁根的马克斯·普朗克学会物理化学研究所任助理研究员、研究员，从事化学动力学的研究工作，1962 年任该所化学动力学部主任，1964 年任所长。其主要贡献是他与合作者发展了研究溶液中半衰期在毫秒以下的极快反应动力学的温度跳跃法。此法的原理是给予平衡的样品体系一个高速的、突然的温度脉冲，使体系稍微偏离平衡，然后利用电导、光谱等手段监测体系的弛豫时间，从而得到体系中化学反应的速率常数。经不断改进这种方法，能对在 10 秒内完成的极快反应进行观测和研究。将"快"反应的观念一下提高了 4~5 个数量级。20 世纪 70 年代提出了细胞起源生物化学、分子系统超循环理论，从生物分子系统相互关系探讨生物信息进化机制的系统理论，并涉及实验方法的应用，因而开创了分子细胞水平的系统生物学研究。

8.6.1　碰撞理论

碰撞理论

经典碰撞理论、简单碰撞理论、现代分子碰撞理论等是碰撞理论的不同发展阶段，对于碰撞理论的成果，在此仅介绍简单碰撞理论（simple collision theory）。它是 1916~1923 年间由路易斯等在阿伦尼乌斯经典碰撞理论和气体分子运动论的基础上建立起来的。

8.6.1.1　有效碰撞与活化能

碰撞理论认为，反应物之间要发生反应，首先它们的分子要克服外层电子之间的斥力而充分接近。因此，只有互相碰撞，才能使反应物分子相互接近，才能促使彼此原子的重排，即一部分化学键的断裂和新的化学键的形成，从而使反应物转化为产物。

由于断键要克服成键原子间的吸引力，形成新键前又要克服原子间价电子的排斥力。这种吸引和排斥作用构成了原子重排过程中必须克服的"能垒"。因此，反应物分子之间的碰撞并不是每一次都能发生反应的，发生反应的分子必须具有足够的能量，其最低值称为临界能 E_c，只有互相碰撞的分子的动能 $E \geqslant E_c$ 时，才有可能越过"能垒"，从而导致反应的发生。当然，即使反应物分子具有足够的能量，也不见得反应一定发生，只有碰撞正好发生在能起反应的部位上，才会最终引起反应。由于分子有一定的几何构型，分子内原子的排列也有一定的方位，因此，一般而言，结构越复杂的分子之间的反应，这种定向碰撞的要求就越突出。

这种强有力的、能发生化学反应的碰撞称为有效碰撞（effective collision）。能够发生有效碰撞的反应物分子称为活化分子（effective molecule）。活化分子的能量 $\geqslant E_c$。因而，发生有效碰撞的必要条件是：①反应物分子具有足够的能量；②需要合适的碰撞方向。如元反应

$$CO(g) + H_2O(g) \rightleftharpoons CO_2(g) + H_2(g)$$

在 $CO(g)$ 分子中的碳原子与 $H_2O(g)$ 中的氧原子只有迎头相碰才有可能发生有效碰撞，如图 8-4 所示。

阿伦尼乌斯提出的活化能是化学动力学的重要参量，其定义是：由普通分子转化

为活化分子的能量。后来，托尔曼(Tolman)从统计平均的角度来比较反应物分子和活化分子的能量，对活化能作出了统计解释：活化分子的平均能量 $E^{\neq}$ 与反应物分子的平均能量 $\bar{E}$ 之差。即式（8-28）的表述形式：

$$E_a = E^{\neq} - \bar{E}$$

托尔曼已从理论上证明了他所定义的活化能与阿伦尼乌斯定义的活化能一致。$E^{\neq}$ 和 $\bar{E}$ 皆与温度有关。严格地说，E_a 也与温度有关，但在一定温度范围内 E_a 基本不变。

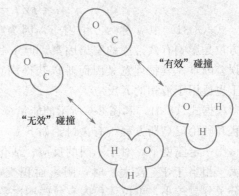

图 8-4　分子碰撞的不同取向

8.6.1.2　活化分子分数

由大量分子构成的反应体系中，在一定温度下，分子具有一定的平均动能，但并非每一个分子的动能都是一样的。碰撞过程实际上也是分子间相互传递能量的过程，因此，碰撞使得分子间不断进行着能量的重新分配，每个分子的动能并不固定在一个数值上。

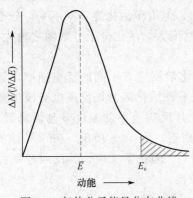

图 8-5　气体分子能量分布曲线

从统计的观点看，在温度一定时，具有一定动能的分子数目是不随时间改变的。又因为气体分子运动的动能与其运动速度有关（$E = \dfrac{1}{2}mv^2$），所以一定温度下气体分子的能量分布曲线类似于分子的速率分布曲线，如图 8-5 所示。

图 8-5 中的横坐标为分子的动能 E，纵坐标为 $\Delta N/(N\Delta E)$ 表示具有动能 $E - (E + \Delta E)$ 范围内单位动能区间的分子数 ΔN 与分子总数 N 的比值，即分子分数（$\Delta N/N$）。图 8-5 中，$\bar{E}$ 是分子的平均动能，E_c 为活化分子所具有的最低能量。根据气体分子运动论，气体分子的能量分布只与温度有关。能量较低或较高的分子是少数，大多数分子的能量处在分子的平均动能 $\bar{E}$ 周围。曲线下的总面积，即为具有各种能量的分子分数的总和，等于 100%。相应地，E_c 右边阴影部分的面积与整个曲线下总面积之比，表示活化分子在分子总数中所占的比值，即活化分子分数 f。如果能量分布又符合 Maxwell-Boltzmann 分布，则理论计算表明，活化分子分数 f 为：

$$f = \frac{活化分子碰撞次数}{总碰撞次数} = e^{-E_a/RT} \tag{8-29}$$

在碰撞理论中，f 也称能量因子或玻耳兹曼因子，即活化分子碰撞次数占总碰撞次数的分数。由于在单位时间和单位体积内反应物分子的有效碰撞次数，可代表反应速率，设 Z 为单位时间和单位体积内反应物分子间的总碰撞次数，则反应速率 v 可表示为：

$$v = Zf \tag{8-30}$$

由于不是每次活化分子碰撞都能导致反应，也就是说，必须考虑活化分子碰撞的方位等有可能引起误差的因素，因此式（8-30）中还应乘上一个小于 1 的因子 p，才为单位时间和单位体积内反应物分子的有效碰撞次数，则反应速率 v 最终表达为

$$v = pZf = pZe^{-E_a/RT} \tag{8-31}$$

式（8-31）中 p 称为方位因子，因为碰撞时空间取向不合适，反应就不会发生，故方位是影响有效碰撞的突出因素。但 p 因子实际上包含了碰撞理论假设所导致的全部误差因素，其物理意义因而难以获得满意的解释。碰撞理论适用于气体元反应，原则上也适用于液相的元反应。

根据式（8-31）和图 8-5 所示的能量分布曲线，就能直观地从微观上理解反应速率方程和阿伦尼乌斯方程。有关讨论如下。

①一定温度下，对于不同的反应，活化能 E_a 较大（相当于 E_c 较大）时，阴影面积变小，活化分子分数较小，单位体积内有效碰撞次数减少，反应速率常数小，反应速率变慢。反之，活化能越小，活化分子分数越大，反应速率常数越大，反应速率越快。

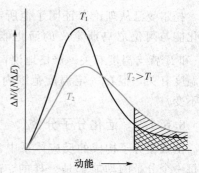

②温度一定时，反应有一定的活化能，就有确定的阴影面积，活化分子分数也就确定。此时若增大浓度，就等于增大活化分子的数目，反应速率相应加快。

图 8-6　不同温度下活化分子分数

③由不同温度下的能量分布曲线（见图 8-6）可知，当浓度一定时，如果升高温度，$T_2 > T_1$，曲线下代表分子总数的总面积是不变的，但由于活化能基本不变，分子的平均动能增加，高动能的分子数增多，阴影面积必然变大，活化分子分数随之增大，反应速率加快。

由于不同的反应具有不同的活化能，因此不同的化学反应有不同的反应速率，活化能不同是化学反应速率差异的根本原因。通常情况下，活化能为正值；也有极少数活化能为负值的情况，如射流法分解产生自由基等，其反应速率随温度升高而降低。许多化学反应的活化能与破坏一般化学键所需的能量相近，为 $40 \sim 400 kJ \cdot mol^{-1}$，多数在 $60 \sim 250 kJ \cdot mol^{-1}$ 之间。活化能小于 $40 kJ \cdot mol^{-1}$ 的化学反应，其反应速率极快；活化能大于 $400 kJ \cdot mol^{-1}$ 的反应，则反应速率极慢。

8.6.2　过渡态理论

过渡态理论（transition state theory）又称活化配合物理论，建立于 20 世纪 30 年代。碰撞理论比较直观地讨论了一般反应经过分子间有效碰撞，使反应物转化为产物的过程，它是在假定分子具有钢球模型结构的基础上建立的。而实际上分子具有内部结构，分子间发生的碰撞也并非完全弹性，是可以压缩和伸展的。因此，对一些比较复杂的反应，碰撞理论常不能合理解释。爱林（Eyring）等应用量子力学和统计力学提出了元反应的过渡态理论。它的应用范围很广，包括种种化学反应和许多物理过程，在此仅作一简单介绍。

（1）活化配合物

过渡态理论认为，在元反应过程中，反应物分子发生碰撞后，不是立即变成产物，而是先生成一种称为活化配合物（activated complex）的中间过渡状态，再由这种不稳定的活化物生成产物。

下面仍然以元反应体系 $NO_2(g) + CO(g) \Longrightarrow NO(g) + CO_2(g)$ 为例，来讨论分子碰撞影响原子间相互作用的过程。当具有较高动能的 NO_2 同 CO 靠近时，随着 NO_2 中的 O 原子与迎面而来的 CO 中的 C 原子之间距离的缩短，分子的动能逐渐转变成分子内的势能，NO_2 中的一个旧 N—O 键开始变长、松弛、削弱；而再靠近时，NO_2 与 CO 之间的一个新 C—O 键处在逐渐建立当中，即可形成活化配合物 $[ON \cdots O \cdots CO]^{\neq}$，由

过渡态理论
简介

于该活化物很不稳定，它一方面很容易断开新的C…O键回到反应物状态，因此，活化配合物与原来的反应物能很快地建立起平衡，并经常处于平衡状态；另一方面可能是N…O键断裂进一步生成产物，而这一步的速率很慢，故整个反应速率基本上由单向步骤——活化配合物分解成产物的速率所决定。即

$$NO_2(g)+CO(g)\rightleftharpoons[ON\cdots O\cdots CO]^{\neq}\longrightarrow NO(g)+CO_2(g)$$

（2）活化能与反应热

原子间相互作用的过程表现为原子间势能的变化。放热反应过程和吸热反应过程的势能变化如图 8-7 和图 8-8 所示。

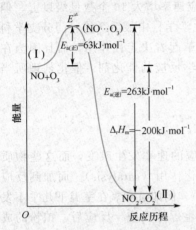
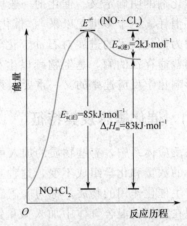

图 8-7　放热反应的能量变化　　　　图 8-8　吸热反应的能量变化

活化配合物与反应的中间产物不同。它是反应过程中分子构型的一种连续变化，具有较高的平均势能 $E^{\neq}$，很不稳定，能够很容易地回落到势能较低的反应物状态，势能再转化为动能，设反应物状态的平均势能为 $E_{(I)}$；当然，也可能分解为势能较低的产物状态，设该状态的平均势能为 $E_{(II)}$。按照过渡态理论，活化配合物（过渡态）的平均势能与反应物分子（正反应始态）的平均势能差为正反应的活化能 $E_{a(正)}$。即：

$$E_{a(正)}=E^{\neq}-E_{(I)} \tag{8-32}$$

由于正、逆反应有相同的活化配合物，同样，活化配合物（过渡态）的平均势能与产物分子（正反应终态或逆反应始态）的平均势能差为逆反应的活化能 $E_{a(逆)}$。即：

$$E_{a(逆)}=E^{\neq}-E_{(II)} \tag{8-33}$$

过渡态理论进一步明确了活化能的概念，同时也提供了化学动力学与化学热力学之间的联系。若产物分子的能量比反应物分子的能量低，多余的能量将以热的形式放出，则是放热反应；反之，即为吸热反应。反应体系的始态与终态能量之差等于化学反应的等压反应热（摩尔焓变）。即：

$$\Delta_r H_m=E_{(II)}-E_{(I)}=(E^{\neq}-E_{a(逆)})-(E^{\neq}-E_{a(正)}) \tag{8-34}$$
$$=E_{a(正)}-E_{a(逆)}$$

$E_{a(正)}<E_{a(逆)}$，$\Delta_r H_m<0$，为放热反应

$E_{a(正)}>E_{a(逆)}$，$\Delta_r H_m>0$，为吸热反应

由此可见，等压反应热等于正向反应的活化能与逆向反应的活化能之差。

思考题 8-10　根据过渡态理论似乎可以认为，一个反应逆向进行时的活化能大于正向进行时的活化能，该反应正向比逆向更易进行。对吗？

催化现象的最早记载可追溯到 16 世纪德国炼金术士的著作中，但催化作用作为一个化学概念，到 1836 年才由瑞典化学家贝采里乌斯（J. J. Berzelius）提出来。在此之后，催化研究得以广泛开展。1894 年，德国化学家奥斯特瓦尔德（F. W. Ostwald）给出了催化剂的明确定义。催化剂一般可使化学反应速率增大 10 个数量级以上，但其本身并不消耗。一个多世纪以来，"催化"一直是化学学科中最活跃的一门分支学科，这不仅因为催化技术的进展对石油、化学工业的变革起着决定性作用，而且因为在生物体系中普遍存在的酶，是生物赖以生存的一切化学反应的催化剂。催化剂理所当然地成为影响化学反应速率的又一重要因素。

8.7.1 催化概念及其特征

催化概念及其
特征

在反应体系中，有些物质的加入可使化学反应的速率发生改变，而这些物质在反应前后的数量和化学组成不变，这种现象称为催化作用（catalysis）。而加到反应体系中并产生催化作用的物质，称为催化剂（catalyst）。例如氢和氧在室温下几乎不发生反应，但在它们的混合气体中加入微量铂粉即可发生爆炸反应。反应后，铂粉的成分和质量并没有改变或减少。不过，其某些物理性质常会发生变化，如外观改变、晶形消失等。高温下氨的氧化通过与外表光泽的铂丝网接触而催化生成一氧化氮，反应过后铂丝网表面会变粗糙，就是其中一例。

科学家小传——奥斯特瓦尔德

奥斯特瓦尔德（F. W. Ostwald，1853—1932），德国籍物理化学家，物理化学的创始人之一。1853 年 9 月 2 日出生于拉脱维亚里加，少年时进入自然科学教育和实用技术并重的文实中学学习。1872 年进入多帕特大学（现属爱沙尼亚）就读。1875 年留校，在物理学家奥丁根的指导下，进行了各种物理分析手段的训练，为他之后一直坚持的研究方向与方法奠定了基础：结合物理手段与化学分析来进行科学研究。1878 年获博士学位。1880 年撰写《普通化学概论》一书，并用新的物理化学进展来诠释其中的概念。同时他努力宣传阿伦尼乌斯和范特霍夫关于化学动力学的工作。奥斯特瓦尔德创办了世界第一种物理化学期刊，努力将物理化学从有机和分析化学中独立出来。
1881 年担任里加综合技术学院化学教授，开始化学动力学研究。1887 年担任德国莱比锡大学化学教授，并组建了先进的物理化学实验室，吸引了世界各地的研究者。在他的领导下，莱比锡大学成为当时物理化学研究的中心之一。正如他的学生所说："当你遇到困难时，他总有解决的办法；当你没有困难时，他总能给你新的思路"。1888 年他推导出描述电导、电离度和离子浓度关系的稀释定律。1890 年他提出了"自催化"现象，是催化现象研究的开创者。1891 年他又用电离理论成功解释了酸碱指示剂原理。1900 年左右，对溶液依数性和结晶学进行了研究。1902 年提出了关于氨气通过催化剂被氧化生成的一氧化氮可重复利用的奥斯特瓦尔德过程。1909 年获诺贝尔化学奖。1932 年 4 月 4 日逝世。

能使反应速率加快的催化剂称为正催化剂。催化剂的选择性很强，一种催化剂往往只能加速一种或少数几种反应。若同一反应物有发生多种反应的可能，此时对同一反应物使用不同的催化剂可能得到不同的产物。催化剂的用量一般也很少，如在每升

双氧水中加入 $3\mu g$ 的胶态铂，便可显著促进 H_2O_2 分解成 H_2O 和 O_2。能使反应速率减慢的催化剂称为负催化剂，又称阻化剂或抑制剂；有些反应的产物本身就是其反应的催化剂，这种催化作用称为自催化。这种催化剂称为自身催化剂。如硝酸经过处理除去氮的氧化物以后，投入铜片，最初观察不出铜与硝酸的反应。但由于该反应所产生的氮的氧化物就是这个反应的催化剂，过了不久，反应就会很快进行。

催化作用具有以下基本特征。

①催化只能改变化学反应的速率，却不会引起化学平衡的移动。对可逆反应来说，正、逆两个方向同时起催化作用，同时加速或同时减速，但不能改变平衡常数 $K^{\ominus}$，也不能改变化学反应的吉布斯自由能变 $\Delta_r G_m$，故催化不能使热力学上已经证明不可能发生的反应实现。此外，由于正、逆两个方向的反应机理可能不同，同一催化剂对正、逆反应的催化效果可能会有所不同。

②催化剂之所以具有催化作用，原因在于催化剂都具有参与化学反应，改变反应机理，使反应的表观活化能发生显著改变，从而导致反应速率改变的特征。若这种新的反应途径所需活化能比原有反应途径所需活化能小，就可使反应速率加快。

设元反应为 A+B⟶AB，在没有催化剂存在时，反应的活化能为 E，如图 8-9 所示。

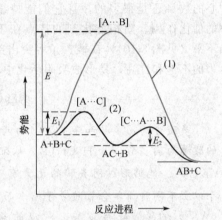

图 8-9　催化作用中活化能变化示意图

加入催化剂 C 后，反应途径改变，若反应机理描述为：

$$A+C \rightleftharpoons AC \xrightarrow{+B} AB+C$$

式中，第一步正反应活化能为 E_1，逆反应活化能为 E_{-1}；第二步反应活化能为 E_2；AC 为中间产物。

催化作用的类型很多，在此仅简要介绍均相催化、多相催化和酶催化三种主要类型。

思考题 8-11　元反应是由反应物一步生成产物的，而复杂反应是分多步完成的，元反应是否更快呢？

8.7.2　均相催化和多相催化

（1）均相催化

催化剂与反应物处于同一相中的催化反应称为均相催化（homogeneous catalysis）。酸碱催化、配位催化和自催化等是常见的均相催化。如碘离子催化过氧化氢分解的反应，未加催化剂时，其分解反应为：

$$2H_2O_2(aq)\longrightarrow 2H_2O(l)+O_2(g)$$

均相催化和
多相催化

该元反应的活化能 $E_a=75kJ\cdot mol^{-1}$；若在 H_2O_2 水溶液中加入 KI 水溶液，则反应机理为：

$$H_2O_2(aq)+I^-(aq)\rightleftharpoons IO^-(aq)+H_2O(l)$$
$$IO^-(aq)+H_2O_2(aq)\longrightarrow O_2(g)+H_2O(l)+I^-(aq)$$

实验结果表明，其总反应的表观活化能 $E_a=58kJ\cdot mol^{-1}$。催化剂 I^- 的参与，使 H_2O_2 分解反应的活化能大为降低，而 I^- 在反应完后又游离出来了。假定此反应在催化与未催化情况下指前因子 A 近似相等，则加入 I^- 后常温下的反应速率常数增大约

1000 倍。均相催化具有高选择性、催化效率高的优点，但这种催化剂不便于回收和循环使用。

（2）多相催化

在反应体系中催化剂自成一相的催化作用，称为多相催化（heterogeneous catalysis）。其中催化剂一般为固相，反应物常为气相或液相。这类催化反应是在催化剂的活化中心上进行的。活化中心是固相催化剂表面具有催化能力的活性部位，它仅占表面很小的部分。尽管如此，由于催化剂的总表面积非常大，活化中心的数目还是很多的，且它们能持续进行高效率的催化作用。固相催化剂的特点在于其表面凹凸不平（见图 8-10），在棱、角等突出部位，化合价力的不饱和性高，易形成吸附活化中心。

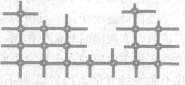

图 8-10　固相催化剂表面示意图

多酸催化的光化学

多酸分为同多酸和杂多酸。由两个或两个以上同种简单含氧酸分子缩水而成的酸称为同多酸，如 $H_2Cr_2O_7$。从配合物的观点来看，多酸根为多核配离子，如 $Cr_2O_7^{2-}$。能够形成同多酸的元素有 V、Cr、Mo、W、P、Si、S 等；由两个或两个以上不同种简单含氧酸分子缩水而成的酸称为杂多酸，主要是钼（Mo^{6+}）和钨（W^{6+}）的磷、硅杂多酸。对应的盐为杂多酸盐，如磷钼酸铵（NH_4）$_3PO_4$ · $12MoO_3$ · $6H_2O$。根据实验测定，其多酸根可写为 $[P(Mo_3O_{10})_4]^{3-}$。20 世纪 70 年代以来，多酸的催化性质令人瞩目。例如，低压条件下，多酸催化将乙烯直接与乙酸反应生成乙酸乙酯，避免了包括水在内的副产物的生成，使相关化工产业取得突破性发展。因此，多酸光化学已成为无机化学的重要研究领域。又如，白色同多钼酸的光致变色性质，其有机铵盐固体光照时变为红褐色，红褐色固体溶于水则变为蓝色；再如，钼、钨多酸催化的光化学反应，需要电子给体（如醇、有机胺等）存在。光照时这些电子给体被氧化，而多酸则被还原，还原态多酸的电极电势远低于零；在胶态贵金属原子存在下，水通过析氢被还原，同时氧化处于还原态的多酸，使之回到氧化态，氧化态多酸进而可使有机物再发生脱氢氧化等。这些过程被用于解释多酸催化有机物的氧化还原反应和水体中有机污染物的分解过程。

这些中心对反应物分子有较大的吸附能力，能与反应物发生一种松散的化学反应，即一种比较稳定的、不大可逆的、选择性高的化学吸附，导致反应物分子内部旧键松弛，失去正常的稳定状态，使之更易转变为新的产物。这个催化过程的活化能往往较原有化学反应的活化能低，从而加快反应速率。因此，这些活化中心又称为化学吸附活化中心，这种理论也称为活化中心学说（activation center theory）。多相催化的例子很多，如分子筛催化、金属催化等，其典型实例之一是汽车废气的清洁。所用催化剂为 Pt、Pd、Rh 等贵重的稀有金属。它们可以将汽车尾气中的 NO 和 CO 转化为无毒的 N_2 和 CO_2，减少大气污染。催化反应如下：

$$2NO(g)+2CO(g)\xrightarrow{Pt,Pd,Rh}N_2(g)+2CO_2(g)$$

这些金属催化剂以极小颗粒分散在蜂窝状的陶瓷载体上，其表面积大，金属用量少，活化中心数目多，足以使废气与催化剂充分作用。

又如合成氨反应，用铁作催化剂，气相中的 N_2 分子先被铁催化剂活化中心吸附。使 N_2 分子的化学键减弱、断裂、解离成 N 原子，然后气相中的 H_2 分子与 N 原子作用，逐步生成 NH_3。其催化过程可描述为图 8-11 的情况。

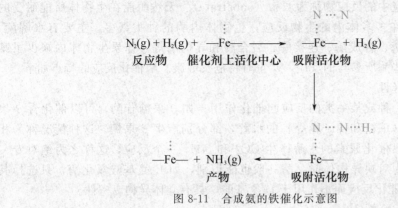

$$N_2(g) + H_2(g) + \quad —Fe— \quad \longrightarrow \quad —Fe— \; + H_2(g)$$

反应物　　催化剂上活化中心　　吸附活化物

$$—Fe— + NH_3(g) \longleftarrow \quad —Fe—$$

产物　　　　　　　　吸附活化物

图 8-11　合成氨的铁催化示意图

　　固相催化剂的活化中心有时候可能很牢固地吸附某些杂质，而使催化剂失活，这些杂质即为催化剂毒物。催化剂表面的结构在使用过程中会发生改变，使活化中心减少，催化效率降低，这种情况称为催化剂的衰老。有些催化剂可因少量称为助催化剂（又称活化剂）的杂质加入，改善表面结构，使之大大地有利于吸附活化，导致反应速率成倍增大，但助催化剂单独存在并无催化特性。

　　阐释多相催化机制的理论还有很多，如多位学说等，但均有其局限性。由于多相催化的情况非常复杂，其有关理论仍然在研究与发展之中。

石油化工催化剂

　　石油化工催化剂是用于石化产品生产中化学加工过程的催化剂。品种繁多，有氧化、加氢、脱氢、羰基合成、水合、脱水、烷基化、异构化、歧化、聚合等催化剂。石油化工制造的含氧产品占有机化工产品总量的 80%，所用的氧化催化剂要求高选择性，可分为气固相氧化催化剂和液相氧化催化剂。例如气固相氧化催化剂——乙烯氧化制备环氧乙烷用的银催化剂，该反应以碳化硅或 α-氧化铝为载体（加少量氧化钡为助催化剂）。液相氧化催化剂中包含：①将芳烃侧链（如对二甲苯）氧化为芳基酸（如对苯二甲酸）的催化剂，即在醋酸溶液中加醋酸钴及少量溴化铵；②加氢催化剂，一般是载于氧化铝上的钯、铂或镍、钴、钼等，也可用于原料精制，如在石油烃裂解所得乙烯、丙烯用作聚合原料时，须先经选择加氢，除去炔、双烯等微量杂质；③脱氢催化剂，如氧化铁-氧化铬-氧化钾，可使乙苯在高温及大量水蒸气存在下制成苯乙烯，但能量消耗大，而新开发的铋-钼系金属氧化物是较低温催化剂；④络合催化剂，如羰基铑膦络合物催化剂，用于乙烯、丙烯经羰基合成制得丙醛、丁醛，可使反应压力由 20MPa 降到 5MPa；⑤聚合催化剂，如用于聚乙烯合成的以镁化合物为载体的钛-铝体系新型催化剂，每克钛可制得数十万克以上聚乙烯；⑥脱水催化剂，如乙醇制乙烯用的 γ-氧化铝；⑦异构化催化剂，如环氧丙烷转化为烯丙基醇用的磷酸锂；⑧歧化催化剂，如甲苯转化为苯、二甲苯用的丝光沸石型分子筛催化剂。

8.7.3　酶催化

　　酶催化（enzyme catalysis）又称生物催化。因为，在通常条件下，几乎所有的生物反应都是被酶催化的。早在远古时代，人类就开始利用酵母等将含糖或含淀粉的食物酿造成酒和醋，这些酵母实际上就是酶。大多数酶由蛋白质分子组成，近 20 年也发现了核酸性酶的存在。蛋白酶分子往往很大，分子量在 $10^4 \sim 10^6$ 之间，相当于胶体粒子的大小。因此，酶催化是介于均相催化和多相催化之间的、具有自身特性的一类催

酶催化

化作用。酶催化反应中的反应物称为底物（substrate）。天然酶能在生物体所能耐受的特定条件下加速许许多多体内的生物反应，生物体内酶的种类繁多，主要有水解酶、氧化还原酶、转移酶、合成酶、连接酶、裂合酶和异构酶等。如果生物体内缺少了某些酶，则影响有这些酶所参与的反应，严重时将危及健康。酶催化反应的特点如下。

（1）专一的选择性

一种酶只对某一种或某一类的反应起催化作用。如 β-果糖苷酶，可以催化含 β-果糖苷键的一类物质（蔗糖和棉子糖等）的水解，都分别产生 β-果糖。这种情况称为相对专一性；如脲酶只催化尿素的水解产生 CO_2 和 NH_3 一个反应，这称之为绝对专一性；即使底物分子为对映异构体时，酶一般也能识别，如 L-氨基酸氧化酶，只选择其中的 L-氨基酸进行催化反应而不作用于 D-氨基酸，具有立体异构专一性。

（2）高度的催化活性

对于同一反应而言，酶的催化效率常常比非酶催化高 $10^6 \sim 10^{10}$ 倍。如过氧化氢分解为水和氧气的反应，同在 0℃ 下，1mol Fe^{3+} 每秒仅催化 10^{-5} mol H_2O_2，而 1mol 过氧化氢酶催化则每秒分解 10^5 mol H_2O_2。如蛋白质的水解，在体外需用浓的强酸或强碱，并煮沸相当长的时间才能完成，但食物中蛋白质在酸碱性都相对不强、温度仅 37℃ 的胃液中，却能迅速消化，就因为胃液中含有胃蛋白酶催化剂的缘故。

（3）温和的反应条件

酶通常需要在一定 pH 值和温度范围内才能有效地发挥作用，这是因为酶的作用有赖于酶蛋白分子三维结构的形状。当温度升高到一定程度时，酶蛋白将变性，使三维结构破坏而丧失催化活性，大多数酶的最适温度在 37℃ 左右。同样地，酶活性对 pH 值的变化也非常敏感，酶只有在一定的 pH 值范围内才有活性，并且对其活性常常也有一最适 pH 值，如胃蛋白酶为 pH 值 2～4，小肠蛋白水解酶——胰蛋白酶为 pH 值 7～8。如果超出此范围，活性就会完全丧失。pH 值改变可使稳定的天然酶蛋白三维结构的弱键发生断裂，也可以使参与活性中心功能的氨基酸侧链的电离状态发生改变。

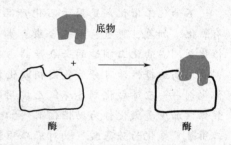

图 8-12　"诱导契合假说"示意图

一般认为，底物和酶的活性中心的关系像钥匙和锁的关系，后来又进一步提出了"诱导契合假说"，如图 8-12 所示。即底物分子和酶的活性中心在空间必须密切配合，以形成一种过渡的"酶-底物复合物"，然后变成产物。但活性部位与底物的结构只是相似，两者都有某种程度的可变性，当底物和酶结合时诱导了酶蛋白分子发生微小的形状改变，以改善契合，从而使得"酶-底物复合物"高度活化。

解释酶催化反应（也称酶促反应）的机制，最合理的是中间产物学说。酶首先与底物结合形成"酶-底物复合物"的中间产物，此复合物再分解为产物和游离的酶。其原理仍然是酶通过参与反应，改变反应机理，降低了活化能。其简单模型如下：

$$\text{E} + \text{S} \rightleftharpoons \text{ES} \longrightarrow \text{E} + \text{P} \qquad (8\text{-}35)$$

酶　底物　中间产物　酶　产物

CYP450药物代谢酶

　　知道为什么有的人喝酒"爱脸红"吗？这是因为其代谢酒精的乙醛脱氢酶的基因有缺陷，无法把由乙醇代谢而来的乙醛进一步代谢成乙酸盐，而乙醛的毒性更大，在体内积累可造成血管扩张，引起脸红。其实，人体对药物反应的差异也与其代谢酶的差异有关。大多数药物在体内的代谢也是由肝脏中 CYP450 药物代谢酶所介导和催化的。

CYP450 是细胞色素 P450 的简称，是一个超家族酶系，主要包括 CYP1A2、CYP2C9、CYP2C19、CYP2D6、CYP2E1 和 CYP3A4，因其与 CO 的结合物在 450nm 处有最大吸收峰而得名，广泛存在于体内，在保持体内环境的稳态中扮演着十分重要的角色。它们在种族、民族和个体之间的活性差异，由遗传和环境因素的差异而引起。遗传因素引起酶的结构改变，也就是说，这些酶的编码基因存在多态性，有野生型和突变型之分；而环境因素不改变酶的结构，但调节酶的活性。二者都能引起酶含量改变。酶活性差异可达几十倍甚至几百倍。故药物反应个体化差异显著，以降压药为例，1983 年观察到种族间药物剂量差异，30 多年来发现和确证了 20 多种降压药代谢酶的基因变异（CYP2D6、CYP2C9、CYPAT1、CYPβ1、CYPACE）。目前，已进入其基因芯片研制阶段。以基因检测为标志，最终可实现高血压个体化用药的临床应用。

临床上常用一些酶催化的抑制剂作为药物，如磺胺药，就是以竞争的方式抑制细菌中某种起关键作用的酶。叶酸是细菌代谢的关键物质，而合成叶酸需要对氨基苯甲酸。磺胺药很像对氨基苯甲酸，以至于控制细菌合成叶酸的酶的活性部位被磺胺药占据，使之丧失了催化对氨基苯甲酸制造叶酸的功能，从而使细菌停止生长和繁殖。天然酶的反应条件是温和的，尤其具有效率高、选择性强的特点，但至今还难以在生物体外，特别是工业上实际应用。如果能够弄清楚这个自然界的催化过程，不仅有利于了解自然的奥秘，而且将大大提高人类利用自然、改造自然的本领。

思考题 8-12 $\Delta G_{T,p} > 0$ 的反应，采用催化剂能否使它进行？催化剂能改变化学反应的标准平衡常数吗？

思考题 8-13 酶催化有些什么样的特点？结合这些特点讨论仿生催化研究的意义。

———— **复习指导** ————

掌握：化学反应速率的表示法；质量作用定律和一级反应以及阿伦尼乌斯方程的有关计算；催化作用原理。

熟悉：反应机理、反应级数、速率常数和活化能等基本概念；常见简单级数的反应特征；催化的基本特征。

了解：速率方程的类型；碰撞理论和过渡状态理论的要点；催化反应机理。

———— **英汉词汇对照** ————

化学动力学　chemical kinetics
元反应　elementary reaction
复杂反应　complex reaction
速率控制步骤　rate-determining step
多相反应　heterogeneous reaction
组分速率　component velocity
瞬时速率　instantaneous rate
速率常数　rate constant
反应分子数　molecularity of reaction
半衰期　half-life
指前因子　frequency factor
活化分子　effective molecule

活化配合物　activated complex
催化作用　catalysis
酶催化　enzyme catalysis
总包反应　overall reaction
态-态反应　state-to-state reaction
反应机理　reaction mechanism
均相反应　homogeneous reaction
化学反应速率　rate of chemical reaction
平均速率　average rate
质量作用定律　law of mass action
反应级数　reaction order
一级反应　reaction of the first order

活化能	activation energy	催化剂	catalyst
有效碰撞	effective collision	活化中心学说	activation center doctrine
过渡态理论	transition state theory	底物	substrate

化学史话

李远哲与交叉分子束方法的发明

李远哲，华人化学家。1936 年 11 月 29 日生于台湾新竹，父亲是一位画家。中学时期，爱好棒球运动。台湾大学化学系和新竹清华大学研究生毕业。1965 年在美国加州大学伯克利分校获化学博士学位。1967 年转入哈佛大学跟随赫希巴哈教授继续从事分子束技术的探索。1986 年与指导老师同获诺贝尔化学奖。

李远哲从大学时代既对理论感兴趣，又喜欢动手做实验。攻读博士期间，导师提供的独立研究机会使他的研究能力远远超过其他同学。1967 年 2 月，李远哲来到哈佛大学研究分子间的碰撞过程。经典碰撞理论认为化学反应是通过反应物分子间的碰撞得以实现的。但经典理论只能利用统计的方法得出大量分子之间碰撞后的平均结果。而李远哲和他的老师想要发明的交叉分子束方法，是利用两条高速飞行的分子束，使反应物分子只经过单次碰撞，得到的初生态产物分子就能被检测，以避免分子之间多次碰撞带来的复杂情况。用这种方法可以获得化学反应最真实的情况。但这需要高真空条件，才能让分子数减少到最低限度而不至于发生二次碰撞。同时需要分子束技术，才能检测和研究反应物分子发生碰撞的速度和方向。因此，问题的关键是研制一台交叉分子束实验装置。李远哲的经历告诉他：依靠自己，才能从无到有。下定决心之后，李远哲自己设计，自己动手，几乎每天工作十五六个小时。10 个月以后，世界上第一台大型交叉分子束实验装置终于诞生了。指导教授看后感叹道："这么复杂的装置，大概只有中国人才能做出来"。更为可贵的是，李远哲成功后仍不断改进这项创新技术，并将它用于研究大分子的重要反应，这将对高分子化学和生物化学的发展带来不可估量的影响。目前，他设计的仪器能分析各种反应的具体过程，并已在工业上发挥巨大作用，如超大型集成电路的制造等。将交叉分子束技术与激光技术结合，还能研究原子轨道和分子空间的反应。过去只能从理论上知道的东西，现在能看到真实的现象，这标志着化学反应理论研究进入了微观层次。

李远哲在分子束实验研究方面能取得巨大成功，是与他的思维方式和研究方法上独具特色分不开的。他强调，搞理论的人要善于动手，更强调实验研究必须与理论分析及数学计算相结合。

习 题

1. 温度升高，可逆反应的正、逆化学反应速率都加快，为什么化学平衡还会移动？

2. N_2O_5 的分解反应是 $2H_2O_5 \longrightarrow 4NO_2 + O_2$，由实验测得在 67℃ 时 N_2O_5 的浓度随时间的变化如下：

t/min	0	1	2	3	4	5
$c(N_2O_5)/mol \cdot L^{-1}$	1.0	0.71	0.50	0.35	0.25	0.17

试计算：

(1) 在 0~2min 内以 N_2O_5 表示的平均组分速率并确定反应级数；

(2) 在第 2min 时以 N_2O_5 表示的瞬时组分速率；

(3) N_2O_5 浓度为 $1.00mol \cdot L^{-1}$ 时的反应速率。

3. H_2O_2 与 I^- 在酸性溶液中发生下列具有简单级数的反应

$$H_2O_2 + 2H^+ + 2I^- \longrightarrow 2H_2O + I_2$$

且速率与产物浓度无关。在某一温度下，测定的实验数据如下：

实验编号	$c(H_2O_2)/mol \cdot L^{-1}$	$c(H^+)/mol \cdot L^{-1}$	$c(I^-)/mol \cdot L^{-1}$	$v/mol \cdot L^{-1} \cdot s^{-1}$
1	0.010	0.010	0.10	1.75×10^{-6}
2	0.030	0.010	0.10	5.25×10^{-6}
3	0.030	0.020	0.10	1.05×10^{-5}
4	0.030	0.020	0.20	1.05×10^{-6}

(1) 确定该反应的反应级数，并写出速率方程；

(2) 计算该反应的速率常数；

(3) 若 $c(H_2O_2)^{-1} = 5.0 \times 10^{-2} mol \cdot L^{-1}$，$c(H^+) = 1.0 \times 10^{-2} mol \cdot L^{-1}$，$c(I^-) = 2.0 \times 10^{-2} mol \cdot L^{-1}$，反应速率是多少？

4. 碳的放射性同位素^{14}C在自然界树木中的分布基本保持为总碳量的 $1.10 \times 10^{-13}\%$。某考古队在一山洞中发现一些古代木头燃烧的灰烬，经分析^{14}C的含量为总碳量的 $9.87 \times 10^{-14}\%$，已知^{14}C的半衰期为5700a，试计算该灰烬距今约有多少年？

5. 已知某药物分解 30% 即失效，药物溶液的质量浓度为 $5.0 g \cdot L^{-1}$，1a 后质量浓度降为 $4.2 g \cdot L^{-1}$。若此药物分解反应为一级反应，计算此药物的半期期和有效期限。

6. 已知每克陨石中含^{238}U $6.3 \times 10^{-8} g$，由^{238}U分解而来的 He 为 $2.077 \times 10^{-5} cm^3$（标准状态下），$^{238}U$的衰变为一级反应：

$$^{238}U \longrightarrow {}^{206}Pb + 8\ {}^4He$$

由实验测得^{238}U的半衰期为 $t_{1/2} = 4.51 \times 10^9 a$，试求该陨石的年龄。

7. 肺进行呼吸作用时，吸入的 O_2 与肺脏血液中的血红蛋白 Hb 反应生成氧合血红蛋白 HbO_2，反应方程式为：

$$Hb + O_2 \longrightarrow HbO_2$$

该反应对 Hb 和 O_2 均为一级，为保持肺脏血液中血红蛋白的正常浓度（$8.0 \times 10^{-6} mol \cdot L^{-1}$），则肺脏血液中 O_2 的浓度必须保持为 $1.6 \times 10^{-6} mol \cdot L^{-1}$。已知上述反应在体温下的速率常数 $k = 2.1 \times 10^6 L \cdot mol^{-1} \cdot s^{-1}$。

(1) 计算正常情况下氧合血红蛋白在肺脏血液中的生成速率；

(2) 在患某种疾病时，HbO_2 的生成速率已达 $1.1 \times 10^{-4} mol \cdot L^{-1} \cdot s^{-1}$，为保持 Hb 的正常浓度，需要给患者进行输氧。问肺脏血液中 O_2 的浓度为多少时才能保持 Hb 的正常浓度。

8. 303.01K 时甲酸甲酯在 85% 的碱性水溶液中水解为二级反应，其速率常数为 $4.53 mol^{-1} \cdot L \cdot s^{-1}$。若酯和碱的初始浓度均为 $1 \times 10^{-3} mol \cdot L^{-1}$，试求半衰期。

9. 二氧化氮的分解反应 $2NO_2(g) \longrightarrow 2NO(g) + O_2(g)$，319℃时，$k_1 = 0.498 mol^{-1} \cdot L \cdot s^{-1}$；354℃时，$k_2 = 1.81 mol^{-1} \cdot L \cdot s^{-1}$。计算该反应的活化能 E_a 和 383℃时的反应速率常数 k。

10. 某城市位于海拔高度较高的地理位置，水的沸点为92℃。在海边城市 3.0min 能煮熟的鸡蛋，在该市却花了 4.5min 才煮熟。计算煮熟鸡蛋这一"反应"的活化能。

11. 尿素的水解反应为：

$$CO(NH_2)_2 + H_2O \longrightarrow 2NH_3 + CO_2$$

无酶存在时，反应的活化能 E_{a1} 为 $120 kJ \cdot mol^{-1}$。当尿素酶存在时，反应的活化能降为 $46 kJ \cdot mol^{-1}$。若指前因子 A 的数值相同，试计算 298.15K 时：

(1) 由于尿素酶的催化作用，反应速率是无酶存在时的多少倍？

(2) 无酶存在时，温度要升高到何值时才能达到酶催化时的速率？

第8章 习题解答

（中南大学　王一凡）

第9章

胶体化学

本章重点讨论溶胶的基本特性、动力性质、光学性质和电学性质；溶胶的结构、稳定性及聚沉；以及表面活性剂、乳状液、大分子溶液及凝胶的性质。

9.1 分散系的分类

一种或几种物质以或大或小的粒子形式分散在另一种物质中就构成了分散系（disperse system），被分散的物质称为分散相（dispersed phase），而容纳分散相的连续介质则称为分散介质（disperse medium）。分散系在工作和生活中都很常见，比如生理盐水、牛奶、血液、细胞液以及医药上用的各种注射液、乳剂、气雾剂等都是不同类型的分散系。

根据分散相与分散介质的不同特点，分散系有以下的分类方式。

9.1.1 按照分散系的相数分类

分散系的分类

分散系可分为均相（单相）分散系与非均相（多相）分散系两大类。

均相分散系是指分散相与分散介质在同一个相中的分散系，均相分散系又有低分子均相分散系与大分子均相分散系之别。小分子均相分散系就是通常所说的真溶液，比如常见的生理盐水、葡萄糖溶液等；蛋白质溶液等大分子溶液是大分子均相分散系。非均相分散系是指分散相与分散介质不在同一个相的分散系，如浑浊的河水、牛奶、原油等。非均相分散系有胶体分散系与粗分散系之分。传统上将大分子溶液、胶体分散系及粗分散系称为广义的胶体分散系（colloid disperse system），胶体化学（colloid chemistry）就是研究广义的胶体分散系性质的一门科学。

9.1.2 按分散度分类

分散度是表征分散系分散程度的重要依据。根据分散相分散程度的不同，分散系可以分为三类：粗分散系、胶体分散系和分子（离子）分散系。

9.1.2.1 粗分散系

粗分散系的分散相粒子大于 10^{-7} m，肉眼或普通显微镜就能看到分散相的颗粒，属于非均相分散系。由于分散相颗粒较大，足以阻止光线通过，所以是浑浊、不透明的；同时易受重力的作用而沉降，因此是不稳定的。属于这一类分散系的有悬浊液（固体分散于液体）和乳状液（液体分散于不相溶的液体）。

9.1.2.2 分子（离子）分散系

分子（离子）分散系的分散相粒子小于 10^{-9} m，属均相分散系。因为分散相颗粒很小，不能阻止光线通过，所以这类分散系是透明的，也是稳定的，长时间放置也不会聚沉。

9.1.2.3 胶体分散系

胶体分散系的分散相粒子大小在 $10^{-9} \sim 10^{-7}$ m 之间，属于这一类分散系的主要有溶胶、大分子溶液以及缔合胶体。

药物分散度与治疗效果

难溶于水的药物服用后不易被吸收，药效慢。实验表明，增加药物分散度，使其接近或达到胶体的分散程度时，一方面因为固体颗粒越小，其溶解度越大，提高了药物的溶解度；另一方面，固体颗粒越小，其表面积和比表面越大，增大了药物的溶解速度，从而可以直接改善治疗效果，这一点已在药物制剂学上引起广泛的重视。例如难溶性药物"地高辛"经微粉化处理后，将其粒径控制在 3.7μm 左右，可增加其在胃肠液中的溶解度而改善吸收；口服灰黄霉素，在同样疗效的情况下，粒径为 2.6μm 的服用量仅为粒径为 10μm 服用量的一半。

（1）溶胶

固态分子或原子的聚集体分散在液体介质中形成的胶体，称为胶体溶液，简称为溶胶（sol）。因为溶胶的分散相粒子是由许多分子或原子聚集而成的，因此属于非均相分散系，如金溶胶、硫溶胶、氢氧化铁溶胶等。溶胶中分散相与分散介质之间亲和力小，故历史上曾把溶胶称为憎液胶体（lyophobic colloid）。

（2）大分子溶液

大分子溶液（macromolecular solution）的分散相粒子就是单个大分子（如蛋白质分子），其单个分子的大小已达到 $10^{-9} \sim 10^{-7}$ m 的范围。由于是以单个分子分散的，故属于均相分散系。在大分子溶液中，分散相与分散介质之间亲和力大，因此历史上曾把大分子溶液称为亲液胶体（lyophilic colloid）。

（3）缔合胶体

表面活性剂分子在水中彼此以疏水基互相聚集在一起，形成的疏水基团向里、亲水基团向外的胶束溶液称为缔合胶体（association colloid），其缔合作用是自发和可逆的，是热力学上的稳定体系。

分散系的上述分类是相对的，在粗分散系与胶体分散系之间没有非常严格的界限，而且一些粗分散系，如乳状液，它们的许多性质与胶体分散系有着密切的联系，通常归在胶体分散系中加以讨论。

分散系的上述分类情况见表 9-1。

表 9-1 分散系按分散相大小进行分类

分散系		分散相粒子的组成	分散相的粒子大小/m	特征	实例
粗分散系	悬浊液	粗固体颗粒	$>10^{-7}$	非均相,热力学不稳定;分散相粒子不能透过滤纸和半透膜,一般显微镜下可见	浑浊的河水,乳汁
	乳状液	粗液体小滴			

分散系		分散相粒子的组成	分散相的粒子大小/m	特征	实例
胶体分散系	溶胶	胶粒(多分子或原子的聚集体)	$10^{-9}\sim10^{-7}$	非均相,热力学不稳定;分散相粒子能透过滤纸,不能透过半透膜;超显微镜下可见	硫溶胶,金溶胶
	大分子溶液	单个大分子	$10^{-9}\sim10^{-7}$	均相,热力学稳定;分散相粒子能透过滤纸,不能透过半透膜;超显微镜下可见	蛋白质的水溶液,橡胶的苯溶液
	缔合胶体	胶束	$10^{-9}\sim10^{-7}$	均相,热力学稳定;分散相粒子能透过滤纸,不能透过半透膜;超显微镜下可见	超过一定浓度的洗涤剂溶液
分子或离子分散系	真溶液	小分子或离子	$<10^{-9}$	均相,热力学稳定;分散相粒子能透过滤纸和半透膜;超显微镜下也不可见	生理盐水,葡萄糖的水溶液

另外,胶体分散系也可以按照分散相及分散介质的聚集状态分类。这种分类方法常常按照分散介质的聚集状态来命名胶体,分别称为气溶胶、液溶胶和固溶胶,见表 9-2。除气-气体系不属于胶体研究的范畴外,其他各类分散系都有胶体研究的对象。

表 9-2 胶体分散系按聚集状态进行分类

分散相	分散介质	分散系名称	实例
气			—
液	气	气溶胶	雾
固			烟、尘
气			泡沫
液	液	液溶胶	乳状液、原油
固			金溶胶、氢氧化铁溶胶
气			泡沫塑料、面包
液	固	固溶胶	珍珠
固			合金、有色玻璃

综上所述,胶体是物质存在的一种特殊状态。任何物质以 $10^{-9}\sim10^{-7}$ m 的大小分散于另一物质中时,就成为胶体。例如,氯化钠在水中形成真溶液,而在苯中则形成氯化钠溶胶;硫黄可以溶解在乙醇中形成真溶液,而在水中则形成硫黄溶胶。

胶体在自然界中普遍存在。从胶体化学的观点来看,人体是由各种粗分散体系、胶体、凝胶以及大分子溶液所组成的复杂分散体系,血液、体液、细胞、软骨等都是典型的胶体体系,人体的皮肤、肌肉、脏器乃至毛发、指甲等都属于胶体体系的范畴,生物体的很多生理现象和病理变化都与其胶体性质密切相关。因此,对于医务工作者来说，切实掌握胶体的基本概念、基本理论并将其应用于实践，是十分重要和必要的。

硫化橡胶的发明

化学史上有很多因为善于观察和捕捉工作中的异常现象进而获得创造发明的事例，最典型的事例之一就是硫化橡胶的发明。

美国化学家古德意尔（Goodyear，1800—1860）长期研究天然橡胶两个缺点（遇热发黏、遇冷变得很硬）的解决方法，但一直没有结果。有一天他在实验中不小心把橡胶和硫黄的混合物偶然跌落在热得烫手的炉子上，当他赶忙从炉子上把它刮下来时，出乎意料地发现，这种加过热的混合物尽管很热，却不黏。接着他又做了同样的实验，发现在生橡胶中加入适量的硫黄，经过加热和冷却的样品，始终是柔软而富有弹性的。橡胶加工中的硫化技术，就这样在偶然中发明了。从此，橡胶技术取得了飞跃的发展，橡胶的用途也迅速拓宽。大量事实表明，每个人都有科学发现的可能，但机遇并不是什么人都可捕获到的。正如法国微生物学家巴斯德（L. Pasteur）所说：“在观察的领域中，机遇只偏爱那种有准备的头脑。”

9.2 溶胶及其基本性质

溶胶是由很多个分子或原子构成的聚集体以直径为 10^{-9}～10^{-7}m 的胶粒分散在介质中所形成的多相体系，具有很大的界面和界面能。溶胶中的胶粒都有自发聚结的趋势，它们力图合并长大来使体系的能量降低，是热力学的不稳定体系。因此，溶胶的特征是：多相性、高分散性和不稳定性，由此导致溶胶在动力学、光学和电学等性质方面有一系列独特的性质。

溶胶的基本性质

9.2.1 溶胶的动力学性质

（1）布朗运动

1827 年，英国植物学家布朗（Brown）在显微镜下观察悬浮在水面上的花粉和孢子时，发现它们处于不停的无规则运动之中，而且如果粒子的质量和介质的黏度越小、体系的温度越高，这种无规则的运动就表现得越明显。以后又发现胶粒在介质中也做这种无规则运动，后称为布朗运动（Brownian motion）。

布朗运动的本质是热运动，是由于介质分子热运动撞击悬浮粒子的结果。分散相粒子不停地受到介质分子不同方向的冲击力，其合力不能被完全抵消，因此就使胶粒做不停的无规则运动。布朗运动的实际路径虽然杂乱无章，但在一定时间内，粒子移动的平均投影位移 Δx 却具有一定的数值。爱因斯坦（Einstein）利用分子运动论的一些基本概念和公式，并假设粒子是球形的，导出了布朗运动公式：

$$\Delta x=\sqrt{\frac{RTt}{3\pi\eta rL}} \tag{9-1}$$

式中，Δx 为时间 t 内半径为 r 的粒子在 x 轴方向的平均位移；η 为介质的黏度；L 为阿伏伽德罗（Avogadro）常数。式（9-1）称为爱因斯坦公式。从式（9-1）可知，温度越高，粒子半径和介质黏度越小，布朗运动就越激烈。

（2）扩散

从宏观上看，溶胶粒子在介质中由高浓度区向低浓度区自发迁移的现象称为扩散（diffusion）。显然，粒子的扩散是由布朗运动引起的。因胶粒比小分子大得多，故胶粒在介质中的扩散速率比小分子慢得多，但二者的扩散规律是相同的。

1885 年，费克（Fick）根据实验结果发现，粒子沿着 x 方向扩散时，其扩散速率 $\mathrm{d}n/\mathrm{d}t$ 与粒子通过的截面积 A 以及浓度梯度 $\mathrm{d}c/\mathrm{d}x$ 成正比，比例系数为 D：

$$\frac{\mathrm{d}n}{\mathrm{d}t} = -DA\frac{\mathrm{d}c}{\mathrm{d}x} \tag{9-2}$$

式（9-2）称为费克扩散第一定律。式中 $\mathrm{d}n/\mathrm{d}t$ 为在一定的浓度梯度 $\mathrm{d}c/\mathrm{d}x$ 下，单位时间内粒子通过截面积 A 的物质的量；D 称为扩散系数（diffusion coefficient），表示在单位浓度梯度、单位时间内通过单位截面积的粒子的量，扩散系数代表了粒子在介质中的扩散能力。实验表明：温度越高，粒子半径和介质黏度越小，扩散系数就越大，粒子就越容易扩散。

（3）沉降

物体在放置的过程中，总会受到重力的作用。如果分散相粒子的密度大于分散介质的密度，则在重力场的作用下粒子有向下沉降的趋势。悬浮在介质（气体或液体）中的固体颗粒下降，而与介质分离的过程称为沉降（sedimentation）。沉降的结果会使体系下层的粒子浓度变大，这样就破坏了粒子分布的均匀性，粒子会通过由布朗运动引起的扩散来力图促使浓度均一。对于粗分散体系，因为粒子较大，由布朗运动所引起的扩散作用不明显，所以宏观上可以看到粒子在重力场中的下沉。例如，浑浊的河水经放置后，泥沙颗粒会沉到容器底部。而对于粒子较小的溶胶体系，则观察不到如此明显的沉降行为。当扩散与沉降这两种相反的作用力相等时，粒子的分布达到平衡，从容器的底部到上层逐步形成一定的浓度梯度，称为沉降平衡（sedimentation equilibrium），这时体系中溶胶粒子沿容器的高度分布是不均匀的，其分布规律与大气层的分布相似，容器底部的浓度最大，由下到上浓度逐渐减小，符合高度分布公式：

$$c = c_0 \exp\left[-\frac{L}{RT} \times \frac{4}{3}\pi r^3 (\rho - \rho_0)gh\right] \tag{9-3}$$

式中，c_0 和 c 分别是粒子在容器底部和在容器高度为 h 处的浓度；ρ 和 ρ_0 分别为粒子和分散介质的密度；r 为粒子的半径。由式（9-3）可知，粒子体积越大，分散相和分散介质的密度差越大，达到沉降平衡时粒子的浓度梯度也越大。

高度分布公式只适用于已达沉降平衡的体系。在一般情况下，由于溶胶中胶粒的半径很小，在重力场中沉降速度很慢，再加上由于微温度不均匀所产生的对流以及环境的微震动所产生的搅拌作用，往往需要极长时间才能达到沉降平衡。为了加速沉降平衡的建立，瑞典杰出的物理学家斯威德伯格（Svedberg）首创了超速离心机，在比地球重力场大数十万倍的离心力场的作用下，溶胶中的胶粒可以迅速达到沉降平衡，大分子溶液中的大分子溶质也可在超速离心机中迅速达到沉降平衡，通过对沉降平衡状态的计算可以求得胶粒或大分子溶质的大小及摩尔质量。现在，超离心技术已是研究蛋白质、核酸、病毒以及某些其他大分子化合物的重要手段，也是分离提纯各种细胞器不可缺少的重要工具。在临床诊断中，使用超速离心机可以发现和检查病变血清蛋白质，从而对某些疾病起到确诊或辅助诊断的作用。

思考题 9-1 胶粒发生布朗运动的本质是什么？这对溶胶的稳定性有何影响？

9.2.2 溶胶的光学性质

一束光射向某物体时，光可能被吸收、散射、折射或反射。例如，当粒子的大小超过波长时，粒子对可见光（波长为 400~700nm）主要是折射和反射，粗分散体系就是如此；胶体分散系的粒径小于光的波长，因此溶胶对可见光主要具有散射作用。

（1）丁达尔现象

在暗室内用一束光线照射溶胶时，在溶胶的侧面可以看到一个发亮的光柱，人们把这一现象称为丁达尔（Tyndall）现象（见图 9-1）。其实，在日常生活中也经常会观察到丁达尔现象。例如，阳光从窗户射进屋里，或晚上用探照灯向天空搜索时，都可从侧面看到空气中的灰尘所产生的光柱。

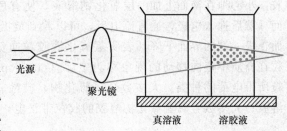

图 9-1 丁达尔现象

丁达尔现象是由于溶胶粒子对光的散射引起的。在入射光前进方向之外的方向能见到光的现象称为光的散射。散射出来的光称为乳光或散射光。小分子真溶液也可发生散射作用，但因分子太小，散射极微弱，故以透射光为主。因此，丁达尔现象实际上就成了判别溶胶与真溶液的最简便的方法。

（2）雷利散射公式

雷利（Rayleigh）研究了不带电的球形粒子所构成的稀溶液体系的光散射现象，提出了如下计算散射光强的公式：

$$I = I_0 \frac{24\pi^3 \nu V^2}{\lambda^4} \left(\frac{n^2 - n_0^2}{n^2 + 2n_0^2} \right)^2 \tag{9-4}$$

式中，I、I_0 分别为散射光和入射光的强度；n、n_0 分别为分散相和分散介质的折射率；λ 为入射光的波长；V 为单个粒子的体积；ν 为单位体积内的粒子数。

雷利公式是研究溶胶散射现象的基础。由式（9-4）可以得出如下结论。

①散射光的强度与分散相以及分散介质的折射率有关，它们相差越大，光的散射现象越明显。这说明体系的光学不均匀性是产生光散射的必要条件。与大分子溶液相比，溶胶粒子与介质的折射率差别较大，所以溶胶的散射光很强，具有明显的丁达尔现象。

②散射光的强度与单个粒子的体积 V 的平方成正比。利用这一特性可以测定粒子的大小分布，商品化的尘粒测定仪就是利用这一原理设计的。

③散射光的强度与单位体积内的粒子个数 ν 成正比。定量分析中采用的浊度法就是基于此原理。

④散射光的强度与入射光波长 λ 的四次方成反比，这表明光的波长越短，其散射

光就越强。在可见光中，波长较短的蓝、紫色光会有较强的散射，而波长较长的红、橙色光则具有较强的穿透性。这就是许多透明的溶胶用白光照射时，从侧面看常显浅蓝色，而透过光则呈橙红色的原因。

> **思考题 9-2** 有 A、B 两种透明液体，其中一种是真溶液，另一种是溶胶，可用何种方法简单鉴别？

9.2.3 溶胶的电学性质

溶胶是热力学上的不稳定体系，胶粒有聚结变大的趋势。但实际上溶胶通常还是很稳定的，可以放置相当长的时间而不聚沉。研究结果表明溶胶中的胶粒表面带有电荷，在一定条件下，胶粒带电是溶胶得以稳定存在的重要原因之一。因此，电学性质的研究不仅开拓了溶胶的许多实际应用领域，而且还为溶胶的稳定性理论的发展奠定了基础。

9.2.3.1 电泳和电渗

观察电泳的简便方法，如图 9-2 所示。在某一 U 形管中注入棕红色的氢氧化铁溶胶，小心地在液面上加一层氯化钠溶液，使有色溶胶与氯化钠溶液之间有一清晰的界面。然后插入电极，通直流电后，可以看到负极一端棕红色的氢氧化铁溶胶界面上升，而正极一端的界面下降，表明氢氧化铁胶粒向负极移动。这种在外电场的作用下，胶粒在介质中定向移动的现象称为电泳（electrophoresis）。从电泳的方向，可以判断胶粒所带电荷的种类：大多数金属硫化物、硅酸、金、银等溶胶的胶粒带负电，称为负溶胶；大多数金属氢氧化物溶胶的胶粒带正电，称为正溶胶。

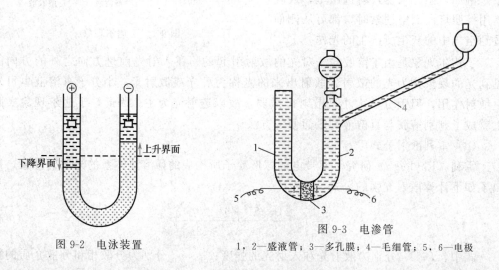

图 9-2　电泳装置　　　　图 9-3　电渗管
1，2—盛液管；3—多孔膜；4—毛细管；5，6—电极

由于整个溶胶呈电中性，因此，如果溶胶中胶粒带正电，那么液体介质必带负电。电泳实验是在介质不运动时观察胶粒的运动。若使胶粒不运动，则通直流电后，在外电场的作用下，液体介质将通过多孔膜（活性炭、素烧瓷片等）向带相反电荷的电极方向移动。这种现象称为电渗（electroosmosis）。如图 9-3 所示，于管中注入溶胶，很容易从毛细管中液体弯月面的升降观察到液体介质的流动方向。

在同一电场下，电渗与电泳现象往往同时发生，它们都是由于固相和液相做相对运动时产生的电动现象。研究电动现象不仅对了解胶粒的结构与稳定性具有重要意义，而且在实际工作中有着重要的应用价值。例如利用电泳方向和速度的不同，分离不同的蛋白质分子或核酸分子，已成为生物化学研究中的重要实验技术；电渗现象可用于拦水坝、泥炭及木材的去水等。

9.2.3.2 胶粒带电的原因

胶体的电动现象，说明胶粒带电。胶粒带电的原因主要有两种。

(1) 胶核界面的选择性吸附

溶胶是多相的高度分散体系，具有很大的界面积和界面能，因此，胶粒中的胶核很容易吸附溶液中的离子，使其界面能降低。实验表明，胶核总是选择性地优先吸附与其组成类似的离子，此规则称为法扬斯（Fajans）规则。例如，利用硝酸银和碘化钾制备碘化银溶胶时，AgI 胶核表面优先吸附 Ag^+ 或 I^-，而对 K^+ 和 NO_3^- 的吸附很弱。因此，制备 AgI 溶胶时，如果是硝酸银过量，则胶核吸附过剩的 Ag^+ 而带正电；若碘化钾过量，则胶核吸附过剩的 I^- 而带负电。

(2) 胶核表面分子的解离

有些胶核本身含有可离解的基团，在水溶液中可以离解成离子，从而带电。例如硅胶的胶核是由许多 SiO_2 分子组成的，表面层上的分子和水作用生成硅酸，硅酸分子可以离解成为 SiO_3^{2-} 和 H^+：

$$H_2SiO_3 \rightleftharpoons HSiO_3^- + H^+$$

$$HSiO_3^- \rightleftharpoons SiO_3^{2-} + H^+$$

H^+ 扩散到介质中去，而 SiO_3^{2-} 则留在胶核表面，结果使胶粒带负电。

9.2.3.3 胶粒的双电层结构

从能量最低原理考虑，遵循法扬斯规则而优先吸附在胶核表面上的定位离子（potential determining ions）不会聚在一处，势必分布在整个粒子表面上。粒子与介质作为一个整体是电中性的，故粒子周围的介质中必定有与表面离子的电荷数量相等而符号相反的离子存在，这些离子称为反离子（counter ions）。由于胶粒与液体介质之间带有电性不同的电荷，因此在固-液界面上形成双电层（double layer）结构。

1924 年，斯特恩（Stern）在前人研究的基础上，提出了吸附扩散双电层模型。反离子在溶液中受到两方面的作用：一方面是表面上的静电引力，力图把它们拉向表面；另一方面是离子本身的热运动，使它们离开表面扩散到溶液中去。这两方面作用的结果，使反离子在表面以外的溶液中形成平衡分布：一部分反离子被吸附在固体表面上，有 1～2 个分子层厚度，构成紧密层（也称斯特恩层）；另一部分反离子则扩散分布在本体溶液中，越靠近固体表面，反离子浓度就越大，越远则浓度越小，直至为零。这部分称为扩散层。在紧密层中，反离子的电性中心构成一个假想面，称为斯特恩平面。由于离子的溶剂化作用，在紧密层表面存在一溶剂化层，此溶剂化层作为固体的一部分，在外电场的作用下与固体一起移动，故固-液两相发生相对移动时的滑动面在斯特恩平面之外，与固体表面的距离约为分子直径的数量级。上述紧密层与扩散层即为斯特恩双电层，其模型如图 9-4（a）所示。

利用此模型可以解释外加电解质对双电层电势的影响。由图 9-4（b）可以看出，从粒子表面到本体溶液之间实际上存在着三种电势：从粒子表面到本体溶液之间的电势称为表面电势或热力学电势 φ_0（electrothermodynamic potential），其符号和大小由定位离子决定；从斯特恩平面到本体溶液之间的电势称为斯特恩电势 φ_d（Stern potential）；而从粒子的滑动界面到本体溶液之间的电势称为电动电势（electrokinetic potential）或 ζ 电势（zeta potential）。ζ 电势只是斯特恩电势的一部分。一般情况下，表面电势与溶液中的外加电解质无关，而 ζ 电势却对外加电解质十分敏感，外加电解质对 ζ 电势有显著影响。随着外加电解质的不断加入，斯特恩层与扩散层中的离子分布发生改变，有一部分反离子进入斯特恩层，从而使斯特恩电势和 ζ 电势发生变化；如果溶液中反离子浓度不断增加，则 ζ 电势就相应下降，扩散层的厚度也相应被"压缩"变薄；当电解质增加到某一浓度时，ζ 电势降为零，此时胶粒不带电，称为等电点，这时

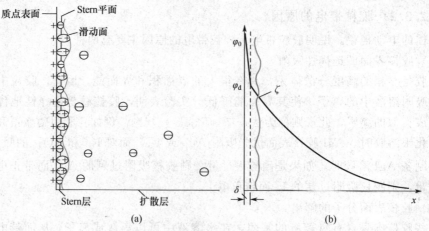

图 9-4 斯特恩吸附扩散双电层模型示意图

就观察不到电泳现象了。而因为胶粒不带电，粒子之间没有相互斥力，所以等电点时，溶胶的稳定性最差，最容易聚沉下来。

利用此模型也可以说明某些高价反离子或同号大离子对双电层的影响。某些高价反离子或大的反离子由于吸附性能很强而大量进入吸附层，牢牢地贴近在固体表面，可以使斯特恩层结构发生明显改变，甚至导致斯特恩电势和 ζ 电势改变符号；同样，某些同号大离子也可因其强烈的范德华引力而进入吸附层，使斯特恩电势增大，甚至使其高于表面电势。

9.2.4 胶团结构

胶粒的双电层结构，胶团结构，溶胶相对稳定性与聚沉

溶胶的双电层模型有助了解胶粒的结构：①胶粒的中心称为胶核（colloidal nucleus），它由许多分子或原子聚集而成；②胶核周围是由吸附在胶核表面上的定位离子、被定位离子因静电引力而紧密吸附的部分反离子以及一些溶剂分子所共同组成的吸附层，胶核和吸附层合称为胶粒（colloidal particle）；③吸附层以外由反离子组成扩散层，胶核、吸附层和扩散层总称为胶团（colloidal micell）；④整个胶团是电中性的，在电场作用下，胶粒向某一电极方向做定向移动，扩散层的反离子则向另一个电极方向移动。

例如，用硝酸银溶液和碘化钾溶液制备碘化银溶胶时，许多个 AgI 分子聚集在一起形成胶核 $(AgI)_m$，m 表示胶核中 AgI 的分子数；如果制备时是 KI 过量，则胶核优先吸附 n 个 I^- 为定位离子，使胶核表面带负电；由于静电引力的作用，胶核会吸引部分反离子即 $(n-x)$ 个 K^+ 进入吸附层；余下 x 个 K^+ 构成扩散层。图 9-5 是碘化银胶团结构表示式和胶团结构示意图。

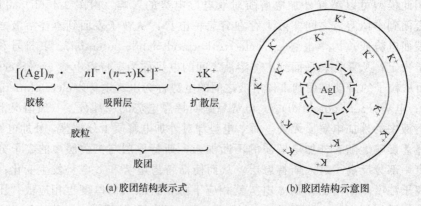

(a) 胶团结构表示式   (b) 胶团结构示意图

图 9-5　碘化银胶团结构（KI 为稳定剂）

若 $AgNO_3$ 过量，则其胶团结构表示式如下：

$$[(AgI)_m \cdot n\,Ag^+ \cdot (n-x)NO_3^-]^{x+} \cdot x\,NO_3^-$$

9.2.5 溶胶的相对稳定性与聚沉

9.2.5.1 溶胶的稳定性

溶胶为高度分散的多相体系，有很大的表面积和表面能，是热力学的不稳定体系，有自动聚集而下沉的趋势。虽然如此，有的溶胶却可以稳定存在很长时间，甚至达数十年之久，其原因主要如下。

（1）动力稳定性

溶胶粒子具有强烈的布朗运动，以致胶粒可以不因重力而下沉。溶胶的这种性质称为动力稳定性。溶胶的分散度越大，胶粒的布朗运动越剧烈，胶粒就越不容易聚沉。另外，当介质的黏度足够大时，黏度对溶胶的动力稳定性将产生直接影响。介质的黏度越大，胶粒就越不易聚沉。

（2）胶粒带电的稳定作用

由胶团的结构可知，在胶粒的周围存在着反离子的扩散层，使每个胶粒周围形成了离子氛。当胶粒相互靠近到一定程度时，扩散层会相互重叠，产生静电斥力，结果两个胶粒相互碰撞后会重新分开，保持了胶体的稳定性。因此，胶粒具有足够大的 ζ 电势是溶胶稳定的主要原因。

（3）溶剂化的稳定作用

胶团中的离子都是溶剂化的；若溶剂为水，就称为水化。水中的胶粒周围都形成了水化层，当胶粒相互靠近时，水化层被挤压变形，而水化层具有弹性，可造成胶粒接近时的机械阻力，从而阻止溶胶的聚沉。

9.2.5.2 溶胶的聚沉

虽然溶胶具有相对稳定性，但它毕竟是热力学的不稳定体系，许多外部因素，例如温度、机械作用、化学作用等都可以引起溶胶稳定性的破坏。溶胶的分散度降低，分散相颗粒变大，最后从介质中沉淀析出的现象，称为溶胶的聚沉（coagulation）。

9.2.5.3 电解质的聚沉作用

对溶胶聚沉影响最大、作用最敏感的是电解质。当电解质溶液的浓度较低时，有助于胶粒带电形成 ζ 电势，使粒子之间因静电斥力而不易聚结，对溶胶起稳定作用。但是，当电解质的浓度较大时，电解质中的反离子可削弱溶胶的双电层，使胶粒周围的扩散层变薄，ζ 电势相应降低；当扩散层中的反离子全部被"压缩"进吸附层时，ζ 电势降为零，这时胶粒呈电中性，最不稳定。

不同的电解质对溶胶的聚沉能力不同，电解质的聚沉能力可用聚沉值（floccula-tion value）来表示。聚沉值是在一定条件下，使一定量的溶胶在一定时间内完全聚沉所需电解质溶液的最小浓度（$mol \cdot m^{-3}$）。显然，聚沉值越小，电解质的聚沉能力越大。

（1）舒尔茨-哈迪规则

舒尔茨（Schulze）和哈迪（Hardy）在研究电解质的聚沉作用时发现，使溶胶聚沉的主要是反离子；而且，反离子的价数越高，其聚沉值越小，聚沉能力越强。对于给定的溶胶，反离子的价数分别为 1、2、3 时，其聚沉值与反离子价数的六次方成反比，即：

$$M^+ : M^{2+} : M^{3+} = \left(\frac{1}{1}\right)^6 : \left(\frac{1}{2}\right)^6 : \left(\frac{1}{3}\right)^6 \tag{9-5}$$

这个规则称为舒尔茨-哈迪规则，这是一个近似规则。如 NaCl、$CaCl_2$、$AlCl_3$ 三

种电解质对 As_2S_3 溶胶的聚沉能力的比值为 $Na^+ : Ca^{2+} : Al^{3+} = 1 : 80 : 500$。

应当指出,如果离子在溶胶表面发生强烈的吸附或发生表面化学反应时,舒尔茨-哈迪规则不适用。如对 As_2S_3 溶胶,一价吗啡离子的聚沉能力比 Mg^{2+} 和 Ca^{2+} 要强得多,这是因为有机化合物具有很强的吸附能力之故。

同价反离子对溶胶的聚沉能力虽然相近,但仍有差别,特别是一价离子表现得最为明显。例如,一价正电反离子的聚沉能力由大到小的顺序为:

$$H^+ > Cs^+ > Rb^+ > NH_4^+ > K^+ > Na^+ > Li^+$$

一价负电反离子聚沉能力由大到小的顺序为:

$$F^- > IO_3^- > H_2PO_4^- > BrO_3^- > Cl^- > ClO_3^- > Br^- > I^- > CNS^-$$

同价反离子的聚沉能力的这一顺序称为感胶离子序(lyotropic series)。它与水化离子的半径由小到大的顺序大体一致,这可能是因为水化离子的半径越小,就越容易靠近胶体粒子,从而越易进入吸附层去抵消定位离子的缘故。

(2)同号离子的影响

起聚沉作用的虽然是反离子,但与溶胶带同号电荷的离子也具有一定的影响。一般来说,同号离子可以降低反离子的聚沉作用,其规律是:同号离子的价数越高,对溶胶的稳定性就越显著。

(3)不规则聚沉

有时少量的电解质可以使溶胶聚沉,随着电解质浓度的逐渐增加,沉淀又重新分散成溶胶,并使胶粒所带的电荷改变符号;电解质浓度继续增加时,溶胶再次发生聚沉,这种现象称为不规则聚沉。不规则聚沉是溶胶粒子对高价反离子强烈吸附的结果。开始时,少量的电解质使溶胶聚沉,随着电解质浓度的增加,溶胶吸附了过多的反离子后,胶粒会改变电荷符号,形成新的双电层,溶胶又重新稳定,但这时所带的电荷符号与原胶粒相反;继续加入电解质,高价离子压缩新的双电层,溶胶又变得不稳定,再次发生聚沉,此时溶液中的电解质浓度已经很高,再增加电解质也不能使沉淀再度分散成为溶胶了。

9.2.5.4　异电溶胶的相互聚沉现象

将两种带相反电荷的溶胶相互混合也会发生聚沉,称为相互聚沉现象。相互聚沉的程度与两种溶胶的相对量有关,当两种溶胶粒子所带的电荷全部被中和时聚沉最完全。电性相反的溶胶相互聚沉在水的净化方面得到了广泛应用。水中的悬浮物通常带负电,而明矾的水解产物氢氧化铝溶胶则带正电,混合后两种电性相反的溶胶相互吸附而聚沉,再加上氢氧化铝絮状物的吸附作用,使污物清除,水得以净化。

9.2.5.5　大分子溶液对溶胶的保护作用与敏化作用

因溶胶对一些水溶性的大分子化合物有较强的吸附,导致大分子溶液对溶胶有两种特殊作用。

(1)大分子溶液对溶胶的保护作用

在溶胶中加入足够量的明胶、蛋白质等大分子化合物的溶液,由于大分子被吸附在胶粒的表面上,提高了胶粒对分散介质的亲和力,增加了溶胶的稳定性,即使加入少量的电解质也不至于引起聚沉,这种作用称为大分子化合物对溶胶的保护作用(protective effect)。具有保护作用的大分子化合物自身应当具有与胶粒有较强亲和力的吸附基团,以及与溶剂有良好亲和力的稳定基团;而且,两者的比例要适当,大分子化合物的量要足够多,这样才能被胶粒表面吸附后,在胶粒周围形成一个保护膜,从而阻止胶粒的聚沉,增强溶胶的稳定性。

(2)敏化作用

在溶胶中加入的大分子化合物的量足以完全覆盖胶粒时,才能对溶胶起到保护作用。如果大分子化合物的加入量很少,不足以将胶粒表面完全覆盖,则不仅对溶胶起不到保护作用，反而会降低溶胶的稳定性，甚至使溶胶发生聚沉，这种现象称为大分子化合物对溶胶的敏化作用（sensitization effect）。敏化作用的产生是因为大分子化合物都是长链的分子，当大分子的量不足以使得每个胶粒的周围被吸附一个大分子时，则同一个大分子就会吸附多个胶粒，使邻近的胶粒之间的距离缩短，且运动受限，即大分子链起了"桥连"作用，反而促使了胶粒的聚沉。

◆▶【案例分析 9-1】　血液中所含的难溶性无机盐为何能稳定存在而不聚沉？

问题： 人体血液中所含的难溶性无机盐如碳酸钙、磷酸钙等，它们在血液中的含量虽然比在水中的溶解度大了近 5 倍，为什么能稳定存在而不聚沉？

分析： 人体血液中所含的这些难溶性无机盐，是以溶胶的形式存在于血液中的。由于血液中的蛋白质对这些盐类溶胶起了保护作用，所以能稳定存在而不聚沉。如果发生某些疾病使血液中的蛋白质浓度减小，人体内的一些微溶性盐类就会因为失去大分子的保护作用而凝结沉淀，形成肾、胆、膀胱等内脏结石。因此，大分子溶液对溶胶的保护作用在生理过程中具有重要意义。

思考题 9-3 为什么在长江、珠江等江河的入海处都有三角洲形成？

思考题 9-4 有一种金溶胶，先加明胶溶液再加 NaCl 溶液，与先加 NaCl 溶液再加明胶溶液相比，现象有何不同？

9.3 大分子化合物溶液

9.3.1 大分子化合物溶液的形成与性质

9.3.1.1 大分子化合物溶液的性质

大分子化合物指的是相对分子质量大于 10^4 的物质，它们可以是天然的有机化合物，如蛋白质、淀粉、核酸、纤维素、天然橡胶，也可以是人工合成的有机化合物，如酚醛树脂、合成纤维、合成橡胶等。

大分子化合物能自动分散到合适的介质中形成均匀的大分子溶液。在这种自发形成的大分子溶液中，分散相颗粒是单个大分子，因此大分子溶液是均相体系，在热力学上是稳定的。虽然大分子溶液的本质是真溶液，但因单个大分子已达胶粒的大小，故大分子溶液的某些性质又与溶胶相似，例如，大分子的扩散速率慢，不能透过半透膜等。大分子溶液与溶胶以及低分子溶液在性质上的异同点，归纳比较于表 9-3。

表 9-3　溶胶、大分子溶液、小分子溶液的性质比较

性质	溶胶	大分子溶液	小分子溶液
分散相颗粒大小	$10^{-7} \sim 10^{-9}$ m	$10^{-7} \sim 10^{-9}$ m	$< 10^{-9}$ m
分散相存在单元	由很多分子组成的胶粒	单个分子	单个分子
溶液体系	多相体系	单相体系	单相体系
扩散速率	慢	慢	快
能否通过半透膜	不能通过	不能通过	能通过
丁达尔效应	强	微弱	很微弱

续表

性质	溶胶	大分子溶液	小分子溶液
热力学稳定性	不稳定	稳定	稳定
外加电解质	很敏感,少量即会聚沉	不敏感,大量可盐析	不敏感
渗透压	小	大	小
黏度	小	大	小

大分子化合物溶液在医药上的应用非常广泛。例如人体中的重要物质——蛋白质、核酸、糖原等都是天然大分子化合物,在生命活动中起着重要作用;血浆代用液、脏器制剂和疫苗等都是大分子化合物溶液。

科学家小传——施陶丁格

施陶丁格(H. Staudinger,1881—1965),德国化学家,高分子科学创始人。

1881年3月23日生于德国沃尔姆斯,1898年在达姆施塔特技术大学学习。先后在慕尼黑大学和哈勒大学学习与化学有关的课程,1903年获博士学位,1907年成为卡尔斯鲁厄工业大学的副教授。1912年任楚利希联邦工业大学化学教授。1926年到布莱斯高的弗莱堡专心从事科学研究。1932年,施陶丁格总结了自己的大分子理论,出版了划时代的巨著《高分子有机化合物》,成为高分子科学诞生的标志,从此新的高分子被大量合成,高分子合成工业获得了迅速的发展。1947年,出版了著作《大分子化学及生物学》。这一著作尝试性地描绘了分子生物学的概貌,为分子生物学这一前沿学科的建立和发展奠定了基础。1953年,施陶丁格因在建立高分子科学上的伟大贡献而获诺贝尔化学奖。1965年9月8日逝世,享年84岁。

9.3.1.2 大分子溶液的形成

大分子溶液的形成比较简单。一种方法是将某些大分子化合物加入适当溶剂中,即可自动形成溶液。例如蛋白质溶于水中,硝化纤维溶于丙酮中都能形成大分子溶液。有些固体大分子化合物在液体介质中只会出现溶胀(swelling)现象。所谓溶胀,是指固体大分子在液体介质中自动吸收液体,使得体积发生明显增大的现象,其原因在于固体大分子化合物与溶剂分子大小相差悬殊,溶剂分子钻到大分子中去的速度远比链状大分子扩散到溶剂中的速度快得多,大分子是卷曲的,溶剂分子进去多了可以使它慢慢膨胀。

溶胀分为有限溶胀和无限溶胀。某些固体大分子化合物在吸收一定液体后形成冻状物质,恒定温度时不再继续溶胀,此即有限溶胀。而有些大分子化合物能无限制地吸收液体,最后导致单个大分子进入溶液中,完全溶解形成大分子真溶液,就是无限溶胀(unlimited swelling)。

利用单体在适当的溶剂中进行聚合反应也可以形成大分子溶液。

大分子溶液及其
渗透压,蛋白质
的等电点与盐析,
膜平衡

9.3.1.3 大分子溶液的渗透压

理想溶液及接近理想溶液的低分子溶液,其渗透压 π 与溶液浓度 c 之间的关系可以用范特霍夫(van't Hoff)公式表示:

$$\frac{\pi}{c} = \frac{RT}{M} \tag{9-6}$$

式中,M 为溶质的摩尔质量;c 为溶质的质量浓度。

但是线型大分子溶液的渗透压与浓度的关系并不符合此公式。实验结果表明,一一般大分子溶液渗透压的增加要比浓度的增加大得多。产生这种现象的一个原因是大分子化合物在溶液中呈卷曲状，其长链的空隙间包含和束缚了大量溶剂，从而使溶剂的有效体积明显减小。因此，大分子溶液的渗透压与浓度的关系要用更精确的维利（Virial）公式：

$$\frac{\pi}{c} = RT\left(\frac{1}{M} + A_2 c\right) = \frac{RT}{M} + A_2 RTc \tag{9-7}$$

式中，A_2 为维利系数，表示溶液的非理想程度。

由式（9-7）可知，经实验测出不同浓度 c 时溶液的渗透压 π，然后用 π/c 对 c 作图，从直线的斜率可以求出维利系数 A_2，从直线的截距可以求出大分子的平均摩尔质量 M。

9.3.2 大分子电解质溶液

9.3.2.1 大分子电解质的分类

具有可电离的基团，在水溶液中可电离成带电离子的大分子化合物称为大分子电解质（macromolecular electrolyte）。大分子电解质电离出来的大分子离子是每个链节都带有荷电基团的聚合体。例如蛋白质就是大分子电解质。根据电离以后的带电情况，大分子电解质可分为三种类型。

① 阳离子型　电离后大分子离子带正电荷，如聚乙烯胺、血红素等。

② 阴离子型　电离后大分子离子带负电荷，如果胶、阿拉伯胶、肝素等。

③ 两性型　电离后大分子离子既可带正电荷，又可带负电荷。如明胶、乳清蛋白、γ-球蛋白、胃蛋白酶等。

9.3.2.2 大分子电解质溶液的电性

大分子电解质溶液除了具有一般大分子溶液的通性外，还具有自身的特性。

① 高电荷密度　由于大分子电解质在溶液中的长链上每个链节都带有相同电荷，所以电荷密度很大。

② 高度水化　在水溶液中，大分子电解质链上带电的极性基团通过静电作用吸引水分子，使之紧密排列在这些极性基团周围，形成特殊的"电缩"水化层；不仅极性基团可以水化，而且部分疏水链也能结合一部分水，形成所谓的"疏水基水化层"。这种高度水化对大分子电解质具有稳定作用。

由于上述两个特性，使大分子电解质在水溶液中分子链相互排斥，易于伸展，同时对外加电解质相当敏感。当加入酸、碱、盐或改变溶液的 pH 值时，都可以使大分子电解质分子链上的电性相互抵消，而使其显示出非电解质大分子化合物的性质。

9.3.2.3 蛋白质的两性电离与等电点

大多数蛋白质是由约 20 种不同氨基酸所组成的庞大而复杂的分子。蛋白质分子所带的电荷除了由某些可解离基团（如酚羟基、胍基等）提供外，主要是由羧基（—COOH）给出质子变成羧基负离子（—COO⁻）或氨基（—NH₂）接受质子变成氨基正离子（—NH₃⁺）而提供的。蛋白质分子的带电情况实际上是数量众多的酸碱基团所带正、负电荷的综合结果。

在水溶液中，蛋白质所带电荷的符号、数量以及分布状况，除与其本身的组成有关外，还受到溶液 pH 值的影响。当溶液的 pH 值高时，氨基正离子（—NH₃⁺）会释放 H⁺ 而使蛋白质带负电；当溶液的 pH 值低时，羧基负离子（—COO⁻）会结合 H⁺ 而使蛋白质带正电；当溶液的 pH 值调节至某一数值时，可使蛋白质链上的氨基正离子（—NH₃⁺）与羧基负离子（—COO⁻）数目相等，这时蛋白质处于等电状态，此时的 pH 值称为蛋白质的等电点（isoelectric point），用 pI 表示。当溶液的 pH 值大于等电点时，蛋白质带负电；当溶液的 pH 值小于等电点时，蛋白质带正电；而当溶液的 pH 值正好等于等电点时，蛋白质不带电。不同的蛋白质，其结构不同，等电点也不同，某些蛋白质的等电点数值见表 9-4。

表 9-4　某些蛋白质的等电点

蛋白质	来源	等电点	蛋白质	来源	等电点
鱼精蛋白	鲑鱼精子	12.0～12.4	乳清蛋白	牛乳	5.1～5.2
细胞色素 C	马心	9.8～10.3	白明胶	动物皮	4.7～4.9
肌红蛋白	肌肉	7.0	卵白蛋白	鸡卵	4.6～4.9
血红蛋白	兔血	6.7～7.1	胃蛋白酶	牛乳	4.6
肌凝蛋白	肌肉	6.2～6.6	酪蛋白	猪胃	2.7～3.0
胰岛素	牛	5.3～5.35	丝蛋白	蚕丝	2.0～2.4

　　蛋白质的等电点不同，则在一定 pH 值的溶液中所带电荷的种类和数量就不同，电泳时移动的方向和快慢也不同，因此可用电泳将不同的蛋白质分离。

【例题 9-1】　　人血白蛋白（等电点为 4.64）溶解于由等体积的 $0.12\,mol \cdot L^{-1}$ NaAc 溶液和 $0.08\,mol \cdot L^{-1}$ HAc 溶液混合成的缓冲溶液中，确定电泳时该蛋白质的电泳方向。如将等电点为 12.2 的鱼精蛋白溶解于上述缓冲溶液中，电泳的方向如何？

　　解　此缓冲溶液的 pH 值为：

$$pH = pK_a(HAc) + \lg \frac{n(Ac^-)}{n(HAc)} = 4.75 + \lg \frac{0.12}{0.08} = 4.93$$

　　人血白蛋白的等电点 4.64 小于溶液的 pH 值，因此该蛋白质在此溶液中带负电荷，电泳时向正极移动；鱼精蛋白的等电点 12.2 大于溶液的 pH 值，故在此缓冲溶液中带正电荷，电泳时向负极移动。

　　除电泳的方向和速度外，蛋白质溶液的其他一些性质，如黏度、渗透压、溶解度以及稳定性等，都与蛋白质的荷电状态及数量有密切关系。蛋白质荷电基团之间的静电引力和斥力、荷电量的高低等都影响蛋白质的水合程度以及分子链的柔顺性，因而影响蛋白质溶液的一些性质。例如蛋白质的荷电状况对其在水中溶解性能的影响。在等电点时，由于蛋白质处于等电状态，分子链上同性电荷间的静电斥力减弱，因而对水的亲和力大为减小，蛋白质的水合程度降低，使得蛋白质分子链相互靠拢并聚结在一起，造成蛋白质溶解度降低；当介质的 pH 值偏离蛋白质的等电点时，蛋白质分子链上的净电荷增多，分子链上同性电荷间的斥力增大，分子链舒张展开，水合程度也随之提高，使得蛋白质的溶解度也相应增大。

科学家小传——蒂塞利乌斯

　　蒂塞利乌斯（A. W. K. Tiselius, 1902—1971）瑞典生物化学家。

　　1902 年 8 月 10 日生于斯德哥尔摩，1924 年获化学、物理和数学三个硕士学位，1930 年获博士学位。后任乌普萨拉大学化学讲师、副教授，1938 年任教授，同年任新建的生物化学研究所所长。1946 年任瑞典全国自然科学研究会主席。1946 年当选为美国科学院外国院士。

　　1925 年蒂塞利乌斯从事胶体溶液中悬浮蛋白质的电泳分离研究。1930 年他进一步改进实验手段和装置，发表了关于色谱法和吸附的论文。1935 年重新改建原有电泳装置，发展了区带电泳法，大大提高了电泳效率和分辨率。1940 年他用自己设计的新电泳装置成功地分离了血清中蛋白质的 4 个组分，分别命名为：白蛋白、α 球蛋白、β 球蛋白和 γ 球蛋白。该法迅速应用于分离和鉴定各种复杂蛋白质及其他天然物质的混合物组成。1948 年，因对电泳分析和吸附方法的研究，特别是发现了血清蛋白的组分，被授予诺贝尔化学奖。1971 年 10 月 29 日逝世，享年 69 岁。

9.2.3.4 盐析作用

与溶胶不同，大分子溶液中因为溶质与溶剂之间有较强的相互作用，所以，加入少量的电解质不会影响其稳定性，达到等电点时也不会聚沉。如果加入大量电解质（中性盐），则会使大分子溶质产生聚沉，这种现象称为盐析（salting-out）。例如，制药工业中精制胰岛素就是在 $15\sim20\,^{\circ}C$ 时，向胰岛素浓缩液中加入等体积的 25% 精制的 NaCl 溶液，使胰岛素析出。

盐析作用的实质包括电荷的中和与去溶剂化两方面，但后者为主要原因。因为离子在水溶液中都是溶剂化的，大量电解质加入大分子溶液中时，离子发生剧烈水化，导致已水化的大分子发生去溶剂化，大分子溶质一旦失去水化膜便发生聚沉而盐析。

蛋白质的盐析在等电点时效果最好。一般采用 $(NH_4)_2SO_4$、Na_2SO_4、NaCl 等，其中以 $(NH_4)_2SO_4$ 为最佳。$(NH_4)_2SO_4$ 溶解度大，而且不同温度下饱和溶液的浓度变化不大；$(NH_4)_2SO_4$ 又是很温和的试剂，即使浓度很高也不会引起蛋白质生物活性的丧失。

利用各类蛋白质盐析作用的强弱不同，用改变电解质浓度的办法，可以使不同种类的蛋白质得以分离。盐析并不破坏蛋白质的结构，不引起蛋白质变性，加溶剂稀释后，蛋白质可重新溶解。

9.3.3 膜平衡

半透膜能让小分子和小离子自由通过，而大分子、大分子离子以及胶粒则不能通过。用半透膜将大分子溶液和小分子溶液隔开，根据大分子类型不同，会发生不同的现象。

①如果是非电解质的大分子溶液，则因为大分子不能透过半透膜而留在膜的一侧，而小分子和小离子能自由透过半透膜，达到平衡时小分子离子在膜两侧的浓度是相等的（注意此处的半透膜与"稀溶液的依数性——渗透压"处的理想化的半透膜不完全相同。此处的半透膜是能让小分子和小离子自由通过，而大分子、大分子离子以及胶粒不能通过的）。大分子溶液的渗透压不受小分子离子的影响。

②如果是大分子电解质溶液，例如，半透膜两侧分别是大分子电解质（Na^+R^-）溶液和小分子电解质（NaCl）溶液，虽然 Na^+ 和 Cl^- 能够自由透过半透膜，但 Na^+ 的透过要受到 R^- 静电引力的影响。为了保持溶液的电中性，到达平衡时，小分子离子在膜两侧的浓度会不相等。这种因大分子离子的存在而导致小分子离子在半透膜两边分布不均匀的现象称为膜平衡（membrane equilibrium），它是英国科学家唐南（Donnan）于 1911 年发现的，因此又称为唐南平衡（Donnan equilibrium）。

为什么在膜的一边放入大分子电解质以后会引起小分子离子在膜的两边分布不均匀呢？如图 9-6 所示，为了处理问题方便，假设半透膜两边的溶液均为单位体积，而且平衡的过程中体积不变。膜内 NaR 的浓度为 c_1，膜外 NaCl 的浓度为 c_2，R^- 不能通过半透膜，Na^+ 和 Cl^- 都能自由通过半透膜。

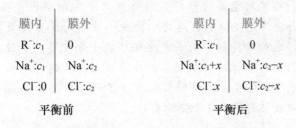

膜内	膜外		膜内	膜外
R^-:c_1	0		R^-:c_1	0
Na^+:c_1	Na^+:c_2		Na^+:c_1+x	Na^+:c_2-x
Cl^-:0	Cl^-:c_2		Cl^-:x	Cl^-:c_2-x
平衡前			平衡后	

图 9-6 唐南平衡示意图

由于开始时膜内没有 Cl^-，所以 Cl^- 会通过半透膜进入膜内，设进入膜内的 Cl^- 浓度为 x。为了保持溶液的电中性，必定有相同数目的 Na^+ 进入膜内，所以膜内 Na^+ 的浓度为 c_1+x，膜外 Na^+ 和 Cl^- 的浓度均为 c_2-x。显然，膜内 Na^+ 和 Cl^- 也向膜外渗透。当 Na^+ 和 Cl^- 在膜两边的渗透速率相等时，体系达到平衡，这时 NaCl 在膜两边的化学势相等，即：

$$\mu_{NaCl,内}=\mu_{NaCl,外}$$

所以：

$$RT\ln a_{NaCl,内}=RT\ln a_{NaCl,外}$$

$$a_{NaCl,内}=a_{NaCl,外}$$

$$(a_{Na^+}\cdot a_{Cl^-})_{内}=(a_{Na^+}\cdot a_{Cl^-})_{外}$$

即：当体系达到渗透平衡时，组成小分子电解质的离子在膜两边的活度的乘积相等，这就是唐南平衡的条件。在稀溶液中，可以用浓度代替活度，得：

$$(c_{Na^+}\cdot c_{Cl^-})_{内}=(c_{Na^+}\cdot c_{Cl^-})_{外} \tag{9-8}$$

利用此平衡条件，可以求算出平衡以后膜两边各种离子的浓度：

$$x(c_1+x)=(c_2-x)^2$$

$$x=\frac{c_2^2}{c_1+2c_2}$$

平衡时膜两边的 NaCl 浓度之比为：

$$c_{NaCl,外}/c_{NaCl,内}=\frac{c_2-x}{x}=\frac{c_2+c_1}{c_2}=1+\frac{c_1}{c_2} \tag{9-9}$$

从式（9-9）可以看出：

①平衡时，小分子电解质在膜两边的浓度是不相等的。小分子电解质在不含大分子电解质的一边的浓度较大。

②膜两边的小分子电解质的分布不均匀，会产生额外的渗透压，这就是唐南平衡产生的后果，在测定大分子电解质溶液的渗透压时应予以注意。

③如果开始时，$c_1\gg c_2$，即膜外小分子电解质的浓度远远小于膜内大分子电解质的浓度时，$c_{NaCl,外}/c_{NaCl,内}$ 的比值很大，说明平衡时小分子电解质几乎都在膜外溶液中；相反，如果开始时，$c_1\ll c_2$，即膜外小分子电解质的浓度远远大于膜内大分子电解质的浓度时，$c_{NaCl,外}/c_{NaCl,内}$ 的比值趋近于 1，说明平衡时小分子电解质几乎均等地分布在膜的两边。由此可见，在有大分子离子存在时，半透膜对小分子电解质的透过性还与大分子电解质的浓度有关；加入足够的中性盐（或处于缓冲溶液中），可以消除唐南平衡对于大分子电解质渗透压的影响。

唐南平衡的生物作用

唐南平衡是一种热力学平衡，在生理上是一种常见现象，利用它可以解释电解质在细胞膜内外的分配规律。生物的细胞膜相当于半透膜，细胞膜对离子的透过并不完全取决于膜孔的大小，膜内蛋白质的含量对膜外离子的渗透及膜两侧电解质的分布有一定的影响。细胞内的大分子电解质与细胞外的体液处于膜平衡状态，这就保证了一些具有重要生理功能的金属离子在细胞内外保持一定的比例；同时，膜平衡的条件还能使细胞在周围环境中小分子的成分发生改变时，确保内部组成相对稳定，这对维持机体的正常生理功能十分重要。不过，生物膜的平衡要复杂很多，它们存在着特殊的机制，如细胞膜上离子通道的作用等。体液中离子的分布不一定完全取决于唐南平衡。但通过了解一些简单的膜平衡体系，对于理解生物体系中的膜平衡现象是十分重要的。

9.4 表面活性剂与乳状液

9.4.1 表面活性剂

9.4.1.1 表面活性剂的分类

表面活性剂可以从用途、物理性质或化学结构等方面进行分类。根据表面活性剂的分子结构，表面活性剂常分为离子型表面活性剂和非离子型表面活性剂两大类。

离子型表面活性剂溶于水时可解离成离子。根据生成的活性基团，又可将其分为三类。

①阴离子型　其表面活性基团是阴离子，主要有羧酸盐、硫酸酯盐、磺酸盐和磷酸酯盐等。例如肥皂的主要成分硬脂酸钠，洗涤剂的主要成分十二烷基磺酸钠，都属于这种类型。

②阳离子型　其表面活性基团是阳离子，主要有铵盐，如氯化十六铵等。

③两性离子型　其表面活性基团中既有阴离子，又有阳离子。如各种氨基酸以及由其构成的多肽、蛋白质等。两性离子型表面活性剂的优点是不论溶液是酸性或碱性都能显示其表面活性，例如氨基酸类型的表面活性剂在溶液 pH 值小于等电点时显示阳离子型表面活性剂的性质，在 pH 值大于等电点时显示阴离子型表面活性剂的性质。

非离子型表面活性剂溶于水后不离解。主要有醇类、酯类、酰胺类等。

9.4.1.2 表面活性剂的结构和特性

不论何种类型的表面活性剂，其分子都是由亲水性（hydrophilic）的极性基团和疏水性（hydrophobic）或称亲油性（lipophilic）的非极性基团所组成的，这两个部分分别位于分子的两端而形成不对称的分子结构。因此，表面活性剂分子是一种两亲分子，具有既亲油、又亲水的两亲性质。这种两亲分子具有可在各种表面上定向吸附以及在溶液内部形成胶束的两个重要性质。

（1）表面活性剂分子在溶液表面上定向排列

表面活性剂分子由于其结构上的两亲特点，能定向地排列于气-液、气-固、液-液、固-液等两相之间的界面层上，其亲水的极性基团朝向极性较大的一相，疏水的非极性基团朝向极性较小的一相，这样既可使表面活性剂分子处境稳定，又可使界面的不饱和力场得到某种程度的补偿，从而使界面张力降低。为了使分子能定向保持在界面上，要求两亲分子的亲水的极性基团与亲油的非极性基团之间保持平衡。定向平衡保持得越好，降低表面张力的程度也越大。

表面活性剂分子在溶液表面定向排列的能力与其分子中极性基的亲水性和非极性基的亲油性之比有关，可用亲水亲油平衡值（hydrophile and lipophile balance values），即 HLB 值来衡量表面活性剂分子的亲水、亲油性的相对强弱。表面活性剂的 HLB 值均以石蜡的 $HLB=0$，聚乙二醇的 $HLB=20$，十二烷基硫酸钠的 $HLB=40$ 作为标准。HLB 值越大，表示该表面活性剂的亲水性越强；反之，亲油性越强。不同 HLB 值的表面活性剂具有不同的用途，可见表 9-5。

表 9-5　HLB 值对应的主要用途

HLB 值	主要用途	HLB 值	主要用途
1～3	消泡剂	8～16	O/W 乳化剂
3～8	W/O 乳化剂	12～15	去污剂
7～11	润湿剂	16 以上	增溶剂

（2）表面活性剂分子在溶液中形成胶束

向水中加入表面活性剂时，在浓度较低的情况下，表面活性剂分子总是尽量处于溶液表面，而在溶液内部只有极少量的表面活性剂分子，这些内部的表面活性剂分子是以单个分子存在的。随着浓度的增加，溶液内部的表面活性剂分子也三三两两地相互靠拢。当溶液浓度增大到一定程度时，表面上聚集的表面活性剂分子增多达到饱和状态，形成定向排列的单分子层，大量的表面活性剂分子进入溶液内部，彼此以疏水基互相聚集在一起开始形成疏水基团向里、亲水基团向外的多分子聚集体，称之为胶束（micelle）。形成胶束后，疏水基团完全被包在胶束内部，只剩下亲水基团向外，与水基本上没有排斥作用，使表面活性剂稳定地存在于水中。

表面活性剂在水溶液中形成胶束的最低浓度称为临界胶束浓度（critical micelle concentration），以 CMC 表示。对离子型表面活性剂来说，CMC 一般为 $10^{-2} \sim 10^{-3} \, mol \cdot L^{-1}$。一般在此浓度范围前后，不仅溶液的表面张力发生明显的变化，其他物理性质，如电导率、渗透压、蒸气压、密度、光学性质、去污能力及增溶作用等也有很大的变化。因此，利用表面活性剂溶液的某些理化性质的突变，可以测定胶束形成的临界浓度。

制药工业中的增溶剂

当某些表面活性剂的水溶液浓度超过一定值后，能够溶解一些不溶或微溶于水的有机化合物，这种溶解度增大的现象称为增溶作用（solubilization）。例如，室温下己烷、苯、异辛烷等在水中的溶解度是很小的，但在浓度达到或超过临界胶束浓度的表面活性剂的水溶液中却能溶解相当多的这类碳氢化合物。同理，溶解度很小的药物加入到能形成胶束的表面活性剂溶液中，药物分子即可钻入到胶束内部，分布在胶束的中心或夹缝中，使药物溶解度明显提高。形成胶束的表面活性剂称为增溶剂（solubilizing agent）。

制药工业中常用吐温类、聚氧乙烯蓖麻油等作增溶剂。例如氯霉素在水中的溶解度为 0.25%，加入 20% 吐温 80 后，溶解度可增大到 5%；又如煤酚在水中的溶解度为 2%，加入肥皂作为增溶剂后，可使煤酚在水中的溶解度增大到 50%；其他如脂溶性维生素、甾体激素类、磺胺类、抗生素类以及镇静剂、止痛剂等，均可通过增溶作用制成具有较高浓度的澄清液供内服、外用，甚至注射用。

9.4.2 乳状液与微乳状液

（1）乳状液

一种液体以微小液珠的形式分散在另一种不相溶的液体之中，形成高度分散体系的过程称为乳化作用（emulsification），得到的分散体系称为乳状液（emulsion）。常见的乳状液中总有一相是水或水溶液，简称"水"或用字母"W"表示；另一相是不溶或难溶于水的有机液体，统称为"油"或用字母"O"表示。凡是油珠分散在水中的乳状液称为水包油型乳状液（oil in water emulsion），常用 O/W 表示；凡是水珠分散在油中的乳状液称为油包水型乳状液（water in oil emulsion），常用 W/O 表示。牛奶、鱼肝油乳剂、农药乳剂等属于 O/W 型乳状液，而油剂青霉素钠注射液、原油等属于W/O 型乳状液。

（2）乳化剂的作用

乳状液是热力学不稳定体系。例如，在水中加入少量食用油，剧烈振荡时，即可得到油分散在水中所形成的乳状液；但静置片刻后，油、水便会分成两层，不能形成稳定的乳状液。这是由于油成细小的液滴分散在水中后，油滴和水之间的总界面积和界面能都有很大增加，体系处于不稳定状态，当细小液滴相互碰撞时，小油滴会自动合并以减小总界面积和界面能。

要制得比较稳定的乳状液，必须加入第三种物质来增加其稳定性。能增加乳状液稳定性的物质称为乳化剂（emulsifying agent）。常用的乳化剂都是一些表面活性剂，如肥皂、蛋白质、磷脂、胆固醇等。例如，若在上述的油、水混合液中加入少量的肥皂，振摇后就可以得到稳定的外观均匀的乳状液。

乳化剂在生命科学中的应用

乳化具有重要的实际应用。食物中的油脂在消化液（水溶液）中是不溶解的，而消化油脂的酶是水溶性的，因此消化过程仅能在水-油脂的界面上进行。当油脂被体内胆汁中的胆酸乳化后，油脂被分散成细小的颗粒，增加了油脂与消化液的接触面积，使油脂易被消化吸收。医药上常将乳状液称为乳剂。药用油类通常不溶于水，常需乳化后才能作为内服药，如鱼肝油乳剂，这样可便于吸收和减小对胃肠功能的扰乱。近代制剂中常用乳状液代替凡士林作为软膏的基质，这是因为乳状液基质制成的软膏比油脂型基质制成的软膏有更大的亲水性，能与组织渗出液混合吸收，不妨碍皮肤的正常功能，有利于药物的释放与穿透皮肤，充分发挥药效。

乳化剂使乳状液稳定的原因，是由于乳化剂是表面活性剂，乳化剂分子一方面在两相界面上定向吸附，其分子中的亲油基伸向油相，亲水基伸向水相，使油-水之间的界面张力和界面能减小；另一方面，乳化剂分子还附着在细小液滴的表面，形成具有足够机械强度的保护膜，或形成具有静电斥力的双电层，使乳状液得以稳定。

（3）破乳

有时，在生产和实验过程中会产生不必要的乳状液，例如在用分液漏斗给两液相分层时，有时会因振摇过度而产生乳化，导致不好分层，这时希望破坏乳状液，以达到两相分离的目的，这就是破乳（deemulsification），为破乳而加入的物质称为破乳剂（deemulsifier）。常用的破乳方法有物理法和化学法两种。

物理法包括加温、加压、在离心力场下使乳状液浓缩、在外加电场下使分散液滴聚结等方法。

化学法主要是破坏乳化剂的保护作用，最终使水、油两相分层析出。

①顶替法　加入表面活性更大的物质，将原来的乳化剂从油水界面上顶替出去，但它本身不能形成坚固的保护膜而使乳状液破坏。

②反应法　加入能与乳化剂发生反应的试剂，使乳化剂破坏或沉淀。

③转型法　在 O/W 型的乳状液中加入适量的亲油性乳化剂，使乳状液从 O/W 型尚未完全转变成 W/O 型的过程中将乳状液破坏。

植物乳浆的脱水、牛奶中提取奶油、污水中除去油沫等都是破乳过程。

（4）微乳状液

一般乳状液液滴粒径为 $0.1\sim10\mu m$，属于粗分散体系，是热力学的不稳定系统。当液滴粒径小于 $100nm$ 时，则称为微乳状液（microemulsion），简称微乳。制备微乳时一般由表面活性剂与辅助剂共同起稳定作用。辅助剂通常为短链醇、氨或其他较弱的两性化合物。

微乳与普通乳状液相比有两个方面显著不同。

①微乳是热力学稳定体系　制备微乳时表面活性剂的用量很大，在辅助剂的共同作用下，可使油水界面张力趋于零。因为形成的乳滴粒径很小，如同表面活性剂的胶束缔合胶体，是热力学的稳定系统。稳定的微乳即使离心也不能使之分层。

②微乳外观均匀透明　常见的乳状液因为对光主要是反射而呈乳白色，乳状液也

由此而得名。因为液滴粒径很小，微乳状液是均匀透明的。

目前，人们对微乳的兴趣不断增加，微乳已广泛应用于日用化工、三次采油、酶催化等方面。由于除了具有乳剂的一般特征外，微乳还具有粒径小、透明、稳定等特殊优点，因此在药物制剂及临床方面的应用也日益广泛。例如微乳作为给药载体，具有热力学上稳定、易于制备和保存；黏度低，注射时不会引起疼痛；对于易降解的药物制成油包水型微乳可起到保护作用等特性，因此有着很好的发展前景。

9.5　凝胶

9.5.1　凝胶与胶凝

凝胶

一定条件下，一定浓度的大分子溶液或溶胶的黏度逐渐增大，最后失去流动性，整个体系变成一种外观均匀，并保持一定形态的、具有网状结构的弹性半固体，这种弹性半固体称为凝胶（gel）或冻胶（jelly），形成凝胶的过程称为胶凝（gelation）。凝胶实际上是胶体的一种存在方式。例如，豆浆加卤水后变成豆腐，豆腐即为凝胶；将琼脂、明胶、动物胶等物质在热水中溶解，冷却静置后，便形成凝胶。

形成凝胶的原因是，在温度下降或溶解度降低时，大分子溶液中的线型或分枝型大分子，或者能形成线型结构的溶胶粒子，互相接近，并在很多结合点上交联起来形成立体网状骨架，溶剂分子被包围在网状骨架内，不能自由流动，因而形成半固体状的凝胶。凝胶中包含的溶剂量可以很大，例如固体琼脂的含水量仅为 0.2%，而琼脂凝胶的含水量可高达 99.8%。

9.5.2　凝胶的分类

凝胶在形态上可分为弹性凝胶和非弹性凝胶两大类。

（1）弹性凝胶

弹性凝胶是由柔性线型大分子化合物形成的，肉冻、果酱、凝固的血液等都属此类凝胶，肌肉、皮肤、血管壁等也都是弹性凝胶。在适当条件下，弹性凝胶与大分子溶液之间可以相互逆转，故又称为可逆凝胶。由于构成骨架的大分子高度不对称，因而所含的溶剂量大大超过骨架量，所以这类凝胶比较柔软，富于弹性，所以也称软胶。弹性凝胶在吸收或者排除液体介质时，体积会发生明显改变。

（2）非弹性凝胶

非弹性凝胶是由一些"刚性结构"的分散颗粒构成的，又称刚性凝胶。大多数无机凝胶如硅胶、氢氧化铝凝胶等属此类凝胶。这种凝胶脱水后不能重新成为凝胶，因而溶胶与凝胶之间不能相互逆转，故也称为不可逆凝胶。非弹性凝胶吸收或者放出液体时，自身体积无明显改变。干燥时，此类凝胶多呈脆性，易粉碎。

另外，当凝胶脱去大部分溶剂，使凝胶中液体含量比固体少得多；或者凝胶中充满的介质是气体，外表完全成固体状时，称为干凝胶。明胶、毛发、指甲等都是干凝胶。

9.5.3　凝胶的性质

（1）溶胀

干燥的弹性凝胶放入适当的溶剂中，自动吸收液体而膨胀、体积和质量增大的现象称为溶胀（swelling）。有的凝胶膨胀到一定程度，体积增大就停止了，仍能保持弹性半固体状态，称为有限溶胀。例如木柴在水中的溶胀，就是有限溶胀。有的弹性凝胶能无限地吸收溶剂，网状结构被破坏，最后形成均匀的溶液，称为无限溶胀。例如牛皮胶在水中的溶胀，就是无限溶胀。

凝胶的溶胀分为两个阶段进行。溶胀的第一阶段是溶剂化过程，溶剂分子迅速进入凝胶中，并与凝胶大分子形成溶剂化层。第二阶段是渗透作用，在第一阶段进入凝胶结构内的溶液与留在凝胶结构外部的溶液之间，由于溶剂的活度差而形成渗透压，促使大量溶剂继续进入凝胶结构，从而使凝胶的体积和质量都明显增加。

非弹性凝胶不发生溶胀。

在生理过程中，溶胀起着相当重要的作用。植物的种子只有在溶胀后，才能发芽生长。有机体越年轻，溶胀能力越强；随着有机体逐渐衰老，溶胀能力逐渐减退，这也是皱纹的产生的原因之一。溶胀现象对于药用植物的浸取也很重要。一般只有在植物组织溶胀后，才能将其有效成分提取出来，因此中草药的提取都要浸泡一定的时间。

（2）触变

凝胶受振摇或搅拌等外力作用，网状立体结构被拆散而成溶胶，去掉外力静置一定时间后又恢复成半固体的凝胶结构，这种凝胶与溶胶之间的相互转化过程，称为触变（thixotropy）。

触变的特点为凝胶的拆散与恢复是可逆的。以范德华力交链形成的凝胶常会有此现象。其原因是凝胶的空间网络中充满了溶剂分子，网络以范德华力交联形成，不很牢固。因此振动或搅拌即能使网络破坏而变成溶胶；静置后由于范德华力作用又形成网络，包住液体而成凝胶。在药物制剂上，触变剂型的滴眼剂及抗生素油注射剂等已有应用。这种剂型的优点是药物在其中比较稳定，便于贮藏。

（3）离浆

随着时间延长，凝胶在老化过程中会发生特殊的分层现象，液体会缓慢地自动从凝胶中分离出来，凝胶出现脱水收缩现象，称为离浆（syneresis）。

离浆与物质在干燥时的失水不同。离浆出来的不是单纯溶剂，而是稀的溶胶或大分子溶液。另外，离浆也可以在低温潮湿的环境中发生。离浆实际上是凝胶老化过程中的一种表现形式，其原因是随着时间的延长，构成凝胶网状结构的粒子进一步定向靠近，促使网孔收缩，于是把一部分液体从网孔中挤出来。血液放置后分离出血清，腺体的分泌，淀粉糊放置后分离出液体，细胞老化失水等，都是凝胶的离浆现象。

（4）凝胶膜

任何天然的和人工制造的半透膜都是凝胶膜，如膀胱膜、人造的离子透析膜等。其作用是有选择的透过性，能让一些小分子、离子通过，而大分子、大分子离子不能通过。这是因为半透膜是网状结构的多孔凝胶膜，故只有比网眼孔径小的分子或离子才能透过。除此之外，膜的网架结构和性质、所带的电荷、网架内液体的种类等都会影响到物质的通过。

凝胶和凝胶膜对生命活动的意义

人体的肌肉、皮肤、细胞膜、血管壁及毛发、指甲等均可看成凝胶，人体内约占体重2/3的水，也基本上是保存在凝胶里面的。由于凝胶处于固体和溶液的中间状态，故它兼有二者的一些性质，一方面一定强度的网状骨架和弹性可维持一定的形状，另一方面又可使代谢物质在其中进行物质交换。因此，凝胶的这种双重功能对生命活动具有重要意义，如生物体内物质的转运和能量转换等一些重要的生理过程。近年来，国外已报道的人造肾脏和人造皮肤等仿生膜等，都与凝胶及凝胶膜的性质有关。

━━━━ 复习指导 ━━━━

掌握：溶胶的基本特征；溶胶的动力性质、光学性质和电学性质；胶团结构、电解质对溶胶的聚沉作用和聚沉规律；大分子溶液的膜平衡。

熟悉：分散系的分类；溶胶的相对稳定性；大分子溶液、表面活性剂与乳状液。

了解：凝胶的分类及性质；胶体化学与生命现象。

━━━━ 英汉词汇对照 ━━━━

分散系 disperse system

分散相 dispersed phase

分散介质 disperse medium

胶体分散系 colloid disperse system

胶体化学 colloid chemistry

缔合胶体 association colloid

沉降 sedimentation

沉降平衡 sedimentation equilibrium

电泳 electrophoresis

电渗 electroosmosis

定位离子 potential determining ions

反离子 counter ions

双电层 double layer

ζ电势 zeta potential

胶核 colloidal nucleus

胶粒 colloidal particle

胶团 colloidal micell

聚沉 coagulation

溶胀 swelling

大分子电解质 macromolecular electrolyte

亲水性 hydrophilic

疏水性 hydrophobic

胶束 micelle

乳状液 emulsion

凝胶 gel

触变 thixotropy

离浆 syneresis

化学史话

朗格缪尔与表面化学

朗格缪尔（I. Langmuir，1881—1957），美国化学家、物理学家。1881 年 1 月 31 日出生于纽约。小时候虽家境贫寒，父母却经常鼓励他观察大自然，同时他也酷爱读书，劳动之余就捧起书本，这使他对自然科学的兴趣日增。对他来说，兴趣是第一位的，因而他中学时各门功课的成绩相差悬殊。青年时代的朗格缪尔爱好广泛，是出色的登山运动员和优秀的飞行员，还获得过文学硕士学位。1903 年毕业于哥伦比亚大学矿业学院，获冶金工程师称号。1906 年获德国格丁根大学化学博士学位，导师为著名化学家能斯特。同年，任美国新泽西州史蒂文森理工学院教授。三年后到通用电气公司实验室工作，直至退休。

朗格缪尔在电子发射、空间电荷现象、气体放电、表面化学等科学研究方面作出了很大的贡献。他是充氩气白炽灯、焊接金属的原子氢高温焊接法和人工降雨干冰布云法的发明人，是表面化学的开拓者。1918 年当选美国艺术与科学学院院士，1928 年获珀金奖章，1932 年因为表面化学和热离子发射方面的研究成果获诺贝尔化学奖，1934 年获富兰克林奖章，1950 年获约翰·J·卡蒂国家科学院奖。为了纪念他，表面化学中著名的吸附等温方程以他的名字命名，美国政府也将阿拉斯加州的一座山命名为朗格缪尔山。

在表面化学这一领域，朗格缪尔主要是对物质的表面和单分子表面膜进行了研究。1916 年提出了固体吸附气体分子的单分子层吸附理论，1917 年设计出测量水面上不溶物产生的表面压的"表面天平"（也称膜天平、朗格缪尔天平）。

水的表面张力较大，某些不溶或微溶于水的物质（有些需要溶剂的帮助）能在水面上铺展成膜，称为表面膜；其中不溶性表面活性物质在适当的条件下，可以形成一定分子厚度的稳定的膜，分子的极性基在水中，非极性基伸向空气，分子与分子之间靠得很紧，极性基团之间的水分子也被挤出，活性剂分子几乎都垂直地定向排列在表面上，称为不溶性的单分子层表面膜。

将这种不溶性的单分子膜覆盖在干旱地区的湖泊或水库表面，可以使水的蒸发量减少 40% 左右；在小溪、小沟表面覆盖不溶性表面膜，可以抑制孑孓呼吸、杀灭蚊子等。很早以前，人们就知道了不溶性表面膜的存在和作用，直到朗格缪尔设计了膜天平，才开始对表面膜进行系统研究。1920 年，他将水面上的单分子膜从溶液的表面转移到固体基质的表面；1935 年，他的学生布洛杰特（K. Blodgett）将单分子膜进行不同类型的叠加，将单分子膜发展为多分子膜。为了纪念朗格缪尔和布洛杰特在膜化学方面的贡献，人们将这种固体基质上的单分子膜或多分子膜称为 L-B 膜。L-B 膜技术提供了在分子水平上控制分子排列方式的手段，使人们有可能根据需要组建分子聚集体。目前，国际上对 L-B 膜的研究仍非常重视，在高新技术领域的应用取得了很大进展，已开发出不少类型的 L-B 膜，如制备化学模拟生物膜、仿生生物分子功能材料、分子电子元件等。

朗格缪尔的特质是见多识广、才能卓异、治学严谨、注重实践。他的研究成果直接促进了工业企业的科学研究和技术进步。1957 年 8 月 16 日在马萨诸塞州逝世，享年 76 岁。

习　题

1. AgI 溶胶用 KI 做稳定剂时，写出溶胶结构式。电泳时胶粒移动方向如何？

2. 将等体积的 $0.008 \text{mol} \cdot \text{L}^{-1}$ KI 溶液和 $0.01 \text{mol} \cdot \text{L}^{-1}$ AgNO$_3$ 溶液混合制成 AgI 溶胶，试写出胶团结构式。如用同浓度、等体积的 NaCl 和 MgSO$_4$ 两电解质溶液来聚沉此溶胶，何者聚沉能力更强？

3. 为什么溶胶对电解质敏感，加入少量电解质就发生聚沉？而蛋白质溶液则需要大量电解质才会聚沉？

4. 乳清蛋白的等电点为 5.15，溶于 pH＝7.42 的缓冲溶液中，试确定电泳时该蛋白质的电泳方向。

5. 在半透膜内放置羧甲基纤维素钠溶液，其浓度为 $1.28 \times 10^{-3} \text{mol} \cdot \text{L}^{-1}$，膜外放置苄基青霉素钠盐溶液。达到唐南平衡时，测得膜内苄基青霉素离子浓度为 $32 \times 10^{-3} \text{mol} \cdot \text{L}^{-1}$，求膜内外苄基青霉素离子浓度的比值。

第9章 习题解答

6. 什么叫乳状液？为什么乳化剂能使乳状液稳定存在？举例说明乳化作用在医学上的意义。

7. 什么是凝胶？凝胶有哪些主要性质？

（中南大学　向　阳）

第10章

电化学基础

本章讨论氧化还原反应、原电池、电极类型、电极电势、溶液pH值的电势测定法、元素的电势图、电解等，重点讨论影响电极电势的因素，即能斯特方程式的应用，为后续各章节的学习奠定相关的电化学基础。

10.1 氧化还原反应

氧化还原反应（oxidation-reduction reaction 或 redox reaction）是一类十分重要的化学反应，它不仅在人类文明的发展过程中发挥了至关重要的作用，如火药的发明、金属的冶炼等，对生物体也具有重大意义。在生命活动过程中，能量的获得直接依靠营养物质的氧化。例如人体内葡萄糖的代谢过程为

$$C_6H_{12}O_6(s)+6O_2(g) \Longrightarrow 6CO_2(g)+6H_2O(l) \quad \Delta_rH_m^\ominus = -2870kJ \cdot mol^{-1}$$

人体利用吸入的氧气将摄入体内的糖、脂肪及蛋白质等营养物质进行氧化分解，释放能量，由此推动生命过程的正常运行。而且，几乎所有的生命过程，如新陈代谢、神经传导、生物电现象等，都与氧化还原反应和电化学息息相关。

科学家小传——伏打

伏打（A. Volta，1745—1827），意大利物理学家，巴黎科学院外籍院士。1745年2月18日生于科摩。1774年，伏打担任科摩大学预科物理教授。同年，发明起电盘，这是靠静电感应原理提供电的装置。他还研究过化学，进行了各种气体的爆炸试验。1779年担任巴佛大学物理教授。1779年任帕维亚大学实验物理学教授，1815年任帕多瓦大学哲学系主任。1782年成为法国科学学会的成员。1791年英国皇家学会聘请他为国外会员，3年后又因创立伽伐尼电的接触学说被授予科普利奖章。1801年，拿破仑召他到巴黎表演电堆实验并授予他金质奖章和伯爵称号。

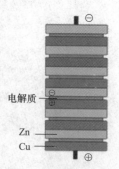

伏打电堆示意图

伏打的主要成就是在1800年发明了伏打电堆。伏打发现，在伽伐尼实验的基础上，将两种不同的金属相互接触，中间隔一张湿润的纸，就会有电效应产生，而且发现当金属浸入某些液体时，也会有同样的效应。他用几只碗盛了盐水，把几对黄铜和锌做成的电极连接起来，构成所谓电堆，就

有电流产生。伏打电堆的发明，使科学家可以用比较大的持续电流来进行各种电学研究，对化学研究也产生了巨大的推进作用。为了纪念他，科学界用他的姓氏命名电压的单位，即"伏特"。伏打于1827年3月5日逝世。

10.1.1 氧化值

不同元素的原子相互化合后，各元素在化合物中各自处于某种化合状态。根据化合价的升降值和电子转移情况来配平氧化还原反应方程式时，除简单的离子化合物外，对于其他物质，往往不易确定元素的化合价数。为了表示各元素在化合物中所处的化合状态，1970 年 IUPAC 提出了氧化值（oxidation number）的概念。氧化值又称氧化数，它是以化合价学说和元素电负性概念为基础提出来的，一定程度上能反映元素在化合物中的各种化合状态。

氧化值是某元素一个原子的荷电数，这种荷电数是把化学键中的成键电子人为地指定给所连接的两原子中电负性较大的一个原子而求得的，是一种形式电荷（或称表观电荷）。

1952 年日本化学教授桐山良一和 1975 年美国著名化学家鲍林等分别提出了确定元素氧化数的方法并制定了一些规则。现在化学界普遍接受的确定元素氧化值的规则如下。

①在单质（如 O_2、Cu 等）中，元素的氧化值为零。这是因为成键两原子的电负性相同，共用电子对不能指定给任何一方。

②在单原子离子化合物中，元素的氧化值等于该离子的电荷数。

③在结构已知的共价化合物中，把属于两原子的共用电子对指定给两原子中电负性较大的原子时，分别在两原子上留下的表观电荷数就是它们的氧化值。例如，在 H_2O 中，氧原子的氧化值为 -2，氢的氧化值为 $+1$。对于同种元素两个原子之间的共价键，该元素的氧化值为零。若某化合物中某一元素有两个或两个以上共价键，则该元素的氧化值为其各个键所表现的氧化值的代数和。例如在连四硫酸（$H_2S_4O_6$）中，两个与氧成键的硫原子的氧化值为 5，两个与硫成键的硫原子的氧化值为 0，所以，$H_2S_4O_6$ 中硫元素的氧化值为 2.5。

氧化值与氧化还原

④在结构未知的共价化合物中，某元素的氧化值可按下述规定由该化合物其他元素的氧化值算出，这个规定是：在中性分子中，各元素原子的氧化值的代数和为零；在复杂离子中，各元素原子氧化值的代数和等于该离子的电荷数。

⑤对几种常见元素的氧化值有下列规定：O 在化合物中的氧化值一般为 -2；在过氧化物（如 H_2O_2 和 Na_2O_2）中 O 的氧化值为 -1；在氟化物（如 O_2F_2 和 OF_2）中 O 的氧化值分别为 $+1$ 和 $+2$。H 原子与电负性比它大的原子结合时，H 的氧化值为 $+1$；H 原子与电负性比它小的原子结合时，H 的氧化值为 -1。在金属氢化物 NaH 中，H 的氧化值为 -1。碱金属的氧化值是 $+1$，碱土金属的氧化值为 $+2$。氟是电负性最大的元素，在它的全部化合物中其氧化值均为 -1。其他卤素，除了与电负性更大的卤素结合时（如 ClF、ICl_3）或与氧结合时具有正的氧化值外，其他情况时氧化值都为 -1。

应当注意的是，氧化值可为整数，也可以为分数或小数。而化合价只能是整数，因为在离子化合物中，某元素的化合价是该元素原子得失的电子数目；在共价化合物中，某元素的化合价是该元素原子与其他原子之间所形成的共价键的数目。在判断共价化合物中元素原子的氧化值时，不要与化合价混淆起来。例如碳在 CH_4、CH_3Cl、CH_2Cl_2、$CHCl_3$ 和 CCl_4 分子中的化合价均为 4，而氧化值则依次为 -4、-2、0、$+2$ 和 $+4$。

化合价

化合价（Valence）的概念最早出现于 19 世纪下半叶。对于离子化合物来说，原子失去电子有正的化合价，得到电子有负的化合价。对于共价化合物而言，化合价描述的是一种元素的一个原子与其他元素的原子形成的共价键数目。例如在 PCl_5 中，P 的化合价为 5，Cl 的化合价为 1。元素的化合价也可以定义为某元素的一个原子可以结合的氢原子数目，即以氢的化合价等于 1 为标准，如 H_2O 分子中，O 的化合价为 2；NH_3 分子中，N 的化合价为 3；CH_4 分子中，C 的化合价为 4。不管哪一种定义，化合价都是元素在形成化合物时表现出的一种性质。显然，在共价化合物中，元素的化合价都是正数。因而，对于一些结构复杂的化合物和没有明显电子得失的氧化还原反应，化合价难以表示物质中各元素原子所处的带电状态。为此，20 世纪 70 年代初，国际纯粹和应用化学联合会（IUPAC）提出了氧化数的概念。

10.1.2　氧化还原的概念

化学反应前后元素的氧化值发生改变的反应，称为氧化还原反应。氧化还原反应中元素氧化值的变化反映了电子的得失，包括电子的转移和偏移。例如甲烷和氧的反应

$$CH_4(g) + 2O_2(g) \Longrightarrow CO_2(g) + 2H_2O(g)$$

反应式中，氧分子中氧的氧化值为 0，而产物 CO_2 和 H_2O 中氧的氧化值均降为 -2；CH_4 中碳的氧化值为 -4，而反应后产物 CO_2 中碳的氧化值升为 $+4$。但该氧化还原反应中电子并不是完全得到或完全失去，只是发生了电子的偏移，从而导致氧化值的变化。

在氧化还原反应中，元素原子的氧化值降低的过程为还原（reduction），氧化值降低的物质称为氧化剂（oxidizing agent），氧化剂得到电子，又称为电子的受体（electron receptor）；元素原子的氧化值升高的过程为氧化（oxidation），氧化值升高的物质称为还原剂（reducing agent），还原剂失去电子，又称为电子的供体（electron donor）。例如，

$$2HI + 2FeCl_3 \Longrightarrow 2FeCl_2 + I_2 + 2HCl$$

反应中，HI 中碘的氧化值从 -1 升高到 0，是失电子过程，该过程为氧化，所以 HI 是还原剂。$FeCl_3$ 中 Fe 的氧化值从 $+3$ 降低到 $+2$，是得电子过程，该过程为还原，所以 $FeCl_3$ 是氧化剂。

从以上两个反应可知：①氧化还原反应的本质是物质在反应过程中有电子的得失，从而导致元素的氧化值发生改变；②氧化还原反应中电子的得失可以表现为电子转移，也可以表现为电子的偏移。本章重点讨论在溶液中进行的有电子转移的氧化还原反应。

氧化还原反应由两个氧化还原半反应（redox half-reaction）构成。例如

$$Zn + Cu^{2+} \Longrightarrow Zn^{2+} + Cu$$

反应中，Zn 失去电子生成 Zn^{2+}，发生氧化半反应：

$$Zn - 2e^- \Longrightarrow Zn^{2+}$$

反应中，Cu^{2+} 得到电子生成 Cu，发生还原半反应：

$$Cu^{2+} + 2e^- \Longrightarrow Cu$$

氧化还原半反应的通式可写为：

$$氧化型 + ne^- \Longrightarrow 还原型$$

或
$$Ox + ne^- \rightleftharpoons Red$$

式中，n 为半反应中的电子转移数目。符号 Ox 表示氧化型物质（oxidized species），Red 表示还原型物质（reduced species）。显然，氧化型物质中某元素的氧化值高于其对应的还原型物质中该元素的氧化值。同一元素的高氧化值物质与其低氧化值物质构成氧化还原电对（redox electric couple）。氧化还原电对通常表达为：氧化型/还原型，如 Fe^{3+}/Fe^{2+}、Zn^{2+}/Zn。

在溶液中进行的氧化还原反应，如果介质参与了半反应，即使它们在反应中未得失电子，也应写入半反应中，如：

$$Cr_2O_7^{2-} + 14H^+ + 6e^- \rightleftharpoons 2Cr^{3+} + 7H_2O$$

上述半反应中，氧化型包括 $Cr_2O_7^{2-}$ 和 H^+，还原型包括 Cr^{3+} 和 H_2O。

10.1.3 氧化还原反应方程式的配平

氧化还原反应的配平既要满足质量守恒（即反应前后各元素原子的种类和个数相等），还要满足电荷守恒（即反应物总电荷数与生成物总电荷数相等，且电性相同）。氧化还原反应方程式的配平方法通常有氧化值法（中学化学已介绍）和离子-电子法。

氧化还原反应
方程式的配平

下面介绍离子-电子法配平氧化还原反应方程式的方法。

离子-电子法是将氧化还原反应拆分成两个半反应后，根据反应中氧化剂的得电子数和还原剂的失电子数相等的原则进行配平。以酸性溶液中 $K_2Cr_2O_7$ 与 KI 的反应为例：

①写出氧化还原反应的离子反应，可只写出主要产物。

$$Cr_2O_7^{2-} + H^+ + I^- \longrightarrow Cr^{3+} + I_2 + H_2O$$

②将离子反应式拆开写成一个氧化半反应和一个还原半反应，如果半反应式两边的氧原子数不相等，则根据反应进行的介质条件，在酸性介质中添加 H_2O 或 H^+，在碱性介质中添加 OH^- 或 H_2O 进行配平，再用电子数配平两边的电荷数。

还原半反应　　　$Cr_2O_7^{2-} + 14H^+ + 6e^- \rightleftharpoons 2Cr^{3+} + 7H_2O$

氧化半反应　　　$2I^- - 2e^- \rightleftharpoons I_2$

③根据两个半反应得失电子的最小公倍数，将两个半反应式各乘以适当系数，使氧化剂的得电子数与还原剂的失电子数相等，然后将两个半反应式相加。

$$
\begin{array}{ll}
Cr_2O_7^{2-} + 14H^+ + 6e^- \rightleftharpoons 2Cr^{3+} + 7H_2O & \times 1 \\
+ \qquad\qquad 2I^- - 2e^- \rightleftharpoons I_2 & \times 3 \\
\hline
Cr_2O_7^{2-} + 14H^+ + 6I^- \rightleftharpoons 2Cr^{3+} + 3I_2 + 7H_2O &
\end{array}
$$

④核对方程式两边的原子数和电荷数是否相等，若相等，将离子反应式改写为分子反应式，将箭头改为等号。

$$K_2Cr_2O_7 + 6KI + 7H_2SO_4 \Longrightarrow Cr_2(SO_4)_3 + 3I_2 + 4K_2SO_4 + 7H_2O$$

离子-电子法的特点是不需要计算元素的氧化值，能反映出在水溶液中氧化还原反应的实质，也是化学电池中两电极反应的实际体现。虽然氧化值法理论上可适用于所有化学反应方程式的配平，但在配平时需要标出所有元素的氧化值，使用比较麻烦，而且不便于体现化学电池中两个半电池的电极反应。因此，对于电池反应和用氧化值法难配平的反应，常采用离子-电子法配平。但离子-电子法仅适用于溶液中的反应，对于气相或固相反应的配平，仍需要采用氧化值法。

思考题 10-1　氧化值和化合价的概念有何不同？

思考题 10-2　和氧化值法相比，离子-电子法配平氧化还原反应的优缺点各是什么？

10.2.1 原电池

任何一个能自发进行的氧化还原反应，均为电子从还原剂转移（或偏移）到氧化剂的过程。比如，将 Zn 片放入 $CuSO_4$ 溶液中，反应如下：

$$Zn+CuSO_4 \Longrightarrow ZnSO_4+Cu \quad \Delta_r H_m^{\ominus}=-211.46kJ \cdot mol^{-1}$$

原电池的组成、原理和符号

反应中，Zn 失去电子被氧化，Cu^{2+} 得到电子被还原。Cu^{2+} 从锌片上得到电子并以铜单质的形式沉积到锌片上，由于反应中 Zn 片和 $CuSO_4$ 溶液直接接触，所以电子直接从 Zn 片转移给 Cu^{2+}，不能产生电流。该自发反应释放出来的化学能转变为热能。

如果 Zn 片和 $CuSO_4$ 溶液不直接接触，而是在图 10-1 的装置中进行反应，此时电子从还原剂到氧化剂的转移是通过导线定向移动的，因而有电流产生。这种将自发的氧化还原反应的化学能转变为电能的装置，称为原电池（voltaic cell）。

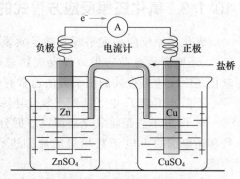

图 10-1 铜锌原电池示意图

10.2.1.1 原电池的组成

在原电池中，电子流出的电极为负极（如 Zn 极），在负极发生氧化反应（oxidation reaction）；电子流入的电极为正极（如 Cu 极），在正极发生还原反应（reduction reaction）。

负极（Zn）： $Zn-2e^- \Longrightarrow Zn^{2+}$ 发生氧化反应

正极（Cu）： $Cu^{2+}+2e^- \Longrightarrow Cu$ 发生还原反应

电极上发生的反应称为电极反应（electrode reaction）。正、负极反应之和为原电池总反应，称为电池反应（cell reaction）。锌铜原电池的电池反应为：

$$Zn+Cu^{2+} \Longrightarrow Cu+Zn^{2+}$$

显然，电池反应就是氧化还原反应，其中负极反应是 Zn 半电池中发生的氧化反应，正极反应是 Cu 半电池中发生的还原反应。两个半反应之间的电子转移是经由导线实现的，这正是原电池能产生电流的原因。由于在原电池中电子由负极（Zn 极）流向正极（Cu 极），所以电流的方向由原电池的正极指向原电池的负极。在原电池中，外电路由电子导电，电解质溶液中由离子导电。

原电池中盐桥（salt bridge）通常由琼脂和饱和 KCl 等溶液共热构成。盐桥的作用除了平衡两个半电池中的电荷，沟通电流回路外，还用于消除（实际上是减小和稳定）液接电势，因为当组成或活度不同的两种电解质溶液接触时，在溶液接界处由于正负离子扩散通过界面的离子迁移速度不同造成正负电荷分离而形成双电层，这样产生的电势差称为液体接界扩散电势，简称液接电势。为了使液接电势减至最小，盐桥中的电解质必须具有高浓度（一般为强电解质的饱和溶液）、电解质解离出的正负离子迁移速率接近相等，且不与电池中的溶液发生化学反应。常采用由 KCl 或 KNO_3 饱和溶液构成盐桥，这类盐桥可使液接电势降至 $1\sim2mV$，在要求不太高的情况下，近似符合可逆电池的条件。

10.2.1.2 原电池的组成式

为了方便描述，可用一种特定的符号表示原电池。如 Cu-Zn 原电池可表示如下：

$$(-)Zn \mid ZnSO_4(c_1) \parallel CuSO_4(c_2) \mid Cu(+)$$

这种用于表示原电池结构的特定符号称为原电池的组成式。在书写原电池的组成式时，需遵循以下规定。

①在原电池组成式中，用单竖线"｜"表示不同物质相间的界面，同一相中的不同物质用"，"隔开。

②用双竖线"‖"表示盐桥。半电池中各物质需注明温度、压力、活度和物态等（未注明时通常指处于298.15K和标准态）。

③原电池的负极写在盐桥的左边，并在最左端以"（－）"表示；原电池的正极写在盐桥的右边，并在最右端以"（＋）"表示。

每个原电池都是由两个半电池组成的，例如Cu-Zn原电池是由锌和锌盐溶液组成的半电池以及铜和铜盐溶液所构成的半电池所组成的。半电池（half cell）就是由一个氧化还原电对构成的电极。电极常用符号φ表示，如$\varphi(Cu^{2+}/Cu)$、$\varphi(Zn^{2+}/Zn)$等。

原电池与电池
电动势

按照上述规定书写的原电池组成式，其原电池的电动势等于正极的电极电势（$\varphi_{正极}$）减去负极的电极电势（$\varphi_{负极}$），即

$$E = \varphi_{正极} - \varphi_{负极} \tag{10-1}$$

【例题 10-1】 将下列氧化还原反应设计成原电池，写出其原电池的组成式。

$$2Fe^{2+}(1.0 \text{mol} \cdot L^{-1}) + Cl_2(100 \text{kPa}) \Longrightarrow 2Fe^{3+}(0.10 \text{mol} \cdot L^{-1}) + 2Cl^-(2.0 \text{mol} \cdot L^{-1})$$

解 正极反应 $Cl_2 + 2e^- \Longrightarrow 2Cl^-$

负极反应 $Fe^{2+} - e^- \Longrightarrow Fe^{3+}$

原电极符号为

$$(-)Pt \mid Fe^{2+}(1.0 \text{mol} \cdot L^{-1}), Fe^{3+}(0.10 \text{mol} \cdot L^{-1}) \parallel$$
$$Cl^-(2.0 \text{mol} \cdot L^{-1}) \mid Cl_2(p^\ominus) \mid Pt(+)$$

10.2.1.3 电极的类型

原电池电动势的高低主要决定于两电极电势的高低，而电极电势的高低取决于电极的组成。根据电极组成的不同，一般将电极分为以下几类。

（1）金属-金属离子电极

指将金属棒插入该金属的盐溶液中构成的电极，如Ag^+/Ag电极。

电极组成式： $Ag \mid Ag^+(c)$

电极反应： $Ag^+ + e^- \Longrightarrow Ag$

（2）气体离子电极

指将气体物质通入其相应离子的溶液中，借助惰性导体（如铂或石墨）做电极板所构成的电极，如Cl_2/Cl电极。

电极组成式： $Pt(s) \mid Cl_2(p) \mid Cl^-(c)$

电极反应： $Cl_2(g) + 2e^- \Longrightarrow 2Cl^-(c)$

（3）氧化还原电极

广义上说，任何电极都包含有氧化及还原作用，都是氧化还原电极。但习惯上仅将电对中还原态不是金属单质的电极称为氧化还原电极。它是将惰性导体浸入含有同一元素的两种不同氧化值的离子的溶液中构成的电极，如Fe^{3+}/Fe^{2+}电极。

电极组成式： $C(石墨) \mid Fe^{3+}(c_1), Fe^{2+}(c_2)$

电极反应： $Fe^{3+} + e^- \Longrightarrow Fe^{2+}$

（4）金属-金属难溶盐-阴离子电极

在金属表面上覆盖一层该金属难溶盐（或氧化物），然后将其浸入含有该盐阴离子的溶液中构成的电极，如甘汞电极。

电极组成式： $Pt \mid Hg(l) \mid Hg_2Cl_2(s) \mid Cl^-(c)$

电极反应：$\qquad Hg_2Cl_2(s)+2e^- \Longleftrightarrow 2Hg(l)+2Cl^-$

思考题 10-3 原电池中盐桥的作用是什么？对盐桥中电解质的组成和浓度有何基本要求？

10.2.2 原电池的最大电功和吉布斯自由能

根据化学热力学可知，在等温、等压条件下，反应体系 Gibbs 自由能的减少值等于体系所做的最大非体积功，即 $-\Delta_r G_m = -W'_{max}$。该化学热力学原理也适用于可逆电池反应体系。

10.2.2.1 可逆电池电动势与吉布斯自由能的关系

对于电池反应，只有当该电池反应可被构建成可逆电池的条件下，此时，在等温等压下，电池反应的 Gibbs 自由能的减少值才等于原电池所做的最大电功（W'_{max}）。这里的"可逆"即热力学上可逆的条件。作为一个可逆电池必须同时满足以下两个条件：①要求电池反应在充电或放电的过程中，电池反应是可逆的，同时还要求在电池内部，没有液-液接界电势存在，即电池中必须使用盐桥尽可能地消除液-液接界电势的影响；②电池在工作时（充电或放电），通过的电流 $I \to 0$。因为只有 $I \to 0$ 时，电池所做的电功 W' 与电池电动势 E 以及通过电池的电量 Q 之间才满足 $W' = QE$ 的定量关系。

符合上述两个条件的可逆电池，在等温等压条件下，系统 Gibbs 自由能的减少值就等于系统所做的最大非体积功

$$-(\Delta_r G_m)_{T,p} = -W'_{max} \tag{10-2}$$

如果非体积功只有电功，则上式可以写成

$$-(\Delta_r G_m)_{T,p} = -W'_{max} = QE = nFE$$

即
$$(\Delta_r G_m)_{T,p} = -nFE \tag{10-3}$$

式中，n 为电池输送电荷的物质的量（或反应进度为 1mol 的氧化还原反应中电子转移的摩尔数），mol；E 为可逆电池的电动势（electromotive force），V；F 是 Faraday 常数，为 96485C·mol^{-1}。

若电池反应处于标准状态，则有：

$$(\Delta_r G_m)^{\ominus}_{T,p} = -nFE^{\ominus} \tag{10-4}$$

或
$$(\Delta_r G_m)^{\ominus}_{T,p} = -nFE^{\ominus} = -nF(\varphi^{\ominus}_{正极} - \varphi^{\ominus}_{负极})$$

式 (10-3) 和式 (10-4) 将电池反应的 $\Delta_r G_m$ 和电动势 E 联系起来。

10.2.2.2 电池电动势的能斯特方程

从化学热力学可知，非标准状态下化学反应的自由能变可由化学等温方程式来计算。

化学等温方程式：
$$\Delta G_m = \Delta G^{\ominus}_m + RT \ln J$$

对于一个电池反应，可由式 (10-3) 计算反应非标准状态下的自由能变 ΔG_m，由式 (10-4) 计算反应标准状态下的自由能变 $\Delta G^{\ominus}_m$。将式 (10-3) 和式 (10-4) 代入化学等温方程式，可得，

$$-nFE = -nFE^{\ominus} + RT \ln J \tag{10-5}$$

将上式两边同除以 $-nF$，则得，

$$E = E^{\ominus} - \frac{RT}{nF} \ln J \tag{10-6}$$

或
$$E = E^{\ominus} - \frac{2.303RT}{nF} \lg J \tag{10-7}$$

式中，E 为电池电动势，V；$E^{\ominus}$ 为标准电池电动势；F 是 Faraday 常数；T 为热力学温度，一般为 298.15K；R 为通用气体常数，为 8.314kPa·L·K^{-1}·mol^{-1}；n

为配平的电池反应中电子转移的摩尔数；J 为电池反应的反应商。

式（10-6）和式（10-7）就是电池电动势的能斯特方程式（Nernst equation），它描述了非标准状态下影响电池电动势的因素。从能斯特方程式可以看出，非标准状态下进行的电池反应的电池电动势与该电池反应的标准电动势、反应进行时的温度以及该电池反应的反应商等有关。其中，电池反应的标准电动势是决定电动势的主要因素。标准电动势是强度性质的量，它取决于组成电池的两电极的本性，与浓度无关。由于温度对电动势的影响较小，且一般反应通常是在室温下进行的，因此，能斯特方程式常用于描述反应商的变化，即电池反应中物质浓度或分压的变化对电动势的影响。

科学家小传——戴维

戴维（S. H. Davy，1778—1829），英国化学家、发明家，电化学的开拓者之一。1778 年出生于英国彭赞斯贫民家庭。17 岁开始自修化学，1799 年因他发现笑气的麻醉作用后开始引起关注。在化学领域，他的最大的贡献是开辟了用电解法制取金属元素的新途径，即用伏打电池来研究电的化学效应。

1800 年，意大利物理学家伏打宣布发明了伏打电池，使人类第一次获得了可供实用的持续电流。同年，英国的尼科尔逊和卡里斯尔采用伏打电池电解水获得成功，使人们认识到电可应用于化学研究。对此，戴维也陷入思索之中。电既然能分解水，那么对于盐溶液、固体化合物会产生什么作用呢？他开始研究各种物质的电解作用，并选择了木灰（即苛性钾）作第一个研究对象，电解了以前不能分解的苛性碱，从而发现了钾和钠，紧接着又制取了镁、锶和钡等碱土金属。电化学实验之花在戴维手中结出了丰硕的果实。他被认为是发现元素最多的科学家。戴维于 1820 年当选英国皇家化学会主席。

能斯特方程由德国化学家能斯特（W. H. Nernst，1864—1941 年）于 1889 年 25 岁时提出，方程式因此而得名，以表彰能斯特在热化学和电化学方面的工作。

10.3 电极电势

10.3.1 电极电势的产生——双电层理论

在 Cu-Zn 原电池中，用导线连接两电极时有电流产生，说明两电极之间有电势差存在，即两电极的电极电势不相等。不同的电极为什么具有不同的电极电势，电极电势是怎样产生的呢？

为了解释电极电势的产生，德国化学家能斯特提出了双电层理论。金属晶体是由金属原子、金属离子和一定数量的自由电子组成的。当把金属片浸入其盐溶液中时，在金属与其盐溶液的接触界面上就会发生两个不同的过程：一方面金属表面处于热运动的金属原子受极性水分子的作用，将电子留在金属表面，金属离子离开金属表面进入溶液；另一方面溶液中的金属离子由于碰到金属表面，受到金属表面自由电子的吸引而重新沉积在金属表面。在一定温度和浓度时，当这两种方向相反的过程进行的速率相等时，即达到动态平衡：

双电层理论

$$M(s) \underset{\text{沉积}}{\overset{\text{溶解}}{\rightleftharpoons}} M^{n+} + ne^-$$

如果金属越活泼或溶液中金属离子浓度越小，金属溶解的趋势大于溶液中金属离子沉积到金属表面的趋势，达平衡时，金属表面带负电，带正电的金属离子会被金属片上的电子吸引而靠近金属做定向排列，使金属附近的溶液带正电，于是在金属表面和溶液两相界面上形成一个带相反电荷的双电层（electric double layer），如图 10-2 所示。双电层的厚度很小，约为 10^{-8} cm 量级。但由于该双电层的出现，使金属和溶液之间产生了电势差。该电势差实际上是电的绝对电极电势（absolute electrode potential）。通常把这种产生在金属和其盐溶液之间的双电层间的绝对电势称为金属的电极电势（electrode potential）。电极电势用符号 φ 表示，单位为 V。

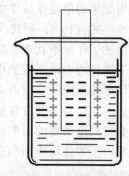

图 10-2　双电层示意图

电极电势的大小主要取决于电极的本性，并受温度、介质和离子浓度等因素的影响。

10.3.2　标准氢电极

标准氢电极与电极电势的测定

迄今为止，电极电势的绝对值仍无法测定。为了能定量地比较各电极电势的相对大小，需要规定一个参照标准来测定它的相对值。1953 年 IUPAC 建议，采用标准氢电极（standard hydrogen electrode，SHE）作为测定电极电势的相对标准，并人为地规定标准氢电极的电极电势为零。将其他电极电势与此标准电极电势作比较，从而确定出其他各电对的电极电势。

标准氢电极的构造如图 10-3 所示，将镀有一层海绵状多孔铂黑的铂片插入 H^+ 浓度为 1.0 mol·L^{-1}（严格地说，应是 H^+ 活度为 1）的硫酸溶液中，在 298K 时不断通入纯氢气，保持氢气的压力为 100kPa，使铂黑吸附 H_2 至饱和，这时铂片就好像是用氢气制成的电极一样。被铂黑吸附的氢气与溶液中的 H^+ 构成了下列平衡：

$$2H^+(aq)+2e^- \rightleftharpoons H_2(g)$$

此时，铂电极吸附的氢气与酸溶液之间产生的平衡电极电势称为标准氢电极的标准电极电势，国际上规定标准氢电极在任何温度下电极电势的值为零：

$$\varphi^\ominus(H^+/H_2)=0.0000V$$

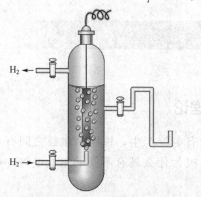 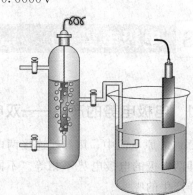

图 10-3　标准氢电极示意图　　　图 10-4　电极电势测定装置

10.3.3　电极电势的测定

电极的电极电势可以通过实验测定。用一个已知电极电势的电极作参比，将待测电极和参比电极构成原电池，原电池的电动势就是两个电极的电势之差：

$$E=\varphi(待测)-\varphi(已知)$$

测得该电池的电动势，就可计算待测电极的电极电势。如果用标准氢电极做参照（见图 10-4），由于 $\varphi^\ominus(H^+/H_2)=0.0000V$，则测得的电池电动势就可等于待测电极的电极电势。

IUPAC 建议，电极电势应是下述电池的平衡电动势：

$$\text{Pt} \mid H_2(100\text{kPa}) \mid H^+(a=1) \parallel M^{n+}(a) \mid M \tag{10-8}$$

并规定外电路中电子流出的电极的电极电势为负号，外电路中电子流入的电极的电极电势为正号。电池的平衡电动势（通常称为电池电动势）是电流强度趋近于零、电池反应极弱、电池中各物质浓度基本上维持恒定时的电动势。

例如，欲测定锌电极的电极电势，则可组成下列原电池：

$$(-)\text{Pt} \mid H_2(100\text{kPa}) \mid H^+(a=1) \parallel Zn^{2+}(a) \mid Zn(s)(+)$$

测得的电池的电动势即为锌电极的电极电势：

$$E = \varphi(Zn^{2+}/Zn) - \varphi^{\ominus}(H^+/H_2) = \varphi(Zn^{2+}/Zn)$$

实际上，电极电势的值并不都是按照式（10-8）的方式组成电池，再测定其电动势的方法得到的，通过热力学计算等方法也可获得一些电极的电极电势数据。

10.3.4 标准电极电势

由于电极电势的大小与物质的本性、反应体系的温度和浓度等条件有关，在实际应用中为了便于比较，提出了标准电极电势的概念。

标准电极电势（standard electrode potential）就是在标准状态下测得的某个氧化还原电对的电极电势。用符号 $\varphi^{\ominus}(\text{Ox}/\text{Red})$ 表示，单位为 V。电极的标准状态与热力学的标准态一致，即对于溶液，电极反应中各物质的浓度为 $1.0\,\text{mol·L}^{-1}$（严格地讲是活度为 1）；若有气体参加反应，则气体的分压为 100kPa，反应温度未指定，IUPAC 推荐参考温度为 298.15K。各种电极的标准电极电势值理论上也可以按照式（10-8）的方式组成电池，测其电动势而获得。

将各种氧化还原电对的标准电极电势按一定的方式汇集就构成了标准电极电势表。部分常见的氧化还原电对的标准电极电势见表 10-1，其他氧化还原电对的标准电极电势数据见书末附录五或相关物理化学手册。

表 10-1 水溶液中一些常见的氧化还原电对的标准电极电势

	电极	电极反应	$\varphi^{\ominus}/V$
	Li^+/Li	$Li^+ + e^- \rightleftharpoons Li$	-3.0401
	K^+/K	$K^+ + e^- \rightleftharpoons K$	-2.931
	Na^+/Na	$Na^+ + e^- \rightleftharpoons Na$	-2.71
	Zn^{2+}/Zn	$Zn^{2+} + 2e^- \rightleftharpoons Zn$	-0.7618
	Co^{2+}/Co	$Co^{2+} + 2e^- \rightleftharpoons Co$	-0.28
氧化态的氧化能力增强	Pb^{2+}/Pb	$Pb^{2+} + 2e^- \rightleftharpoons Pb$	-0.1262	还原态的还原能力增强
	H^+/H_2	$2H^+ + 2e^- \rightleftharpoons H_2$	0.0000
	$AgCl/Ag$	$AgCl + e^- \rightleftharpoons Ag + Cl^-$	0.2223
	Cu^{2+}/Cu	$Cu^{2+} + 2e^- \rightleftharpoons Cu$	0.3419
	I_2/I^-	$I_2 + 2e^- \rightleftharpoons 2I^-$	0.5355
	O_2/H_2O_2	$O_2 + 2H^+ + 2e^- \rightleftharpoons H_2O_2$	0.695
	Fe^{3+}/Fe^{2+}	$Fe^{3+} + e^- \rightleftharpoons Fe^{2+}$	0.771
	Ag^+/Ag	$Ag^+ + e^- \rightleftharpoons Ag$	0.7996
	O_2/H_2O	$O_2 + 4H^+ + 4e^- \rightleftharpoons 2H_2O$	1.229
	$Cr_2O_7^{2-}/Cr^{3+}$	$Cr_2O_7^{2-} + 14H^+ + 6e^- \rightleftharpoons 2Cr^{3+} + 7H_2O$	1.232
	Cl_2/Cl^-	$Cl_2 + 2e^- \rightleftharpoons 2Cl^-$	1.3583
	MnO_4^-/Mn^{2+}	$MnO_4^- + 8H^+ + 5e^- \rightleftharpoons Mn^{2+} + 4H_2O$	1.507
	F_2/F^-	$F_2 + 2e^- \rightleftharpoons 2F^-$	2.866

使用标准电极电势时，应注意以下几点：

①表中采用的是 1953 年 IUPAC 所规定的还原电势，每一电极的电极反应均写成还原反应形式，即氧化态$+ne^-\rightleftharpoons$还原态。

②电极电势无加合性。不论电极反应式的系数乘或除以任何实数，$\varphi^\ominus$值仍不变。如，

$Fe^{3+}+e^-\rightleftharpoons Fe^{2+}$ $\qquad\qquad\qquad \varphi^\ominus(Fe^{3+}/Fe^{2+})=0.77V$

$2Fe^{3+}+2e^-\rightleftharpoons 2Fe^{2+}$ $\qquad\qquad \varphi^\ominus(Fe^{3+}/Fe^{2+})=0.77V$

③标准电极电势是平衡电势，每个电对 $\varphi^\ominus$ 值的正负号，不随电极反应进行的方向而改变，所以，无论将电极写成氧化反应还是还原反应，$\varphi^\ominus$ 值不变。

$Fe^{3+}+e^-\rightleftharpoons Fe^{2+}$ $\qquad\qquad\qquad \varphi^\ominus(Fe^{3+}/Fe^{2+})=0.77V$

$Fe^{2+}-e^-\rightleftharpoons Fe^{3+}$ $\qquad\qquad\qquad \varphi^\ominus(Fe^{3+}/Fe^{2+})=0.77V$

④$\varphi^\ominus$ 值仅适合于标准状态时水溶液中的电极反应，是水溶液体系的标准电极电势，对于非水、高温、固相反应有一定局限性。而对于非标态的反应可用能斯特方程转化。

金属活泼顺序与标准电极电势

金属活泼性是指金属单质在水溶液中失去电子生成金属阳离子的倾向。而金属的还原性只与金属失电子能力有关，其判定依据是标准电极电势，属于热力学范畴。一般来说，标准电极电势越小，金属的还原性越强，其金属的活泼性也应该越强。但也有例外，如锂是碱金属中还原性最强的元素，由于 $\varphi^\ominus(Li^+/Li)=-0.304V<\varphi^\ominus(Cs^+/Cs)=-0.302V$，在水中，锂理应比铯更活泼。但事实上，锂与水的反应不如铯与水反应那样剧烈，原因在于锂的升华热相对较高，难以变为气态离子，导致反应受阻；其次是反应产物氢氧化锂的溶解度较小，刚开始会附着在锂的表面，也会阻碍锂与水的进一步反应。因此，金属活泼性除了决定于热力学因素，还与动力学因素有关。

10.3.5 电极电势的能斯特方程及影响电极电势的因素

根据电池电动势的能斯特方程式，可以对电极电势的能斯特方程式作如下简单的推导。

10.3.5.1 电极电势的能斯特方程

对于一个氧化还原反应，可用以下通式表示：

$$aOx_1+bRed_2\rightleftharpoons dRed_1+eOx_2$$

任意时刻该反应的反应商可表述为，

$$J=\frac{c_{Red_1}^d c_{Ox_2}^e}{c_{Ox_1}^a c_{Red_2}^b} \tag{10-9}$$

电极电势的
能斯特方程

以该氧化还原反应构成的原电池的电池电动势的能斯特方程式为

$$E=E^\ominus-\frac{RT}{nF}\ln\frac{c_{Red_1}^d c_{Ox_2}^e}{c_{Ox_1}^a c_{Red_2}^b} \tag{10-10}$$

对于该电池反应有 $E=\varphi(Ox_1/Red_1)-\varphi(Ox_2/Red_2)$，$E^\ominus=\varphi^\ominus(Ox_1/Red_1)-\varphi^\ominus(Ox_2/Red_2)$，将 E、$E^\ominus$ 分别代入式（10-10），得

$$\varphi(Ox_1/Red_1)-\varphi(Ox_2/Red_2)$$

$$=\varphi^\ominus(Ox_1/Red_1)-\varphi^\ominus(Ox_2/Red_2)-\frac{RT}{nF}\ln\frac{c_{Red_1}^d c_{Ox_2}^e}{c_{Ox_1}^a c_{Red_2}^b} \tag{10-11}$$

将式（10-11）中的反应商拆分如下：

$$\varphi(\text{Ox}_1/\text{Red}_1) - \varphi(\text{Ox}_2/\text{Red}_2)$$

$$= \varphi^{\ominus}(\text{Ox}_1/\text{Red}_1) - \varphi^{\ominus}(\text{Ox}_2/\text{Red}_2) - \frac{RT}{nF}\ln\frac{c_{\text{Red}_1}^d}{c_{\text{Ox}_1}^a} - \frac{RT}{nF}\ln\frac{c_{\text{Ox}_2}^e}{c_{\text{Red}_2}^b}$$

重排上式

$$\varphi(\text{Ox}_1/\text{Red}_1) - \varphi(\text{Ox}_2/\text{Red}_2)$$

$$= \left[\varphi^{\ominus}(\text{Ox}_1/\text{Red}_1) - \frac{RT}{nF}\ln\frac{c_{\text{Red}_1}^d}{c_{\text{Ox}_1}^a}\right] - \left[\varphi^{\ominus}(\text{Ox}_2/\text{Red}_2) - \frac{RT}{nF}\ln\frac{c_{\text{Red}_2}^b}{c_{\text{Ox}_2}^e}\right]$$

从上式可知，
$$\varphi(\text{Ox}_1/\text{Red}_1) = \varphi^{\ominus}(\text{Ox}_1/\text{Red}_1) - \frac{RT}{nF}\ln\frac{c_{\text{Red}_1}^d}{c_{\text{Ox}_1}^a} \tag{10-12}$$

$$\varphi(\text{Ox}_2/\text{Red}_2) = \varphi^{\ominus}(\text{Ox}_2/\text{Red}_2) - \frac{RT}{nF}\ln\frac{c_{\text{Red}_2}^b}{c_{\text{Ox}_2}^e} \tag{10-13}$$

若将电池反应拆分为两个半反应，则正、负极反应分别为：

正极反应 $a\text{Ox}_1 + n\text{e}^- \rightleftharpoons d\text{Red}_1$

负极反应 $e\text{Ox}_2 + n\text{e}^- \rightleftharpoons b\text{Red}_2$

因此，式（10-12）和式（10-13）实际上就是该电池反应正极反应和负极反应的能斯特方程式，即电极电势的能斯特方程式。

若用 $p\text{Ox} + n\text{e}^- \rightleftharpoons q\text{Red}$ 表示一个电极反应，则其电极电势的能斯特方程式可以表示为：

$$\varphi = \varphi^{\ominus} - \frac{RT}{nF}\ln\frac{c_{\text{Red}}^q}{c_{\text{Ox}}^p} \tag{10-14}$$

或

$$\varphi = \varphi^{\ominus} + \frac{RT}{nF}\ln\frac{c_{\text{Ox}}^p}{c_{\text{Red}}^q} \tag{10-15}$$

式中，φ 为非标准电极电势；$\varphi^{\ominus}$ 为标准电极电势；F 是 Faraday 常数；T 为热力学温度，一般为 298.15K；R 为通用气体常数，为 $8.314\text{kPa} \cdot \text{L} \cdot \text{K}^{-1} \cdot \text{mol}^{-1}$；$n$ 为配平的电极反应中电子转移的物质的量。

当温度为 298.15K 时，将各常数带入上式中，并将自然对数换成常用对数，可得，

$$\varphi = \varphi^{\ominus} - \frac{0.0592}{n}\lg\frac{c_{\text{Red}}^q}{c_{\text{Ox}}^p} \tag{10-16}$$

或

$$\varphi = \varphi^{\ominus} + \frac{0.0592}{n}\lg\frac{c_{\text{Ox}}^p}{c_{\text{Red}}^q} \tag{10-17}$$

使用电极电势的能斯特方程式时，应注意以下几点：①式中 n 表示电极反应中的电子转移物质的量；②式中 c_{Ox} 和 c_{Red} 分别表示电极反应式中氧化型物质和还原型物质的浓度；③如果是气体物质，则用 $p/p^{\ominus}$ 表示（$p^{\ominus} = 100\text{kPa}$）；④电极反应中的纯固体、纯液体和溶剂不写入方程；⑤各物质浓度的方次等于该物质在电极反应中的化学计量数。

根据已配平的半反应，可方便地写出其对应的能斯特方程式，例如：

$$\text{Zn}^{2+} + 2\text{e}^- \rightleftharpoons \text{Zn} \quad \varphi(\text{Zn}^{2+}/\text{Zn}) = \varphi^{\ominus}(\text{Zn}^{2+}/\text{Zn}) + \frac{0.0592}{2}\lg\frac{c(\text{Zn}^{2+})}{1}$$

$$\text{Cl}_2 + 2\text{e}^- \rightleftharpoons 2\text{Cl}^- \quad \varphi(\text{Cl}_2/\text{Cl}^-) = \varphi^{\ominus}(\text{Cl}_2/\text{Cl}^-) + \frac{0.0592}{2}\lg\frac{p(\text{Cl}_2)/p^{\ominus}}{c^2(\text{Cl}^-)}$$

$$\text{Fe}^{3+} + \text{e}^- \rightleftharpoons \text{Fe}^{2+} \quad \varphi(\text{Fe}^{3+}/\text{Fe}^{2+}) = \varphi^{\ominus}(\text{Fe}^{3+}/\text{Fe}^{2+}) + \frac{0.0592}{1}\lg\frac{c(\text{Fe}^{3+})}{c(\text{Fe}^{2+})}$$

$$NO_3^- + 4H^+ + 3e^- \rightleftharpoons NO + 2H_2O$$

$$\varphi(NO_3^-/NO) = \varphi^\ominus(NO_3^-/NO) + \frac{0.0592}{3}\lg\frac{c(NO_3^-)c^4(H^+)}{[p(NO)/p^\ominus]}$$

从式（10-15）和式（10-17）可以看出，电极电势的高低不仅取决于电极的本性，还与反应时的温度和氧化剂、还原剂及相关介质的浓度或分压有关。与电池电动势的情况相似，决定电极电势高低的主要因素是电极的本性，即 $\varphi^\ominus$ 的大小，只有当氧化型物质浓度很高或还原型物质浓度很小时，或电极反应式中物质的计量系数很大时，才会对电极电势产生显著的影响。

10.3.5.2 影响电极电势的因素

（1）酸度对电极电势的影响

如果电极反应中有 H^+ 或 OH^- 参加，H^+ 或 OH^- 浓度的变化会对电极电势产生影响，特别是当电极反应中 H^+ 或 OH^- 前的计量系数很大时，对电极电势的影响尤甚。

酸度对电极电势的影响

【例题 10-2】 已知 $\varphi^\ominus(Cr_2O_7^{2-}/Cr^{3+}) = 1.232V$，计算 298.15K 时，电对 $Cr_2O_7^{2-}/Cr^{3+}$ 在下列情况下的 $\varphi(Cr_2O_7^{2-}/Cr^{3+})$：①在 $1.0mol \cdot L^{-1}$ HCl 中；②在中性溶液中。设在上述两种情况下，$c(Cr_2O_7^{2-}) = c(Cr^{3+}) = 1.0mol \cdot L^{-1}$。

解 写出配平的电极反应及其能斯特方程式

$$Cr_2O_7^{2-} + 6e^- + 14H^+ \rightleftharpoons 2Cr^{3+} + 7H_2O$$

$$\varphi(Cr_2O_7^{2-}/Cr^{3+}) = \varphi^\ominus(Cr_2O_7^{2-}/Cr^{3+}) + \frac{0.0592}{6}\lg\frac{c(Cr_2O_7^{2-})c^{14}(H^+)}{c^2(Cr^{3+})}$$

①在 $1.0mol \cdot L^{-1}$ HCl 中，$c(H^+) = 1.0mol \cdot L^{-1}$，且 $c(Cr_2O_7^{2-}) = c(Cr^{3+}) = 1.0mol \cdot L^{-1}$，则

$$\varphi(Cr_2O_7^{2-}/Cr^{3+}) = 1.232V + \frac{0.0592}{6}\lg\frac{1.0 \times 1.0^{14}}{1.0}V = 1.232V$$

②在中性溶液中，$c(H^+) = 1.0 \times 10^{-7}mol \cdot L^{-1}$，$c(Cr_2O_7^{2-}) = c(Cr^{3+}) = 1.0mol \cdot L^{-1}$，则

$$\varphi(Cr_2O_7^{2-}/Cr^{3+}) = 1.232V + \frac{0.0592}{6}\lg(10^{-7})^{14}V = 0.265V$$

计算结果表明，由于电极反应中 H^+ 前的计量系数为 14，其浓度的变化对电极电势的影响很大，因此，当其浓度从 $1.0mol \cdot L^{-1}$ 下降到 $10^{-7}mol \cdot L^{-1}$ 时，电极电势从 1.232V 大幅下降到 0.265V，显然，$K_2Cr_2O_7$ 氧化能力随着反应体系中 H^+ 浓度的降低而减弱。

与 $K_2Cr_2O_7$ 类似，绝大多数的含氧酸盐作氧化剂时，其氧化能力受溶液酸度的影响非常大，酸度越高，它们的氧化能力越强。

溶液酸度不仅可能影响电对电极电势的数值，还可能影响氧化还原反应的产物。例如 $KMnO_4$ 作为氧化剂，在酸度不同的溶液中的产物就不同。

在酸性溶液中 $\quad 2MnO_4^- + 5SO_3^{2-} + 6H^+ \rightleftharpoons 2Mn^{2+} + 5SO_4^{2-} + 3H_2O$

在中性溶液中 $\quad 2MnO_4^- + 3SO_3^{2-} + H_2O \rightleftharpoons 2MnO_2 + 3SO_4^{2-} + 2OH^-$

在碱性溶液中 $\quad 2MnO_4^- + SO_3^{2-} + 2OH^- \rightleftharpoons 2MnO_4^{2-} + SO_4^{2-} + H_2O$

（2）沉淀的生成对电极电势的影响

生成沉淀等难解离物质对电极电势的影响

如果在电极反应体系中加入沉淀剂，则由于沉淀的生成，必然降低氧化态或还原态离子的浓度，则电极电势也必然发生改变。

【例题 10-3】 已知 298.15K 时，$\varphi^\ominus(Ag^+/Ag) = 0.7996V$，$K_{sp}(AgCl) = 1.8 \times 10^{-10}$，298.15K 时，若在电极溶液中加入 NaCl，使其生成 AgCl 沉淀，并维持电极溶液中 $c(Cl^-) = 1.0mol \cdot L^{-1}$，计算此时的电极电势 $\varphi(Ag^+/Ag)$。

解 $Ag^+ + e^- \rightleftharpoons Ag$ $\varphi^{\ominus}(Ag^+/Ag) = 0.7996V$

若加入 NaCl 溶液生成 AgCl 沉淀, 其反应式为:

$$Ag^+ + Cl^- \rightleftharpoons AgCl\downarrow \quad K_{sp} = 1.8 \times 10^{-10}$$

如果维持反应体系中 $c(Cl^-) = 1mol \cdot L^{-1}$, 则 $c(Ag^+)$ 为

$$c(Ag^+) = K_{sp}/c(Cl^-) = 1.8 \times 10^{-10} mol \cdot L^{-1}$$

此时电极 Ag^+/Ag 的电极电势为,

$$\varphi(Ag^+/Ag) = \varphi^{\ominus}(Ag^+/Ag) + \frac{0.0592}{1}\lg c(Ag^+)$$

$$= 0.7996V + 0.0592 \lg(1.8 \times 10^{-10})V = 0.2227V$$

此时 Ag^+/Ag 电对的非标准电极电势 $\varphi(Ag^+/Ag)$ 实际上已变成电对 AgCl/Ag 的标准电极电势 $\varphi^{\ominus}(AgCl/Ag)$, 这是因为当在 Ag^+/Ag 电极体系中加入 NaCl 生成 AgCl 沉淀后, 电极组成发生了改变, 形成了一种新的电极, 即 AgCl/Ag 电极, 而 AgCl/Ag 电极的电极反应为

$$AgCl(s) + e^- \rightleftharpoons Ag(s) + Cl^-$$

按照热力学标准态, 该电极反应中只要 Cl^- 的浓度维持 $1.0mol \cdot L^{-1}$, 该电极反应就处在标准状态, 其电极的电极电势就是电对 AgCl/Ag 的标准电极电势, 即 $\varphi^{\ominus}(AgCl/Ag)$。由此可知, 如果在 Ag^+/Ag 电极体系中加入 NaCl 并维持体系中 $c(Cl^-) = 1.0mol \cdot L^{-1}$, 此时

$$\varphi(Ag^+/Ag) = \varphi^{\ominus}(AgCl/Ag) = 0.2227V$$

或者, $\varphi^{\ominus}(AgCl/Ag) = \varphi^{\ominus}(Ag^+/Ag) + 0.0592\lg K_{sp}(AgCl) = 0.2227V$

据此, 也可以得到其他卤化银标准电极 $\varphi^{\ominus}(AgX/Ag)$ 与 $\varphi^{\ominus}(Ag^+/Ag)$ 的关系,

$$\varphi^{\ominus}(AgX/Ag) = \varphi^{\ominus}(Ag^+/Ag) + 0.0592\lg K_{sp}(AgX) \tag{10-18}$$

显然, 从式 (10-18) 可知, 卤化银的溶度积减小, $\varphi^{\ominus}(AgX/Ag)$ 也减小, 故

$$\varphi^{\ominus}(AgCl/Ag) > \varphi^{\ominus}(AgBr/Ag) > \varphi^{\ominus}(AgI/Ag)$$

和 $\varphi^{\ominus}(Ag^+/Ag) = 0.7996V$ 相比, $\varphi^{\ominus}(AgCl/Ag) = 0.2227V$, 电极电势降低了 0.5769V, 这是由于沉淀剂 NaCl 的加入, AgCl 沉淀的生成, Ag^+/Ag 电对中氧化态 Ag^+ 的浓度下降, 从而导致电极电势降低, 即电对中氧化态 Ag^+ 的氧化能力降低。

若使电对中的还原态物质生成沉淀, 结果将正好相反, 由于电对中还原态浓度下降, 电极电势将升高。如, 在电极 $\varphi^{\ominus}(Cu^{2+}/Cu^+)$ 中加入 KI 使 Cu^+ 生成 CuI 沉淀, 则此时电极组成变为 Cu^{2+}/CuI, 电极反应为 $Cu^{2+} + I^- + e^- \rightleftharpoons CuI(s)$。若维持 $c(I^-) = c(Cu^{2+}) = 1.0mol \cdot L^{-1}$, 原电极 $\varphi^{\ominus}(Cu^{2+}/Cu^+)$ 已经变为 $\varphi^{\ominus}(Cu^{2+}/CuI)$, 由于电对中还原态 Cu^+ 的浓度因生成沉淀而降低, 而氧化态 Cu^{2+} 浓度未变, 因此电极电势升高, 由此可知, $\varphi^{\ominus}(Cu^{2+}/Cu^+) < \varphi^{\ominus}(Cu^{2+}/CuI)$。

（3）弱酸或弱碱的生成对电极电势的影响

如果在电极反应体系中加入某种物质, 使之与电对中的氧化态或还原生成弱酸弱碱, 改变电对中氧化态或还原态的浓度, 此时电极电势也会发生改变。

【例题 10-4】   已知 298.15K 时, $\varphi^{\ominus}(H^+/H_2) = 0.0000V$, $K_a(HAc) = 1.80 \times 10^{-5}$。若向 $\varphi^{\ominus}(H^+/H_2)$ 电极体系中加入 NaAc, 并使平衡后溶液中 $c(NaAc) = c(HAc) = 1.0mol \cdot L^{-1}$, 且 $p(H_2) = 100kPa$ 时, 计算电对 H^+/H_2 的电极电势 $\varphi(H^+/H_2)$。

解   当电极中 $c(NaAc) = c(HAc) = 1.0mol \cdot L^{-1}$, 电极溶液中实际上形成了一个缓冲系, 此时溶液中的氢离子浓度可以按如下方法计算,

$$pH = pK_a + \lg\frac{c(Ac^-)}{c(HAc)} = -\lg(1.8 \times 10^{-5}) + \lg\frac{1.0}{1.0} = -\lg 1.8 \times 10^{-5}$$

即　$c(H^+)=1.80\times10^{-5}\,mol\cdot L^{-1}$

此时电对 H^+/H_2 的电极电势为

$$\varphi(H^+/H_2)=\varphi^{\ominus}(H^+/H_2)+\frac{0.0592}{2}lg\frac{c^2(H^+)}{p(H_2)/p^{\ominus}}$$

$$=0.0000V+\frac{0.0592}{2}lg\frac{(1.8\times10^{-5})^2}{100/100}V=-0.28V$$

当在 H^+/H_2 电极体系中加入 NaAc 时，H^+ 生成 HAc，电极也可以用 HAc/H_2 表达，其电极反应为 $2HAc+2e^-\rightleftharpoons H_2(g)+2Ac^-$。由于题中 $c(NaAc)=c(HAc)=1.0\,mol\cdot L^{-1}$，且 H_2 的分压维持在标准态，因此，电极反应 $2HAc+2e^-\rightleftharpoons H_2(g)+2Ac^-$ 处于标准状态，此时的电极电势就是电对 HAc/H_2 的标准电极电势 $\varphi^{\ominus}(HAc/H_2)$。即，

$$\varphi(H^+/H_2)=\varphi^{\ominus}(HAc/H_2)=-0.28V$$

显然，由于弱酸 HAc 的生成，H^+/H_2 电极体系中氧化态浓度降低，电极电势降低。

如果电对中的氧化态或还原态生成弱碱，电对中氧化态或还原态物质的浓度同样会受到影响，电极电势也随之受到影响。例如，在电对 $\varphi^{\ominus}(Cu^{2+}/Cu)$ 中加入 NaOH 使生成弱碱 $Cu(OH)_2$ 沉淀，由于电对中的氧化态被沉淀，氧化态浓度降低，所以电极电势必然降低。

（4）配合物的生成对电极电势的影响

如果电对中的氧化态或还原态物质生成配合物，由于配合物的解离程度很低，氧化态或还原态物质的浓度必然降低，电极电势也必然会受到相应的影响。

【例题 10-5】　已知 298.15K 时，$\varphi^{\ominus}(Ag^+/Ag)=0.7996V$，$K_f[Ag(NH_3)_2^+]=1.67\times10^7$，298.15K 时，若在电极溶液中加入 NH_3，使其生成 $Ag(NH_3)_2^+$ 配离子，并维持电极溶液中的 NH_3 和 $[Ag(NH_3)_2^+]$ 的浓度均为 $1.0\,mol\cdot L^{-1}$，计算此时的电极电势 $\varphi(Ag^+/Ag)$。

解　　$Ag^++e^-\rightleftharpoons Ag$ 　　　　$\varphi^{\ominus}(Ag^+/Ag)=0.7996V$

加入 NH_3，使 Ag^+ 生成 $[Ag(NH_3)_2]^+$ 配离子，则

$$Ag^++2NH_3\rightleftharpoons[Ag(NH_3)_2]^+$$

因　$K_f[Ag(NH_3)_2^+]=\dfrac{c[Ag(NH_3)_2^+]}{c^2(NH_3)c(Ag^+)}$　　所以　$c(Ag^+)=\dfrac{c[Ag(NH_3)_2^+]}{K_fc^2(NH_3)}=\dfrac{1}{K_f}$

$$\varphi(Ag^+/Ag)=\varphi^{\ominus}(Ag^+/Ag)+\frac{0.0592}{1}lg\,c(Ag^+)$$

$$=0.7996V+\frac{0.0592}{1}lg\frac{1}{1.67\times10^7}V=0.372V$$

同理，此时电对 Ag^+/Ag 的非标准电极电势（0.372V）实际上就是电对 $Ag(NH_3)_2^+/Ag$ 的标准电极电势。因为，当 $c(NH_3)=c[Ag(NH_3)_2^+]=1\,mol\cdot L^{-1}$ 时，电对 $Ag(NH_3)_2^+/Ag$ 的电极反应 $Ag(NH_3)_2^++e^-\rightleftharpoons Ag(s)+2NH_3$ 正好处于标准状态，所以，

$$\varphi(Ag^+/Ag)=\varphi^{\ominus}[Ag(NH_3)_2^+/Ag]=0.372V$$

计算表明，在金属与其离子组成的电对溶液中，加入一种能与该金属离子形成配离子的配合剂后，金属离子由于生成配离子导致其浓度降低，从而引起电对的电极电势降低，金属离子的氧化性变弱，或金属单质的还原性增强，而且形成的配离子的 K_f 值越大，对电极电势的影响也越大。

10.3.6 生物化学标准电极电势

前述的标准电极电势是电极反应处于热力学标准状态下，其中 H^+ 浓度为 $1.0mol \cdot L^{-1}$ 时的电极电势。在生物体系中，由于 H^+ 浓度为 $1.0mol \cdot L^{-1}$ 时，将会导致生物分子的变性，所以，热力学标准电极电势不便在生物体系中使用。因此，生物化学中将生物化学标准电极电势（biochemical standard electrode potential）规定为 H^+ 浓度为 $1.0 \times 10^{-7} mol \cdot L^{-1}$，而其他各物质的浓度或分压仍然取热力学标准态时的电极电势。生物化学标准电极电势用 $\varphi^{\ominus\prime}$ 表示。

生物化学标准
电极电势

例如，$\varphi^{\ominus\prime}(H^+/H_2)$ 实际上是氢电极在 $c(H^+) = 1.0 \times 10^{-7} mol \cdot L^{-1}$，$p(H_2) = 100kPa$ 时的电极电势，可以根据能斯特方程式进行计算：

$$\varphi^{\ominus\prime}(H^+/H_2) = \varphi(H^+/H_2) = \varphi^{\ominus}(H^+/H_2) + \frac{0.0592}{2}lg\frac{c^2(H^+)}{p(H^2)/p^{\ominus}}$$

$$= 0.000V + \frac{0.0592}{2}lg\frac{(1.0 \times 10^{-7})^2}{100/100}V = -0.414V$$

人体内发生的氧化还原反应，需用生物化学标准电极电势来讨论。

> **思考题 10-4** 能斯特方程中，影响电池电动势的主要因素是标准电动势，而不是反应商，为什么？
>
> **思考题 10-5** 生物化学标准电极电势与热力学标准电极电势有何区别，何时使用生化标准电极电势？

10.4 电动势与电极电势的应用

电极电势数值是电化学中很重要的数据，它在原电池的电动势计算，比较氧化剂和还原剂的相对强弱，判断氧化还原反应的方向，判断氧化还原反应的程度，求算平衡常数和溶度积常数，元素的标准电势图及其应用等方面都有广泛的应用。

10.4.1 电池电动势的计算

应用标准电极电势数据和能斯特方程式，可计算原电池的电动势。

【例题 10-6】 计算原电池的组成为

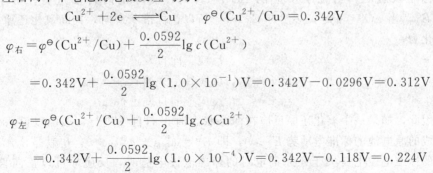

$Cu(s) | Cu^{2+}(1.0 \times 10^{-4} mol \cdot L^{-1}) \| Cu^{2+}(1.0 \times 10^{-1} mol \cdot L^{-1}) | Cu(s)$
的电池在 298.15K 时的电池电动势，并指出正、负极。

解 左右两个半电池的电极反应均为：

$$Cu^{2+} + 2e^- \Longrightarrow Cu \qquad \varphi^{\ominus}(Cu^{2+}/Cu) = 0.342V$$

电池电动势
的计算

$$\varphi_{右} = \varphi^{\ominus}(Cu^{2+}/Cu) + \frac{0.0592}{2}lg\,c(Cu^{2+})$$

$$= 0.342V + \frac{0.0592}{2}lg(1.0 \times 10^{-1})V = 0.342V - 0.0296V = 0.312V$$

$$\varphi_{左} = \varphi^{\ominus}(Cu^{2+}/Cu) + \frac{0.0592}{2}lg\,c(Cu^{2+})$$

$$= 0.342V + \frac{0.0592}{2}lg(1.0 \times 10^{-4})V = 0.342V - 0.118V = 0.224V$$

因为 $\varphi_{右} > \varphi_{左}$，所以右边为正极，左边为负极。

电池电动势为 $\qquad E = \varphi_{正极} - \varphi_{负极}$

$$=0.312V-0.224V=0.088V$$

该电池是一个浓度差电池,组成电池的两电极的化学组成相同,只是由于两电极中的 Cu^{2+} 浓度不同而产生电势差,即电动势。

10.4.2 判断氧化剂和还原剂的相对强弱

电极电势的大小反映了电对中氧化态物质的氧化能力和还原态物质的还原能力的强弱。电极电势越大,则电对中氧化态物质的氧化能力越强,相对应的还原态物质的还原能力越弱。反之亦然。

在标准状态下,可直接比较 $\varphi^{\ominus}$ 值的大小来判断氧化剂还原剂的强弱。

【例题 10-7】 在下列电对中选择出最强的氧化剂和最强的还原剂。并指出标准状态时各氧化态物质的氧化能力和各还原态物质的还原能力强弱顺序。

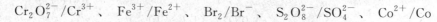

$$Cr_2O_7^{2-}/Cr^{3+}、\quad Fe^{3+}/Fe^{2+}、\quad Br_2/Br^-、\quad S_2O_8^{2-}/SO_4^{2-}、\quad Co^{2+}/Co$$

解 各电对的标准电极电势(酸性溶液中)及电极反应如下

$\varphi^{\ominus}(Fe^{3+}/Fe^{2+})=0.771V$ $Fe^{3+}+e^- \Longrightarrow Fe^{2+}$

$\varphi^{\ominus}(Br_2/Br^-)=1.066V$ $Br_2+2e^- \Longrightarrow 2Br^-$

$\varphi^{\ominus}(S_2O_8^{2-}/SO_4^{2-})=2.01V$ $S_2O_8^{2-}+2e^- \Longrightarrow 2SO_4^{2-}$

$\varphi^{\ominus}(Co^{2+}/Co)=-0.28V$ $Co^{2+}+2e^- \Longrightarrow Co$

$\varphi^{\ominus}(Cr_2O_7^{2-}/Cr^{3+})=1.232V$ $Cr_2O_7^{2-}+14H^++6e^- \Longrightarrow 2Cr^{3+}+7H_2O$

上述五个电对中,电对 $S_2O_8^{2-}/SO_4^{2-}$ 的标准电极电势最大,电对 Co^{2+}/Co 的标准电极电势最小,所以,最强的氧化剂是 $S_2O_8^{2-}$,最强的还原剂是 Co。

氧化态物质的氧化能力顺序为:$S_2O_8^{2-}>Cr_2O_7^{2-}>Br_2>Fe^{3+}>Co^{2+}$

还原态物质的还原能力顺序为:$Co>Fe^{2+}>Br^->Cr^{3+}>SO_4^{2-}$

用标准电极电势 $\varphi^{\ominus}$ 只能判断氧化剂和还原剂在标准状态下氧化还原能力的强弱。在非标准状态下比较氧化剂和还原剂的相对强弱时,必须利用能斯特方程式进行计算,求出在给定条件下的电极电势 φ 值,然后再进行比较。

实验室常用的强氧化剂其电对的 $\varphi^{\ominus}$ 值往往大于 1.0V,如 $KMnO_4$、$K_2Cr_2O_7$、H_2O_2 等;常用的还原剂的 $\varphi^{\ominus}$ 值往往小于零或稍大于零,如 Zn、Sn^{2+}、Fe 等。

10.4.3 判断氧化还原反应进行的方向

决定一个化学反应方向的本质因素是反应的自由能变化 ΔG,氧化还原反应方向的判断亦如此。下面将反应分为在标准状态进行和在非标准状态下两种情况进行讨论。

(1)标准状态时

标准状态时,当化学反应的 $\Delta G^{\ominus}<0$ 时,反应正向自发进行。由于 $\Delta G^{\ominus}=-nFE^{\ominus}$,当 $\Delta G^{\ominus}<0$ 时,必然有 $E^{\ominus}>0$,所以,标准状态时,判断氧化还原反应方向可转化为,

当 $E^{\ominus}>0$,反应正向自发进行

当 $E^{\ominus}=0$,反应处于平衡状态

当 $E^{\ominus}<0$,反应逆向自发进行

因此,如果一个氧化还原反应在标准状态时正向自发进行,表示以该氧化还原反应构成的原电池的标准电动势 $E^{\ominus}>0$,即 $E^{\ominus}=\varphi^{\ominus}_{正极}-\varphi^{\ominus}_{负极}>0$,也就是说,当氧化剂电对的标准电极电势大于还原剂电对的标准电极电势时,反应才可以正向自发进行。即,反应以"高电势电对中的氧化态氧化低电势电对中的还原态"的方向进行。

【例题 10-8】 判断在标态下反应 $2H_2O_2(aq) \Longrightarrow O_2(g)+2H_2O(l)$ 自发进行的

方向。

解 查表可知：

$$H_2O_2(aq)+2H^+(aq)+2e^- \rightleftharpoons 2H_2O(l) \qquad \varphi^\ominus(H_2O_2/H_2O)=1.776V$$

$$O_2(g)+2H^+(aq)+2e^- \rightleftharpoons H_2O_2(aq) \qquad \varphi^\ominus(O_2/H_2O_2)=0.695V$$

由反应式可知：该反应是一个歧化反应，H_2O_2 既是氧化剂又是还原剂，反应中 H_2O_2 作氧化剂对应的电对是 $\varphi^\ominus(H_2O_2/H_2O)$，$H_2O_2$ 作还原剂对应的电对是 $\varphi^\ominus(O_2/H_2O_2)$，氧化剂的电极电势大于还原剂的电极电势，所以上述反应在标准状态时能自发向正反应方向进行。

（2）非标准状态时，

非标准状态时，当化学反应的 $\Delta G < 0$ 时，反应正向自发进行。由于 $\Delta G = -nFE$，当 $\Delta G < 0$ 时，必然有 $E > 0$，所以，非标准状态时，判断氧化还原反应方向可转化为，

当 $E > 0$，反应正向自发进行

当 $E = 0$，反应处于平衡状态

当 $E < 0$，反应逆向自发进行

因此，如果一个氧化还原反应在非标准状态时正向自发进行，表示以该氧化还原反应构成的原电池的电动势 $E > 0$，即 $E = \varphi_{正极} - \varphi_{负极} > 0$，也就是说，和标准状态时一样，反应仍然以"高电势电对中的氧化态氧化低电势电对中的还原态"的方向自发进行。

【例题 10-9】 当 $c(Br^-)=2.0 mol \cdot L^{-1}$，$c(Fe^{3+})=1.0 mol \cdot L^{-1}$，$c(Fe^{2+})=1.0 \times 10^{-6} mol \cdot L^{-1}$ 时，判断反应 $Br_2 + 2Fe^{2+} \rightleftharpoons 2Fe^{3+} + 2Br^-$ 自发进行的方向。

解 查表可知： $\varphi^\ominus(Fe^{3+}/Fe^{2+})=0.771V$，$\varphi^\ominus(Br_2/Br^-)=1.066V$

假设反应在给定条件下正向自发进行，当以该反应构成原电池时，则 Br_2/Br^- 电对为正极，Fe^{3+}/Fe^{2+} 电对为负极，用电池反应的能斯特方程式计算原电池的电动势，

$$E = E^\ominus - \frac{0.0592}{n}\lg \frac{c^2(Fe^{3+})c^2(Br^-)}{c^2(Fe^{2+})}$$

$$= [\varphi^\ominus(Br_2/Br^-) - \varphi^\ominus(Fe^{3+}/Fe^{2+})] - \frac{0.0592}{2}\lg \frac{c^2(Fe^{3+})c^2(Br^-)}{c^2(Fe^{2+})}$$

$$= (1.066V - 0.771V) - \frac{0.0592}{2}\lg \frac{(1.0)^2 \times (2.0)^2}{(1.0 \times 10^{-6})^2}V$$

$$= 0.295V - 0.373V = -0.078V$$

由于电动势 $E = -0.078V < 0$，所以在上述条件下该反应不能正向自发进行。

氧化还原反应总是由较强的氧化剂与较强的还原剂反应向着生成较弱的氧化剂和较弱的还原剂的方向进行，即反应以"高电势电对中的氧化态氧化低电势电对中的还原态"的方向进行。在判断氧化还原反应能否自发进行时，通常指的是正向反应。

【案例分析 10-1】 缺铁性贫血的患者为什么需要补充维生素 C？

维生素 C（Vitamin C，ascorbic acid）又叫 L-抗坏血酸，分子式为 $C_6H_8O_6$，分子中有多个羟基，是一种水溶性维生素，有酸味。存在于新鲜蔬菜和某些水果中，尤其是柑橘类水果中维生素 C 含量丰富。

问题： 临床上治疗缺铁性贫血时，硫酸亚铁等铁剂是常用的药物。试用氧化还原反应的原理解释为什么治疗缺铁性贫血时，患者需要补充维生素 C？

分析： 由于维生素 C 中有多个羟基，因此，维生素 C 具有较强的还原性。而缺铁性贫血的主要原因之一是患者对食物中铁的吸收利用低而造成的，给患者补

充维生素C，可以从两个方面帮助患者增强对铁的吸收：①因为Fe^{2+}更容易被人体吸收，利用维生素C的还原性，将食物中的Fe^{3+}还原为Fe^{2+}，从而增加对铁的吸收。因为，$\varphi^{\ominus}(Fe^{3+}/Fe^{2+})=0.771V$，所以，$Fe^{3+}$是较强的氧化剂，可以将维生素C氧化成脱氢抗坏血酸$C_6H_6O_6$，而$Fe^{3+}$被还原成$Fe^{2+}$。②当患者补充硫酸亚铁等铁剂时，服用维生素C或食用柑橘类水果，可有效防止铁剂中的Fe^{2+}被氧化成Fe^{3+}，有助于对铁剂的吸收。

10.4.4 判断氧化还原反应进行的程度

判断氧化还原反应进行的程度

化学反应进行的程度通常用反应平衡常数的大小来衡量。把一个氧化还原反应设计成可逆电池，将标准平衡常数 $K^{\ominus}$ 和热力学 $G^{\ominus}$ 联系起来，根据可逆电池的标准电动势 $E^{\ominus}$ 即可计算该氧化还原反应的平衡常数：

根据

$$\Delta_r G_m^{\ominus} = -2.303RT\lg K^{\ominus}$$

$$\Delta_r G_m^{\ominus} = -nFE^{\ominus} = -nF(\varphi_{氧化剂}^{\ominus} - \varphi_{还原剂}^{\ominus})$$

可得

$$\lg K^{\ominus} = \frac{nFE^{\ominus}}{2.303RT} \tag{10-19}$$

式中，R 为通用气体常数；T 为热力学温度；n 为氧化还原反应方程中电子转移的物质的量；F 为法拉第常数。式（10-19）表明，在一定温度下，氧化还原反应的平衡常数与标准电池电动势有关，与反应物的浓度无关。$E^{\ominus}$ 越大，平衡常数就越大，反应进行越完全。因此，可以用 $E^{\ominus}$ 值的大小来估计反应进行的程度。一般说，$E^{\ominus} \geqslant 0.2 \sim 0.4V$ 的氧化还原反应，其平衡常数均大于 10^6，表明反应进行的程度已相当完全了。$K^{\ominus}$ 值大小可以说明反应进行的程度，但不能决定反应速率的快慢。

298.15K 时，式（10-19）可转化为

$$\lg K^{\ominus} = \frac{nE^{\ominus}}{0.0592} \tag{10-20}$$

因此，如果知道电池反应的标准电动势 $E^{\ominus}$ 和电子转移的摩尔数 n，即可计算该氧化还原反应的标准平衡常数。

【例题 10-10】 计算下列反应：

$$Ag^+ + Fe^{2+} \Longrightarrow Ag + Fe^{3+}$$

(1) 在 298.15K 时的平衡常数 $K^{\ominus}$；(2) 如果反应开始时，$c(Ag^+)=1.0mol \cdot L^{-1}$，$c(Fe^{2+})=0.10mol \cdot L^{-1}$，求达到平衡时 Fe^{3+} 的浓度。

解 (1) $\varphi^{\ominus}(Fe^{3+}/Fe^{2+})=0.771V, \varphi^{\ominus}(Ag^+/Ag)=0.7996V$

$$\lg K^{\ominus} = \frac{n(\varphi_{氧化剂}^{\ominus} - \varphi_{还原剂}^{\ominus})}{0.592} = \frac{n[\varphi^{\ominus}(Ag^+/Ag) - \varphi^{\ominus}(Fe^{3+}/Fe^{2+})]}{0.592}$$

$$= \frac{1 \times (0.7996 - 0.771)}{0.0592} = 0.4831$$

所以，$K^{\ominus} = 3.04$

标准平衡常数 $K^{\ominus} = 3.04$（$\ll 10^6$），所以，该反应进行的程度较低，不能进行完全。

(2) 设达到平衡时，$c(Fe^{3+}) = x \ mol \cdot L^{-1}$

$$\qquad\qquad\qquad\qquad Ag^+ \quad + \quad Fe^{2+} \Longrightarrow Ag + Fe^{3+}$$

起始浓度/$mol \cdot L^{-1}$ 　　　　1.00　　　　0.10　　　　　　0

平衡浓度/$mol \cdot L^{-1}$　　　　$1.00-x$　　　$0.10-x$　　　　x

$$K^{\ominus} = \frac{[c(Fe^{3+})/c^{\ominus}]}{[c(Ag^+)/c^{\ominus}][c(Fe^{2+})/c^{\ominus}]}$$

即，
$$3.04 = \frac{x}{(1.00 - x)(0.10 - x)}, x = 0.0738$$

所以，反应达到平衡时，$c(Fe^{3+}) = 0.0738 \, mol \cdot L^{-1}$。

10.4.5 相关常数的求算

利用能斯特方程式、式（10-19）以及原电池的标准电动势等数据可计算难溶电解质的溶度积常数。

【例题 10-11】 已知
$$AgBr(s) + e^- \Longrightarrow Ag(s) + Br^- \qquad \varphi^{\ominus}(AgBr/Ag) = 0.072V$$
$$Ag^+ + e^- \Longrightarrow Ag(s) \qquad \varphi^{\ominus}(Ag^+/Ag) = 0.7996V$$

求 AgBr 的 $K_{sp}^{\ominus}$。

相关常数的求算

解 把以上两个具有特殊关系的电极反应的电极组成原电池，则电极电势高的电对 Ag^+/Ag 为正极，电极电势低的电对 $AgBr/Ag$ 为负极。电池反应为：
$$Ag^+ + Ag + Br^- \Longrightarrow Ag + AgBr(s)$$
即，
$$Ag^+ + Br^- \Longrightarrow AgBr(s)$$

根据式（10-20），得
$$\lg K^{\ominus} = \frac{nE^{\ominus}}{0.0592} = \frac{1 \times (0.7996 - 0.072)}{0.0592} = 12.29$$

反应的平衡常数表达为
$$K^{\ominus} = \frac{1}{[c(Ag^+)/c^{\ominus}][c(Cl^-)/c^{\ominus}]}, 显然，K^{\ominus} = \frac{1}{K_{sp}^{\ominus}(AgBr)}$$

所以
$$\lg K_{sp}^{\ominus}(AgBr) = -12.29$$
即
$$K_{sp}^{\ominus}(AgBr) = 5.13 \times 10^{-13}$$

利用类似的方法，也可求算配离子的稳定常数以及弱酸弱碱的解离常数等。

思考题 10-6 在什么情况下，标准电动势也可用于判断非标准态下的氧化还原反应方向？试举例说明。

思考题 10-7 电池反应中，如果两电极电势相差越大，则反应进行得越完全，反应速率越快。对吗？

10.4.6 元素电势图及其应用

大多数非金属元素和过渡元素可以存在多种氧化态，各氧化态之间都有相应的标准电极电势，因此可以组成多种氧化还原对。

如元素碘在酸性介质中有如下电对：

元素电势图
及其应用

$$\varphi^{\ominus}(H_5IO_6/IO_3^-) = 1.644V \qquad \qquad \varphi^{\ominus}(IO_3^-/HIO) = 1.13V$$
$$\varphi^{\ominus}(HIO/I_2) = 1.45V \qquad \qquad \varphi^{\ominus}(I_2/I^-) = 0.54V$$
$$\varphi^{\ominus}(IO_3^-/I_2) = 1.19V \qquad \qquad \varphi^{\ominus}(HIO/I^-) = 0.99V$$

为了突出表示同一元素各不同氧化态物质的氧化还原能力以及它们相互之间的关系，1952 年拉蒂默（Latimer）建议将同一元素的标准电极电势以图解方式表示，这种图称为元素电极电势图，简称元素电势图（element potential diagram）。比较简单的元素电势图是把同一种元素的不同氧化态物种按照其氧化态由高到低从左到右的顺序排列，相邻两种氧化态物质间用短线"—"连接，并在两种氧化态物种之间标出相应的标准电极电势值。

如上述碘在酸性溶液中的一系列标准电极电势值，可按照拉蒂默元素电势图的方法列表如下：

$$\varphi_A^\ominus/V \quad H_5IO_6 \xrightarrow{1.644} IO_3^- \overset{\displaystyle \overset{1.19}{\overbrace{\xrightarrow{1.13}}}}{\underset{0.99}{\underbrace{}}} HIO \xrightarrow{1.45} I_2 \xrightarrow{0.54} I^-$$

这就是元素碘在酸性溶液中的元素电势图。

同一元素的电势图会因介质的变化，如酸碱度的变化、溶剂的变化而变化。沉淀剂和配位剂的存在对元素的电势图也会有影响。

元素电势图的用途主要有以下几个方面。

（1）求算某些未知的标准电极电势

假如有下列元素电势图：

$$A \overset{\displaystyle \varphi_1^\ominus}{\underset{n_1}{\rule{2cm}{0.4pt}}} B \overset{\displaystyle \varphi_2^\ominus}{\underset{n_2}{\rule{2cm}{0.4pt}}} C \overset{\displaystyle \varphi_3^\ominus}{\underset{n_2}{\rule{2cm}{0.4pt}}} D$$

对于以上各电对，电极反应及其对应的标准自由能变如下：

$$A + n_1 e^- \rightleftharpoons B \qquad \Delta_r G_1^\ominus = -n_1 F \varphi_1^\ominus$$
$$B + n_2 e^- \rightleftharpoons C \qquad \Delta_r G_2^\ominus = -n_2 F \varphi_2^\ominus$$
$$C + n_3 e^- \rightleftharpoons D \qquad \Delta_r G_3^\ominus = -n_3 F \varphi_3^\ominus$$
$$A + n_x e^- \rightleftharpoons D \qquad \Delta_r G_x^\ominus = -n_x F \varphi_x^\ominus$$

由 Hess 定律可得

$$\Delta_r G_1^\ominus + \Delta_r G_2^\ominus + \Delta_r G_3^\ominus = \Delta_r G_x^\ominus$$

则 $-n_1 F \varphi_1^\ominus + (-n_2 F \varphi_2^\ominus) + (-n_3 F \varphi_3^\ominus) = -n_x F \varphi_x^\ominus$ 其中 $n_1 + n_2 + n_3 = n_x$

所以
$$\varphi_x^\ominus = \frac{n_1 \varphi_1^\ominus + n_2 \varphi_2^\ominus + n_3 \varphi_3^\ominus}{n_1 + n_2 + n_3}$$

同理，若有 i 个电对相邻，则有

$$\varphi_x^\ominus = \frac{n_1 \varphi_1^\ominus + n_2 \varphi_2^\ominus + \cdots + n_i \varphi_i^\ominus}{n_1 + n_2 + \cdots + n_i} \tag{10-21}$$

【例题 10-12】 已知下列元素电势图中的标准电极电势，求 $\varphi^\ominus(BrO_3^-/Br^-)$ 值。

$$\varphi_A^\ominus/V \quad BrO_3^- \xrightarrow{1.46} BrO^- \xrightarrow{1.59} Br_2 \xrightarrow{1.066} Br^-$$
$$\underset{\varphi^\ominus(BrO_3^-/Br^-)}{\underbrace{\rule{6cm}{0.4pt}}}$$

解 根据 Br 的氧化值可知，n_1、n_2、n_3 是各电对中 Br 氧化值的变化，分别为 4、1、1，则根据式（10-21）可得

$$\varphi^\ominus(BrO_3^-/Br^-) = \frac{n_1 \varphi_1^\ominus + n_2 \varphi_2^\ominus + n_3 \varphi_3^\ominus}{n_1 + n_2 + n_3} = \frac{4 \times 1.46V + 1 \times 1.59V + 1 \times 1.066V}{4 + 1 + 1}$$

即
$$\varphi^\ominus(BrO_3^-/Br^-) = 1.416V$$

（2）判断能否发生歧化反应及计算歧化反应的限度

某元素中间氧化值的物种发生自身氧化还原反应，生成高氧化值物种和低氧化值物种时，这类反应称为**歧化反应**（disproportionation reaction）。

元素中间氧化值的物种能否发生歧化反应，可由元素的电势图判断。

如，从 Cu 在水中的电势图

$$Cu^{2+} \xrightarrow{0.159} Cu^+ \xrightarrow{0.521} Cu$$

可知，$\varphi^{\ominus}(Cu^{2+}/Cu^{+})=0.159V$，$\varphi^{\ominus}(Cu^{+}/Cu)=0.521V$，按照"高电势电对中的氧化态氧化低电势电对中的还原态"的原则，由两电对构成的电池的自发电池反应为

$$2Cu^{+} \Longleftrightarrow Cu+Cu^{2+}$$

上述反应就是 Cu^{+} 的歧化反应，即 Cu^{+} 在水中可自发地发生歧化反应生成 Cu 和 Cu^{2+}。

　　元素中间氧化值的物种能否发生歧化反应主要取决于其电势图中相邻电对的标准电极电势值，若相邻电对的 $\varphi^{\ominus}$ 值符合 $\varphi^{\ominus}_{右}>\varphi^{\ominus}_{左}$，则处于中间的物种是不稳定的，可发生歧化反应，反应产物是两相邻的物种。

　　若相邻电对的 $\varphi^{\ominus}$ 值符合 $\varphi^{\ominus}_{右}<\varphi^{\ominus}_{左}$，则两边的物种不稳定，可发生逆歧化反应，又叫归中反应，反应产物是中间氧化值的那个物种。

　　歧化反应进行的限度可以由反应的平衡常数得到判断，如氯元素在碱性介质中的电势图为

$$\varphi^{\ominus}_{B}/V \quad ClO_3 \underline{\quad 0.50 \quad} ClO^{-} \underline{\quad 0.40 \quad} Cl_2 \underline{\quad 1.358 \quad} Cl^{-}$$
$$\underline{\quad\quad\quad 0.48 \quad\quad\quad}$$

由电势图可知，Cl_2 可发生歧化反应，产物既可能是 ClO^{-} 和 Cl^{-}，也可能是 ClO_3^{-} 和 Cl^{-}。

　　如果 Cl_2 的歧化产物是 ClO^{-} 和 Cl^{-}，则反应为

$$Cl_2+2OH^{-} \Longleftrightarrow ClO^{-}+Cl^{-}+H_2O$$

该反应的 $E^{\ominus}=\varphi^{\ominus}(Cl_2/Cl^{-})-\varphi^{\ominus}(ClO/Cl_2)=1.358-0.40=0.958(V)$，根据 $\lg K^{\ominus}=nE^{\ominus}/0.0592$，可求出该反应的平衡常数 $K^{\ominus}=1.7\times10^{16}$。

　　如果 Cl_2 的歧化产物是 ClO_3^{-} 和 Cl^{-}，则反应为

$$3Cl_2+6OH^{-} \Longleftrightarrow ClO_3^{-}+5Cl^{-}+3H_2O$$

同理，根据 $\lg K^{\ominus}=nE^{\ominus}/0.0592$，可求出该反应的平衡常数 $K^{\ominus}=2.6\times10^{74}$。显然，后一个歧化反应的趋势更大，即 Cl_2 在碱性介质中发生歧化反应的最终产物是 ClO_3^{-} 和 Cl^{-}。

绿色能源——锂离子电池

　　绿色能源也称清洁能源，在使用过程中对环境无污染或者污染非常低。绿色能源分为狭义和广义两种概念。狭义的绿色能源是指可再生能源，如水能、生物能、太阳能、风能、地热能和海洋能等。这些能源消耗之后可以恢复补充，基本不产生污染。广义的绿  色能源则包括在能源的生产及其消费过程中，选用对生态环境低污染或无污染的能源，如天然气、清洁煤和核能等。

　　锂离子电池具有重量轻、储能大、功率大、无污染等特点，在各个领域的应用越来越广泛，它的研究和生产都取得了很大的进展。近年来，传统内燃机汽车所造成的环境问题和石油资源紧缺的现状使人们将视野投向了新能源汽车。因此，锂离子电池凭借其优良的性能，成为了新一代电动汽车的理想动力源。锂电电动车即指搭载锂离子电池的电动汽车。美国特斯拉 Model S 使用的"三元锂"电池，最远可续航 540 公里。纯电动汽车以其能真正实现"零排放"而成为电动汽车的重要发展方向。

10.5 电势法测定溶液的 pH 值

电极电势的能斯特方程式定量地描述了电极的电极电势与电极反应中各物质浓度（或活度）的关系，因此，测定电极电势或电池电动势可以对物质的含量进行定量分析，这就是电势分析法。电势分析法通过选取两个电极构成原电池，测定该原电池的电动势，从而确定待测物质的含量。这种方法要求构成原电池的两电极中的一个电极的电极电势是已知的，且在测定条件下是稳定的。这种电极电势值为定值，且具有高稳定性和高重现性的电极可作为参照比较的电极，简称参比电极（reference electrode）；而另一个电极的电极电势与待测物质的浓度（或活度）之间有符合能斯特方程式的定量关系，从它所显示的电极电势可以推算出溶液中待测物质的浓度，这种电极称为指示电极（indicator electrode）。电势法测量物质浓度的基本原理如下：

将参比电极与指示电极（M^{n+}/M）构成原电池：

$$(-)M(s)\mid M^{n+}(c_x)\parallel 参比电极(+)$$

该电池的电动势为：

$$E = \varphi_{参比} - \varphi(M^{n+}/M) = \varphi_{参比} - \left\{\varphi^{\ominus}(M^{n+}/M) - \frac{RT}{nF}\ln\frac{1}{[M^{n+}]}\right\}$$

即

$$E = \varphi_{参比} - \varphi^{\ominus}(M^{n+}/M) - \frac{RT}{nF}\ln[M^{n+}]$$

式中，n、F、R 为常数，在一定的测定条件下，$\varphi_{参比}$、$\varphi^{\ominus}(M^{n+}/M)$ 也是常数，显然，通过将待测物质 M^{n+} 组成的电极与参比电极构成原电池，只要能测得电池电动势 E，即可求出待测离子 M^{n+} 的浓度。

10.5.1 常用参比电极

标准氢电极（SHE）是测量标准电极电势的基础，可作为参比电极。但由于 SHE 制作麻烦，操作条件苛刻，且电极中的铂黑很容易受到测量环境中微量的砷化物、硫化物、汞等其他物质的毒化，导致其电极电势发生改变，因此，严格地讲，标准氢电极只是理想电极，实际上很难实现。实际工作中，总是采用制作方便，重现性好，电极电势稳定的电极作为参比电极。一般都采用难熔盐电极，如甘汞电极和氯化银电极。

（1）甘汞电极

甘汞电极（calomel electrode）是由汞、甘汞与不同浓度的 KCl 溶液组成的电极，它属于金属-金属难溶盐-阴离子电极，其基本构造如图 10-5 所示，电极由两个玻璃套管组成，连接电极引线，中部为汞和氯化亚汞的糊状物，底部用棉球塞紧，外管盛有 KCl 溶液，下部管口塞有多孔素烧瓷，盛有 KCl 溶液的外管在测量中还可起到盐桥的作用。

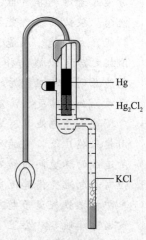

图 10-5 甘汞电极示意图

电极组成式 $Pt\mid Hg_2Cl_2(s)\mid Hg(l)\mid Cl^-(c)$

电极反应 $Hg_2Cl_2(s) + 2e^- \Longrightarrow 2Hg(l) + 2Cl^-$

能斯特表达式 $\varphi_{甘汞} = \varphi^{\ominus}_{甘汞} - \frac{RT}{2F}\ln[Cl^-]^2$

298.15K 时，$\varphi_{甘汞} = 0.2681 - 0.0592\lg[Cl^-]$。

若 KCl 为饱和溶液，则称为饱和甘汞电极（saturated calomel electrode，SCE）。298.15K 时，$\varphi_{SCE} = 0.2412V$。

甘汞电极在给定测量条件下比较稳定，且容易制备，使用方便，但其温度系数较大，即其电极电势受温度的变化影响较大，在70℃以上时电势值不稳定，在100℃以上时电极寿命只有约9h。

（2）AgCl/Ag电极

AgCl/Ag电极的基本构造为：在盛有KCl溶液的玻璃管中插入一根表面覆盖有氯化银的多孔金属银丝，玻璃管的下端用石棉丝封住，上端用导线引出。

电极组成式　　　　$Ag \mid AgCl(s) \mid Cl^-(c)$

电极反应　　　　　$AgCl(s) + e^- \rightleftharpoons Ag(s) + Cl^-$

能斯特方程表达式　$\varphi(AgCl/Ag) = \varphi^{\ominus}(AgCl/Ag) - \dfrac{RT}{F}\ln[Cl^-]$

298.15K时，$\varphi(AgCl/Ag) = 0.2223 - 0.0592\lg[Cl^-]$，因此，298.15K时，当KCl为饱和溶液、1.0mol·L^{-1}、0.1mol·L^{-1}时，$\varphi(AgCl/Ag)$分别为0.1971V、0.2223V和0.288V。该电极电势稳定，重现性很好，且对温度变化不敏感，甚至可以在80℃以上使用。但是，当溶液中有HNO_3或Br^-、I^-、NH_4^+、CN^-等存在时，对该电极的电极电势影响很大。

10.5.2　指示电极

电极电势随H^+浓度（或活度）的变化符合能斯特方程的电极，称为氢离子指示电极，或pH指示电极。如氢电极，电极反应为：$2H^+(aq) + 2e^- \rightleftharpoons H_2(g)$。298.15K时，若维持氢气的分压为100kPa，则氢电极的电极电势与H^+浓度的关系为：

$$\begin{aligned}
\varphi(H^+/H_2) &= \varphi^{\ominus}(H^+/H_2) - \frac{0.0592}{2}\lg\frac{p(H_2)/p^{\ominus}}{c^2(H^+)} \\
&= 0.0000 + 0.0592 \times \lg[H^+] \\
&= -0.0592\,pH\,(V)
\end{aligned}$$

因此，测出该电极的电极电势即可得到电极溶液中的H^+浓度和pH值。由于氢电极存在前述的诸多缺点，实际应用很少。使用最广泛的pH指示电极为玻璃电极。

生物电现象

　　生物电现象是指生物机体在进行生理活动时所显示出的电现象，这种现象普遍存在。人体任何一个细微的活动都与生物电有关。感官和大脑之间的"刺激反应"主要是通过生物电的传导来实现的。心脏跳动时会产生1～2mV的电压，思考问题时大脑产生0.2～1mV的电压。正常人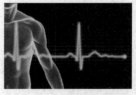的心脏、肌肉、视网膜、大脑等的生物电变化都是有规律的。因此，通过检测心电图、肌电图、视网膜电图、脑电图等，可以发现疾病所在。动物的生物电现象很多。例如，电鳐身上共有2000个电板柱，有200万块"电板"。每个"电板"
的表面分布有神经末梢，一面为负电极，另一面则为正电极。电鳐能产生100V电压，足以把一些小鱼击死。其他会放电的鱼类还有电鳗、电鲶等。植物体内同样有电。例如含羞草的叶片受到刺激后，立即产生电流，电流沿着叶柄以每秒14mm的速度传到叶片底座上的小球状器官，引起球状器官的活动，而它的活动又带动叶片活动，使得叶片闭合。不久，电流消失，叶片又可恢复原状。

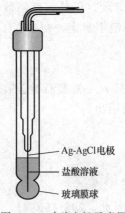

图 10-6 玻璃电极示意图

（1）玻璃电极

玻璃电极（glass electrode）是用对氢离子浓度有电势响应的玻璃薄膜制成的膜电极，其结构如图 10-6 所示，在玻璃管的下端接有一半球形玻璃薄膜（厚度约 0.1mm），内置 $0.1\text{mol} \cdot \text{L}^{-1}$ 盐酸，用氯化银-银电极或甘汞电极作内参比电极。玻璃膜的电阻很大，一般为 $10 \sim 500\text{M}\Omega$，测量时只允许有微小的电流通过，所以引出的导线需用金属网套管屏蔽，以防止因静电干扰和漏电所引起的实验误差。玻璃电极使用前应浸在纯水中使表面形成一薄层溶胀层。

将玻璃电极插入待测溶液中，当玻璃膜内外两侧的氢离子浓度不同时，在玻璃膜两侧就会出现电势差，这种电势差称为膜电势。由于膜内盐酸的浓度是固定的，因此，膜电势的数值就取决于膜外待测溶液中的氢离子浓度（严格地讲应为活度），即 pH 值的数值，这就是玻璃电极可用作 pH 指示电极的基本原理。

玻璃电极的电极电势与待测溶液的氢离子浓度间的关系可用能斯特方程式表达为：

$$\varphi_{玻} = K_{玻} + \frac{RT}{F}\ln a(\text{H}^+) = K_{玻} - \frac{2.303RT}{F}\text{pH}$$

式中，$K_{玻}$ 在理论上说是常数，但其数值会因玻璃电极制作过程中造成的玻璃表面差异等因素而变化。因此，不同的玻璃电极可能有不同的 $K_{玻}$ 值，即使是同一支玻璃电极在使用过程中 $K_{玻}$ 值也可能会发生变化，所以，每次使用前必须校正。

（2）复合电极

将指示电极和参比电极组合在一起就构成了复合电极（combination electrode）。由 pH 玻璃电极和参比电极组合而成的 pH 复合电极如图 10-7 所示，主要由电极球泡、玻璃支持杆、内参比电极、内参比溶液、外壳、外参比电极、外参比溶液、液接界、电极帽、电极导线、插口等组成。电极外套将玻璃电极和参比电极包裹在一起，并固定。敏感且易碎玻璃膜球位于外套的保护栅内，参比电极的补充液由外套上端的小孔加入。复合电极根据外套

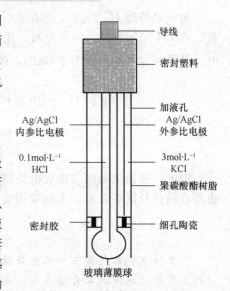

图 10-7　pH 复合电极示意图

材料的不同，分硬塑（通常由聚碳酸酯塑压成型）和玻璃两种。复合电极最大的好处就是使用方便，且测定值较稳定。

10.5.3　电势法测定溶液的 pH 值

电势法测定溶液的 pH 值时，常用玻璃电极作指示电极，饱和甘汞电极作参比电极，构成原电池：

$$(-)\text{玻璃电极} \mid \text{待测 pH 值溶液} \mid \text{SCE}(+)$$

电池电动势为：$E = \varphi_{\text{SCE}} - \varphi_{玻} = \varphi_{\text{SCE}} - \left(K_{玻} - \frac{2.303RT}{F}\text{pH}\right)$

一定温度下，φ_{SCE} 为常数，令 $K_{\text{E}} = \varphi_{\text{SCE}} - K_{玻}$，则

$$E = K_{\text{E}} + \frac{2.303RT}{F}\text{pH} \tag{10-22}$$

由于 $K_{玻}$ 是一未知的常数，所以式（10-22）中 K_{E} 也是一未知的常数，但 K_{E} 可通过

用标准 pH 缓冲溶液定位加以消除，即将玻璃电极和饱和甘汞电极插入已知 pH 值的标准缓冲溶液中，构成原电池：

$$(-) \text{玻璃电极} \mid \text{标准 pH 缓冲液} \mid \text{SCE}(+)$$

同理，可测得该原电池的电动势为 E_s

$$E_s = K_E + \frac{2.303RT}{F} \text{pH}_s \tag{10-23}$$

合并式（10-22）和式（10-23），消去 K_E，得

$$\text{pH} = \text{pH}_s + \frac{(E - E_s)F}{2.303RT} \tag{10-24}$$

式中，pH_s 为标准缓冲溶液的 pH 值；E 为待测溶液与电极构成的电池电动势；E_s 为标准缓冲溶液与电极构成的电池电动势；T 为测定时的温度，因此，待测溶液的 pH 值即可由式（10-24）求出。经 IUPAC 确定：式（10-24）为 pH 操作定义（operational definition of pH）。

pH 计（又称酸度计）就是利用上述原理来测量待测溶液的 pH 值的。在实际测量过程中，并不需要测定 E 和 E_s，再由式（10-24）计算待测溶液的 pH 值。而是将电极插入有确定 pH 值的标准缓冲溶液中构成原电池，测定该电池的电动势并转换成 pH 值，通过调整仪器的电阻参数，使仪器的测量值与标准缓冲溶液的 pH 值一致。这一过程即为定位（也称 pH 校正），再用待测溶液代替标准缓冲溶液在 pH 计上直接测量，仪器显示的 pH 值即为待测溶液的 pH 值。

▦【案例分析10-2】　　　　**糖尿病检测仪——葡萄糖生物传感器**

　　糖尿病是因血液中胰岛素绝对或相对不足，导致血糖过高，出现糖尿而造成的。糖尿病对人体的危害很大。而随着社会经济生活的提高，糖尿病患者逐年增加，因此，糖尿病的预防、检测和治疗越来越引起人们的重视。糖尿病检测仪有助于糖尿病的快捷、准确检测。

　　问题： 简述酶-电势型葡萄糖传感器检测糖尿病的工作原理。

　　分析： 人体内葡萄糖和氧在葡萄糖氧化酶的作用下可反应生成葡萄糖酸和过氧化氢，即：

　　葡萄糖 $+ O_2$ ——葡萄糖酸 $+ 2H_2O_2$，将葡萄糖氧化酶固定到 pH 传感器表面上可制成葡萄糖传感器。测定时传感器上的氧化酶首先在 O_2 作用下将葡萄糖氧化为葡萄糖酸，然后利用 pH 传感器（相当于氢离子选择性电极）对 H^+ 的敏感性，可测得电势的变化，由此推算葡萄糖的含量。

10.6　电解

　　电化学最重要的应用之一是电解（electrolysis）。电解是指电流通过电解质溶液或熔融态物质（又称电解液），在阴极和阳极上引起氧化还原反应的过程，即通过施加外加电压，将电能转变为化学能的过程。电镀、电解冶金、无机电合成等都是基于电解原理的工业过程。

　　将电能转变为化学能的装置称为电解池（electrolytic cell），当一个电池与外接电源反向对接时，只要外加的电压大于该电池的电动势一个无限小的值，理论上，此时由于电池接受外界提供的电能，电池反应将发生逆转，原电池就变成了电解池。例如，图 10-8 是铜-锡原电池，电池反应为：$Sn(s) + Cu^{2+} \rightleftharpoons Sn^{2+} + Cu(s)$。当 $c(Sn^{2+}) =$

$c(\text{Cu}^{2+})=1.0\text{mol} \cdot \text{L}^{-1}$ 时，电池电动势为 0.48V。如果给该原电池施加一个大于 0.48V 的外压，则该原电池变为电解池（见图 10-9），电解池反应为：$\text{Sn}^{2+} + \text{Cu(s)} \rightleftharpoons \text{Sn(s)}+\text{Cu}^{2+}$。该反应正好是图 10-8 中电池反应的逆反应。

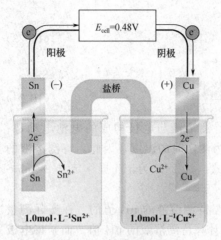

图 10-8　铜-锡原电池

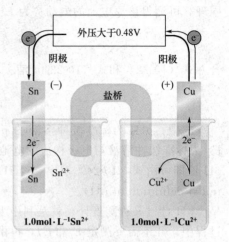

图 10-9　铜-锡电解池

这种依靠外加电压在两极上发生的氧化还原反应叫做电解反应（electrolysis reaction）。显然，电解反应是非自发进行的反应。在电场作用下，电解池中的正离子向带负电的负极迁移，同时负离子向带正电的正极迁移。习惯上把电解池的正极称为阳极，负极称为阴极。在阴极可能发生的还原反应中，$\varphi^{\ominus}$ 最高的优先发生；在阳极可能发生的氧化反应中，$\varphi^{\ominus}$ 最低的优先发生。因此，电解反应并不一定是原电池反应的逆反应。

电解时，使某电解质溶液能连续不断发生电解时所必需的最小外加电压，称为理论电解电压，或理论分解电压，该电压在数值上等于该电解池作为可逆电池时的可逆电动势，即

$$E_{\text{理论分解}}=E_{\text{可逆}}$$

显然，最小分解电压理论上可通过计算电解反应对应的可逆电池反应的电动势而求得。

实际上，电解时所需的外加电压（即实际分解电压）总是大于理论分解电压。例如，电解 $0.5\text{mol} \cdot \text{L}^{-1}$ NaOH 溶液需要的外加电压为 1.69V，比理论分解电压（1.23V）大得多。究其原因主要有两个方面：一是电解质溶液、导线、接触点等都有一定的电阻，通过电流时必然会消耗电能；二是当电流通过时，两个电极上进行的是不可逆电解过程，其电极电势（称为不可逆电极电势）会偏离由能斯特方程式计算得到的可逆电极电势。其偏离的数值称为超电势。而且，随着电极上电流密度的增加，电极的不可逆程度越来越大，其电势值对平衡电势值（即可逆电势值）的偏离也越来越大。电解时由于超电势的存在也会消耗电能。

科学家小传——法拉第

法拉第（M. Faraday，1791—1867）英国物理学家、化学家。出生萨里郡纽因顿一个贫苦铁匠家庭。由于家境贫困，法拉第只读了两年小学。但是，法拉第不放过任何一个学习的机会，并特别重视科学实验。因此，法拉第是著名的自学成才的科学家。

法拉第是一名天才的电学大师。1821 年，他发明了人类第一台电动机，1831 年发明了人类第一台圆盘发电机，1837 年他引入了电场和磁场的概念，指出电和磁的周围都有场的存在，这打破了牛顿力学"超距作用"的传统观念。1838 年，他提出了电力线的新概念来解释电、磁现象，这是物理学理论上的一次重大突破。1843 年，法拉第用著名的"冰桶实验"证明了电荷守恒定律。法拉第在电磁

场方面的突破性研究，彻底改变了人类文明。由于他在电磁学方面的伟大贡献，法拉第被称为"电学之父"。

法拉第在化学方面也做出了突出的贡献。他是英国著名化学家戴维的学生和助手，经过多次精心试验，法拉第总结了两个以他的名字命名的电解定律，构成了电化学的基础。法拉第还在1825年首先发现了苯。

爱因斯坦在他自己的学习墙上挂着法拉第的一张照片，并将其与牛顿和麦克斯韦放在一起。

1833年，法拉第研究了通过溶液的电量与电极上发生化学反应的物质的量之间的关系，总结出了著名的法拉第电解定律，其基本内容是：①当电流通过电解质溶液时，在电极（即相界面）上发生化学变化的物质 B 的物质的量与通过电解池的电量 q 成正比；②若几个电解池串联通入一定的电量后，各个电极上发生化学变化的物质 B 的物质的量相同。需要指明的是，在电化学中 B 物质的量是以单位电荷离子或电子（e^-）为基本单元。1mol 质子的电荷（即 1mol 电子电荷的绝对值）称为法拉第常数（F），其数值 $F = 96485 C \cdot mol^{-1}$。

法拉第电解定律可用公式概括为

$$m = \frac{M}{zF}q = \frac{M}{zF}It \qquad (10\text{-}25)$$

式中，m 为电极上参与化学反应的物质的质量，kg；M 为参与反应的物质的摩尔质量，$kg \cdot mol^{-1}$；F 为法拉第常数；z 为电极反应的计量方程式中电子的计量系数；t 为时间，s；I 为电流强度，A。

──── 复习指导 ────

掌握：氧化值的概念及求算；离子-电子法配平氧化还原反应的方法；原电池的电极反应、电池反应、电池组成式、盐桥的作用；标准电极电势的应用、判断反应的自发方向、判断氧化剂还原剂的相对强弱、判断氧化还原反应进行的限度；影响电极电势的因素，特别是能斯特方程的相关计算，如介质酸度的改变、沉淀的生成、配合物的生成、弱酸弱碱的生成等因素对电极电势的影响。

熟悉：电极电势产生的原因及其测量方法；元素电势图的含义及其应用；电势法测定溶液 pH 值的方法。

了解：电化学原理及方法在医学中的应用。

──── 英汉词汇对照 ────

氧化还原反应 oxidation-reduction reaction/　　　　氧化反应 oxidation reaction
　　redox reaction　　　　　　　　　　　　　　　还原反应 reduction reaction
氧化值 oxidation number　　　　　　　　　　　　电极反应 electrode reaction
还原 reduction　　　　　　　　　　　　　　　　半电池 half cell
氧化剂 oxidizing agent　　　　　　　　　　　　　电池反应 cell reaction
电子的受体 electron receptor　　　　　　　　　　盐桥 salt bridge
氧化 oxidation　　　　　　　　　　　　　　　　电动势 electromotive force
还原剂 reducing agent　　　　　　　　　　　　　双电层 electric double layer
电子的供体 electron donor　　　　　　　　　　　电极电势 electrode potential
氧化还原半反应 redox half-reaction　　　　　　　标准氢电极 standard hydrogen electrode，SHE
氧化型物质 oxidized species　　　　　　　　　　标准电极电势 standard electrode potential
还原型物质 reduced species　　　　　　　　　　元素电势图 element potential diagram
氧化还原电对 redox electric couple　　　　　　　歧化反应 disproportionation reaction
原电池 voltaic cell　　　　　　　　　　　　　　参比电极 reference electrode

指示电极 indicator electrode
饱和甘汞电极 saturated calomel electrode，SCE
玻璃电极 glass electrode
复合电极 combination electrode

电解 electrolysis
电解池 electrolytic cell
电解反应 electrolysis reaction

能斯特与电化学的发展

　　能斯特（W. H. Nernst，1864—1841），德国物理化学家。1864 年 6 月 25 日生于西普鲁士布里森的一个法官家庭，他的诞生地离哥白尼诞生地仅 20 英里。1887 年获维尔茨堡大学博士学位。在那里，他认识了阿伦尼乌斯，阿伦尼乌斯把他推荐给奥斯特瓦尔德当助手。

　　1890 年，能斯特任格丁根大学化学教授，1905 年任柏林大学物理化学教授，1925 年起任柏林大学原子物理研究所所长，1932 年被选为伦敦皇家学会会员。

　　能斯特主要从事电化学和热力学研究。1889 年，他提出溶解压假说，从热力学导出了电极电势与溶液浓度的关系式，即电化学中著名的能斯特方程。能斯特方程奠定了电化学的理论基础，也为电化学分析的发展开辟了崭新的道路。同年，他还引入了溶度积概念，并用溶度积原理来解释沉淀反应。他用量子理论的观点研究低温下固体比热，提出了光化学的"原子链式反应"理论。1897 年他还发明了闻名于世的能斯特灯，这是一种含氧化锆灯丝的固体辐射器白炽灯，对红外线光谱学研究十分重要，这项成果也给他带来一笔可观的收入。1906 年，根据对低温现象的研究，得出了热力学第三定律，即"能斯特热定理"。要检验这一定理的有效性是不容易的，他亲自收集大部分必需的数据，但遗憾的是，在相当长的时间内他使用了某种程度不合理的方法，最后是量子理论的应用，对能斯特热定理的验证起到了决定性作用。能斯特热定理使人们有可能全面地测定比热、转变点和平衡，对化学的发展做出了具有根本性意义的重要贡献，有效地解决了计算平衡常数问题和许多工业生产难题。1920 年，能斯特在 90 次提名后终于被授予诺贝尔化学奖。1930 年，能斯特与巴希斯坦（Bechstein）及西门子公司合作又开发了一种叫"新巴希斯坦之翼"的电子琴，当中用无线电放大器取代了发声板。该电子琴使用了电磁感应器以产生电子调解及放大的声音，与电吉他的原理是一样的。此外，他建议用铂氢电极为零电位电极，设计出用指示剂测定介电常数、离子水化度和酸碱度的方法，发展了分解和接触电势、钯电极性状和神经刺激理论。

　　能斯特在科学上能取得如此之多的辉煌成就，是因为他思维敏捷、多才多艺、兴趣广泛。对于科学问题，没有一个他不感兴趣，并且一旦接触，便会投入极大的热情，从而对科学发现及其工业应用做出突出的贡献。但能斯特把他所取得的成绩归功于导师奥斯特瓦尔德（1909 年获诺贝尔化学奖）的培养和训练，因而自己也毫无保留地把知识传给学生，在他和他学生的传承下，又先后培养出 3 位诺贝尔物理学奖获得者［密立根（1923 年），安德森（1936 年），格拉塞（1960 年）］。师徒五代获奖，这在诺贝尔奖的史册上是空前的。

　　由于纳粹政权的迫害，能斯特 1933 年退职，在农村度过了他的晚年。1941 年 11 月 18 日在柏林逝世。

习　题

　　1. 指出下列物质中划线元素的氧化值：$K_2\underline{Mn}O_4$、$Na_2\underline{O}_2$、$H_2\underline{C}_2O_4$、$Na_2\underline{S}O_3$、$\underline{Cl}O_2$、$\underline{Br}_2$、$\underline{N}_2O_5$、$Na\underline{H}$。

　　2. 配平下列方程，并指出氧化剂和还原剂

(1) $H_3AsO_4 + I^- + H^+ \rightleftharpoons H_2AsO_3^- + I_2 + H_2O$

(2) $MnO_4^- + H_2O_2 + H^+ \rightleftharpoons Mn^{2+} + O_2 + H_2O$

(3) $As_2S_3 + ClO_3^- + H^+ \rightleftharpoons Cl^- + H_2AsO_4 + SO_4^{2-}$

(4) $Fe^{2+} + NO_2^- + H^+ \rightleftharpoons Fe^{3+} + NO + H_2O$

(5) $Bi^{3+} + MnO_4^- + H_2O \rightleftharpoons NaBiO_3 + Mn^{2+} + H^+$

3. 根据标准电极电势，判断标态时下列反应的自发方向，并写出正确的电池组成式。

(1) $H_2(g) + HgO(s) \rightleftharpoons Hg(l) + H_2O(l)$

(2) $Cl_2(g) + 2I^-(aq) \rightleftharpoons I_2(s) + 2Cl^-(aq)$

(3) $Zn(s) + H_2SO_4(aq) \rightleftharpoons ZnSO_4(aq) + H_2(g)$

(4) $Pb(s) + 2AgCl(s) \rightleftharpoons PbCl_2(s) + 2Ag(s)$

4. 写出下列电极反应或电池反应的能斯特方程式。

(1) $2IO_3^- + 12H^+ + 10e^- \rightleftharpoons I_2(s) + 6H_2O$

(2) $O_2(g) + 4H^+ + 2e^- \rightleftharpoons 2H_2O$

(3) $Cr_2O_7^{2-} + 3SO_3^{2-} + 8H^+ \rightleftharpoons 2Cr^{3+} + 3SO_4^{2-} + 4H_2O$

(4) $2Fe^{3+} + 2I^- \rightleftharpoons 2Fe^{2+} + I_2(s)$

5. 已知 $\varphi^\ominus(Cr_2O_7^{2-}/Cr^{3+}) = 1.232V$、$\varphi^\ominus(Br_2/Br^-) = 1.066V$、$\varphi^\ominus(S_2O_8^{2-}/SO_4^{2-}) = 2.01V$、$\varphi^\ominus(Co^{3+}/Co^{2+}) = 1.821V$、$\varphi^\ominus(Fe^{3+}/Fe^{2+}) = 0.771V$，指出这些电对中最强的氧化剂和最强的还原剂，并列出各氧化态物种的氧化能力和各还原态物种的还原能力的强弱顺序。

6. 在电极 $\varphi^\ominus(H^+/H_2)$、$\varphi^\ominus(H_2O/H_2)$、$\varphi^\ominus(HF/H_2)$ 中，哪个电极的标准电极电势最低？为什么？

7. 判断下列各项叙述是否正确。

(1) 由于 $\varphi^\ominus(Cu^+/Cu) = +0.521V$、$\varphi^\ominus(I_2/I^-) = +0.5355V$，故 Cu^+ 和 I^- 不能发生氧化还原反应。

(2) 同一元素所形成的化合物中，一般高氧化值物质的得电子能力比低氧化值物质的强。

(3) IUPAC 规定，氢电极的电极电势 $\varphi(H^+/H_2)$ 在任何温度时都等于零。

(4) 浓差电池 $Ag \mid AgNO_3(c_1) \parallel AgNO_3(c_2) \mid Ag$，$c_1 < c_2$，则左端为正极。

(5) 原电池中盐桥不参与电池反应，但可保持两半电池中的电荷平衡，减少液接电势。

8. 简答下列问题：(1) 生化标准电极电势和热力学标准电极电势有何区别？(2) 原电池和电解池有何区别？

9. 将铜丝插入盛有 $1.0mol \cdot L^{-1} CuSO_4$ 溶液的烧杯中，银丝插入盛有 $1.0mol \cdot L^{-1} AgNO_3$ 溶液的烧杯中，用盐桥连接两杯溶液以构成原电池。(1) 写出正、负极反应以及电池反应；(2) 加氨水于 $CuSO_4$ 溶液中，电池电动势如何改变？如果把氨水加到 $AgNO_3$ 溶液中，电池电动势又如何改变？

10. 已知 $\varphi^\ominus(MnO_4^-/Mn^{2+}) = 1.507V$、$\varphi^\ominus(Br_2/Br^-) = 1.066V$、$\varphi^\ominus(I_2/I^-) = 0.5355V$，计算说明在 pH=3 和 pH=6 时（其他离子浓度维持标态），$KMnO_4$ 是否能氧化 I^- 和 Br^-？

11. 当 H_2O_2、Cu^+ 和 $H_2C_2O_4$ 充当还原性物质时，若提高溶液的 H^+ 浓度，它们的还原性如何变化？

12. 水的标准生成自由能是 $-237.191kJ \cdot mol^{-1}$，求在 25℃时电解纯水的理论分解电压。

13. 已知：① $Cu^+ + e^- \rightleftharpoons Cu$ $\varphi^\ominus(Cu^+/Cu) = 0.521V$，

② $CuCl(s) + e^- \rightleftharpoons Cu + Cl^-(aq)$ $\varphi^\ominus[CuCl(s)/Cu] = 0.14V$

(1) 将上述两电对组成原电池，写出原电池符号和电池反应；

(2) 计算反应的 $E^\ominus$、$\Delta_r G_m^\ominus$ 及标准平衡常数 $K^\ominus$；

(3) 当 $c(Cl^-) = 0.10mol \cdot L^{-1}$ 时，原电池的电动势为多少？标准平衡常数 $K^\ominus$ 又为多少？

14. 在 298.15K 时，已知反应 $H_2 + 2AgCl \rightleftharpoons 2H^+ + 2Cl^- + 2Ag$ 的标准摩尔焓变 $\Delta_r H_m^\ominus$ 为 $-80.80kJ \cdot mol^{-1}$，标准摩尔熵变 $\Delta_r S_m^\ominus$ 为 $-127.20J \cdot mol^{-1} \cdot K^{-1}$，计算标态时电对 AgCl/Ag 的标准电极电势 $\varphi^\ominus(AgCl/Ag)$。

15. 已知 298K 时，$\varphi^\ominus(Ag^+/Ag) = 0.7996V$、$\varphi^\ominus[Ag(NH_3)_2^+/Ag] = 0.372V$，试计算 $Ag(NH_3)_2^+$ 的 $K_f^\ominus$ 值。

16. 以玻璃电极为负极，以饱和甘汞电极为正极，用 pH 值为 4.0 的标准缓冲溶液组成电池，在 298.15K，测得电池电动势为 0.450V；然后用活度为 $0.1mol \cdot L^{-1}$ 某弱酸（HA）代替标准缓冲溶液组成电池，测得电池电动势为 0.384V。计算此弱酸溶液的 pH 值以及该弱酸的解离常数 K_a。

17. 298.15K 时实验测得下列电池 $E = 0.435$V。求胃液的 pH 值（SCE 的电极电位为 0.2412V）。

$$(-)Pt(s) \mid H_2(100kPa) \mid 胃液 \mid SCE(+)$$

18. 已知溴的元素电势图如下：

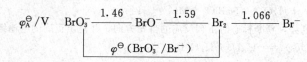

(1) 求 $\varphi^{\ominus}(BrO^-/Br^-)$；

(2) 指出哪些物质会发生歧化反应，并写出歧化反应方程式。

（中南大学　刘绍乾）

第10章 习题解答

第11章

原子结构与元素周期律

本章通过玻尔理论、物质波假设、测不准原理、薛定谔方程等阐述了微观粒子的量子化和波粒二象性特征，介绍了波函数与量子数，原子轨道和电子云及其图像，讨论了多电子原子核外电子的排布规律和元素周期律。

11.1 微观粒子的基本特征

原子、分子和离子是物质参与化学变化的最小单元，了解原子的内部组成、结构和性能，是理解化学变化本质的前提条件，是化学科学的核心内容。现代量子力学揭示了电子等微观粒子的波粒二象性和量子化特征，又提出了原子核外电子运动的概率波动方程，以及元素原子的半径、电离能、电子亲和能和电负性随核电荷数递变的规律，从而阐明了元素周期律的结构本质，为研究简单分子、配合物分子以及生物大分子的结构和性质奠定基础。

原子结构简介

11.1.1 原子的组成

从公元前 5 世纪到 19 世纪，人们一直认为宇宙万物都是由原子组成的。原子是最微小、最坚硬、不可入、不可分的物质基本粒子（elementary particle）。电子的发现冲破了千百年来原子不可分的观念。

1879 年，英国克鲁克斯（Crookes）在进行低气压导电性能实验时，发现阳极上出现了荧光，说明这是一种带负电的粒子，克鲁克斯将其称为阴极射线（cathode ray），这个真空管就称为阴极射线管（见图 11-1）。1897 年，英国物理学家汤姆生（J. J.

原子的组成

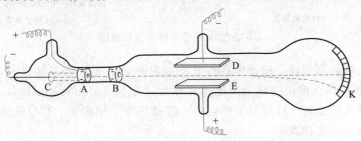

图 11-1　汤姆生实验装置简图

A，B—阳极；C—阴极；D，E—电极；K—荧光屏

Thomson），利用阴极射线管测定了这种带电粒子的电荷（e）和质量（m）之比，简称荷质比（e/m）（ratio of charge and mass）。他发现无论什么气体，也不论什么材料做成的阴极，所产生粒子的荷质比均相同，说明这些粒子是同一种东西，于是汤姆生推断：存在着比原子更小的粒子。后来人们将这种粒子称为电子（electron），1909年密立根（Robert Millikan）通过油滴实验测量出电子的电荷。

科学家小传——普朗克

普朗克（M. K. E. L. Planck，1858—1947），德国物理学家。1858年4月23日出身于德国荷尔施泰因一个牧师和学者辈出的家族，优越的家庭背景使普朗克从小受到良好教育。1874年，他进入慕尼黑大学攻读数学。改读物理学专业后，1877年转入柏林大学，曾聆听亥姆霍兹和基尔霍夫的讲课。一旦踏入物理世界的大门，普朗克就对热力学表现出极大的兴趣。1879年，凭对"熵"具有独特见解的论文获博士学位。他后来编写的《热力学讲义》更是当时热力学的经典著作。在19、20世纪之交，普朗克投入到摘除物理学"紫外灾难乌云"的工作中，在那个时代，人们对黑体辐射的研究得出了两个不同的公式：维恩的公式只有在短波、温度较低时才与实验结果相符；而瑞利-金斯公式却只在长波、高温时才与实验相吻合。普朗克对黑体辐射的研究并没像前人那样从频率和温度入手，而是将自己擅长的熵和能量作为突破口。他意识到传统的物理学基础太狭窄，需要从根本上加以改造。同时他注意到，如果认为原子不是连续地而是间断地放出和吸收能量。或者说，把"粒子"的性质赋予光的吸收和发射。那么他便可用"内插法"把两个公式正确的部分综合起来。1900年10月19日，普朗克在德国物理学会会议上，以《维恩位移定律的改变》为题，提出了他新的辐射公式——普朗克公式 $E = h\nu$。他指出："能量在辐射过程中不是连续的，而是以一份份能量的形式存在的"。由此，他敲开了量子论的大门，也使他获得了1918年诺贝尔物理学奖。1930年至1937年普朗克任德国威廉皇家学会的会长。1947年10月4日逝世，享年89岁。

原子是电中性的，原子中既然存在带负电荷的电子，就必然还有带正电荷的物质，α粒子散射实验证实了这种推断。1896年，卢瑟福（E. Rutherford）用α射线（He^{2+}）轰击金箔时发现一个奇特的现象，多数的α粒子畅通无阻，只有少数α粒子在前进中像遇到了不可穿透的壁垒一样，被折射和反弹回来（见图11-2）。

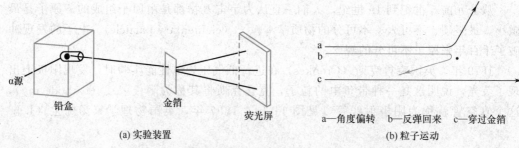

图 11-2　α粒子散射实验示意图

通过测定和计算发现，原子中存在着质量为原子质量的99.9％以上，而大小仅为原子的 $1/10^{12}$ 的带正电荷的粒子，他将其称为原子核（atomic nucleus）。卢瑟福认为电子像行星绕太阳运转一样绕原子核运动，这就是原子结构的"行星式模型"。这是人类认识微观世界的里程碑。

卢瑟福在α粒子散射实验中还发现，被轰击的原子中还可能跑出带正电荷的粒子，这种粒子所带的电量和质量也与原子种类无关，而电量正好等于1个电子电量的正值。卢瑟福将其命名为质子（proton）。

既然原子的质量集中于原子核，那么核内质子的总质量应当近似等于原子的质量。但是对于绝大多数原子来说，其质子的总质量小于原子的质量。因此，卢瑟福指出：原子核内还可能存在一种质量与质子相似的电中性粒子。这种预见于 1932 年被实验所证实，他将其称为中子（neutron）。

原子的组成与各内部微粒的符号如表 11-1 所示。

表 11-1　原子的组成与各内部微粒的符号

原子	内部微粒种类		内部微粒符号
	原子核	质子	$_1^1p$
		中子	$_1^1n$
	核外电子		e^-

原子及其内部微粒的半径如表 11-2 所示。

表 11-2　原子及其内部微粒的半径

粒子名称	原子	原子核	核外电子
半径 r/m	约 10^{-10}	$10^{-15} \sim 10^{-14}$	$< 10^{-15}$

由表 11-2 中的数据，可以算出原子核的体积 $V_核$ 和原子体积 $V_{原子}$ 之比为：

$$V_核 / V_{原子} = (10^{-15 \sim -14})^3 / (10^{-10})^3 = 1/10^{12 \sim 15}$$

由此可得出结论：原子内部是"空"的。

原子及其内部微粒的质量如表 11-3 所示。

表 11-3　原子及其内部微粒的质量

粒子名称	质子	中子	核外电子
质量 m/kg	1.7×10^{-27}	1.7×10^{-27}	9.1×10^{-31}
质量 m/电子质量单位	1836	1839	1

原子核的体积只有原子体积 $1/10^{15}$，而原子核的质量却占原子质量的 99.9% 以上，所以原子核的密度高达 1×10^{13} g·cm^{-3}（一般物质的密度只有 1×10^0 g·cm^{-3} 量级）。这意味着，若要装载 $1cm^3$ 的核物质，需用 1000 艘万吨级货轮。根据爱因斯坦（Einstein）的质能联系方程 $E = mc^2$，可以算出，原子核内蕴藏着非常巨大的潜能。原子正是通过其巨大质量的核和核电荷对化学反应施加影响。因此，原子核的性质决定了原子的种类和性质。

原子及其内部微粒的电荷如表 11-4 所示。

表 11-4　原子及其内部微粒的电荷

粒子名称	质子	中子	核外电子
电荷 Q/C	1.6021×10^{-19}	0	1.6021×10^{-19}
电荷 Q/电子电荷单位	+1	0	-1

根据原子及其内部微粒的电荷关系，英国莫斯莱（Moseley）研究证明：原子核内的质子数和核外的电子数都恰好等于原子序数，即：

$$原子序数(Z) = 核内质子数 = 核电荷数 = 核外电子数$$

也就是说，质子数相同的原子属于同种元素。

11.1.2　微观粒子的量子化特征

在化学反应中，原子核并不变化，而只有原子核外电子，特别是价电子（valence

微观粒子的
量子化特征

electron）的运动状态发生变化。然而，原子的核外电子属于微观粒子，与宏观物体相比，电子的质量极微，运动范围极小而运动速度极快，并不服从已经为人们普遍接受的经典牛顿力学的基本原理，微观粒子具有"量子化特征"和"波粒二象性"这样两个独特的基本特征。所谓微观粒子的量子化特征是指，如果某一物理量的变化是不连续的，而是以某一最小单位作跳跃式的增减，这一物理量就是量子化（quatized）的，其最小单位就叫做这一物理量的量子（quantum）。

11.1.2.1 普朗克的量子论

任何物体，无论是固体，还是液体，它们在任何温度下都可能具有辐（发）射、反射和吸收电磁波（能量）的能力。其中无反射能力的物体称（绝对）黑体，黑体向四周辐射的能量称为辐射能。辐射能的大小及其按波长的分布都取决于辐射体的温度，所以将这种辐射称为热辐射。然而，根据物理量连续变化的这种传统观念，总是不能圆满解释辐射实验曲线。

1900 年，普朗克（M. Plank）首次提出，要想圆满解释黑体辐射实验事实，应抛弃一切物理量都是连续变化的传统观念，只有引入不连续概念才是解释实验事实的关键，即必须假设：

① 在辐射（或吸收）过程中，谐振子的能量及其变化都是不连续的，只能是一群分立的量值，而且这些量值 E_n 只能是某一最小能量单元的整数倍，即：

$$E_n = nE \quad n = 1, 2, 3, \cdots, 正整数 \tag{11-1}$$

能量的这种不连续性，称（能量）量子化，E 称为（能）量子。

② 谐振子辐射（或吸收）能量的方式，必须是一份一份（即一个 E，一个 E）地进行。普朗克根据推算后指出，最小能量单元应与谐振子的频率成正比，即：

$$E = h\nu \quad h = 6.626 \times 10^{-34} \text{J} \cdot \text{s} \tag{11-2}$$

式中，h 是普朗克引入的比例常数，人们将 h 称为普朗克常数。h 是标志微观世界特征的一个普适常数，它与微观世界的各种理论、学说，以及微观世界的各种物理量都有密切关系，即凡是含有 h 常数的物理学公式，所反映的都是微观世界的运动规律，否则所反映的都是宏观物体的运动规律。普朗克提出的（能量）量子化概念不仅精确地解释了黑体辐射的实验结果，更为重要的是，这一概念被后来的理论和实验证明是微观粒子运动的最重要的特征之一。普朗克的量子假说，否定了"一切自然过程都是连续的"的观点，成为"20 世纪整个物理学研究的基础"（爱因斯坦语）。

11.1.2.2 氢原子光谱与玻尔理论

1913 年，丹麦物理学家玻尔（N. Bohr）借鉴普朗克的量子化假说，成功地解释了氢原子光谱实验，并提出了玻尔理论，在原子结构的研究领域又迈出了重要的一步。当光线通过棱镜（或光栅）时，不同频率的光将沿不同方向折射，并可以通过照相机或光电管来检测。由太阳、白炽灯和固体加热所发出的是白光，包含各种频率，在谱图上所得谱线十分密集，连成一片，称带状光谱或连续光谱。如果光源只含有少数几种频率，在光谱图中就会出现少数几条孤立的谱线，称线状光谱或不连续光谱。如果用充有氢气的放电管，在高电压下电离放电发出的光作为光谱实验的光源，得到的光谱称为氢原子发射光谱，简称氢原子光谱（见图 11-3）。

所以原子发光是原子内部电子运动状态发生变化的标志，原子光谱携带有大量的信息，能直接反映原子内部结构和电子的运动状况。

根据经典的电磁理论（electromagnetic theory），人们认为既然氢原子核外电子的能量是连续变化的，由此所得到的光谱也应该是连续光谱。然而氢原子光谱实验的结果却出人意料，得到的不是连续光谱，而是线状光谱。在可见光区可得到四条比较明显的谱线，分别称为：H_α、H_β、H_γ 和 H_δ 谱线，它们的波长（wavelength）（λ）分别为 656.2nm、486.1nm、434.0nm 和 410.2nm。虽然科学家们根据氢原子光谱各谱线

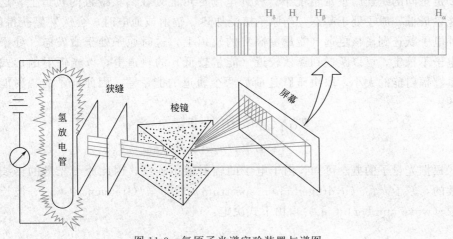

图 11-3　氢原子光谱实验装置与谱图

的频率规律，归纳出了谱线的波数公式，却无法解释其物理意义。

　　玻尔在卢瑟福原子结构的"行星式模型"的基础上，引入了普朗克的量子化概念，比较满意地解释了氢原子光谱规律，玻尔理论的要点如下。

　　①氢原子核外电子只能在具有确定半径和能量的轨道上运动。电子在这些轨道上运动时并不辐射出能量。故原子总处于一种"稳定能量"状态，称为"定态"（stationary state）。每个定态都对应一个能级（energy level）。当原子处在最低能量状态时，称为原子的"基态"（ground state），其他能量较高的状态称为"激发态"（excited state）。电子运动轨道的半径为：

$$r_n = a_0 n^2 \tag{11-3}$$

　　式中，n 为量子数，$n = 1, 2, 3, \cdots$，正整数；a_0 为比例常数，称为玻尔半径，$a_0 = 53\ \text{pm} = 5.3 \times 10^{-11}\ \text{m}$。

　　轨道的能量为：

$$E_n = -B/n^2 \tag{11-4}$$

　　式中，B 为比例常数，$B = 13.6\ \text{eV} = 2.179 \times 10^{-18}\ \text{J}$。

②定态间的跃迁。正常情况下，核外电子尽可能处在离核最近的轨道上，这时原子的能量最低，原子处于基态。当原子接受加热、辐射或通电时，会从外界获得能量，使核外电子跃迁到离核更远（能量更高）的轨道上，这时原子处于激发态。处于激发态的电子不稳定，可以跃迁到离核较近（能量较低）的轨道上，以光辐射的形式释放出能量。辐射能的大小，取决于跃迁前后两个轨道的能量差，因此电子的辐射能是不连续的：

$$E_{辐射} = \Delta E = E_{高} - E_{低}$$
$$= B\left[(1/n_{低})^2 - (1/n_{高})^2\right] \tag{11-5}$$

③根据光量子的概念可知，由于电子的辐射能不连续，因此原子光谱的谱线也是不连续的，原子光谱（hydrogen atom spectrum）的频率（frequency）(ν)、波长（λ）和波数（wave number）($\tilde{\nu}$) 可由下式决定：

$$E_{光子} = h\nu = hc/\lambda = hc\tilde{\nu} \tag{11-6}$$

式中，h 为普朗克常数，$h = 6.626 \times 10^{-34} \text{J} \cdot \text{s}$；$\nu$ 为频率，s^{-1}；c 为光速，$c = 299792458 \text{m} \cdot \text{s}^{-1} \approx 3 \times 10^8 \text{m} \cdot \text{s}^{-1}$；$\lambda$ 为波长，m；$\tilde{\nu}$ 为波数，m^{-1}。

根据玻尔的量子理论，可以清楚地解释氢原子光谱产生的原因：如果电子从 $n=3$、4、5、6 等轨道跃迁到 $n=2$ 的轨道时，分别产生可见光区的 H_α、H_β、H_γ 和 H_δ 谱线（统称为巴尔麦系）。同理，如果电子从 $n=2$、3、4、5、6 等轨道跃迁到 $n=1$ 的轨道时，分别产生紫外区的一系列谱线（统称为莱曼系）；如果电子从 $n=4$、5、6 等轨道跃迁到 $n=3$ 的轨道时，分别产生红外区的一系列谱线（统称为帕兴系）。玻尔理论的推测结果与实验值"惊人的一致"，氢原子谱线形成示意图如图 11-4 所示。

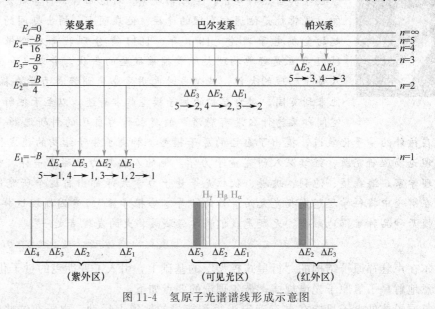

图 11-4　氢原子光谱谱线形成示意图

思考题 11-1　近代概念中的原子轨道和玻尔理论中的原子轨道有何不同？

11.1.2.3　玻尔理论的缺陷

玻尔理论冲破经典中能量连续变化的束缚，指出原子结构量子化的特性，解释了经典物理无法解释的原子结构和氢光谱的关系。而它的缺陷恰恰又在于未能完全冲破经典物理的束缚，勉强地加进了一些假定。由于没有考虑电子运动的另一个重要特征波粒二象性，使电子在原子核外的运动采取了宏观物体的固定轨道，致使玻尔理论在解释多电子原子的光谱和光谱线在磁场中的分裂、谱线的强度等实验结果时遇到了难于解决的困难。例如，对于含有两个或两个以上电子的多电子原子（如 He 等），若用玻尔理论来计算能量和波长，与实验值的误差大于 5%，这已远远超出误差所能容许的范围。

人们不得不反思：是否因为人类对电子的属性尚未明了，才会导致上述的种种困惑呢？

11.1.3 微观粒子的波粒二象性

11.1.3.1 爱因斯坦的光子学说

人类对电子属性的认识，得益于对光子属性的认识。至 19 世纪末，人们发现不能用光的电磁波学说解释黑体辐射和光电效应等现象。普朗克的量子假设虽然成功地解释了黑体辐射，但当时深受经典物理概念束缚的大多物理学家不愿接受这一概念，爱因斯坦（A. Einstein）将能量量子化的概念应用于光电效应，提出了光子学说：可以将单色光看成是一粒一粒以光速 c 前进的粒子流，这种粒子称光（量）子。通过质能联系方程：

微观粒子的
波粒二象性

$$E = mc^2 \tag{11-7}$$

即可算出光子的动量 p：
$$p = h/\lambda \tag{11-8}$$

能量 E：
$$E = h\nu \tag{11-9}$$

质量 m：
$$m = h\nu/c^2 \tag{11-10}$$

λ 和 ν 则是反映波动性的特征物理量；E、p 和 m 是反映粒子性的特征物理量。现在这两个对立的概念被爱因斯坦用普朗克常数 h 联系在同一个数学表达式中，这就表明，光既是一束电磁波，也是一束由光子组成的粒子流。光的这两种对立的属性，可在不同场合或不同条件下，分别表现出来，光的这种性质称为波粒二象性（wave-particle parallelism）。根据光的波粒二象性，不仅成功地解释了光电效应的实验规律，而且还结束了几百年来关于光是波还是粒子的争论，并对量子力学的建立起到了巨大的促进作用。

11.1.3.2 德布罗意的物质波假说

法国青年物理学家德布罗意（L. De Broglie）在光的波粒二象性的启示下，于 1924 年大胆地假设："波粒二象性不只是光才有的特性，而是一切微观粒子共有的本性"。即原来认为只有粒子性的微观粒子，也应具有波动性，并且假设：具有动量 p 和能量 E 的自由粒子（势能＝0）的运动状态，可以用波长 λ 和频率 ν 的平面波来描述，二者之间的关系即是：

$$\lambda = h/p = h/(mv) \tag{11-11}$$

这就是著名的德布罗意关系式，这种波称德布罗意波，也称物质波。它表明像电子这样的微观粒子不仅具有粒子性，也具有波动性。

【例题 11-1】 已知电子和枪弹的质量分别为 9.1×10^{-31} kg 和 10^{-2} kg，直径分别为 2.8×10^{-15} m 和 10^{-2} m，运动速率分别为 10^8 m·s^{-1} 和 10^3 m·s^{-1}，分别计算它们的物质波的波长，并讨论它们的运动是否具有波动性。

解 根据公式 $\lambda = h/(mv)$
λ（电子）＝6.626×10^{-34} J·s/ $(9.1 \times 10^{-31}$ kg$\times 10^8$ m·s$^{-1}) = 7.3 \times 10^{-12}$ m
电子的直径为 2.8×10^{-15} m，远远小于其物质波的波长，所以电子的运动具有显著的波动性。
λ（枪弹）＝6.626×10^{-34} J·s/ $(10^{-2}$ kg$\times 10^3$ m·s$^{-1}) = 6.6 \times 10^{-35}$ m
枪弹的直径为 10^{-2} m，远远大于其物质波的波长，所以枪弹的运动没有波动性。

由于电子的波长值与晶体中原子间隔有近似的数量级，而晶体可以使 X 射线发生衍射，因此 1927 年，戴维森（C. J. Davisson）和革尔麦（L. H. Germer）用已知能量的电子在晶体上的衍射实验证明了德布罗意的预言。一束电子经过金属箔时，得到了与 X 射线相像的衍射图样。电子衍射的照片（见图 11-5）说明电子和光波相似，当它通过极微小的金属晶体的小孔时，可以像光线一样衍射为一圈一圈的环纹。这是由于波的相互干涉的结果，有的地方的相位相同，波峰和波峰相遇则彼此加强，有的地方波的相位不同，波峰和波谷相遇则彼此减弱，所以有的地方色深，有的地方色浅，形成环纹。

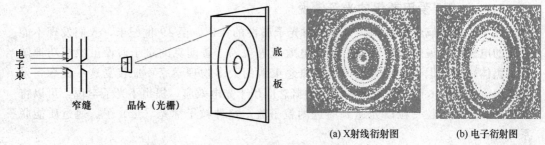

(a) X射线衍射图　　(b) 电子衍射图

图 11-5　通过铝箔的衍射图

实验结果证明，电子不仅是一种具有一定质量高速运动的带电粒子，而且能呈现波动的特性。电子显微镜就是利用高速运动的电子束代替光波的一种显微镜。

11.1.4　不确定关系

不确定关系

电子既然是具有波粒二象性的微观粒子，那么能否像经典力学中确定宏观物体的运动状态一样，同时用位置和速度等物理量来准确描述电子的运动状态呢？1927 年海森堡（W. Heisenberg）作出了否定的回答，他认为微观粒子的位置和动量之间应有以下的不确定关系：

$$\Delta x \cdot \Delta p_x \geqslant h/4\pi \tag{11-12}$$

这一关系又称为测不准原理，式中，Δx 与 Δp_x 分别称为空间某一方向的坐标和动量分量的不确定量、不准确度或误差。对于具有波粒二象性的微观粒子（含实物粒子），其运动都必须服从不确定关系。不确定关系式表明：欲用经典理论中的物理量——坐标和动量来描述微观粒子的运动状态时，只能达到一定的近似程度。

【例题 11-2】　已知飞行的枪弹和氢原子核外电子的质量分别为 10^{-2} kg 和 9.1×10^{-31} kg，运动速度分别为 10^3 m·s^{-1} 和 10^6 m·s^{-1}，假设它们的速度的不确定量 Δv_x 均为 $10^{-3} v_x$，通过计算比较它们坐标的不确定量 Δx。

解　由 $\Delta x \cdot \Delta p_x = h$ 得 $\Delta x = h/\Delta p_x = h/(m\Delta v_x)$

对于枪弹的运动：

Δx（枪弹）$= 6.626 \times 10^{-34}$ J·s$/(10^{-2}$ kg $\times 10^{-3} \times 10^3$ m·s$^{-1}) = 6.626 \times 10^{-32}$ m

Δx（枪弹）$\geqslant 6.626 \times 10^{-32}$ m，对于靶心而言，误差 Δx 如此之小，可以认定，枪弹的运动是有确定的轨迹。

对于电子的运动：

Δx（电子）$= 6.626 \times 10^{-34}$ J·s$/(9.1 \times 10^{-31}$ kg $\times 10^{-3} \times 10^6$ m·s$^{-1}) = 7.28 \times 10^{-7}$ m

氢原子半径为 10^{-10} m，核外电子理应被局限在直径约为 10^{-10} m 的轨道内运动，但 Δx（电子）$\geqslant 7.28 \times 10^{-7}$ m，由此可见，电子坐标不确定量，已远远超过了其运动范围，显然这样大的不确定量是不能被忽略的。因此，经典力学的运动轨道的概念在微观世界中不存在了。

11.2.1 核外电子运动状态的描述

11.2.1.1 波函数与薛定谔方程

受不确定关系的限制，对于像核外电子这样的微观粒子的运动，已经不能沿用牛顿力学原理进行描述，而只能使用量子力学的方法进行处理。奥地利物理学家薛定谔（E. Schrödinger）受到德布罗意物质波的启发，针对于氢原子中电子的运动规律，于1926年提出了能同时反映粒子性和波动性的微观粒子的运动方程，人们将其称为薛定谔方程，方程的数学形式如下：

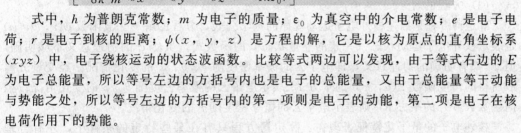

$$\left[-\frac{h^2}{8\pi^2 m}\left(\frac{\partial^2}{\partial x^2} + \frac{\partial^2}{\partial y^2} + \frac{\partial^2}{\partial z^2} \right) - \frac{e^2}{4\pi\varepsilon_0 r} \right]\psi(x,y,z) = E\psi(x,y,z) \tag{11-13}$$

式中，h 为普朗克常数；m 为电子的质量；ε_0 为真空中的介电常数；e 是电子电荷；r 是电子到核的距离；$\psi(x,y,z)$ 是方程的解，它是以核为原点的直角坐标系（xyz）中，电子绕核运动的状态波函数。比较等式两边可以发现，由于等式右边的 E 为电子总能量，所以等号左边的方括号内也是电子的总能量，又由于总能量等于动能与势能之处，所以等号左边的方括号内的第一项则是电子的动能，第二项是电子在核电荷作用下的势能。

11.2.1.2 薛定谔方程的合理解

薛定谔方程属二阶偏微分方程，其数学形式十分复杂，为了方便，可简写成下列形式：

$$f(x,y,z) = 0 \tag{11-14}$$

其求解过程也十分复杂，要涉及较深的数学和物理知识，已超出本课程的基本要求，此处仅将求解思路和步骤作一简要介绍。

（1）坐标变换

核电荷产生的势场是球形对称的，求解这薛定谔方程应在球极坐标系中进行。为此，可通过坐标变换，将薛定谔方程由直角坐标系中的 $f(x,y,z)=0$ 的形式，变换成球极坐标系的 $f(r,\theta,\varphi)=0$ 的形式。方程的解 ψ，也由 x，y，z 的函数 $\psi(x,y,z)$ 转化为 r，θ，φ 的函数 $\psi(r,\theta,\varphi)$。自变量 x、y、z 与自变量 r、θ、φ 之间的关系见图11-6。

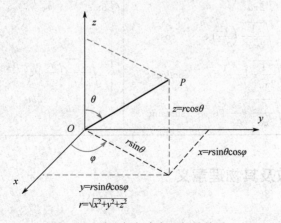

图 11-6 球坐标与直角坐标的关系

（2）变量分离

由图 11-6 可知，自变量 r 为半径因素，θ 和 φ 为角度因素，两个不同的因素出现在同一个偏微分方程中，给求解增加了困难。在数学上，对于含有两组自变量的偏微分方程，通常采用分离变量的方法，将该方程分离成两个各含一组自变量的方程，方程的解也随之分离成单组变量函数的乘积，变量分离的示意图如图 11-7 所示。

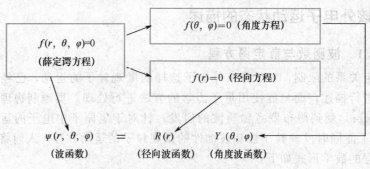

图 11-7　变量分离的示意图

（3）方程的解

薛定谔方程是描述核外电子运动规律的数学公式，方程的解——波函数 $\psi(r, \theta, \varphi)$ 是表示核外电子运动状态（一定的能量状态）的函数式。虽然 ψ 的物理意义不够明确，但 ψ^2 却有明确的物理意义，即电子云的概率密度随 r、θ、φ 的变化情况。经变量分离后所得的角度函数 $Y(\theta, \varphi)$ 的平方 Y^2 表示电子云的概率密度随 θ、φ 的变化情况；径向函数 $R(r)$ 的平方 R^2 则表示电子云的概率密度随 r 的变化情况。

核外电子的量子化特征表现在：薛定谔方程只有在某些特定的条件下，才有合理的解（有确定的波函数）。表示这些特定条件的物理量称为量子数，分别为：主量子数 n、角量子数 l 和（轨道）磁量子数 m。这些量子数是在求解薛定谔方程的过程中自然产生的，因此，三个量子数的组合就对应着电子的一种能量状态（原子轨道），量子数确定的微观状态称为一个量子态，表示为 $\psi_{n,l,m}(r, \theta, \varphi)$，同理有 $R_{n,l}(r)$ 和 $Y_{l,m}(\theta, \varphi)$。既然电子的能量状态是不连续的，因此量子数的值也是不连续的。表 11-5 给出某些量子态（轨道）的波函数的数学形式。

表 11-5　氢原子部分原子轨道的径向波函数和角度波函数

轨道	$\psi(r,\theta,\varphi)$	$R(r)$	$Y(\theta,\varphi)$
1s	$\sqrt{\dfrac{1}{\pi a_0^3}}\,\mathrm{e}^{-r/2a_0}$	$2\sqrt{\dfrac{1}{a_0^3}}\,\mathrm{e}^{-r/2a_0}$	$\sqrt{\dfrac{1}{4\pi}}$
2s	$\dfrac{1}{4}\sqrt{\dfrac{1}{2\pi a^3}}\left(2-\dfrac{r}{a_0}\right)\mathrm{e}^{-r/2a_0}$	$\sqrt{\dfrac{1}{8\pi a_0^3}}\left(2-\dfrac{r}{a_0}\right)\mathrm{e}^{-r/2a_0}$	$\sqrt{\dfrac{1}{4\pi}}$
$2p_z$	$\dfrac{1}{4}\sqrt{\dfrac{1}{2\pi a^3}}\left(\dfrac{r}{a_0}\right)\mathrm{e}^{-r/2a_0}\cos\theta$	$\left.\begin{array}{c}\\ \\ \sqrt{\dfrac{1}{24a_0^3}}\left(\dfrac{r}{a_0}\right)\mathrm{e}^{-r/2a_0}\\ \\ \end{array}\right\}$	$\sqrt{\dfrac{3}{4\pi}}\cos\theta$
$2p_x$	$\dfrac{1}{4}\sqrt{\dfrac{1}{2\pi a^3}}\left(\dfrac{r}{a_0}\right)\mathrm{e}^{-r/2a_0}\sin\theta\cos\varphi$		$\sqrt{\dfrac{3}{4\pi}}\sin\theta\cos\varphi$
$2p_y$	$\dfrac{1}{4}\sqrt{\dfrac{1}{2\pi a^3}}\left(\dfrac{r}{a_0}\right)\mathrm{e}^{-r/2a_0}\sin\theta\sin\varphi$		$\sqrt{\dfrac{3}{4\pi}}\sin\theta\sin\varphi$

11.2.2　量子数及其物理意义

（1）主量子数

主量子数（n）的取值为：1，2，3，4，…，n（n 为正整数）。

它的第一个作用，是代表电子出现概率最大的区域离核的远近，n 值越大的状态，其最大概率半径离核就越远，n 相同的电子归为同一层，从小到大代号依次为 K、L、M、N、O、P、…层。它的第二个作用，是表征电子能量高低的一个重要因素，因为 n 越大，电子离核越远，受核的吸引力就越弱，其能量便越高（负值的绝对值越小）。对于氢原子来说，电子能量完全由 n 决定：

量子数及其
物理意义

$$E_n = -2.179 \times 10^{-18}(1/n^2)\text{J}$$
$$= -1.36/n^2\,\text{eV}$$

(11-15)

对于多电子原子，电子能量的大小除了与主量子数 n 有关外，还与角量子数 l 有关。

（2）角量子数

角量子数（l）的取值受主量子数 n 的限制，对于一定的 n 值，l 可取的值为：

$$l = 0,1,2,3,\cdots,n-1$$

它的第一个作用，是决定电子在空间的角度分布（即电子云的形状），角量子数 l 的值可用符号代表，由小到大代号依次为：s，p，d，f，…。它的第二个作用，是决定核外电子角动量的大小，在多电子原子中，l 与 n 一起决定电子的能量，所以通常将 n 相同、l 不同的电子归在同一电子层中的不同电子亚层，例如：$n=4$（N 层）：$l=0$（s 态），$l=1$（p 态），$l=2$（d 态），$l=3$（f 态），第四电子层共有 4s、4p、4d、4f 四个电子亚层，可见电子亚层数与电子的主量子数 n 值相同。

（3）磁量子数

磁量子数（m）的取值受角量子数 l 的限制：

$$m = 0,\pm1,\pm2,\cdots,\pm l, \text{共 } 2l+1 \text{ 个值}$$

m 决定了在外磁场作用下，电子绕核运动的角动量在磁场方向上的分量的大小，它反映原子轨道在空间的不同取向。也就是说，每个亚层中的电子可以有 $2l+1$ 个取向。例如，l 等于 0 的 s 轨道，在空中呈球形分布，因此只有一种取向（$2l+1=1$），而 l 等于 1、2、3 的 p、d、f 轨道，在空中都有多种取向，通常用原子轨道符号的右下标区分不同的取向。磁量子数 m 值的意义见表 11-6。

表 11-6　磁量子数 m 值的意义

项目	s($l=0$)	p($l=1$)	d($l=2$)
m 取值	0	$0,\pm1$	$0,\pm1,\pm2$
取向数	1	3	5
轨道符号	s	p_z,p_y,p_x,	$d_{xy},d_{xz},d_{yz},d_{x^2-y^2},d_{z^2}$

电子在空间运动的状态数就等于磁量子数。这些状态的能量在没有外加磁场时是相同的。例如，p 电子的三种空间运动状态（p_x，p_y，p_z）能量完全相同，又称它们为简并状态。但在磁场的作用下，由于原子轨道的分布方向不同会显出能量的微小差别。这就是线状光谱在磁场中会发生分裂的原因。

由此可见，电子处于不同的运动状态，s、p、d 和 f，都有相应的原子轨道，要用不同的波函数来表示。而波函数 $\psi_{n,l,m}$ 就是由 n、l、m 决定的数学函数式，是薛定谔方程的合理解。$\psi_{n,l,m}$ 一般称为"原子轨道"（orbital），称为"轨道函数"更为合适，它与玻尔理论的"轨道"（orbit）是不同的。$\psi_{n,l,m}$ 并非仅是一个具体数值，而是一个函数式，它是量子力学中表征微观粒子运动状态的一个函数。

（4）自旋磁量子数

实验发现氢原子在有外磁场时，电子由 2p 能级跃迁到 1s 能级时得到的不是 1 条谱线，而是靠得很近的 2 条谱线，这一现象用前面 3 个量子数不能解释。氢原子或类氢原子射线束在不均匀磁场中向两个相反的方向偏移，说明电子有两种自旋状态。这两种自旋状态的自旋角动量在磁场方向（z）上的分量是不同的，用自旋磁量子数（m_s）来表示，它只有$\pm 1/2$两个取值，常用正、反箭头↑、↓表示。m_s为描述原子中电子运动状态的第四个量子数。

（5）四个量子数的关系

4个量子数n、l、m、m_s可规定原子中每个电子的运动状态：主量子数n决定电子的能量和电子离核的远近；角量子数l决定电子轨道的形状，在多电子原子中也影响电子的能量；磁量子数m决定磁场中电子轨道在空间伸展的方向不同时，电子轨道运动角动量在磁场方向上分量的大小；自旋磁量子数m_s决定电子自旋角动量在磁场方向上分量的大小。

11.2.3 波函数与电子云的图形

11.2.3.1 原子轨道与波函数的关系

原子轨道的波函数$\psi_{n,l,m}(r, \theta, \varphi)$是一种比较复杂的函数，它不能直观地反映电子的运动状态，通常使用它们的函数图像来讨论化学问题。为此要先将径向函数$R_{n,l}(r)$对径向坐标r画得原子轨道的径向分布图，将角度函数$Y_{l,m}(\theta, \varphi)$对角度坐标θ、φ画得原子轨道的角度分布图，再把这两个图形叠合在一起构成原子轨道图像。

11.2.3.2 波函数的角度分布图

波函数的角度
分布图

以$Y_{l,m}(\theta, \varphi)$的数值对角度θ、φ作图，选原子核为原点，引出方向为θ、φ的直线，使其长度等于Y的绝对值大小，所有这些直线的端点在空间构成一个立体曲面，这个曲面就是波函数的角度分布图，波函数角度分布主要决定于量子数l和m，而与量子数n无关，s、p、d、f状态的角度分布图各不相同，图11-8给出的是它们的一个剖面。由图可见：p态的p_x、p_y、p_z都是"8"字形双球面，其极大值分别沿x、y、z三个坐标轴的方向取向；s态是一个球面；d态共有五种取向，d_{xy}、d_{yz}、d_{xz}、d_{z^2}、$d_{x^2-y^2}$是"叶瓣"形曲面，前三者的曲面分别位于对应两个主轴之间，而$d_{x^2-y^2}$的曲面落在主轴上，d_{z^2}态有两个叶瓣是在z轴方向上，另有一个小环在xy平面上。

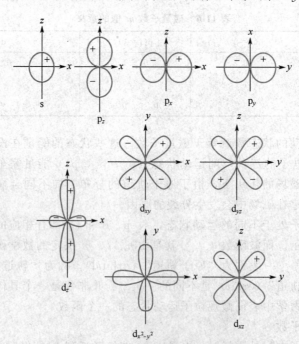

图 11-8　波函数（原子轨道）的角度分布图

下面以 p_z 轨道为例理解图像的意义。p_z 轨道的角度分布函数 $Y_{l,m}(\theta, \varphi)$ 的函数形式为：$Y(p_z) = \sqrt{3/4\pi}\,\cos\theta$，由式可知，它仅为 $\cos\theta$ 的函数。取 θ 角分别为 0°、30°、90°、150°、180°，分别求得 $\cos\theta$ 值、$Y(p_z)$ 值列于表 11-7。

表 11-7　不同角度下的 $Y(p_z)$

$\theta/°$	0	30	90	150	180
$\cos\theta$	1.00	0.866	0.0	−0.866	−1.00
$Y(p_z)$	0.489	0.423	0.00	−0.423	−0.489

p_z 轨道的波函数角度分布图绘图方法如下：在 z 轴的原点出发，作一系列射线，与 z 轴的夹角分别为 0°、30°、90°、150°、180°。在对应的射线上，分别按 $Y(p_z)$ 的绝对值截取线段。用平滑曲线将各线段的端点连成上下两个曲线。再将圆弧绕 z 轴旋转 360°，得上下两个曲面（见图 11-9）。

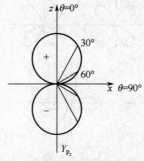

图 11-9　p_z 轨道的波函数角度分布图绘图方法

图中标出的"＋""－"代表角度分布函数 Y 在不同区域内数值的正、负号，不要误解为正电荷和负电荷。波函数的角度分布图重点表示"原子轨道"的极大值以及"原子轨道"正、负号，它们在化学键成键方向和能否成键方面有重要意义。

将波函数（原子轨道）的径向分布图 $[R_{n,l}(r)\text{-}r$ 图$]$ 和角度分布图 $[Y_{n,l,m}(\theta, \varphi)\text{-}\theta, \varphi$ 图$]$ 相互叠合，可以得到波函数（原子轨道）图像 $[\psi_{n,l,m}(r, \theta, \varphi)\text{-}r, \theta, \varphi$ 图像$]$。图 11-10 为 $3p_z$ 原子轨道图像的叠合过程示意图。

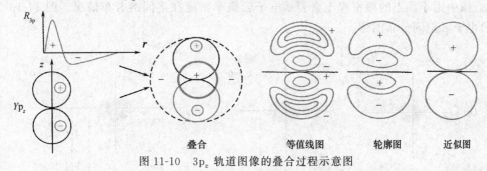

叠合　　　等值线图　　　轮廓图　　　近似图

图 11-10　$3p_z$ 轨道图像的叠合过程示意图

在图 11-10 中比较原子轨道图像及其角度分布图发现，二者十分相似，这是由于原子轨道图像的形状，主要是由其角度分布图决定的，而原子轨道图像的大小，主要是由其径向分布图决定的。为方便起见，在分析一般化学问题时，通常采用原子轨道的角度分布图近似代替原子轨道图像。

11.2.3.3　电子云图的角度分布与径向分布图

电子云是电子在核外空间出现概率密度分布的形象化描述，又可称作"概率云"。与波函数的表示方法相应，概率密度也可以分为角度部分和径向部分来图示。

（1）电子云的角度分布图

$2p_y$ 轨道的电子云角度部分图因 $Y^2(p_y)$ 取了平方。"球壳"变得"瘦了"一些。好像两个对顶的"鸡蛋壳"。常用原子轨道的电子云角度分布见图 11-11。

（2）电子云的径向分布图

以 $R_{n,l}^2(r)$ 对 r 作图就得到电子云的径向分布图（见图 11-12）。以 1s 状态为例，由图可见，在原子核附近概率密度最大，随着 r 的增大，密度逐渐减小；2s、3s 等与

电子云的角度分布图

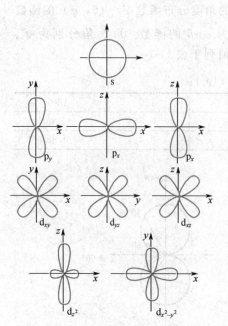

图 11-11　电子云的角度分布图

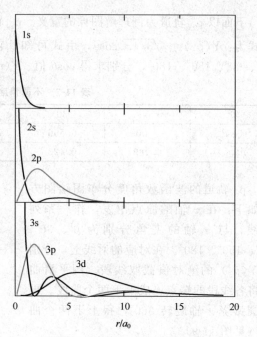

图 11-12　电子云的径向分布图

1s 态相同，都是在原子核附近概率密度最大，但它们在离核较远处分别还有一、二……
处概率密度较大。p 态和 d 态的特点是在原子核附近概率密度接近于零。

（3）电子云的空间分布图

将电子云的径向分布图 $\left[R^2_{n,l}(r)\text{-}r\right]$ 和电子云的角度分布图 $\left[Y^2_{n,l,m}(\theta,\varphi)\text{-}\theta,\varphi\ 图\right]$ 相互叠合，可以得到电子云的空间分布图像 $\left[\psi^2_{n,l,m}(r,\theta,\varphi)\text{-}r,\theta,\varphi\ 图\right]$。图中用小黑点的稀密程度来表示电子云概率密度在空间的分布情况。图 11-13 为部分电子云空间分布图像。

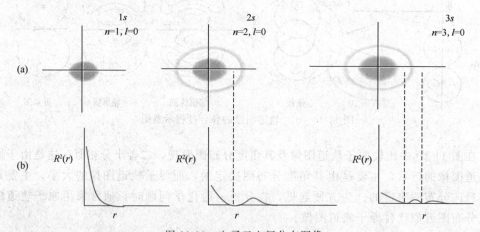

图 11-13　电子云空间分布图像

思考题 11-2　氢原子 1s 态电子云离核越近越密集，而 1s 电子在空间出现的概率以 $r=52.9\text{pm}$ 处的薄球壳夹层内为最大，两者有无矛盾？

11.2.3.4　概率分布的表示法——径向概率分布函数图

概率的径向分布，是指电子在原子核外距离为 r 的一薄层球壳中出现概率随半径 r 变化的分布情况。常用符号 $D(r)$ 表示。令 $D=4\pi r^2 R^2_{n,l}(r)$，该式中 $R^2_{n,l}(r)$ 的物理意义是电子云的概率密度，$4\pi r^2 \mathrm{d}r$ 的物理意义是半径为 r、厚度为 $\mathrm{d}r$ 的极薄的球壳的

体积为 $4\pi r^2 \mathrm{d}r$。概率密度乘以体积等于概率。以 D 对 r 作图，将 D 随半径 r 的变化用图形表示出来即为径向概率分布函数图，径向概率分布函数图曲线上的峰值所对应的横坐标，就是电子云出现概率最大的区域离核的距离。从图 11-14 可以看出，氢原子 $1s$ 态的最大概率半径为 a_0，此即玻尔半径。

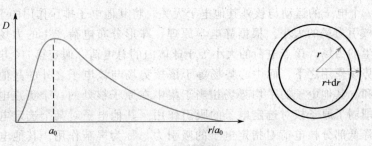

图 11-14　氢原子 $1s$ 态径向概率分布图

从径向概率分布图（见图 11-15）可以看到两个明显特点：

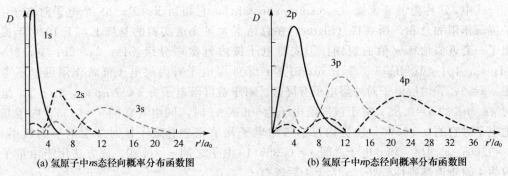

(a) 氢原子中 ns 态径向概率分布函数图　　(b) 氢原子中 np 态径向概率分布函数图

图 11-15　径向概率分布函数图

①随着主量子数 n 的增大，最大概率半径增大，即电子出现概率最大的球壳离核较远；

②图中的峰数等于 $n-l$。n 一定时，l 值越大的状态，其峰数越少。例如 3s、3p 和 3d 电子云的 $n=3$，$l=0$、1、2，故它们的径向分布图分别有 3 个、2 个和 1 个峰。

电子云的角度分布图表示了电子在空间不同角度出现概率密度的大小，从角度的侧面反映了电子概率密度分布的方向性。而径向概率分布图则表示电子在整个空间出现的概率随半径变化的情况，从而反映了核外电子概率分布的层次及穿透性。通常用它来讨论多电子原子的能量效应。

11.3　多电子原子的结构

11.3.1　多电子原子的轨道能级

对于氢原子和类氢离子这样的简单体系，薛定谔方程可以精确求解，得出相应的描述电子运动状态的波函数和"轨道"能量。而在多电子原子体系中，电子间存在复杂的瞬时相互作用，其势能函数的形式比较复杂，虽然仍容易写出薛定谔方程，但无法精确求解，通常在已有精确解的氢原子结构基础之上进行近似处理。中心力场模型是一种近似处理方法，它将原子中其他电子对第 i 个电子作用看成是球对称的作用，只与离核远近有关，引入屏蔽效应（screening effect）和钻穿效应（penetrating effect）

的概念来理解，处理的结果表现为对核外电子能量高低的影响。

11.3.1.1　屏蔽效应

屏蔽效应与
钻穿效应

核电荷数为 Z 的多电子原子中，核外共有 Z 个电子，其中第 i 个电子除了受到原子核的吸引外，同时还受到其他电子的排斥。中心力场模型假设原子核周围电荷呈球形分布，第 i 个电子的运动与核外其他电子无关，将其他电子排斥作用的平均效果看作是改变原子核引力场的大小。根据静电学原理，球形分布电荷产生的力场等效于由中心点电荷产生的力场，该点电荷的大小等于球体内的总电荷。假定第 i 个电子处于自身特定的中心势场作用之下，而中心势场等于该核势场与该电子之外的其他所有电子平均势场的总和。其他电子的平均势场相当于集中在原子核处的一个负点电荷，认为是它们屏蔽或削弱了原子核对选定电子的吸引作用。其他电子对某个选定电子的排斥作用，相当于降低部分核电荷对指定电子的吸引力，称为屏蔽作用。其他电子的屏蔽作用对选定电子 i 产生的效果叫做屏蔽效应，它使得原子核作用于所指定电子的核电荷由 Z 减至有效核电荷 Z^*。有效核电荷计算公式如下：

$$Z^* = Z - \sigma \tag{11-16}$$

式中，σ 称为屏蔽常数（screening constant），它相当于 $(Z-1)$ 个电子对电子 i 的屏蔽作用的总和。斯莱特（Slater）在总结了大量光谱实验的基础上，于 1930 年提出了一套近似估算 σ 值的规则：①先将电子按内外次序分组：1s；2s，2p；3s，3p；3d；4s，4p；4d；4f；5s，5p；5d；5f 等；②外层电子对内层电子屏蔽作用可以不考虑，$\sigma = 0$；③内层电子对外层电子有屏蔽。对于被屏蔽电子为 ns 或 np 时，$(n-1)$ 组对 ns、np 的 $\sigma = 0.85$；对于被屏蔽电子为 nd 或 nf 时，同组对它的 $\sigma = 0.35$，内组其他电子对它的 $\sigma = 1.00$；④更内层的各组电子几乎完全屏蔽了核对外层电子的吸引，$\sigma = 1.00$；⑤同层 s 和 p 电子之间 $\sigma = 0.35$，1s 电子之间 $\sigma = 0.30$。该方法用于主量子数为 4 的轨道准确性较好，n 大于 4 后较差。

由此可近似求出相应原子轨道的能量。

$$E_{n,l} = -R(Z-\sigma)^2/n^2 = -R(Z^{*2}/n^2) \tag{11-17}$$

其中，$R = 13.6\text{eV}$ 或 $2.179 \times 10^{-18}\text{J}$。

由于屏蔽常数 σ 的大小取决于电子 i 所处的状态 (n, l) 及其余 $(Z-1)$ 个电子的数目和状态，所以，电子 i 的能量和它所处的轨道量子数 (n, l) 及其余电子的数目和状态有关。例如，一个内层电子不仅由于它靠核近（n 小），而且它被其他电子屏蔽得少，因而核对它的引力强，能量低；而一个外层电子不仅由于它离核远（n 大），而且它受内层电子的屏蔽强，故核对它的引力小而能量升高。多电子原子的总能量为每个电子的能量的总和。图 11-16 表示有效核电荷数 Z^* 随原子序数的递增而呈现出周期性变化的情况。

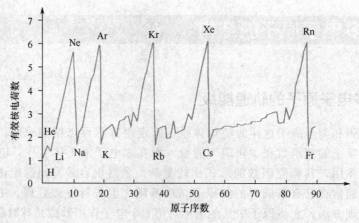

图 11-16　有效核电荷 Z^* 随原子序数的变化

11.3.1.2　钻穿效应

在多电子原子中,当 n 相同时,电子离核的平均距离相同,为什么 l 不同能量会有高低呢? 其主要原因是 n 相同而 l 不同的轨道的电子径向概率分布不同,从图 11-17 中可以看出 3s 电子不仅径向分布峰的个数最多,而且在最靠近核处有一小峰,钻到核附近的机会比较多,3p 次之,3d 更小。电子钻得越深,受核吸引力越强,其他电子对它的屏蔽作用就越小。一般来说,在原子核附近出现概率较大的电子可以较多地避免其他电子的屏蔽作用,直接接受较大的有效核电荷的吸引,能量较低,在原子核附近出现概率较小的电子则相反,被屏蔽的较多,能量较高。这种由于电子角量子数 l 不同,其概率的径向分布不同,电子钻到核附近的概率较大者受核的吸引作用较大,因而能量不同的现象,称为电子的钻穿效应。对于 n 相同而 l 不同的电子,钻穿程度依次为: $ns>np>nd>nf$,能量高低顺序为 $E_{ns}<E_{np}<E_{nd}<E_{nf}$。

总的来说,屏蔽效应是来自其他电子对选定电子的屏蔽能力,而钻穿效应是选定电子回避其他电子屏蔽的能力。它们是从两个侧面去描述多电子原子中电子之间的相互作用对轨道能量的影响,本质上都是一种能量效应。

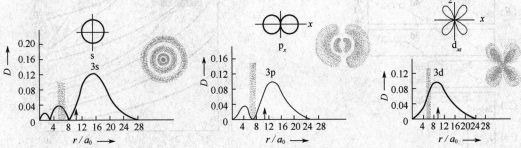

图 11-17　3s、3p、3d 电子云图的叠合过程

■■■【案例分析 11-1】　　**分析比较钾元素的 4s 电子与 3d 电子的能量高低。**

问题: 计算基态钾原子的 4s 和 3d 电子的能量

分析: 根据斯莱特规则求 σ 值 $\sigma_{3d} = 18 \times 1.00 = 18.00$, $\sigma_{4s} = 10 \times 1.00 + 8 \times 0.85 = 16.80$

$$E_{3d} = -13.6 \times \frac{(19 - 18.00)^2}{3^2} eV = -1.51 eV$$

$$E_{4s} = -13.6 \times \frac{(19 - 16.80)^2}{4^2} eV = -4.11 eV$$

为什么会出现能级交错? 钻穿效应和屏蔽效应有助于理解这个问题。

参考氢原子 3d、4s 的径向分布图 11-17 可以看出,4s 最大峰虽然比 3d 离核远得多,但它有小峰钻到离核近处。4s 轨道比 3d 轨道钻得深,可以更好地回避其他电子的屏蔽作用。结果就是,4s 轨道虽然主量子数 n 比 3d 多 1,但角量子数 l 少 2,其钻穿效应增大对轨道能量的降低作用,超过了主量子数大对轨道能量的升高作用,因此钾的 4s 轨道能量反而低于 3d。

11.3.1.3　鲍林的近似能级图

美国著名结构化学家鲍林(L. Pauling)根据光谱实验结果,提出了多电子原子中轨道的近似能级图(见图 11-18)。图中用每个小圆圈代表一个原子轨道。近似能级图的意义是它反映了核外电子填充的一般顺序,与光谱实验得到各元素原子内电子的排布情况,大都是相符合的。

鲍林的近似能级图,电子填充顺序,科顿的原子轨道能级图

11.3.1.4 科顿的原子轨道能级图

鲍林的近似能级图是近似地假定所有不同元素的原子的能级高低次序都是一样的。但事实上原子中轨道能级高低的次序不是一成不变的，如果主量子数 n 和角量子数 l 都不相同，由于屏蔽效应和钻穿效应的综合结果，可能会出现轨道能量交叉的现象，而这种交叉还随原子序数的递增而变化。各种元素的原子轨道的能量及轨道能级的相对高低与元素原子序数的关系可用科顿（F. A. Cotton）原子轨道能级图（见图 11-19）表示出来。

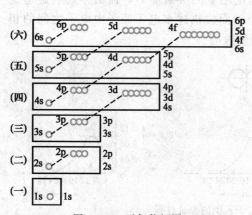

图 11-18　近似能级图

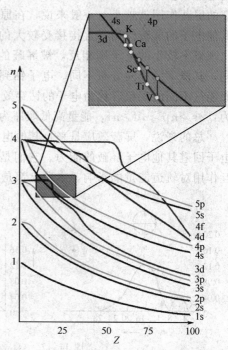

图 11-19　原子轨道能量和原子序数关系

11.3.1.5 徐光宪的近似能级公式

我国著名化学家徐光宪先生，总结归纳出了轨道能量高低与主量子数 n 和角量子数 l 的关系为 $(n+0.7l)$ 的近似规律，如表 11-8 所示。能级组中各能级 $(n+0.7l)$ 的第一位数字皆相同，并按照第一位数字，称为第几能级组。能级组的划分是周期表中化学元素划分为周期的依据。

表 11-8　电子能级分组

原子轨道	1s	2s	2p	3s	3p	4s	3d	4p	5s	4d	5p	6s	4f	5d	6p
$n+0.7l$	1.0	2.0	2.7	3.0	3.7	4.0	4.4	4.7	5.0	5.4	5.7	6.0	6.1	6.4	6.7
能量组	I	II		III		IV			V			VI			
组内状态数	2	8		8		18			18			32			

11.3.2　核外电子的排布规律

（1）核外电子排布的基本原则

处于稳定状态的原子，核外电子将尽可能地按照能量最低原理排布。但是，微观粒子的运动状态是受量子化条件限制的，电子不可能都挤在一起，它们还要遵守泡利不相容原理。因此在多电子原子中，核外电子的排布服从下述三个基本原则。

①泡利（W. Pauli）不相容原理　泡利不相容原理是在实验基础上总结出来的，它是量子力学的基本定律之一。该原理认为，"在同一原子中没有四个量子数完全相同的电子。"因此同一原子轨道只能容纳两个自旋相反的电子。所以，每一电子层、每一电

核外电子的
排布规律

子亚层所能容纳的电子数目是一定的。

②最低能量原理 "在不违背泡利原理的前提下，基态时核外电子在各原子轨道中的排布方式应使整个原子的能量处于最低的状态。"因此，应当按照轨道的能量从低到高的顺序（近似能级图）填充电子。即：

轨道： <u>1s</u> <u>2s 2p</u> <u>3s 3p</u> <u>4s 3d 4p</u> <u>5s 4d 5p</u> <u>6s 4f 5d 6p</u> <u>7s 5f 6d 7p</u>
能级组： 1   2   3   4   5   6   7

③洪特规则 洪特（Hund）从光谱实验数据中发现，当电子在能量简并的轨道上排布时，总是以自旋相同的状态分占不同的简并轨道，从而使原子的能量最低，此规则称为洪特规则。它是对最低能量原理的补充。当电子简并轨道处于半充满状态（如 p^3、d^5、f^7）或全充满状态（如 p^6、d^{10}、f^{14}）时，原子核外电子的电荷在空间的分布呈球形对称，有利于降低原子的能量。例如根据最低能量原理，24 号元素 Cr 的核外电子排布式为：$1s^2 2s^2 2p^6 3s^2 3p^6 4s^2 3d^4$，但考虑洪特规则，实际的排布式为：$1s^2 2s^2 2p^6 3s^2 3p^6 4s^1 3d^5$。

（2）基态原子中电子的填充顺序——斜线规则

基态原子中电子的填充顺序可以用斜线规则（见图 11-20）来帮助理解。该图按原子轨道能量高低的顺序排列，下方的轨道能量低，上方的轨道能量高。用斜线贯穿各原子轨道，基态原子中电子由下而上填充即可。

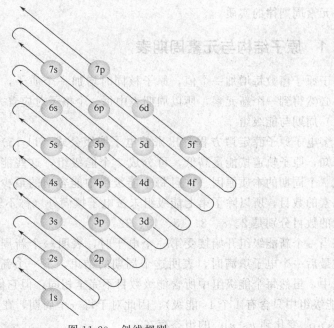

图 11-20 斜线规则

（3）基态原子的电子层结构

原子的基态是指原子没有受到外界激发时的自然状态，又称基电子组态。处于基态的原子，能量最低，其核外电子的排布顺序符合上述的电子排布原理。为了简化电子组态的书写，通常将核外已填满电子的能级组，以其对应的惰性元素的原子符号（加方括号）来代替，并称为原子芯（atomic core）。例如：基态 In 原子的电子排布式可以简化为：$[Kr]4d^{10} 5s^2 5p^1$。原子芯以外的那部分电子称为价电子（valence electron）。在化学反应中价电子是最活跃的部分，是决定元素在周期表中的位置和化学性质的主要因素。

基态原子的电子层结构

原子的基态电子结构还可以用"电子分布图"表示，它不仅可以表示电子所处的能级（轨道），还可以表示电子在各亚层中的自旋状态。用方格或短线表示一个轨道，分别用不同指向的箭头"↑"或"↓"表示电子的自旋状态。例如基态 Fe 原子的价电子分布图，如图 11-21 所示。

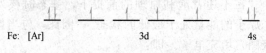

Fe: [Ar]   3d   4s

图 11-21　Fe 原子的价层电子分布图

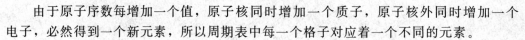

11.4　元素周期律

在 1869 年以前，人们对元素的性的认识是孤立的，只看到各元素的个性，对各元素间的联系及其共性缺乏研究，并未认识到元素之间内在的、必然的、客观的联系。俄国化学家门捷列夫（D. L. Mendeleev）在元素系统化的研究中捷足先登，他将元素沿着纵行和横行按一定顺序排列起来填在表中，发现元素的化学性质呈现周期性的变化。元素性质的这种周期性变化规律，称为元素的周期律（element periodicity），其表格形式称为周期表，亦称周期系。

当代的原子结构理论和价电子理论为元素周期律提供了理论依据，随着原子序数的增加，原子的基态电子构型呈现周期性的变化，从而使元素性质也呈周期性的变化。这就是元素周期律的实质。

11.4.1　原子结构与元素周期表

原子结构与元素
周期表

由于原子序数每增加一个值，原子核同时增加一个质子，原子核外同时增加一个电子，必然得到一个新元素，所以周期表中每一个格子对应着一个不同的元素。

（1）周期与能级组

由多电子原子薛定谔方程解出来的电子能级公式（11-15）及其能级图（见图 11-18）可知，原子轨道按能量高低，可分成 7 个能级组，这些能级组的存在，是元素被划分成 7 个周期的本质原因。并且每个能级组中能容纳的最少电子数目即是该周期中所含元素的数目，所以除了第七能级组未被电子填满外（称不完全周期），各周期中所含元素的数目分别是 2、8、8、18、18、32。

每当一个新能级组开始接受第一个电子时，表明一个新周期的开始；每当一个能级组被最后一个电子填满时，表明这个周期的结束，下一个新周期即将开始。在 7 个能级组中，虽然每个能级组中所含能级数目不完全相同，但它们均含有 ns np 两个能级（第一能级组中只含有 1 个 1s 能级），因此对于每一个周期，在其原子的基电子组态中，总有 ns^1np^0 变化到 ns^2np^6 的组态存在。

（2）族与价层电子结构

将每个周期中，最外两个亚层的电子组态相同的原子归并成一列，于是可得元素周期表所示的 18 个纵列。由于每一个纵列的元素具有相似的价层电子结构，故有相似的化学性质，犹如是化学元素大家庭中的一个家族，因而把每一个纵列称为元素的族。18 个纵列分为 16 个族（其中有 1 个族包含 3 个纵列），再将 16 个族分为两大类，一类称为主族，另一类称为副族。

① 主族（main group）按电子的填充顺序，凡是最后一个电子填入 ns 或 np 能级的元素称为主族元素。由于 ns 和 np 两个能级中最多只能填入 8 个电子，所以化学元素中只有 8 个主族元素，分别用 ⅠA～ⅧA 表示。由此可见，除ⅧA 主族外，主族的族数与 ns 和 np 能级中的电子数目是一致的，ⅧA 主族又称为零族，这一族元素的价电子层是全充满的，比较稳定，在通常情况下，它们都是气体，很难参与化学反应，具有惰性，因而曾被称为惰性元素。在它们的化合物发现之后，改称为稀有气体。

②副族（auxiliary group）按电子填充顺序，凡是最后一个电子填在价电子层的 $(n-1)$d 能级或 $(n-2)$f 能级上的元素，称为副族元素。由于副族元素价电子层中的 np 能级并无电子，所以其价电子层的电子组态基本上都是在 ns 能级已被填满的情况下，向其 $(n-1)$d 能级填充电子形成的，形成 $(n-1)d^1ns^2 \sim (n-1)d^{10}ns^2$ 的格式，可容纳 10 个电子（镧系和锕系除外）。因此可得到 10 个纵列的 8 个副族元素，分别用 ⅠB ～ ⅦB 和 ⅧB 表示。其中从 ⅢB 到 ⅦB 的族数和 $(n-1)d ns$ 能级上的价电子总数一致；在 ⅠB 到 ⅡB 两个副族中，$(n-1)$d 能级已充满，其族数只和 ns 能级上的电子数目一致；在 ⅧB 副族的 3 个纵列中，各原子的 $(n-1)$d 和 ns 能级上的价电子总数分别为 8、9、10。ⅧB 副族中的 9 个元素的性质，既具有垂直（族）相似性，又有水平（周期）相似性，故而通常又将 Fe、Co、Ni 称为铁系元素，而将其他 6 个元素称为铂系元素，所以这是一个特殊的副族。在周期表中，副族元素介于典型的金属元素（碱金属和碱土金属）和非金属（硼族和卤族）元素之间，所以又将它们称为过渡元素。第四、五、六周期中的过渡元素分别称为第一、二、三过渡系元素。

陨石

陨石是地球以外的宇宙流星脱离原有运行轨道或成碎块散落到地球上的石体，也称"陨星"。根据陨石所含化学成分的不同，大致可分为三类：①铁陨石，主要成分是铁和镍；②石铁陨石，这类陨石较少，其中铁镍与硅酸盐约各占一半；③石陨石，主要成分是硅酸盐，这种陨石的数目最多。陨石是人类直接认识太阳系各星体珍贵稀有的实物标本，其包含着丰富的天体形成演化的信息，对它们的实验分析有助于探求太阳系演化的奥秘。例如在一些陨石中找到了水和多种有机物，这成为"地球上的生命，是陨石将生命的种子带到地球的"这一生命起源假说的一个依据。通过对陨石中各种元素的同位素含量测定，可以推算出陨石的年龄，从而推算太阳系开始形成的时期。由于多数陨石落在海洋、荒草、森林和山地等人迹罕至的地区，而被人发现并收集到手的陨石每年只有几十块，数量极少。陨星的形状各异，最大的陨石是重 1770 千克的吉林 1 号陨石，最大的铁陨石是纳米比亚的戈巴铁陨石，重约 60 吨；中国铁陨石之冠是新疆清河县发现的"银骆驼"，约重 28 吨。

第六周期在第二过渡系元素镧之后的 14 个元素，随原子序数的递增，电子均填入价电子层的 4f 能级，其价电子层中最外三个亚层的电子组态为 $4f^15d^16s^2 \sim 4f^{14}5d^16s^2$ 形式。由于在周期表中这 14 个元素与镧元素占据同一个格子，故将这 14 个元素合称为镧系元素；同理，在第三过渡系中，从 90 ～ 103 号的 14 个元素，电子均填入价电子层的 5f 能级，其价电子层中最外三个亚层的电子组态为 $5f^16d^17s^2 \sim 5f^{14}6d^17s^2$ 形式，在周期表中因与 89 号锕元素同占一个位置，故将这 14 个元素称为锕系元素。镧系元素和锕系元素又称内过渡元素。

（3）元素在周期表中的分区

根据原子基电子组态的特点，还可以简单地将各族元素划分成 5 个区（block）。

①s 区　凡是价电子层最高能级为 $ns^{1\sim2}$ 电子组态的元素，称 s 区元素（s-block elements），它包括 ⅠA 和 ⅡA 两个主族元素。

②p 区　凡是价电子层上具有 $ns^2np^{1\sim6}$ 电子组态的元素，称为 p 区元素（p-block elements），它包括 ⅢA ～ ⅦA 以及 ⅧA 的主族元素。

③d 区　价电子层上具有 $(n-1)d^{1\sim9}ns^{1\sim2}$（仅 Pd 为 $4d^{10}5s^0$）电子组态的元素，

称为 d 区元素（d-block elements），它包括ⅢB～ⅧB 6 个副族元素。由于 $(n-1)$d 能级上的电子可部分参与成键，因此这些元素有多种氧化态。

④ds 区　价电子层中具有 $(n-1)$d^{10} ns$^{1\sim2}$ 电子组态的元素，称为 ds 区元素（ds-block elements），它包括ⅠB～ⅡB 两个副族元素。由于 $(n-1)$d 能级是全充满的，比较稳定，所以一般情况下，它们能提供的价电子数比较少。

⑤f 区　价电子层中具有 $(n-2)$f$^{1\sim14}$ $(n-1)$d^1ns^2 电子组态的元素称 f 区元素（f-block elements）。镧系元素和锕系元素属于 f 区元素。

（4）元素在周期表中的位置判断

元素的电子组态与它在周期表中的位置关系密切。一般可以根据元素的原子序数，写出该电子的组态并推断它在周期表中的位置，或者根据它在周期表中的位置，推知它的原子序数和电子组态，进而预测它的价态和性质。

【例题 11-3】　已知某元素的原子序数为 25，试写出该元素的电子组态，并指出该元素在周期表中所属周期、族和区。

解　该元素的原子应有 25 个电子。根据电子填充顺序，它的电子组态为 $1s^2 2s^2 2p^6 3s^2 3p^6 3d^5 4s^2$。其中最外层电子的主量子数 $n=4$，3d 和 4s 的 $(n+0.7l)$ 值分别是 4.4 和 4.0，属第 4 能级组，所以它在第四周期。价层电子总数为 7，所以它属ⅦB 族，是 d 区锰元素。

11.4.2　原子半径的周期性

原子半径的周期性

（1）原子半径的概念

原子半径（atom radius）是指在原子的基电子组态中，占据最高能级（或原子轨道）上的电子到原子核的距离。由于原子核外电子仅在离核无穷远处概率密度为零，所以单个孤立原子无法测量它的半径。原子大小取决于它与环境中原子之间作用力的性质，所以原子半径通常是根据原子与原子之间作用力的性质来定义的。根据原子之间作用力的性质不同，同一原子可以有多种半径，如共价半径（covalence radius）、金属半径（metal radius）和范德华半径（van der waals radius）等，一般所说的原子半径都是指原子的单键共价半径。当两个同种原子以共价键结合时，它们原子核间距离的一半即为该原子的共价半径；金属半径是指金属晶体中两相互接触原子的核间距（离）的一半。但是，由于金属晶体中的一个原子通常都同时与多个相同原子接触，因而它们原子间共用的电子数就显得比较少，使得原子间的斥力比较大，相应的半径也大一些。实验测得的金属半径通常比其共价半径大 10%～15%。例如 Li 原子，在 Li$_2$ 分子中的共价半径为 133pm，而在 Li 晶体中，其金属半径则为 152pm。因此在比较两种不同原子的相对大小时，应该用同一种概念下的原子半径数据。

在以范德华力（van der waals force）形成的分子晶体中，不属于同一个分子的两个最接近原子的核间距的一半，称为范德华半径（见图 11-22）。例如在 Cl$_2$ 的分子晶体中，氯原子的范德华半径为 180pm，而 Cl 分子内是以共价结合的，所以氯原子又有共价半径，为 99pm。前者比后者约大 81%，这是因为范德华力比共价结合力小得多的缘故。

（2）原子半径的变化规律

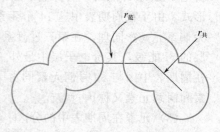

图 11-22　共价半径与范德华半径

原子半径的变化与原子的有效核电荷和电子层数目相关。对于同一周期中的主族元素，新增加的电子排列在最外层，屏蔽作用最小，所以随着原子序数的增加，有效核电荷增加的幅度最大，从左到右原子半径明显减小。但是每一周期末的惰性元素的原子半径突然增大。对于同一周期的副族元素，新增加的电子填入 $(n-1)$d 轨道，屏

蔽作用较大，有效核电荷增加的幅度比较小，所以从左到右原子半径减小的幅度比主族元素小得多。但是到了ⅠB和ⅡB两个副族元素，原子半径却明显地回升了，这是因为$(n-1)d$轨道已被电子填满，使屏蔽作用突然增大之故。内过渡元素有效核电荷变化不大，原子半径几乎不变。

在同一主族元素中，原子半径自上而下递增，这是因为同族元素有效核电荷基本相同，主量子数 n 成为主要的影响因素，原子半径随着最外亚层轨道 n 值的增大而递增。

同一副族元素，从上到下与主族一样半径增大，但实际上第五、六周期的两个元素的原子半径极其相近，使它们的化学性质极其相似，以至于它们在自然界往往以共生矿存在，并为检验及化学分离增加了困难。

11.4.3 电离能的周期性

元素原子失去电子的倾向可用电离能（ionization energy）来衡量，其数值也呈周期性变化。1mol 处于基态的自由原子失去电子，变成 1mol 正一价的基态正离子所需要吸收的最小能量值，被定义为该原子的第一电离能（I_1）；如再继续失去电子，变成正二价的基态正离子所需要吸收的最小能量值，被定义为第二电离能（I_2）；其余类推。电离能是一个重要的物理量，其数据既可以通过原子光谱、电子能谱和电子冲击质谱等实验方法准确测定，也可以从理论上，通过近似方法计算得到。

从图 11-23 中看出，同一周期中，I_1 从左到右逐渐增加，原因是同周期元素自左至右原子半径减小，有效核电荷递增，使得最外层电子的电离需要更高的能量，但也有例外，是因洪特规则的要求，即全空、全满和半满构型时比较稳。例如ⅢA族各元素的第一电离能突然减小，是因为这一族元素的价电子组态为 ns^2np^1，np^1 电子易失去，形成全充满的 ns^2np^0 稳定组态所致。

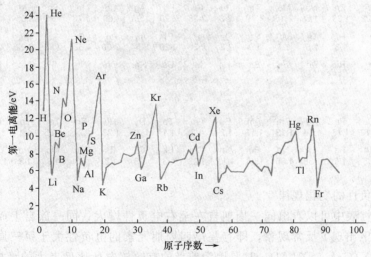

图 11-23　原子的第一电离能随原子序数的周期性变化

11.4.4 电子亲和能的周期性

和电离能相反，电子亲和能（electron affinity energy，Y）是指在 1mol 基态中性原子获得电子，变成 1mol 基态负一价自由离子时所吸收（正值）或放出（负值）的最少能量，称为该原子的第一电子亲和能（Y_1）。它反映元素结合电子的能力。

电子亲和能一般随原子半径减小而增大。这是因为原子半径减小，核电荷对电子的吸引力就增强，原子则易结合外来电子而放出能量。对于同一周期的主族元素，随原子序数的递增，原子半径减少，电子亲和能逐渐增大。对于同一主族元素，原子半径自上而下增大，故电子亲和能自上而下减小。但是每一族开头元素的电子亲和能并非都是最大的（指绝对值），而正好相反。这一反常现象是因为第二周期原子的半径比第三周期小得多，电子云密度大，电子间斥力强，以致吸收一个电子形成负离子时，放出的能量少；第三周期元素，原子体积较大，且同一价电子层中还有空的 d 轨道，可容纳电子，电子间斥力显著减小，因而吸收一个电子形成负离子时，放出的能量较前者略有增加。

11.4.5 元素电负性的周期性

元素电负性的
周期性

（1）电负性的概念

原子的电离能和电子的亲和能只从一个方面反映某原子得失电子的能力。实际上有原子既难失去也难得到电子，如 C、H 元素。因此在考虑某一原子在化学反应中的行为时，应综合考虑原子的电离能和电子亲和能。1932 年，鲍林首先在化学中引入了元素电负性的概念。所谓元素电负性（electronegativity）是指原子在分子中吸引成键的能力，常用 χ 表示，并规定氟的电负性为 4，然后根据热化学数据和键能数据，求出了其他元素的相对电负性。由于选择标准不同，计算方法不同，得到的电负性数值也不一样。应用比较广泛的是鲍林的电负性数据（见表 11-9）。

表 11-9 原子的电负性

H 2.20																	He 3.89
Li 0.98	Be 1.57											B 2.04	C 2.55	N 3.04	O 3.44	F 3.98	Ne 3.67
Na 0.93	Mg 1.31											Al 1.61	Si 1.90	P 2.19	S 2.58	Cl 3.16	Ar 3.3
K 0.82	Ca 1.00	Sc 1.36	Ti 1.54	V 1.63	Cr 1.66	Mn 1.55	Fe 1.83	Co 1.88	Ni 1.91	Cu 1.90	Zn 1.65	Ga 1.81	Ge 2.01	As 2.18	Se 2.55	Br 2.96	Kr 3.00
Rb 0.82	Sr 0.95	Y 1.22	Zr 1.33	Nb 1.6	Mo 2.16	Tc 2.10	Ru 2.2	Rh 2.28	Pd 2.20	Ag 1.93	Cd 1.69	In 1.78	Sn 1.96	Sb 2.05	Te 2.1	I 2.55	Xe 2.5
Cs 0.79	Ba 0.89	•	Hf 1.3	Ta 1.5	W 1.7	Re 1.9	Os 2.2	Ir 2.20	Pt 2.20	An 2.54	Hg 2.00	Tl 1.62	Pb 2.33	Bi 2.02	Po 2.0	At 2.2	Rn 2.2
Fr 0.7	Ra 0.9	••	Rf	Db	Sg	Bh	Hs	Mt	Ds	Rg	Cn	Nh	Fl	Mc	Lv	Ts	Og

•	La 1.1	Ce 1.12	Pr 1.13	Nd 1.14	Pm 1.13	Sm 1.17	Eu 1.2	Gd 1.2	Tb 1.1	Dy 1.22	Ho 1.23	Er 1.24	Tm 1.25	Yb 1.1	Lu 1.27
••	Ac 1.1	Th 1.3	Pa 1.5	U 1.38	Np 1.36	Pu 1.28	Am 1.13	Cm 1.28	Bk 1.3	Cf 1.3	Es 1.3	Fm 1.3	Md 1.3	No 1.3	Lr 1.291

（2）电负性的变化规律

从电负性表中可以看出同一周期自左至右电负性增大；同一族自上而下电负性减小。但在 p 区出现了反常现象，即有些第四周期元素的电负性大于第三周期元素的电负性，例如 $X(\text{Ga}) > X(\text{Al})$，这是因为前者的有效核电荷比后者大的缘故。副族元素的电负性同一周期自左至右电负性略有增加；同一族中都有 X（第一过渡系）$> X$（第二过渡系）$> X$（第三过渡系）的规律，这和有效核电荷和原子半径的变化规律是一致的。

11.5 元素和人体健康

目前认为生命必需的元素有 29 种，表 11-10 列出了这些元素在周期表中的位置，其中 16 种是金属，13 种是非金属。按元素在人体内的含量划分，占人体质量 0.05%

以上的称为常量元素（macroelement），有 11 种。含量低于 0.05％的为微量或痕量元素（microelement or trace element）。按元素对人体的正常作用可将元素分为必需元素（essential element）和非必需元素（non-essential element）。必需元素包括常量元素和 18 种微量元素，见表 11-11 和表 11-12。

表 11-10　必需元素在周期表中的位置

	IA	IIA	IIIB	IVB	B	VIB	VIIB	VIIIB			IB	IIB	IIIA	IVA	VA	VIA	VIIA
1	H																
2													B	C	N	O	F
3	Na	Mg												Si	P	S	Cl
4	K	Ca			V	Cr	Mn	Fe	Co	Ni	Cu	Zn			As	Se	Br
5		Sr				Mc								Sn			I

注：□——常量元素；　□——微量元素。

值得注意的是，"必需"和"非必需"的界限是相对的。首先，随着检测手段和诊断方法的进步和完善，今天认为是非必需的元素，明天可能会被发现是必需的。如砷，过去一直认为是有害元素，1975 年才认识到它的必需性。其次有一个摄入量的问题，即使是必需元素，在体内也有一个最佳营养浓度，超过或不足都不利于人体健康，甚至有害。

由表 11-10 可知常量元素集中在周期表中前 20 号元素之内，其中有钠、钾、钙、镁四种金属。18 种微量元素中有 11 种金属，大部分为过渡金属元素，7 种非金属。s 区、p 区元素对生命体的作用，从上到下，营养作用减弱，毒性加强。从左到右，也是营养作用减弱，毒性加强。

智力元素碘

正常成人的体内含有 20～50mg 碘，其中 70％～80％存在于甲状腺中。碘是甲状腺素的组成成分，其生理功能主要是通过甲状腺素的作用而表现出来。碘进入血液后，随血液循环分布于各组织中。在促甲状腺激素的作用下，碘再进入甲状腺的滤泡细胞中，在碘过氧化物酶作用下碘离子迅速氧化成为碘分子，并在甲状腺球蛋白内立即与酪氨酸结合生成一碘酪氨酸和二碘酪氨酸；后两者经偶合作用生成具有活性的甲状腺素。甲状腺素有两种：四碘甲腺原氨酸（T_4）和三碘甲腺原氨酸（T_3）。

甲状腺素能促进神经组织的发育和分化，对胎儿和婴儿的脑发育尤其重要。缺碘会导致儿童脑重量减轻、智力障碍和生长迟缓，严重者将发生克汀病（呆小症）。因缺碘而导致的一系列障碍被统称为碘缺乏病。常见的缺碘性地方病甲状腺肿是由于机体单纯性缺碘引起的甲状腺代偿性增生肿大，继以退行性病变。

含碘最丰富的食物为海产品，如海带、紫菜、干贝、海鱼等。机体需要的碘可从饮水、食物及食盐中获得。我国山区居民因环境中碘盐的冲洗流失，饮水和食物中碘含量较低，食盐加碘是有效的解决办法。

生命元素在体内以不同的形式存在，金属元素有游离的水和离子，但大多以与生物配体形成金属配合物的形式存在。生命元素的生物功能涉及生命活动的各个方面。

①构成人体组织的最主要成分：氢、氧、碳、氮、硫、磷是生物高分子蛋白质、核酸、糖、脂肪的主要构成元素，是生命活动的基础。钙、磷、镁是骨骼、牙齿的重要部分。

②参与某些具有特殊功能蛋白的组成：如铁是血红蛋白的组分，碘是甲状腺激素的必要成分，铬存在于葡萄糖耐量因子（GTF）中，钴是维生素 B_{12} 的中心原子，微量存在的锌、钼、锰、铜可以作为酶的活性中心，有的可作为某些酶的活性中心，有

的可作为某些酶的激活剂或抑制剂。
　　③维持体液的渗透压。
　　④保持肌体的酸碱平衡。
　　⑤维持神经和肌肉的应激性。

表 11-11　人体所含常量元素

元素	含量/(g/70kg)	占体重比例/%	在人体组织中的分布情况
O	45000	64.30	水、有机化合物的组成成分
C	12600	18.00	有机化合物的组成成分
H	7000	10.00	水、有机化合物的组成成分
N	2100	3.00	有机化合物的组成成分
Ca	1420	2.00	同上；骨骼、牙、肌肉、体液
P	700	1.00	同上；骨骼、牙、磷脂、磷蛋白
S	175	0.25	含硫氨基酸、头发、指甲、皮肤
K	245	0.35	细胞内液
Na	105	0.15	细胞外液、骨
Cl	105	0.15	脑脊液、胃肠道、细胞外液、骨
Mg	35	0.05	骨、牙、细胞内液、软组织

表 11-12　人体所含必需微量元素

元素	含量/(mg/70kg)	血浆浓度/$\mu mol \cdot L^{-1}$	主要部位	确证历史
Fe	2800～3500	10.75～30.45	红细胞、肝、骨髓	17 世纪
F	3000	0.63～0.79	骨骼、牙齿	1971 年
Zn	2700	12.24～21.42	肌肉、骨骼、皮肤	1934 年
Cu	90	11.02～23.6	肌肉、结缔组织	1928 年
V	25	0.20	脂肪组织	1971 年
Sn	20	0.28	脂肪、皮肤	1970 年
Se	15	1.39～1.9	肌肉（心脏）	1957 年
Mn	12～20	0.15～0.55	骨骼、肌肉	1931 年
I	12～24	0.32～0.63	甲状腺	1850 年
Ni	6～10	0.07	肾、皮肤	1974 年
Mo	11	0.04～0.31	肝	1953 年
Cr	2～7	0.17～1.06	肺、肾、胰	1959 年
Co	1.3～1.8	0.003	骨髓	1935 年
Br	<12			
As	<117		头发、皮肤	1975 年
Si	18000	15.31	淋巴结、指甲	1972 年
B	<12	3.60～33.76	脑、肝、肾	1982 年
Sr	320	0.44	骨骼、牙齿	

━━━━━━━━━━━ 复习指导 ━━━━━━━━━━━

　　掌握：四个量子数的物理意义及特定组合的取值规律；基态原子的核外电子排布规律。

　　熟悉：微观粒子的量子化和波粒二象性等基本特征；原子核外电子的运动状态；波函数和电子云的角度分布图、波函数的径向分布图和概率分布的表示法——径向分布函数图；元素周期表的分区、周期、族与相近电子结构、能级组、价层电子结构的对应关系。

了解：并了解其描述方法——薛定谔方程以及方程的解（波函数）；元素性质在周期表中的变化规律。

<table>
<tr><td colspan="2" style="text-align:center">英汉词汇对照</td></tr>
<tr><td>物质基本粒子 elementary particle</td><td>钻穿效应 penetrating effect</td></tr>
<tr><td>阴极射线 cathode ray</td><td>屏蔽常数 screening constant</td></tr>
<tr><td>荷质比 ratio of charge and mass</td><td>原子芯 atomic core</td></tr>
<tr><td>电子 electron</td><td>价电子 valence electron</td></tr>
<tr><td>原子核 atomic nucleus</td><td>周期律 element periodicity</td></tr>
<tr><td>质子 proton</td><td>主族 main group</td></tr>
<tr><td>中子 neutron</td><td>副族 auxiliary group</td></tr>
<tr><td>价电子 valence electron</td><td>f 区元素 f-block elements</td></tr>
<tr><td>量子化 quantized</td><td>原子半径 atom radius</td></tr>
<tr><td>量子 quantum</td><td>共价半径 covalence radius</td></tr>
<tr><td>电磁理论 electromagnetic theory</td><td>金属半径 metal radius</td></tr>
<tr><td>波长 wavelength</td><td>范德华半径 van der Waals radius</td></tr>
<tr><td>定态 stationary state</td><td>电离能 ionization energy</td></tr>
<tr><td>能级 energy level</td><td>范德华力 van der Waals force</td></tr>
<tr><td>基态 ground state</td><td>元素电负性 electronegativity</td></tr>
<tr><td>激发态 excited state</td><td>电子亲和能 electron affinity energy</td></tr>
<tr><td>原子光谱 hydrogen atom spectrum</td><td>微量或痕量元素 microelement or trace element</td></tr>
<tr><td>频率 frequency</td><td>常量元素 macroelement</td></tr>
<tr><td>波数 wave number</td><td>非必需元素 non-essential element</td></tr>
<tr><td>波粒二象性 wave-particle parallelism</td><td>必需元素 essential element</td></tr>
<tr><td>屏蔽效应 screening effect</td><td></td></tr>
</table>

化学史话

德布罗意与波粒二象性

德布罗意（L. de Broglie，1892—1987），量子力学的创始人之一，实物粒子波粒二象性理论的奠基者。

德布罗意 1892 年 8 月 15 日出生于法国一个贵族世家。起初主修历史，1910 年获得巴黎大学历史学学士学位。引导德布罗意转变兴趣的是庞加莱（H. Poincare）的两本著作：《科学的假设》和《科学的价值》，他转学自然科学，1913 年获得物理学硕士学位。第一次世界大战结束后，德布罗意复员回家，在他哥哥莫里斯（M. de Broglie，一位著名的 X 射线物理学家，曾任第二、第三届 Solvay 国际物理会议的科学秘书）所领导的物理实验室工作。

德布罗意的"物质波"思想，得益于爱因斯坦的光子学说。1922 年，他在爱因斯坦光量子思想的基础上，写了一篇隐含波动力学思想的论文《黑体辐射与光量子》，把黑体辐射作为一种光量子气来处理，推导出了 Wien 定律和 Planck 公式。1923 年，他又陆续在这方面发表了三篇论文。在这些论文中，他把 $\varepsilon = h\nu$ 从光子推广到了电子，把一个电子和一个想象的波——相位波对应起来，提出电子通过小于其波长的小孔时发生衍射的思想。这些论文就是他 1924 年博士论文《量子理论的研究》的基础。1963 年，德布罗意在重印他的博士论文的前言中写道："在 1923 年期间，经过一段长时间的独自沉思之后，我突然有了这样一个思想，爱因斯坦在 1905 年所提出的发现（光的二象性）应该可以推广到所有物质粒子，明显地可以推广到电子。"可以这样说，在 1923 年 Compton 效应发现之前，是年轻的德布罗意首先大胆地接受了爱因斯坦的光量子理论，并进而做出了推广；反过来，又是爱因斯坦最先看出了德布罗意物质波思想的深远意义，并支持了这篇论文的问世。不仅如此，爱因斯坦还对其他科学家推荐了德布罗意的工作。他对波恩（M. Born）说："您一定要读它，虽然看起来有点荒唐，但很可能是有道理的。"

波恩在 1965 年曾说："在爱因斯坦鼓励下，我研究了德布罗意的理论。"爱因斯坦对德布罗意理论的推崇并在自己的工作中加以应用，也引起了年轻的奥地利物理学家薛定谔的重视，并使他全力以赴转入对原子中电子的波动理论的研究，终于创立了波动力学，使德布罗意的贡献也著称于世，德布罗意因此获得 1929 年诺贝尔物理学奖。

为了解释实物粒子的波性，德布罗意后来又提出了"引导波"理论。他认为电子和波的关系，就好像飞行中的飞机同为它导航的无线电波一样，飞机受到雷达的指引而航行，而雷达波并不是飞机本身，它只提供有关航线的信息，波函数 ψ 就代表引导电子的波动。他的这种理论不仅在数学上遇到了困难，也难以圆满地解释实验事实。只有波恩的概率解释才真实地反映了微粒子的波粒二象性。

习　题

1. 将锂在火焰上燃烧放出红光，波长 $\lambda = 670.8$ nm，试计算该红光的频率、波数以及以 $kJ \cdot mol^{-1}$ 为单位符号的能量。

2. 计算氢原子中的电子由 $n=4$ 能级跃迁到 $n=3$ 能级时发射光的频率和波长。

3. 指出下列电子的各套量子数中，哪几套不可能存在：

(1) 3，2，2，1/2；(2) 3，0，-1，1/2；(3) 2，2，2，2；(4) 1，0，0，0

4. 以下各"亚层"哪些可能存在？存在的"亚层"包含多少轨道？

(1) 2s；(2) 3f；(3) 4p；(4) 2d；(5) 5d。

5. 分别用 4 个量子数表示 p 原子的 5 个电子的运动状态：$3s^2 3p^3$。

6. 用 s、p、d、f 等符号表示下列元素的原子电子层结构，判断它们所在的周期和族：

Al(13)，Cr(24)，Fe(26)，As(33)，Ag(47)，Pb(82)

7. 画出下列原子的价电子的轨道图：V，Si，Fe；这些原子各有几个未成对电子？

8. 已知下列元素在周期表中的位置，写出它们的外围电子构型和元素符号：

(1) 第四周期第ⅣB族；(2) 第四周期第ⅦB族；(3) 第五周期第ⅦA族；(4) 第六周期第Ⅲ A族

9. 外围电子构型满足下列条件之一的是哪一类或哪一个元素？

(1) 具有 2 个 p 电子；

(2) 有 2 个 $n=4$，$l=0$ 的电子，6 个 $n=3$ 和 $l=2$ 的电子；

(3) 3d 全充满，4s 只有 1 个电子的元素。

10. 满足下列条件之一的是什么元素？

(1) 某元素＋2 价离子和 Ar 的电子构型相同；

(2) 某元素＋3 价离子和 F^- 的电子构型相同；

(3) 某元素＋2 价离子的 3d 电子数为 7 个。

11. 已知某元素的最外层有 4 个价电子的量子数分别是：

(4，0，0，+1/2)、(4，0，0，-1/2)、(3，2，0，+1/2)、(3，2，1，+1/2)

则元素原子的价电子组态是什么？是什么元素？

12. 说明下列等电子离子的半径值在数值上为什么有差别

(1) F^-(133 pm) 与 O^{2-}(136 pm)；

(2) Na^+(198pm)、Mg^{2+}(74pm) 与 Al^{3+}(57pm)。

13. 解释下列现象：

(1) Na 的 I_1 小于 Mg 的 I_1，但 Na 的 I_2 却大大超过 Mg 的 I_2；

(2) Be 原子的 $I_1 \sim I_4$ 各级电离能/ $kJ \cdot mol^{-1}$ 分别为：899，1757，1.484×10^4，2.100×10^4，解释各级电离能逐渐增大并有突跃的原因。

14. 给出下列价电子构型原子的电离能的大小顺序，并说明原因。

A. $3s^2 3p^1$；B. $3s^2 3p^2$；C. $3s^2 3p^3$；D. $3s^2 3p^4$。

第11章 习题
解答

（中南大学　钱　频）

第12章
共价键与分子结构

本章主要讨论共价键，包括价键理论、键的特点、类型和键参数，杂化轨道的理论和类型，价层电子对互斥理论及其推测 AB_n 型分子空间构型的方法，分子轨道理论要点和常见双原子分子的轨道能级图和分子轨道表达式。此外，还将介绍分子间作用力。

物质的性质决定于分子的性质和分子间的作用力，而分子的性质又是由分子的内部结构所决定的。通常条件下，纯物质都是以分子或晶体的形式存在的，它们都是由原子组合而成的。

分子或晶体的内部结构决定于原子组合的方式和空间构型。分子或晶体中各元素原子之间相互结合的作用力称为化学键（chemical bond）。根据原子间相互作用力的不同，化学键主要分为三类：离子键、共价键和金属键。分子或晶体中各原子或离子甚至分子之间相连接的顺序和空间排布的形状决定了分子或晶体的空间构型。

12.1 共价键理论

若元素原子间电负性相等或相差不大时，原子之间形成共价键（covalent bond）。通常，分子和复杂离子内部的化学键主要是共价键。最早的共价键理论是1916年路易斯（G. N. Lewis）提出来的共用电子对理论。在量子力学发展的基础上，1927年海特勒（W. Heitler）和伦敦（F. London）提出了价键理论（VB法）。1931年鲍林（L. Pauling）提出了杂化轨道理论。1931年马利肯（R. S. Mulliken）和洪特（F. Hund）提出了分子轨道理论。

12.1.1 路易斯理论与 H_2 分子

路易斯理论认为，稀有气体原子的8电子结构，即八隅体，最为稳定。当分子中两原子的电负性相等或相差不大时，谁也无法得到或失去电子，原子间只能通过共用电子对的办法而使每一个原子具有稀有气体的八隅体稳定结构，形成共价键，这就是八隅体规则。该规则仅氢原子例外，它形成氦原子的2电子结构，仍为稀有气体原子稳定结构，并无本质区别。

例如：HCl、N_2、H_2O 分子的形成：

$$H\cdot + \ddot{\underset{..}{Cl}}: \longrightarrow H\ddot{\underset{..}{Cl}}:$$

$$:\dot{\underset{.}{N}}\cdot + \cdot\dot{\underset{.}{N}}: \longrightarrow :N::N:$$

路易斯理论
与氢分子

$$H \cdot + \cdot \ddot{O} \cdot + \cdot H \Longrightarrow H \colon \ddot{O} \colon H$$

H 原子和 Cl 原子之间的两个电子为两个原子共有，从而使两个原子都具有稀有气体的稳定结构。而两个 N 原子则必须各出 3 个电子，通过共用 3 对电子，达到八隅体。同一个原子可以同时与两个或两个以上的原子共用电子对，如 H_2O 分子。两原子间共用一对电子形成共价单键，共用两对电子形成共价双键，共用 3 对电子形成共价叁键。共用电子对的数目越大，键能越高，键越牢固。而为一个原子所独有、未参与成键的电子对称为孤电子对或孤对电子。

路易斯理论和路易斯结构式，成功地解释了一些简单分子的形成，初步揭示了共价键的本质。但路易斯理论把核外成键电子看成局限在两成键原子之间的静止不动的负电荷，没有跳出经典理论的范畴，也无法解释带负电荷的电子为什么不互相排斥，反而相互配对。此外，对共价键的方向性和一些非八隅体但很稳定的如 BF_3、PCl_3 等分子结构，也不能做出合理解释。随着量子力学的建立和形成，1927 年物理学家海特勒和伦敦在用量子力学处理氢分子的基础上，提出了价键理论（valence bond theory，VB），由此奠定了现代共价键理论的基础。

12.1.2 现代价键理论

12.1.2.1 量子力学处理氢分子的结果

现代价键理论

海特勒和伦敦用量子力学处理 H_2 分子的形成过程中，通过近似求解氢分子的薛定谔方程，得到氢分子的能量曲线。如图 12-1 所示，结果表明：原子间的相互作用和成键电子的自旋方向密切相关。排斥态时，两原子轨道上的两个成键电子自旋方向相同，随着两者靠近，核间电子云密度减小，两原子电子间的排斥作用力占主导地位，系统的总能量总是大于两未成键原子能量之和，不能形成稳定的氢分子。基态时，两原子轨道上的两个成键电子自旋方向相反，在到达核平衡间距 R_0 之前，随着 R 的减小，电子运动的空间轨道发生重叠，电子在两核间出现的机会较多，核间的电子云密度增

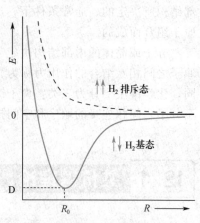

图 12-1 H_2 分子的能量曲线

大，原子之间的相互作用力以引力为主，系统的能量也逐步降低，直到 $R=R_0$，系统对应能量最低值 D。之后，随着两原子间距离的进一步减小，原子核间的排斥力迅速升高，原子之间的相互作用力以排斥力为主，从而使原子重新回到平衡位置，即核间距离为 R_0 的位置，形成稳定的氢分子。

海特勒和伦敦第一次把量子力学应用于处理氢分子的结构，揭示了共价键的本质问题。

12.1.2.2 价键理论（VB 法）的基本要点

将量子力学对 H_2 分子的研究结果推广到双原子分子和多原子分子，形成了现代价键理论。其基本要点如下。

（1）电子配对成键原理

只有当两原子的自旋方向相反的未成对电子相互接近时，彼此才因电子自旋产生的磁场方向相反而呈现相互吸引的作用，并使体系的能量降低，才能形成稳定的共价键。为了增加体系的稳定性，各原子价层轨道中的未成对电子应尽可能相互配对，以形成最多数目的共价键。当形成分子的 A、B 两个原子，各有一个自旋相反的未成对电子时，它们之间则形成共价单键；如果 A、B 两原子各有两个甚至 3 个自旋相反的未成对电子，则

形成共价双键或叁键。

如 O 原子的两个未成对 2p 电子分别与两个 H 原子自旋方向相反的未成对的 1s 电子配对成键分别形成两个 O—H 共价单键：

$$H \cdot + \cdot \overset{..}{\underset{..}{O}} \cdot + \cdot H \Longrightarrow H \overset{..}{\underset{..}{O}} H$$

N_2 分子中 N 原子的 3 个未成对 2p 电子分别和另一 N 原子 3 个自旋方向相反的未成对 2p 电子结合形成 N—N 共价叁键。至于 He 原子有两个 1s 电子，不存在未成对电子，所以 He 原子之间不能形成化学键，He 为单原子分子。

（2）原子轨道最大重叠原理

在满足电子配对原理的条件下，原子组合形成分子，未成对电子所在的原子轨道一定会选择相互重叠并尽可能达到最大。重叠越多，核间电子云密度越大，共价键越牢固。

12.1.3 共价键的特点

（1）共价键具有方向性

原子轨道的最大重叠原理决定了共价键的方向性。在形成共价键时，s 轨道呈球形对称，在任何方向上都能形成最大重叠；而 p 轨道、d 轨道及 f 轨道在空间都有特定的伸展方向，它们只有沿着一定的方向才能保证成键时原子轨道的最大重叠。例如 HCl 分子的形成。成键时 H 原子的 1s 轨道与 Cl 原子的 $3p_x$ 轨道只有沿着 x 轴方向才能发生最大重叠，如图 12-2(a) 所示。其他方向的重叠，如图 12-2(b) 和图 12-2(c) 所示，都不能成键。

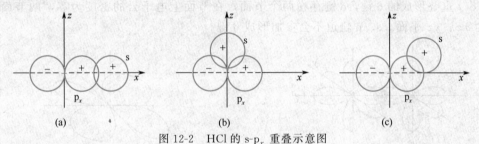

图 12-2　HCl 的 s-p_x 重叠示意图

（2）共价键具有饱和性

一个原子的价层轨道中含有 n 个未成对电子，就只能与 n 个自旋方向相反的未成对电子配对成键。电子配对成键原理决定了共价键的饱和性。即未成对电子的多少，决定了该原子所能形成共价键的最大数目。例如氢原子，它有一个未成对的 1s 电子，与另一个氢原子 1s 电子配对形成 H_2 分子之后，不能与第 3 个氢原子的 1s 电子继续结合形成 H_3 分子。又如 N 原子外层有 3 个未成对的 2p 电子，可以同 3 个氢原子的 1s 电子配对形成 3 个共价单键，生成 NH_3 分子。

12.1.4 共价键的类型

原子轨道最大重叠的方式因轨道的形状不同，在成键时，有多种情况，从而形成不同的键型。

（1）σ 键

当原子轨道沿键轴方向以"头碰头"的方式重叠时，成键轨道重叠部分围绕键轴呈圆柱形分布，形成的共价键称为 σ 键，如图 12-3 所示。σ 键的特点是轨道重叠程度大，键强，键稳定。

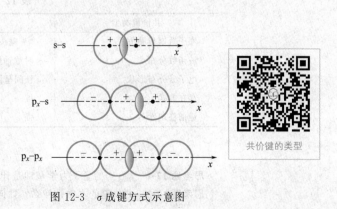

共价键的类型

图 12-3　σ 成键方式示意图

（2）π键

当两个原子轨道以"肩并肩"的方式重叠时，所形成的共价键为π键。图12-4（a）所示的p_x-p_x轨道重叠和图12-4（c）所示的d_{xz}-p_x轨道重叠都可以形成最大重叠，从而形成共价键。

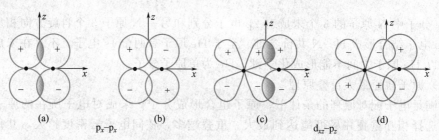

(a)　　　　　(b)　　　　　(c)　　　　　(d)

p_x-p_x　　　　　　　　　d_{xz}-p_z

图12-4　π成键方式示意图

图12-5是N_2原子轨道重叠示意图。当两个N原子沿x轴靠近时，会发生p_x-p_x、p_y-p_y、p_z-p_z轨道重叠。其中两个原子p_x-p_x轨道沿键轴方向以"头碰头"的方式重叠形成σ键，而p_y-p_y、p_z-p_z原子轨道则以"肩并肩"的形式重叠形成两个π键。π键重叠部分位于键轴的上、下方，相对于键轴（准确地说，是通过键轴的平面）呈反对称（波函数的符号相反）。从电子云的分布上来看，通过两原子核的连线存在一节面，该节面上电子云的密度为零，这导致π键的稳定性比较弱。

（3）δ键

当两个原子轨道以"面对面"的方式重叠时，所形成的共价键为δ键，图12-6为d_{xy}-d_{xy}重叠形成的δ键，δ键存在两个节面，在节面上电子云的密度为零，两节面分别为xz、yz平面。s、p轨道不会参加形成δ键。

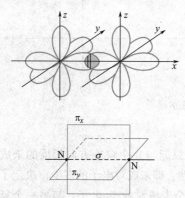

图12-5　N_2的成键方式示意图

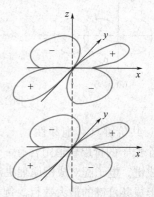

图12-6　δ的成键方式示意图

表12-1是共价键的主要类型σ键和π键的总结对比。

表12-1　σ键和π键的对比

共价键类型	σ键	π键
原子轨道重叠方式	"头碰头"	"肩并肩"
波函数分布	对键轴呈圆柱形对称	上、下反对称
电子云分布形状	核间呈圆柱形	存在密度为零的节面
存在方式	惟一	原子间有多键时可多个
键的稳定性	强	弱

思考题 12-1　VB法的量子力学基础是什么？VB法与路易斯理论在本质上有什么不同？

思考题 12-2　共价键的本质是什么？如何理解共价键的方向性和饱和性？

12.1.5 键参数

能表征化学键性质的物理量称为键参数。这些键参数主要是键能、键长、键角等。如，键能表征键的强弱，键长、键角描述分子的空间构型，元素的电负性差值衡量键的极性等。

共价键的键参数

（1）键能

在298.15K和100kPa下断裂1mol化学键所需的能量称为键能 E，单位为 $kJ \cdot mol^{-1}$。它是从能量的角度来衡量共价键强弱的物理量。键能越大，共价键越强，所形成的分子越稳定。

对于双原子分子，键能 E 是在上述温度、压力下，将1mol理想气态分子离解为理想气态单原子所需的能量，也称为键的离解能 D。离解能可从键离解反应时的等压热求得。例如：

$$H_2(g) \longrightarrow 2H(g) \qquad \Delta_r H_m^\ominus = D_{H-H} = E_{H-H} = +436kJ \cdot mol^{-1}$$

$$N_2(g) \longrightarrow 2N(g) \qquad \Delta_r H_m^\ominus = D_{N\equiv N} = E_{N\equiv N} = +946kJ \cdot mol^{-1}$$

对于多原子分子，键能和键的离解能是不同的。如 $NH_3(g)$，每个N—H键的离解能不同，该共价键的键能为分子每步离解能的平均值。例如：

$$NH_3(g) =\!=\!= NH_2(g) + H(g) \qquad \Delta_r H_m^\ominus = D_1 = 435kJ \cdot mol^{-1}$$

$$NH_2(g) =\!=\!= NH(g) + H(g) \qquad \Delta_r H_m^\ominus = D_2 = 397kJ \cdot mol^{-1}$$

$$NH(g) =\!=\!= N(g) + H(g) \qquad \Delta_r H_m^\ominus = D_3 = 338kJ \cdot mol^{-1}$$

$$NH_3(g) =\!=\!= N(g) + 3H(g) \qquad \Delta_r H_m^\ominus = D_总 = D_1 + D_2 + D_3 = 1170kJ \cdot mol^{-1}$$

$$E_{N-H} = \frac{D_2 + D_2 + D_3}{3} = \frac{1170}{3} kJ \cdot mol^{-1} = 390kJ \cdot mol^{-1}$$

相同原子形成的共价键，其键能的关系为：单键＜双键＜叁键。例如：

$$E_{C-C} = +356kJ \cdot mol^{-1} < E_{C=C} = +598kJ \cdot mol^{-1} < E_{C\equiv C} = +813kJ \cdot mol^{-1}$$

部分常见共价单键的键能，见表12-2。

（2）键长

分子中两成键原子的核间平衡距离称为键长。现代理论和实验技术的发展，可用电子衍射、X射线衍射、分子的光谱数据等相当精确地测定各类分子和晶体中共价键的键长。例如，氢分子中两个原子的核间距为74.2pm，则H—H键的键长为74.2pm。而且，同一种键在不同分子中的键长几乎相等。再者，键长越短，也可表示键越牢固。一般来说，单键键长＞双键键长＞叁键键长。表12-2列举了部分常见共价键的键长。

表12-2　部分常见共价键的键长和键能

共价键	键长/pm	键能/kJ·mol⁻¹	共价键	键长/pm	键能/kJ·mol⁻¹
H—H	74	436	F—F	128	158
H—F	92	566	Cl—Cl	199	242
H—Cl	127	431	Br—Br	228	193
H—Br	141	366	I—I	267	151
H—I	161	299	C—C	154	356
O—H	96	467	C=C	134	598
S—H	136	347	C≡C	120	813
N—H	101	391	N—N	145	160
C—H	109	411	N=N	125	418
B—H	123	293	N≡N	110	946

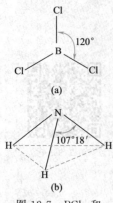

图 12-7　BCl_3 和 NH_3 分子的键角

（3）键角

分子中同一原子所形成的两根化学键之间的夹角称为键角。键角和键长都是确定分子空间构型的重要参数。

对双原子分子，只有一个共价键，没有键角，分子总是直线形。对于多原子分子，分子中的原子在空间的排布情况不同，键角就不等，空间构型也不一样。例如，BCl_3 键的键角是 $120°$，空间构型为平面三角形，如图 12-7(a) 所示。而 NH_3 键角是 $107°$，空间构型则为三角锥形，如图 12-7(b) 所示。

> **思考题 12-3**　描述共价键的键参数有哪几个？它们的定义是什么？
>
> **思考题 12-4**　键能和键裂解能有什么区别？在什么情况下两者的数值相等？

12.2　杂化轨道理论

杂化轨道理论
的要点

价键理论揭示了共价键的本质，成功地解释了共价键的形成以及方向性、饱和性等特点，但用它来解释多原子分子的空间构型时却遇到了很大困难。

以 CH_4 为例，近代实验测定 CH_4 分子是一个正四面体构型，C 原子位于正四面体的中心，4 个 H 原子占据四面体的 4 个顶点，键角是 $109°28'$。但 C 原子的价电子结构是：$2s^2 2p_x^1 2p_y^1$，仅 2p 轨道上有两个未成对电子，按价键理论只能与两个 H 原子形成两个 C—H 共价键，且键角是 $90°$，这是价键理论无法解释的。

当然，根据量子力学的结论，C 原子的 2s 和 2p 轨道能级相近，要形成 4 个 C—H 键，也可以假定 2s 轨道上的一个电子极易被激发到 2p 空轨道上，形成 4 个未成对电子而与 H 原子形成共价键。可是由于 2s 轨道和 3 个 2p 轨道在能量上、在空间中的伸展方向各不相同，所形成的 4 根 C—H 键应该也不会相同，但事实是这 4 根 C—H 键没有差别。

再如 H_2O 分子，实验证明，两根 O—H 键的键角是 $104°45'$，与价键理论预测的 $90°$ 相差甚远。为了解释多原子分子的空间构型，鲍林等于 1931 年在价键理论的基础上，提出了杂化轨道理论。

科学家小传——鲍林

鲍林（L. C. Pauling, 1901—1994），美国著名结构化学家。1901 年 2 月 28 日出生在美国俄勒冈州波特兰市，他聪明好学，很小就萌生了对化学的热爱，中学化学成绩名列全班第一。1917 年，考入俄勒冈州农学院化工系。1922 年，在加州理工学院读研究生，导师是"极善于鼓动学生热爱化学"的诺伊斯。

鲍林最感兴趣的问题是物质结构，他系统地研究了物质的组成、结构、性质三者的联系，同时还探讨了决定论和随机性的关系。1925 年，鲍林获化学哲学博士学位。1926 年 2 月去欧洲，先后在索末菲、玻尔的实验室工作，坚定了鲍林用量子力学方法解决化学键问题的信心。1927 年回国，在帕莎迪那担任理论化学的助理教授，讲授量子力学和晶体化学。1930 年，再次去欧洲学习电子衍射等方面的技术，回国后任加州理工学院教授。鲍林自 1930 年代开始致力于化学键的研究，1931 年 2 月提出了杂化轨道理论，1939 年出版了划时代意义的《化学键的本质》一书，彻底改变了人们对化学键的认识。鲍林还提出过"共振论"以及元素电负性标度等许多新的规则和概念。他还把化学研究推向生物学，是分子生物学的奠基人之一。1954 年获诺贝尔化学奖，被誉为"科学怪杰"。此外，鲍林还坚决反对核战争，1962 年又获诺贝尔和平奖。1994 年 8 月 19 日逝世，享年 93 岁。

12.2.1　杂化轨道理论的要点

原子轨道的杂化是基于电子具有波动性、波可以相互叠加的观点，认为原子轨道在成键过程中并不是一成不变的，受成键原子的影响，同一原子能量相近的不同类型的原子轨道在成键过程中经过叠加混合后重新组合成一系列能量相同的新轨道，而改变原来轨道的状态（能量、形状、方向）。也就是说，原子轨道经过重新分配能量、形状、方向，再混合均匀化，形成的新轨道称为杂化轨道。原子轨道的杂化只有在形成分子的过程中才发生，孤立的原子是不可能发生杂化的。

杂化轨道的成键能力强于杂化前的各原子轨道。杂化轨道不但在空间的伸展方向发生了变化，而且其相应的电子云分布更为集中，更有利于原子轨道间最大程度的重叠。

杂化轨道的形状一头大，一头小，如图 12-8 所示。杂化轨道成键时，是利用大头部分和其他原子轨道重叠成键，和原来的原子轨道相比，重叠部分会更多，成键能力得到很大的提高。

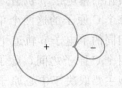

图 12-8　杂化轨道示意图

杂化轨道与未杂化的原子轨道的成键能力的比较顺序如下：

$$s < p < sp < sp^2 < sp^3 < dsp^2 < d^2sp^3 = sp^3d^2 < sp^3d$$

此外，杂化轨道之间尽量远离，在空间取最大夹角分布，使成键电子间的斥力减小。

必须说明的是，由同一原子中能量相近的不同类型的原子轨道才能组合成杂化轨道。如 2s 与 2p 可以组合，而 1s 和 2p 则不能组合成杂化轨道。

杂化轨道仍然是原子轨道，有几个原子轨道参加杂化就只能形成几个杂化轨道。如 1 个 2s 轨道和 1 个 2p 轨道可组合成 2 个杂化轨道。

归结起来，杂化轨道理论的要点就是轨道杂化时必须遵循的几个原则。

①能量相近原则　形成杂化轨道的原子轨道在能量上必须相近。

②轨道数目守恒原则　原子轨道在杂化前后数目保持不变，杂化轨道和参与杂化的原子轨道数目相等。

③能量重新分配原则　原子轨道在杂化前能量不完全相同，但杂化后所形成的杂化轨道能量相等（不等性杂化除外）。

④杂化轨道对称性分布原则　杂化轨道在空间尽量呈对称性分布，轨道间取最大夹角，使成键电子间的斥力最小。

⑤最大重叠原则　价层电子的原子轨道在杂化时，都有 s 轨道的参与，s 轨道的波函数 ψ 值为正值，导致原子轨道的形状发生改变，使杂化轨道一头大（波函数 ψ 为正值的部分大），一头小。成键时都是用大头部分和成键原子轨道进行最大重叠，形成最稳定的共价键。

12.2.2　杂化轨道类型与分子的空间构型

参与杂化的原子轨道类型不同，组成不同类型的杂化轨道。中心原子的杂化轨道类型不同，则分子的空间构型不同。杂化轨道有 sp 型和 spd 型两大类，本章主要讨论 sp 型杂化。

杂化轨道类型与
分子空间构型

12.2.2.1　sp 杂化

sp 杂化是一个 s 轨道与一个 p 轨道间的杂化。如 $BeCl_2$ 分子，中心原子 Be 原子外层电子结构为 $2s^2 2p^0$，经激发为 $2s^1 2p^1$，再采取 sp 杂化。杂化后得到的每一个 sp 杂化轨道，都含有 $\frac{1}{2}$ s 和 $\frac{1}{2}$ p 轨道的成分，能量相等。两个 sp 杂化轨道之间的夹角为

180°, 如图 12-9 (a) 所示, 背靠背处在同一直线上。Be 原子的杂化轨道再分别与两个 Cl 原子的 p 轨道 "头碰头" 重叠而形成 2 个等同的 σ 键, 键角也为 180°, 空间构型呈对称分布的直线形, 如图 12-9 (b) 所示。

　　实验证明, 乙炔 C_2H_2 分子的空间结构为直线形, 这同样可用 sp 杂化来解释。C_2H_2 中的两个 C 原子作为中心原子, 其外层电子结构, 经激发变为 $2s^1 2p^3$ 后, 均采取 sp 杂化。每一个 C 原子都有 2 个 sp 杂化轨道, 其中 1 个 sp 杂化轨道与 H 原子的 1s 轨道 "头碰头" 重叠形成 1 个 C—H 键, 两个 C 原子剩下的另外两个 sp 杂化轨道再 "头碰头" 相互重叠形成 C—C 键, 这两种键均为 σ 键。两个 C 原子各剩下两个未参与杂化的单电子 p 轨道, 这两个 p 轨道的对称轴都与 sp 杂化轨道的对称轴相互垂直, 且每个 C 原子的这两个单电子 p 轨道也互相垂直, 刚好与相邻 C 原子的两个对称轴方向相同的单电子 p 轨道平行, 从而 "肩并肩" 重叠形成两个 π 键, 这样在 C_2H_2 分子中的两个 C 原子之间, 除了 1 个 σ 键之外, 还有 2 个 π 键, 构成 C—C 叁键。分子的空间构型主要取决于中心原子的杂化类型, sp 杂化是直线形, C_2H_2 分子自然是直线形, 因为 4 个 C、H 原子在同一直线上, 见图 12-10。

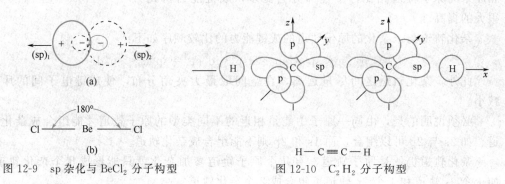

图 12-9　sp 杂化与 $BeCl_2$ 分子构型　　　　图 12-10　C_2H_2 分子构型

12. 2. 2. 2　sp^2 杂化

　　sp^2 杂化是 1 个 s 原子轨道和 2 个 p 轨道间的杂化, 形成 3 个 sp^2 杂化轨道, 每个 sp^2 杂化轨道含有 $\frac{1}{3}$ s 和 $\frac{2}{3}$ p 轨道的成分。3 个杂化轨道之间夹角为 120°, 共处于一个平面上, 如图 12-11 (a) 所示。例如 BCl_3 分子中, 中心原子 B 的外层电子结构为 $2s^2 2p^1$, 经激发为 $2s^1 2p^2$, 采取 sp^2 杂化形成 3 个 sp^2 杂化轨道, 3 个 Cl 原子的 2p 轨道与 B 原子的 3 个 sp^2 杂化轨道 "头碰头" 重叠, 形成 3 个 B—Cl 键, 形成 BCl_3 分子。形成的 BCl_3 分子为平面正三角形, B 原子位于正三角形的中心, 3 个 Cl 原子位于三角形的 3 个顶点, 键角与杂化轨道之间的夹角 120° 一致, 成键轨道之间有最大程度的重叠。

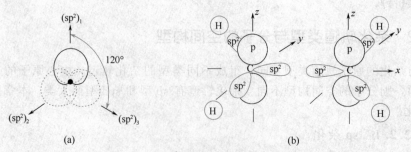

图 12-11　sp^2 杂化与 C_2H_4 分子结构

　　在乙烯 C_2H_4 分子中, C 原子也采取 sp^2 杂化, 每个 C 原子各以两个 sp^2 杂化轨道和 H 原子的 1s 轨道互相 "头碰头" 重叠生成 4 个 C—H 键, 又以剩下的一个 sp^2 杂化轨道和另一个原子剩下的一个 sp^2 杂化轨道相互"头碰头"重叠形成 C—C 键。两个 C 原子未参加杂化的 p 轨道平行排列,又可"肩并肩"相互重叠,在两个 C 原子之间形成 1 个 π 键。整个分子结构也由中心 C 原子的 sp^2 杂化类型所决定,分子中 6 个 C、H 原子共处于一个平面上,如图 12-11(b) 所示。这样在 C_2H_4 分子中的两个 C 原子之间,除了 1 个 σ 键之外,还有 1 个 π 键,构成 C—C 双键。

12.2.2.3 sp^3 杂化

sp^3 杂化是一个 s 原子轨道和 3 个 p 原子轨道间的杂化,形成 4 个 sp^3 杂化轨道,每个 sp^3 杂化轨道含有 $\frac{1}{4}$s 和 $\frac{3}{4}$p 轨道的成分。杂化轨道在空间中呈四面体分布,中心原子位于四面体的中心,杂化轨道伸向四面体的 4 个顶点,杂化轨道之间的夹角为 109°28′,见图 12-12(a)。例如 CH_4 分子,中心原子 C 的外层电子结构是 $2s^2 2p^2$,激发为 $2s^1 2p^3$ 后,采取 sp^3 杂化:4 个氢原子的 1s 轨道,以"头碰头"方式,沿杂化轨道的最大方向即四面体的 4 个顶点方向,与相应的 sp^3 杂化轨道重叠形成 4 个等同的 C—H 键。键角为 109°28′。所以 CH_4 分子具有如图 12-12(b) 所示的正四面体结构,C 原子位于四面体的中心。实际上,其他开链烷烃中的 C 原子都是采取 sp^3 杂化。

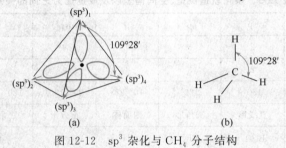

图 12-12 sp^3 杂化与 CH_4 分子结构

12.2.2.4 不等性 sp^3 杂化

中心原子的杂化类型与其价电子结构密切相关,但不能简单地从分子式是否相同来做出判断。如 BF_3 是 sp^2 杂化,分子呈平面正三角形,键角 120°。而实验测定表明,NH_3 分子呈三角锥形,键角是 107°18′。

N 原子的价电子结构是 $2s^2 2p^3$,按道理有 3 个单电子 2p 轨道,应该与 3 个 H 原子的 1s 轨道形成相互垂直的 3 个"头碰头"重叠的 σ 键。但实验事实并非如此,NH_3 分子呈三角锥形,只能用杂化轨道理论才能解释。即认为 NH_3 分子的中心原子 N 采取的是 sp^3 杂化,杂化后各杂化轨道所含 s 轨道和 p 轨道成分不相等,4 个 sp^3 杂化轨道,其中有一个被孤对电子所占据,其他 3 个杂化轨道各有一个电子,这种杂化称为不等性 sp^3 杂化。与其他 3 个参与成键的杂化轨道相比较,孤对电子所占据的杂化轨道所含的 s 轨道成分多、p 轨道成分少。孤对电子的电子云空间分布较为疏松,也更为靠近原子核,对其他 3 个单电子杂化轨道施加同性相斥的影响,使得它们与 3 个 H 原子的 1s 轨道形成的 3 个 N—Hσ 共价键之间的键角不是等性 sp^3 杂化时的 109°28′,而是被压缩到 107°18′。杂化轨道空间构型虽为四面体,但不是正四面体,而 NH_3 分子构型的三角锥形,见图 12-13(a)。

H_2O 分子和 NH_3 分子类似,H_2O 分子的中心原子 O 也是采取不等性 sp^3 杂化。不同的是,O 原子的价电子结构是 $2s^2 2p^4$,有两对孤对电子占据两个杂化轨道,另外两个都是单电子杂化轨道,两对孤对电子对单电子杂化轨道的排斥作用更加强烈,使轨道夹角更偏离等性 sp^3 杂化的 109°28′,被压缩到 104°45′。它们再与 2 个氢原子的 1s 轨道重叠,分别形成两个 O—H 键,键角也为 104°45′。因此,H_2O 分子中 O 原子的杂化轨道空间构型为四面体型,而 H_2O 分子的构型为"V"形或角形,如图 12-13(b) 所示。

原子轨道的杂化有利于形成 σ 键，且为决定分子空间构型的主要因素，但这并不影响 π 键的形成。例如 CO_2 分子，C 原子的 sp 杂化轨道和 O 原子的 2p 轨道形成 σ 键后，C 原子未杂化的 2 个 p 轨道仍能分别和 2 个 O 原子剩下的 2p 轨道形成 π 键（见图 12-14）。

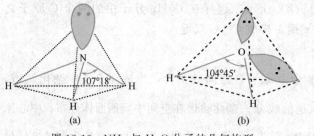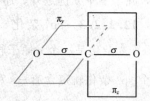

图 12-13 NH_3 与 H_2O 分子的几何构型　　　　图 12-14 CO_2 分子的空间结构

杂化轨道是原子为适应成键的需要而形成的。除了上述 ns、np 可以进行杂化外，nd、$(n-1)d$ 原子轨道等也可以参与杂化成键，即 spd 型杂化。中心原子具体采取哪种杂化类型，应视具体的要求而定。表 12-3 列出了 sp 型和 spd 型杂化的杂化轨道类型。

表 12-3　杂化轨道类型、空间构型以及成键能力之间的关系

杂化类型	sp	sp^2	sp^3	dsp^2	sp^3d	sp^3d^2
杂化的原子轨道数	2	3	4	4	5	6
杂化轨道的数目	2	3	4	4	5	6
杂化轨道间的夹角	180°	120°	109°28′	90°,180°	120°,90°,180°	90°,180°
杂化轨道的空间构型	直线形	三角形	四面体	正方形	三角双锥形	八面体形
实例	$BeCl_2$ $HgCl_2$	BF_3 NO_3^-	CH_4 ClO_4^-	$PtCl_4^{2-}$	PCl_5	SF_6 SiF_6^{2-}

思考题 12-5　杂化轨道理论的要点是什么？杂化轨道理论能预测分子的空间构型吗？

12.3　价层电子对互斥理论

价层电子对互斥
理论的要点

运用杂化轨道理论能够比较成功地解释多原子共价分子的空间构型，但这是在先知道具体空间构型的前提下才加以解释的。要预测共价分子中的中心原子究竟采取哪一种杂化类型以及该分子的空间构型，却难以做到。美国西奇维克（N. Y. Sidgwick）通过对一系列已知结构的分子和离子研究后，于 1940 年提出了中心原子最外层价电子对数与该分子（或离子）的结构紧密相关。后在吉勒斯匹（R. J. Gilespie）等共同努力下，发展成为价层电子对互斥理论（valence shell electron pair repulsion theory，简称 VSEPR 法）。该理论能较简便地预测许多主族元素之间形成的 AB_n 型分子或离子的空间构型。

12.3.1　价层电子对互斥理论的基本要点

①在 AB_n 型分子或离子中，中心原子 A 的周围配置的 B 原子或原子团（又称配体）的空间构型主要取决于中心原子的价层电子对数及这些电子对之间的相互静电排斥作用。这些电子对在中心原子周围按尽可能互相远离的位置排布，以使彼此间的排斥力达到最小，从而使 AB_n 型分子或离子处于稳定的低能量状态。

②中心原子的价层电子对由孤电子对与形成 σ 键的成键电子对构成。

不同价层电子对之间的排斥作用力是不同的。孤对电子只受一个中心原子核的吸引，电子对在空间分布较为疏松，对邻近的电子对的斥力较大；成键电子对同时受两个原子核的吸引，电子云分布紧缩，对相邻电子对的斥力较小。具体的顺序是：

孤对电子间斥力＞孤对电子对与成键电子对间斥力＞成键电子对间斥力

对成键电子对，如果在形成 σ 键时还形成 π 键，则重键的电子云密度大，斥力较大：

叁键斥力＞双键斥力＞单键斥力

③价电子对之间，夹角越小，斥力越大。在对称空间中，斥力大的电子对尽量占据键角相对较大的位置，具体见表 12-4。

12.3.2 价层电子对数的确定

$$价层电子对数目 = \frac{中心原子的价电子数 + 配体提供的共用电子数}{2}$$

价层电子对数
的确定

①作为配体，1 个卤素原子或氢原子提供 1 个电子，氧族元素的原子不提供电子。

②作为中心原子，按主族元素的族数提供电子，即卤素、氧族、氮族、碳族、硼族和碱土金属的元素原子依次按提供 7、6、5、4、3、2 个电子计算。

③对于复杂离子，在计算时应加上负离子的电荷数或减去正离子的电荷数。

④计算价层电子对数时，若剩余一个电子，也当作 1 对电子处理。

⑤不考虑 π 电子对，即双键或叁键作为一对电子处理，因为它们都只含一个 σ 电子对。

⑥孤电子对数＝价层电子对数－成键电子对数（即形成的 σ 键的键数）

例如

$BeCl_2$：中心原子 Be 的电子对数 $= \frac{1}{2} \times (2+2) = 2$；孤电子对数 $= 2-2 = 0$

CO_2：中心原子 C 的电子对数 $= \frac{1}{2} \times (4+0) = 2$；孤电子对数 $= 2-2 = 0$

NO_3^-：中心原子 N 的电子对数 $= \frac{1}{2} \times (5+1) = 3$；孤电子对数 $= 3-3 = 0$

NH_4^+：中心原子 N 的电子对数 $= \frac{1}{2} \times (5+4-1) = 4$；孤电子对数 $= 4-4 = 0$

H_2O：中心原子 O 的电子对数 $= \frac{1}{2} \times (6+2) = 4$；孤电子对数 $= 4-2 = 2$

ClO_2：中心原子 Cl 的电子对数 $= \frac{1}{2} \times (7+0) = 3.5 \approx 4$；孤电子对数 $= 4-2 = 2$

12.3.3 稳定结构的确定

根据价层电子对相互排斥最小的原则，分子的空间构型与价层电子对数及其理想几何构型的关系，列于表 12-4。至于同一价层电子对的理想几何构型中，为什么会因孤电子对数的不同而出现表中所列的分子空间构型，这涉及稳定结构的确定问题，下面将举例说明。

稳定结构的确定

表 12-4 中心原子 A 价层电子对的排列方式与分子构型

A 的价层电子对数	成键电子对数	孤电子对数	价层电子对的理想几何构型	中心原子 A 价层电子对的排列方式	分子的空间构型实例
2	2	0	直线形		$BeCl_2$、HCN 直线形

A 的价层电子对数	成键电子对数	孤电子对数	价层电子对的理想几何构型	中心原子 A 价层电子对的排列方式	分子的空间构型实例
3	3	0	平面三角形		NO_3^-、BF_3 平面三角形
	2	1			NO_2、$PbCl_2$ V 形
4	4	0	（正）四面体形		CH_4、SO_4^{2-} （正）四面体形
	3	1			NH_3、NF_3 三角锥形
	2	2			H_2O V 形
5	5	0	三角双锥形		PCl_5 三角双锥形
	4	1			SF_4 变形四面体形
	3	2			ClF_3 T 形
	2	3			XeF_2 直线形
6	6	0	八面体形		SF_6 八面体形
	5	1			IF_5 四方锥形
	4	2			XeF_4、ICl_4^- 平面正方形

【例题 12-1】 判断 ClF_3 分子的空间构型

解 Cl 的价层电子对数＝$(7+3)/2＝5$，价层电子对的理想几何构型为三角双锥形，孤电子对数＝$5-3＝2$，分子的可能构型为三种（见图 12-15）。在这种三角双锥形结构中，90°是最小的角度，所以最稳定的结构应该是尽量避免孤对电子之间呈 90°，其次是避免孤对电子与成键电子对之间为 90°。三种结构所含的夹角为 90°的价层电子对数总结见表 12-5。

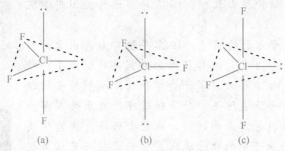

图 12-15 ClF₃ 分子可能的空间构型

表 12-5 ClF₃ 分子的空间构型分析

电子对互斥情况	孤-孤	孤-成	成-成
a	1	3	2
b	0	6	0
c	0	4	2

显然，结构（c）中价层电子对间的斥力最小，最稳定，故 ClF_3 分子的实际构型为 T 形。

【例题 12-2】　判断 SF_4 分子的空间结构。

解　价层电子对数＝(6＋4)/2＝5，价层电子对的理想几何构型也为三角双锥形，孤对电子数＝5－4＝1。分子的可能构型为两种，见图 12-16。在这两种构型中，价层电子对之间夹角成 90°，数目各不相同，见表 12-6。显然，构型（b）是更稳定的结构。SF_4 分子的实际空间构型为变形四面体，又称跷跷板形。

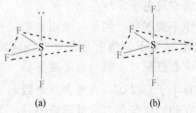

图 12-16 SF₄ 分子的空间构型

表 12-6　SF₄ 分子的空间构型分析

电子对互斥情况	孤-孤	孤-成	成-成
a	0	3	3
b	0	2	4

价层电子对互斥理论能够简单直观、比较有效地预测分子或离子的几何构型，而不需要确定中心原子的杂化类型。该理论对极少数化合物判断不准，如 CaF_2、SrF_2、BaF_2 是弯曲形而不是预测的直线形，一般也不能应用于过渡金属化合物，除非该金属具有全充满的、半充满的或全空的 d 轨道。如 HgI_2、$HgCl_2$ 的价层电子对数为(2＋2)/2＝2，预测与实际直线形一致。

思考题 12-6　价电子对互斥理论与杂化轨道理论本质上有什么共同之处？有什么优缺点？

科学家小传——马利肯

　　马利肯（R. S. Mulliken，1896—1986），美国化学家。1896 年 6 月 7 日生于马萨诸塞州纽伯里波特，父亲是麻省理工学院化学教授。1917 年麻省理工学院毕业。1921 年获芝加哥大学物理化学博士学位。1921～1925 年任芝加哥大学、哈佛大学国家研究院研究员。他对化学的兴趣是在分子结构方面，到了 19 世纪 20 年代，随着量子力学的发展，分子结构必须用近代物理的数学手段来处理。因此，马利肯从化学转到物理方面来。1926～1928 年在纽约大学任教，1928 年回芝加哥大学，历任助理教授、物理教授和化学教授、欧内斯特杰出教授。1936年当选为美国科学院院士。1986年10月31日逝世。

马利肯主要从事结构化学和同位素方面的研究。1922年他曾分离出汞的同位素，并研究了同位素的分离方法。1932年，他和德国化学家洪特提出了一种新的共价键理论——分子轨道理论。1952年又用量子力学理论来阐明原子结合成分子时的电子轨道，发展了他的分子轨道理论。分子轨道理论对于处理多原子π键体系，解释离域效应和诱导效应等方面的问题，都能更好地反映客观实际。1966年，马利肯因研究化学键和分子中的电子轨道方面的贡献而获诺贝尔化学奖。

12.4 分子轨道理论

价键理论包含杂化轨道理论能直观地说明许多分子的形成过程和空间构型，易于理解。但该理论在讨论共价键的形成时，只考虑了未成对电子作为成键电子，而且只将成键电子定域在两个成键原子之间。这些局限性使价键理论对许多分子的结构和性质不能解释。例如，应用它来处理 O_2 分子的结构时就遇到了矛盾，O 原子有两个未成对 2p 电子，两个 O 原子之间应该是配对形成一个 σ 键和一个 π 键，即分子内部的电子应都已配对。但根据磁性实验，测得 O_2 分子为顺磁性物质，说明 O_2 分子中存在未成对电子。又如，有些含有奇数电子的分子或离子，如 NO、NO_2、H_2^+ 等是能够稳定存在的，这些都与价键理论不符。此外，价键理论在解释离域 π 键时也遇到了困难。这些都需要用新的理论——分子轨道理论加以解释。

分子轨道理论（molecular orbital theory，MO）强调分子的整体性，认为原子形成分子以后，电子不再局限于原来所在每个原子的原子轨道上，而是在整个分子范围内运动，即在分子轨道上运动。本节仅介绍分子轨道理论的基本观点和结论，讨论简单双原子分子的结构。

12.4.1 分子轨道的形成

12.4.1.1 分子轨道

分子中每个电子的运动可视为在原子核和分子中其余电子形成的势场中运动，其运动可用单电子波函数 ψ 表示，ψ 叫分子轨道函数，简称为分子轨道。和原子轨道用光谱符号 s、p、d、f、…表示一样，分子轨道常用对称符号 σ、π、δ、…表示，在分子轨道符号的右下角表示形成分子轨道的原子轨道名称。

12.4.1.2 分子轨道是原子轨道的线性组合

分子轨道由原子轨道线性组合而成。分子轨道数与组合前的原子轨道数相等，即 n 个原子轨道经线性组合得到 n 个分子轨道。通常是有一半的分子轨道能量比组合前的原子轨道的能量低，另一半分子轨道的能量比组合前的原子轨道能量高。能量比原子轨道低的分子轨道称为成键分子轨道，而能量比原子轨道高的分子轨道称为反键分子轨道。

如两个氢原子的原子轨道 ψ_a、ψ_b 组合成氢分子轨道，有两种组合方式，见图12-17。

$$\psi_I = \psi_a + \psi_b \qquad E_I < E_H$$

分子轨道的形成

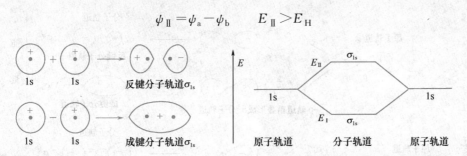

$$\psi_{\text{II}} = \psi_a - \psi_b \qquad E_{\text{II}} > E_{\text{H}}$$

图 12-17　表示 H_2 分子轨道形成示意图及轨道能量变化示意图

12.4.1.3　原子轨道组合分子轨道时，必须满足 3 个条件

（1）能量相近原则

只有能量相近的原子轨道才能有效组合成分子轨道，而且原子轨道能量相差越小，越有利于组合。例如 H、Cl、O、Na 各有关原子轨道的能量分别为：

$$1s(H) = -1318 \text{kJ} \cdot \text{mol}^{-1} \qquad 3s(Na) = -502 \text{kJ} \cdot \text{mol}^{-1}$$
$$2p(O) = -1322 \text{kJ} \cdot \text{mol}^{-1} \qquad 3p(Cl) = -1259 \text{kJ} \cdot \text{mol}^{-1}$$

从上述数据可知，H 的 1s 轨道同 Cl 的 3p 和 O 的 2p 轨道能量相近，它们可以线性组合成分子轨道。而 Na 的 3s 轨道同 Cl 的 3p 轨道和 O 的 2p 轨道能量相差较大，不能组合成分子轨道，只能发生电子转移形成离子键。

（2）轨道最大重叠原则

原子轨道对称重叠程度越大，成键分子轨道的能量下降越多，形成的分子越稳定。

（3）对称性匹配原则

只有对称性匹配（symmetricmatch）的原子轨道才能有效组合成分子轨道。即原子轨道的波函数有正、负号之分，波函数同号的原子轨道相重叠，原子核间的电子云密度增大，形成的分子轨道能量比此前各原子轨道的能量都低，形成成键分子轨道；波函数异号的原子轨道相重叠时，核间电子云密度减小，形成的分子轨道能量高于原来的原子轨道，形成反键分子轨道。能形成成键分子轨道和反键分子轨道的组合，都符合对称性匹配原则。对称性匹配原则是首要的，它决定原子轨道能否组合成分子轨道，而能量相近原则和最大重叠原则，所决定的是原子轨道的组合效率。图 12-18 是几种原子轨道的对称性组合。

12.4.1.4　分子轨道能级

分子轨道同样具有相应的图像和能量。根据分子轨道形成时原子轨道重叠的方式不同，分子轨道分为 σ 轨道和 π 轨道。两种分子轨道的对称性也不同。当原子轨道以"头碰头"的方式重叠时，形成的分子轨道绕键轴呈圆柱形分布，为 σ 轨道。当原子轨道以"肩并肩"的方式重叠，形成的分子轨道位于键轴的上、下方，呈反对称分布，为 π 轨道。σ 成键轨道和反键轨道分别用 σ 和 σ^* 表示，π 成键轨道和反键轨道，分别用 π 和 π^* 表示。

所组合的分子轨道的能量决定于原子轨道的能量。原子轨道的能量越低，相应的分子轨道能量也低。事实上组合前原子轨道的总能量与组合后的分子轨道的总能量相等。

简并或等价原子轨道，组合方式不同，分子轨道的能量也不一样。一般是 σ 轨道的能量低于 π 轨道的能量，σ^* 轨道的能量高于 π^* 轨道的能量，如 O_2、F_2 分子轨道：

$$\sigma_{2p_x} < \pi_{2p_y}(\pi_{2p_z}), \sigma^*_{2p_x} > \pi^*_{2p_y}(\pi^*_{2p_z})$$

但第二周期其他元素的同核双原子分子的分子轨道能级顺序却不同：

$$\sigma_{2p_x} > \pi_{2p_y}(\pi_{2p_z}), \sigma^*_{2p_x} > \pi^*_{2p_y}(\pi^*_{2p_z})$$

主要是由于这些原子的 2s 与 2p 轨道的能量差比较小，2s、2p 轨道相互影响大，甚

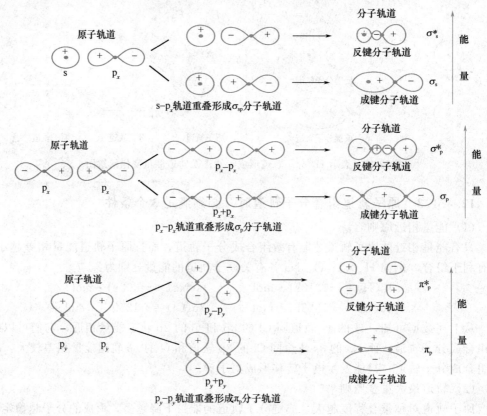

图 12-18 几种原子轨道的对称性组合

至发生组合。而 O、F 原子的 2s、2p 轨道能量相差比较大。2s 与 2p 轨道能量差的数据见表 12-7。

表 12-7 第二周期元素 2s 与 2p 轨道的能量差 ΔE 比较

分子	Li$_2$	Be$_2$	B$_2$	C$_2$	N$_2$	O$_2$	F$_2$
ΔE/eV	—	—	5.90	8.57	11.59	15.02	18.82

图 12-19 是 2s、2p 轨道能级相差比较大的 O$_2$、F$_2$ 分子的分子轨道能级图，图 12-20 是 B$_2$、C$_2$、N$_2$ 等第二周期其他分子的分子轨道能级图。

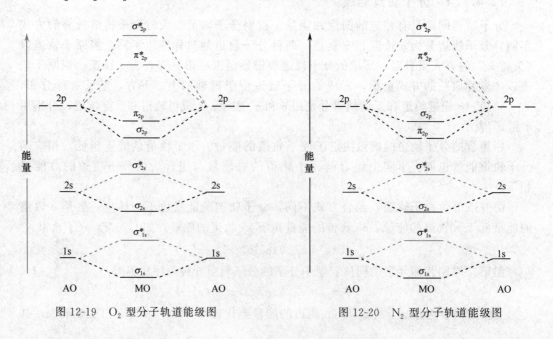

图 12-19 O$_2$ 型分子轨道能级图   图 12-20 N$_2$ 型分子轨道能级图

12.4.2 分子轨道理论的应用示例

12.4.2.1 电子在分子轨道中的填充

根据分子轨道理论，电子不再属于原子，而是属于整个分子。所有电子一起在分子轨道中的填充，同样遵循能量最低原理、泡利不相容原理和洪特规则，依能量由低到高的顺序进入分子轨道。分子轨道中的电子总数等于各原子的电子数之和。

> **科学家小传——洪特**
>
>
>
> 洪特（F. Hund，1896—1997），德国理论物理学家。1896 年 2 月 4 日生于德国卡尔斯鲁厄城。1915 年在格丁根大学攻读物理，1916～1919 年在马尔堡继续学习，一次大战期间，曾服兵役。战后回到格丁根大学继续深造（1919～1922），1922 年在著名物理学家玻恩指导下获博士学位。曾任玻恩的助教、编外讲师。1926 年去丹麦玻尔研究所从事博士后研究。1927 年起，先后任罗斯托克大学兼职教授、教授，莱比锡大学教授，东德耶纳大学教授，西德法兰克福大学教授和西德格丁根大学教授，1964 年退休。他是格廷根科学院院士。1997 年 3 月 31 日逝世。
>
> 洪特对化学的贡献有两个被化学界熟知：一是洪特规则；二是分子轨道理论的建立者之一。洪特规则是他根据大量光谱实验数据总结出来的电子在能量简并的原子轨道上的分布规律；洪特对分子轨道理论也有相当的贡献。1932 年，他与美国化学家马利肯（R. S. Mulliken）提出分子轨道理论——从分子的整体性来讨论分子的结构。而且，在分子中电子的填充也服从能量最低原理、泡利不相容原理和洪特规则。洪特是一位多产的物理学家，一生著有大量的关于原子、分子和固体量子理论方面的书籍。

分子最终能否稳定存在，取决于成键轨道中的电子数和反键轨道中的电子数多少。反键电子的存在可以抵消成键电子对化学键的贡献。两原子组成的分子的稳定性大小可用键级（bond order）来表示，其计算式如下：

$$键级 = \frac{成键轨道中的电子数 - 反键轨道中的电子数}{2} = \frac{净电子数}{2}$$

当成键轨道和反键轨道的电子数相等时，键效应与反键效应互相抵消，对成键没有贡献，只有净成键电子数对成键才有贡献，键级越大，键的强度越大，分子越稳定。

12.4.2.2 同核双原子分子

第二周期元素同核双原子分子的分子轨道排布式有两种类型：

O_2、F_2 为一类，以 O_2 为代表（$E_{2p} - E_{2s} > 15eV$），$\pi_p > \sigma_p$；$Li_2 \sim N_2$ 为另一类，以 N_2 为代表（$E_{2p} - E_{2s} \approx 10eV$），$\sigma_p > \pi_p$。

（1）O_2 分子

O 原子电子层结构为 $1s^2 2s^2 2p^4$，O_2 分子的电子总数为 16，按电子填入分子轨道的原则，依次填入图 12-19，得到的 O_2 分子轨道排布式为：

$$O_2 \left[(\sigma_{1s})^2 (\sigma_{1s}^*)^2 (\sigma_{2s})^2 (\sigma_{2s}^*)^2 (\sigma_{2p_x})^2 (\pi_{2p_y})^2 (\pi_{2p_z})^2 (\pi_{2p_y}^*)^1 (\pi_{2p_z}^*)^1 \right]$$

σ键　三电子π键　三电子π键

KK
内层　抵消　　对成键有贡献

分子中的内层分子轨道，成键电子与反键电子都是填满的，成键作用相互抵消，对成键没有贡献，所以在分子轨道排布式中内层电子常用简单符号代替（当 $n = 1$ 时，

离域π键

用 KK；$n=2$ 时，用 LL 等）。

O_2 分子为什么具有顺磁性？分析上述电子构型，可见分子 O_2 内有 1 个 σ 键。反键轨道 π^* 轨道上的 1 个电子不能完全抵消成键轨道 π 轨道上的 2 个电子对共价键的贡献，它们一起构成三电子 π 键，又称两中心三电子 π 键，记为 π_2^3。这样就有 2 个三电子 π 键。所以 O_2 分子内的共价键，由 1 个 σ 键和 2 个三电子 π 键构成。由于 O_2 分子有两个三电子 π 键，有 2 个未成对电子，自旋平行，所以 O_2 分子有顺磁性。O_2 分子的键级为 $(8-4)/2=2$。

（2）N_2 分子

N 原子电子层结构为 $1s^2 2s^2 2p^3$，N_2 分子的电子总数为 14，按电子填入分子轨道的原则，依次填入图 12-20，得到的 N_2 分子轨道排布式为：

$$N_2\left[KK(\sigma_{2s})^2(\sigma_{2s}^*)^2(\pi_{2p_y})^2(\pi_{2p_z})^2(\sigma_{2p_x})^2\right]$$

N_2 分子中存在由 4 个电子形成的两个 π 键和由 2 个电子形成的 1 个 σ 键。N_2 分子的键级为 $(8-2)/2=3$，每个 N 原子有一对 2s 电子贡献的孤对电子。

12.4.2.3 异核双原子分子

用分子轨道理论处理两种不同元素的两原子构成的异核双原子分子时，所采用的原则和处理与同核双原子分子差不多。对异核双原子分子，虽说参与的原子轨道不同，但最外层原子轨道的能级相近。值得注意的是，分子轨道是两个原子能量相近的轨道相组合，原子轨道的名称不一定相同。

（1）HF 分子

F 原子电子层结构为 $1s^2 2s^2 2p^5$，H 原子的电子结构为 $1s^1$。H 原子的 1s 轨道和能量相近的 F 原子的 $2p_x$ 轨道形成成键分子轨道 $\sigma(3\sigma)$ 与反键分子轨道 σ^*（4σ）。F 原子的内层 1s、2s 电子能级都很低，构成分子的内层分子轨道（1σ、2σ），这些轨道的分布主要集中在 F 原子周围，对成键没有影响，称为非键轨道（在分子轨道的右上角标 non）。F 原子剩下的 $2p_y$、$2p_z$ 轨道在已有 σ 轨道产生的条件下，只能形成 π 键。同样地，这两个 π 键是由 F 原子的原子轨道组成的，主要分布在 F 原子周围，对成键没有影响，也为非键轨道。HF 分子轨道能级图见图 12-21。由于组成 HF 分子轨道的原子轨道不同，所以对 HF 分子轨道只是按分子轨道的对称性，根据轨道能量从低到高进行编号，而没有在分子轨道的右下角标明其来源的原子轨道。将 HF 分子的 10 个电子，按能量高低填充在分子轨道上，得到 HF 分子的分子轨道排布式为：

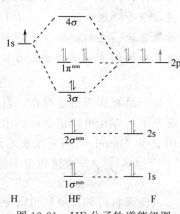

图 12-21　HF 分子轨道能级图

$$(1\sigma^{non})^2(2\sigma^{non})^2(3\sigma)^2(1\pi^{non})^4$$

HF 分子的键级为 1。

（2）NO 分子

对于第二周期异核双原子分子或离子，可近似地用该周期的同核双原子分子的方法处理。若两个组成原子的总电子数小于或等于 15 时，其分子轨道能级图与 N_2 分子的能级顺序相似。若两个组成原子的总电子数大于或等于 16 时，其分子轨道能级图与 O_2 分子的能级顺序相似。

NO 分子中，N 原子电子层结构为 $1s^2 2s^2 2p^3$，O 原子的电子结构为 $1s^2 2s^2 2p^4$。N 原子与 O 原子只相差一个电子，两种原子对应的原子轨道能级相差不大，可以相互组合成分子轨道，这和 HF 分子不同。NO 分子轨道能级图，见图 12-22。受 N 原子的 2s、2p 轨道相互作用的影响，O 原子 $2p_x$ 轨道与 N 原子 $2p_x$ 组合的 $\sigma(5\sigma)$ 分子轨道能级，高于两个原子的 $2p_y$、$2p_z$ 轨道组合的 $\pi(1\pi)$ 分子轨道能级。

NO 分子轨道排布式为：

$(1\sigma)^2(2\sigma)^2(3\sigma)^2(4\sigma)^2(1\pi)^4(5\sigma)^2(2\pi)^1$

NO 分子的键级 $=(12-7)/2=2.5$。在 NO 分子轨道中，存在着 1 个 σ 键、1 个 π 键和 1 个叁电子 π 键。由于在一个反键 π 分子轨道上存在单电子，所以 NO 分子是顺磁性的。

NO 分子在医学上的意义非比寻常。NO 可由人体不同细胞产生，能够扩张动脉而控制血压，可以通过激活神经细胞影响人的行为，还可杀死血红细胞中的细菌和寄生虫。

分子轨道理论不仅仅是用于分子，也能用于讨论离子的结构及性质。它预测的 NO 分子生成的序列离子及性质，见表 12-8。

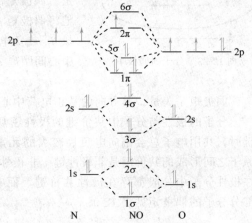

图 12-22　NO 分子轨道能级图

表 12-8　NO 分子及其生成的序列离子的键级、键型及性质比较

项目	NO	NO^+	NO^{2+}	NO^-
键级	2.5	3	2.5	2
键型	一个 σ 键，一个 π 键，一个三电子 π 键	一个 σ 键，两个 π 键	一个单电子 σ 键，两个 π 键	一个 σ 键，两个三电子 π 键
磁性	顺磁性	抗磁性	顺磁性	顺磁性

思考题 12-7　分子轨道理论的要点是什么？分子轨道理论与价键理论各适用什么范围？

12.5　分子间作用力

在常温常压条件下，物质之所以具有不同的聚集状态，是因为组成物质的分子与分子之间存在着不同的相互作用力。这种分子间作用力的概念是荷兰物理学家范德华（van derWaals）在研究真实气体的行为时提出来的，所以分子间力又称范德华力。其强度弱于化学键，一般低于 $10kJ \cdot mol^{-1}$，作用范围为 $0.3 \sim 0.5nm$。与决定物质化学性质的化学键不同，分子间力主要影响物质的物理性质，如熔点、沸点、汽化热、熔化热、溶解度、黏度、表面张力等。

1930 年，伦敦用量子力学原理阐明了范德华力的本质仍为电性引力。

12.5.1　分子的偶极矩与极化率

12.5.1.1　分子的极性和偶极矩

分子是电中性的。但是不同的分子，其正、负电荷在分子中的分布不一样。通常将分子中正电荷分布的中心称为"正电荷中心"，把负电荷中心称为"负电荷中心"，则那些正、负电荷中心重合的分子称为非极性分子；而那些正、负电荷中心不相重合的分子，则形成一对偶极，这样的分子称为极性分子。

分子的偶极距与极化率

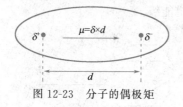

图 12-23　分子的偶极矩

在极性分子中，分子极性的大小，用偶极矩 μ 来衡量。偶极矩的概念是德拜（Debye）在 1912 年提出的，他将偶极矩 μ 定义为：分子中电荷中心（正电荷中心电量 δ^+ 或负电荷中心电量 δ^-）上的电量 δ 与正、负电荷中心间距离 d 的乘积，见图 12-23。

$$\mu = \delta \times d \tag{12-1}$$

偶极矩是矢量，其方向为从正电荷中心指向负电荷中心，单位为 $C \cdot m$。

分子的极性与分子中共价键的极性密切相关。两个不同元素的原子之间形成共价键时，共用电子总会偏向电负性较大的元素原子一方，形成极性键。而同一元素的两原子之间形成的共价键是非极性键。非极性键组成的分子，如 S_8、P_4，是非极性分子。在极性分子中一般都存在极性共价键，而有极性共价键的分子则不一定是极性分子，部分分子的偶极矩见表 12-9。

表 12-9　部分分子的偶极矩

分子式	偶极矩 /10^{-30}C·m	分子几何构型	分子式	偶极矩 10^{-30}C·m	分子几何构型
H_2	0	直线	SO_2	5.28	V 形
N_2	0	直线	$CHCl_3$	3.63	四面体
CO_2	0	直线	C_2H_5OH	5.61	—
CS_2	0	直线	CH_3COOH	5.71	—
CH_4	0	正四面体	HF	6.34	直线
CCl_4	0	正四面体	HCl	3.60	直线
H_2S	3.63	V 形	HBr	2.67	直线
H_2O	6.17	V 形	HI	1.40	直线
NH_3	4.90	三角锥形	H_2O_2	7.03	—
BF_3	0	平面三角形	O_3	1.67	V 形

对于双原子分子，键的极性与分子的极性一致。同核双原子分子如 H_2、Cl_2、O_2 等，都是非极性分子；异核双原子分子如 HBr、CO、NO 等，则是极性分子，且键的极性越大，分子的极性也越大。

对于多原子分子，分子的极性不仅与键的极性有关，还与分子的空间构型有关。若空间构型对称则为非极性分子，否则为极性分子。

例如，CO_2 和 SO_2 分子中C=O键和S—O键都是极性键，但因为 CO_2 是直线形对称结构，正、负电荷中心重合，键的极性可相互抵消，所以，CO_2 是非极性分子。相反，SO_2 为 V 形结构，正、负电荷中心不能重合，键的极性无法抵消，因而 SO_2 是极性分子。从表 12-9 可以看出，结构高度对称（如直线形、平面正三角形、正四面体形）的多原子分子的偶极矩为零，为非极性分子，而结构不对称（如 V 形、三角锥形）的多原子分子的偶极矩不为零，为极性分子。

实际上，偶极矩是通过实验测得的，根据偶极矩数值可推断某些分子的空间构型。例如，NH_3 和 BCl_3 都是 4 原子分子，这类分子的空间结构一般有两种：平面三角形和三角锥形。实验测得两个分子的偶极矩分别为 $\mu_{NH_3} = 4.90 \times 10^{-30}C \cdot m$ 和 $\mu_{BCl_3} = 0$。由此可以推测，NH_3 分子中的 N 原子和 3 个 H 原子不在同一平面上，不会是对称的平面三角形结构。而 BCl_3 分子没有极性，4 个原子应该处于同一平面上。因此，NH_3 分子的空间结构是三角锥形，而 BCl_3 分子的空间结构是平面三角形。

12.5.1.2　分子的变形性和极化率

在外电场的作用下，分子内部电荷分布将发生相应的变化，这种变化称为分子的变形性。非极性分子在外加电场中，分子中带正电荷的原子核将向电场负极的方向偏移，而核外的电子云则偏向电场正极方向，结果使原来的非极性分子产生了一对偶极，这个过程称为分子的极化过程。在外电场的影响下产生的偶极矩，称为诱导偶极矩。外加电场越强，分子产生的诱导偶极矩也就越大，两者成正比关系，表达式如下：

$$\mu_{诱导} = \alpha \times E \tag{12-2}$$

式中，$\mu_{诱导}$ 为诱导偶极矩；E 是电场强度；α 是比例常数，称为极化率。若取消外电场，则又可恢复到偶极矩 $\mu_{诱导} = 0$ 的状态，即分子重新成为非极性分子。

不仅是非极性分子，极性分子在外加电场的作用下也同样会进一步变形，在固有偶极（或称永久偶极）的基础上产生附加的诱导偶极。分子的变形性大小可用极化率 α 来表示，极化率 α 也反映了分子外层电子云的可移动性或可变性，其数值可由实验测定，部分分子的极化率 α 见表 12-10。表 12-10 中数据表明，随着分子量的增大以及电子云弥散，分子极化率 α 值相应增大。以同周期同族元素的有关分子为例，从 He 到 Xe；从 HCl 到 HI，从上到下，分子的变形性增大。

表 12-10 部分分子的极化率 α

分子	$\alpha / \times 10^{-30} \, m^3$	分子	$\alpha / \times 10^{-30} \, m^3$
He	0.203	HCl	2.56
Ne	0.392	HBr	3.49
Ar	1.63	HI	5.20
Kr	2.46	H_2O	1.59
Xe	4.01	H_2S	3.64
H_2	0.81	CO	1.93
O_2	1.55	CO_2	2.59
N_2	1.72	NH_3	2.34
Cl_2	4.50	CH_4	2.60
Br_2	6.43	C_2H_6	4.50

12.5.2 范德华力

12.5.2.1 取向力

极性分子本身具有固有偶极，当两个极性分子相互接近时，就会发生同极相斥、异极相吸的作用，分子将发生相对转动，由于静电作用互相靠拢，在一定距离时吸引与排斥达到平衡，使体系能量达到最小值。也就是说，极性分子的排列受到周围其他分子排列的影响，在空间存在一定的取向限制，如图 12-24(a) 所示。这种由于极性分子

分子间力——
范德华力

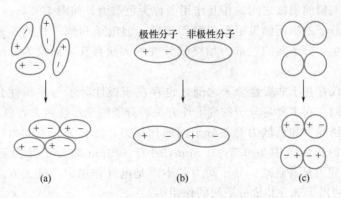

极性分子　非极性分子

(a)　　　　　(b)　　　　　(c)

图 12-24 分子之间的作用力

固有偶极的取向而产生的分子间作用力，称为取向力。取向力只存在于极性分子之间，其大小主要决定于分子的固有偶极矩。固有偶极矩越大，极性分子之间的取向力也越大。

科学家小传——范德华

范德华（J. D. Van der Waals，1837—1923），荷兰物理学家。1837 年 11 月 23 日生于荷兰莱顿市的一个木匠家庭。他是 10 个孩子中的老大。因为家贫，他 15 岁才完成小学教育。在印刷厂当工人期间，他白天做工，晚上自修大学书籍。经过整整 10 年的艰苦自学，他终于考取了中学数学和物理的教师执照。为了继续求学，1866 年他以旁听生身份来到莱顿大学学习数学。期间，他对物理产生了理性的认识，并开始深入的研究。获得博士学位后，1877 年任阿姆斯特丹大学物理系主任和第一教授，直到 70 岁退休。

范德华的主要兴趣在热力学。1869 年，他发表了存在临界温度的液体理论。1873 年，他的博士论文《论气态和液态的连续性》使他立即进入了世界一流物理学家的行列。在这篇论文中，他认为物质的气态和液态之间并没有本质区别，需要考虑的一个重要因素是分子之间的吸引力和这些分子本身所占体积，这也是真实气体与理想气体的差别所在。并从这一思想出发，得出了著名的范德华方程。1880 年，范德华还发现了对应态定律，该理论预言了气体液化所必需的条件。1896 年任荷兰皇家科学院院士。1910 年，范德华因气态和液态方程的研究成果获诺贝尔物理学奖。1923 年 3 月 8 日于阿姆斯特丹去世。

12.5.2.2 诱导力

当极性分子与非极性分子靠近时，极性分子的固有偶极相当于一个外电场，可诱导邻近的分子发生电子云变形而导致诱导偶极的产生。诱导偶极与固有偶极之间的作用力称为诱导力。见图 12-24(b)。

诱导力与极性分子的固有偶极矩、被诱导分子的变形性有关。偶极矩越大，分子的极化率越大，诱导力就越大。诱导力还存在于极性分子之间。极性分子相互靠近时，在发生取向的同时，相互之间也互为电场而使对方变形极化，在固有偶极的基础上都分别产生诱导偶极。

12.5.2.3 色散力

非极性分子没有固有偶极矩，但存在着瞬间偶极矩。因为分子内部原子核在不停地振动，电子在不停地运动，原子核与电子之间会发生瞬间的相对位移，使分子中产生瞬间偶极。

瞬间偶极与瞬间偶极之间的相互作用力称为色散力，如图 12-24(c) 所示。

尽管每个分子的瞬间偶极矩存在时间很短，但电子和原子核的不断运动，使瞬间偶极矩不断产生，分子间的色散力始终统计性地大量存在，而成为分子之间的一种主要作用力。

色散力不仅存在于非极性分子之间，也存在于极性分子与非极性分子、极性分子与极性分子之间。它主要与分子的变形性有关，分子的变形性越大，色散力越强。

取向力、诱导力和色散力都是分子间的作用力，统称为分子间力，也称为范德华力。分子间力的作用范围为 0.3~0.5nm，小于 0.3nm 时分子斥力迅速增加，大于 0.5nm 时分子间力显著衰减。分子间力的本质是电性作用力，既无方向性，也无饱和性。表 12-11 列出了部分共价分子间的作用能。

表 12-11　部分共价分子间作用能的分配

分子	偶极矩 /$\times 10^{-30}$ C·m	取向力 /kJ·mol^{-1}	诱导力 /kJ·mol^{-1}	色散力 /kJ·mol^{-1}	总计 /kJ·mol^{-1}
Ar	0	0.000	0.000	8.50	8.50
CO	0.39	0.003	0.008	8.75	8.75
HI	1.40	0.025	0.113	25.87	26.00
HBr	2.67	0.69	0.502	21.94	23.11
HCl	3.60	3.31	1.00	16.82	21.14
NH$_3$	4.90	13.31	1.55	14.95	29.60
H$_2$O	6.17	36.39	1.93	9.00	47.32

对于大多数分子而言，色散力占主导地位，只有极性很大、变形性很小的分子（例如 H$_2$O），取向力才占主要，诱导力一般很小。三种分子间力的关系，一般是：

$$色散力 \gg 取向力 > 诱导力$$

范德华力对物质的物理性质影响很大。范德华力越大，物质的熔点、沸点越高，硬度也越大。对结构相似的同系列物质，其熔点和沸点一般随分子量的增大而升高，原因在于分子之间的主要范德华力——色散力一般也随分子量的增大而增强。例如，F$_2$、Cl$_2$、Br$_2$、I$_2$ 分子的熔点、沸点就是依次升高的。

12.5.3　氢键

从表 12-11 可知，卤化氢的范德华力主要是色散力。从 HCl 到 HI，随着分子量的增大，色散力增大，范德华力增强，因此它们的熔点、沸点逐渐升高。但 HF 的熔点、沸点不是应该的最低而是反常的高。这主要是因为 HF 分子之间，除了范德华力，还存在氢键（hydrogen bond）。与 HF 相似的还有 H$_2$O 和 NH$_3$ 等。氢化物的熔点、沸点变化，见图 12-25。

氢键

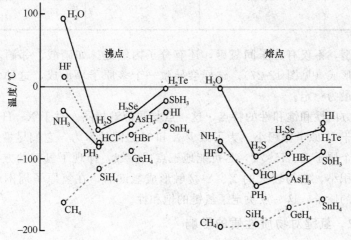

图 12-25　氢化物的熔点、沸点变化

12.5.3.1　氢键的形成

当氢原子与电负性很大、半径很小的 X 原子（如 F、O、N）以共价键结合成 H—X 时，共用电子对强烈地偏向 X 原子，使 H 原子几乎成为裸露的质子，这种几乎裸露的质子与另一共价键上电负性大、半径小、并在外层含有孤对电子的 Y 原子（如 F、O、N）产生定向吸引（通常以虚线表示），形成 X—H⋯Y 结构，其中 H 原子与 Y 原子之间的静电作用力称为氢键。

如 H 的电负性为 2.1，F 的电负性为 4.0，两元素的电负性相差很大。在固体 HF 分子晶体中，H 原子和 F 原子之间形成的是强极性共价键，共用电子对强烈地偏向 F 原子而使 H 原子几乎成为裸露的原子核。HF 分子中 H 原子带有部分正电荷，与另一 HF 分子中电负性大的 F 原子中任一孤电子对产生静电作用力，形成氢键，如图 12-26 所示。这样在整个 HF 晶体中，分子间的作用力得到加强，导致固体 HF 存在反常高的熔点。HF 分子间的氢键，也存在于液体 HF 分子间。

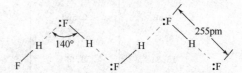

图 12-26　固体 HF 分子晶体中的分子间氢键

由氢键的形成可知，形成氢键必须具备两个基本条件：其一是分子中必须有一个与电负性很大、半径很小的元素原子 X 形成强极性键的氢原子；其二是分子中必须有电负性很大、原子半径很小带有孤电子对的元素原子。

氢键的键长是指 X 和 Y 间的距离（X—H…Y），H 与 Y 间的距离比范德华半径之和小，比共价半径之和大。氢键强度可用氢键的键能表示。氢键的强弱与 X 和 Y 原子的电负性、半径有关，电负性越大、半径越小，则氢键越强。氢键的键能一般为 $20 \sim 40 kJ \cdot mol^{-1}$，和范德华力相差不大，比化学键能小一个数量级，所以氢键也可以看成是另一种分子之间的作用力。表 12-12 列出几种常见氢键的键能和键长。

表 12-12　常见氢键的键能和键长

氢键	键能/kJ·mol⁻¹	键长/pm	化合物
F—H…F	28.0	255	HF
O—H…O	18.8	276	H_2O
N—H…F	20.9	268	NH_4F
N—H…O	16.2	286	$CH_3CONHCH_3$（在 CCl_4 中）
N—H…N	5.4	338	NH_3

(a) 硝酸

(b) 邻硝基苯酚

图 12-27　分子内氢键

氢键的类型，不仅有分子间氢键，还有分子内氢键。如硝酸、邻硝基苯酚等分子内就有氢键的形成（见图 12-27）。这样会导致一个多原子环形成，这种多原子环以五元环、六元环最为稳定。

氢键具有方向性和饱和性的特点，这一点与共价键相同。对于 X—H…Y 形式的分子间氢键，由于 H 原子体积小，为了减少 X 和 Y 之间的斥力，它们尽量远离，以氢原子为中心的 3 个原子 X、H、Y，尽可能地三点成一线，体现了氢键的方向性；同时由于氢原子的体积小，它与较大的 X、Y 接触形成氢键后，在氢原子周围难以再容下另一个体积较大的原子，这一点决定了氢键的饱和性。

12.5.3.2　氢键对物质性质的影响

（1）对熔点、沸点的影响

分子间氢键的形成，使物质熔点、沸点升高，如图 12-25 所示。氢键的存在，使液体汽化和固体液化时，必须增加额外的能量去破坏分子间的氢键。而分子内氢键的形成，一般使物质的熔点、沸点降低，这是因为分子间氢键的形成将减少分子间氢键形成的机会。例如，能形成分子内氢键的邻硝基苯酚，沸点为 318K，而不能形成分子内氢键的间硝基苯酚和对硝基苯酚，沸点分别是 369K 和 387K。

（2）对溶解度的影响

在极性溶剂中，如果溶质分子与溶剂分子之间形成氢键，将有利于溶质分子的溶解。如 HF、NH_3 极易溶于水。相比于间硝基苯酚、对硝基苯酚，邻硝基苯酚在极性溶剂中溶解度更小，而在非极性溶剂中溶解度较大。

（3）对密度的影响

液体分子间存在氢键，其密度增大。例如，甘油、磷酸、浓硫酸都是因为分子间存在氢键，通常为黏稠状的液体。温度越低，形成的氢键越多，密度越大。

水是一个例外，它在 4℃ 时密度最大。这是因为在 4℃ 以上时，分子的热运动是主要的，使水的体积膨胀，密度减小；在 4℃ 以下时，分子间的热运动降低，形成氢键的倾向增加，开始形成类似冰的结构，其密度随着温度的降低而减小。当水结成冰时，全部水分子都以氢键相连，每个 O 原子与周围的 4 个 H 原子呈四面体分布，形成疏松的多孔道结构，如图 12-28 所示。

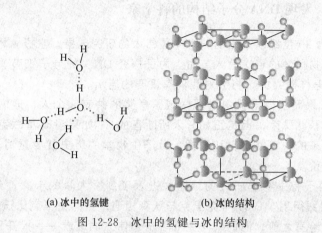

(a) 冰中的氢键　　　　　　(b) 冰的结构

图 12-28　冰中的氢键与冰的结构

氢键对生物体非常重要，许多生物大分子的活性取决于由氢键这样的弱相互作用力维持的高级结构。一旦氢键被破坏，就会失活。如生物遗传的物质基础 DNA 分子中两条单链的碱基之间就是通过形成氢键而配对的，从而构成双螺旋结构。总之，氢键等分子间的弱相互作用力，在丰富多彩的生命进程中，发挥着至关重要的作用。

思考题 12-8　范德华力包含哪几种力？氢键对物质的性质有何影响？

━━━━━━━━ **复习指导** ━━━━━━━━

掌握：现代价键理论的要点和共价键的特点及类型；杂化轨道理论的要点、常见轨道杂化类型及应用。

熟悉：价层电子对互斥理论判断 AB_n 型分子空间构型的规则及应用；范德华力和氢键的特点及其对物质性质的影响。

了解：键参数；分子轨道理论。

━━━━━━━━ **英汉词汇对照** ━━━━━━━━

分子结构	molecular structure	饱和性	saturation
共价键	covalent bond	键轴	the bond axis
孤对电子	lone electron pair	节面	joint surface
成键电子	the bonding electron	键参数	key parameters
价键理论	valence bond theory	键长	bond length
电子配对	electron pair	键角	bond angle
重叠	overlap	键能	bond energy
共用电子	shared electron	键级	bond order

杂化	hybrid	极化率	polarizability
空间构型	geometry configuration	极性	polarity
价电子对互斥理论	valence shell	变形性	deformation
	electron pair repulsion theory	诱导偶极矩	induced dipole moment
分子轨道理论	molecular orbital theory	取向力	orientation force
线性组合	linear combination	诱导力	induction force
分子间作用力	the intermolecular forces	色散力	dispersion force
偶极矩	dipole moment	氢键	hydrogen bond

发现 DNA 分子结构的科学家

DNA 分子结构的确立，被誉为 20 世纪以来生物科学中最伟大的研究成果，它极大地促进了生物科学在分子水平上的研究，是整个生物科学的一次重大革命。为了探究 DNA 的分子细节，科学家付出了大量心血，回顾一下 DNA 模型是怎样确立的，将会对我们有重要的启示。

1962 年，因为此项重大科研成果而获得诺贝尔生理学或医学奖的共有 3 个人，他们是克里克、沃森和威尔金斯。富兰克林虽然没有获此殊荣，但是正如有人所断言的："如果没有富兰克林所做的开创性的工作，没有她的辛勤劳动所换来的关键性资料和数据，分子生物学的历史就要重写。"这是对富兰克林本人以及她的工作最公正的评价。

克里克　英国人，1947 年，由于有生物学研究的经验，进入了剑桥大学的卡文迪什实验室工作。克里克的研究方向是蛋白质的 X 射线衍射。1951 年克里克与沃森相遇，虽然克里克比沃森大 12 岁，却一见如故。在沃森离开卡文迪什实验室之前，他们共同完成了一个伟大的成就——揭开了 DNA 结构之谜。他们俩利用获得的 X 射线衍射实验的结果建构了 DNA 的精确模型。其中还有一件有趣的事，他们是通过掷硬币的方式来决定署名次序的。

沃森　美国人，15 岁进入芝加哥大学就读。1950 年完成博士学业后，沃森来到了欧洲。先是在丹麦的哥本哈根工作，后来加入著名的英国剑桥大学卡文迪什实验室工作。从那时起，沃森知道 DNA 是揭开生物奥秘的关键。他下决心一定要解决 DNA 的结构问题。他很幸运能和克里克共事。尽管彼此的工作内容不同，但两人对 DNA 的结构都非常感兴趣。当他们终于在 1953 年建构出第一个 DNA 的精确模型时，完成了被认为是至今为止科学上最伟大的发现之一。

威尔金斯　新西兰人，在英国长大，1938 年毕业于剑桥大学物理系，获博士学位后，在伯明翰大学从事电子在晶体中发光和运动的研究工作。战争期间，曾参加原子弹的研制工作（曼哈顿计划）。后来由于担心承担原子武器的巨大杀伤力在道义上的责任，同时也受到薛定谔一书的影响转而研究生物学。战后，转到伦敦皇家学院工作。1950 年，威尔金斯开始研究 DNA 的分子结构，他把 DNA 纤维作为探究生物分子的理想材料，他证实 DNA 纤维收缩和展开时由正变负的双折射。同时，还制备出了具有一定特性的结晶纤维。他和同事们获得了第一张 DNA 纤维的良好的 X 射线衍射图像，更重要的是获得和保持 DNA 纤维结晶的必要条件，如大气湿度。但是，威尔金斯毕竟不是 X 射线衍射结晶专家，皇家学院为了深入进行 DNA 分子结构的研究，就招聘了富兰克林。

富兰克林　出身于书香世家。她自幼就受过良好教育，曾就读于人才辈出的伦敦保罗女子学校，1942 年毕业于剑桥大学物理系。大学毕业后，从事煤炭分子细微结构的测定，1947 年在法国巴黎全国药物局中心任研究员。在短短 3 年左右的时间内，完成了一系列有关石墨化和非石墨化碳的论文，这些成果先后被美国、日本、英国等应用于工业生产，从而一跃成为世界上这一领域的专家。她不仅是物理学家，而且在物理化学、结晶学、X 射线衍射等方面都有相当水平。1950 年中期，她毅然决然地放弃了从事多年的碳构造研究，回到伦敦，希望能采用 X 射线衍射法研究生物材料，伦敦皇家学院物理系主任兰德尔教授任命她为研究员，建议她担当起 DNA 分子 X 射线衍射法的研究，并为她配备了一位研究生作为助手。她在 DNA 分子晶体结构上成功地制备了 DNA 样品，通过 X 射线衍射拍摄到 DNA 分子 B 型图，由此推测 DNA 分子呈螺旋状，并定量测定 DNA 螺旋体的直径和螺距，同时，她认识到

DNA 分子不是单链, 而是双链同轴排列。按照她的假想, 提出了糖、磷酸的位置以及碱基的可变性, 这实际上与后来的模型基本一致。遗憾的是, 她对碱基配对及双股链的走向没有更明确的假设, 作为一位物理学家, 她不能理解 DNA 分子结构研究的重大生物学意义。她于 1958 年 4 月 16 日因癌症去世, 一生没有结婚。

　　从以上介绍的与 DNA 分子发现有关的几个主要科学家来看, 涉及了物理、化学和生物等多种学科, 其中每人又有多种专长, 包括物理化学、结晶学、生物化学、X 射线衍射、遗传学等。由此我们可以得出这样的结论: 现代科学的许多重大发现, 必须有多学科的代表人物参加以集思广益, 必须有广泛的科学交往以广纳群言。克里克一开始就认识到了这一点, 确认这样大的科学项目没有生物学家的参加是不会成功的。

习　题

　　1. 写出下列物质的路易斯结构式并说明每个原子如何满足八隅体规则: H_2Se, H_2CO_3, $HClO$, H_2SO_4。

　　2. 共价键具有饱和性和方向性的根源是什么? 杂化轨道理论和价层电子对互斥理论的异同点有哪些?

　　3. CCl_4、PH_3、H_2S 和 CO_2 分子中的中心原子采用什么杂化轨道成键? 分子具有什么空间构型?

　　4. 用价电子对互斥理论说明 H_2O、NH_3、NO_2、PCl_5、SO_3 分子的空间构型。

　　5. 已知 $HC{\equiv}CH$ 是直线分子, 则 C 的成键杂化轨道类型是 (　　)。

A. sp^3d 　　　　　　　B. sp^3 　　　　　　　C. sp^2 　　　　　　　D. sp

　　6. 下列化合物中, 键的极性最小的是 (　　)。

A. CH_4 　　　　　　　B. NH_3 　　　　　　　C. H_2O 　　　　　　　D. HCl

　　7. 试用分子轨道理论说明超氧离子 O_2^- 和过氧离子 O_2^{2-} 能否存在? 和 O_2 比较, 其稳定性和磁性如何?

　　8. 实验测得 N_2 的键能大于 N_2^+ 的键能, 而 O_2 的键能却小于 O_2^+ 的键能, 试用分子轨道理论加以解释。

　　9. 卤素单质和卤化氢的沸点 (℃) 如下, 试说明理由。

卤素单质　F_2: -219.62　Cl_2: -34.6　Br_2: 58.78　I_2: 184.35

卤化氢　　HF: 19.5　　HCl: -84.1　HBr: -67　HI: -35

　　10. 下列分子之间只存在色散力的是 (　　)。

A. CH_3OH-H_2O 　　　B. NH_3-CO_2 　　　C. CO_2-BF_3 　　　D. $CO-H_2S$

　　11. 下列分子或离子空间构型为平面四方形的是 (　　)。

A. ClO_4^- 　　　　　　B. XeF_4 　　　　　　C. CH_3Cl 　　　　　　D. PO_4^{3-}

（中南大学　李战辉）

第12章 习题解答

第13章

配位化学基础

本章主要介绍配合物的基础知识，包括配合物的组成、分类、命名及异构现象；介绍配合物价键理论与晶体场理论；介绍配位平衡与配位平衡移动原理。

配位化学（coordination chemistry）是无机化学的一门重要分支学科，它研究的主要对象为配位化合物，简称配合物（coordination compound）。历史上记载的第一个配合物是 1704 年制得的普鲁士蓝（$Fe_4[Fe(CN)_6]_3$）。1893 年，瑞士科学家维尔纳（A. Werner）创立了配位理论，并因此而获得了 1913 年诺贝尔化学奖。自此近一个世纪以来，配位化学的研究得到迅猛的发展，它已广泛渗透到有机化学、分析化学、物理化学、高分子化学、催化化学、生物化学等领域，而且与材料科学、生命科学以及医学等其他学科的关系越来越密切。目前，配位化合物广泛应用于工业、农业、医药、国防和航天等领域。

13.1 配合物的基础知识

13.1.1 配合物的组成

13.1.1.1 配合物的概念

向天蓝色的硫酸铜溶液中滴加适量的氨水溶液，首先可以观察到浅蓝色沉淀：
$$2Cu^{2+} + SO_4^{2-} + 2NH_3 + 2H_2O \longrightarrow Cu_2(OH)_2SO_4 \downarrow + 2NH_4^+$$
当氨水进一步过量时，沉淀消失，出现深蓝色溶液：
$$Cu_2(OH)_2SO_4 + 2NH_4^+ + SO_4^{2-} + 6NH_3 \longrightarrow 2[Cu(NH_3)_4]SO_4 + 2H_2O$$
将这种深蓝色溶液蒸发结晶，可得到深蓝色的硫酸四氨合铜晶体，这是一种不同于硫酸铜的新型无机化合物，即配位化合物，简称配合物。

配合物就是由中心离子（或原子）与一定数目的配体以配位键的方式结合而形成的具有一定空间构型的分子或离子，例如 $[Cu(NH_3)_4]SO_4$、$[Ag(NH_3)_2]Cl$、$K_4[PtCl_6]$ 和 $Ni(CO)_4$ 等均为配合物。

13.1.1.2 配合物的组成

通常来说，一个配合物是由外界和内界两部分组成的。以配合物 $[Cu(NH_3)_4]SO_4$ 为例，其组成如图 13-1 所示。

（1）内界与外界

配合物的组成

配合物内界即方括号内的部分，由中心离子（或原子）与配体两部分组成；与内界所带电荷相反的离子为配合物的外界。在一个配合物中，如果内界为正离子（如 $[Cu(NH_3)_4]^{2+}$），则其外界就是负离子（如 SO_4^{2-}、Cl^-）；如果内界为负离子（如 $[Fe(CN)_6]^{3-}$），外界就是正离子（如 Na^+、K^+）；如果内界本身为电中性（如 $[Ni(CO)_4]$、$[Pt(NH_3)_2Cl_2]$），则无需外界。一个配合物的内界统称为一个配位个体，当它带有电荷时简称为配离子。带正电荷的配离子称配阳离子，带负电荷的称配阴离子。配离子的电荷为中心金属离子和配体所带电荷之和。内界是配合物的特征部分，组分很稳定，解离程度较小。例如配合物 $[Co(NH_3)_6]Cl_3$ 的水溶液中，外界 Cl^- 可解离出来，而内界组分 $[Co(NH_3)_6]^{3+}$ 是稳定的整体。

（2）中心离子（或原子）

中心离子（central ion）（或原子）位于配合物内界的中心，多数为金属正离子，如 $[Cu(NH_3)_4]^{2+}$ 中的 Cu^{2+} 和 $[FeF_6]^{3-}$ 中的 Fe^{3+}；也可以是金属原子，如 $[Fe(CO)_5]$ 中的 Fe 原子和 $[Ni(CO)_4]$ 中的 Ni 原子；甚至还可以为金属负离子，如 $Na[Co(CO)_4]$ 中的 Co^-。不同金属元素形成配合物的能力差别很大。在周期表中，s 区金属形成配合物的能力较弱，p 区金属稍强，而过渡元素形成配合物的能力最强。

（3）配体与配位原子

配体（ligand）是内界中与中心离子（或原子）结合的分子或阴离子，排布在中心离子（或原子）的周围。配体可以是中性分子，如 NH_3、H_2O、CO 和有机胺等；也可以是阴离子，如 Cl^-、F^-、OH^-、CN^- 和 $C_2O_4^{2-}$ 等。一个配合物中的配体可以相同的，如 $[Cu(NH_3)_4]SO_4$ 中的配体为 NH_3；也可以不同，如 $[Co(NH_3)_3Cl_3]$ 中的配体分别为 NH_3 和 Cl^-。配体中与中心离子（或中心原子）通过配位键直接结合的原子称为配位原子，如 NH_3 中的 N 原子，H_2O 中的 O 原子，CO 中的 C 原子等。常见的配位原子主要是周期表中电负性较大的非金属原子，如 X（卤素）、N、O、S、C、P 等原子。

在一个配体中，若只有一个配位原子与中心离子（或原子）结合，这样的配体称为单齿配体（见表 13-1）。在一个配体中，若有两个或两个以上的配位原子同时与一个中心离子（或原子）结合，这样的配体称为多齿配位。多齿配体按配位原子数的多少可分为二齿配体、三齿配体等（见图 13-2）。有些配体虽然也具有两个或多个配位原子，但在一定条件下仅有一种配位原子与中心离子配位，这类配体叫两可配体（ambident ligand）。如硫氰酸根（SCN^-），以 S 配位；异硫氰酸根（NCS^-），以 N 配位。

$[Cu(NH_3)_4]SO_4$

中心离子　配体　配位数

内界　外界

配合物

图 13-1
$[Cu(NH_3)_4]SO_4$
的组成与结构

表 13-1　常见的单齿配体及其命名

配位原子	常见单齿配体
C	CO(羰基)、CN^-(氰基)
N	NH_3(氨)、NH_2^-(氨基)、NO_3^-(硝基)、NCS^-(异硫氰酸根)、◯N(Py,吡啶)
S	SCN^-(硫氰酸根)、$S_2O_3^{2-}$(硫代硫酸根)、SO_4^{2-}(硫酸根)、HS^-(硫氢根)
O	H_2O(水)、OH^-(羟)、ONO^-(亚硝酸根)、O_2^-(双氧)、O^{2-}(氧)、CH_3COO^-(乙酸根)
X	F^-(氟)、Cl^-(氯)、Br^-(溴)、I^-(碘)

（4）配位数

配位数（coordination number）是指与中心离子（或原子）直接键合的配位原子的个数。配位数与配体个数并不一定相等，如 $[Cu(NH_3)_4]^{2+}$ 中的配位数与配体个数均为 4，但 $[Cu(en)_2]^{2+}$ 中的配位数为 4，而配体个数为 2。配位数多为偶数，最常见的为 4 和 6。

配位数是决定配合物空间构型的主要因素，其大小受到多种因素的影响，包括几何因素（中心离子半径、配体的大小及几何构型）、静电因素（中心离子与配体的电

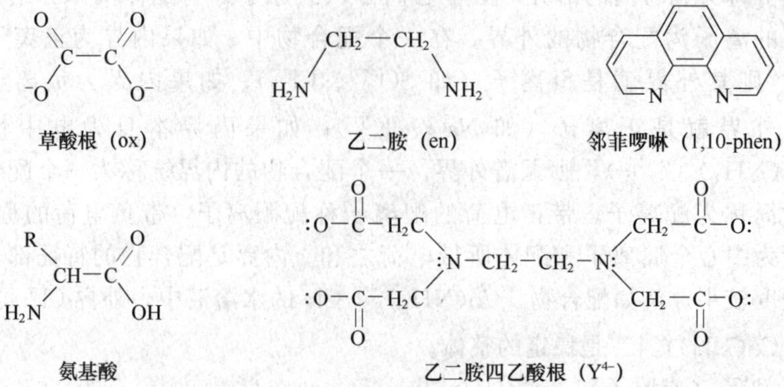

草酸根（ox）　　　　　乙二胺（en）　　　　邻菲啰啉（1,10-phen）

氨基酸　　　　　　　　乙二胺四乙酸根（Y⁴⁻）

图 13-2　几种常见的多齿配体的结构与命名

荷）、中心离子的价电子层结构以及外界条件（浓度、温度等）。

13.1.2　配合物的分类

配合物的种类很多，主要可分为以下几种类型。

13.1.2.1　简单配合物

简单配合物（simple complex）是由中心离子（或原子）与单齿配体配位形成的配合物。如$[Cu(NH_3)_4]SO_4$、$K_3[Fe(CN)_6]$、$[Pt(NH_3)_2Cl_2]$、$Fe(CO)_5$等。

13.1.2.2　螯合物

（1）螯合物的定义与结构

螯合物（chelate compound）是由中心离子（或原子）与多齿配体配位形成的具有环状结构的配合物。能与中心离子（或原子）形成螯合物的多齿配体则称为螯合剂（chelating agent），螯合剂多为含 N、P、O、S 等配位原子的有机化合物。例如，Cu^{2+} 与两个乙二胺分子（$NH_2CH_2CH_2NH_2$）形成两个五原子环的螯合离子 $[Cu(en)_2]^{2+}$ [见图 13-3(a)]。又如，将氨基乙酸 NH_2CH_2COOH 与铜盐配合，生成二氨基乙酸合铜（Ⅱ）离子 [见图 13-3(b)]。乙二胺含有两个相同的配位原子 N，氨基乙酸含有两个不同的配位原子 N 和 O，均能和 Cu^{2+} 形成两个五原子环的配合物。在结构式中常以"→"表示金属离子与不带电荷原子间的配位键，以"—"表示金属离子与带电荷原子间的配位键。

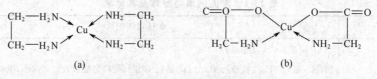

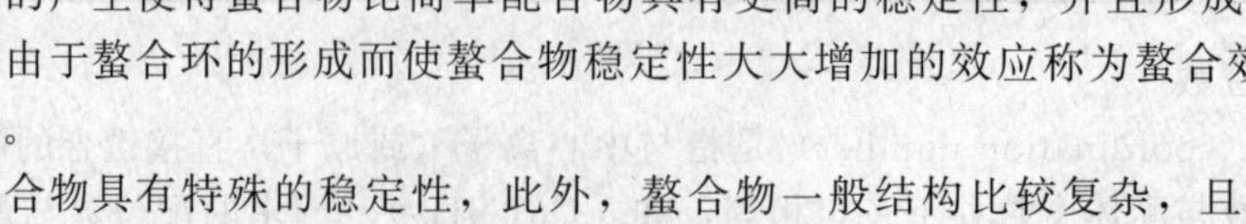

图 13-3　螯合物的结构

（2）螯合效应

螯合环的产生使得螯合物比简单配合物具有更高的稳定性，并且形成的环越多越稳定。这种由于螯合环的形成而使螯合物稳定性大大增加的效应称为螯合效应（chelating effect）。

由于螯合物具有特殊的稳定性，此外，螯合物一般结构比较复杂，且多具有特殊颜色。这些性质和特点使得螯合物被广泛应用于金属离子鉴定、溶剂萃取分离、比色定量分析、医疗上作为解毒剂等方面。

（3）影响螯合物稳定性的因素

影响螯合物稳定性的因素主要有三个方面：①螯合环的大小。绝大多数的螯合物

配合物的分类

中，以五元环和六元环的螯合物最稳定。如果螯合环过大会产生空间位阻，如果螯合环过小会增加张力，都导致螯合物的稳定性下降；②螯合环的数目。金属离子相同，配体的组成和结构相似的条件下，形成的螯合物中的螯合环越多，螯合物的稳定性越高。这是因为螯合环越多，配体与金属离子的联系越密切，从金属离子脱离的概率就越小；③完全环形螯合剂的影响。完全环形的螯合剂比具有相同配原子、相同齿数的开链螯合剂形成的螯合物更稳定。例如，血红素（见图 13-4）就是由完全环形的螯合剂（原卟啉）形成的一种铁卟啉配合物。

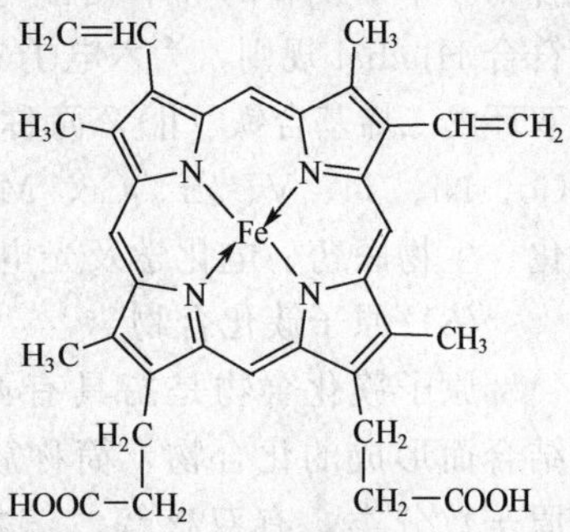

图 13-4　血红素的结构

（4）生物配体

在大多数情况下，生物体内的金属元素不以自由离子形式存在，而是以金属配合物的形式存在。在生物体内与金属配位并具有生物功能的配体称为生物配体。生物配体与金属离子一般形成的都是结构比较稳定的螯合物。

生物配体按照分子量大小，大致可分为两大类：①大分子配体，分子量从几千到数百万，如蛋白质、多糖、核酸等；②小分子配体，如氨基酸、羧酸、卟啉、咕啉等。图 13-4 所示的血红素中的原卟啉就是一种生物配体。

13.1.2.3　特殊配合物

这类配合物是最近几十年蓬勃发展起来的一类新型配合物。

（1）羰基配合物

以 CO 为配体（称为羰基）与金属键合形成的配合物称之为羰基配合物。一氧化碳几乎可以和全部过渡金属形成稳定的配合物，如 $Fe(CO)_5$、$Ni(CO)_4$、$Co_2(CO)_8$ 等。羰基配合物在结构与性质上都比较特殊。在这类配合物中，CO 既是 σ 电子给予体，又是 π 电子接受体，它通过 C 原子与金属原子成键（见图 13-5）。CO 的最高占有轨道 σ_{2p} 与金属原子 M 能够形成 σ 配位键，电子由碳流向金属（M←CO）。同时，CO 的最低空轨道 π_{2p}^* 与金属原子具有 π 对称性的 d 轨道重叠，接受金属原子送来的电子（M→CO），这种由金属原子单方面提供电子到配体的空轨道上形成的 π 键称为反馈 π 键。形成反馈键时，金属将电子对给予配体，只有当金属又有足够的负电荷时，它才能起电子对给予体的作用。低氧化态的金属具有较多价电子，有利于形成反馈键。在羰基配合物中由于 σ 配位键和反馈 π 键的同时作用，使得金属与 CO 形成的羰基配合物具有很高的稳定性。

(a) σ 配位键（M←CO）　　　　(b) 反馈 π 键（M→CO）

图 13-5　金属羰基配合物的成键示意图

羰基配合物的熔点、沸点一般都比常见的相应金属化合物低，容易挥发，大多数不溶于水，可溶于有机溶剂，受热易分解为金属和一氧化碳。羰基配合物在有机催化、金属提纯等领域应用广泛。

（2）夹心配合物

夹心配合物是指金属被对称地夹在两个平行的环戊二烯阴离子配体（简称茂基或 Cp）之间的化合物。广义的夹心配合物还包括茂环之间有一定夹角的不对称夹心型化合物，单个茂环的"半夹心"化合物以及多层夹心型化合物。这些茂环上的 π 电子数符合 Hückel 规则，为六电子 π 给体，因此具有一定的芳香性。最典型的夹心属配合物为双环戊二烯基合铁（II），简称二茂铁（见图 13-6）。除 Fe 之外，其他许多过渡金属如 Co、Ni、Ti、V、Zr、Cr、Mn 等也都能形成这类配合物。目前，夹心配合物已在催化、生物医药、电化学及光电功能材料等领域得到了广泛应用。

（3）原子簇化合物

原子簇化合物是指具有两个或两个以上金属原子以金属-金属键（M—M）直接结合而形成的化合物，简称簇合物。过渡金属原子簇合物的种类很多，按所含金属原子数分类，有双核簇、三核簇、四核簇（余类推）等；按配体分子种类，则有羰基簇、卤基簇等。原子簇化合物的键合方式非常多，使得其分子结构也多种多样，常见的有四面体、八面体、四方锥结构等。最简单的原子簇合物为双核簇合物 $[Re_2Cl_8]^{2-}$（见图 13-7），而数量最多、发展最快、也是最重要的一类原子簇化合物为金属-羰基原子簇合物。原子簇化合物在催化化学、材料科学以及生物医药等领域均有广泛的应用。

图 13-6　二茂铁的结构

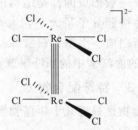

图 13-7　$[Re_2Cl_8]^{2-}$ 的结构

除此之外，特殊配合物还有不饱和烃配合物、金属烷基化合物、多核金属配合物以及金属冠状配合物（即大环聚醚配合物）等，这里不多介绍。

科学家小传——科顿

科顿（F. A. Cotton，1930—2007），美国无机化学家。1930 年出生费城，美国德克萨斯农业与机械大学化学系教授。1951 年毕业于费城天普大学，1955 年获哈佛大学博士学位，1961 年至 1971 年担任美国麻省理工学院教授。他是美国科学院院士、美国科学与艺术科学院院士，同时也是多个国家科学院的外籍院士。

科顿是金属原子簇化合物体系的发现者，过渡金属原子簇化学的奠基人，也是酶结构化学研究的先驱者。其最为人所知的工作之一是于 1964 年发现了 $[Re_2Cl_8]^{2-}$ 离子中的 Re 原子之间存在的金属-金属多重键，并综合大量实验结果建立了相关成键理论，证明了金属-金属键比金属-配体键在决定过渡金属簇化合物的物理化学性质上更为重要，由此开拓了一类全新的配合物——过渡金属原子簇化合物及其研究领域。科顿还将核磁共振技术引入对原子簇化学动力学的研究，并发展了一系列合成特定结构的方法学。与此同时，他还发现了大量更复杂、更新颖的化学结构，如含金属原子链配合物（EMACC）等。

科顿教授在金属有机化学、金属羰基化学、电子结构和化学键理论以及结构化学等多个化学研究领域均有杰出贡献。发表研究论文 1470 多篇，专著 30 余部。2007 年 2 月 20 日不幸去世，享年 77 岁。

13.1.3 配合物的命名

（1）配体的命名

一些常见单齿配体与多齿配体的化学式、结构及命名见表 13-1 和图 13-2。

（2）配离子（内界）的命名

配离子（内界）的命名按以下方式进行：

配体数（中文数字）→配体名称→合→中心离子名称→中心离子氧化数（罗马数字）→离子

例如，$[Cu(NH_3)_4]^{2+}$ 记为四氨合铜（Ⅱ）离子，读为四氨合二价铜离子。如果在一个配离子（内界）中，配体不止一种时，各配体间用圆点"·"相隔，配体命名的次序遵循以下原则。

①先无机配体，后有机配体。如：

$[Sb(C_6H_5)Cl_5]^+$　　　　　　　五氯·苯基合锑（Ⅴ）酸根离子

②先阴离子配体，后中性分子配体。如：

$[Pt(NH_3)_2Cl_2]$　　　　　　　　二氯·二氨合铂（Ⅱ）

③同类配体的名称按配位原子的元素符号的英文字母顺序排列。如：

$[Co(H_2O)(NH_3)_5]^{3+}$　　　　　五氨·水合钴（Ⅲ）离子

④配体中的配位原子相同时，原子个数较少的配体排在前面。如：

$[Pt(NO_2)(NH_3)(NH_2OH)(Py)]Cl$　氯化硝基·氨·羟胺·吡啶合铂（Ⅱ）

⑤配位原子相同，且配体中原子个数也相同，则按与配位原子直接相连的原子的元素符号英文字母顺序排列。如：

$[Pt(NH_2)(NO_2)(NH_3)_2]$　　　　氨基·硝基·二氨合铂（Ⅱ）

（3）配合物的命名

配合物的命名原则与一般无机化合物的命名原则相同。

①含有配位阴离子的配合物。将配位阴离子当作化合物的酸根进行命名，叫做"某酸某"。如：

$Na_3[Ag(S_2O_3)_2]$　　　　　　　二硫代硫酸根合银（Ⅰ）酸钠

②含有配位阳离子的配合物。将配位阳离子看作金属离子，如果外界为简单酸根离子（如 Cl^-），叫做"某化某"；如果外界为复杂酸根离子（如 SO_4^{2-}），叫做"某酸某"；如果外界为 OH^-，叫做"氢氧化某"。如：

$[Co(NH_3)_6]Cl_3$　　　　　　　　三氯化六氨合钴（Ⅲ）

$[Cu(NH_3)_4]SO_4$　　　　　　　　硫酸四氨合铜（Ⅱ）

$[Zn(NH_3)_4](OH)_2$　　　　　　　氢氧化四氨合锌（Ⅱ）

③内界为电中性的配合物，其命名同配合物内界的命名。如：

$[Ni(CO)_4]$　　　　　　　　　　　四羰基合镍（0）

$[Pt(NH_3)_2Cl_4]$　　　　　　　　四氯·二氨合铂（Ⅳ）

④一些常见的配合物，也可用简称或俗名。如：

$K_3[Fe(CN)_6]$　　　　　　　　　赤血盐

$[Pt(NH_3)_2Cl_2]$　　　　　　　　顺铂

配合物的命名

思考题 13-1　试举例说明，配合物的组成与结构有哪些特征？

思考题 13-2　试举例说明，配合物的命名需要注意哪些原则？

13.2.1 配合物的空间构型

配合物的
空间构型

配合物的空间构型是指配体围绕中心离子（或原子）排布的几何构型。当配体与中心离子（或原子）配位时，为了减少配体之间的静电斥力，配体之间尽可能远离，在中心离子（或原子）周围采取对称分布的状态。配合物常见的空间构型有直线形、平面三角形、四面体、平面四边形、四方锥形、三角双锥形及八面体形等。配合物的空间构型不仅与配位数有关，而且与中心离子（或原子）的杂化方式密切相关（详见13.3.2节）。

13.2.2 配合物的异构现象

配合物组成相同但结构与性质不同的现象，称为配合物的异构现象。具有异构现象的几种配合物互为异构体（isomer）。配合物的异构现象较为普遍，可分为空间异构、结构异构及旋光异构等几种类型。

配合物的
异构现象

13.2.2.1 空间异构

空间异构（spatial isomerism）是指配体相同，内、外界相同，但配体在中心离子（或原子）周围空间的排列方式不同而引起的异构现象，又称立体异构。空间异构不仅与配位数有关，也与配合物的构型有关。常见的空间异构包括顺式与反式异构、面式与经式异构两大类。

（1）顺式与反式异构

配位数为 4 的平面正方形配合物 $[MA_2B_2]$ 有顺式（*cis-*）和反式（*trans-*）两种异构体。例如 $[Pt(NH_3)_2Cl_2]$，当两个相同的配体处于平面正方形的相邻两顶角时叫顺式异构体 [见图 13-8(a)]，处于对角位置时叫反式异构体 [见图 13-8(b)]。

顺、反异构体的结构不同，在性质上也有差异。例如 *cis-*$[Pt(NH_3)_2Cl_2]$ 呈棕黄色，为极性分子（在水中的溶解度为 0.258g/100gH$_2$O），能够与癌细胞 DNA 上的碱基结合而显示抗癌活性；*trans-*$[Pt(NH_3)_2Cl_2]$ 为淡黄色，属非极性分子（在水中难溶，溶解度仅为 0.037g/100gH$_2$O），不具有抗癌活性。

配位数为 6 的八面体形配合物 $[MA_4B_2]$ 也有顺、反异构体。例如 *cis-*$[Cr(NH_3)_4Cl_2]^+$ 为紫色 [见图 13-9（a）]，*trans-*$[CrCl_2(NH_3)_4]^+$ 为绿色 [见图 13-9（b）]。

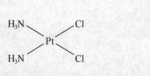

(a) *cis-*[Pt(NH₃)₂Cl₂]　　(b) *trans-*[Pt(NH₃)₂Cl₂]

图 13-8　$[Pt(NH_3)_2Cl_2]$ 的顺、反异构体

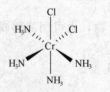 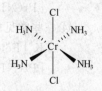

(a) *cis-*[Cr(NH₃)₄Cl₂]⁺　　(b) *trans-*[Cr(NH₃)₄Cl₂]⁺

图 13-9　$[Cr(NH_3)_4Cl_2]^+$ 的顺、反异构体

（2）面式与经式异构

配位数为 6 的八面体形配合物 $[MA_3B_3]$ 存在面式（*fac-*）与经式（*mer-*）两种

异构体。例如配合物 $[Pt(NH_3)_3Cl_3]^+$，如果其中的三个相同配体的配位原子构成的两个三角形平面互不相交，称为面式异构体 [见图 13-10(a)]，而如果其中的三个相同配体的配位原子构成的两个三角形平面相交，则称为经式异构体 [见图 13-10(b)]。

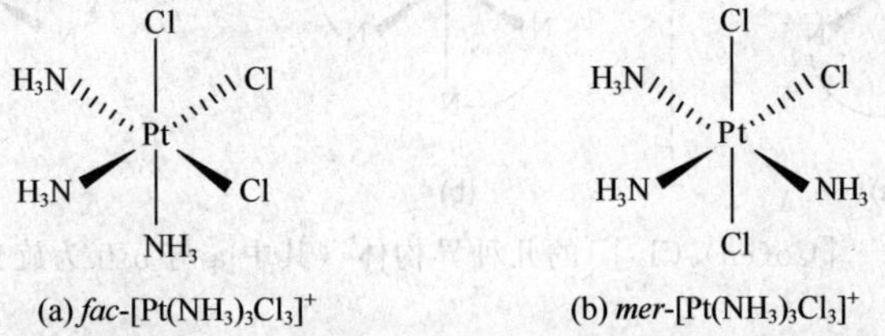

(a) *fac*-[Pt(NH$_3$)$_3$Cl$_3$]$^+$ (b) *mer*-[Pt(NH$_3$)$_3$Cl$_3$]$^+$

图 13-10　$[Pt(NH_3)_3Cl_3]^+$ 的面式、经式异构体

13.2.2.2 结构异构

结构异构（structural isomerism）是指由于配合物中的内部结构不同而引起的异构现象，又称构造异构。结构异构包括解离异构、配位异构和键合异构。

（1）解离异构

一个配合物的内外界之间交换位置后得到的新配合物与原配合物之间的结构异构称为解离异构。例如，$[Co(NH_3)_5Br]SO_4$（紫色）和 $[Co(NH_3)_5SO_4]Br$（红色）互为解离异构体。前者在水中能解离出 SO_4^{2-}，因此能使 Ba^{2+} 沉淀；而后者在水中能解离出 Br^-，因此能使 Ag^+ 沉淀。

H_2O 作为配体时处于配合物内界，而为结晶水时则存在于配合物外界。由于 H_2O 分子在内界和外界不同造成的解离异构又称为水合异构。例如 $[Cr(H_2O)_6]Cl_3$（紫色）、$[Cr(H_2O)_5Cl]Cl_2 \cdot H_2O$（浅绿色）和 $[Cr(H_2O)_4Cl_2]Cl_2 \cdot 2H_2O$（深绿色）均互为水合异构体。

（2）配位异构

由配阴离子和配阳离子构成的配合物中，阴离子和阳离子都是配位单元。配位单元之间交换配体得到的新配合物与原配合物互为配位异构体。例如，$[Co(NH_3)_6][Cr(C_2O_4)_3]$ 和 $[Cr(NH_3)_6][Co(C_2O_4)_3]$ 互为配位异构体。

（3）键合异构

在由两可配体形成的配合物中，由于配位原子的不同而引起的异构现象称为键合异构。例如，两可配体 NO_2^-，当以 N 原子配位，生成 $[Co(NH_3)_5NO_2]^{2+}$ [硝基·五氨合钴（Ⅲ），黄褐色]；而如果以 O 原子配位，生成 $[Co(NH_3)_5(ONO)]^{2+}$ [亚硝酸根·五氨合钴（Ⅲ），红褐色]，它们互为键合异构体。

13.2.2.3 旋光异构

旋光异构（optical isomerism）又称为镜像异构。互为旋光异构体的两种物质对偏振光的旋转方向不同，它们之间的关系好像是实物与镜像，或者左手与右手之间的关系一样。旋光异构体分为左旋和右旋异构体，右旋用符号（＋）或 D 表示，左旋用（－）或 L 表示。判断一个配合物是否有旋光异构体存在，通常是看该配合物的几何构型中有没有对称面或对称中心，如有则不存在旋光异构体；反之，则有旋光异构体存在。

例如，八面体形配合物 $[Co(en)_2Cl_2]^+$ 具有顺反异构体，其中的两种顺式结构 [见图 13-11(a) 和 13-11(b)] 就如同左右手一样，二者不能重合，因此互为旋光异构体；而对于反式异构体 [见图 13-11(c)]，虽然其也有相对应的镜像图，但二者是完全等同的（旋转 180° 后二者重合），因此反式异构体没有旋光异构体。四面体形、平面正方形配合物也可能有旋光异构体，但已发现的较少。

许多药物也存在着旋光异构现象，但往往只有其一种异构体是有效的，而另一种

图 13-11 　$[Co(en)_2Cl_2]^+$ 的几种异构体（其中 a 与 b 互为旋光异构体）

异构体无效，甚至有害。如果能发现和分离药物中的旋光异构体，有望减少用药量，降低毒副作用，提高药效，因此引起科学家们很大的关注。

13.3 配合物的价键理论

配合物价键理论

配合物的化学键理论，是指中心离子（或原子）与配体之间的成键理论，目前主要有价键理论（valence bond theory，VBT）、晶体场理论（crystal field theory，CFT）、分子轨道理论（molecular orbital theory，MOT）和配位场理论（coordination field theory，LFT）四种。本章主要介绍价键理论与晶体场理论。

13.3.1 配合物价键理论的要点

1931 年，美国著名科学家鲍林（L. Pauling）提出杂化轨道理论并应用于配位化学，发展为配合物的价键理论。配合物价键理论的基本要点如下：
①中心离子（或原子）与配体之间以配位键相结合；
②由配位原子提供的孤电子对，填入到中心离子（或原子）提供的空价轨道而形成 σ 配位键；
③中心离子（或原子）的空价轨道所采取的杂化方式决定了配离子的空间构型。

13.3.2 配离子的空间构型与杂化方式的关系

如前所述，配合物（或配离子）的空间构型不仅与配位数有关，而且与中心离子（或原子）的杂化方式密切相关。中心离子（或原子）常见的杂化轨道类型与配离子空间构型之间的关系如表 13-2 所示。

13.3.2.1 配位数为 2 的配合物

氧化数为 +1 的离子常形成配位数为 2 的配合物，如 $[Ag(NH_3)_2]^+$、$[AuCl_2]^-$ 和 $[Cu(CN)_2]^-$ 等。下面以 $[Ag(NH_3)_2]^+$ 为例，利用价键理论对这类配合物的成键情况与结构予以说明。

在未形成配合物时，Ag^+ 的价层电子排布为：

	4d	5s	5p

当 Ag^+ 与配体形成配位数为 2 的配合物时，Ag^+ 利用 1 个 5s 轨道和 1 个 5p 轨道进行 sp 杂化，形成 2 个新的 sp 杂化轨道以接受配体 NH_3 提供的 2 对孤电子对。以 sp 杂化轨道成键的配合物的空间构型为直线形。$[Ag(NH_3)_2]^+$ 的中心离子杂化方式及价层电子排布为：

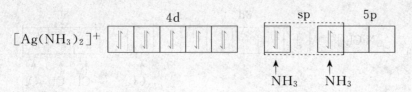

$$[Ag(NH_3)_2]^+$$

$\uparrow$ NH₃ $\uparrow$ NH₃

配合物 $[Ag(NH_3)_2]^+$ 的中心离子 Ag^+ 在形成配位键时,参与杂化的轨道(5s 和 5p 轨道)全部为外层空轨道,这种以外层空轨道进行杂化而形成的配合物称为外轨型配合物。

表 13-2   中心离子杂化轨道类型与配离子空间构型之间的关系

配位数	杂化方式	空间构型	空间构型图示	实例
2	sp	直线形		$[Ag(NH_3)_2]^+$,$[AuCl_2]^-$
3	sp²	平面三角形	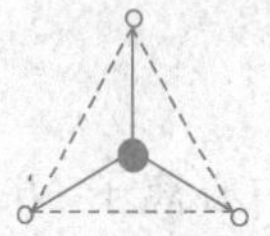	$[Cu(CN)_3]^{2-}$,$[HgI_3]^-$
4	sp³	四面体	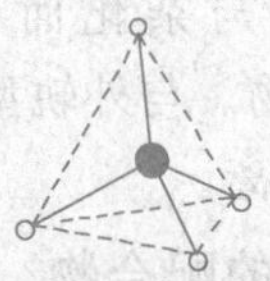	$[Zn(NH_3)_4]^{2+}$,$[Cu(CN)_4]^{2-}$ $[HgI_4]^{2-}$,$[Ni(CO)_4]$
	dsp²	平面正方形	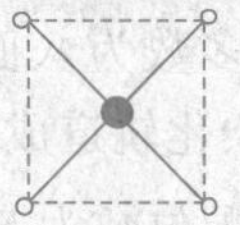	$[Ni(CN)_4]^{2-}$,$[Cu(NH_3)_4]^{2+}$, $[AuCl_4]^-$,$[PtCl_4]^{2-}$
5	dsp³	三角双锥	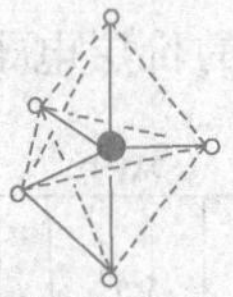	$[Fe(CO)_5]$
6	sp³d²	八面体	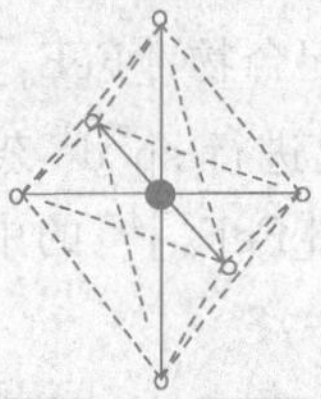	$[FeF_6]^{3-}$,$[Cr(NH_3)_6]^{3+}$
	d²sp³			$[Fe(CN)_6]^{3-}$,$[PtCl_6]^{2-}$

13.3.2.2 配位数为 4 的配合物

配位数为 4 的配合物有两种空间构型:一种是正四面体,另一种是平面正方形。下面以 Ni^{2+} 形成的两个配合物 $[NiCl_4]^{2-}$ 和 $[Ni(CN)_4]^{2-}$ 为例,分别说明配位数均为 4 的两种不同构型的配合物的成键情况。

在未形成配合物时,Ni^{2+} 的价层电子排布为:

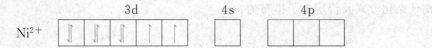

当 Ni^{2+} 与配体 Cl^- 形成配合物 $[NiCl_4]^{2-}$ 时,Ni^{2+} 利用外层的 1 个 4s 轨道和 3 个 4p 轨道进行 sp³ 杂化,形成 4 个新的 sp³ 杂化轨道以接受配体 Cl^- 提供的 4 对孤电子对。以 sp³ 杂化轨道成键的配合物的空间构型为正四面体。$[NiCl_4]^{2-}$ 的中心离子杂化方式及价层电子排布为:

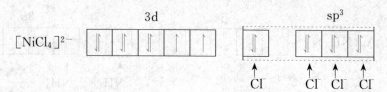

当 Ni^{2+} 与配体 CN^- 形成配合物 $[Ni(CN)_4]^{2-}$ 时，Ni^{2+} 的 3d 轨道上的 8 个电子发生重排，集中排列在 4 个 3d 轨道中，空出 1 个 3d 轨道和外层的 1 个 4s 轨道、2 个 4p 轨道进行 dsp^2 杂化，形成 4 个新的 dsp^2 杂化轨道以接受配体 CN^- 提供的 4 对孤电子对。以 dsp^2 杂化轨道成键的配合物的空间构型为平面正方形。$[Ni(CN)_4]^{2-}$ 的中心离子杂化方式及价层电子排布为：

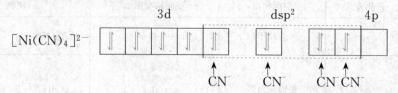

配合物 $[Ni(CN)_4]^{2-}$ 的中心离子 Ni^{2+} 在形成配位键时，有次外层的 3d 轨道参与杂化，这种有内层空轨道参与杂化而形成的配合物称为内轨型配合物。显然，$[NiCl_4]^{2-}$ 应该为外轨型配合物。与外轨型配合物相比，内轨型配合物的键能更大，性质更稳定，在水中也更难以解离。

13.3.2.3 配位数为 6 的配合物

配位数为 6 的配合物绝大多数为八面体构型，这种构型的配合物的中心离子（或原子）采取 sp^3d^2 或 d^2sp^3 的杂化轨道成键。现以 Fe^{3+} 形成的两个配合物 $[FeF_6]^{3-}$ 和 $[Fe(CN)_6]^{3-}$ 为例，分别说明配位数为 6 的配合物的成键情况。

在未形成配合物时，Fe^{3+} 的价层电子排布为：

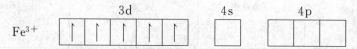

当 Fe^{3+} 与配体 F^- 形成配合物 $[FeF_6]^{3-}$ 时，Fe^{3+} 利用外层的 1 个 4s 轨道、3 个 4p 轨道以及 2 个 4d 轨道一起进行 sp^3d^2 杂化，形成 6 个新的 sp^3d^2 杂化轨道以接受配体 F^- 提供的 6 对孤电子对。$[FeF_6]^{3-}$ 的中心离子杂化方式及价层电子排布为：

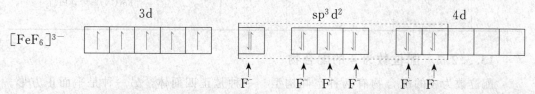

当 Fe^{3+} 与配体 CN^- 形成配合物 $[Fe(CN)_6]^{3-}$ 时，Fe^{3+} 的 3d 轨道上的 5 个电子集中排布，空出 2 个 3d 轨道和外层的 1 个 4s 轨道、3 个 4p 轨道进行 d^2sp^3 杂化，形成 6 个新的 d^2sp^3 杂化轨道以接受配体 CN^- 提供的 6 对孤电子对。$[Fe(CN)_6]^{3-}$ 的中心离子杂化方式及价层电子排布为：

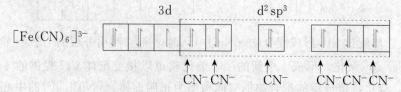

$[Fe(CN)_6]^{3-}$ 为内轨型配合物，而 $[FeF_6]^{3-}$ 为外轨型配合物。$[Fe(CN)_6]^{3-}$ 比

$[FeF_6]^{3-}$ 更稳定，它们的标准稳定常数（$K_f^{\ominus}$）分别为 4.1×10^{52} 和 2.0×10^{14}。通常来说，形成内轨型配合物还是外轨型配合物，与配体中配位原子的电负性大小、中心离子（或原子）的价层电子构型及电荷数有关。

超氧化物歧化酶

超氧化物歧化酶（superoxide dismutase，SOD）是 1938 年首次从牛红细胞中获得的一种蓝色的含铜蛋白，能催化超氧阴离子自由基（O_2^-）的歧化。过量的 O_2^- 积累会引起细胞膜、DNA、多糖、蛋白质、脂质体等的破坏，导致炎症、溃疡、糖尿病、心血管病等。但 O_2^- 经 SOD 催化可以转化为 H_2O_2，并进一步由过氧化氢酶介导分解为无害的 H_2O 和 O_2。

$$2O_2^- + 2H^+ \xrightarrow{\text{SOD}} H_2O_2 + O_2$$

SOD 属于金属酶，根据所含金属辅基的不同，SOD 主要可分为 3 种类型：Cu/Zn-SOD、Mn-SOD 和 Fe-SOD。近来，人们还发现了一些新型的 SOD，如 Ni-SOD、Fe/Zn-SOD 和 Co/Zn-SOD 等。

金属酶的活性中心通常都是多肽链上一些氨基酸残基与金属离子形成的配合物结构，如 Cu/Zn-SOD 的活性中心是一个杂双核铜锌配合物，铜、锌离子周围的配位构型分别为变形四方锥形和畸变四面体。

SOD 是生物体内的一种重要的氧自由基清除剂，能够平衡机体的氧自由基，从而避免当机体内超氧阴离子自由基浓度过高时引起的不良反应，在防辐射、抗衰老、消炎、抑制肿瘤和癌症、自身免疫治疗等方面显示出独特的功能，其研究领域已涉及化学、生物学、医学、食品科学和畜牧医学等多个学科。

13.3.3 配合物的磁性

磁性（magnetism）是配合物的重要性质之一，一般物质的磁性主要由电子运动来表现，它和原子、分子或离子的未成对电子数有直接关系。若分子或离子中所有的电子都已配对，同一个轨道上自旋相反的两个电子所产生的磁矩，因大小相同方向相反而互相抵消。这种物质置于磁场中会削弱外磁场的强度，故称为反磁性物质。反之，当分子或离子中存在未成对电子时，成单电子旋转所产生的磁矩不会被抵消，这种磁矩会在外磁场作用下取向，从而加强了外磁场的强度，这种物质称为顺磁性物质。

配合物的磁性

由于物质的磁性主要来自于自旋未成对电子，显然顺磁性物质中未成对电子数目越大，磁矩（magnetic moment）越大，并符合下列关系：

$$\mu_m = \sqrt{n(n+2)} \tag{13-1}$$

式中，n 为体系中未成对电子数；μ_m 为磁矩，单位为玻尔磁子（B.M.），单位符号为 μ_B。

配合物的磁矩 μ_m 可以利用磁分析天平来测定，将测得的磁矩代入式（13-1），即可计算出配合物中未成对电子数 n，由此推测配合物的中心离子（或原子）的内层 d 电子是否发生了电子重排，并进一步判断配合物中成键轨道的杂化类型和配合物的空间结构。

【例题 13-1】 实验测得 $[Co(NH_3)_6]^{3+}$ 和 $[Fe(H_2O)_6]^{3+}$ 的磁矩 μ_m 分别为 0 和 $5.90\mu_B$，试推测这两个配合物中心离子的杂化方式、配离子的空间构型及判断它们属于内轨型还是外轨型配合物。

解 （1）对于 $[Co(NH_3)_6]^{3+}$，由实验测得的磁矩 $\mu_m = 0$，得出未成对电子数 $n =$

0，即无单电子。说明 Co^{3+} 的 $3d^6$ 电子发生了重排，6 个电子集中排布，空出 2 个 3d 轨道和外层的 1 个 4s 轨道、3 个 4p 轨道进行 d^2sp^3 杂化。由此可见，$[Co(NH_3)_6]^{3+}$ 的空间构型为八面体，属于内轨型配合物。

（2）对于 $[Fe(H_2O)_6]^{3+}$，由实验测得的磁矩 $\mu_m = 5.90\mu_B$，得出未成对电子数 $n=5$，说明 Fe^{3+} 的 $3d^5$ 电子未发生重排，在形成 $[Fe(H_2O)_6]^{3+}$ 时，中心离子是利用外层的 1 个 4s 轨道、3 个 4p 轨道以及 2 个 4d 轨道一起进行 sp^3d^2 杂化。因此，$[Fe(H_2O)_6]^{3+}$ 的空间构型也为八面体，属于外轨型配合物。

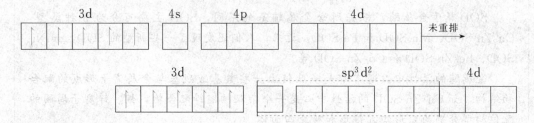

价键理论简单明了，使用方便，能说明配合物的配位数、空间构型和定性解释配合物的稳定性。但价键理论有其局限性，比如它往往不能独立地判断中心离子的杂化方式（需要借助磁性），不能定量解释配合物的稳定性规律，不能解释配合物的电子光谱规律。

思考题 13-3　试举例说明，利用杂化轨道理论讨论配合物的几何构型与利用杂化轨道理论讨论简单共价分子或离子的几何构型的异同。

【案例分析 13-1】　实验测得抗癌药物顺铂属于反磁性物质，试用杂化轨道理论说明顺铂的成键情况。

顺铂 $cis\text{-}[Pt(NH_3)_2Cl_2]$ 是目前临床应用最为广泛的抗癌药物之一，譬如治疗卵巢癌、睾丸癌、膀胱癌、宫颈癌及头颈部癌等。研究表明，顺铂的抗癌活性是由于它与肿瘤细胞的 DNA 形成各种稳定的加合物，破坏了 DNA 双螺旋结构，阻碍了 DNA 的复制和转录，最终导致肿瘤细胞的凋亡。

问题：　根据磁性推断配合物中心离子的杂化方式，并进一步判断配合物的空间构型。

分析：　$Pt(II)$ 为 $5d^8$ 电子构型，价层电子排布为：

因为配合物 $cis\text{-}[Pt(NH_3)_2Cl_2]$ 为反磁性，即无成单电子，所以中心离子杂化方式及价层电子排布为：

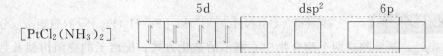

故 $cis\text{-}[Pt(NH_3)_2Cl_2]$ 属内轨型配合物，其空间构型为平面正方形。

晶体场理论是在 20 世纪 20 年代末 30 年代初由贝特（H. Bethe）和范弗莱克（J. H. Van. Vleck）提出来的，但直到 20 世纪 50 年代才广泛应用于处理配合物的化学键问题。晶体场理论认为，配合物的中心离子（或原子）与配体之间的相互作用是纯静电作用，不交换电子，即不形成任何共价键；在配体产生的静电场作用下，中心离子（或原子）原来简并的 d 轨道会发生能级分裂，有些 d 轨道的能量升高，有些 d 轨道的能量降低。晶体场理论能很好地解释过渡金属配合物的许多性质，如配合物的稳定性、磁性及电子光谱规律等。下面以配位数为 6 的八面体构型配合物为例，具体介绍晶体场理论。

晶体场理论

13.4.1 中心离子 d 轨道的能级分裂

在未形成配合物时，自由金属离子（或原子）的 5 个 d 轨道能量相同（简并轨道），但伸展方向不同。若将自由金属离子（或原子）置于一个带负电荷的球形对称场中心，d 轨道上的电子受到负电场的排斥作用是相同的，因此，虽然 d 轨道的能量都升高，但能级并不发生分裂，仍属同一能级。

当中心金属离子（或原子）与配体形成八面体构型的配合物时，6 个配体分别占据八面体的 6 个顶点，由此产生的静电场叫做八面体场。八面体场并不是球形对称的，6 个配体分布在 x、y、z 三个坐标轴的正负 6 个方向。此时，5 个 d 轨道的能量比自由金属离子（或原子）的 d 轨道均有所升高，但不同 d 轨道受到电场的作用不同，能量升高程度也不同。因此，有些 d 轨道能量比球形场中高，有些比球形场中低，5 个 d 轨道不再简并。中心离子 d_{z^2} 轨道和 $d_{x^2-y^2}$ 轨道的伸展方向正好处于正八面体的 6 个顶点方向，与配体迎头相遇，使其能量上升得更高。而中心离子的 d_{xy}、d_{yz}、d_{xz} 轨道的伸展方向正好与正八面体轴向相错，与配体的相互作用小，因此其能量上升较少（见图13-12）。结果，中心离子（或原子）的 5 个 d 轨道的能级分裂为两组，一组为能量较高的 d_{z^2} 和 $d_{x^2-y^2}$ 轨道，称为 e_g 轨道；另一组为能量较低 d_{xy}、d_{yz} 和 d_{xz} 轨道，称为 t_{2g} 轨道。e_g 轨道和 t_{2g} 轨道之间的能量差称为正八面体场的分裂能（cleavage energy），以符号 Δ_o 表示（见图 13-13）。

八面体场中心离子
d电子分布

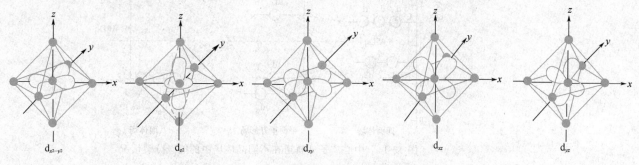

图 13-12　正八面体场中配体与 d 轨道的作用

为了便于定量计算，将 $\Delta_o/10$ 当作一个能量单位，用符号 Dq 表示，即 $\Delta_o = 10Dq$。在八面体场中，e_g 轨道包含 2 个轨道，t_{2g} 轨道包含 3 个轨道。由于 d 轨道在分裂前后的总能量保持不变，因此有以下关系成立：

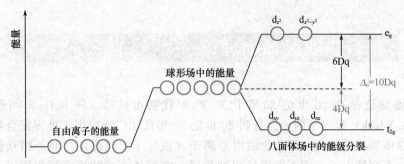

图 13-13　d 轨道在八面体场中的能级分裂

$$\begin{cases} 2E(e_g)+3E(t_{2g})=0 \\ E(e_g)-E(t_{2g})=10Dq \end{cases} \tag{13-2}$$

联立求解得：$E(e_g)=6Dq$，$E(t_{2g})=-4Dq$

当一个电子处于 e_g 轨道时，将使体系能量升高 6Dq；若一个电子处于 t_{2g} 轨道时，将使体系能量下降 4Dq。八面体场的分裂能 Δ_o 也就相当于一个电子从能量低的 t_{2g} 轨道跃迁到能量高的 e_g 轨道时所需吸收的能量。

13.4.2　影响分裂能大小的因素

影响晶体场分裂能数值大小的因素主要有如下三个方面。

（1）配合物几何构型的影响

配合物的几何构型不同，配体在中心离子（或原子）周围的分布不同，对 d 轨道的作用情况不同，使 d 轨道的能量分裂情况不同，因此分裂能的大小也不同。图 13-14 为中心离子（或原子）d 轨道在正四面体场、平面正方形场和正八面体场中的能级分裂情况。由图可以看出，在正四面体场、平面正方形场和正八面体场中的分裂能的相对大小顺序为：

$$\Delta_s（平面正方形）>\Delta_o（正八面体）>\Delta_t（四面体）$$

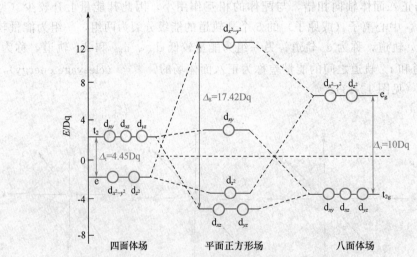

图 13-14　中心离子 d 轨道在不同晶体场中的能级分裂情况

（2）配体的影响

中心离子相同，配体不同，若配体的晶体场分裂能力越强，所产生的晶体场场强越大，分裂能越大。同一种金属离子分别与不同的配体生成一系列八面体配合物，用电子光谱法分别测定它们在八面体场中的分裂能（Δ_o），按由小到大的次序排列，得如下序列（用"*"号标记的原子表示配位原子）：

$I^- < Br^- <^* SCN^- \approx Cl^- < NO_3^- < F^- < 尿素 \approx OH^- \approx^* ONO^- \approx HCOO^- < C_2O_4^{2-} < H_2O < 吡啶 \approx EDTA <^* NCS^- <^* NH_2CH_2COO^{*-} < NH_3 < en <^* NO_2 <^* CO \approx^* CN^-$。

该序列又称"光谱化学序列"。通常以 H_2O 的分裂能力为基准,将 H_2O 前面的配体,如 I^-、Br^-、Cl^- 等,称为弱场配体(配位原子通常为电负性大的卤素原子或 O、S 等原子),它们形成配合物时分裂能较小;而将 H_2O 后面的配体,如 CN^-、CO 等(配位原子通常为电负性相对较小的 C、N 等原子),称为强场配体,它们形成的配合物分裂能较大。

(3)中心离子的影响

配体相同,中心金属离子相同时,金属离子价态越高,分裂能越大,例如:

$[Co(H_2O)_6]^{3+}$　　$\Delta_o = 18600cm^{-1}$;　$[Co(H_2O)_6]^{2+}$　　$\Delta_o = 9300cm^{-1}$

$[Co(NH_3)_6]^{3+}$　　$\Delta_o = 23000cm^{-1}$;　$[Co(NH_3)_6]^{2+}$　　$\Delta_o = 10100cm^{-1}$

配体相同,中心金属离子价态相同且为同族元素时,从上到下分裂能增大。例如:

$[Co(NH_3)_6]^{3+}$　　$\Delta_o = 23000cm^{-1}$

$[Rh(NH_3)_6]^{3+}$　　$\Delta_o = 33900cm^{-1}$

$[Ir(NH_3)_6]^{3+}$　　$\Delta_o = 40000cm^{-1}$

13.4.3　八面体场中中心离子 d 电子的分布

在正八面体场中,中心离子的 d 电子在分裂后的 d 轨道中的排布仍遵循电子排布三原则,即能量最低原理、泡利不相容原理和洪特规则。对于 $d^1 \sim d^3$ 构型,每个 d 电子分占 t_{2g} 组的 1 个 d 轨道,自旋平行,无需动用 e_g 组的 d 轨道;对于 $d^8 \sim d^{10}$ 构型,t_{2g} 轨道组的 d 轨道全部被电子对充满,还要动用 e_g 组的 d 轨道。上述构型 d 电子只有一种排列方式,别无选择。只有当中心离子的轨道为 $d^4 \sim d^7$ 构型时,d 电子的排列情况复杂得多。下面以 d^4 构型为例加以说明(见图 13-15)。

正八面体场中的 4 个 d 电子,在分裂了的 d 轨道上,存在着两种可能的排列方式:一种是高自旋方式,4 个 d 电子尽量分开排列,其中一个电子排布在高能量的 e_g 轨道,电子排布式为 $(t_{2g})^3(e_g)^1$。这种排布方式克服八面体场的分裂能(Δ_o),使体系的能量上升了 Δ_o[见图 13-15(a)];另一种是低自旋方式,4 个 d 电子都排在能量较低的 t_{2g} 轨道上,但出现了一对电子挤在同一个轨道上,电子排布式为 $(t_{2g})^4(e_g)^0$。这种排布方式克服电子成对能(P),使体系的能量上升了 P[见图 13-15(b)]。

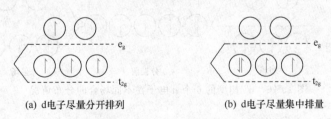

(a) d电子尽量分开排列　　　　　(b) d电子尽量集中排量

图 13-15　正八面体场中 d^4 构型 d 电子的排布情况

两个排列方式中体系的总能量分别计算如下:

$$E(a) = 3E(t_{2g}) + E(e_g) = 3E(t_{2g}) + [E(t_{2g}) + \Delta_o] = 4E(t_{2g}) + \Delta_o$$

$$E(b) = 4E(t_{2g}) + P$$

$E(a)$ 与 $E(b)$ 的大小,取决于分裂能 Δ_o 与电子成对能 P 的相对大小:

当分裂能小于电子成对能($\Delta_o < P$)时,则 $E(a) < E(b)$,状态(a)更稳定,d 电子将按(a)方式排列,该配离子称为弱场配离子。这种使 d 电子分开排布的方式,导致自旋平行的电子数增多,因而又称为高自旋配合物。

当分裂能大于电子成对能（$\Delta_o > P$）时，则 $E(a) > E(b)$，状态（b）更稳定，d 电子将按（b）方式排列，该配离子称为强场配离子。这种使 d 电子集中排布的方式，导致自旋平行的电子数减少，因而又称为低自旋配合物。

$d^1 \sim d^{10}$ 构型的 d 电子在 t_{2g} 和 e_g 轨道中的分布情况见表 13-3。

表 13-3　d^n 构型的 d 电子在 t_{2g} 和 e_g 轨道中的分布情况

d^n 电子构型	弱场 $P > \Delta_o$		强场 $\Delta_o > P$	
	t_{2g}	e_g	t_{2g}	e_g
d^1	↑		↑	
d^2	↑ ↑		↑ ↑	
d^3	↑ ↑ ↑		↑ ↑ ↑	
d^4	↑ ↑ ↑	↑	↑↓ ↑ ↑	
d^5	↑ ↑ ↑	↑ ↑	↑↓ ↑↓ ↑	
d^6	↑↓ ↑ ↑	↑ ↑	↑↓ ↑↓ ↑↓	
d^7	↑↓ ↑↓ ↑	↑ ↑	↑↓ ↑↓ ↑↓	↑
d^8	↑↓ ↑↓ ↑↓	↑ ↑	↑↓ ↑↓ ↑↓	↑ ↑
d^9	↑↓ ↑↓ ↑↓	↑↓ ↑	↑↓ ↑↓ ↑↓	↑↓ ↑
d^{10}	↑↓ ↑↓ ↑↓	↑↓ ↑↓	↑↓ ↑↓ ↑↓	↑↓ ↑↓

13.4.4　晶体场稳定化能（CFSE）

13.4.4.1　晶体场稳定化能

晶体场稳定化能与配离子的电子吸收光谱

在晶体场中，中心离子的 d 电子进入分裂后的轨道中，与在球形场的未分裂的轨道（设其能量 $E_s = 0$）相比，系统的总能量有所下降，该下降的能量叫做晶体场稳定化能（crystal field stability energy，CFSE）。晶体场稳定化能与中心离子的 d 电子数目、晶体场的强弱以及配合物的空间构型等因素有关。下面以 d^6 构型的中心离子为例，说明在正八面体场中，d 轨道分裂前后体系能量的变化情况。d^6 电子在未分裂的 d 轨道中、在弱场的 d 轨道中以及在强场的 d 轨道中的排布情况如图 13-16 所示。

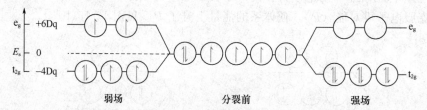

图 13-16　d^6 构型的 6 个 d 电子在不同场合的分布情况

①当 d^6 电子处于球形场未分裂的 d 轨道中时，其能量 $E_s = 0$。

②当 d^6 电子处于八面体弱场中时，其排列方式为 $(t_{2g})^4 (e_g)^2$，与 $E_s = 0$ 相比，t_{2g} 轨道上的每个电子的能量下降了 4Dq，e_g 轨道上的每个电子的能量升高了 6Dq，则总能量变化即晶体场稳定化能为：

$$\text{CFSE（弱场）} = 4 \times (-4Dq) + 2 \times (+6Dq) = -4Dq$$

③当 d^6 电子处于八面体强场中时，其排列方式为 $(t_{2g})^6 (e_g)^0$，则总能量变化即晶体场稳定化能为：

$$\text{CFSE（强场）} = 6 \times (-4Dq) + 0 \times (+6Dq) = -24Dq$$

显然，对 d^6 构型的中心离子来说，形成强场配合物比形成弱场配合物更为稳定，因为在强场中体系的能量下降得更多。

晶体场稳定化能更为严格的计算应当考虑电子成对引起的能量升高值。根据洪特规则，电子分占不同轨道且自旋平行时，体系的能量降低。反过来说，当电子成对时会使体系的能量升高，这升高的能量称为电子成对能，用符号 P 表示。d^6 电子在分裂前的排布已经有一对电子，在弱场中的排布也有一对电子，在强场中的排布有三对电子，与分裂前比较，多了两对电子。因此，计算强场中的晶体场稳定化能时应当扣除 2 个电子成对能（$2P$），即：

$$\text{CFSE(强场)} = 6 \times (-4\text{Dq}) + 0 \times (+6\text{Dq}) + 2P = -24\text{Dq} + 2P$$

$d^1 \sim d^{10}$ 构型的中心离子分别在八面体弱场和强场中所产生的晶体场稳定化能（CFSE）见表 13-4。

表 13-4　d^n 构型的中心离子的晶体场稳定化能（CFSE）/Dq

n	0	1	2	3	4	5	6	7	8	9	10
离子	Ca^{2+}	Sc^{3+}	Ti^{2+}	V^{2+}	Cr^{2+}	Mn^{2+}	Fe^{2+}	Co^{2+}	Ni^{2+}	Cu^{2+}	Zn^{2+}
弱场	0	-4	8	-12	-6	0	-4	-8	-12	-6	0
强场	0	-4	8	-12	$-16+2P$	$-20+2P$	$-24+2P$	$-18+P$	-12	-6	0

【例题 13-2】　已知 $[CoF_6]^{3-}$ 的 $\Delta_o = 13000\text{cm}^{-1}$，$[Co(CN)_6]^{3-}$ 的 $\Delta_o = 34000\text{cm}^{-1}$，它们的 $P = 17800\text{cm}^{-1}$，分别计算它们的理论磁矩 μ_m 和晶体场稳定化能 CFSE。

解　（1）Co^{3+} 为 d^6 电子构型。在 $[CoF_6]^{3-}$ 中，$\Delta_o < P$，属弱场配离子，Co^{3+} 的 d 电子分布为 $(t_{2g})^4(e_g)^2$，成单电子数 $n = 5$，故：

$$\mu_m = \sqrt{n(n+2)} = \sqrt{5 \times (5+2)} = 5.92\mu_B$$

$$\text{CFSE} = 4 \times (-\text{Dq}) + 2 \times (+6\text{Dq}) = -4\text{Dq} = -4 \times (13000/10)\text{cm}^{-1} = -5200\text{cm}^{-1}$$

（2）在 $[Co(CN)_6]^{3-}$ 中，$\Delta_o > P$，属强场配离子，Co^{3+} 的 d 电子分布为 $(t_{2g})^6(e_g)^0$，因为成单电子数 $n = 0$，所以磁矩 μ_m 为 0。

$$\begin{aligned}\text{CFSE} &= 6 \times (-4\text{Dq}) + 2P = -24\text{Dq} + 2P \\ &= -24 \times (34000/10)\text{cm}^{-1} + 2 \times 17800\text{cm}^{-1} \\ &= -46000\text{cm}^{-1}\end{aligned}$$

比较［例题 13-1］和［例题 13-2］可以看到，在价键理论中，需要借助配离子的磁性实验数据推测中心离子 d 轨道中的未成对电子数，从而判断中心离子的杂化轨道类型，该配合物属于内轨还是外轨型配合物。而在晶体场理论中，只要知道分裂能（Δ_o）和电子成对能（P）数据，就可以判断该配离子属于强场或弱场离子，并进一步写出 d 电子在 t_{2g} 轨道和 e_g 轨道上的分布情况，判断成单电子数 n，并计算出该配离子的理论磁矩及晶体场稳定化能。

13.4.4.2　晶体场稳定化能的应用

（1）解释物质的稳定性规律

第一过渡系元素 +2 价金属离子的水合离子的稳定性顺序如下：

$$Mn_{aq}^{2+} < Fe_{aq}^{2+} < Co_{aq}^{2+} < Ni_{aq}^{2+} < Cu_{aq}^{2+} > Zn_{aq}^{2+}$$

这些水合离子，就是以水作为配体的八面体弱场配离子。比较表 13-4 弱场中相关离子的 CFSE 数据的大小顺序为：

$$Mn_{aq}^{2+} < Fe_{aq}^{2+} < Co_{aq}^{2+} < Ni_{aq}^{2+} > Cu_{aq}^{2+} > Zn_{aq}^{2+}$$

由以上可以看出，除了 Ni^{2+} 和 Cu^{2+} 的顺序反常外，水合离子的稳定性顺序与 CFSE 大小顺序是一致的，即 CFSE 数值越大，体系下降的能量越多，配合物越稳定。Cu_{aq}^{2+} 的

稳定性大于 Ni_{aq}^{2+} 是由于 Cu^{2+} 的 e_g 轨道在八面体场中进一步发生了能级分裂（"姜-泰勒效应"）的缘故。

（2）解释离子水合热的大小规律

利用晶体场稳定化能可以说明第四周期金属元素离子水合热的变化规律。金属离子的水合热是指自由金属离子与水分子结合生成水合离子的反应焓变。如果不考虑晶体场的影响，从 Ca^{2+} 到 Zn^{2+} 离子半径逐渐减小（见图 13-17 中曲线 a），离子的水合热应为有规律的逐渐增大（见图 13-17 中曲线 b），但实验测定从 Ca^{2+} 到 Zn^{2+} 的水合热却呈现"双驼峰"的变化趋势（见图 13-17 中曲线 c）。造成这一差异的原因是在进行理论分析时忽略了金属离子与水形成八面体弱场配离子的晶体场稳定化能。如果从各金属离子水合热的实验值中扣除每个水合配离子的晶体场稳定化能，就可以得到图 13-17 的曲线 b。

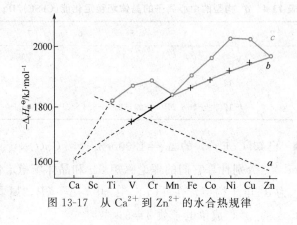

图 13-17　从 Ca^{2+} 到 Zn^{2+} 的水合热规律

13.4.5　配离子的电子吸收光谱

许多金属离子与配体形成的配合物有特殊颜色，例如 $[Cu(NH_3)_4]^{2+}$ 显蓝色，$[Fe(SCN)_n]^{3-n}(n=1\sim6)$ 显血红色。金属离子的水溶液，实际上为金属离子与水分子所形成的配离子（$[M(H_2O)_6]^{n+}$），因而也会显示种种颜色，表 13-5 列出了 $d^0\sim d^{10}$ 构型的金属离子水溶液的颜色。由表可见，d^0 构型的 Ca^{2+} 和 d^{10} 构型的 Zn^{2+} 均为无色，而 d 电子未充满的其他离子都显示出一定的颜色。

表 13-5　金属离子水溶液（$[M(H_2O)_6]^{n+}$）的颜色

d^n	d^0	d^1	d^2	d^3	d^5	d^6	d^7	d^8	d^9	d^{10}
M^{n+}	Ca^{2+}	Ti^{3+}	V^{3+}	Cr^{2+}	Mn^{2+}	Fe^{2+}	Co^{2+}	Ni^{2+}	Cu^{2+}	Zn^{2+}
颜色	无色	紫色	蓝色	紫色	肉色	红色	粉色	绿色	蓝色	无色

配离子显色的原因如下：用白光（包含所有可见光波长）照射 d 电子未充满的配离子的水溶液（即金属离子与水配位的配合物溶液），d 电子能量升高，会从 t_{2g} 轨道跃迁到 e_g 轨道，这种电子跃迁是在 d 轨道之间的跃迁，故称为 d-d 跃迁。d-d 跃迁的结果，使配离子溶液吸收了部分波长的光（所吸收的光的波长与配离子的分裂能所对应的波长一致），而透过余下的波长的光，从而使配离子水溶液呈现出不同的颜色。将配合物离子水溶液显色，称为电子吸收光谱（electronic absorption spectra）。因为 d^0 构型的 Ca^{2+} 和 d^{10} 构型的 Zn^{2+} 在晶体场中不会发生 d-d 跃迁，所以它们的水溶液为无色溶液。

莱恩（J. M. Lehn，1930—），法国物理化学家、生物化学家。1939 年 9 月 30 日出生于法国阿尔萨斯地区的罗塞姆。1960 年毕业于法国路易·巴斯德大学，三年后获博士学位，后留学美国哈佛大学随有机化学合成大师伍德沃德（R. B. Woodward）研究学习。1966 年返回母校任教。法兰西科学院和欧洲研究院院士。

1968 年，莱恩以巧妙的设计思想和精湛的实验技术用氮原子取代"冠醚"中的氧原子而合成了土穴状的大环化合物——"穴醚"，同时研究了穴醚与金属离子发生络合作用形成大环配合物的特异行为，发现它是一类比冠醚具有更高选择性及结构特异性反应的有机配体，在生物领域有着广阔的应用前景。1978 年，他又在大环化学（冠醚、穴醚、环糊精、杯芳烃、C_{60} 等）的分子识别研究中找到了"一把钥匙开一把锁"的结构因素，以富于哲学性的思维提出了"超分子化学"的概念。

超分子化学基于分子间的非共价相互作用，以分子的识别、转化及传输为基础，构筑各种功能超分子体系，是一门化学与生物学、物理学、材料科学和信息科学等多门学科交叉构成的边缘科学。超分子化学的发展不仅与大环化学的发展密切相连，而且与分子自组装（双分子膜、胶束、DNA 双螺旋等）、分子器件和新兴有机材料的研究息息相关。1987 年，莱恩教授因人工合成"穴醚"和创立"超分子化学"而荣获诺贝尔化学奖。

莱恩不仅是伟大的科学家，同时也是卓越的教育家。他的许多学生活跃在学术界。其中，他早期的博士生索瓦（J. P. Sauvage），因在分子机器领域的开拓性贡献获 2016 年诺贝尔化学奖。有趣的是，莱恩的博士后合作导师伍德沃德教授是 1965 年诺贝尔化学奖得主。一门三诺奖，这成为了学术界的佳话。

利用特征颜色可以鉴别有关的离子，并可作定量测定，"光谱化学序列"就是利用这一原理测出来的。需要指出的是，过渡金属离子显示颜色不一定都是 d-d 跃迁的结果。

晶体场理论着眼于中心离子与配体之间的静电作用，着重考虑了配体对中心离子 d 轨道的影响，但是没有考虑它们之间在一定程度上的共价结合，因此不能解释一些以中性分子为配体的配合物如 $[Ni(CO)_4]$ 的形成，也不能从本质上说明"光谱化学序列"。为此，人们对晶体场理论作了修正，考虑了金属离子的轨道与配体的原子轨道有一定程度的重叠，并将晶体场理论在概念和计算上的优越性保留下来，将分子轨道理论与晶体场理论相结合发展出配位场理论。本书对于配合物的其他化学键理论不予以介绍。

思考题 13-4 试举例说明，配合物晶体场理论较配合物价键理论的成功之处。

13.5 配位平衡

13.5.1 配位平衡的表示方法

（1）配合物的生成反应与解离反应

在 $CuSO_4$ 溶液中滴加过量的氨水，在发生 Cu^{2+} 与 NH_3 生成 $[Cu(NH_3)_4]^{2+}$ 配离子的生成反应的同时，也会发生 $[Cu(NH_3)_4]^{2+}$ 配离子解离为 Cu^{2+} 和 NH_3 的解离反应，当生成反应与解离反应达到平衡时，即存在如下的配位平衡（coordination equilib-

配位平衡与配合物平衡浓度的计算

rium）关系：

$$Cu^{2+} + 4NH_3 \Longrightarrow [Cu(NH_3)_4]^{2+} \tag{13-3}$$

式（13-3）的正反应为配合物的生成反应，逆反应则为配合物的解离反应。当配合物的生成反应与解离反应的速率相等时，就达到了配位-解离平衡。

（2）配合物的生成常数（$K_f^\ominus$）和解离常数（$K_d^\ominus$）

在式（13-3）中，配合物的生成反应对应的平衡常数称为配合物的稳定常数（stability constants），用符号 $K_f^\ominus$ 表示，其表达式为：

$$K_f^\ominus = = \frac{\{c([Cu(NH_3)_4]^{2+})/c^\ominus\}}{\{c(Cu^{2+})/c^\ominus\}\{c(NH_3)/c^\ominus\}^4} = 10^{13.32}$$

$K_f^\ominus$ 越大，配合物的稳定性越强。一些常见配离子的稳定常数见书后附录六。

在式（13-3）中，配合物的解离反应对应的平衡常数称为配合物的解离常数，用符号 $K_d^\ominus$ 表示，$K_f^\ominus$ 与 $K_d^\ominus$ 互为倒数关系：

$$K_d^\ominus = \frac{1}{K_f^\ominus} = 10^{-13.32}$$

$K_d^\ominus$ 值越大，配合物越不稳定。

（3）配合物的逐级稳定常数（$K_i^\ominus$）与累积稳定常数（$\beta_i^\ominus$）

配合物的形成一般是分布进行的，如 $[Cu(NH_3)_4]^{2+}$ 的形成分四步完成，每一个分步反应都有一个平衡常数，称为逐级稳定常数，用符号 $K_i^\ominus$ 表示。

$$Cu^{2+} + NH_3 \Longrightarrow [Cu(NH_3)]^{2+} \qquad K_1^\ominus = 10^{4.31}$$
$$[Cu(NH_3)]^{2+} + NH_3 \Longrightarrow [Cu(NH_3)_2]^{2+} \qquad K_2^\ominus = 10^{3.67}$$
$$[Cu(NH_3)_2]^{2+} + NH_3 \Longrightarrow [Cu(NH_3)_3]^{2+} \qquad K_3^\ominus = 10^{3.04}$$
$$[Cu(NH_3)_3]^{2+} + NH_3 \Longrightarrow [Cu(NH_3)_4]^{2+} \qquad K_4^\ominus = 10^{2.3}$$

上述四个反应式相加即得式（13-2），因此，$[Cu(NH_3)_4]^{2+}$ 的稳定常数 $K_f^\ominus$ 就等于以上各逐级稳定常数 $K_i^\ominus$ 的乘积，即：

$$K_i^\ominus = K_1^\ominus K_2^\ominus K_3^\ominus K_4^\ominus = 10^{13.32}$$

一般来说，配合物的逐级稳定常数随着配位数的增大而减小，即 $K_1^\ominus > K_2^\ominus > K_3^\ominus > \cdots$，这是因为后面的配体受到前面已配位的配体的排斥，从而减弱了它与中心离子配位的能力。但有时各逐级稳定常数之间相差不是很大。

$[Cu(NH_3)_4]^{2+}$ 的生成反应也可按如下的方式分步进行：

$$Cu^{2+} + NH_3 \Longrightarrow [Cu(NH_3)]^{2+} \qquad \beta_1^\ominus = K_1^\ominus = 10^{4.31}$$
$$Cu^{2+} + 2NH_3 \Longrightarrow [Cu(NH_3)_2]^{2+} \qquad \beta_2^\ominus = K_1^\ominus K_2^\ominus = 10^{4.31} \times 10^{3.67} = 10^{7.98}$$
$$Cu^{2+} + 3NH_3 \Longrightarrow [Cu(NH_3)_3]^{2+} \qquad \beta_3^\ominus = K_1^\ominus K_2^\ominus K_3^\ominus = 10^{11.02}$$
$$Cu^{2+} + 4NH_3 \Longrightarrow [Cu(NH_3)_4]^{2+} \qquad \beta_4^\ominus = K_1^\ominus K_2^\ominus K_3^\ominus K_4^\ominus = 10^{24.34}$$

同样以上每一个分步反应都有一个平衡常数，称为累积稳定常数，用符号 $\beta_i^\ominus$ 表示。其中第一级累积稳定常数等于第一级稳定常数，最后一级累积稳定常数就等于稳定常数 $K_f^\ominus$。

13.5.2 配合物平衡浓度的计算

进行平衡组成计算时，只有当配合物稳定常数很大，配体在溶液中浓度较大的情况下，才可作近似计算。否则，需要根据化学平衡相关知识进行精确计算。

【例题 13-3】 在 100mL 0.020mol·L^{-1} CuSO$_4$ 溶液中加入 100mL 2.0mol·L^{-1} NH$_3$ 溶液，计算平衡时溶液中 NH$_3$、Cu^{2+} 和配离子 $[Cu(NH_3)_4]^{2+}$ 的浓度。[已知 $K_f^\ominus([Cu(NH_3)_4]^{2+}) = 2.30 \times 10^{13}$]

解 两种溶液等体积混合后，浓度减半。Cu^{2+} 和 NH$_3$ 的起始浓度分别为：

$$c(Cu^{2+}) = 0.020/2 = 0.010 \, mol \cdot L^{-1}, c(NH_3) = 2.0/2 = 1.0 \, mol \cdot L^{-1}$$

由于 NH_3 过量，且 $K_f^{\ominus}([Cu(NH_3)_4]^{2+})$ 比较大，可以认为 Cu^{2+} 主要以 $[Cu(NH_3)_4]^{2+}$ 形式存在。设平衡时 Cu^{2+} 的浓度为 $x \, mol \cdot L^{-1}$。

$$Cu^{2+} \quad + \quad 4NH_3 \quad \rightleftharpoons \quad [Cu(NH_3)_4]^{2+}$$

平衡浓度/mol·L^{-1} $\quad x \quad\quad\quad 1.0-4\times0.010+4x \quad\quad\quad 0.010-x$

$$\approx 0.96 \quad\quad\quad\quad\quad\quad \approx 0.010$$

$$K_f^{\ominus} = \frac{\{c_e([Cu(NH_3)_4]^{2+})/c^{\ominus}\}}{\{c_e(Cu^{2+})/c^{\ominus}\}\{c(NH_3)/c^{\ominus}\}^4} = \frac{0.010}{0.96^4 x} = 2.30 \times 10^{13}$$

$$x = 4.53 \times 10^{-15} \, mol \cdot L^{-1}$$

则各平衡浓度分别为：
$$[Cu^{2+}] = 4.53 \times 10^{-15} \, mol \cdot L^{-1}$$
$$[NH_3] = 0.96 \, mol \cdot L^{-1}$$
$$[Cu(NH_3)_4^{2+}] = 0.010 \, mol \cdot L^{-1}$$

13.5.3 配位平衡的移动

配位平衡与酸碱平衡、沉淀-溶解平衡、氧化还原平衡以及另一个配位平衡之间会产生相互影响，使配位平衡和与之相关的化学平衡发生移动。

配位平衡的移动

13.5.3.1 溶液的酸碱平衡与配位平衡的相互影响

（1）配合物的生成对溶液 pH 值的影响

例如，La^{3+} 与弱酸 HAc 的配合反应，随着配合物的生成，消耗了弱酸根 Ac^- 而释放出 H^+，从而使溶液的 pH 值降低。

$$La^{3+} + 3HAc \rightleftharpoons [La(Ac)_3] + 3H^+$$

（2）溶液 pH 值的变化对配位平衡的影响

溶液 pH 值的变化对配位平衡的影响体现在溶液的酸度对配体的影响和溶液的酸度对中心离子的影响两个方面。

①溶液的酸度对配体的影响　根据酸碱质子理论，大多数配体如 NH_3、CN^-、F^-、SCN^- 等，都属于强度不同的碱，它们可以接受质子而生成相应的共轭酸。根据平衡移动原理，如果向配合物溶液中滴加强酸，因配体与质子结合而使其浓度下降，导致配合物的解离。如：

$$[Cu(NH_3)_4]^{2+} \rightleftharpoons Cu^{2+} + 4NH_3$$
$$\quad\quad\quad\quad\quad\quad\quad\quad\quad \Big\downarrow +4H^+$$
$$\quad\quad\quad\quad\quad\quad\quad\quad\quad\quad 4NH_4^+$$

这种因溶液酸度增大而导致配离子稳定性降低的现象称为酸效应。溶液酸度一定时，配体的碱性越强，酸效应越明显。

②溶液的酸度对中心离子的影响　配合物的中心离子大多是过渡金属离子，在水溶液中大多数能与 OH^- 作用，生成金属氢氧化物沉淀，导致中心离子浓度降低，促进配合物的解离。如：

$$[FeF_6]^{3-} \rightleftharpoons 6F^- + Fe^{3+}$$
$$\quad\quad\quad\quad\quad\quad \Big\downarrow +3OH^-$$
$$\quad\quad\quad\quad\quad\quad\quad Fe(OH)_3 \downarrow$$

溶液的碱性越强，配合物解离的趋势越大，这种因中心离子与溶液中的 OH^- 结合而导致配离子稳定性降低的现象称为水解反应。

从上述讨论可知，酸度对配位平衡的影响是多方面的，既要考虑配体的碱性大小，又要考虑中心原子的水解反应。在一定酸度条件下，究竟以哪一方面为主，取决于配体的碱性、中心离子氢氧化物的溶度积和配离子的稳定性（$K_f^{\ominus}$ 的大小）等因素。一般是在不产生氢氧化物沉淀的前提下，提高溶液的 pH 值，可以提高配离子的稳定性。

13.5.3.2 沉淀-溶解平衡与配位平衡的相互影响

（1）配合物的生成对难溶化合物溶解度的影响

金属难溶盐在配体溶液中，由于金属离子与配体生成配合物而使金属难溶盐的溶解度增加。

【例题 13-4】 已知 $K_f^{\ominus}([Ag(NH_3)_2]^+) = 1.67 \times 10^7$，$K_{sp}^{\ominus}(AgCl) = 1.8 \times 10^{-10}$，请计算 AgCl 沉淀在 $0.10 mol \cdot L^{-1} NH_3$ 水中的溶解度。

解 设 AgCl 沉淀在 NH_3 水中的溶解度为 S：

$$AgCl \quad + \quad 2NH_3 \quad \rightleftharpoons \quad [Ag(NH_3)_2]^+ \quad + \quad Cl^-$$

起始浓度/$mol \cdot L^{-1}$ 0.10   0   0

平衡浓度/$mol \cdot L^{-1}$ 0.10-2S   S   S

$$K^{\ominus} = \frac{\{c_e([Ag(NH_3)_2]^+)/c^{\ominus}\} \times \{c_e(Cl^-)/c^{\ominus}\}}{\{(c_e(NH_3)/c^{\ominus})^2\}}$$

$$= K_f^{\ominus}([Ag(NH_3)_2]^+) \times K_{sp}^{\ominus}(AgCl)$$

$$= 1.67 \times 10^7 \times 1.8 \times 10^{-10} = 3.0 \times 10^{-3} = \frac{S^2}{(0.10-2S)^2}$$

$$S = 4.95 \times 10^{-3} mol \cdot L^{-1}$$

（2）难溶化合物的生成对配合物稳定性的影响

在配位平衡体系中，加入一种能与中心离子形成难溶盐的沉淀剂，随着金属难溶盐沉淀的产生，导致中心离子的浓度减小，从而引起配位平衡向解离的方向移动。

如在 $[Ag(NH_3)_2]^+$ 配离子溶液中加入 KI：

$$[Ag(NH_3)_2]^+ \rightleftharpoons Ag^+ + 2NH_3$$
$$\underset{\xrightarrow{\quad}}{\overset{+I^-}{\big|}} AgI \downarrow$$

在上述体系中，存在着两种平衡，I^- 和 NH_3 都在争夺 Ag^+，I^- 争夺 Ag^+ 的能力，取决于 $K_{sp}^{\ominus}(AgI)$ 和 I^- 的浓度；NH_3 争夺 Ag^+ 的能力，取决于 $K_{sp}^{\ominus}[Ag(NH_3)_2]^+$ 和 NH_3 的浓度。当配离子的稳定性差（即 $K_f^{\ominus}$ 较小），而沉淀物的溶解度小（即 $K_{sp}^{\ominus}$ 较小），有利于配位平衡转化为沉淀平衡；反之有利于沉淀物生成配合物而溶解。

【例题 13-5】 在 $0.10 mol \cdot L^{-1} [Ag(NH_3)_2]^+$ 溶液中加入 NaCl 固体（忽略体积变化），使 Cl^- 的浓度为 $1.0 \times 10^{-4} mol \cdot L^{-1}$，试判断有无 AgCl 沉淀生成。（已知 $K_f^{\ominus}([Ag(NH_3)_2]^+) = 1.7 \times 10^7$，$K_{sp}^{\ominus}(AgCl) = 1.8 \times 10^{-10}$）

解 设加 NaCl 前溶液中 Ag^+ 的浓度为 $x mol \cdot L^{-1}$。

$$[Ag(NH_3)_2]^+ \rightleftharpoons Ag^+ \quad + \quad 2NH_3$$

平衡浓度/$mol \cdot L^{-1}$ 0.10-x   x   2x

由于 $K_f^{\ominus}([Ag(NH_3)_2]^+)$ 值较大，解离出的 Ag^+ 浓度较小，可近似处理得：$0.10-x \approx 0.10$，故：

$$K_d^{\ominus} = \frac{1}{K_f^{\ominus}} = \frac{[c_e(Ag^+)/c^{\ominus}] \times [c_e(NH_3)/c^{\ominus}]^2}{\{c_e([Ag(NH_3)_2]^+)/c^{\ominus}\}} = \frac{x(2x)^2}{0.10} = \frac{1}{1.7 \times 10^7}$$

$$x = 1.14 \times 10^{-3} mol \cdot L^{-1}$$

其离子积为：$J = c(Ag^+)c(Cl^-) = 1.14 \times 10^{-3} \times 1.0 \times 10^{-4} = 1.14 \times 10^{-7} > K_{sp}^{\ominus}$ (1.8×10^{-10})

因此有 AgCl 沉淀生成。

13.5.3.3 氧化还原平衡与配位平衡的相互影响

（1）氧化还原反应对配位平衡的影响

在配离子溶液中，加入适当的氧化剂或还原剂，使中心离子发生氧化还原反应而改变价态，从而使中心离子的浓度降低，导致配位平衡的移动。如，还原剂 Sn^{2+} 可将 $[Fe(SCN)_6]^{3-}$ 中的 Fe^{3+} 还原成 Fe^{2+}，促进配离子离解：

$$[Fe(SCN)_6]^{3-} \rightleftharpoons 6SCN^- + Fe^{3+}$$
$$\underset{\xrightarrow{\;+1/2Sn^{2+}\;}}{\qquad} 1/2Sn^{4+} + Fe^{2+}$$

(2) 配合物的生成对氧化还原反应的影响

配合物的生成会降低游离的金属离子的浓度，从而改变有关电对的电极电势，甚至有可能改变氧化还原反应的方向。

例如，由于 $\varphi^{\ominus}(Au^+/Au) = 1.68V$，$\varphi^{\ominus}(O_2/OH^-) = 0.401V$，单质金 Au 在空气中很稳定，$O_2$ 不能将 Au 氧化成 Au^+。但是如果在金矿粉中加入 NaCN 稀溶液，再通入空气，则反应能顺利发生。

$$4Au + O_2 + 2H_2O \rightleftharpoons 4OH^- + 4Au^+$$
$$\underset{\xrightarrow{\;+8CN^-\;}}{\qquad} 4[Au(CN)_2]^-$$

总反应为：$4Au + O_2 + 2H_2O + 8CN^- \rightleftharpoons 4[Au(CN)_2]^- + 4OH^-$

再向该溶液中加入还原剂，即可得到 Au：

$$2[Au(CN)_2]^- + Zn \rightleftharpoons [Zn(CN)_4]^{2-} + 2Au$$

这是"堆浸法"炼金的主要反应。

【例题 13-6】 已知 $\varphi^{\ominus}(Au^+/Au) = 1.68V$，$K_f^{\ominus}([Au(CN)_2]^-) = 10^{38.3}$，计算 $\varphi^{\ominus}([Au(CN)_2]^-/Au)$。

解 根据 $\varphi^{\ominus}([Au(CN)_2]^-/Au)$ 的定义可得：

$$c([Au(CN)_2]^-) = 1.0 mol \cdot L^{-1}, c(CN^-) = 1.0 mol \cdot L^{-1}$$

再由 $Au^+ + 2CN^- \rightleftharpoons [Au(CN)_2]^-$ 可得：

$$K_f^{\ominus}([Au(CN)_2]^-) = \frac{\{c_e([Au(CN)_2]^-)/c^{\ominus}\}}{\{c_e(Au^+)/c^{\ominus}\} \times \{c_e(CN^-)/c^{\ominus}\}^2} = 10^{38.3}$$

将 $c([Au(CN)_2]^-) = 1.0 mol \cdot L^{-1}$，$c(CN^-) = 1.0 mol \cdot L^{-1}$ 代入上式得：

$$c(Au^+) = \frac{1}{K_f^{\ominus}([Au(CN)_2]^-)} = 10^{-38.3} mol \cdot L^{-1}$$

因此：
$$\varphi^{\ominus}([Au(CN)_2]^-/Au) = \varphi(Au^+/Au)$$
$$= \varphi^{\ominus}(Au^+/Au) + 0.0592 lg[c(Au^+)/c^{\ominus}]$$
$$= 1.68 + 0.0592 lg(10^{-38.3})$$
$$= -0.59V$$

讨论：在 NaCN 存在的条件下，$\varphi^{\ominus}(Au^+/Au)$ 由原来的 1.68V 下降到 -0.59V，低于 $\varphi^{\ominus}(O_2/OH^-)$，所以可以被 O_2 所氧化。

13.5.3.4 溶液中不同配离子之间的转化

在配位平衡体系中，加入另一种能与中心原子形成配离子的配位剂，或加入另一种能与配体形成配离子的中心原子时，实际上是两种配体争夺中心原子，或两个中心原子争夺配体的反应。这种争夺反应的方向取决于形成的配合物稳定性的大小。一般来说，一种配离子可以转化为另一种更稳定的配离子，即平衡向生成更难解离的配离子的方向移动。例如，临床上用依地酸钙（$[Ca-EDTA]^{2+}$）对铅中毒病人进行解毒治疗，就是利用这个道理：

$$[Ca-EDTA]^{2+} + Pb^{2+} \longrightarrow [Pb-EDTA]^{2+} + Ca^{2+}$$

依地酸钙在体内与 Pb^{2+} 反应，生成更稳定的依地酸铅，这是一种无毒可溶于水的配离子，经由肾脏排出体外，达到解毒目的。

【例题 13-7】 在含有 Hg^{2+}、I^- 和 NH_3 的溶液中，I^- 和 NH_3 两者浓度相等，判断配位反应的方向，该溶液中 Hg^{2+} 主要以哪种配离子形式存在，$[Hg(NH_3)_4]^{2+}$/$[HgI_4]^{2-}$ 为多少？已知 $K_f^{\ominus}([Hg(NH_3)_4]^{2+}) = 1.95 \times 10^{19}$，$K_f^{\ominus}([HgI_4]^{2-}) = 5.66 \times 10^{29}$。

解 在此溶液中存在着 I^- 与 NH_3 争夺 Hg^{2+} 的反应，表示如下：

$$[HgI_4]^{2-} + 4NH_3 \rightleftharpoons [Hg(NH_3)_4]^{2+} + 4I^-$$

该反应的平衡常数为：

$$K^{\ominus} = \frac{\{c_e([Hg(NH_3)_4]^{2+})/c^{\ominus}\} \times \{[c_e(I^-)/c^{\ominus}]^4\}}{\{c_e([HgI_4]^{2-})/c^{\ominus}\} \times [c(NH_3)/c^{\ominus}]^4} = \frac{K_f^{\ominus}([Hg(NH_3)_4]^{2+})}{K_f^{\ominus}([HgI_4]^{2-})}$$

$$= \frac{1.95 \times 10^{19}}{5.66 \times 10^{29}} = 3.45 \times 10^{-11}$$

计算所得 $K^{\ominus}$ 值很小，说明反应向左进行的趋势很大。

因 I^- 和 NH_3 的浓度相等，根据上述平衡常数式可得：

$$\frac{c([Hg(NH_3)_4]^{2+})}{c([HgI_4]^{2-})} = 3.45 \times 10^{-11}$$

这说明溶液中 Hg^{2+} 主要以 $[HgI_4]^{2-}$ 配离子形式存在。

思考题 13-5 $FeCl_3$ 溶液中加入 KSCN 溶液后立即变成血红色，如果在此溶液中再加入一些固体 NH_4F，则红色立即褪去，请解释其原因。

13.6 配合物在生物医药方面的应用

13.6.1 配合物在生物方面的应用

金属配合物在生物化学中的应用非常广泛，许多重要的生命过程，如氧的输送及贮存、光合作用、氮的固定、能量转换等常与金属离子和有机体生成复杂的配合物所起的作用有关。

在动物体内，与呼吸作用密切相关的血红蛋白就是以 $Fe(II)$ 血红素配合物（见图 13-4）为辅基的蛋白质。依靠血红素辅基，血红蛋白可逆地结合氧分子，它能摄取氧分压较高的肺泡中的氧，并随着血液循环把氧气释放到氧分压较低的组织中去，从而起到输氧作用，所以血红蛋白又称为氧的载体。当有 CO 气体存在时，由于 CO 与血红蛋白的亲和力比氧高 200～300 倍，所以 CO 极易与血红蛋白结合，致使血红蛋白丧失载氧的能力和作用，造成 CO 中毒。

植物中的叶绿素 [见图 13-18(a)] 是以 Mg^{2+} 为中心离子的配合物，它能进行光合作用，把太阳能转变为化学能。此外，叶绿素还具有造血、提供维生素、解毒、抗病等多种作用。

人体生长和代谢必需的维生素 B_{12} [见图 13-18(b)] 是 Co 的配合物。维生素 B_{12} 在许多生物化学过程中起非常特效的催化作用，能促使红细胞成熟，是治疗恶性贫血症的特效药。1956 年，英国科学家霍奇金（Hodgkin）精确地测定了维生素 B_{12} 的分子结构，为人工合成维生素 B_{12} 铺平了道路。由于霍奇金的这项成果意义重大，影响深远，她因此荣获了 1964 年的诺贝尔化学奖。1972 年，伍德沃德（Woodward，1965 年诺贝尔化学奖获得者）等科学家历时 11 年完成了维生素 B_{12} 的全合成。

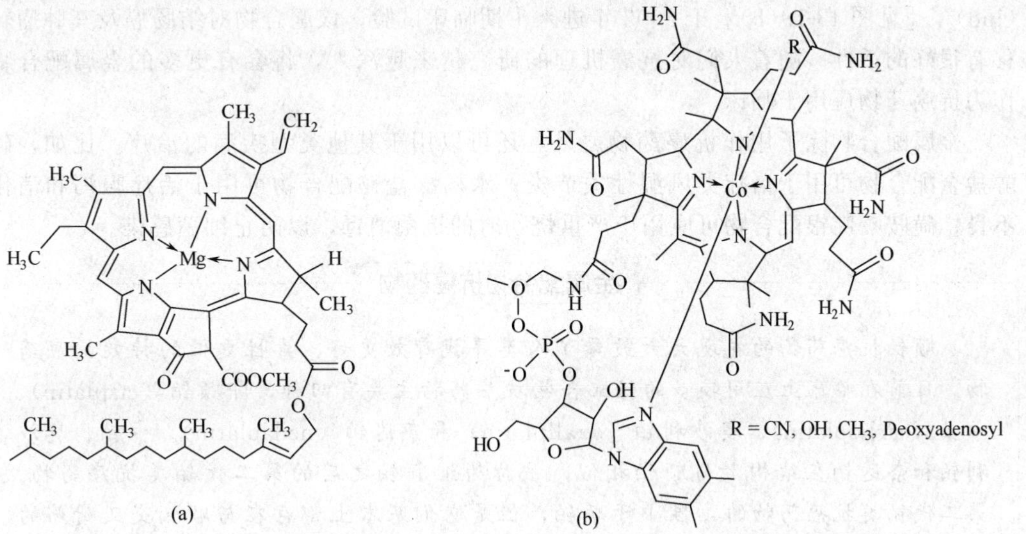

图 13-18　叶绿素（a）和维生素 B$_{12}$（b）的结构示意图

豆科植物根瘤菌中的固氮酶也是一种配合物，它可以把空气中的氮直接转化为可被植物吸收的氮的化合物。除此之外，起免疫等作用的血清蛋白是 Cu 和 Zn 的配合物，能清除人体内有害的氧自由基的超氧化物歧化酶是 Cu 的配合物。

13.6.2　配合物在医药方面的应用

金属配合物在医药方面的应用最典型的就是作为抗癌药物。金属及金属化合物用于癌症治疗的研究始于 16 世纪，但直到 20 世纪 60 年代末发现了金属配合物顺铂 [cisplatin，cis-[Pt(NH$_3$)$_2$Cl$_2$]，见图 13-8(a)] 具有抗癌活性，这一领域的研究才得以迅速发展。顺铂是第一个用于临床治疗癌症的金属配合物，它对于生殖系统癌和头颈癌等非常有效，现已成为临床应用最为广泛的抗癌药物之一，但顺铂较强的毒副作用和易产生耐药性等缺陷严重制约了其疗效与长期使用。在顺铂基础上发展起来的第二代铂类抗癌药物，诸如卡铂、奈达铂及奥沙利铂等虽然在某些方面优于顺铂，但是它们基本上都存在与顺铂交叉耐药的缺点，在总的治疗水平上并没有超过顺铂。为此，人们不断探索和寻找毒副作用小、疗效好、抗瘤谱广的新型铂类抗癌药物，设计合成了大量非经典构型的铂类抗癌试剂，如多核铂配合物、反式铂配合物与铂(Ⅳ)配合物等，但目前还没有新的铂配合物进入到临床癌症治疗。

铂类配合物抗癌药物的成功应用也为非铂类抗癌药物的研究和发展提供了广阔前景，有效弥补了铂类抗癌药物在临床治疗上存在的一些不足。目前已有多种非铂类抗癌药物进入了临床试验，如 Ti(Ⅳ) 配合物 [Ti(bzac)$_2$(OEt)$_2$] [见图 13-19(a)] 于 1986 年在德国进行Ⅰ期临床试验治疗结肠癌，Ru(Ⅲ) 配合物 (Hind)[trans-RuCl$_4$

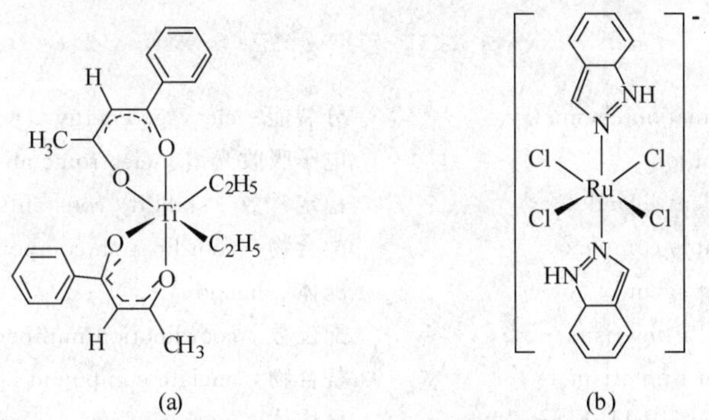

图 13-19　[Ti(bzac)$_2$(OEt)$_2$]（a）和（Hind)[trans-RuCl$_4$(ind)$_2$]（b）的结构

（ind)₂〕〔见图 13-19（b)〕于 2003 年进入 I 期临床试验，该配合物对结肠癌及其肿瘤转移有很好的活性。随着人们对抗癌机理的研究越来越深入，将会有更多的金属配合物作为抗癌药物应用于临床。

金属配合物除了用作抗癌药物之外，还可以用于其他类型疾病的治疗。比如，硫醇盐金配合物可用于治疗类风湿性关节炎；水杨酸盐铋配合物可用于治疗腹泻和消化不良；磺胺嘧啶银配合物可应用于严重烧伤时的抗菌消毒，以防止细菌感染。

金属配合物抗癌药物

顺铂抗癌药物的发现大大鼓舞了人类寻找疗效更好、毒性更低的特效抗癌药物。目前在临床上应用较多的铂配合物抗癌药物主要有四种，即顺铂（cisplatin)、卡铂（carboplatin)、奥沙利铂（oxaliplatin)和奈达铂（nedaplatin)。卡铂、奥沙利铂和奈达铂在结构上与顺铂相似，被称为继顺铂之后的第二代铂类抗癌药物。第二代铂类抗癌药物的毒性小于顺铂，但是它们基本上都存在与顺铂交叉耐药的缺点，在总的治疗水平上并没有超过顺铂。近十几年以来，为寻找抗癌谱广、能克服顺铂耐药性的新型铂类抗癌药物，科学家们在对肿瘤细胞产生耐药性的机理深入了解的基础上，突破顺铂、卡铂的经典结构模式，设计合成了大量不同于原来构效关系的非经典铂类抗癌试剂，如多核铂配合物、Pt(Ⅳ)配合物和反式铂配合物等。

除了以上这些铂类抗癌金属配合物之外，科学家们还研究了许多其他的具有抗肿瘤活性的金属配合物，如 Au、Rh、Fe、Bi、V、Ga 等。随着人类对抗癌机理的研究越来越深入，将会有更多的金属配合物作为抗癌药物应用于临床。

此外，还可利用配合物的某些特殊性质将其用于疾病的临床诊断或某些医学检验。比如，钆配合物作为核磁共振成像技术的造影试剂已经在临床上广泛使用；测定尿中铅的含量，常用双硫腙与 Pb^{2+} 生成红色螯合物，然后进行比色分析。

--- 复习指导 ---

掌握：配合物的定义、组成和系统命名；配合物价键理论和晶体场理论的基本要点；配位平衡的特点及配位平衡常数。

熟悉：配合物的组成与命名；配离子的空间构型与杂化方式的关系及利用配合物的磁性判断外轨型和内轨型配合物；在正八面体场中，中心离子 d 轨道的能级分裂及 d 电子在分裂后的轨道中的排布方式；晶体场稳定化能的计算；配位平衡的有关计算。

了解：配合物异构体的类型；配合物的磁性；影响分裂能大小的因素；配离子的电子吸收光谱。

--- 英汉词汇对照 ---

配位化学	coordination chemistry	分裂能	cleavage energy
中心离子	central ion	电子吸收光谱	electronic absorption spectra
两可配体	ambident ligand	稳定常数	stability constants
简单配合物	simple complex	配合物	coordination compound
螯合剂	chelating agent	配体	ligand
空间异构	spatial isomerism	配位数	coordination number
旋光异构	optical isomerism	螯合物	chelate compound
晶体场理论	crystal field theory	异构体	isomer
配位场理论	coordination field theory	结构异构	structural isomerism

价键理论　valence bond theory　　　　晶体场稳定化能　crystal field stability energy
分子轨道理论　molecular orbital theory　　配位平衡　coordination equilibrium
磁性　magnetism

维尔纳与配位学说

　　维尔纳（A. Werner，1866—1919），瑞士籍无机化学家。1866 年 12 月 12 日出生于法国米卢斯的一个铁匠家庭，1871 年普鲁士入侵法国，他的家乡成了德占区，但他在家仍坚持说法语，性格倔强的维尔纳，从小就具有反抗精神。同时，他也热爱化学，12 岁就在家中建立了一个小小的化学实验室。虽说他对德国人痛恨之极，但在当时的情况下，他还是不得不去德国学习，1878～1885 年在德国卡尔斯鲁厄高等技术学校攻读化学，在这里，他逐渐对分类体系和异构关系产生了兴趣。1887 年进入瑞士苏黎世大学深造，师从化工教授吉龙，维尔纳虽数学和几何总是不及格，但几何的空间概念和丰富想象力在他的化学学习中发挥了巨大作用。1890 年，他以论文《氮分子中氮原子的立体排列》获苏黎世大学博士学位。1891 年，维尔纳回到巴黎与贝特罗合作，在法兰西学院研究热化学和配位化合物。1893 年，维尔纳根据大量实验事实，在无机化学的基础上提出了配位化合物的配位学说。他认为在配位化合物的结构中，存在两种类型的原子价：一种是主价；一种是副价。1905 年，维尔纳在其著作《无机化学领域的新见解》中，系统地阐述了自己的配位理论，并且列举了他通过实验得来的诸多成果作为该理论的证明。维尔纳提出的配位理论具有划时代的意义，是近代化学键理论的重大发展。他大胆地提出了新的化学键——配位键，并用它来解释配合物的形成，其重要意义在于结束了当时无机化学界对配合物的模糊认识，而且为后来电子理论在化学上的应用以及配位化学的形成开创了先河。维尔纳的配位理论使无机化学中复杂化合物的结构问题得以很好的解释，推动了无机化学的大力发展。

　　维尔纳后来担任苏黎世大学教授，还曾任苏黎世化学研究所所长。1894 年与一位当地姑娘结婚并加入瑞士籍，1913 年，维尔纳因在配位理论上的杰出贡献荣获诺贝尔化学奖，成为第一位获得诺贝尔奖的瑞士籍人。维尔纳开始从事有机化学，后转向无机化学，最后全神贯注于配位化学。他一生共发表论文 170 多篇，主要著作有《立体化学手册》《论无机化合物的结构》和《无机化学领域的新见解》等。1919 年 11 月 15 日，因动脉搏硬化于苏黎世逝世，年仅 53 岁。

　　维尔纳尽管在科学上崇拜德国，但政治、文化和感情上则是同法国联在一起的。维尔纳不畏权势，反抗占领，日后成为他革命学风的一部分。他的配位学说首先就是以同传统的原子价学说决裂而著称的。他不迷信权威，勇于探索，百折不挠，用铁一般的事实证实自己的理论。其次，配位学说是他运用假说思维方法为指导，对诸多实验事实归纳整理，发现实验现象背后的本质东西而提出来的，是通向科学发现的一种创造性思维方法。

习　题

1.写出下列配合物的名称。
(1) $[Co(NH_3)_4Cl_2]Br$

(2) $H[AuCl_4]$

(3) $[CrCl_3(NH_3)_2(H_2O)]$

(4) $Na[Co(CO)_4]$

(5) $K_2[Cu(C_2O_4)_2]$

(6) $[Pt(NO_2)(NH_3)(NH_2OH)(Py)]Cl$

(7) $[Co(ONO)(NH_3)_5]SO_4$

(8) $[Pt(Py)_4][PtCl_4]$

2.写出下列配合物的化学式。
(1) 四硫氰·二氨合铬（Ⅲ）酸铵

(2) 二氯·草酸根·乙二胺合铁（Ⅲ）离子

(3) 氯化二异硫氰酸根·四氨合铬（Ⅲ）

(4) 一水合二氯化氯·五水合铬（Ⅲ）

(5) 五羰基合铁（0）

(6) 六氰合铁（Ⅲ）酸六氨合铬（Ⅲ）

（7）氨基·硝基·二氨合铂（Ⅱ）   （8）硫酸氰·氨·二（乙二胺）合铬（Ⅲ）

3. 已知 M 是配合物的中心原子，A、B 和 C 为配体，在具有下列化学式的配合物中，哪些配合物有空间异构体，请画出其中有两种空间异构体的配合物的结构示意图。

（1）MA_5B （2）MA_6 （3）$MA_2B_2C_2$

（4）MA_2BC（平面四边形）   （5）MA_2BC（四面体）

4. 根据下列配离子的磁矩指出中心离子的杂化方式和配离子的空间构型，并判断属于何种类型配合物。

配离子	μ_m/B.M.	中心离子的杂化方式	配离子的空间构型	内/外轨型
$[Co(H_2O)_6]^{2+}$	4.3			
$[Mn(CN)_6]^{4-}$	1.8			
$[NiCl_4]^{2-}$	2.83			

5. 配合物 $K_3[Fe(CN)_5(CO)]$ 中配离子的电荷应为 _____，配离子的空间构型为 _____，配位原子为 _____，中心离子的配位数为 _____，d 电子在 t_{2g} 和 e_g 轨道上的排布方式为 _____，中心离子所采取的杂化轨道方式为 _____，该配合物属 _____ 磁性分子。

6. 判断下列配离子属何类配离子。

配离子	Δ_o 与 P 的关系	强/弱场	高/低自旋	内/外轨型
$[Fe(en)_3]^{2+}$	$\Delta_o < P$			
$[Mn(CN)_6]^{4-}$	$\Delta_o > P$			
$[Co(NO_2)_6]^{4-}$	$\Delta_o > P$			

7. 对于 $[CoF_6]^{3-}$ 配离子，下面的哪些论述是正确的，并请说明理由。

（1）$[CoF_6]^{3-}$ 的晶体场分裂能大   （2）F^- 为强场配体

（3）$[CoF_6]^{3-}$ 是顺磁性的   （4）中心离子的 d 电子排布式为 $(t_{2g})^4(e_g)^2$

8. 计算下列金属离子在形成八面体配合物时的晶体场稳定化能（CFSE/Dq）。

（1）Cr^{2+}，高自旋

（2）Mn^{2+}，低自旋

（3）Fe^{2+}，强场

（4）Co^{2+}，弱场

9. 试解释：反应 $4Au+O_2+2H_2O+8CN^- \rightleftharpoons 4[Au(CN)_2]^-+4OH^-$ 为什么可以发生？[已知 $\varphi^\ominus(Au^+/Au)=1.68V$，$\varphi^\ominus(O_2/OH^-)=0.401V$，$K_f^\ominus([Au(CN)_2]^-)=10^{38.3}$]

10. 在 $0.10mol \cdot L^{-1} K[Ag(CN)_2]$ 溶液中，加入固体 KCN，使 CN^- 的浓度为 $0.10mol \cdot L^{-1}$，然后再分别加入以下物质（忽略体积变化）：

（1）KI 固体，使 I^- 的浓度为 $0.10mol \cdot L^{-1}$

（2）Na_2S 固体，使 S^{2-} 的浓度为 $0.10mol \cdot L^{-1}$

计算体系的 J 值并判断是否能产生沉淀。[已知 $K_f^\ominus([Ag(CN)_2]^-)=2.48\times10^{20}$，$K_{sp}^\ominus(AgI)=8.3\times10^{-17}$，$K_{sp}^\ominus(Ag_2S)=2.0\times10^{-49}$]

11. 已知下列电极反应的电极电势，求配离子 $[HgI_4]^{2-}$ 的稳定常数。

（1）$Hg^{2+}+2e^- \rightleftharpoons Hg$，$\varphi_1^\ominus=0.851V$

（2）$[HgI_4]^{2-}+2e^- \rightleftharpoons Hg+4I^-$，$\varphi_2^\ominus=-0.030V$

（中南大学   张寿春）

第13章 习题解答

第14章

晶体结构基础

本章重点讨论几何结晶学的基本定律、晶体构造理论（点阵理论）、晶体类型、分子对称性以及晶体结构测定理论基础和方法。

14.1 晶体结构概述

14.1.1 晶体结构特征

（1）晶体、非晶体

物质是由原子、分子或离子组成的。当这些微观粒子在三维空间按一定的规则进行排列，形成空间点阵结构时，就形成了晶体。因此，具有空间点阵结构的固体就叫晶体（crystal）。自然界中，绝大多数固体都是晶体。不过，它们又有单晶体和多晶体之分。所谓单晶体，就是由同一空间点阵结构贯穿晶体而成的；而多晶体却没有这种能贯穿整个晶体的结构，它是由许多单晶体以随机的取向结合起来的。例如，飞落到地球上的陨石就是多晶体，其主要成分是由长石等矿物晶体组成的。而食盐的主要成分氯化钠却是一种常见的单晶体，它是由 Na^+ 和 Cl^- 按一定规则排列的立方体所组成，从大范围（即整个晶体）来看，这种排列始终是有规则的。因此，平常所看到的食盐颗粒都是小立方体。自然界中形成的晶体叫天然晶体，而人们利用各种方法生长出来的晶体则叫人工晶体。目前，人们不仅能生长出自然界中已有的晶体，还能制造出许多自然界中没有的晶体。

晶体结构特征

尽管这些晶体物质从组成到结构千差万别，但它们有一个共同特点，就是内部结构中的原子、离子或分子（称为粒子）在空间中成有规律的三维重复排列，并贯穿于整个晶体中。这种重复的有序性称为晶体内部的长程有序性，它决定了晶体与非晶体的本质不同。非晶体（non-crystal）是短程有序、长程无序的固体，即在小范围内原子的排列是规则（有序）的，但在大范围内是不规则（无序）的。图 14-1 示意晶体石英（a）和非晶体玻璃体（b）的结构特点。从石英的结构示意图中可以划出重复的周期内容，而类似于玻璃体的非晶体内部，原子或分子的排列没有周期性的规律，是和液体一样杂乱无章地分布。由于晶体结构内部的长程有序性，使晶体具有规则的几何外形、固定的熔点、晶体性质各向异性、特定的对称性等特点。

（2）准晶体

准晶体（quasicrystal），亦称为"准晶"或"拟晶"，是一种介于晶体和非晶体之

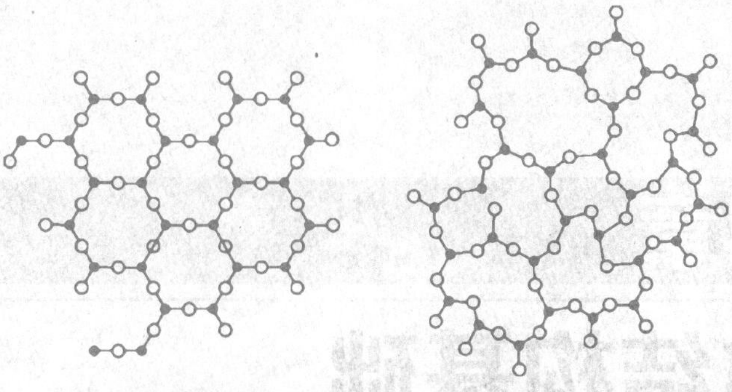

(a) (b)

图 14-1 晶体石英（a）和非晶体玻璃体（b）的结构

间的固体。准晶具有完全有序的结构，然而又不具有晶体所应有的平移对称性，因而可以具有晶体所不允许的宏观对称性。根据晶体局限定理，普通晶体只能具有二次、三次、四次或六次旋转对称性，但是准晶的布拉格衍射图具有其他的对称性，例如五次对称性或者更高的如六次以上的对称性。

纳米医学

纳米科学技术是20世纪末期刚刚诞生并正在崛起的新科技，它的基本涵义是在纳米尺寸（10^{-9}～10^{-7} m）范围内认识和改造自然，通过直接控制和安排原子、分子创制新物质。纳米医学（nanomedicine）是纳米技术与医药技术结合的产物，是运用纳米技术的理论与方法，开展医学研究与临床治疗的新兴边缘交叉学科。伴随新型纳米材料和纳米技术在医学领域应用研究的深入，越来越多的纳米药物制剂正在或已经进入临床研究，或已上市。纳米技术与医学相结合，促进了基础医学研究技术的发展、临床诊断技术的革新及治疗水平的提高。纳米医学研究主要集中在纳米医学诊断技术、组织修复工程，以及再生医学中的纳米医学材料、纳米药物载体、纳米药物、纳米中药及纳米医学材料安全性等方面。

有关准晶体的组成与结构的规律仍在研究之中。人们普遍认为，准晶体存在偏离了晶体的三维周期性结构，因为单调的周期性结构不可能出现五重轴，但准晶体的结构仍有规律，不像非晶态物质那样的近距无序，仍是某种近距有序结构。尽管有关准晶体的组成与结构规律尚未完全阐明，它的发现在理论上已对经典晶体学产生很大的冲击，但在实际上，准晶体已被开发为有用的材料。例如，人们发现组成为铝-铜-铁的准晶体十分耐磨，被开发为高温电弧喷嘴的镀层。以色列科学家丹尼尔-谢赫特曼（Daniel Shechtman）因发现准晶体而获得了2011年诺贝尔化学奖。

14.1.2 晶体结构的表示方法

晶体结构的表示方法

（1）空间点阵与晶格

晶体内部的粒子（原子、离子或分子）排列是周期性重复的，如果用点来代表组成晶体的粒子，那么整个晶体可以简化成是由这些点所构成，这些点的组合称为空间点阵（或点阵，lattice）。点阵中的各个点称为点阵点（或阵点，lattice point）。点阵是一种数学上的抽象，点阵中阵点的排列规律，可以反映出晶体内部的周期性重复规律。

图 14-2 是点阵结构示意图，对点阵结构可以用具体的向量及向量之间的夹角来描述。一维点阵是直线点阵，可用单位向量 $\boldsymbol{a}$ 表示，如图 14-2(a)所示。直线点阵中任一阵点可通过向量 $\boldsymbol{a}$ 平移得到。二维点阵是平面点阵，如图 14-2(b)所示，需用不同方向上的两个单位向量 $\boldsymbol{a}$、$\boldsymbol{b}$ 及它们的夹角 γ 来描述。点阵中的每个阵点，可以通过平移单位向量 $\boldsymbol{a}$、$\boldsymbol{b}$ 的整数倍得到。三维点阵是空间点阵，如图 14-2(c)所示，用直线划分出

规则的平面六面体型的空间格子，这种空间格子称为晶格。把空间点阵看成是这种晶格在空间中的重复堆砌。通常是用三个不同方向上的单位向量 a、b、c 及它们的夹角 α、β、γ 描述三维空间点阵结构。同样，空间点阵中的阵点也都可以沿矢量 a、b、c 的方向，通过平移一定整数倍单位向量得到。

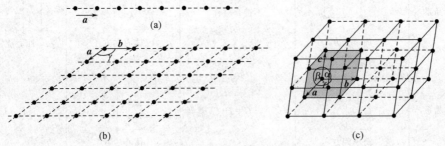

图 14-2　点阵结构示意图

（2）晶胞与晶胞参数

对任一空间点阵，可以用不同的方法划分出多种晶格，选取的能代表空间点阵所有特征的最小重复单元，称为晶胞（unit cell）。晶胞也是平行六面体，含有晶体最基本的重复内容，通过晶胞在空间平移、无间隙地堆砌，可以得到整个晶体。晶胞平行六面体的三个方向，选作三个矢量 a、b、c，矢量 a、b、c 的长度即平行六面体的边长 a、b、c。晶胞平行六面体三个矢量的长度 a、b、c 及它们间的夹角 α、β、γ 称为晶胞参数，或点阵参数。即：

$$a = |a|, b = |b|, c = |c|;$$
$$\alpha = b^\wedge c, \beta = a^\wedge c, \gamma = a^\wedge b$$

通常根据矢量 a、b、c 选择晶体的坐标 x、y、z，使它们分别和矢量 a、b、c 平行。一般三个晶轴按右手定则关系安排：伸出 3 个指头，食指代表 x 轴，中指代表 y 轴，大拇指代表 z 轴，如图 14-2（c）所示。

（3）晶系与空间点阵形式

尽管世界上晶体有千万种，但根据其在晶体理想外形或综合宏观物理性质中呈现的特征，对称元素可划分为 7 个晶系（crystal system），分别是立方晶系（或等轴晶系）、四方晶系、正交晶系（或斜方晶系）、三方晶系、六方晶系、单斜晶系、三斜晶系，各晶系的晶胞参数以及实例见表 14-1。

表 14-1　各晶系的晶胞参数以及实例

晶系	晶胞参数		实例
立方	$a = b = c$	$\alpha = \beta = \gamma = 90°$	$NaCl, CaF_2, ZnS, Cu$
四方	$a = b \neq c$	$\alpha = \beta = \gamma = 90°$	$SiO_2, MgF_2, NiSO_4, Sn$
正交	$a \neq b \neq c$	$\alpha = \beta = \gamma = 90°$	$K_2SO_4, BaCO_3, HgCl_2, I_2$
六方	$a = b \neq c$	$\alpha = \beta = 90°, \gamma = 120°$	SiO_2(石英), AgI, CuS, Mg
三方	$a = b = c$	$\alpha = \beta = \gamma < 120° (\neq 90°)$	$Al_2O_3, CaCO_3$(方解石), As, Bi
单斜	$a \neq b \neq c$	$\alpha = \gamma = 90°, \beta \neq 90°$	$KClO_3, K_3[Fe(CN)_6], Na_2B_4O_7$
三斜	$a \neq b \neq c$	$\alpha \neq \beta \neq \gamma \neq 90°$	$CuSO_4 \cdot 5H_2O, K_2Cr_2O_7$

晶体的晶胞都是平行六面体，按这些平行六面体结点分布情况分类，可得四种格子类型，即原始格子（P）、底心格子（C）、体心格子（I）和面心格子（F）。综合考虑这些平行六面体的形状及结点的分布情况，在晶体结构中可能出现 14 种不同形式的空间点阵形式，参见表 14-2。可以看出，某些类型的格子彼此重复并可转换，还有一些不符合某晶系的对称特点而不能在该晶系中存在。这 14 种空间格子是由布拉维

（A. Bravais）于 1848 年最先推导出来的，故称为布拉维格子（Bravais lattice）。

表 14-2　七晶系和 14 种空间点阵形式

晶系	原始格子(P)	底心格子(C)	体心格子(I)	面心格子(F)
立方晶系	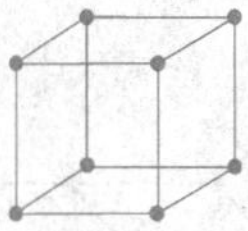 简单立方	不符合对称	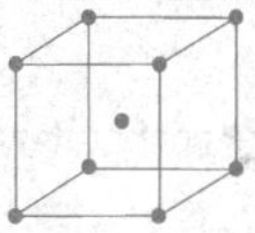 体心立方	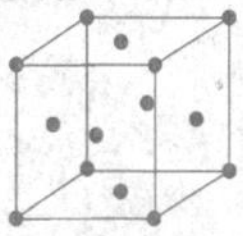 面心立方
四方晶系	 简单四方	$C=P$	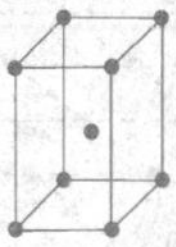 体心四方	$F=I$
正交晶系	 简单正交	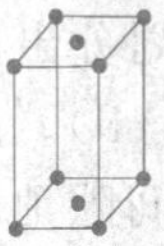 底心正交	 体心正交	 面心正交
六方晶系	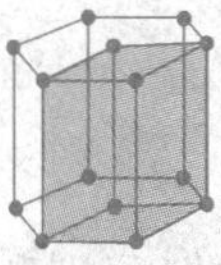 简单六方	不符合对称	不符合空间格子的条件	不符合空间格子的条件
三方晶系	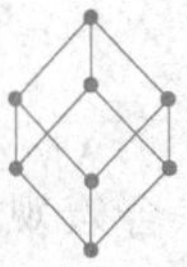 R 简单三方	不符合对称	$I=R$	$F=R$
单斜晶系	 简单单斜	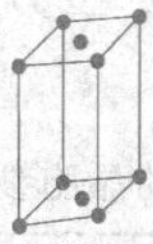 底心单斜	$I=C$	$F=C$
三斜晶系	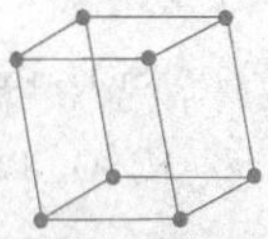 简单三斜	$C=P$	$I=P$	$F=P$

（4）分子的对称元素与对称操作

自然界普遍存在着对称性，从宏观到微观世界都存在着对称性，利用对称性概念及有关原理和方法去解决我们遇到的问题，可以使我们对自然现象及其运动发展规律的认识更加深入。在分子中，原子固定在其平衡位置上，其空间排列是对称的图像，利用对称性原理探讨分子的结构和性质，是人们认识分子的重要途径，是了解分子结构和性质的重要方法。分子对称性是联系分子结构和分子性质的重要桥梁之一，例如分子有无偶极矩、光谱的选择定则等均可从其对称性预测。

分子常常因含有若干相同原子或基团而具有某种对称性，如果分子经过某种对称操作后,与未经操作的原有分子无法分辨,则统称为分子对称性(molecular symmetry)。以分子中的几何点、线、面为基准,分子中的对称元素(symmetry element)可分为5类,分别为旋转轴、镜面、对称中心、旋转反映轴和恒等元素。

①旋转轴 C_n　分子绕轴旋转 $360°/n$ 角度后与原分子重合,此轴也称为 n 重旋转轴,简写为 C_n。例如水分子是 C_2 [如图14-3(a)],而氨是 C_3。一个分子可以拥有多个旋转轴;有最大 n 值的称为主轴,为直角坐标系的 z 轴,较小的则称为副轴。$n \geqslant 3$ 的轴称高次轴。

②对称面 σ　一个平面反映分子后和原分子一样时,此平面称为对称面。对称面也称为镜面,记为 σ。例如水分子有两个对称面:一个是分子本身的平面,另一个是垂直于分子中心的平面。包含主轴,与分子平面垂直的对称面称为垂直镜面,记为 σ_v;而垂直于主轴的对称面则称为水平镜面,记为 σ_h。等分两个相邻副轴夹角的镜面称等分镜面,记作 σ_d。

③对称中心 i　从分子中任一原子到分子中心连直线,若延长至中心另一侧相等距离处有一个相同原子,且对所有原子都成立,则该中心称为对称中心,用 i 表示。对称中心可以有原子,也可以是假想的空间位置。例如四氟化氙(XeF_4)的对称中心位于 Xe 原子,而苯(C_6H_6)的对称中心则位于环的中心。

④旋转反映轴 S_n(又称映转轴)　分子绕轴旋转,再相对垂直于轴的平面进行反映后分子进入等价图形,记为 S_n。该操作是旋转与反映的复合操作,例子有四面体型的含有三个 S_4 轴的甲烷分子,以及有一个 S_6 轴的乙烷的交叉式构象[如图14-3(b)、(c)]。

⑤恒等元素 E　取自德语的 Einheit,意思为"一"。恒等操作即分子旋转 $360°$ 不变化的操作,存在于每个分子中。这个元素似乎不重要,但此条件对群论机制和分子分类却是必要的。

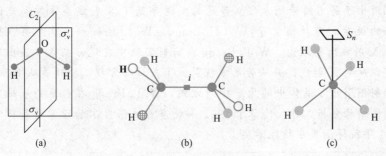

图14-3　对称元素 C_n、σ、i、S_n

不改变物体内部任何两点间距离而使物体复原的物理动作叫做对称操作(symmetry operation)。以上5种对称元素都有与之相关的对称操作,分别是旋转操作、反映操作、反演操作、旋转反映操作和恒等操作。

(5)晶体的点群与空间群

分子对称性的研究是取自于数学上的群论。点群是一组对称操作,符合数论中群的定义,在群中的所有操作中至少有一个点固定不变,三维空间中有 32 组这样的点群。对称操作可用许多方式表示。一个方便的表征是使用矩阵。如表14-3所示,水分子有 4 个对称操作 $\{E, C_2, \sigma_{v1}, \sigma_{v2}\}$ 构成一个群,称为 C_{2v} 群。

晶体内部结构中对称操作和平移对称操作的全部对称要素的集合称为空间群(spacegroup)。点群表示晶体外形上的对称关系,空间群表示晶体结构内部的原子及离子间的对称关系。空间群一共 230 个,它们分别属于 32 个点群。晶体结构的对称性不能超出 230 个空间群的范围,而其外形的对称性和宏观对称性则不能越出 32 个点群的范围。属于同一点群的各种晶体可以隶属于若干个空间群。

表 14-3 C_{2v} 群的乘法表

C_{2v}	E	C_2	σ_{v1}	σ_{v2}
E	E	C_2	σ_{v1}	σ_{v2}
C_2	C_2	E	σ_{v2}	σ_{v1}
σ_{v1}	σ_{v1}	σ_{v2}	E	C_2
σ_{v2}	σ_{v2}	σ_{v1}	C_2	E

思考题 14-1 晶胞和晶胞参数的物理意义是什么？七大晶系 14 种格子的分类依据是什么？晶胞和格子有什么区别？

思考题 14-2 对称元素与对称操作的区别与联系是什么？

X射线晶体学的诞生

1895 年 11 月 8 日，德国维尔茨堡大学物理研究所所长伦琴（W. Röntgen）发现了 X 射线。X 射线发现后，物理学家对 X 射线进行了一系列重要的实验，探明了它的许多性能。根据狭缝衍射实验，索末菲（A. J. W. Sommerfeld）教授认为，X 射线如果是一种电磁波，则其波长应在 0.1nm 左右。在发现 X 射线的同时，经典结晶学有了很大的进展，230 个空间群的推引工作使晶体构造的几何理论全部完成。在索末菲的指导下，讲师劳厄（Laue）对光的干涉现象很感兴趣，在 1911 年提出了极为重要的思想：晶体可用作 X 射线的立体衍射光栅，而 X 射线又可用作量度晶体中原子位置的工具。弗里德里克（W. Friedrich）和尼平（P. Knipping）对五水合硫酸铜晶体进行了实验，初步证实了劳厄的预见。为了解释这些衍射结果，劳厄提出了著名的劳厄方程。劳厄的发现导致了 X 射线晶体学和光谱学这两门新学科的诞生。布拉格父子（W. H. Bragg，W. L. Bragg）、莫塞莱（Moseley）等发展了 X 射线衍射理论。W. L. Bragg 在衍射实验中发现，晶体中显出有一系列原子面可以反射 X 射线，并从劳厄方程引出了布拉格方程，紧接着从 KCl 和 NaCl 的劳厄衍射图引出了晶体中的原子排列方式，W. L. Bragg 在劳厄的基础上开创了 X 射线晶体结构分析工作。伦琴于 1901 年成为首位诺贝尔物理学奖获得者，劳厄也在 1914 年获得诺贝尔物理学奖。

14.2 原子晶体与分子晶体

根据组成晶体的粒子种类及粒子之间的相互作用力的不同，可将晶体分为分子晶体、原子晶体、金属晶体和离子晶体四种基本类型。另外还有过渡型晶体，它兼有两种及两种类型以上的晶体特征。

14.2.1 原子晶体

在原子晶体中，占据在晶格结点上的粒子是原子，结点上的原子之间通过共价键相互结合在一起。金刚石是典型的原子晶体（见图 14-4）。在金刚石中，每个 C 原子都有四个 sp^3 杂化轨道，C 原子的配位数为 4，之间以 sp^3-sp^3 σ 键相连，形成正四面体。在原子晶体中不存在独立的小分子，整个晶体可看成是一个大分子，晶体有多大，分子就有多大，所以没有确定的相对分子质量。

原子外层电子数较多的单质常属原子晶体，如ⅣA族的 C、Si、Ge 等。此外半径小、性质相似的元素组成的化合物，也就是周期系ⅢA、ⅣA、ⅤA族元素彼此间形成的化合物及它们的部分氧化物，如碳化硅（SiC）、氮化铝（AlN）、石英（SiO_2）等，也是原子晶体。

由于原子晶体中晶格间的共价键比较牢固，键的强度高，所以原子晶体的化学稳定性好，具有很高的熔点、沸点，如金刚石的熔点高达 3930K。原子晶体硬度大、延展性很小，热膨胀系数小，性脆，一般是电的不良导体，在大多数常见溶剂中不溶解。原子晶体多被用作耐磨、耐火的工业材料。

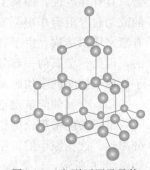

图 14-4　金刚石原子晶体

14.2.2　分子晶体

分子晶体的晶格上占据的质点是分子，质点之间的作用力是分子间弱相互作用力，包括分子间氢键。属于分子晶体的有非金属单质（如 Br_2、I_2、白磷等）、非金属化合物（如 CO_2、硼酸等）以及许多有机化合物。由于分子间力比较弱，所以分子晶体具有熔点、沸点比较低、硬度小、有较大挥发性、在固体或熔化是通常不导电等特点。

思考题 14-3　为什么原子晶体的熔、沸点要远大于分子晶体？
思考题 14-4　分子间的范德华力包含哪几种力？氢键是否属于范德华力？

14.3　金属键理论与金属晶体

金属晶体中的粒子为金属原子，粒子间作用力为金属键。在 100 多种化学元素中，金属元素有 80 余种，占五分之四。尽管从熔点到硬度，各种金属晶体的差别很大，但也有许多共同的性质，如具有金属光泽、良好的导电性、导热性、延展性等，这些性质都和金属晶体结构、金属键有关。

金属键与金属
键理论

14.3.1　金属键理论

金属元素的电子层结构特征是：它们的最外层电子数比较少，在金属的晶格中，每个原子的周围有 8～12 个相邻原子。用共价键理论很难解释金属晶体中原子间的结合力，为了说明金属键的本质，目前主要发展了两种理论，即自由电子理论和金属能带理论。

（1）自由电子理论（又称电子海理论）

金属键的自由电子理论认为：金属原子的外层价电子比较容易电离，产生金属正离子和自由电子；同时每个金属正离子也很容易捕获自由电子复合成金属原子，可形象地看作金属离子沉浸在电子的海洋中。这些自由电子在晶体中相对自由地运动，为整个晶体中的原子或离子所共有，它们克服晶体中原子或离子间紧密排列所造成的斥力，形成金属键。图 14-5 是金属晶体中金属键的示意图，可以看出金属键没有方向性和饱和性，金属原子和金属离子紧密堆积在一起构成金属晶体。

金属键的自由电子理论可以定性地解释金属的一些物理性质，如金属晶体具有紧密堆积结构，所以密度一般比较大；金属晶体中自由电子在外电场作用下做定向运动，所以具有导电性，晶格上的原子或离子在格点上做一定幅度的振动，这种振动对电子的流动起着阻碍作用，加上阳离子对电子的吸引，构成了金属特有的电阻；又金属具有紧密堆积结构，由于自由电子与正离子的静电作用在整个晶体范围内的分布是均匀的，因此，金属的一部分在外力作用下相对另一部分发生位移时，只要这种位移不至于使原子核间的平均距离有显著改变就不会破坏金属键。所以金属具有良好的延展性。

(2) 金属的能带理论

金属的能带理论把整个金属晶体作为一个巨大的分子处理，在金属晶体中原子十分靠近，这些原子的价层轨道组成许多分子轨道。N 个原子轨道组成 N 个分子轨道。如图 14-6 所示，以金属锂为例，Li 原子的价电子轨道是 2s 轨道，当两个 Li 原子结合成 Li_2 分子时，两个 2s 轨道组合成两个分子轨道，价电子进入能量低的轨道。而 Li_3 分子则有三个分子轨道，3 个价电子填入能量较低的两个分子轨道。四个 Li 原子组成的 Li_4 分子则有四个分子轨道，4 个电子将填入能量最低的两个分子轨道，以此类推。晶体中巨大的原子数目，使分子轨道的能级极为接近，可以看作是连续的，这些能级差极微小的序列轨道构成一个能带，如图 14-6 所示。在同一能带中，电子很容易从一个分子轨道进入另一个分子轨道。

图 14-7
晶体的导电性

(a) 导体

(b) 半导体
$E_g \leqslant 3eV$

(c) 绝缘体
$E_g \geqslant 5eV$

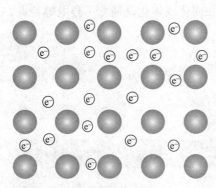

图 14-5　金属自由电子模型

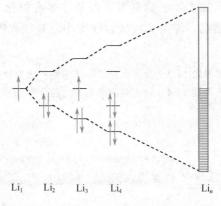

图 14-6　金属能带的形成

按照电子在能带中轨道上分布的不同，这些能带又有满带、导带和禁带之分。满带：当参加组合的原子轨道都处于电子全充满状态，则组合的能带内的分子轨道也必为电子所充满，这些能带为满带，如 $Li(1s^2 2s^1)$ 的 1s 能带就为满带。导带：参加组合的原子轨道如为未充满电子的原子轨道，则形成的能带是未充满的，存在空的分子轨道，如 $Li(1s^2 2s^1)$ 的 2s 能带。在这种能带上的电子，吸收微小的能量就能跃迁到能带内能量稍高的空轨道上，容易导热、导电，所以该能带称为导带。禁带：各能带之间都存在能量差，相邻能带间一般都有空隙，即带隙。在带隙内不存在分子轨道，电子不能停留，所以这种能带间的空隙称为禁带。当禁带不太宽时，电子容易获得足够高的能量，从能级较低的能带跃迁到能级较高的能带上。

金属中相邻能带有时可以重叠，特别是金属相邻亚层原子轨道之间的能级相近时，所形成的能带会出现重叠现象。例如，金属 $Mg(1s^2 2s^2 2p^6 3s^2)$ 晶体内 3p 能带是空带，3s 能带是满带，而 Mg 原子的 3s 原子轨道与 3p 原子轨道能量差很小，导致 3s 能带与 3p 能带间部分发生重叠。使 Mg 晶体满带上的电子很容易进入空带，因此金属 Mg 依然具有金属的一般物理性质，依然是导电体。

用能带理论能很好地阐述晶体的导电性。根据满带与空带间的禁带宽度大小，可以分为电的导体、半导体和绝缘体（图 14-7）。禁带大于 5eV 时，电子不容易获得足够的能量从满带跃迁到空带，这种晶体为绝缘体；当禁带宽度不大于 3eV 时，在常温下能有少量的电子能实现这种跃迁，晶体为半导体。

14.3.2 等径圆球的密置层与非密置层

在金属单质晶体中，金属原子的排列可以近似地看作是等径圆球的堆积。金属在形成晶体时，总是倾向于组成尽可能地紧密结构，采取紧密堆积的方式以使每个原子与尽可能多的其他原子相接触，来保证轨道的最大限度地重叠，达到结构的稳定性最大。

等径圆球在二维平面上有两种排列方式，即密置层和非密置层。密置层是"行列相错"的排列方式，如图 14-8(a)，每个圆球和周围 6 个球相接触，每个球周围有 6 个三角形间隙，分成 α 型和 β 型两类。N 个球组成的密置层中有 $2N$ 个间隙。根据图 14-8(a)，可计算密置层的堆积系数。堆积系数是指等径圆球的体积占整个堆积空间体积的百分率，又称空间利用率。菱形所围的空间体积是 $4\sqrt{3}R^3$，其中含有一个圆球，等径圆球密置层的堆积系数是 0.604。

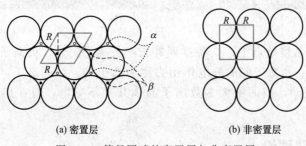

(a) 密置层　　　　　　　(b) 非密置层

图 14-8　等径圆球的密置层与非密置层

非密置层是"行列对齐"的排列方式，如图 14-8(b)所示，每个圆球和周围 4 个球相接触，四个球形成一个较大的空隙，它的堆积系数是 0.523。

14.3.3 金属晶体的密堆积结构

金属晶体常见的密堆积方式有三种：面心立方最密堆积、六方最密堆积和体心立方密堆积。体心立方堆积系数小于前两种最密堆积的堆积系数。两种最密堆积结构都是在密置层与密置层"层层堆积"的基础上构成的。但将密置层的金属原子以上下相错的方式堆砌时，每次只能利用半数的间隙。因此，两种不同的最密堆积结构是因间隙利用的情况不同而产生的。

(1) 金属的面心立方最密堆积

在两密置层 A、B 中的金属原子以上下相错的方式堆积之后，进行第三层（C 层）堆积时，有两种方式。其一是 C 层的球位于 A 层 β 型间隙的正上方，前三层 A、B、C 都是相互错开，第四层的球才正好在第一层（A 层）球的正上方，按 ABCABC…的重复方式，如图 14-9(a)、(b)，即构成面心立方最密堆积结构，其晶胞为面心立方，如图 14-9(c)。这种密堆积中原子的配位数为 12，堆积系数为 0.741。属于这一类的有钙、锶、铅、银、金、铜、铝、镍等金属晶体。

(2) 金属的六方最密堆积

在两密置层 A、B 中的金属原子以上下相错的方式堆积之后，进行第三层堆积时，第二种方式是第三层的球位于 A 层球的正上方，如图 14-10(a)，实际上是重复第一层（A 层）。这种堆积的重复方式为 ABAB…，如图 14-10(a)、(b)，即构成六方最密堆积结构，其晶胞为六方晶胞，如图 14-10(c)，是 3 个六方晶胞的组合体。与面心立方最密堆积一样，这种密堆积中原子的配位数也为 12，堆积系数为 0.741。属于这一类的有镁、铪、锆、镉、钛、镧等金属晶体。

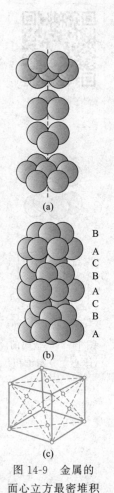

(a)

(b)

B
A
C
B
A
C
B
A

(c)

图 14-9　金属的
面心立方最密堆积

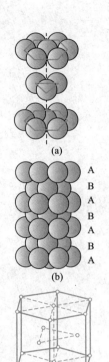

(a)

A B A B A B A B A

(b)

(c)

图 14-10 金属的
六方最密堆积

离子键理论与离
子晶体

(a)

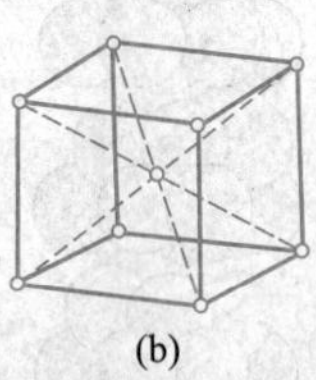

(b)

图 14-11 金属的
体心立方密堆积

（3）金属的体心立方密堆积

将非密置层与非密置层之间以上下相错的方式堆积，即构成体心立方密堆积的结构，如图 14-11(a)，其晶胞为体心立方晶胞［见图 14-11(b)］。这种堆积方式中，一个原子位于晶胞立方体的体心，与上下两层的 8 个原子紧密接触。即金属原子沿立方体的体对角线相接触，立方体顶点上的原子之间没有接触。体心立方密堆积原子的配位数为 8，堆积系数为 0.680，小于最密堆积的堆积系数 0.741。属于这一类的有钠、钾、铷、铯、铬、钨、铁等金属晶体。

思考题 14-5　金属能带理论的量子力学基础是什么？什么叫满带？什么叫导带？什么叫禁带？
思考题 14-6　金属晶体主要有哪三种密堆积？其晶格中金属原子的配位数各为多少？

14.4　离子键理论与离子晶体

在离子晶体的晶格结点上，交替排列着正、负离子，正、负离子之间以静电作用力相结合。这种正、负离子间的静电作用力称为离子键。在固态下，离子被局限在晶格的有限位置上振动，因而绝大多数离子晶体几乎不导电，但在熔融的状态下能够导电。

14.4.1　离子键理论

（1）离子键的形成

在一定条件下，当电负性相差比较大的活泼非金属原子与活泼金属原子相互接近时，活泼金属原子倾向于失去最外层的价电子，而活泼非金属原子倾向于接受电子，分别形成具有稀有气体原子稳定电子构型的正离子和负离子。在离子键形成过程中，系统总能量 E 随正、负离子间距离 R 的变化关系如图 14-12 所示。

当 R 为无穷大、正、负离子间基本上不存在作用力时，系统的能量选为零点（即纵坐标的零点）。当离子间距离 R 比较大时，离子间以静电引力为主，离子间距离越小，系统能量越低，越稳定。当离子间距达到平衡距离 R_0 时，系统能量降到最低点 E_0。此时正、负离子各自在平衡位置上振动，形成离子键。当离子间的距离小于 R_0 时，原子核与原子核之间、核外电子与核外电子之间的排斥力急剧增加，导致系统能量骤然上升。这种情况下，系统不稳定，又回到 R_0 平衡状态下。

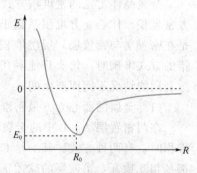

图 14-12　离子键能量曲线

形成离子键时，两元素的电负性差值必须足够大。两元素的电负性相差越大，原子间的电子转移越容易发生，形成的离子键的离子性越强。但离子间不是纯粹的静电作用，仍有部分原子轨道重叠，体现出一定的共价性，如电负性最小的铯与电负性最大的氟形成的离子键离子性也只有 92%。电负性差减小，离子性成分也逐渐减小。一般认为，当两元素的电负性差值为 1.7 时，单键的离子性约为 50%。若两元素间的电负性大于 1.7，可认为单键是离子键。例如氯和钠的电负性差值为 2.23，所以 NaCl 晶体中键的离子性为 71%，是典型的离子型化合物。当两元素间的电负性小于 1.7 时，主要形成共价键，其物质为共价化合物。

（2）离子键的本质与特点

离子键的本质是静电引力。只有当正、负离子间距达到平衡距离时，才能靠静电引力形成稳定的离子键。在离子键模型中，可以近似地将正、负离子的电荷分布看作是球形对称，根据库仑定律，可以得到正离子（带电荷 q^+）、负离子（带电荷 q^-）间的作用力：

$$F = q^+ q^- / R_0^2 \tag{14-1}$$

离子电荷越高，离子间的平衡距离 R_0 越小，离子间的引力越大，形成的离子键越强。

离子键的特点是没有方向性和饱和性。由于离子的电荷分布是球形对称，离子可以从各个方向吸引带有相反电荷的离子，并且这种作用力只与离子间距离有关，与作用的方向无关。离子键没有饱和性，是指在空间允许的条件下，尽可能多地吸引带相反电荷的离子，形成尽可能多的离子键，并沿三维空间伸展，形成巨大的离子晶体。离子键没有饱和性，并不是意味着一个离子周围结合的异号离子数目是任意的，由于空间条件的限制，更多的同性离子将会增加离子之间的排斥力，系统不稳定。

14.4.2 离子晶体的结构型式

在离子晶体中，各种正、负离子的电荷数、半径比、配位数的不同，导致离子晶体中正、负离子的空间排布也不同，得到不同类型的离子晶体。下面主要讨论 AB 型（正、负离子电荷值绝对相等）离子晶体常见的几种结构型式。

（1）NaCl（岩盐）型

NaCl 型晶胞形状是立方晶系，属于面心立方晶格。Na^+ 与 Cl^- 各自都占一套面心立方晶格，两套面心立方晶格相互穿插构成 NaCl 晶体。正、负离子都是位于对方面心立方晶格的八面体空隙之中，如图 14-13，配位数都为 6。顶点上的每个离子为 8 个晶胞所共有，每个顶点离子只算 1/8。同样，面心离子为两个晶胞共有，棱中离子为 4 个晶胞所有，分别计算为 1/2 和 1/4。因此，NaCl 晶胞中含有 4 个 Cl^- 和 4 个 Na^+，其正、负离子半径比一般介于 0.414～0.732 之间（NaCl，0.564）。KCl、LiF、NaBr、CaS 等都属于 NaCl 型晶体。

（2）CsCl 型

CsCl 型晶胞形状是立方晶系，属于简单立方晶格。Cs^+ 与 Cl^- 各自占据一套简单立方晶格，正、负离子都相互占据着对方立方晶格的体心位置，如图 14-14，两套简单立方晶格相互穿插构成 CsCl 晶体。也可以把负离子看成是简单立方堆积，正离子填充在负离子堆积构成的立方体空隙中。晶胞中含有正、负离子各 1 个。正、负离子的配位数都为 8，其正、负离子半径比一般介于 0.732～1 之间。CsBr、TlCl、NH_4Cl、CsI 等都属于 CsCl 型。

（3）立方 ZnS 型

ZnS 型晶体有立方晶型与六方晶型两种晶型，图 14-15 是 ZnS 的立方晶型晶胞。在立方晶型中，负离子按面心立方结构堆积，属面心立方晶格，正离子填入负离子堆积的部分四面体空隙中。正、负离子都是四面体配位，配位数都为 4。晶胞中含有正、负离子各 4 个，其离子半径比通常介于 0.225～0.414 之间。BeO、ZnSe、AgI、CuCl、ZnO 等都属于 ZnS 型。

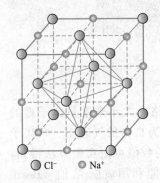

Cl^-　Na^+

图 14-13　NaCl 型离子晶体

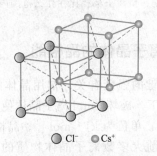

Cl^-　Cs^+

图 14-14　CsCl 型离子晶体

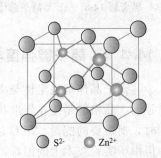

S^{2-}　Zn^{2+}

图 14-15　立方 ZnS 型离子晶体

14.4.3 离子晶体的半径比规则

假定离子晶体中正、负离子是相互接触的球体，如图 14-16(a) 所示，则两原子核间的距离（即核间距 d）为正、负离子的半径之和。核间距 d 可以通过晶体的 X 射线分析实验测定，这样只要知道其中一个离子半径，另一个离子半径也就可以求出。

形成离子晶体时，正、负离子总是尽可能地紧密排列，使它们之间的自由空间最小，这样才能使晶体最稳定。但这种离子相接近的紧密程度与正、负离子半径之比（r_+/r_-）密切相关。负离子半径一般大于正离子半径，因此，离子晶体往往被看成是负离子做密堆积，正离子填充到负离子构成的多面体中心。当正离子配位数为 6，处于八面体中心时，最理想的排列是正、负离子相接触，负离子也两两相接触 [见图 14-16(a)]。从图 14-16(a) 中的几何关系得：

$$2 \times [2(r_+ + r_-)]^2 = (4r_-)^2 \qquad r_+/r_- = 0.414$$

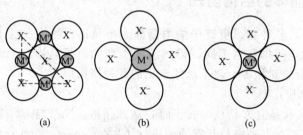

图 14-16　离子晶体半径比与配位数的关系

由上可知，当 $r_+/r_- = 0.414$ 时，正、负离子相互接触，负离子也相互接触，可得最稳定的排列 [见图 14-16(a)]。当 $r_+/r_- > 0.414$ 时，正离子的周围便有足够的空间容纳更多负离子 [见图 14-16(b)]，晶体将向配位数为 8 的 CsCl 型转变。如果 $r_+/r_- < 0.414$，则正、负离子没有接触，而负离子相互接触，如图 14-16(c)。由于负离子之间的排斥力大，正、负离子间的吸引力小，这种情况下晶体不可能稳定存在，这时晶体中正离子的配位数减小，向配位数为 4 的立方 ZnS 型转变（见表 14-4）。

表 14-4　AB 型离子晶体半径比与配位数的关系

r_+/r_-	配位数	构型	晶体实例
0.225～0.414	4	ZnS 型	BeO(0.22)，CuCl(0.53)，ZnO(0.54)，HgS(0.60)
0.414～0.732	6	NaCl 型	NaBr(0.49)，AgCl(0.70)，MgO(0.46)，BaS(0.73)
0.732～1.00	8	CsCl 型	CsBr(0.86)，CsI(0.78)，TlCl(0.83)，NH_4Cl(0.82)

思考题 14-7　为什么金属晶体和离子晶体会采用球密堆积方式进行排列？共价键具有方向性和饱和性，那么原子晶体和分子晶体中原子的排列是否采用密堆积方式？

思考题 14-8　AB 型离子晶体的正、负子半径比在什么范围内为 CsCl 型，试计算。

14.4.4 离子键强度与离子晶体的晶格能

离子晶体的稳定性与离子键的强度有关，常用晶体的晶格能大小来度量离子键的强弱。晶格能是指在标准状态下，破坏 1mol 离子晶体使之成为自由的气态正、负离子时，所需要的能量，用 U 表示，单位为 $kJ \cdot mol^{-1}$。晶格能的数值可由实验方法得到，但由于实验技术上的困难，目前大多数离子晶体物质的晶格能利用玻恩-哈伯（Born-Haber）循环法间接测定。也可以利用玻恩-朗德（Born-Lande）公式理论计算得到。

这种方法是1919年玻恩和哈伯设计的一种利用热化学循环的方法求算离子晶体的晶格能的方法，所以称为玻恩-哈伯循环法。这一过程可以设计成热化学循环分步进行，以计算 NaCl 晶体的晶格能为例（见图14-17）。

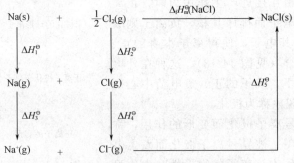

图 14-17　NaCl 晶体玻恩-哈伯循环图

根据盖斯定律，有

$$\Delta_f H_m^{\ominus}(NaCl) = \Delta H_1^{\ominus} + \Delta H_2^{\ominus} + \Delta H_3^{\ominus} + \Delta H_4^{\ominus} + \Delta H_5^{\ominus}$$

$$U = -\Delta H_5^{\ominus} = -\Delta_f H_m^{\ominus}(NaCl) + \Delta H_1^{\ominus} + \Delta H_2^{\ominus} + \Delta H_3^{\ominus} + \Delta H_4^{\ominus}$$

式中，$\Delta_f H_m^{\ominus}(NaCl)$、$\Delta H_1^{\ominus}$、$\Delta H_2^{\ominus}$、$\Delta H_3^{\ominus}$、$\Delta H_4^{\ominus}$ 分别为 NaCl 标准摩尔生成焓、金属 Na 升华热、氯分子离解能、气态钠离子电离能、氯原子电子亲和能。由气态正、负离子形成离子晶体时，放出的能量越多，晶格能越大。根据晶格能的大小，可判断离子键的强弱，解释和预言离子型化合物的某些物理性质。对于相同类型的离子晶体来说，离子电荷越高，正、负离子间的核间距越短，晶格能值越大，正、负离子间的结合力越强，离子键强度越大，熔融或破坏离子晶体时所需能量就越多，相应晶体的熔点越高，硬度越大，压缩系数和热胀系数越小。表 14-5 是部分 NaCl 型离子晶体的晶格能与物理性质。

表 14-5　离子晶体晶格能与物理性质

NaCl 型晶体	NaI	NaBr	NaCl	NaF	BaO	SrO	CaO	MgO
离子电荷	1	1	1	1	2	2	2	2
核间距/pm	318	294	279	231	277	257	240	210
晶格能/kJ·mol^{-1}	704	747	785	923	3054	3223	3401	3791
熔点/℃	661	747	801	993	1918	2430	2614	2852
硬度	<2.5	<2.5	2.5	3.2	3.3	3.5	4.5	6.5

玻恩和朗德以离子晶体内部离子间的静电作用力为基础，从理论上推导出用于计算晶格能的公式玻恩-朗德公式：

$$U = \frac{138490 A Z_+ Z_-}{R_0}\left(1 - \frac{1}{n}\right) \tag{14-2}$$

式中，A 为马德隆常数，由晶体构型决定；Z_+、Z_- 为晶体中正、负离子电荷的绝对值；R_0 为正、负离子半径之和，pm；n 为玻恩指数，由离子的电子构型决定；U 为晶格能，kJ·mol^{-1}。

从上面公式可以看出：$U \propto \dfrac{Z_+ Z_-}{R_0}$，离子半径越大，晶格能越小，晶体的稳定性理应降低。但碱土金属碳酸盐的热分解温度，从 Be^{2+} 到 Ba^{2+}，却随着离子半径的增大而增大，说明晶体的热稳定性不但不减小，反而增大了。这种与玻恩-朗德公式预测相反的性质变化规律，可用离子极化理论解释。

14.4.5 离子极化及其对键型、晶型与物质性质的影响

14.4.5.1 离子的极化作用和变形性

当正、负离子相互接近产生作用力时，正离子吸引负离子核外电子而排斥其核，负离子则吸引正离子核而排斥其电子，使得离子本身的正、负电荷中心不再重合（见图 14-18）。这种在外电场或异号离子作用下，离子的正、负电荷中心发生偏移不再重合的现象称为极化。

一种离子使异号离子极化而变形的作用，称为该离子的极化作用。被异号离子极化而发生电子云变形的性能，称为该离子的变形性，也称可极化性。一般来说，原子在失去电子而成为正离子后，半径减小，对核外电子的作用力比较强，在极化过程中主要起极化作用。而负离子的半径比较大，在外层上有较多的电子，在正离子的极化作用下容易变形，所以在极化过程中主要是考虑其变形作用。但当正离子的变形性较大时，就需要考虑负离子对正离子的极化作用。

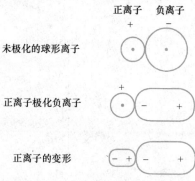

图 14-18 阳、阴离子相互极化作用

（1）离子极化能力的影响因素

①离子的正电荷越多，半径越小，离子极化作用越强，如 $Ba^{2+} < Mg^{2+}$，$Na^+ < Mg^{2+} < Al^{3+}$。

②如果电荷相等，半径相近，则离子的极化能力决定于离子的外层电子构型。对于简单的负离子（如 Cl^-、F^-、O^{2-} 等），其最外层都具有稳定的 8 电子结构。然而对于正离子来说，除了 8 电子构型外，还有其他多种构型，见表 14-6。

表 14-6 正离子的外层电子构型

类型	最外层电子构型	例子	元素所在区
8（或 2）电子构型	ns^2，ns^2np^6	Be^{2+}，Na^+，K^+，Sr^{2+}	s 区，p 区
9～17 电子构型	$ns^2np^6nd^{1\sim9}$	Cr^{3+}，Mn^{2+}，Cu^{2+}，Fe^{2+}，Fe^{3+}	d 区，ds 区
18 电子构型	$ns^2np^6nd^{10}$	Zn^{2+}，Ag^+，Hg^{2+}，Cu^+，Cd^{2+}	ds 区
18＋2 电子构型	$(n-1)s^2(n-1)p^6(n-1)d^{10}ns^2$	Ga^{2+}，Sn^{2+}，Sb^{3+}，Pb^{2+}，Bi^{3+}	p 区

当离子的电荷相同和半径相近时，离子极化能力相对强弱的关系是：

18 电子构型、18＋2 电子构型＞9～17 电子构型＞8 电子构型

其原因有两个：一是 d 电子云的屏蔽作用小；二是 d 电子云容易变形。而 2 电子构型的离子和 H^+ 的半径很小，极化能力较强。

（2）离子的变形性的影响因素

①外层电子构型相同的离子，半径越大、负电荷越多的离子变形性越大，但复杂负离子的变形性比较小。例如：

$$O^{2-} > F^- > Ne > Na^+ > Mg^{2+} > Al^{3+} > Si^{4+}$$

②d 电子云容易变形，故外层电子构型不规则的正离子变形性要比规则的 8 电子构型的正离子大得多。

现将一些负离子及水的变形性排列如下：

一价负离子：$I^- > Br^- > Cl^- > CN^- > OH^- > H_2O > NO_3^- > F^- > ClO_4^-$

二价负离子：$S^{2-} > O^{2-} > CO_3^{2-} > H_2O > SO_4^{2-}$

综上所述，最容易变形的是体积大的负离子和电荷较少的、外层电子构型不规则的正离子；最不容易变形的是半径小、电荷多的稀有气体型的正离子，如 Be^{2+}、

Al^{3+}、Si^{4+} 等。

14.4.5.2　离子极化对键型、晶型及物质性质的影响

（1）离子极化对化学键的影响

在讨论离子晶体时，把正、负离子近似地看作是球形电荷。实际上这是一种理想情况，在离子晶体中不论是正离子还是负离子，都处在其他离子所构成的电场中，而产生不同程度上的变形，进而影响着离子晶体的性质。

在正、负离子结合形成离子化合物中，如果离子间完全没有极化作用，则它们之间的化学键纯粹属于离子键。但正、负离子间或多或少地存在着相互极化作用，相互极化的离子的电子云都会变形并相互重叠（见图 14-19），导致离子键上附加了一些共价键成分，正、负离子的核间距缩短。离子相互极化程度越大，共价键成分就越多，共价键也可看成是离子键极化的极限。离子的极化现象对物质的性质和结构有很大的影响。

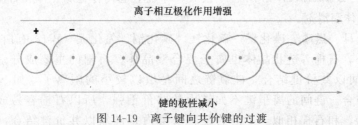

图 14-19　离子键向共价键的过渡

（2）离子极化对物质性质的影响

最典型的例子是卤化银。Ag^+ 是 18 电子构型，具有很强的极化能力。AgF 是典型的离子键，经过 AgCl、AgBr，最后过渡到 AgI 的共价键。卤化银键型的变化，使其晶型、溶解度、颜色、熔沸点以及热稳定都发生相应的变化。如 AgF 是 NaCl 晶体构型，而 AgI 为 ZnS 型；离子型 AgF 较共价型 AgI 有较大溶解度、较高的熔沸点；AgI 中离子的极化使电子云变形，导致离子的电子能级发生改变，容易吸收可见光而使颜色较 AgF 深。

应该说明的是，离子极化学说有多方面的应用，是离子键理论的重要补充，但是由于在无机化合物中，离子型化合物毕竟只是一部分，所以应用此理论时要注意其局限性。

思考题 14-9　离子极化理论的要点是什么？离子极化对离子晶体的结构和性质有什么影响？

思考题 14-10　为什么在银的卤化物中，AgF、AgCl 是无色晶体，而 AgBr、AgI 是黄色的晶体？

14.5　过渡型晶体与晶体缺陷

14.5.1　过渡型晶体

除了分子晶体、离子晶体、原子晶体和金属晶体之外，还有一种过渡型晶体（又称混合型晶体）。一般来说，过渡型晶体晶格结点之间存在两种或两种以上的相互作用力，具有多种晶体的结构和性质。石墨是典型的过渡型晶体，如图 14-20 所示。石墨晶体可以看成是由一层一层碳原子堆砌起来的。层与层之间的间隔是 335pm，相对较远，仅以微弱的范德华力相结合，因此片层之间容易滑动。而层内碳原子之间的距离是

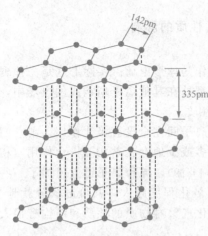

142pm，以共价键结合。在每层之内，每个碳原子是 sp^2 杂化，以三个 sp^2 杂化轨道与另外三个相邻碳原子形成三个 sp^2-sp^2 σ 键，键角为 120°；六个碳原子在同一平面上形成一个正六边形的环，并由此延伸形成整个片层结构。在形成三个 σ 键后，每个碳原子上还有剩下的一个垂直于层平面的单电子 p 轨道，这些 p 轨道以"肩并肩"的形式重叠，在整个片层内形成一个大 π 键。大 π 键是一个非定域键，成键电子（多个）在整个原子层上运动。这些可在离域 π 键上自由运动的离域电子，类似于金属晶体中的自由电子，离域 π 键相当于金属键，所以石墨层方向上的电导率很大，外观上也具有金属光泽。石墨在工业上常用作电极、固体润滑剂。

图 14-20　过渡性晶体石墨的结构

除了如云母、黑磷、碘化钙、碘化镁、碘化镉、氮化硼（BN，有白色石墨之称）等层状晶体外，石棉等链状晶体也属于混合型晶体。石棉的主要成分是硅酸盐，链中 Si 和 O 之间以共价键结合，硅氧链之间是填以较小的阳离子，如 Na^+、K^+ 等，以离子键相结合。链间的离子键不如链内的共价键强，所以石棉容易成纤维状。云母也是硅酸盐，和石棉相似，不同的是整个层内是硅氧以共价键结合，层间是离子键结合。

14.5.2　晶体的缺陷

具有完整空间点阵结构的晶体为理想晶体，而实际的晶体都在不同程度上存在一定的缺陷。晶体中一切偏离理想的点阵结构都称为晶体缺陷（crystal defects）。按几何形式划分可分为点缺陷、线缺陷、面缺陷和体缺陷等。

当晶格结点上缺少某些粒子（离子、原子或分子）时，产生空位；或在晶格间隙位置上存在粒子；或有外来的杂质粒子取代晶格上原来粒子，占据在晶格上时，都构成点缺陷。根据产生缺陷的起源，可分为本征缺陷和化学杂质缺陷。

本征缺陷是指那些不含外来杂质，但其本身结构并不完整的缺陷。晶格结点缺少某些原子（或离子）而出现了空位，称空位缺陷，亦称肖特基（Schottky）缺陷。对于离子晶体，晶格中同时有阴离子和阳离子按化学计量比空位，形成离子双缺位缺陷，具有高配位数、正负离子半径相近的离子型化合物，倾向于生成这种缺陷，如 CsCl、KCl 等。晶格中一种离子或原子离开正常位置，进入晶格间隙，留下空位而形成间充缺陷，亦称弗伦克尔（Frenkel）缺陷。这种缺陷常发生在阳离子半径远小于阴离子半径或晶体间隙比较大的离子晶体中，如 AgBr。在晶格结点上，A 类原子占据了 B 类原子应占据的位置，称错位缺陷。晶体的组成偏离了定组成定律的缺陷称非整比缺陷。

化学杂质缺陷也有间隙式和取代式两种。微量杂质缺陷存在，破坏了点阵结构，使缺陷周围的电子能级不同于正常位置原子周围的能级，可以赋予晶体以特定的光学、电学和磁学性质。如半导体的掺杂，含 Ag^+ 的 ZnS 晶体用于彩色电视荧光屏中的蓝色荧光粉等。晶体中的线缺陷、面缺陷、体缺陷等都对晶体的生长、晶体的性质，特别是对晶体的力学性质有着很大的影响，是固体化学、材料科学等讨论研究的重要内容。

思考题 14-11　过渡型晶体的主要特点是什么？本征缺陷和化学杂质缺陷本质差别是什么？

14.6.1 晶体的 X 射线衍射效应

（1）X 射线的产生

X 射线的发现是 19 世纪末 20 世纪初物理学的三大发现之一，这一发现标志着近代物理学的产生。X 射线是由德国科学家伦琴于 1895 年发现的，由于当时对他的本质不了解，所以称为 X 射线，也称为伦琴射线。大量实验证明，X 射线的本质是电磁辐射，与可见光完全相同，但其波长比可见光短得多，介于紫外与 γ 射线之间，为 0.01～10nm。它具有电磁波的一般属性，如产生反射、折射、散射、干涉、衍射、偏振和吸收等现象。X 射线被发现后仅仅几个月，就被应用于医学影像。1896 年，苏格兰医生约翰·麦金泰在格拉斯哥皇家医院设立了世界上第一个放射科。

实验室中 X 射线由 X 射线管产生，X 射线管是具有阴极和阳极的真空管，阴极可用钨丝制成，阳极则选用不同的重金属材料制成。用高压（几万至几十万伏）加速电子，电子束轰击阳极靶极，撞击过程中，电子突然减速，其损失的动能会以光子形式放出，形成 X 射线光谱的连续部分，称之为连续辐射（又称韧致辐射）。通过加大加速电压，电子携带的能量增大，则有可能将金属原子的内层电子撞出。于是内层形成空穴，外层电子跃迁回内层填补空穴，同时放出波长在 0.1nm 左右的光子。由于外层电子跃迁放出的能量是量子化的，所以放出的光子的波长也集中在某些部分，形成了 X 射线光谱中的特征线，此称为特征辐射（又称标识辐射）（见图 14-21）。如常用的靶材 Cu：$\lambda_{K\alpha1} = 0.15056nm$，Mo：$\lambda_{K\alpha1} = 0.07010nm$。

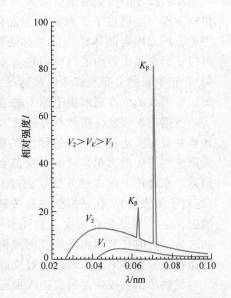

图 14-21 连续 X 射线谱和特征 X 射线谱

X 射线在物理学、工业、农业和医学上有着广泛的应用。波长较短的硬 X 射线能量较高，穿透性较强，适用于金属部件的无损探伤及金属物相分析，而波长较长的软 X 射线能量较低，穿透性弱，可用于非金属材料分析。在物质的微观结构中，原子和分子的距离（0.1～1nm）正好落在 X 射线的波长范围内，所以物质（特别是晶体）对 X 射线的散射和衍射足够传递极为丰富的微观结构信息。X 射线衍射方法是当今研究物质微观结构的主要方法。

（2）布拉格方程

X 射线在传播途中，与晶体中束缚较紧的电子相遇时，将发生经典散射。若 X 射线碰到一对电子，则由于两束次级射线的相干性，必然出现合成波在不同方向上的固定加强和减弱。在某些方向上，大量散射线将叠加而成为衍射线束。产生衍射的几何条件可以用布拉格方程（Bragg equation）来描述。

布拉格方程推导的前提条件是：将晶体对 X 射线的衍射看成是晶体中某些原子面对 X 射线的"反射"。先考虑同一晶面上原子的散射线叠加条件。如图 14-22 所示，一束平行的单色的 X 射线，以 θ 角照射到原子面 AA 上。如果入射线在 LL_1 处为同周相，

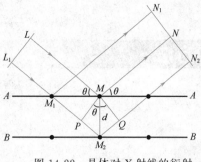

图 14-22　晶体对 X 射线的衍射

则面上的原子 M_1 和 M 的散射线中，处于反射线位置的 MN 和 M_1N_1 在到达 NN_1 时为同光程。这说明同一晶面上的原子的散射线，在原子面的反射线方向上是可以互相加强的。

X 射线不仅可照射到晶体表面，而且可以照射到晶体内一系列平行的原子面。入射线 LM 照射到 AA 晶面后，反射线为 MN；另一条平行的入射线 L_1M_2 照射到相邻的晶面 BB 后，反射线为 M_2N_2。这两束 X 射线到达 NN_2 处的光程差为 PM_2+M_2Q，而 $PM_2=M_2Q=d\sin\theta$，其中 d 为晶体面间距。如果相邻两个晶面的反射线的周相差为 2λ 的整数倍（或光程差为波长的整数倍），则所有平行晶面的反射线可一致加强，从而在该方向上获得衍射。即

$$2d\sin\theta = n\lambda, \quad n=1,2,\cdots \tag{14-3}$$

式（14-3）就是著名的布拉格方程，是晶体衍射的理论基础。

（3）衍射强度与晶胞中原子的分布

X 射线在晶体中的衍射现象可归结为两方面的问题，即衍射方向和衍射强度。布拉格方程只是确定了衍射方向与晶体结构基本周期的关系，通过对衍射方向的测量，理论上可以确定晶体结构的对称类型和晶胞参数。概括地讲，一个衍射花样的特征，可以认为由两个方面的内容组成：一方面是衍射线在空间的分布规律（称之为衍射几何），衍射线的分布规律是由晶胞的大小、形状和位向决定。另一方面是衍射线束的强度，衍射线的强度则取决于原子的品种和它们在晶胞中的位置。

所谓衍射强度是指"积分强度"，积分强度是一个能量的概念，一个在理论上能够计算并且实验上也能测量的量。在晶体衍射记录图中，照片的黑度或衍射仪记录图的强度曲线下面的面积，应该与检测点处的衍射线功率成正比，比例系数是仪器条件的函数。在理论上以检测点处通过单位截面积上衍射线的功率定义为某衍射线的强度（绝对积分强度）。在布拉格方程被满足的前提下，晶胞中不被周期性相关联的原子间散射次生 X 射线合作程度，会随着衍射方向的不同而不同，通常造成衍射强度有强、弱之分。有时，会因为某些空间点阵型式或微观对称元素导致系统消光的现象，即按照布拉格方程本来应出现的衍射成群地消失了。

纯物质衍射线强度的表达式很复杂，但是可以简明地写成下面的形式：

$$I=I_0 k |F|^2 \tag{14-4}$$

式中，I_0 为单位截面积上入射的单色 X 射线的功率；k 是一个综合因子，它与实验时的衍射几何条件，试样的形状、吸收性质，温度以及一些物理常数有关。$|F|$ 称为结构因子，取决于晶体的结构以及晶体所含原子的性质。结构因子可由下式求算：

$$F_{hkl} = \sum f_n \exp\left[2\pi i(h_{x_n} + k_{y_n} + l_{z_n})\right] \tag{14-5}$$

式中，f_n 是晶体单胞中第 n 个原子的散射因子，（x_n、y_n、z_n）是第 n 个原子的坐标；h、k、l 是所观测的衍射线的衍射指标，公式求和计算时需包括晶体单胞内所有原子。

14.6.2　单晶结构测定简介

（1）单晶培养

测定物质结构最为有效的方法是生长出高质量单晶，再测定其结构。晶体培养是一门艺术。根据晶体工作者的兴趣和习惯，单晶的培养方法因人而异，而且很大程度上还依靠配合物本身的特征，如用来生长晶体的配合物是否空气敏感、吸潮？是中性还是离子型的配合物？这些因素都可能影响晶体的生长。所以，在开始研究某一新化

合物时，往往不知道这个新化合物的结晶规律，需要去摸索单晶培养条件。除了溶剂缓慢蒸发、冷却饱和溶液等方法外，这里还将介绍几种常用的有效方法。

①溶剂扩散法　这个方法既适合于 mg 级配合物晶体的培养，也适合于对空气、温度和湿度敏感配合物的晶体生长。将待结晶的配合物完全溶解在盛有溶剂 S_1 的试管中，得到澄清溶液，再在 S_1 液面上用注射器非常缓慢地逐滴滴加溶剂 S_2，这样，S_1 和 S_2 将出现明显分层。静置一段时间后，S_1 和 S_2 将相互扩散形成一定的溶剂比例梯度，待结晶配合物在某一溶剂梯度达到饱和后，最终晶体析出。

②溶剂蒸汽气相扩散法　这个方法适合于 mg 级配合物的单晶培养。将配合物溶解在盛 S_1 溶剂的试管或小烧杯 T 中，第二溶剂 S_2 放置在封闭的大烧杯中，一般 S_2 选择比 S_1 挥发性更好的溶剂，且配合物在 S_2 中的溶解度比在 S_1 中更小（如 S_1 为乙腈，S_2 为乙醚），将盛有配合物溶液的 T 放置于大烧杯中，盖上大烧杯盖子，使 S_2 缓慢扩散到 S_1 中，同时 S_1 也会扩散到 S_2 中，最终在 T 中形成了既有 S_1，又有 S_2 的混合溶剂，从而降低配合物的溶解度，迫使不断析出晶体。

③升华法　应用升华法培养单晶的前提是该配合物能够升华、有较大的蒸气压，且有克级样品量。将样品封入大玻璃管，匹配的小玻璃管作为冷凝装置插入大玻璃管内，但不接触样品，将大玻璃管抽真空，并在外部加热，样品升华，在小玻璃管底部得到晶体样本。

总之，晶体生长是一个缓慢过程，主要依赖于晶核形成和生长的速率。要想获得满足 X 射线衍射实验大小尺寸合适的单晶，就要很好地控制晶核形成和生长的速率。至少要做到晶体培养装置必须静置在非震动的环境中，最好一个星期后再观察是否有晶体出现，也就是说不要在真空泵、通风橱、搅拌器附近培养晶体，没必要每天观察晶体生长情况。

（2）单晶衍射仪与衍射数据的收集

顾名思义，单晶衍射仪是为进行单晶衍射及结构分析而设计的。以德国 Bruker 公司的 APEXII 型号为例，主要配置包括：X 射线源（Mo 和/或 Cu 光源系统）、CCD 二维探测器、三轴测角仪、循环水冷系统、成像软件、面探测器数据收集整体方案最优化组织软件、SHELXTL 结构解析和精修软件、液氮低温系统（可选配）等。

蛋白质结构的测定

1957 年，奥地利血统的英国生物化学家佩鲁茨（M. F. Perutz，1914—2002）和他的英国同事肯德鲁（J. C. Kendrew，1917—1997），发挥 X 射线衍射技术的无比威力，经过将近 14 年时间，终于从分辨率 6Å 的电子密度分布函数得出鲸肌红蛋白分子的空间结构模型。这是一个不规则的几何形状，肽链螺旋盘来扭去，空隙中藏

佩鲁茨　　　　肯德鲁

有一个血红素辅基，整个分子包含有 153 个氨基酸，2 000 多个原子，结构相当复杂。1962 年，佩鲁茨又把更复杂的血红蛋白大体形状弄清楚了，它与鲸肌红蛋白的立体结构十分相似。随着科学技术的发展，同步辐射、强 X 射线源及镭探测器的使用，使测定蛋白质空间结构的时间比过去大大缩短了。他们为了解蛋白质的结构及其功能关系做出了重要贡献，为此，佩鲁茨和肯德鲁分享了 1962 年的诺贝尔化学奖。事实证明，在生物学对蛋白和核酸这两类大分子的三维结构研究无法前进的时候，X 射线晶体结构分析带来了重大突破，并已成为生物大分子研究中的有力工具。

目前，使用最为广泛的方法是 CCD 面探法。CCD 面探法在数小时内可测出晶体结构（四圆衍射法可能需要数天完成，更早时期的照相法可能需要数年才能完成）。应特别指出的是 X 射线衍射不能定出化合物中的氢原子，因氢原子核外只有一个电子，对 X 射线的衍射非常微弱。氢原子的位置要用中子、电子等衍射来确定。

通过单晶衍射仪收集单晶的衍射数据后，最常用 SHELXTL 系列软件分析单晶结构。SHELXTL 系列结构分析软件包由德国的 Sheldrick 等编写。从 SHELXTL 运行图可看出（见图 14-23），SHELXTL 软件包由五个主要程序构成：XPREP，XS，XP，XL，XCIF。它们使用的文件为 "name. ext"，其中 "name" 是一个描述结构的自己定义的字符串，不同的 "ext" 则代表着不同的文件类型。在 SHELXTL 结构分析过程中，主要涉及三个数据文件：name. hkl、name. ins 和 name. res，其中 *.ins 和 *.res 文件具有相似的数据格式，区别只是 *.ins 是指令（instruction）文件，它主要是充当 XS 及 XL 的输入文件，而 *.res 是结果（result）文件，主要保存 XS 及 XL 的结果，*.res 中包含有直接法 XS 或最小二乘法 XL 产生的差 Fourier 峰。*.ins 和 *.res 文件中主要包含单胞参数、分子式（原子类型）、原子位置坐标及 XL 指令等，它们是由一些指令定义的 ASCII 文件。*1.raw，*2.raw…记录 CCD 最原始文件，为吸收校正而保留。*._ls 记录数据处理文件，包含数据完成度及最后精修单胞参数所用的衍射点。*.abs 为校正结果文件，主要包含 T_{min} 和 T_{max}。*.hkl 是经 SADABS 校正后的衍射点文件。*.p4p 为矩阵文件，包含单胞参数。*.hkl 文件是 ASCII 型的衍射点数据文件，包含 H、K、L、I 和 σ (I)。

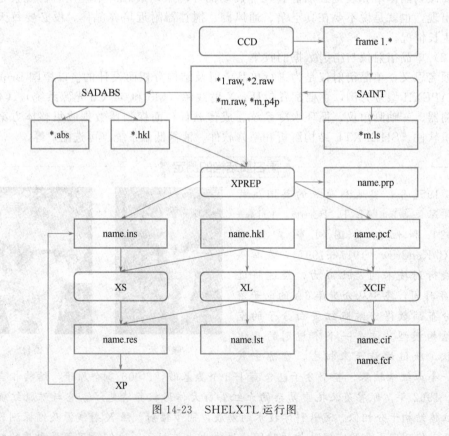

图 14-23　SHELXTL 运行图

（3）单晶结构测定的实例

由于晶体衍射实际上是晶体中每个原子的电子密度对 X 射线的衍射的叠加，衍射数据反映的是电子密度进行傅里叶变换的结果，用结构因子来表示。通过对结构因子进行反傅里叶变换，就可以获得晶体中电子密度的分布。而结构因子是与波动方程相关的，计算结构因子需要获得波动方程中的三个参数，即波的振幅、频率和相位。振幅可以通过每个衍射点的强度直接计算获得，频率是已知的，但相位无法从衍射数据中直接获得，因此就产生了晶体结构解析中的"相位问题"。晶体结构解析中所采用的解决相位问题的方法有直接法和重原子法。而对于解析生物大分子结构的主要方法有分子置换法、同晶置换法和反常散射法。

晶体结构分析在研究无机化合物上取得成功，引起人们对有机物尤其是生命物质内部结构的兴趣。美国 L. Pauling 领导的小组花了十几年的时间，测定了一系列的氨基酸和肽的晶体结构，从中总结出形成多肽链构型的基本原则，并在 1951 年推断多肽链将形成 α-螺旋构型或折叠层构型。这是通过总结小分子结构规律预言生物大分子结构特征的非常成功的范例，为此 Pauling 获得 1954 年的诺贝尔化学奖。英国 D. Hodgkin 领导小组测定了一系列重要的生物化学物质的晶体结构，其中包括青霉素和维生素，她因此获得 1964 年的诺贝尔化学奖。英国剑桥大学 Cavendish 实验室在分子生物学发展史上有两项具有划时代意义的发现，其中一项是 1953 年 J. D. Watson 和 F. H. C. Crick 根据 X 射线衍射实验建立了脱氧核糖核酸的双螺旋结构，它把遗传学的研究推进到分子的水平。这项工作获得了 1962 年的诺贝尔生理学或医学奖。另一项是用 X 射线衍射分析方法在 1960 年测定出肌红蛋白和血红蛋白晶体结构的工作，这项工作不仅首次揭示了生物大分子内部的立体结构，还为测定生物大分子晶体结构提供了一种沿用至今的有效方法——多对同晶型置换法。作为这项工作的代表人物 J. C. Kendrew 和 M. F. Perutz 因此获得 1962 年的诺贝尔化学奖。在 Kendrew 和 Perutz 两人之后由于测定蛋白质晶体结构而获诺贝尔奖的还有美国的 J. Deisenhofer 和德国的 R. Huber 和 H. Michel，他们因测定了光合作用中心的三维结构而获得 1988 年诺贝尔化学奖。所有这些获奖工作都是以晶体结构分析为研究手段。可以说，没有晶体结构测定和分析技术在理论和技术上的长期积累，就不会有上面几个诺贝尔奖，晶体结构测定和分析技术对现代科技发展的影响深远而巨大。

思考题 14-12 衍射强度和衍射方向分别取决于哪些因素？

思考题 14-13 晶体培养的时候，哪些因素可能影响单晶质量？

===== 复习指导 =====

掌握：晶体的分类；晶胞与晶胞参数；金属键和金属原子密堆积形式；离子键和离子晶体的构型；离子晶体半径比规则；离子极化及影响。

熟悉：分子的对称元素和对称操作；晶系与空间点阵；点群与空间群；能带理论；原子晶体和分子晶体的特点；离子晶体晶格能的计算；玻恩-哈伯循环。

了解：玻恩-朗德公式；过渡型晶体；晶体缺陷的类型；X 射线衍射及布拉格方程；单晶的培养及结构测定方法。

===== 英汉词汇对照 =====

晶体	crystal	布拉维格子	Bravais lattice
非晶体	non-crystal	晶体缺陷	crystal defects
准晶体	quasicrystal	布拉格方程	Bragg equation
空间点阵	lattice	分子对称性	molecular symmetry
阵点	lattice point	对称操作	symmetry operation
晶胞	unit cell	对称元素	symmetry element
晶系	crystal system	空间群	space group

霍奇金与维生素 B$_{12}$

霍奇金（D. M. C. Hodgkin, 1910—1994），英国晶体学家，X 射线晶体学先驱。1910 年 5 月 12 日出生于埃及开罗，儿时就对化学和晶体感兴趣，中学毕业后于 1928 年入牛津大学萨默维尔学院学习化学、考古和结晶学，在 H. M. 鲍威尔教授指导下攻读学位，并从事 X 射线结晶学研究。1932 年转学到剑桥大学研究甾簇化合物。1933 年获萨默维尔学院研究基金资助。1934 年回到牛津大学萨默维尔学院担任教职，教授化学，1946 年任讲师，1956 年任高级讲师讲授 X 射线结晶学。1960 年任皇家学会沃尔夫森研究教授。人生不一定总是一帆风顺。1934 年，霍奇金得了严重的类风湿关节炎。病情从最初的疼痛发展到手指变形，随后发生脚变形，直至残疾，脚不能穿鞋，手拿不住实验器皿。她用坚强的毅力，训练自己那双不听使唤的手，使其如魔鬼般得灵活。一次，为了完整地取得在容器底部生成的细小晶体，她的学生和助手都没有成功，她步履艰难地走到容器面前，伸出畸形的手精巧地操作，终于将晶体完整地取了出来。她的学生罗伯森无限敬佩地说："她手指灵巧得令人叹为观止。"

霍奇金研究了数以百计固醇类物质的结构，其中包括维生素 D$_2$（钙化甾醇）和碘化胆固醇。她在运用 X 射线衍射技术测定复杂晶体和大分子的空间结构研究中取得了巨大成就。1949 年，在人们尚未了解青霉素的化学式之前，在化学方法的配合下，她采用 X 射线结构分析法首次精确测定了青霉素的分子结构，促进了青霉素的大规模生产。1948 年她曾得到晶状维生素 B$_{12}$ 的第一张 X 射线的衍射照片，维生素 B$_{12}$ 是最复杂的非蛋白质有机大分子化合物之一，要判明其晶体结构中的原子绝非易事，为此她潜心研究了 10 年，终于在 1956 年成功测定了抗恶性贫血的有效药物——维生素 B$_{12}$ 晶体的空间结构，使人工合成维生素 B$_{12}$ 成为可能。由于霍奇金这两项成果极大地促进了大分子晶体学的发展，意义重大，影响深远，她于 1964 年获诺贝尔化学奖，是继居里夫人及其女儿之后第三位获得诺贝尔化学奖的女科学家。霍奇金从 20 世纪 60 年代起，还对胰岛素的晶体结构进行了深入研究，1969 年首先取得了 0.28nm 分辨率的晶体结构分析，为揭示胰岛素的分子结构和生理功能创造了条件。霍奇金一生勤奋治学，不畏病魔，成绩卓著，家庭美满。对中国人民也怀有美好的情感，曾多次访问新中国，为我国的晶体学发展提供了很大支持。

R=5′-deoxyadenosyl, Me, OH, CN

维生素 B$_{12}$ 的结构

习 题

1. 区分下列基本概念，并举例说明之。

（1）点阵与阵点　　　　（2）晶胞与晶格　　　　（3）对称操作与对称元素

（4）晶体、非晶体与准晶体　　（5）单晶与多晶　　　　（6）点群与空间群

（7）连续辐射与特征辐射

2. 指出下列物质哪些是金属晶体？哪些是离子晶体？哪些是原子晶体？哪些是分子晶体？哪些是过渡型晶体？

Au(s)	AlF$_3$(s)	Ag(s)	B$_2$O$_3$(s)	BCl$_3$(s)	CaCl$_2$(s)
H$_2$O(s)	BN(s)	C(石墨)	H$_2$C$_2$O$_4$(s)	Fe(s)	SiC(s)
CuC$_2$O$_4$(s)	KNO$_3$(s)	Al(s)	Si(s)		

3. 根据下列物质的晶胞参数判断其所属的晶系：

物质	a/nm	b/nm	c/nm	α	β	γ	晶系
I$_2$	0.714	0.467	0.798	90°	90°	90°	

物质	a/nm	b/nm	c/nm	α	β	γ	晶系
$H_2C_2O_4$	0.610	0.350	1.195	90°	105.78°	90°	
NaCl	0.564	0.564	0.564	90°	90°	90°	
β-$TiCl_3$	0.627	0.627	0.582	90°	90°	120°	
α-As	0.413	0.413	0.413	54.12°	54.12°	54.12°	
Sn(白锡)	0.583	0.583	0.318	90°	90°	90°	
$CuSO_4 \cdot 5H_2O$	0.612	1.069	0.596	97.58°	107.17°	77.55°	

4. 为什么 SiO_2 的熔点远高于 CO_2？金刚石和石墨都是碳的同素异形体，为什么石墨能导电，金刚石则不能？

5. 试画出金属 Na 和 Mg 单质的分子轨道能级图，并据此解释其导电性。

6. 试计算金属的体心立方密堆积、面心立方最密堆积、六方最密堆积晶胞中的原子数、配位数、堆积系数。

7. 已知离子半径：Ca^{2+} 为 99pm，S^{2-} 为 184pm，通过计算判断 CaS 晶体的（1）结构型式；（2）正负离子配位数；（3）负离子堆积方式。

8. 已知下列两类晶体的熔点（℃）

（1）NaF 993　　　NaCl 801　　　NaBr 747　　　NaI 661

（2）SiF_4 −77　　　$SiCl_4$ −70　　　$SiBr_4$ 5.4　　　SiI_4 120.5

根据上述两组数据，试解释为什么钠的卤化物的熔点比相应的硅的卤化物的熔点高？为什么钠的卤化物的熔点递变顺序和硅的卤化物不一样？

9. 写出下列各组离子的电子排布式，并指出它们的外层电子属哪种类型［2 电子构型、8 电子构型、18 电子构型、（18+2）电子构型、（9～17）电子构型，判断各组极化力的大小：

（1）Na^+，Ca^{2+}　　　（2）Pb^{2+}，Bi^{3+}　　　（3）Ag^+，Hg^{2+}　　　（4）Ni^{2+}，Fe^{3+}

（5）Li^+，Be^{2+}

10. 按正负离子半径比，AgI 应该是配位数为 6 的 NaCl 型晶体，为什么 AgI 实际上是配位数为 4 的 ZnS 型晶体？（Ag^+ 为 126pm，I^- 为 220pm，126/220＝0.573）

11. 离子的极化不仅可以使离子晶体中的共价键成分增多，而且键长缩短，晶体结构发生变化，并影响到晶体的颜色、溶解性、熔点、沸点和导电性等。下表列出了一些 AB 型二元晶体的实际晶型，试根据阴、阳离子的半径比预测其理论晶型，并用离子极化理论解释两者的差别。

第14章 习题解答

化合物	CuBr	CuI	AgCl	AgBr	AgI	CdS
实际晶型	ZnS 型	ZnS 型	NaCl 型	NaCl 型	ZnS 型	ZnS 型
颜色	白	白	白	浅黄色	棕黄色	黄色
r_+/r_-	0.492	0.436	0.696	0.643	0.573	0.516
理论晶型						

（Cu^+，96pm；Ag^+，126pm；Cd^{2+}，95pm；S^{2-}，184pm；Cl^-，181pm；Br^-，196pm；I^-，220pm）

12. 根据离子极化理论解释下列两组化合物的溶解度大小变化：

（1）CuCl＞CuBr＞CuI

（2）AgF＞AgCl＞AgBr＞AgI

13. 水分子和氨分子各具有什么对称元素？分为几类？属于什么点群？

14. 从下列点群中增加指定的元素，将成为什么点群？

（1）C_s 加 i　　　（2）C_{5v} 加 σ_h　　　（3）C_{3v} 加 i

15. 下列物质处于凝聚态时分子间有哪几种作用力？

He(l)　I_2(s)　CO_2(s)　$CHCl_3$(l)　NH_3(l)　C_2H_5OH(l)　BCl_3(l)　H_2O(l)

（中南大学　易小艺）

第15章

化学分析法（二）

本章主要介绍氧化还原滴定法和配位滴定法，简单介绍沉淀滴定法和重量分析法。

15.1　氧化还原滴定法

氧化还原滴定法（oxidation-reduction titration）是以氧化还原反应为基础的一类滴定分析方法。它不仅能直接测定具有氧化性或还原性的物质，还能间接测定一些能与氧化剂或还原剂发生定量反应的物质。氧化还原的实质是电子转移，其主要特点是反应机制及过程比较复杂，反应速率慢且常伴有副反应，介质对反应过程有较大的影响。因此，在氧化还原滴定中，控制反应条件格外重要。常用的氧化还原滴定法包括高锰酸钾法、碘量法等。

15.1.1　氧化还原滴定原理

氧化还原滴定原理
与高锰酸钾法

（1）条件电位

氧化剂和还原剂的氧化还原能力的强弱，可用相关电对的电极电位高低来衡量。电对的电位越高，其氧化态的氧化能力越强；电对的电位越低，其还原态的还原能力越强。氧化还原反应自发进行的方向，总是高电位电对中的氧化态物质氧化低电位电对中的还原态物质，生成相应的还原态和氧化态物质。根据相关电对的电位差值，可以判断一个氧化还原反应进行的完全程度。

对于可逆电对 Ox/Red，其条件电位 $\varphi^{\ominus\prime}$ 可表示为：

$$\varphi^{\ominus\prime}=\varphi^{\ominus}+\frac{0.0592}{n}\lg\frac{\gamma_{Ox}\alpha_{Red}}{\gamma_{Red}\alpha_{Ox}} \tag{15-1}$$

式中，$\varphi^{\ominus}$ 为标准电极电位；γ_{Red}、γ_{Ox} 分别为还原态和氧化态的活度系数；α_{Red}、α_{Ox} 分别为还原态和氧化态的副反应系数。

条件电位（conditional potential）是在一定介质条件下，电对的氧化态与还原态的分析浓度均为 $1mol \cdot L^{-1}$ 时的电对电极电位。它是校正了各种外界因素影响后得到的电极电位，反映了离子强度及各种副反应影响的总结果。对于一个氧化还原体系：

$$a\,Ox_1+b\,Red_2 \Longrightarrow a\,Red_1+b\,Ox_2$$

是否可以进行滴定分析的基本判据是：

$$\Delta\varphi^{\ominus\prime}\geqslant 0.0592\times 3(a+b)/n \tag{15-2}$$

（2）氧化还原滴定指示剂

在氧化还原滴定中，由于滴定剂不断加入，溶液的电极电位值不断变化。化学计量点时，溶液电极电位值发生突变，此时可借指示剂颜色突变来判断滴定终点。

①氧化还原指示剂（potential indicator） 这类指示剂自身参加氧化还原反应，多为具有氧化还原性能的复杂有机物，其氧化型和还原型颜色明显不同。变色原理如下：

$$In(Ox) + ne^- \rightleftharpoons In(Red)$$

$$\varphi = \varphi_{In}^{\ominus'} + \frac{0.0592}{n} \lg \frac{[Ox]}{[Red]}$$

指示剂变色点时 $[Ox] = [Red]$: $\quad \varphi = \varphi_{In}^{\ominus'}$

变色范围：$[Ox]/[Red]$ 由 $10 \sim 1/10$ $\quad \varphi = \varphi_{In}^{\ominus'} \pm 0.0592/n \quad\quad$ (15-3)

若选用的指示剂 $\varphi_{In}^{\ominus'}$ 接近 φ_{sp}，则滴定误差很小。

②自身指示剂（own indicator） 滴定剂或被测物本身颜色变化指示终点称为自身指示剂。如用 $KMnO_4$ 滴定还原性物质时，稍过化学计量点半滴 $KMnO_4$，浓度达 $2 \times 10^{-6} mol \cdot L^{-1}$，溶液显粉红色，指示终点到达。

③特殊指示剂（special indicator） 指示剂本身不具有颜色，但与滴定剂或被测物质结合后显色，指示终点。这种物质叫做特殊指示剂。如碘量法中使用的可溶性淀粉，淀粉本身无色，但与滴定剂或被测物中微量 I_2 结合显蓝色，可检出溶液中 $10^{-5} mol \cdot L^{-1}$ 的 I_2。

自动电位滴定仪

自动电位滴定仪是根据电位法原理设计的一种用于容量分析的常见分析仪器。电位法的原理是：选用适当的指示电极和参比电极与被测溶液组成一个工作电池，随着滴定剂的加入，由于发生化学反应，被测离子的浓度不断发生变化，因而指示电极的电位随之变化。在滴定终点附近，被测离子浓度发生突变，引起电极电位的突跃。因此，根据电极电位的突跃可确定滴定终点。

滴定仪分电计和滴定系统两大部分。电计采用电子放大控制线路，将指示电极与参比电极间的电位同预先设置的某一终点电位相比较，两信号的差值经放大后控制滴定系统的滴液速度，达到终点预设电位后，仪器受微机控制自动停止滴定。这种仪器可自动绘制滴定曲线、指示滴定终点和给出滴定体积，快捷方便。

（3）氧化还原滴定曲线

在氧化还原滴定中，随着滴定剂的加入，被滴定物质的氧化态和还原态的浓度逐渐改变，溶液电极电位发生变化，这种情况可以用滴定曲线表示。对于可逆电对，由于符合能特斯方程，可由该方程计算得出电位；对不可逆电对，用能特斯方程求出的值与实测值稍有误差。

设 Ox_1 的起始浓度为 c_1^0，滴入体积为 V_1，Red_2 的起始浓度为 c_2^0，被滴定体积为 V_0，滴定分数 a 定义为溶液中氧化剂和还原剂的摩尔比。

$$a = \frac{c_1^0 V_1}{c_2^0 V_0} = \frac{[Ox_1] + [Red_1]}{[Ox_2] + [Red_2]} = \frac{([Ox_1] + [Red_1]) + 1)[Red_1]}{[Ox_2]([([Red_2]/[Ox_2]) + 1)}$$

两种滴定产物的浓度有比例关系：

$$[Ox_2] = (n_1/n_2)[Red_1]$$

令： $\quad f = \frac{([Ox_1] + [Red_1]) + 1}{([Ox_2][Red_2]) + 1}$，则 $a = (n_2/n_1)f$

可见，$f = 1$ 时滴定达到化学计量点。

根据能斯特公式，

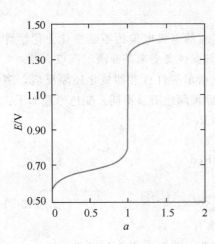

$$\frac{[Ox_1]}{[Red_1]}=10^{n_1(\varphi-\varphi_1^{\ominus})/0.0592}$$

$$\frac{[Ox_2]}{[Red_2]}=10^{-n_2(\varphi-\varphi_2^{\ominus})/0.0592}$$

则　　　$$f=\frac{1+10^{n_1(\varphi-\varphi_1^{\ominus})/0.0592}}{1+10^{-n_2(\varphi-\varphi_2^{\ominus})/0.0592}} \qquad (15\text{-}4)$$

由该方程可绘制滴定分数和对应 φ 值的关系图，即滴定曲线。图 15-1 为氧化还原滴定曲线。

在化学计量点（$f=1$）：

$$\varphi_{sp}=\varphi_1^{\ominus}+\frac{0.0592}{n_1}\lg\frac{[Ox_1]}{[Red_1]}=\varphi_2^{\ominus}+\frac{0.0592}{n_2}\lg\frac{[Ox_2]}{[Red_2]}$$

图 15-1　氧化还原滴定曲线

则有：$$\varphi_{sp}=(n_1\varphi_1^{\ominus\prime}+n_2\varphi_2^{\ominus\prime})/(n_1+n_2)$$

$$(15\text{-}5)$$

当 $TE\leqslant\pm0.1\%$ 时，$[Ox]/[Red]=1/1000$

所以滴定突跃范围为：$$\left(\varphi_1^{\ominus\prime}-\frac{0.0592}{n_1}\times3\right)\sim\left(\varphi_2^{\ominus\prime}+\frac{0.0592}{n_2}\times3\right) \qquad (15\text{-}6)$$

$n_1=n_2$ 时，φ_{sp} 恰好位于突跃范围中点。$n_1\neq n_2$ 时，φ_{sp} 偏向电子转移数大的电对一方。

思考题 15-1　氧化还原指示剂的变色原理是什么？有哪些不同类别？

思考题 15-2　氧化还原滴定终点如何计算？突跃范围如何估算？

15.1.2　高锰酸钾法

（1）基本原理

$KMnO_4$ 为一种强氧化剂，溶液酸度不同，其氧化性能不同。

强酸性溶液：$MnO_4^-+8H^++5e^-\!=\!\!=\!\!=Mn^{2+}+4H_2O$ 　　　　　$\varphi^{\ominus\prime}=1.51\ V$

强碱性溶液：$MnO_4^-+e^-\!=\!\!=\!\!=MnO_4^{2-}$ 　　　　　$\varphi^{\ominus\prime}=0.56\ V$

$KMnO_4$ 在强酸性溶液中氧化能力很强，可直接或间接测定多种物质含量，但酸度低时会生成水合二氧化锰，妨碍终点观察。在碱性溶液（$[OH^-]\geqslant2mol\cdot L^{-1}$）中，$KMnO_4$ 能与许多有机物反应，应用广泛。此法无需另加指示剂。配制溶液时试剂中含的少量杂质、蒸馏水中含的微量还原性物质会与 $KMnO_4$ 反应，所以配制的标液需预先进行标定。标液不能久置。

（2）标准溶液的配制及标定

配制 $KMnO_4$ 溶液应先称取稍多于理论量的固体，溶于一定体积水中，暗处放置 7～10d 或微沸 1h，冷却后用微孔玻璃漏斗过滤保存于棕色瓶内。标定 $KMnO_4$ 溶液的基准物多用 $Na_2C_2O_4$ 固体。滴定反应为

$$2MnO_4^-+5C_2O_4^{2-}+16H^+\!=\!\!=\!\!=2Mn^{2+}+10CO_2\uparrow+8H_2O$$

标定条件：温度 70～80℃，介质为 $1mol\cdot L^{-1}\ H_2SO_4$。因反应为自催化反应，滴定速度要控制先慢，再快，然后又慢下来。滴定无需加指示剂，终点为粉红色，但若浓度 $\leqslant0.001mol\cdot L^{-1}$，需加指示剂。

（3）高锰酸钾法的应用实例

① H_2O_2 的测定　在酸性溶液中，H_2O_2 能还原 MnO_4^-，并释放出 O_2，其反应式为：

$$2MnO_4^-+5H_2O_2+6H^+\!=\!\!=\!\!=2Mn^{2+}+5O_2\uparrow+8H_2O$$

因此，H_2O_2 可用 $KMnO_4$ 标准溶液直接滴定。

②测定某些有机化合物　在强碱性溶液中，$KMnO_4$ 与某些有机物反应后，还原为绿色的 MnO_4^{2-}。利用这一反应可测定某些有机化合物。例如，将甘油、甲醇等加入一定量过量的碱性 $KMnO_4$ 标准溶液中，

$$C_3H_8O_3 + 14MnO_4^- + 20OH^- \longrightarrow 3CO_3^{2-} + 14MnO_4^{2-} + 14H_2O$$
$$CH_3OH + 6MnO_4^- + 8OH^- \longrightarrow CO_3^{2-} + 6MnO_4^{2-} + 6H_2O$$

待反应完成后，将溶液酸化，此时 MnO_4^{2-} 发生歧化反应

$$3MnO_4^{2-} + 4H^+ = 2MnO_4^- + MnO_2 + 2H_2O$$

准确加入过量 $FeSO_4$ 标准溶液，将所有高价锰离子全部还原为 Mn^{2+}，再用 $KMnO_4$ 标准溶液滴定过量的 Fe^{2+}。由两次加入 $KMnO_4$ 的量及 $FeSO_4$ 的量计算有机物的含量。

此法还可用于测定甘醇酸（羟基乙酸）、酒石酸、柠檬酸、苯酚、水杨酸、甲醛、葡萄糖等。

③化学需氧量（COD）的测定　COD 是度量水体受还原性物质（主要是有机物）污染程度的综合性指标。它是指水体中还原性物质所消耗的氧化剂的量，换算成氧的质量浓度（以 $mg \cdot L^{-1}$ 计）。测定时，在水样中加入 H_2SO_4 及一定量的 $KMnO_4$ 溶液，置于沸水浴中加热，使其中的还原性物质氧化。剩余的 $KMnO_4$ 用一定量过量的 $Na_2C_2O_4$ 还原，再以 $KMnO_4$ 标准溶液返滴定过量的 $Na_2C_2O_4$。该法适用于地表水、饮用水和生活污水中 COD 的测定。反应方程式为：

$$4MnO_4^- + 5C + 12H^+ \longrightarrow 4Mn^{2+} + 5CO_2 \uparrow + 6H_2O$$

科学家小传——贝格曼

贝格曼（T. O. Bergman，1735—1784），瑞典分析化学家。1735 年 3 月 9 日生于卡特琳娜贝里，1784 年 7 月 8 日卒于梅德维。曾在乌普萨拉大学学习。1761 年任该校数学副教授，1767 年任化学教授。

贝格曼可称为无机定性、定量分析的奠基人。他首先提出金属元素除金属态外，也可以其他形式离析和称量，特别是以水中难溶的形式，这是重量分析中湿法的起源。1775 年他编制出在当时最完备的亲和力表，表中将各种元素按亲和力（即反应和取代化合物中其他元素的能力）的大小顺序排列。贝格曼提出了只须将金属成分以沉淀化合物的形式分离出来，如果事先已测知沉淀的组成，即可算出金属的含量。他在 1780 年出版的《矿物的湿法分析》一书中，提供了那一时期矿石重量分析法的丰富历史资料。这本著作涉及银、铅、锌及铁的矿物通过湿法过程的重量分析法。1779 年他还曾编著过一些书介绍了许多检定反应，如：用黄血盐检定铁、铜和锰；用草酸和磷酸铵钠检定钙；用硫酸检定钡和碳酸盐；用石灰水检验碳酸盐等。他还曾根据蓝色试纸遇酸变红的特性检验出"固定空气"（二氧化碳）具有酸性，称它为"气酸"。他在分析工作中广泛使用过吹管分析，认为吹管是分析上很有价值的工具。他的论文被收集在 6 卷本的《物理和化学论文集》中。

15.1.3　碘量法

（1）基本原理

该法基于 I_2 的氧化性和 I^- 的还原性：

$$I_2 + 2e^- = 2I^- \qquad\qquad \varphi^{\ominus'} = 0.545V$$

I_2 具有弱氧化性，I^- 具有中等强度的还原性。因此碘量法可分为直接碘量法和间接碘量法。前者用于测定具有较强还原能力的物质，后者用于测定具有强氧化性或弱

碘量法

氧化性的物质。

直接碘量法测 SO_2：$\qquad$ $I_2 + SO_2 + 2H_2O = 2I^- + SO_4^{2-} + 4H^+$

间接碘量法测 $KMnO_4$：$2MnO_4^- + 10I^- + 16H^+ = 2Mn^{2+} + 5I_2 + 8H_2O$

$$I_2 + 2S_2O_3^{2-} = 2I^- + S_4O_6^{2-}$$

在间接碘量法测定时，向具有氧化性的待测溶液内加入过量的 KI 溶液，待反应完成后，用 $Na_2S_2O_3$ 标准溶液滴定析出的等物质的量的碘。

间接碘量法应注意的反应条件：

①控制溶液酸度　酸度控制在中性或弱酸性，以防止碱性溶液中 I_2 发生歧化或与 $S_2O_3^{2-}$ 反应。酸度高，I^- 易被氧化或 $S_2O_3^{2-}$ 分解。

②防止 I_2 挥发和 I^- 被空气氧化：为了防止 I_2 挥发，加入过量的 KI 溶液，使 $I_2 \rightarrow I_3^-$。析出 I_2 应在碘量瓶内进行，放置时避光，滴定时不要激烈摇动，析出 I_2 完全后应立即滴定。

碘量法使用可溶性淀粉作指示剂，灵敏度高，I_2 浓度在 $10^{-5}\ mol \cdot L^{-1}$ 即可显蓝色，溶液中 I^- 的存在可提高指示剂的灵敏度。

（2）标准溶液的配制及标定

①I_2 标准溶液的配制与标定　用升华碘虽可以直接配制标准溶液，但由于碘的挥发和腐蚀天平，故常用间接配制法。配制时，先称取一定量碘，加入过量 KI 于研钵中和少量水共研磨至全部溶解，稀释至一定体积后转入棕色试剂瓶于暗处保存。然后用已知浓度的 $Na_2S_2O_3$ 标液标定 I_2 标液的浓度。

②$Na_2S_2O_3$ 标液的配制与标定　$Na_2S_2O_3$ 不是基准物质，配制时能与水中微生物、CO_2、溶解 O_2 等作用，应采用间接配制法配制，为了使配制所得标液稳定，配制时使用新煮沸并冷却的蒸馏水，同时向溶液内加入少量 Na_2SO_3 以抑制细菌生长，这样配制的标液也不宜长时间保留，如发现浑浊需过滤后重新标定。$Na_2S_2O_3$ 溶液可采用 $K_2Cr_2O_7$、I_2 等标定。

（3）碘量法的应用实例

①S^{2-} 或 H_2S 的测定　在酸性溶液中，I_2 能氧化 S^{2-}：

$$H_2S + I_2 = S + 2I^- + 2H^+$$

因此可用淀粉为指示剂，用 I_2 标准溶液滴定 H_2S。滴定不能在碱性溶液中进行，否则部分 S^{2-} 将被氧化为 SO_4^{2-}，而且 I_2 也会发生歧化反应。

测定气体中的 H_2S 时，一般用 Cd^{2+} 或 Zn^{2+} 的氨性溶液吸收，然后加入一定量且过量的 I_2 标准溶液，用 HCl 将溶液酸化，最后用 $Na_2S_2O_3$ 标准溶液滴定过量的 I_2（以淀粉为指示剂）。

②漂白粉中有效氯的测定　漂白粉的主要成分是 $CaCl(OCl)$，还可能含有 $CaCl_2$、$Ca(ClO_3)_2$ 和 CaO 等。漂白粉的质量以能释放出来的氯量来衡量，称为有效氯，以含 Cl 的质量分数表示。测定有效氯时，使试样溶于稀 H_2SO_4 介质中，加过量 KI，反应生成的 I_2，用 $Na_2S_2O_3$ 标准溶液滴定。

③某些有机物的测定　碘量法在有机分析中应用广泛。对于能被碘直接氧化的物质，只要反应速率足够快，就可用直接碘量法进行测定。例如巯基乙酸、四乙基铅[Pb$(C_2H_5)_4$]、抗坏血酸及安乃近药物等。间接碘量法的应用更为广泛。例如，在葡萄糖、甲醛、丙酮及硫脲等碱性试液中，加入一定量且过量的 I_2 标准溶液，使有机物被氧化。碱液中剩余的 IO^- 歧化为 IO_3^- 及 I^-，溶液酸化后又析出 I_2。最后以 $Na_2S_2O_3$ 标准溶液滴定剩余的 I_2，根据 I_2 与葡萄糖的反应计量关系进行计算。

④卡尔·费休法测定微量水分　卡尔·费休（Karl Fischer）法的基本原理是利用 I_2 氧化 SO_2 时，需要定量的 H_2O：

$$I_2 + SO_2 + 2H_2O = 2HI + H_2SO_4$$

利用此反应，可以测定很多有机物或无机物中的 H_2O。但上述反应是可逆的，要使反应向右进行，需要加入适当的碱性物质以中和反应后生成的酸、加入甲醇避免发生副反应。因此，滴定时的标准溶液是含有 I_2、SO_2、C_5H_5N 及 CH_3OH 的混合溶液，称为费休试剂。费休试剂具有 I_2 的棕色，与 H_2O 反应时，棕色立即褪去。当溶液中出现棕色时，即到达滴定终点。费休法属于非水滴定法，所有容器都需干燥。

思考题 15-3 碘量法、高锰酸钾法的基本原理与测定条件，指示剂如何选择？

思考题 15-4 碘量法中标准溶液的配制与标定有哪些注意事项？

15.2 配位滴定法

金属离子同一种或几种配位体（分子或离子）以配位键方式结合形成配离子或配分子的反应称配位反应（complex reaction）。形成的配合物根据组成特点又分为简单配合物和螯合物。基于配位反应的滴定分析称配位滴定法（complexation titration）。无机配位剂与金属离子形成多级配合物，稳定常数不高且相近，故通常不能作滴定剂。有机配位剂与金属离子形成螯合物（chelate complex），稳定性高，所以应用广泛。

配位滴定法

15.2.1 EDTA 与金属离子螯合反应的特点

EDTA（ethylene-diamine-tetra-acetic acid，EDTA）为乙二胺四乙酸的简称，代表式：H_4Y。分子内含有氨基二乙酸基团，即氨氮、羧氧的六个配位原子与高价金属离子螯合配位，分子结构简式为：

$$\text{HOOCH}_2\text{C} \diagdown \atop \text{HOOCH}_2\text{C} \diagup \text{N—CH}_2\text{—CH}_2\text{—N} \diagup \text{CH}_2\text{COOH} \atop \diagdown \text{CH}_2\text{COOH}$$

EDTA 溶解度小，实际使用它的二钠盐 $Na_2H_2Y \cdot 2H_2O$，$22℃$ 时的饱和溶液浓度为 $0.3mol \cdot L^{-1}$。EDTA 在水溶液中形成双偶极离子 H_6Y^{2+}，存在 6 步离解，有 7 种型体：

$$H_6Y^{2+} \underset{K_{a1}}{\overset{-H^+}{\rightleftharpoons}} H_5Y^+ \underset{K_{a2}}{\overset{-H^+}{\rightleftharpoons}} H_4Y \underset{K_{a3}}{\overset{-H^+}{\rightleftharpoons}} H_3Y^- \underset{K_{a4}}{\overset{-H^+}{\rightleftharpoons}} H_2Y^{2-} \underset{K_{a5}}{\overset{-H^+}{\rightleftharpoons}} HY^{3-} \underset{K_{a6}}{\overset{-H^+}{\rightleftharpoons}} Y^{4-}$$

EDTA 与金属离子形成 1:1 型、含多个五元环螯合物，溶解性好，稳定性高。分子内金属离子无色，螯合物也无色；金属离子有色，螯合物颜色比金属离子深，如 ZnY^{2-} 无色，CuY^{2-} 为深蓝色，MnY^{2-} 为紫红色。

15.2.2 配位滴定反应的副反应系数与条件稳定常数

配位滴定中 EDTA 和金属离子 M 的滴定反应为主反应，其他与 EDTA 和 M 相关的反应为副反应（side reaction），影响生成物浓度。M 和 Y 的副反应不利于主反应的进行，而 MY 的副反应则有利于主反应进行。下图表示了溶液中各种离子的行为：

$$\begin{array}{ccccccc} \text{OH}^- & \text{M} & \text{L} & + & \text{H}^+ & \text{Y} & \text{N} & = & & \text{MY} & \cdots\cdots\cdots\cdots\text{主反应} \\ & & & & & & & & & \overset{|}{\text{OH}^-} & \\ \text{M(OH)} & \text{ML} & & \text{HY} & \text{NY} & & \text{MHY} & & \text{MOHY} & \cdots\cdots\cdots\cdots\text{副反应} \end{array}$$

OH⁻ :   :   H⁺ :   （干扰离子效应）（酸式或碱式盐效应）

M(OH)_n ML_n H_6Y

（羟基化反应）（配位效应）（酸效应）

（1）滴定剂 Y 的副反应系数（side reaction coefficient）

①EDTA 酸效应及酸效应系数　溶液中 Y 发生酸化，使 Y 参加主反应能力减弱的现象称酸效应，反应系数就是酸效应系数（acidic effect coefficient）$\alpha_{Y(H)}$：

$$\alpha_{Y(H)} = \frac{[Y']}{[Y]} = \frac{[Y]+[HY]+[H_2Y]+\cdots+[H_6Y]}{[Y]}$$
$$= 1 + \beta_1^H[H^+] + \beta_2^H[H^+]^2 + \cdots + \beta_n^H[H^+]^n \tag{15-7}$$

式中，β_1^H，β_2^H，$\cdots$，β_n^H 为累积质子化常数。$\alpha_{Y(H)}$ 值变化范围很大，为计算方便取其对数值 $\lg\alpha_{Y(H)}$，具体值可查表。溶液 pH ≥ 12 时可忽略不计。

②共存离子效应（effect of coexisting ions）　溶液中共存离子 N 与 EDTA 形成 NY，降低 Y 参加主反应能力的现象称共存离子效应。此效应将在混合离子滴定中讨论。

（2）金属离子 M 的副反应系数（side reaction coefficient of metallic ions）

溶液中配合剂 L 与被测金属离子 M 生成配合物，称辅助配位效应。这种降低 M 参加主反应能力的现象称配位效应，反应系数称配位效应系数

$$\alpha_{M(L)} = \frac{[M']}{[M]} = \frac{[M]+[ML]+\cdots+[ML_n]}{[M]}$$
$$= 1 + \beta_1[L] + \beta_2[L]^2 + \cdots + \beta_n[L]^n \tag{15-8}$$

式中，β_1，β_2，$\cdots$，β_n 为累积稳定常数。若 L 存在酸效应，则 $\alpha_{M(L)}$ 会变化。溶液酸度低时，金属离子将水解形成羟基配合物。但一般滴定用缓冲液控制酸度使被测离子不水解。

（3）滴定产物 MY 配合物的副反应系数

酸度高时 MY 与 H^+ 形成 MHY，反应系数为 $\alpha_{MY(H)}$

$$\alpha_{MY(H)} = 1 + [H^+]K_{MHY}^H$$

酸度低时 MY 与 OH^- 形成 MOHY，反应系数为 $\alpha_{M(OH)}$

$$\alpha_{MY(OH)} = 1 + [OH^-]K_{MOHY}^{OH}$$

酸式盐和碱式盐的生成有利于主反应，但稳定性差，计算时可忽略不计。

（4）条件稳定常数（conditional stability constant）

稳定常数可衡量配位反应进行的程度。副反应发生时，平衡浓度 [M]、[Y]、[MY] 受影响而变为 [M']、[Y']、[MY']，使其浓度减少，在反应重新达到平衡时，有下列平衡存在：

$$K'_{MY} = \frac{[MY']}{[M'][Y']} = \frac{\alpha_{MY}[MY]}{\alpha_M[M]\alpha_Y[Y]} = \frac{\alpha_{MY}}{\alpha_M\alpha_Y}K_{MY}$$

式中，K_{MY} 称为条件稳定常数。它表示在一定条件下，有副反应发生时主反应进行的程度。

将上式两边取对数得到：

$$\lg K'_{MY} = \lg K_{MY} - \lg\alpha_Y - \lg\alpha_M + \lg\alpha_{MY} \tag{15-9}$$

忽略 MY 副反应的影响，上式可简化为：

$$\lg K'_{MY} = \lg K_{MY} - \lg\alpha_Y - \lg\alpha_M \tag{15-10}$$

15.2.3　金属指示剂

（1）金属指示剂的作用原理

金属离子指示剂（metal ion indicator）简称金属指示剂，是一种能与金属离子形成配合物的有机显色剂，多为有机弱酸。金属指示剂是配位滴定中常用的指示剂。

溶液中指示剂发生离解和金属配合：

$$HIn \Longrightarrow H^+ + In^-$$
$$M + In^-(甲色) \Longrightarrow MIn(乙色)$$

在滴定终点，EDTA 配合金属离子，In^- 再次游离：

$$MIn(乙色) + Y \Longrightarrow MY + In^-(甲色)$$

指示剂配合时显乙色，化学计量点时突变为甲色，表示指示终点达到。

（2）金属指示剂的选择

指示剂在化学计量点附近颜色发生突变，终点误差较小。选择指示剂主要考虑其酸效应：

$$M + In^- \Longrightarrow MIn$$

$$K'_{MIn} = \frac{[MIn]}{[M][In^-]}, \qquad \lg K'_{MIn} = pM_{ep} + \lg \frac{[MIn]}{[In^-]}$$

变色范围：
$$\lg K'_{MIn} = pM_{ep} \pm 1 \tag{15-11}$$

变色点：
$$pM_{ep} = \lg K'_{MIn} \tag{15-12}$$

选 $\lg K'_{MIn}$ 值与 pM_{sp} 值相近滴定误差最小，实际工作中因指示剂受酸度影响，可采用实验方法选择。

指示剂的早期应用

在 16 世纪，人们认识到某些植物的汁液具有着色剂的功效，有人观察到酸能使某些汁液变成红色，碱则能把它们变成蓝色。17 世纪科学家才开始阐述一些基本的化学概念，即把化合物划分成为酸、碱、盐三大类别。波义耳是第一个把汁液用作指示剂的科学家。他描绘酸能够改变有些汁液的颜色，这是对指示剂原始的认识。波义耳之后，很多化学家在报告中描述如何把植物的浆汁作为指示剂。布尔哈夫叙述了怎样利用指示剂来鉴别碱性化合物，他最常使用的指示剂是紫罗兰和石蕊的汁液。到了 18 世纪，许多人发现，各种酸并不能使指示剂精确地显示出相同的颜色变化。各种指示剂的颜色变化范围不同，各种酸的强度也不相同。在合成染料中，很多化合物都能够起到指示剂的作用。第一个可供实用并且真正获得成功的合成指示剂是酚酞。1877 年吕克首先提出在酸碱中和反应过程中可使用酚酞作指示剂，第二年伦奇又提出使用甲基橙作指示剂。到了 1893 年，已有论文记载的合成指示剂已经增加到 14 种之多。

（3）使用金属指示剂应注意的问题

指示剂使用时可能出现三方面问题：

①指示剂在化学计量点附近不变色，称为指示剂封闭现象。产生原因可能由于 M 或 N 与指示剂形成配合物稳定性比 M 或 N 与 EDTA 配合物稳定性高，化学计量点时置换反应不能发生。加入掩蔽剂或更换指示剂可以消除干扰。

②指示剂在化学计量点附近变色缓慢，终点拖长称为指示剂僵化，产生原因可能由于 MIn 溶解度小或稳定性稍小于 MY，加入适当有机溶剂或加热可以消除。

③指示剂溶液保存稍长会被空气氧化变质而失效。

15.2.4 配位滴定原理

（1）配位滴定曲线

配位滴定中，随 EDTA 滴入溶液中，金属离子浓度不断减小。在化学计量点附近，溶液的 pM（即金属离子浓度的负对数）发生突变。用图表示溶液 pM 值随 EDTA 滴定分数变化间的关系称配位滴定曲线。

设金属离子 M 的初始浓度为 c_M，体积为 V_M。用等浓度的滴定剂 Y 滴定，滴入的

体积为 V_Y。滴定分数定义为：

$$a = V_Y / V_M$$

在 $K_{MY} \geqslant 10^7$ 时，又若 $c_M = 0.01 \text{mol} \cdot \text{L}^{-1}$，依物料平衡关系：

$$[MY] = c_M - [M] = ac_M - [Y]; \quad [Y] = ac_M - c_M + [M]$$

代入平衡常数式：

$$K_{MY} = \frac{c_M - [M]}{[M](ac_M - c_M + [M])}$$

整理得：

$$K_{MY}[M]^2 + [K_{MY}c_M(a-1)+1][M] - c_M = 0$$

$a = 1$ 时为化学计量点，又 $4K_{MY}c_M \gg 1$，此时：

$$[M] = [Y]; \quad [MY] = c_M - [M'] \approx c_M$$

$$[M]_{sp} = \sqrt{\frac{c_M^{sp}}{K_{MY}}}$$

$$pM_{sp} = 0.5(\lg K_{MY} + pc_M^{sp}) \tag{15-13}$$

式中，化学计量点时金属离子浓度 c_M^{sp} 为初始浓度的一半。

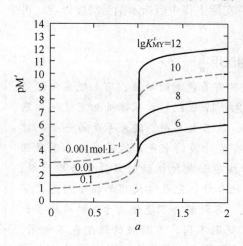

图 15-2 EDTA 对不同 $\lg K'_{MY}$ 的金属离子的滴定曲线

图 15-2 为 EDTA 对不同 $\lg K'_{MY}$ 的金属离子的滴定曲线。由曲线可见，浓度一定，K'_{MY} 越大，滴定突跃越大；K_{MY} 一定，浓度越大，滴定突跃越大。允许误差为 $\pm 0.1\%$，终点误差 $\Delta pM = \pm 0.2$，则 $\lg c_{sp} K'_{MY} \geqslant 6.0$。

（2）配位滴定过程中酸度的控制

金属离子能否被 EDTA 准确滴定，除考虑配合物稳定常数大小外，必须考虑溶液酸度等影响。

仅考虑酸度的影响：$\lg K'_{MY} = \lg K_{MY} - \lg \alpha_{Y(H)} \geqslant 8.0$

最高允许酸度为：

$$\lg \alpha_{Y(H)} \leqslant \lg K_{MY} - 8.0 \tag{15-14}$$

滴定金属离子允许的最低酸度以此金属离子不水解为基准，可由 $M(OH)_2$ 的 K_{sp} 求得。

滴定过程中，由于 $H_2Y^{2-} + M^{n+} \Longrightarrow MY^{n-2} + 2H^+$ 进行，溶液酸度渐高，不加以控制则将影响滴定的完全程度。加入缓冲溶液可以使酸度基本不变，选用的缓冲液不能影响主反应。

15.2.5　标准溶液的配制与标定

（1）EDTA 标准溶液的配制与标定

EDTA 在水中溶解度小，故常用 EDTA 二钠盐配制标准溶液。EDTA 二钠盐摩尔质量为 372.26，在室温下溶解度为每 100mL 水中 11.1g。配制时取二钠盐 19g，溶于 300mL 温蒸馏水中，冷却后稀释至 1L，摇匀即可。

EDTA 的标定常用 ZnO 为基准物，用铬黑 T（EBT）或二甲酚橙作指示剂：准确称取在 800℃灼烧至恒重的 ZnO 0.12g，加稀盐酸 3mL 使其溶解，加蒸馏水 25 mL 及甲基橙 1 滴，滴加氨试液至溶液呈微黄色，再加蒸馏水 25mL、氨水缓冲溶液 10mL 和 EBT 指示剂数滴，用 EDTA 溶液滴定至溶液从紫红色变成纯蓝色即为终点。如用二甲基橙为指示剂，则当 ZnO 在盐酸溶液中溶解后加蒸馏水 50mL、0.5%二甲基橙指示剂 2~3 滴，然后滴加 20%六亚甲基四胺溶液至呈紫红色，再多加 3mL，用 EDTA 溶液滴定至溶液由紫红色变成亮黄色即为终点。

（2）Zn 标准溶液的配制与标定

准确称取新制备的纯锌粒 3.269g，加蒸馏水 5mL 及盐酸 10mL，置水浴上温热溶解，冷却后定容至 1L。

标定时，准确称取锌溶液 25mL，加甲基红指示剂 1 滴，滴加氨试液至溶液呈微黄色，再加蒸馏水 25mL、氨水缓冲溶液 10mL、EBT 指示剂数滴，然后用标准 EDTA 溶液滴定至溶液由紫红色变为纯蓝色即为终点。

15.2.6　配位滴定法的应用实例——混合离子测定

当滴定溶液中有两种离子 M 和 N 共存时，滴定与 M、N 的平衡常数和起始浓度有关。若 c_M 和 K'_{MY} 越大，而 c_N 和 $\lg K'_{NY}$ 越小，滴定 M 时 N 将不产生干扰。此时必须满足

$$\lg[c_M K'_{MY}/c_N K'_{NY}] \geqslant 5.0 \qquad (15\text{-}15)$$

该条件下 $\Delta pM = \pm 0.2$，TE% $= \pm 0.1$%。若 $\Delta \lg cK'$ 不能满足 $\geqslant 5$，则滴定 M 时 N 也被滴定。若想分别滴定，要改变一定条件来满足 $\Delta \lg cK' \geqslant 5$，采取的措施如下。

（1）控制酸度分别滴定

若 M 和 N 与 EDTA 形成的配合物的稳定常数相差较大，$\Delta \lg cK' \geqslant 5$，可以采取控制酸度的方法分别滴定。如溶液中含有 Bi^{3+} 和 Pb^{2+}，因 $\lg K_{BiY} = 27.9$，$\lg K_{PbY} = 18.0$，可以控制酸度，先调节溶液 pH=1.0~1.5，滴定 Bi^{3+}，然后调节 pH=5~6，再滴定 Pb^{2+}。

（2）利用掩蔽法分别滴定

MY 和 NY 的稳定常数相差较小，采用掩蔽法，加入适当掩蔽剂使干扰离子 N 浓度降低，从而消除干扰。依加入掩蔽剂性质不同，掩蔽法可分为：配位掩蔽法、沉淀掩蔽法、氧化还原掩蔽法、解蔽法、化学分离法等。

思考题 15-5　影响配位滴定突跃的因素有哪些？如何选择合理的滴定条件？
思考题 15-6　金属指示剂的变色原理和选择条件是什么？

15.3　沉淀滴定法和重量分析法

沉淀反应（precipitation reaction）常用于元素的分离、沉淀滴定（precipitation titration）和重量分析（gravimetry）。沉淀反应越完全，反应灵敏度越高，准确度也越高。沉淀的结构不同性质就不同，沉淀的完全程度和纯净度也不同。沉淀条件影响沉淀的完全和纯净度。

15.3.1 沉淀反应的影响因素

（1）影响沉淀完全的因素

沉淀的 K_{sp} 越小，沉淀越完全。沉淀的完全程度通常用沉淀反应完成后溶液中剩余构晶离子的浓度来衡量。沉淀完全，除 K_{sp} 足够小外，还要考虑影响沉淀的其他因素。

①同离子效应（common ion effect）进行沉淀反应时，向溶液中加入含有沉淀物构晶离子的电解质或过量的沉淀剂，沉淀的溶解度会降低，这种效应称为同离子效应。此效应可以减小沉淀的溶解损失。例如：纯水中 $BaSO_4$ 溶解度为 $1.05 \times 10^{-5} mol \cdot L^{-1}$，而在 $0.01 mol \cdot L^{-1} H_2SO_4$ 中溶解度为 $1.1 \times 10^{-8} mol \cdot L^{-1}$，溶解度明显减小。

②酸效应（acid effect）进行沉淀反应时酸度对沉淀溶解度的影响称为酸效应。酸度对强酸盐的影响不大，对弱酸盐可以增大其溶解度甚至将其溶解。例如 25℃ 时：CaC_2O_4 溶解度为 $4.5 \times 10^{-5} mol \cdot L^{-1}$，而在 pH＝2 时为 $6.1 \times 10^{-4} mol \cdot L^{-1}$，溶解度增大。

③配位效应（complexation effect）进行沉淀反应时，溶液中的配位剂和金属离子形成配合物，增大了沉淀溶解度，这种效应称为配位效应。溶液中配位剂浓度越大，生成配合物浓度越大、越稳定，沉淀溶解度越大。

④盐效应（salt effect）进行沉淀反应时，因有强电解质存在而使沉淀溶解度增大的效应称为盐效应。

进行沉淀反应时，经常是几种效应同时发生。一般仅需考虑一种或两种影响较大的效应。

（2）影响沉淀纯度的因素

沉淀的结构影响沉淀的纯度，但外界条件也会影响沉淀的纯度（purity of precipitation）。采取适当的措施可以减小溶液中其他离子玷污沉淀，以提高纯度。影响因素如下：

①共沉淀现象 溶液中不应该沉淀的组分沉淀下来的现象称为共沉淀。

②表面吸附 晶体表面的静电，吸引溶液中带相反电荷的离子，使沉淀表面吸附杂质的现象称为表面吸附。沉淀对不同杂质的吸附能力，取决于沉淀和杂质离子的性质。这种现象造成的沉淀不纯，可以用减小杂质浓度和洗涤的方法减小或消除。

③生成混晶 杂质离子与构晶离子半径相近、晶体结构相同或相似时，杂质进入沉淀生成混晶。如 $BaSO_4$ 和 $PbSO_4$ 可生成混晶共沉淀。这种现象造成的沉淀不纯，有的可以用陈化（沉淀与母液一起放置 4h 以上）提纯，但有的需要再沉淀。

④包藏 当沉淀剂浓度较大、加入速度较快时，杂质或母液来不及离开沉淀表面而被大量形成的沉淀包藏沉淀下来称为吸留共沉淀。这种现象造成的沉淀不纯，可以用再沉淀提纯。

⑤后沉淀 沉淀反应完全之后，不能沉淀的离子在沉淀表面慢慢沉积的现象称后沉淀。如沉淀 CaC_2O_4 时，溶液中 Mg^{2+} 会在沉淀表面生成 MgC_2O_4 沉淀。它可以用减小杂质浓度、减少放置时间或再沉淀提纯。

（3）沉淀形成及其条件

沉淀的形成（formation of precipitation）包括晶核形成和晶体生长两个过程。形成晶核的多少与沉淀的溶解度（solubility，S）和过饱和度（supersaturation degree，

Q）有关。用临界均相过饱和比 Q/S 表示。Q/S 越大形成晶核数量越少，易得到较大的沉淀颗粒。形成的晶核生长为沉淀时，溶液的浓度和沉淀的溶解度影响聚集速率，沉淀的结构和性质影响定向速率。若聚集速率小，定向速率大，构晶离子整齐排列得到晶形沉淀，它结构紧密，颗粒较大，吸附、包藏杂质少。若聚集速率大，定向速率小，构晶离子来不及整齐排列，得到非晶形沉淀，它结构疏松，颗粒较小，吸附、包藏杂质多。

①晶形沉淀的沉淀条件　沉淀作用应在热的适当的稀溶液中进行。加入沉淀剂的速度要慢，并不断搅拌，沉淀完全后放置 4h 以上陈化。

②非晶形沉淀的沉淀条件　沉淀作用应在热的较浓溶液中进行，加入沉淀剂速度快些，并加入适量电解质和大量热水不断搅拌，不陈化，趁热立即过滤。

15.3.2　沉淀滴定法

沉淀滴定法（precipitation titration）是利用沉淀反应为基础的滴定分析方法。目前应用的主要为银量法。可以测 Cl^-、Br^-、I^-、Ag^+ 和 SCN^- 等。

（1）莫尔法（Mohr's method）

在含有 Cl^- 的中性或弱碱性溶液中以 K_2CrO_4 作指示剂的银量法称为莫尔法。滴定反应：

$$Ag^+ + Cl^- = AgCl\downarrow \qquad\qquad K_{sp} = 1.8\times10^{-10}$$
$$2Ag^+ + CrO_4^{2-} = Ag_2CrO_4\downarrow（砖红色）\qquad K_{sp} = 1.1\times10^{-12}$$

由于 $S_{AgCl} < S_{Ag_2CrO_4}$，$AgCl$ 先沉淀。化学计量点时 $AgNO_3$ 稍过量，就会与指示剂生成砖红色 Ag_2CrO_4 沉淀，指示终点到达。莫尔法的滴定条件主要是控制 K_2CrO_4 的浓度和溶液的酸度。控制 K_2CrO_4 的浓度为 $0.005mol\cdot L^{-1}$ 左右及溶液酸度在中性或弱酸性（$pH = 6.5\sim10.5$），可以准确到达化学计量点。滴定过程中要充分摇荡，防止 $AgCl$ 吸附 Cl^- 使终点提前。凡能与 Ag^+ 或 CrO_4^{2-} 生成沉淀或配合物的离子均干扰测定。

（2）佛尔哈德法（Volhard's method）

用铁铵矾作指示剂的银量法称为佛尔哈德法。滴定反应：

$$Ag^+ + SCN^- = AgSCN\downarrow \qquad\qquad 无色$$
$$Fe^{3+} + SCN^- = [Fe(SCN)]^{2+} \qquad\qquad 血红色$$

佛尔哈德法分为直接滴定法和返滴定法两种，滴定条件主要控制 $FeNH_4(SO_4)_2$ 的浓度及溶液酸度。使用 HNO_3 控制溶液酸度在 $0.1\sim0.5mol\cdot L^{-1}$ 为宜。指示剂 Fe^{3+} 浓度为 $0.1\sim0.5mol\cdot L^{-1}$。

（3）法扬斯法（Fajans' method）

用荧光物质作指示剂的银量法称为法扬斯法。因沉淀有吸附性，在化学计量点前后吸附情况不同，原理为：$AgCl$、Cl^- 化学计量点前不吸附 In^-，化学计量点后：

$$(AgCl)\cdot Ag^+ + In^-（黄色）\rightleftharpoons (AgCl)\cdot AgIn（粉红色）$$

滴定必须在中性或弱酸性溶液中进行。可加入糊精与胶体溶液，增大溶液的表面积，以利于吸附，同时要选择具有适当吸附力的指示剂，并避免强光照射。

15.3.3　重量分析法

根据生成物的质量测定物质含量的方法叫重量分析法（gravimetry）。首先将被测组分转化为一定形式与混合液分离，经处理后称重可求得物质含量。重量分析法不需要基准物质，为经典分析方法之一。由于其操作繁琐费时，目前应用不多。

科学家小传——克拉普罗特

克拉普罗特（M. H. Klaproth，1743—1817），德意志分析化学家和矿物学家。1743 年 12 月 1 日生于韦尼格罗德，1817 年 1 月 1 日卒于柏林。1759 年当药剂师学徒。1771 年到柏林开药店。1792 年任柏林炮兵学校讲师。1810 年为柏林大学第一任化学教授和柏林科学院院士。1795 年当选为英国皇家学会会员。

他在分析化学方面做了重大改进并加以系统化。在重量分析中，强调沉淀必须烘干或灼烧至恒重。为了测定矿物中的金属含量，他采用称量适当的沉淀化合物，再利用换算因数求得金属含量。他最先记录下分析测定的物质成分的实际百分比。他不仅改进了重量分析的步骤，还设计了多种非金属元素测定步骤。他准确地测定了近 200 种矿物的成分及各种工业产品如玻璃、非铁合金等的组分。在 1789 年他分析沥青铀矿时发现元素铀并命名。同年分析锆石时发现元素锆。1795 年分析匈牙利的红色电气石时，证实了英国格雷哥尔 1791 年发现的新元素，并取名为钛。1798 年证实了 1782 年赖兴施泰因在金矿中发现的新元素，并命名为碲。1803 年证实了同年贝采里乌斯发现的铈并命名。此外，他还编有《矿物学的化学知识》一书。

（1）重量分析法对沉淀形式的要求

沉淀溶解度小，溶解损失小于 0.2mg，沉淀必须纯净，易于过滤与洗涤，对于晶形沉淀最好得到粗大晶形，而对无定形沉淀希望体积小。

（2）重量分析法对称量形式的要求

沉淀应具有固定的已知组成，有足够的化学稳定性，有尽可能大的摩尔质量。沉淀剂必须在燃烧时易于除去。

（3）重量分析结果的计算

在重量分析中，分析结果是根据灼烧冷却后物质的质量计算而得。被测组分摩尔质量与称量形式摩尔质量之比称作换算因数。用 F 表示：

$$F = \frac{a \times 被测组分摩尔质量}{b \times 沉淀形式摩尔质量}$$

式中，a、b 是指使分子、分母主体元素原子数相等而所乘的适当系数。

根据换算因数和沉淀的质量可以算出试样中某组分的含量，如下式：

$$w = \frac{F m_t}{m_s} \times 100\% \qquad (15\text{-}16)$$

式中，m_t 为分析结果；m_s 为试样质量。

===== 复习指导 =====

掌握：氧化还原反应条件平衡常数的含义及其计算和应用；氧化还原指示剂的变色原理和选择原则；氧化还原滴定结果的计算；碘量法、高锰酸钾法的基本原理、指示剂及标准溶液的配制与标定。配位滴定的基本概念和基本原理；滴定条件的选择和控制；配位滴定误差的计算。重量分析法中影响沉淀溶解度的因素。

熟悉：氧化还原滴定曲线及影响电位突跃范围的因素；突跃范围的估算。配位滴定曲线及影响滴定突跃的因素；常用的标准溶液及其标定。

了解：氧化还原滴定法的特点及分类方法；各类氧化还原滴定法的应用范围。配位滴定的应用。沉淀滴定对沉淀的要求；沉淀的形成；造成沉淀不纯的原因。

氧化还原滴定法 oxidation-reduction titration

条件电位 conditional potential

氧化还原指示剂 potential indicator

自身指示剂 own indicator

特殊指示剂 special indicator

配位反应 complex reaction

配位滴定法 complexation titration

螯合物 chelate complex

副反应 side reaction

副反应系数 side reaction coefficient

共存离子效应 effect of coexisting ions

金属离子的副反应系数 side reaction coefficient of metallic ions

条件稳定常数 conditional stability constant

金属离子指示剂 metal ion indicator

沉淀反应 precipitation reaction

沉淀滴定法 precipitation titration

重量分析 gravimetry

同离子效应 common ion effect

酸效应 acid effect

配位效应 complexation effect

盐效应 salt effect

沉淀的纯度 purity of precipitation

沉淀的形成 formation of precipitation

溶解度 solubility

过饱和度 supersaturation degree

化学史话

盖·吕萨克与容量分析

盖·吕萨克（J. L. Gay-Lussac，1778—1850），法国物理学家、化学家。1778 年 12 月 6 日生于圣莱奥纳尔，父亲是一位检察官。1797 年进入巴黎工艺学院，在著名化学家贝托莱等教授的指导下学习。1800 年毕业。贝托莱请他到他的私人实验室当助手。1802 年他任巴黎综合工科学校的辅导教师，而后任化学教授。1802 年，他证明各种不同的气体随温度的升高都是以相同的数量膨胀的。1804 年，年轻的盖·吕萨克同比奥一起进行了一次气球升空试验，后来他自己又做了一次。1805 年研究空气的成分。在一次实验中，他证实水可以用氧气和氢气按体积 1：2 的比例制取。在 1807 年和 1808 年，他利用电的作用分离出许多新的元素。盖·吕萨克和泰纳洋利用戴维自己制备的元素钾，在不用电的情况下从事填补元素空白的工作。他们用钾来处理氧化硼时得到了硼，这是首次获得元素形态的硼。1808 年 6 月 21 日他们宣布了这项成果。1809 年，他发现几种气体形成化合物时，它们是按体积比化合的，而此体积比可以表示为很小的整数比。1809 年 12 月 31 日，盖·吕萨克发表了他所发现的气体化合体积定律——盖·吕萨克定律，在化学原子分子学说的发展历史上起了重要作用。1802 年，他又发现了气体热膨胀定律。1813 年为碘命名。1815 年发现氰，并弄清了它作为一个有机基团的性质。1827 年提出建造硫酸废气吸收塔，直至 1842 年才被应用，被称为盖·吕萨克塔。1831 年，盖·吕萨克在路易·菲力普的机关报政权下被选为法国下院议员，1832 年任法国自然历史博物馆化学教授。1839 年他又进入上院，作为一名立法委员度过了他的晚年。1850 年 5 月 9 日卒于巴黎。

容量分析，又称滴定分析，是一种古老的定量分析方法，1729 年法国日夫鲁瓦最早使用容量分析，用纯碳酸钾测定乙酸的浓度，他将乙酸逐滴加到一定量的碳酸钾溶液中，直到不再产生气泡为止。到了 19 世纪，由于成功地合成了各类指示剂，容量分析得到广泛的应用。真正的容量分析法的建立应归功于盖·吕萨克。1824 年他发表漂白粉中有效氯的测定，用磺化靛青作指示剂。随后他用硫酸滴定草木灰（主要成分是碳酸钾），又用氯化钠滴定硝酸银。这 3 项工作分别代表氧化还原滴定法、酸碱滴定法和沉淀滴定法。络合滴定法创自李比希，他用银（Ⅰ）滴定氰离子。容量分析所用的仪器简单，具有方便、迅速、准确的优点，特别适用于常量组分测定和大批样品的例行分析。容量分析还包括非水滴定等目视滴定方法，以及目前广泛使用的仪器滴定法，如电位滴定、电导滴定和光度滴定等。

盖·吕萨克具有敏捷的思维、高超的实验技巧和强烈的事业心，善于运用经验性规律的科学方法，尤其难得的是他尊重事实，不迷信权威，甚至当他的导师与别人争论学术问题的时候，也能如实汇报与导师意见相左的实验结果。因此，他能够洞察人们所不知的奥秘，发现科学真理。

习 题

1. EDTA 滴定单一离子时，如何确定酸度条件？混合离子测定时，如何选择和控制酸度及其他条件？

2. 常见的几种滴定方式在配位滴定中有哪些应用？各适用于哪些情况？

3. 在 $0.10 \, mol \cdot L^{-1}$ $[AlF_6]^{3-}$ 溶液中，游离 F^- 的浓度为 $0.010 \, mol \cdot L^{-1}$。求溶液中游离 Al^{3+} 的浓度，并指出溶液中配合物的主要存在形式。

4. 待测溶液含 $2 \times 10^{-2} \, mol \cdot L^{-1} \, Zn^{2+}$ 和 $2 \times 10^{-3} \, mol \cdot L^{-1} \, Ca^{2+}$。
(1) 能否用控制酸度的方法选择滴定 Zn^{2+}？
(2) 若能，控制的酸度范围是多少？

5. 待测溶液中含有浓度均为 $0.020 \, mol \cdot L^{-1} \, Zn^{2+}$ 和 Cd^{2+}，加入 KI 以掩蔽 Cd^{2+}，假设终点时游离 $[I^-] = 2.0 \, mol \cdot L^{-1}$，调节溶液 pH 值为 6.0，以 $0.020 \, mol \cdot L^{-1}$ 的 EDTA 为滴定剂，问：
(1) 能否掩蔽 Cd^{2+} 而滴定 Zn^{2+}？
(2) 若能，用二甲酚橙为指示剂，终点误差为多少？（$[CdI_4]^{2-}$ 的 $lg\beta_1 \sim lg\beta_4$ 分别为 2.4、3.4、5.0 和 6.15）

6. 取 100mL 水样，用氨性缓冲液调节至 pH = 10，以 EBT 为指示剂，用 EDTA 标准溶液（$0.008826 \, mol \cdot L^{-1}$）滴定至终点，共消耗 12.58mL，计算水的总硬度（即含 $CaCO_3$ mg·L^{-1}）。如果将上述水样再取 100mL，用 NaOH 调节 pH = 12.5，加入钙指示剂，用上述 EDTA 标准溶液滴定至终点，消耗 10.11mL，试分别求出水样中 Ca^{2+} 和 Mg^{2+} 的量。

7. 称取葡萄糖酸钙试样 0.5500g，溶解后，在 pH = 10 的氨性缓冲溶液中用 EDTA 滴定（EBT 为指示剂），消耗浓度为 $0.04985 \, mol \cdot L^{-1}$ EDTA 标准溶液 24.50mL，试计算葡萄糖酸钙的含量。（分子式 $C_{12}H_{22}O_{14}Ca \cdot H_2O$，$M_{C_{12}H_{22}O_{14}Ca \cdot H_2O} = 448.4$）

8. 已知 $\varphi^{\ominus}_{Cu^{2+}/Cu^+}$（0.159V）$< \varphi^{\ominus}_{I_2/I^-}$（0.534V），但是 Cu^{2+} 却能将 I^- 氧化为 I_2，为什么？

9. 在 25℃，$1 \, mol \cdot L^{-1}$ HCl 溶液中，用 Fe^{3+} 标准溶液滴定 Sn^{2+} 液。计算：
(1) 滴定反应的平衡常数并判断反应是否完全；
(2) 化学计量点的电极电位；
(3) 滴定突跃电位范围，请问可选用哪种氧化还原指示剂指示终点？（已知 $\varphi^{\ominus'}_{Fe^{3+}/Fe^{2+}} = 0.771V$，$\varphi^{\ominus'}_{Sn^{4+}/Sn^{2+}} = 0.14V$）

10. 用 $K_2Cr_2O_7$ 标定 $Na_2S_2O_3$ 溶液时，称取 0.5012g 基准 $K_2Cr_2O_7$，用水溶解并稀释至 100.0mL，取出 20.00mL，加入 H_2SO_4 及 KI 溶液，用待标定的 $Na_2S_2O_3$ 溶液滴定至终点时，用去 20.05mL，求 $Na_2S_2O_3$ 溶液的浓度。（$M_{K_2Cr_2O_7} = 294.19$）

11. 今有胆矾试样（含 $CuSO_4 \cdot 5H_2O$）0.5580g，用碘量法测定，滴定至终点时消耗 $Na_2S_2O_3$ 标准溶液（$0.1020 \, mol \cdot L^{-1}$）20.58mL。求试样中 $CuSO_4 \cdot 5H_2O$ 的质量分数。（$M_{CuSO_4 \cdot 5H_2O} = 249.69$）

12. 取血液 5.00mL 稀释至 25.00mL，精密量取此溶液 10.00mL，加 $H_2C_2O_4$ 适量使 Ca^{2+} 沉淀为 CaC_2O_4，将 CaC_2O_4 溶于硫酸中，再用 $KMnO_4$ 标准溶液（$0.001700 \, mol \cdot L^{-1}$）滴定，终点时用去 1.20mL，求血样中 Ca^{2+} 的含量（mg/100mL）。（$M_{Ca} = 40.08$）

13. 某试样含有 PbO_2 和 PbO 两种组分。称取该试样 1.252g，在酸性溶液中加入 $0.2501 \, mol \cdot L^{-1}$ $H_2C_2O_4$ 溶液 20.00mL，使 PbO_2 还原为 Pb^{2+}，然后用氨水中和，使溶液中 Pb^{2+} 完全沉淀为 PbC_2O_4 过滤，滤液酸化后用 $0.04020 \, mol \cdot L^{-1}$ $KMnO_4$ 标准溶液滴定，用去 10.06mL；沉淀用酸溶解后，用上述 $KMnO_4$ 标准溶液滴定用去 30.10mL；计算试样中 PbO_2 和 PbO 的质量分数。（$M_{PbO} = 223.2$，$M_{PbO_2} = 239.2$）

第15章 习题
解答

（中南大学 向 娟）

第16章

紫外-可见分光光度法

本章将在简要介绍吸收光谱原理的基础上，重点讨论紫外吸收光谱的定量分析方法及其在物质结构和定量分析方面的应用。

16.1 物质的吸收光谱

16.1.1 物质对光的选择性吸收

波长在 $190\sim400$nm 范围的光称为近紫外线，波长在 $400\sim760$nm 之间的光人眼能感觉到，称为可见光。各种颜色的可见光都有其特定的波长范围。物质呈现不同的颜色，是由于物质选择性吸收不同波长的光的结果。表 16-1 列出了物质颜色与吸收光颜色之间的关系。

物质对光的选择性吸收

表 16-1　物质颜色与吸收光颜色的互补关系

物质颜色	黄绿	黄	橙	红	紫红	紫	蓝	绿蓝	蓝绿
吸收光	紫	蓝	绿蓝	蓝绿	绿	黄绿	黄	橙	红
波长/nm	$400\sim450$	$450\sim480$	$480\sim490$	$490\sim500$	$500\sim560$	$560\sim580$	$580\sim610$	$610\sim650$	$650\sim760$

16.1.2 物质的吸收光谱

物质对光的吸收是物质的分子、原子或离子与辐射能相互作用的一种形式,只有当入射光能量与吸光物质跃迁能级之间能量差相等,即入射光子能量 $\varepsilon=h\nu=\Delta E=E_1-E_2$ 时才会被吸收。

溶液对光的吸收一般是通过实验方法来研究的,即用不同波长的单色光通过溶液,测量溶液对相应波长的光的吸收程度,即吸光度(absorbency)。以波长为横坐标,吸光度为纵坐标作图可得相应曲线,称为吸收光谱。由于不同物质分子中的价电子从基态跃迁到激发态时所需能量各不相同,即 $\Delta E=E_{激发态}-E_{基态}=h\nu=hc/\lambda$ 不同,所以其吸收波长也不同。

物质的吸收光谱

图 16-1 中 A、B、C 分别代表三种不同物质的吸收光谱,1、2、3、4 代表被测物质 B 含量由低到高的吸收光谱。每种物质的吸收光谱一般都有最大吸收值,叫做吸收峰值。吸收峰值所对应的波长叫做最大吸收波长(λ_{max})。不同物质的溶液,不仅其光吸收曲线形

状有差别,最大吸收波长也不同。最大吸收波长与物质的浓度无关,可以作为定性分析的依据。浓度不同的同一物质的溶液,最大吸收波长相同,而且在一定浓度范围内,其吸光度与浓度有确定的函数关系,以此作为定量分析的依据。利用最大吸收波长进行定量分析时,灵敏度最高而且重现性最好。但是,当有干扰物质存在于溶液中时,一般不利用最大吸收波长进行定量分析,而是根据干扰较小、吸光度尽可能大的原则来确定测定波长。

汞与水俣病

水俣病(Minamata disease)是指人或其他动物食用了含有机汞(甲基汞)污染的鱼贝类,使有机汞侵入脑神经细胞而引起的一种综合性疾病,实为有机汞中毒。患者表现出手足麻痹、口齿不清、步态不稳、面部痴呆,进而耳聋眼瞎、全身麻木,最后神经错乱、身体弯弓、高叫而死。水俣病因 1956 年日本熊本县水俣镇发生的严重有机汞中毒而得名,是由一家名叫新日本氮肥厂排放的废水所致。

甲基汞致毒的原因是其具有脂溶性、原形蓄积和高神经毒性等 3 项特性。首先甲基汞进入胃与胃酸作用,产生氯化甲基汞,经肠道几乎全部吸收进入血液;然后在红细胞内与血红蛋白中的巯基(—SH)结合,随血液输送到各器官。人类为了保护大脑,防止病毒入侵,专设了血脑屏障。但氯化甲基汞是稀客,为血脑屏障所不识,能顺利通过并进入脑细胞。脑细胞富含类脂质,脂溶性的甲基汞对类脂质具有很高的亲和力,所以很容易蓄积在脑细胞内。甲基汞分子结构 CH_3-Hg-Cl 中的 C—Hg 键结合得很牢固,不易断开,在细胞中呈原形蓄积,以整个分子形式损害脑细胞,这种损害具有进行性和不可恢复性。目前,水俣病是环境污染中有毒微量元素造成的最严重的公害病之一。

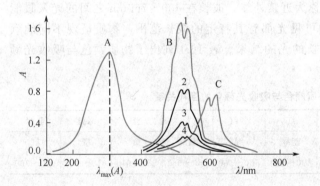

图 16-1　不同物质(A、B、C)和不同浓度(1,2,3,4)的同一物质
(B)的吸收光谱(浓度:1＞2＞3＞4)

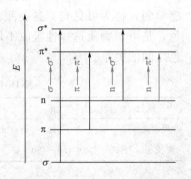

图 16-2　分子中电子能级和跃迁

对于有机物来说,能吸收光子产生电子跃迁的电子一般有 σ 电子、π 电子(即价电子)和 n 电子(即非键电子)三种。当有机化合物吸收紫外或可见光时,这些电子将跃迁到较高的能级状态。常发生的跃迁有 σ→σ*、n→σ*、n→π* 和 π→π* 四种类型。图 16-2 表示了这四种电子跃迁和相应的跃迁能级。

σ→σ* 跃迁:指分子中成键轨道上的电子吸收辐射后被激发到相应的 σ* 的过程。σ→σ* 跃迁所需的能量较大,辐射的波长较短,故这类跃迁主要发生在真空紫外区。饱和烃只有 σ→σ* 跃迁,故其吸收光谱波长小于 200nm。例如,甲烷和乙烷的最大吸收峰波长分别在 125nm 和 135nm 处。

n→σ* 跃迁:含非键电子(即 n 电子)的饱和烃衍生物,都可发生 n→σ* 跃迁。这类跃迁所需能量一般比 σ→σ* 跃迁所需的能量小,但其吸收波长仍然在 150～250nm 范围,因此在紫外区不易观察到这类跃迁。

$n \to \pi^*$ 和 $\pi \to \pi^*$ 跃迁:有机物最有用的吸收光谱是由于 $n \to \pi^*$ 和 $\pi \to \pi^*$ 跃迁所产生的光谱,$\pi \to \pi^*$ 跃迁的概率一般比 $n \to \pi^*$ 跃迁大 2~3 个量级。π 电子和 n 电子较易激发,这两类跃迁所需的能量使产生的吸收峰都出现在波长大于 200nm 的区域内,而且都要求分子中含有不饱和键(即 π 键)的有机官能团。在有机物分子中,这种含有 π 键的基团叫做生色团。

16.2 分光光度法的基本原理

16.2.1 透光率与吸光度

当一束强度为 I_0 的平行单色光照射到均匀而非散射的溶液时,光的一部分(其强度为 I_a)被吸收,一部分(其强度为 I_t)透过溶液,一部分(其强度为 I_r)被器皿的表面所反射。光的反射损失 I_r 主要决定于器皿的材料、形状、大小和溶液的性质。在相同条件下,这些因素是固定的,而且反射损失的量很小,故 I_r 一般可忽略不计,则

$$I_0 = I_a + I_t \tag{16-1}$$

在吸收光谱法中,透过光强度一般用 I 表示,它与入射光强度之比称作透光度 (transmittancy)、透光比或透光率,用符号 T 表示,即

$$T = I/I_0 \tag{16-2}$$

透光度常用百分透光度 $T\%$ 表示。溶液透光度越大,对光的吸收程度就越小;反之则吸收程度越大。吸光度 A 常用来表示物质对光的吸收程度,其值为透光度的负对数,即

$$A = -\lg T = \lg \frac{1}{T} = \lg \frac{I_0}{I} \tag{16-3}$$

吸光度越大,表明相应物质对光的吸收程度就越大。

16.2.2 朗伯-比耳定律

紫外-可见吸收光谱用于定量分析的理论依据是吸收定律 (absorption law),它由朗伯定律 (Lambert's Law) 和比耳定律 (Beer's Law) 联合而成,故又称为朗伯-比耳定律 (Lambert-Beer's Law)。

朗伯-比耳定律

$$A = \lg \frac{I_0}{I} = E_{1cm}^{1\%} lc \tag{16-4}$$

式中,$E_{1cm}^{1\%}$ 为吸光系数,$L \cdot cm^{-1} \cdot g^{-1}$;$c$ 为浓度,$g \cdot L^{-1}$;l 为液层厚度,cm。朗伯-比耳定律的数学式也可表示为

$$A = \lg \frac{I_0}{I} = \varepsilon lc \tag{16-5}$$

式中,ε 为摩尔吸光系数,$L \cdot cm^{-1} \cdot mol^{-1}$;$l$、$c$ 同式 (16-4)。

ε 是吸光物质在特定波长和溶剂下的特征常数,相当于 1cm 液层厚度中浓度为 $1 mol \cdot L^{-1}$ 吸光物质所产生的吸光度,故 ε 值的大小可衡量相应吸光物质的吸光能力,可用来估计紫外-可见吸收光谱法的灵敏度。ε 值越大,物质对光的吸收能力越强,方法灵敏度就越高。

Lambert-Beer 定律不仅适用于溶液,也适用于均匀的气态和固态的吸光物质,是各类吸收光谱法,如红外光谱法和原子吸收光谱法等的定量分析依据。

朗伯（J. H. Lambert，1728—1777），德国数学家。他的父亲是个裁缝，为了求学，12岁帮父亲工作，黄昏自习。自15岁，朗伯当过文员、报馆秘书和私人教师。在做私人教师时，他借助东家的图书馆求取学问。其主要贡献是对光学进行了研究；首度将双曲函数引入三角学；研究非欧几何的现象，包括双曲三角形的角度和面积；证明了 π（3.1415926……）是无理数。

比耳（A. Beer，1825—1863），德国物理学家、数学家。比耳出生于特里尔，他在那里学习了数学和自然科学。此后，他在波恩为尤利乌斯·普吕克工作，并在1848年得到了哲学博士的学位，1850年他成为一名讲师。1854年，他发表了《高级光学启蒙》一书。

朗伯画像

布格（P. Bouguer）和朗伯分别在1729年和1760年阐明了物质对光的吸收程度和吸收介质厚度之间的关系；1852年比耳又提出光的吸收程度和吸光物质浓度也具有类似关系，两者结合起来就得到有关光吸收的基本定律——布格-朗伯-比耳定律，简称朗伯-比耳定律。它是吸光光度法、比色分析法和光电比色法的定量基础。

16.3 紫外-可见分光光度法

　　紫外-可见分光光度法（ultraviolet-visible absorption spectrophotometry，UV-vis）是根据溶液中物质的分子或离子对紫外或可见光谱区辐射能的吸收来研究物质的组成和结构的分析方法。紫外-可见分光光度法灵敏度较高，可达 $10^{-4} \sim 10^{-6} \mathrm{g \cdot mL^{-1}}$。应用紫外-可见分光光度法，定性上可以鉴别化合物基团和化学结构；定量上，可以进行单一组分或混合组分的测定。

　　紫外-可见分光光度计的测定波长范围为 190～780nm，紫外分光光度计的测定波长范围为 190～400nm，可见分光光度计的检测波长一般为 360～800nm。

16.3.1 分光光度计

紫外-可见分光
光度计

　　（1）基本部件

　　紫外-可见分光光度计主要有光源、单色器、吸收池、检测器和信号显示器组成。

　　①光源（source）　光源即辐射源，它提供各种波长的混合光。为获得准确的分析结果，光源强度必须保持不变。紫外-可见分光光度计有钨灯和氘灯两种光源。氘灯主要用于紫外区（180～400nm），钨灯主要用于可见光区（360～850nm）。在钨丝灯中加入适量卤素或卤化物（碘钨灯加入纯碘，溴钨灯加入溴化氢）则构成卤钨灯。卤钨灯比普通钨灯具有更高的发光效率和使用寿命，故目前生产的可见-紫外分光光度计多采用卤钨灯。

　　②单色器（monochromator）　单色器能将来自光源的复合光分解为单色光，并能随意改变波长。单色器是分光光度计的心脏部分，由入射狭缝、出射狭缝、色散元件、准直透镜和聚焦透镜等部分组成。入射狭缝限制杂散光进入；色散元件将复合光分解为各种单色光，它可以是棱镜，也可以是光栅；准直镜将来自狭缝的光束转化为平行光；聚焦透镜则将来自色散元件的光束聚焦于出射狭缝上；出射狭缝则将额定波长的光射出单色器。如果固定狭缝的位置，转动棱镜或光栅的波长盘，可使所需要的单色光从狭缝射出；如果改变出射狭缝宽度，可以改变出射光束的带宽，从而改变单色光

的纯度。图 16-3(a) 中所示为棱镜单色器的组件。

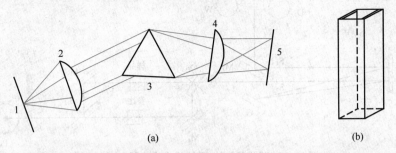

图 16-3　棱镜单色器原理示意图（a）和吸收池示意图（b）
1—入射狭缝；2—准直透镜；3—棱镜；4—聚焦透镜；5—出射狭缝

③吸收池（absorption cell）　吸收池也称试样池或比色池，内装被测溶液，其形状、规格有多种，最常用的是光路长度为 1cm 的方形池，如图 16-3(b) 所示。试样池材料根据所使用的光谱区而定，石英吸收池用于紫外区，玻璃吸收池用于可见光区。

④检测器（detector）　检测器的作用是检测光信号，即将谱线的光信号转变成电信号，再利用电子线路进行放大、抑制干扰、变换和伺服控制等处理。紫外-可见分光光度计常用的接收器有硒光电池、光电管和光电倍增管（photomultiplier tube）。目前多用光电倍增管，它可将光电流放大 10^6 倍。

⑤显示或记录器　显示或放大系统将放大的电信号以适当的方式显示或计录下来。通常可用表头、记录器、数字显示、荧光屏显示或电传打字机等来显示或记录测试结果。

（2）构造原理

①单光束分光光度计　单光束分光光度计是最简单的分光光度计，它的构造原理如图 16-4 所示。由光源产生的复合光通过单色器分解为单色光。待测的吸光物质溶液放在吸收池中，当单色光通过吸收池时，一部分被吸光物质所吸收，未被吸收的光，到达接收放大器，将光信号转变成电信号并加以放大，放大后的电信号在显示器或记录器上显示或记录下来。国产 751 型、752 型、721 型、722 型、724 型均属此类。

图 16-4　单光束分光光度计构造框图

②双光束分光光度计　双光束分分光光度计是目前国内外使用最多、性能较完善的一类分光光度计。在该类仪器中，从光源到接收器有两条通路，即样品光路与参比光路。检测时可将样品溶液放在样品光路，将空白或参比溶液放在参比光路，这样空白或参比溶液的吸收就能自动消除，而到达接收器的光信号就只与样品溶液的吸收有关。双光束分光光度计的结构原理如图 16-5 所示。从钨灯或氘灯发射的光被反射镜 M_1 反射，到达平面反射镜 M_2，通过入射狭缝 S_1 到达准直镜 M_3 形成平行光，到达光栅 G，色散成单色光后再反射到 M_3，经过出射狭缝 S_2，通过扇形镜 S_{e1}，反射进入样品吸收池。交替地通过样品和参比（或空白）吸收池的光束，经反射通过扇形镜 S_{e2}。S_{e1} 和 S_{e2} 是同步转动的，因此，可使相应的透过光进入同一光路，最后到达接收器 P_M。透过光被转变成电信号，并经放大处理后，以不同方式显示或记录下来。

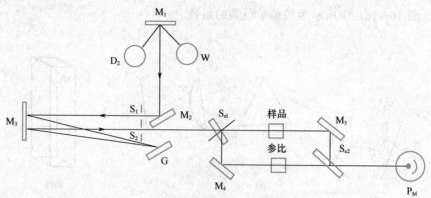

图 16-5　双光束紫外-可见分光光度计的光路图

双光束紫外分光光度计一般都能自动记录，如 SP1800、UV-210、UV-180/190 等。目前，带微机、荧光显示、图像打印和实现人机对话的紫外-可见分光光度计已经得到普遍使用，如 UV-260、UV-160、Varian DMS-100、P-E Lanbda-5、Pu8800 等。

16.3.2　定量分析方法

（1）标准曲线法

用吸光系数作为换算浓度的因数进行定量的方法，不是任何情况下都能适用的。特别是在单色光不纯的情况下，测得的吸光度值可以随所用仪器不同而在一个相当大的幅度内变化不定，若用吸光系数换算成浓度，则将产生很大误差。但如果认定一台仪器，固定其工作状态和测定条件，则浓度与吸光度之间的关系在很多情况下仍然可以是线性关系或近于线性的关系，即：

$$A = Kc \tag{16-6}$$

此时，K 值只是个别具体条件下的比例常数，不再是物质的常数，不能用作定性依据。

实验中，先配制一系列浓度不同的标准溶液（或称对照品溶液），在相同测定条件下，分别测定其吸光度，然后以标准溶液的浓度为横坐标，以相应的吸光度为纵坐标，绘制 A-c 关系图。如果符合朗伯-比耳定律，可获得一条通过原点的直线，称为工作曲线（或标准曲线）。在相同条件下测出试样溶液的吸光度，就可以从工作曲线上查出试样溶液的浓度。

（2）标准对照法

在同样条件下配制标准溶液和试样溶液，在选定波长处，分别测量吸光度，根据朗伯-比耳定律：

$$A_s = \varepsilon c_s l$$
$$A_x = \varepsilon c_x l$$

因是同种物质、同台仪器及同一波长测定，故 ε 和 l 相等，所以：

$$\frac{A_s}{A_x} = \frac{c_s}{c_x}, c_x = \frac{A_s}{A_x} c_s \tag{16-7}$$

（3）比吸光系数法

根据朗伯-比耳定律，若 l 和吸光系数 ε 或 $E_{1cm}^{1\%}$ 已知，即可根据测得的 A 求出被测物的浓度。通常 ε 和 $E_{1cm}^{1\%}$ 可以从手册或文献中查到，这种方法也称绝对法。

例如维生素 B_{12} 的水溶液在 361nm 处的 $E_{1cm}^{1\%}$ 值为 207，于 1cm 吸收池中测得溶液的吸光度为 0.414，则溶液浓度为：$c = 0.414/(207 \times 1) = 0.00200\text{g}/100\text{mL}$。

（4）示差分光光度法

普通分光光度法一般仅适用于微量组分的测定。当待测组分浓度过高或过低，吸光度超出了准确测量的读数范围，这时即使不偏离朗伯-比耳定律，也会引起很大的测量误差，导致准确度大为降低。采用示差分光光度法（differential spectrophotometry）

可以克服这一缺点。

示差分光光度法与普通分光光度法的主要区别在于参比溶液的不同。前者不是以空白溶液（不含待测组分的溶液）作为参比溶液，而是采用比待测溶液浓度稍低的标准溶液作为参比溶液，测量待测试液的吸光度，从测得的吸光度求出它的浓度。这样可大大提高测量结果的准确度。

设用作参比的标准溶液浓度为 c_0，待测溶液浓度为 c_x，且 c_x 大于 c_0。根据朗伯-比耳定律可以得到

$$A_x = \varepsilon c_x l; \quad A_0 = \varepsilon c_0 l$$

两式相减，得到相对吸光度为

$$A_{相对} = \Delta A = A_x - A_0 = \varepsilon l(c_x - c_0) = \varepsilon l \Delta c = \varepsilon l c_{相对} \tag{16-8}$$

由上式可知，所测吸光度差与这两种溶液的浓度差成正比。这样便可以把空白溶液作为参比的稀溶液的标准曲线作为 ΔA 和 Δc 的标准曲线，根据测得的 ΔA 求出相应的 Δc 值，从 $c_x = c_0 + \Delta c$ 可求出待测试液的浓度，这就是示差分光光度法的基本原理。

（5）双波长法

吸收光谱重叠的 a、b 两组分混合物中，若要消除 b 的干扰以测定 a，可从 b 的吸收光谱上选择两个吸光度相等的波长 λ_1 和 λ_2，测定混合物的吸光度差值，然后根据 ΔA 值来计算 a 的含量。选择波长的原则是：①干扰组分 b 在这两个波长处应具有相同的吸光度；②被测组分在这两个波长处的吸光度差值 ΔA^a 应足够大。

如图 16-6（b）所示，a 为被测组分，可以选择组分 a 的吸收峰波长作为测定波长

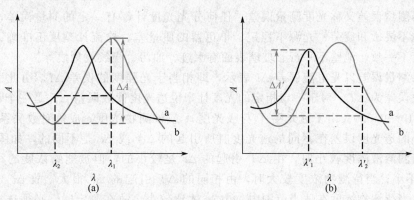

图 16-6　等吸收双波长测定法示意图

科学家小传——法伊格尔

　　法伊格尔（F. Feigl，1891—1971），奥地利化学家，分析化学中点滴试验的奠基人。奥地利科学院和巴西科学院院士。

　　1891 年 5 月 15 日生于维也纳，1971 年 1 月 26 日卒于巴西里约热内卢。曾就学于维也纳工业大学，1919 年任维也纳大学助教。1921 年和 1923 年分别发表了《点滴反应在定性分析中的应用》和《作为微量化学操作法的点滴分析和呈色反应》，被公认为系统讨论点滴试验的最早论文。点滴试验是一种微量化学分析方法。只用一滴试液，在滤纸或点滴板上，即可进行分析，常能检出 $1\mu g$ 以下的物质。特点是迅速、经济、可靠，不用复杂仪器，对无机物和有机物都适用。第二次世界大战时法伊格尔定居巴西，在巴西农业部矿产研究室任职。在系统研究点滴试验时，他还将有机试剂用于无机定性分析，使检出下限达到微克乃至纳克级，并创立官能团效应学说，并将一些新概念引入点滴试验，如催化及诱导反应、毛细现象及表面效应、荧光现象、固相反应、隐蔽和解蔽，以及有机点滴试验中的各种热解法等，对新分析方法的发展影响很大。他的大部分工作已载入其《使用点滴反应的定性分析法》和《专一性、选择性和灵敏性试剂的化学》两书之中，后者被誉为"近代分析化学发展的里程碑"。

λ_1'，在这一波长位置作 x 轴的垂线，此直线与干扰组分 b 的吸收光谱相交于某一点，再从这一点作一条平行于 x 轴的直线，此直线又与 b 的吸收光谱相交于一点或数点，则选择与这些交点相对应的波长作为参比波长 λ_2'。当 λ_2' 有几个波长可供选择时，应当选择使被测组分的 ΔA 尽可能大的波长。若被测组分的吸收峰波长不适合作为测定波长，也可以选择吸收光谱上其他波长，只要能满足上述两条件就行。图 16-6 的数学运算如下：

$$A_2 = A_2^a + A_2^b \qquad A_1 = A_1^a + A_1^b \qquad A_2^b = A_1^b$$

$$\Delta A = A_1 - A_2 = A_1^a - A_2^a = (\varepsilon_1^a - \varepsilon_2^a)c_a l \tag{16-9}$$

被测组分 a 在两波长处的 ΔA 值越大，越有利于测定。同样方法可消去组分 a 的干扰，测定 b 组分的含量。

16.4 提高测量灵敏度与准确度的方法

16.4.1 分光光度法的误差

分光光度法
的误差

16.4.1.1 仪器测量误差

仪器测量误差又称光度测量误差。任何分光光度计都有一定的测量误差，其原因是光电池不灵敏和疲劳、光源不稳定、单色器的质量差、检流计刻度不准确、吸收池玻璃厚度不一致、池壁不平行、玻璃表面有水迹、油污、指纹或刻痕等。

如果测量误差以光电流误差 Δi 表示，即相当于光强度的误差 ΔI，由此引起的透光度读数误差为 ΔT。对于一台指定的光度计来说透光度读数误差 ΔT 是一个常数，一般为 $0.010 \sim 0.020$。由于透光度 T 与吸光度 A 或被测物浓度 c 成负对数关系，所以，同样大小的透光度误差在不同的透光度时所引起的 ΔA 或 Δc 是不同的，如图 16-7 所示。当待测溶液浓度较小时，由 ΔT 引起的 Δc 是较小的，但被测物浓度的相对误差 $\Delta c/c$ 并不小；当待测物浓度较大时，由相同的 ΔT 引起的 Δc 很大，故 $\Delta c/c$ 仍然很大；只有当待测物浓度在适当范围内，$\Delta c/c$ 才比较小。故在测定时，必须选择适当的测量条件。

16.4.1.2 溶液偏离比耳定律引起的误差

被测物质浓度与吸光度不成线性关系叫比耳定律的偏离，如图 16-8 所示，图中正号表示测得的吸光度偏高，负号表示吸光度偏低。偏离比耳定律的原因很多，包括如下几种。

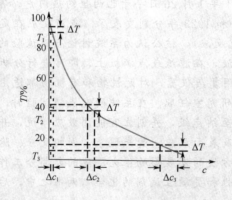

图 16-7　透光率与浓度的关系

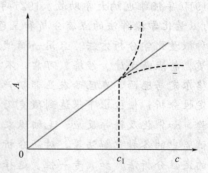

图 16-8　吸收光谱法工作曲线

（1）浓度过大

比耳定律的前提条件之一就是假设吸光粒子之间无相互作用。实际上，只有在稀溶液中才可近似地满足这种条件。浓度过大（$c > 0.010 \text{mol} \cdot \text{L}^{-1}$）时，吸光物质的分子或离子间平均距离缩小，其电子云或电荷分布相互影响，分子轨道能级之差发生变化，从而改变了对原有最大吸收波长光的吸收能力，使光吸收偏离比耳定律。浓度越大，偏离越严重。故在进行测定时，被测物质的浓度不可太大，应控制在与吸光度呈线性关系的范围内。

（2）非单波长入射光

比耳定律的另一前提条件就是入射光必须是单色光。当入射光是非单色光时，将引起比耳定律的偏离。假设入射光是两种波长 λ_1 和 λ_2 的混合光，而且溶液中吸光物质对波长为 λ_1 和 λ_2 的光的吸收都服从朗伯-比耳定律，即

对于 λ_1：$\qquad A_1 = \lg \dfrac{I_{01}}{I_1} = \varepsilon_1 lc, I_1 = I_{01} 10^{-\varepsilon_1 lc}$

对于 λ_2：$\qquad A_2 = \lg \dfrac{I_{02}}{I_2} = \varepsilon_2 lc, I_2 = I_{02} 10^{-\varepsilon_2 lc}$

测定时，总入射光强度 $I_0 = I_{01} + I_{02}$，总透过光强度 $I = I_1 + I_2$，则总吸光度 A 为

$$A = \lg \frac{I_{01} + I_{02}}{I_1 + I_2} = \lg \frac{I_{01} + I_{02}}{I_{01} 10^{-\varepsilon_1 lc} + I_{02} 10^{-\varepsilon_2 lc}} \qquad (16\text{-}10)$$

如果 $\varepsilon_1 = \varepsilon_2 = \varepsilon$，则 $A = \lg \dfrac{1}{10^{-\varepsilon lc}} = \varepsilon lc$，即符合比耳定律。但实际上，因 $\lambda_1 \neq \lambda_2$，同一吸光物质对不同波长的光的吸收程度不一样，所以 $\varepsilon_1 \neq \varepsilon_2 \neq \varepsilon$，$A$ 与 c 不成线性关系，偏离比耳定律。ε_1 与 ε_2 相差越大，引起比耳定律的偏离越大。吸光度 A 在峰值处附近的一个较小的波长范围内变化很小，即相应波长的摩尔吸光系数 ε 变化很小，尽管此时的入射光并非真正意义上的单波长光，但 A 与 c 的关系基本上遵循比耳定律。这也是在定量分析过程中往往选用最大吸收波长作为工作波长的重要原因之一。

（3）吸光物质在溶液中发生化学变化

如果吸光物质在溶液中已发生了化学变化，如解离、缔合、溶剂化和互变异构等，也将引起比耳定律的偏离。例如重铬酸钾在水溶液中存在如下平衡：

$$\underset{\text{橙色}, \lambda_{\max} = 350 \text{nm}}{Cr_2O_7^{2-}} + H_2O \Longleftrightarrow 2HCrO_4^- \Longleftrightarrow \underset{\text{黄色}, \lambda_{\max} = 375 \text{nm}}{2CrO_4^{2-}} + 2H^+$$

当稀释溶液或增大溶液 pH 值时，$Cr_2O_7^{2-}$ 会转变成 CrO_4^{2-}，此时吸光物质发生变化，对原来最大吸收波长光的吸收能力随之发生变化，引起对比耳定律的偏离。

（4）介质不均匀

比耳定律要求吸光物质的溶液均匀。如果被测液是胶体溶液、乳浊液或悬浮物质，当入射光通过溶液时，因散射现象而造成损失，使实际测得的吸光度增大，从而偏离比耳定律。因此紫外-可见分光光度法一般仅适用于测定透明的溶液。

16.4.1.3 主观误差

由操作人员采用的实验条件与正确的实验条件有差别所引起的，如测量条件选择错误。

16.4.2 提高测量灵敏度与准确度的方法

（1）选择合适的测定条件

①入射光波长的选择　一般选择 $\lambda_{\max}$ 作为入射光的波长，但有干扰存在时，应兼顾灵敏度和选择性来选择入射光的波长。

②光度计读数范围的选择　根据朗伯-比耳定律 $A=\lg\dfrac{1}{T}=\varepsilon lc$，即 $\lg T=-\varepsilon lc$，两边微分得

$$\mathrm{d}(\lg T)=\mathrm{d}\left(\dfrac{1}{2.303}\ln T\right)=0.434\times\dfrac{\mathrm{d}T}{T}$$

$$=-\varepsilon l\,\mathrm{d}c=-\dfrac{\varepsilon lc\,\mathrm{d}c}{c}=\dfrac{\lg T}{c}\mathrm{d}c$$

即　　　$\dfrac{\mathrm{d}c}{c}=\dfrac{0.434\mathrm{d}T}{T\lg T}$，或 $\dfrac{\Delta c}{c}=\dfrac{0.434\Delta T}{T\lg T}$　　(16-11)

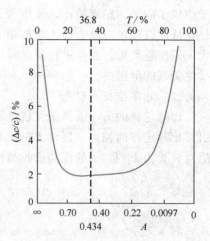

图 16-9　$\Delta c/c$ 与 T 和 A 的关系

对于一定的光度计，ΔT 是一个常数，故以 $\Delta c/c$ 对 T（或 A）作图，可得其关系曲线，如图 16-9 所示。可见，透光度或吸光度的读数范围不同，产生的仪器误差也不同。透光度在 $10\%\sim70\%$，或吸光度在 $1.0\sim0.15$，浓度的相对误差较小。透光度在 36.8% 或吸光度在 0.434 时，测定的相对误差最小。实际测定时，可调整溶液浓度或吸收池厚度，使吸光度读数落在适宜的浓度范围内，以减小测量误差。当分光光度计的透光度误差为 $\pm0.5\%$ 时，这一透光度误差对不同透光度（或吸光度）条件下浓度测定的影响见表 16-2。

表 16-2　不同 T（或 A）时浓度测量的相对误差（透光度测量误差为 $\pm0.5\%$）

透光度	吸光度	浓度百分误差	透光度	吸光度	浓度百分误差
0.95	0.022	±10.2	0.40	0.399	±1.36
0.90	0.046	±4.74	0.30	0.523	±1.13
0.80	0.097	±2.80	0.20	0.699	±1.55
0.70	0.155	±2.00	0.10	1.000	±2.17
0.60	0.222	±1.63	0.030	1.528	±4.75
0.50	0.301	±1.44	0.020	1.699	±6.38

（2）空白溶液的选择

使用空白溶液的目的是使测得的吸光度真正反映被测物质的含量，在仪器上可通过直接调零来实现。参比溶液实际上是试剂空白液，选择时一般可考虑以下几点：

①如果仅有被测组分有吸收，则可以用纯溶剂作参比溶液。

②如果被测组分和其他试剂都有吸收，则用试剂溶液作参比液。

（3）共存离子的干扰及其消除

共存离子本身有颜色，在选定的工作波长下有吸收，或与被测离子反应，以及本身发生沉淀和水解等，均会干扰测定。通过控制溶液的酸度，或加入适当的掩蔽剂，或利用氧化还原反应改变干扰离子的价态，或选择其他适当的吸收波长进行测定，或利用萃取等分离手段预先分离干扰离子，以及选择合适的参比溶液等措施，可消除干扰物质对测定的影响。

紫外-可见分光
光度法的应用

16.5　紫外-可见分光光度法应用简介

通过测定分子对紫外-可见光的吸收，可对大量无机和有机化合物进行定性和定量分

析。在化学和临床定量分析技术中,紫外-可见分光光度法是应用最广泛的方法之一。

钛镍合金与牙科正畸器

一般金属材料受到外力作用时,首先发生弹性变形;达到屈服点时,产生塑性变形;当外力去除后,要留下永久变形。有些金属材料,在发生了塑性变形之后,经过加热到某一特定温度以上时,能够回复到塑性变形前的形状。这种现象就是形状记忆效应。具有形状记忆效应的金属材料通常是合金。镍钛合金就是一种特殊的形状记忆合金,具有良好的可塑性、形状记忆性、超弹性、抗毒性、抗腐蚀性、口腔内温度变化敏感性(镍钛合金牙齿矫形丝的矫治力随口腔温度的变化而变化)、减震性、柔和的矫治力等性能,可满足医学和工程的应用需求,是一种非常优秀的功能材料。镍钛合金丝在牙齿正畸方面应用广泛。例如镍钛形状记忆合金拉簧与推簧是一种新型的牙齿正畸用弹簧,具有超弹性。大多用于拉尖牙和开拓牙齿间的间隙。它与不锈钢弹簧相比,正畸力柔和、持久,恢复力大,残余变形小,可重复使用。在正畸矫治应用中,患者疼痛轻,感觉好,复诊少,疗程短,疗效高,是一种优良的力学装置。

16.5.1 定性鉴别

紫外光谱主要适用于不饱和有机化合物,尤其是共轭体系的鉴定,以此推断未知物的骨架结构。吸收光谱曲线的形状、吸收峰的数目以及最大吸收波长的位置和相应的摩尔吸光系数,是进行定性鉴定的依据。其中,最大吸收波长 λ_{max} 及相应的 ε_{max} 是定性的主要参数。通过在相同的测定条件(仪器、溶剂、pH 值等)下,比较未知纯试样与已知标准物的吸收光谱曲线,若完全相同,则可以认为待测试样与已知化合物有相同的生色团。进行这种比较时,也可以借助前人汇编的以实验结果为基础的各种有机化合物的标准谱图,或有关电子光谱数据表。

16.5.2 定量测定

(1)杂质检查

如果化合物在紫外-可见光区没有明显吸收,而所含杂质有较强的吸收,那么含有少量杂质就可用光谱检查出来。例如,乙醇和环己烷中若含少量杂质苯,苯在 256nm 处有吸收峰,而乙醇和环己烷在此波长处无吸收,乙醇中含苯量低达 0.001% 也能从光谱中检测出来。

若化合物有较强的吸收峰,而所含杂质在此波长处无吸收峰或吸收很弱,杂质的存在将使化合物的吸光系数值降低;若杂质在此吸收峰处有比化合物更强的吸收,则将使吸光系数值增大;有吸收的杂质也将使化合物的吸收光谱变形;这些都可用作检测杂质是否存在的方法。

(2)杂质的限量检测

对于药物中的杂质,常需制定一个容许其存在的限量。如肾上腺素在合成过程中有一中间体肾上腺酮,当它还原成肾上腺素时,反应不够完全而带入产品中,成为肾上腺素的杂质,而影响肾上腺素的疗效。因此,肾上腺酮的量必须规定在某一限量之下。在 0.05mol·L^{-1} HCl 溶液中肾上腺素与肾上腺酮的紫外吸收光谱有显著不同:在 310nm 处,肾上腺酮有吸收峰,而肾上腺素没有吸收。因此可利用 310nm 处的吸光度 A 值检测肾上腺酮的混入量。以肾上腺酮的 $E_{1cm}^{1\%}$ 值(435nm)计算,相当于含酮体不超过 0.06%。有时用峰谷吸光度的比值控制杂质的限量。例如碘解磷定有很多杂质,如顺式异构体、中间体等。在碘解磷定的最大吸收波长294nm处，这些杂质几乎没有吸收；但在碘解磷定的吸收谷262nm处有一些吸收，因此就可利用碘解磷定的峰谷吸光度的比值作为杂质的限量检测指标。已知纯品碘解磷定的 $A_{294}/A_{262}=3.39$，如果它有杂质，则在262nm处吸光度增加，使峰谷吸光度之比小于3.39。

16.5.3 有机化合物的结构分析

有机化合物的紫外吸收光谱特征主要决定于分子中生色团和助色团以及它们的共轭情况，不是整个分子的特征。所以单独用紫外光谱不能完全确定物质的分子结构，必须与红外、质谱和核磁共振等配合。紫外吸收光谱在研究化合物的结构中，可以推断分子的骨架、判断生色团之间的共轭关系和估计共轭体系中取代基的种类、位置和数目。

(1)从吸收光谱中初步推断基团

如果化合物在220～800nm范围内无吸收（ε＜1），可能是脂肪族饱和烃、胺、腈、醇、醚、氯代烃和氟代烃，不含直链或环状共轭体系，没有醛、酮等基团。如果在210～250nm有吸收带，可能含有两个共轭单位；在260～300nm有强吸收带，可能含有3～5个共轭单位；250～300nm有弱吸收带表示有羰基存在；250～300nm有中等强度吸收带，而且含有振动结构，表示有苯环存在；如果化合物有颜色，分子中含有的共轭生色团一般在五个以上。

(2)异构体的推定

结构异构体：许多结构异构体可利用其双键的位置不同，应用紫外吸收光谱推定其结构。例如松香酸（Ⅰ）和左旋松香酸（Ⅱ）的 λ_{max} 分别为238nm和273nm，相应ε值分别为15100和7100。这是因为Ⅱ为同环双烯，共轭体系的共平面性好，因此Ⅱ的 λ_{max} 比 Ⅰ的 λ_{max} 长；对于共轭体系而言，Ⅱ的立体障碍更严重，因此Ⅰ型的ε比Ⅱ型大得多。

顺反异构体：顺式异构体一般都比反式的波长短，而且ε小。这是由立体障碍引起的。如顺式和反式1,2-二苯乙烯。

(3)化合物骨架的推定

未知化合物与已知化合物的紫外吸收光谱一致时，可以认为两者具有同样的生色团，根据这个原理可以推定未知化合物的骨架。例如维生素 K_1（A）有吸收带：λ_{max}249nm（lgε 4.28）、260nm（lgε 4.26）、325nm（lgε 3.28）。查阅文献与1,4-萘醌的吸收带 λ_{max}250nm（lgε 4.6）、λ_{max}330nm（lgε 3.8）相似，因此把 A 与几种已知1,4-萘醌的光谱进行比较，发现 A 与2,3-二烷基-1,4-萘醌（B）的吸收带很接近，这样就推定了 A 的骨架。

———— 复习指导 ————

掌握：朗伯-比耳定律的物理意义、成立条件、影响因素及有关计算；紫外-可见分光光度法用于单组分定量的各种方法；提高测量灵敏度与准确度的方法。

熟悉：紫外-可见分光光度计的基本部件、工作原理；紫外-可见分光光度计的几种光路类型；紫外-可见分光光度法定性及纯度检查的各种方法。

了解：紫外吸收光谱的特征，电子跃迁类型、吸收带类型、特点及影响因素；紫外吸收光谱与有机化合物分子结构的关系；紫外-可见分光光度法用于多组分定量的线性方程组法和双波长法。

紫外-可见分光光度法	ultraviolet-visible absorption spectrophotometry	光源	source
		单色器	monochromator
吸光度	absorbency	吸收池	absorption cell
透光度	transmittancy	检测器	detector
吸收定律	absorption law	光电倍增管	photomultiplier tube
朗伯-比耳定律	Lambert-Beer's Law	示差分光光度法	differential spectrophotometry
分光光度计	spectrophotometer		

化学史话

本生与光谱分析法

本生（R. W. Bunsen,1811—1899）,德国分析化学家。1811 年 3 月 30 日,出生于德国格丁根。父亲是当地大学的语言学教授兼图书馆长。他从小受到良好的教育,小学和中学都是在格丁根就读,成绩优异,后来转到霍茨明顿读大学预科,1828 年预科毕业后回格丁根上大学。他在大学学习了化学、物理学、矿物学和数学等课程,他的化学教师是著名化学家斯特罗迈尔,是化学元素镉的发现人。1830 年,本生以一篇物理学方面的论文获得了博士学位。

本生获博士学位以后,因出色的研究工作,得到了一笔补助金,故而使他有可能在 1830～1833 年步行到欧洲各地游学,他到过法、奥、瑞士等国,遍访化工厂、矿产地和知名实验室,结识了许多知名科学家。这次游学,对他以后的学术研究有很大帮助。

1833 年,本生游学结束,先后担任了格丁根大学等学校的讲师,1839 年任马尔堡大学编外教授,1842 年转正。1851 年转到布勒斯劳任教授。1852 年,本生任海德堡大学化学教授,一直从事化学教学和研究。在这里,他结识了物理学家基尔霍夫,此后,两人长期合作研究光谱学。在长期的教学生涯中,本生讲授《普通实验化学》课程,为学生做了许多出色的演示实验。比如,课堂上在自己研制的煤气灯上,他用玻璃管很快就可以制作出所需的仪器,他的这种高超的技巧使他的学生们非常佩服。他研制的实验煤气灯,后来被称为本生灯,直到现在,许多化学实验室仍在使用这种灯。此外,他还制成了本生电池、水量热计、蒸气量热计、滤泵和热电堆等实验仪器。

著名的本生灯发明于 1853 年,此灯的外焰温度可达 2300℃,且没有颜色,正因为这一点使他发现了各种化学物质的颜色反应。不同成分的化学物质,在本生灯上灼烧时,显现不同的焰色,这一点引起他极大的注意,成为他后来创立光谱分析的机缘。本生发现,钾盐灼烧时为紫色,钠盐为黄色,锂盐为洋红色,钡盐为黄绿色,铜盐为蓝绿色。起初,他认为,他的发现会使化学分析极为简单,只要辨别一下它们的焰色,就可以定性地知道其化学成分。但后来研究发现,事情绝不那样简单,因为在复杂物质中,各种颜色互相掩盖,使人无法辨别,特别是钠的黄色,几乎把所有物质的焰色都掩盖了。本生又试着用滤光镜把各种颜色分开,效果比单纯用肉眼观察好一些,但仍不理想。

1859 年,本生和物理学家基尔霍夫开始共同探索通过辨别焰色进行化学分析的方法。他们决定,制造一架能辨别光谱的仪器。他们把两架直筒望远镜和一个三棱镜连在一起,设法让光线通过狭缝进入三棱镜分光。这就是第一台光谱分析仪。"光谱仪"安装好以后,他们就合作系统地分析各种物质,本生在接物镜一边灼烧各种化学物质,基尔霍夫在接目镜一边进行观察、鉴别和记录。他们发现用这种方法可以准确地鉴别出各种物质的成分。

1860 年 5 月 10 日,本生和基尔霍夫用他们创立的光谱分析方法,在狄克海姆矿泉水中,发现了新元素铯;1861 年 2 月 23 日,他们在分析云母矿时,又发现了新元素铷。此后,光谱分析法被广泛采用。1861 年,英国化学家克鲁克斯用光谱法发现了新元素铊;1863 年德国化学家赖希和李希特也是用光谱法发现了新元素铟,以后又发现了镓、钪、锗等新元素。最令人惊奇的是,本生和基尔霍夫创造的方法,可以研究太阳及其他恒星的化学成分,为以后天体化学的研究打下了坚实的基础。

1899年8月16日,本生与世长辞,享年88岁。本生是在化学史上具有划时代意义的少数化学家之一,他一生淡泊名利,谦逊平和,勤奋刻苦,他和基尔霍夫发明的光谱分析法,被誉为"化学家的神奇眼睛",只是他科学发现中较辉煌的成就之一,同时也是科学史上化学家与物理学家思维碰撞所结出的硕果之一。

习 题

1. 什么叫选择吸收?它与物质的分子结构有什么关系?

2. 朗伯-比耳定律的物理意义是什么?为什么说比耳定律只适用于单色光?浓度c与吸光度A线性关系发生偏离的主要因素有哪些?

3. 说明双波长消去法的原理和优点。怎样选择λ_1和λ_2?

4. 卡巴克洛的摩尔质量为236g·mol^{-1},将其配成每100mL含0.4962mg的溶液,盛于1cm比色皿中,在λ_{max}为355nm处测得A值为0.557,试求$E_{1cm}^{1\%}$及ε值。

5. 称取维生素C 0.05g,溶于100mL的0.005mol·L^{-1}硫酸溶液中,再准确量取此溶液2.00mL稀释至100mL,取此溶液于1cm比色皿中,在λ_{max}245nm处测得A值为0.551,求试样中维生素C的质量分数。($E_{1cm,245nm}^{1\%}=560$)

6. 将2.481mg某碱的苦味酸盐溶于100mL乙醇中,在1cm比色皿中测得其380nm处吸光度为0.598,已知苦味酸的摩尔质量为229g·mol^{-1},求该碱的摩尔质量。(已知其摩尔吸光系数ε为2.00×10^4)

7. 有一化合物在醇溶液中的λ_{max}为240nm,其ε为1.70×10^4,摩尔质量为314.47g·mol^{-1}。试问配制什么样浓度(g/100mL)测定含量最为合适?

8. 金属离子M$^+$与配合剂X$^-$形成配合物MX,其他种类配合物的形成可以忽略,在350nm处MX有强烈吸收,溶液中其他物质的吸收可以忽略不计。包含0.000500mol·L^{-1}M$^+$和0.200mol·L^{-1}X$^-$的溶液,在350nm处和1cm比色皿中,测得吸光度为0.800;另一溶液由0.000500mol·L^{-1}M$^+$和0.0250mol·L^{-1}X$^-$组成,在同样条件下测得吸光度为0.640。设前一种溶液中所有M$^+$均转化为配合物,而在第二种溶液中并不如此,试计算MX的稳定常数。

9. K$_2$CrO$_4$的碱性溶液在372nm有最大吸收。已知浓度为3.00×10^{-5}mol·L^{-1}的K$_2$CrO$_4$碱性溶液,于1cm比色皿中,在372nm处测得$T=71.6\%$。求:(1)该溶液的吸光度;(2)K$_2$CrO$_4$溶液的ε_{max};(3)当吸收池为3cm时该溶液的T。

10. 精密称取维生素B$_{12}$对照品20.0mg,加水准确稀释至1000mL,将此溶液置于厚度为1cm的比色皿中,在$\lambda=361$nm处测其吸光度为0.414。另有两个试样,一个为维生素B$_{12}$的原料药,精密称取20.0mg,加水准确稀释至1000mL,同样在$l=1$cm,$A=361$nm处测其吸光度为0.400;另一个为维生素B$_{12}$注射液,精密吸取1.00mL,稀释至10.00mL,同样测得其吸光度为0.518。试分别计算维生素B$_{12}$原料药及注射液的含量。

11. 有A和B两化合物混合溶液,已知A在波长282nm和238nm处的吸光系数$E_{1cm}^{1\%}$值分别为720和270;而B在上述两波长处吸光度相等。现把A和B混合液盛于1.0cm比色皿中,测得λ_{max}282nm处的吸光度为0.442;在λ_{max}238nm处的吸光度为0.278,求A化合物的浓度(以mg/100mL计)。

(中南大学 向 娟)

第16章 习题解答

第17章

仪器分析简介

在前几章的学习中，关于分析化学，主要对基于化学反应和四大化学平衡的重量分析和容量分析的化学分析内容进行了较为详细的介绍，也对最常用的紫外-可见光谱分析法进行了必要介绍。尽管仪器分析目前已完全成为分析化学的主流知识，但由于学时限制，在这一章中只能对其给出一个全景扫描似的简要介绍。

17.1 概论

17.1.1 化学中的仪器分析方法

分析化学作为化学的一个二级学科，其主要研究内容是有关物质的组成、结构、测量方法及有关理论的一门学科，可简称为化学测量与表征的科学。欧洲化学协会联合会(Federation of European Chemical Societies)的分析化学小组(Division of Analytical Chemistry)将其定义为：分析化学是一个发展及应用方法、仪器和策略来获取在特定时间与空间中物质的有关组成和性质信息的科学分支。

在化学的测量与表征中，仪器分析所占的比重越来越高。实际上，化学的分析化学分支学科的发展近百年来经历了三次巨大变革。第一次变革产生于19世纪末，一直延伸到20世纪40年代，由于物理化学，其中特别是物理化学中溶液化学的发展，使得以容量分析为主体的化学分析从一种技术向一门成熟科学成功转化，基于溶液中的四大化学平衡建立了自己的理论基础，此段时期可以说是分析化学与物理化学结合的时代；第二次变革产生于第二次世界大战后，一直延伸至20世纪70年代，这一时期由于材料、能源、化工、冶金等领域快速发展的需要，加之物理学、电子学及半导体技术的飞速发展，分析化学突破了以经典化学分析为主的局面，大量新型分析仪器面世，产生出分析化学的仪器分析新时代；从20世纪80年代以来，随着信息时代的到来，生命科学、材料科学、能源科学和环境科学等领域的迅速发展需要，促使分析化学进入了第三次变革时期。在此期间，仪器分析方法得到极大的发展，除利用计算机和数学、物理学、化学、材料科学和工艺学等学科的最新知识，建立了很多新分析仪器和分析方法外，还大大改进了传统的分析仪器和方法，大量发展了多种联用分析仪器，如气相色谱与质谱联用(GC-MS)、气相色谱与红外光谱联用(GC-IR)、高效液相色谱与紫外可见光谱联用(HPLC-DAD)、高效液相色谱与质谱联用(HPLC-MS)等，大大提高了仪器分析的准确度、灵敏度，并极大地扩展了仪器分析的应用领域。值得指出的是，通过与相关的化学

分析仪器仿真系统
使用说明

学科和物理学科交叉,仪器分析与数学和统计学以及计算机科学的结合,使选择最优化的操作和实验条件,最大地获取样本的各种有用化学信息成为可能,使分析工作者从单纯的数据提供者变成了问题的解决者。

实际上,从测定原理来看,无论是化学分析还是仪器分析方法,最终都是通过测量物质的某些特征化学和物理性质(主要是物理性质)来获得分析结果。例如重量法最终是通过测量物质的质量来获得定量分析结果。而容量法是通过测量物质的体积来获得分析结果。除了质量和体积之外,物质的许多其他化学或物理性质与其化学组成、含量和结构之间都有内在联系,测量这些特征性质可获得样本中化合物所需的定性、定量或结构方面的信息。所以,分析化学除将重量法和容量法归入化学分析法(chemical analysis)外,利用物质中分子、电子、原子及其原子核在不同化学环境中的特点,通过多种物理和化学的测量手段,以获取样本中待分析物(analyte)的定性定量及结构信息的分析方法,包括光谱分析、色谱分析、电分析和波谱分析等,由于它们大都是采用仪器手段来进行测量,故统称为仪器分析法(instrumental analysis)。表 17-1 中列出了各种仪器分析方法及其应用的物理和物理化学性质,由表可见,仪器分析包含的内容实际非常广泛。

表 17-1　各种仪器分析方法及其应用的物理和物理化学性质

分类	特征性质	仪器方法
光分析方法	辐射的发射	原子发射光谱法、原子荧光光谱法、X 射线荧光光谱法、分子荧光光谱法、分子磷光光谱法、化学发光法、电子能谱、俄歇电子能谱
	辐射的吸收	原子吸收光谱法、紫外-可见分光光度法、红外光谱法、近红外光谱法、X 射线吸收光谱法、核磁共振波谱法、电子自旋共振波谱法、光声光谱、太赫兹波谱、激光诱导击穿光谱等
	辐射的散射	拉曼光谱法、比浊法、散射浊度法
	辐射的折射	折射法、干涉法
	辐射的衍射	X 射线衍射法、电子衍射法
	辐射的转动	旋光色散法、偏振法、圆二向色性法
电分析化学法	电位	电位法、计时电位法
	电荷	库仑法
	电流	安培法、极谱法
	电阻	电导法
色谱分析法	两相间分配	气相色谱分析法、高效液相色谱分析法、超临界流体色谱分析法、薄层扫描色谱分析法、毛细管电泳色谱分析法
其他仪器分析方法	质荷比	质谱法
	反应速率	动力学法
	热性质	差热分析法、差示扫描量热法、热重量法、测温滴定法
	放射活性	同位素稀释法、中子活化分析法

从表 17-1 可以清楚地看出,现代仪器分析的确已成为一门内容十分丰富,知识面涉及相当广泛的一个分支学科。要在一章中将其阐述清楚似乎不大可能。在此,本章只能对其给出一个全景扫描似的简要介绍。

17.1.2　仪器分析的特点

与化学分析方法比较,各种仪器分析方法具有一些共同的特点,可归纳如下:

①灵敏度高。仪器分析灵敏度较化学分析高得多,相对灵敏度一般在 $10^{-11} \sim 10^{-4}$ 之间,绝对灵敏度一般在 1×10^{-9} g$\sim 1 \times 10^{-4}$ 之间,适合于低含量组分和微量试样的分析。

②选择性好。许多仪器分析方法可同时测定多种组分,而且,只要选择好适宜的操

作条件,可在其他组分共存时进行单组分或多组分测定而无须进行化学分离,适合复杂组分样品的分析。

③分析速度快。试样经过预处理后,仪器分析测量的速度是很快的。例如气相色谱分析仪可在十几分钟之内测出多达几十个化合物的分析结果,而光电直读光谱仪在$1\sim2$min之内可测出几十种金属元素的分析结果。

④应用范围广。可由元素分析发展到结构分析、状态分析、微区分析和薄层分析等。因仪器分析可分析极少量的样品,故可进行无损分析。

⑤对于低含量组分分析和微量组分分析来说,仪器分析的准确度和精密度较高。

⑥适应性强,可能实现在线无损分析。

⑦借助计算机信息技术,易于实现分析自动化和仪器智能化。

但仪器分析也存在一定局限性。例如仪器比较贵,特别是大型化和复杂化的仪器难以普及。此外,仪器分析是一种相对分析方法,一般需用化学纯品作标准来进行对照,而这些化学纯品的组成又大多需用化学分析法来确定。故欲掌握仪器分析方法必须有扎实的化学分析基础。在实际分析工作中,要取长补短、互相配合,只有这样,才能很好地解决分析化学领域中遇到的问题。

17.1.3 分析仪器的主要性能指标

为了评价分析仪器的性能,需要一定的性能参数与指标。通过这些参数可以对同类型不同型号的仪器进行比较,作为考察仪器工作状况的依据;还可以对不同类型仪器进行比较,预测其用途。一般来讲,分析仪器具有以下常用性能指标。

(1)精密度

分析数据的精密度(precision)指同一仪器的同一方法多次测定所得到的数据间的一致程度,是表征随机误差大小的指标。IUPAC规定,精密度用相对标准偏差RSD表示:

$$RSD = \frac{s}{\bar{x}} \times 100\% \tag{17-1}$$

式中,s为标准偏差(也称绝对标准偏差);$\bar{x}$为n次测量的平均值。

(2)灵敏度

仪器或分析方法的灵敏度(sensitivity)是指某方法对单位浓度或单位量待测物质变化所致的响应量变化程度,它可以用仪器的响应量或其他指示量与对应的待测物质的浓度或量之比描述。灵敏度决定于两个因素:校正曲线的斜率和仪器的精密度。在相同精密度的两个方法中,校正曲线斜率越大,方法越灵敏。同样,在校正曲线斜率相同的两种方法中,精密度好的有较高灵敏度。根据IUPAC规定,灵敏度用校正灵敏度(calibration sensitivity)表示,即测定浓度范围内校正曲线的斜率。一般通过一系列不同浓度标准溶液来测定校准曲线。

$$R = Sc + S_{bl} \tag{17-2}$$

式中,R是测定响应信号;S为校正灵敏度;c是分析物浓度;S_{bl}为仪器的本底空白信号,是校正曲线在纵坐标上的截距。

(3)检出限

检出限(detection limit)定义为一定置信水平下检出分析物或组分的最小量或最低浓度,又称检测下限或最低检出量等。它取决于分析物产生信号与空白信号波动或噪声统计平均值之比。当分析物信号大于空白信号随机变化值一定倍数k时,分析物才能被检出。最小可鉴别的分析信号S_m至少应等于空白信号平均值S_{bl}加k倍空白信号标准差(s_{bl})之和:

$$S_m = S_{bl} + ks_{bl}$$

测定S_m的实验方法是通过一定时间内$20\sim30$次空白测定,统计处理得到S_{bl}和

s_{bl}，然后按检出限定义得到最低检测浓度 c_m 或最低检测量 q_m：

$$c_m = \frac{S_m - S_{bl}}{S} = \frac{ks_{bl}}{S} = \frac{3s_{bl}}{S}$$ (17-3)

或

$$q_m = \frac{3s_{bl}}{S}$$ (17-4)

（4）校正曲线的线性范围

图 17-1 描述了线性范围（dynamic range）的定义，即定量测定最低浓度（LOQ）扩展到校正曲线偏离线性响应（LOL）的浓度范围。定量测定下限一般取等于 10 倍空白重复测定标准差。

各种仪器线性范围相差很大，实用分析方法动态范围至少 2 个量级。有些方法适用浓度范围为 5～6 个量级。

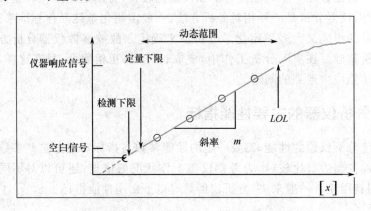

图 17-1　仪器分析方法适用线性范围

（5）选择性

一种仪器方法的选择性（selectivity）是指避免试样中含有其他组分干扰组分测定的程度。没有一个分析方法能完全避免其他组分干扰，因此降低干扰是分析测试中常需要的步骤。

例如，一个试样含有分析物 A 及潜在干扰物 B 和 C。S_A、S_B、S_C 分别是三个组分的校正灵敏度。A 对 B、C 的选择性系数 k_{BA}、k_{CA} 可分别定义为：

$$k_{BA} = \frac{S_B}{S_A}, \quad k_{CA} = \frac{S_C}{S_A}$$ (17-5)

（6）供信能力

Kaiser 首先提出了分析仪器与分析方法的供信能力（power of providing information）的概念。此概念不但对于比较不同分析仪器与分析方法的功能具有实际意义，而且，对于在仪器分析中分析手段的选择具有重要指导意义。分析仪器或分析方法的供信能力 P_{inf} 主要取决于仪器的分辨能力，包括频率分辨 $R(r)$ 和时间分辨 $R(t)$，则供信能力 P_{inf} 可表示为：

$$P_{inf} = \int_{r_L}^{r_U} \int_{t_L}^{t_U} R(r)R(t) ld[S_i(r,t)](dr/r)(dt/t)$$ (17-6)

式中，S 为信号强度，是频率 r 和时间 t 的函数。如在积分区间内 $R(r)$、$R(t)$ 及 $S_i(r,t)$ 均可作为常数，即取其均值表述，则有

$$P_{inf} = R_r R_t ld(S_i) \ln(r_U/r_L) \ln(t_U/t_L)$$ (17-7)

从此式可以看出，分辨率 $R(r)$、$R(t)$ 对分析仪器或分析方法的供信能力的影响，远超过量测量强度 S 的影响。分辨能力可按数量级增加，达到例如 10^6 这样的数值，而当 S 由 2 增至 100 时，$ld(S)$ 仅由 1 增至 7 左右。信息理论给我们提供了这样的启示：为提高分析仪器或分析方法提供信息的能力，如仅从提供的强度数量这一角度（灵敏度）考虑，增加可量测的量（增加分辨率，或增加第二个量测的参

量）效果将远超过改善量测的精密度。

阿斯顿（F. W. Aston，1877—1945），英国化学家和物理学家。1877 年 9 月 1 日生于伯明翰，1945 年 11 月 20 日卒于剑桥。曾在梅森学院（后改为伯明翰大学）学习化学，1898～1900 年学习有机化学。1900 年毕业后在酿造公司工作 3 年。1903 年回伯明翰大学研究气体放电现象。1910 年进入剑桥大学卡文迪什实验室，担任 J. J. 汤姆逊的助手。1920 年任剑桥大学三一学院研究员。1921 年当选英国皇家学会会员。

1913 年在阿斯顿卡文迪什实验室随汤姆逊研究阴极射线，在电磁场作用下测量带正电的气体离子的荷质比时，发现了质量数为 20 和 22 的氖（Ne）稳定同位素。又对天然氖进行扩散分离，确证了 Ne 的存在，同时也是第一次实现同位素的部分分离。第一次世界大战爆发后，到空军服役。战后返回剑桥卡文迪什实验室，1919 年阿斯顿设计制成第一台质谱仪。他利用这台仪器研究了 50 多种元素的同位素，并测定了许多核素的质量。1925 年他改进了质谱仪，使其准确度达到 1∶10 000。1927 年再次将质谱仪的准确度提高到 1∶100 000。质谱仪的改进，使他在 71 种元素中发现了 202 种同位素。阿斯顿因发明质谱仪和发现非放射性元素的同位素及其整数定律而获 1922 年诺贝尔化学奖。著有《同位素》（1922）、《质谱和同位素》（1933）、《元素的合成》（1936）等作品。

17.1.4　分析仪器和方法校正

仪器分析中针对标准物质或加有标准物质的被测物将分析仪器产生的各种响应信号值转变成响应信号大小与被测物质的质量或浓度之间对应关系的过程称为校正，一般包括分析仪器的特征性能指标和定量分析方法的校正。

各种分析仪器的性能指标在出厂前和实验室安装过程中都需要调试和检测，使仪器性能处于最佳状态，一般不要轻易调整。但需提供标样定性、结构特征的重要或特征性能及灵敏度、检出限等指标，在仪器运行过程中，根据需要要经常或定期校正与检测，以保证仪器正常运行和分析结果的可靠性。

各类仪器定量方法校正，即建立针对标准物质或加有标准物质的被测物的响应信号大小与被测物已知质量或者浓度之间的对应关系。最普通的方法是用一组含待测组分量不同的标准试样或基准物质配成不同浓度溶液作出校正曲线。用最小二乘法可得出分析信号与待测物浓度或质量之间的函数关系，即校准函数 $y = f(x)$。在仪器分析中，如果校准函数呈线性，则可以通过线性回归处理数据；如果校准函数是非线性的，可首先通过变量变换为线性，再进行线性回归。

各类仪器定量方法校正，根据标准物不同，一般分为外标法和内标法两大类。外标法的共同点是所使用的标准物与被测物是同一种物质；内标法的标准物与被测物不是同一物质。由于不同类型分析仪器和方法校准存在较大差别，只能根据不同具体情况作出具体不同的处理。

17.1.5　仪器分析的发展趋势

科学技术和生产的发展，对分析化学提出了更高的要求。它要求分析方法更快、更准确和更灵敏。它要求分析化学的任务不再局限于测定物质成分和含量，还要分析物质的结构、价态和状态等。因此，分析化学领域已从宏观发展到微观，从总体进入到微区，从表面、薄层深入到内部结构，以及从静态扩展到动态。这就要求分析化学更加仪器化和自动化。因此，仪器分析已成为现代分析化学的主要内容，近几十年的发展趋势主要体现在以下几个方面。

①分析仪器与电子计算机联用，实现分析仪器小型化、自动化、数字化和智能化。

②分析仪器之间的联用，大大扩展了分析的作用与功效。结合各种仪器的特长，实现不同分析仪器联合使用。例如气相色谱-质谱联用仪、气相色谱-红外光谱联用仪、高效液相色谱-质谱联用仪、高效液相色谱-核磁共振联用仪等。

③研究新理论和新技术，特别是引入近代物理学、数学和电子学等学科的新成就，以及微波、激光、高真空和电子计算机等新技术，不断创新仪器分析方法。

④各学科互相渗透，并与各学科所提出的新要求和新任务紧密结合，以促进仪器分析方法的新发展。

实际上，近年来在分析化学中仪器分析的研究热点和代表其发展趋势的主要研究内容可大致包括以下几个方面。

（1）电分析化学方面

电分析化学方面的主要内容包括：化学修饰电极和自组膜；新型离子选择性电极；超微和纳米电极；色谱电化学；光谱电化学。

（2）色谱分析方面

色谱分析方面的主要研究内容包括：新分离理论；毛细管电泳；毛细管电色谱；高效液相色谱新技术；微型色谱。

（3）质谱与原子光谱分析方面

质谱与原子光谱分析方面的主要研究内容包括：质谱离子化新技术；生物质谱；原子光谱-质谱联用；自装固态图像检测器-ICP联用；微波等离子体原子光谱等。

（4）光谱分析方面

光谱分析方面的主要研究内容包括：近红外光谱分析；激光拉曼光谱分析；激光诱导荧光光谱分析；激光诱导击穿光谱分析（LIBS）；太赫兹波谱分析等。

（5）化学计量学方面

化学计量学方面主要研究内容包括：化学计量学基础算法研究；复杂体系的仪器分析；有机化合物结构解析专家系统；波谱定性定量分析的建模方法等。

（6）生物化学分析和生物传感器方面

生物化学分析和生物传感器方面的主要研究内容包括：生物芯片，生物传感新技术；微流控分析芯片技术等。

（7）其他分析方面

其他分析方面的主要研究内容包括：形态分析新技术；主要复杂体系的分离分析新技术；环境分析新技术；分析仪器微型化、便携化和智能化新技术，在线分析新技术等。

从上述讨论可知，仪器分析的内容的确十分广泛，为使初学者对其基本原理和应用特点有个大致的理解，在本章将就几个最常用的仪器分析法作一个简要介绍。

可见分光光度计
的工作原理

可见分光光度计的
三维仿真结构

17.2 光学分析法

光学分析法是以原子和分子光谱学为中心建立起来的一类仪器分析方法。光谱学研究的是不同形式的电磁波辐射与物质间的相互作用，并通过这些相互作用以获得样本的定性定量，甚至结构信息。目前，光谱学已经拓宽到物质与其他能量形式（如声波、离子和电子等粒子束）间的相互作用。任何光学分析法均包含三个主要过程：光源提供能量；能量与被测物质相互作用；产生被检测的信号。

17.2.1 电磁辐射和电磁波

在日常生活中，人们可以看到各种不同颜色的光，如红光、绿光、紫光和白光等这些能引起人们视觉神经感觉的光叫做"可见光"。可见光本质上是电磁辐射（electro-magnetic radiation），并且只是电磁辐射的一小部分，还有许多人眼看不到的电磁辐射，如紫外线、红外线、X 射线、γ 射线、微波和射频等也都是电磁辐射，或称为电磁波。电磁波（electromagnetic wave）是一种以巨大速度通过空间传播的光子流，具有"波粒二象性（bi-phase property of wave and particle）"。

吸收光谱可提供反映物质内部结构的特征能级信息。利用物质的特征吸收光谱可进行物质分析，这一类分析方法叫做吸收光谱分析法。根据吸收光谱所在光谱区的不同，常用的吸收光谱分析法有如下几种。

（1）紫外-可见吸收光谱法

紫外-可见吸收光谱仪（ultraviolet visible absorption spectroscopy）所获光谱就是一种分子光谱。它利用溶液中的分子或基团吸收紫外-可见辐射，使分子中有关电子产生跃迁，产生紫外-可见吸收光谱来进行定性或定量分析。

（2）穆斯保尔光谱法

原子核能级的跃迁可以吸收和发射 γ 射线，穆斯保尔光谱法（spectroscopy）就是以原子核对 γ 射线的吸收为基础的方法。它主要用于化学键和晶体结构的研究。

（3）原子吸收光谱法

原子光谱是原子的外层电子在能级间跃迁而产生的发射和吸收光谱，光谱的形状一般是线光谱。原子吸收光谱是原子吸收了紫外-可见辐射，引起原子外层电子的跃迁而产生的光谱。原子吸收光谱一般较简单，是由有限数目的很窄的峰所组成的。原子吸收光谱法（atomic absorption spectroscopy，AAS）则利用此种光谱来进行物质的定性定量分析。

（4）红外吸收光谱法

样本中待测物质的分子通过对红外辐射的吸收，使分子的振动-转动能级发生跃迁，产生红外吸收光谱。利用红外吸收光谱法（infrared absorption spectroscopy）可研究样本中待测物质的分子特征基团与结构。

（5）顺磁共振波谱法和核磁共振波谱法

在强磁场存在下，元素原子核的核自旋磁矩与外磁场相互作用将分裂成为两个或两个以上的量子化核磁能级。电子的自旋磁矩与外电场相互作用也能分裂出磁量子数不同的磁能级。吸收适当频率的电磁辐射，可在所产生的磁诱导能级间发生跃迁。核磁能级间差别很小，吸收能量最小的是射频区辐射。电子磁能级跃迁吸收微波区的电磁辐射。利用原子核对射频的吸收进行分析的方法叫做核磁共振波谱法（nuclear magnetic resonance spectrometry，NMR spectrometry），利用磁场中的电子对微波的吸收进行分析的方法叫做顺磁共振波谱法（electron spin resonance spectrometry，ESR spectrometry）。这两种方法是研究分子结构和晶体结构的最重要工具。

以样本中待测物质发射的辐射按波长顺序排列起来的形式叫做发射光谱。发射光谱按形式可分为线光谱、带光谱和连续光谱。线光谱是为数不多而彼此分离的谱线。如气态原子和离子及 X 射线所产生的光谱为线光谱。带光谱由许多波长非常接近的谱线组成，它是包含一定波长范围的谱带。如一些简单的气态分子所发射的光谱是带光谱。复杂分子、液态和固态物质受激发后，发射波长连续而且波长范围相当宽的连续光谱。由于物质原子结构不同，发射的光谱也不相同，故研究物质的特征发射光谱，也可以对物质进行定性定量分析，相应的方法叫做发射光谱分析法。根据发射光谱所在光谱区的不同，常用的发射光谱分析法（emission spectrum analysis）有 γ 射线光谱法、X 射线荧光光谱法、原子发射光谱法、原子荧光光谱法和分子荧光分析法等。

17.2.2　光学分析方法

根据物质发射的电磁辐射波和辐射波与物质间的相互作用（不局限于光学光谱区

紫外-可见分光
光度计工作原理

紫外-可见分光
光度计仿真结构

红外光谱仪
工作原理

红外光谱仪三维
仿真结构

的辐射）而建立起来的分析方法，广义上都称为光学分析法。光学分析法可分为光谱分析法和非光谱分析法两大类。光谱分析法和非光谱分析法的区别在于，光谱分析法中能量作用于待测物质后产生光辐射，以及光辐射作用于待测物质后发生的某种变化与待测物质的物理化学性质有关，并且是波长或波数的函数，如光的吸收与发射，这些均涉及物质内部的能量跃迁；非光谱分析法表现为光辐射作用于待测物质后，发生散射、折射、反射、干涉、衍射、偏振等现象，而这些现象的发生只是与待测物质的物理性质有关，不涉及能量跃迁。因此，光谱分析法不仅可以提供物质的量的信息，还可以提供物质的结构信息，并广泛应用于化学、物理、环境、生物和材料等领域，特别是在物质组成研究、结构分析、生物大分子几何构型的确定，表面分析等方面，发挥着重要作用。目前，光谱分析法已成为仪器分析方法中十分重要的组成部分。

光谱法是以测量辐射与物质相互作用时而产生吸收、散射或发射的光谱（或波谱）为基础的方法。例如，原子发射光谱法、分子荧光光谱法、红外吸收光谱法、顺磁共振波谱法、核磁共振波谱法、X 射线荧光光谱法、穆斯保尔光谱法等。目前在许多文献中，把电子能谱法和质谱法也归于光谱法中。

非光谱法并不测量光谱，它不涉及能级的跃迁，而是以辐射与物质相互作用时，所引起的辐射方向和物理性质的改变等现象，如折射、反射、散射（非拉曼散射）、干涉、衍射及偏振等为基础的方法。该类方法有折射法、偏振法、旋光色散法、圆二向色性法、浊度法和 X 射线衍射法等。

总之，光学分析法种类很多，因在本系列教材的有机化学部分介绍了四大波谱（包括紫外-可见光谱、红外光谱、质谱和核磁共振波谱）。本节只简要讨论原子吸收光谱法和分子荧光分析法。

17.2.2.1 原子吸收光谱法

原子吸收光谱法是一种基于物质所产生的原子蒸气对特定谱线的吸收作用来进行定量分析的方法。该方法由于在仪器结构及操作上与紫外-可见分光光度法相似，故又称为原子吸收分光光度法（atomic absorption spectrophotometry）。但前者是利用分子吸收光谱，后者是利用原子吸收光谱。根据原子化技术的不同，常用原子吸收光谱法又分为火焰原子吸收光谱法和非火焰原子吸收光谱法。

火焰原子化过程：在火焰原子化过程中，是通过助燃气和燃气的混合气体，将液体试样雾化并带入火焰中进行原子化的。整个过程包括试液雾化、雾粒脱溶剂、蒸发和解离等阶段。在高温火焰的解离过程中，分子大部分解离为气态原子，仅有一小部分原子电离。同时，燃气和助燃气以及试样中存在的其他物质也会发生反应，产生相应的分子和原子。

非火焰原子化过程：非火焰原子化分为电热原子化和冷蒸汽原子化等。电热原子化是用精密微量注射器将固定体积（μL 级）的试液放入可被加热的石墨管中，首先在低温下蒸发，然后在较高的温度下灰化，紧接着将电流迅速提高到几百安培，使温度突然上升到 2000～3000℃，使试样在几秒内原子化。冷蒸汽原子化是一种低温原子化技术，它以常温下汞的高蒸气压为基础，仅仅用于汞的测定。

ICP发射光谱仪
工作原理

ICP发射光谱仪
三维仿真结构

ICP发射光谱法

ICP 是电感耦合等离子体（inductive coupled plasma）的英文简称，它是由高频电流经感应线圈产生高频电磁场，使工作气体形成等离子体，并呈现环状焰炬而放电，可达到 10000 K 高温的，一个具有良好的蒸发-原子化-激发-电离性能的光谱光源。电感耦合等离子体发射光谱法（inductively coupled plasma-atomic emission spectrometry，ICP-AES）具有多组分同时测定、含量测定范围宽、高灵敏度和精确度、适用于不同状态的样品分析和操作简便等特性。ICP-AES 法，与其他发射光谱方法相比，可避免化学和基体干扰，且不论是多道直读还是单道扫描，均可在同一试样溶液中同时测定大量元素（已有报道达 78 个）。除稀有气体外，自然界存在的所有元素都能用它测定。ICP 是元素分析最有效的方法。

除上述火焰和非火焰原子化技术外，常用的还有氢化物发生原子化技术等。

（1）原子吸收分光光度计简介

原子吸收分光光度计尽管其种类较多，但除原子化系统分为火焰原子化器、无焰原子化器和化学原子化器外，其组成部分基本相似。所有仪器均由光源、原子化系统、单色器、检测器和微型电子计算机等部分组成。图 17-2 为火焰原子吸收分光光度计示意图。

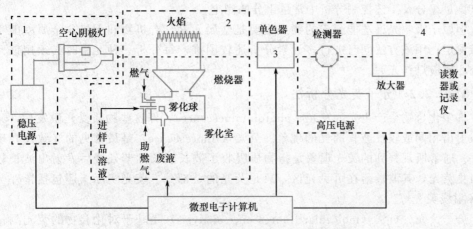

图 17-2　火焰原子吸收分光光度计示意图
1—光源；2—原子化系统；3—分光系统；4—检测系统

从图 17-2 可以看出，火焰原子吸收分光光度计主要包括 5 个部分。

①光源　光源的作用是发射被测元素的特征谱线。为了得到准确的测定结果，常用被测元素的空心阴极灯作光源。

②原子化器　样品的原子化通过原子化器来实现，而且是原子吸收分光光度法的关键问题之一。原子吸收分光光度法的灵敏度、准确度和干扰情况，在很大程度上取决于试样的原子化过程。一般要求原子化器有尽可能高的原子化效率，不受试样组分的影响，性能稳定、低噪声和结构简单。常用的原子化器有火焰和非火焰两种。

③单色器　单色器的作用是将被测元素的分析线与其他谱线分开。由于原子吸收光谱法的谱线干扰远比发射光谱法的小，因此对单色器的色散能力要求较低。对钾、钠等谱线简单的元素，可用干涉滤光片作单色器，而对一般的元素则常用光栅或棱镜来进行分光。

④检测系统　检测系统包括检测器、放大器和读数或记录装置。因检测的光强度很弱，必须采用灵敏度很高的光电倍增管来作检测器，使微弱的光线转化为可测的电流。为了提高灵敏度和消除火焰发射的干扰，通常采用交流放大器使电信号放大。但当空心阴极灯用直流供电时，在光源后必须加入一个机械切光器，使之转化为交变信号，以便用交流放大器放大。电信号经放大器放大后，再用读数或记录装置显示。

⑤微型电子计算机　在现代的原子吸收分光光度计中，多采用电子计算机技术来改善仪器性能。根据所采用的电子技术的复杂程度，可分为微处理机和微型电子计算机两类。

（2）原子吸收光谱法的特点

原子吸收光谱法具有如下特点。

原子吸收分光光度计工作原理

原子吸收分光光度计仿真结构

①选择性高　因每种元素都有几乎不可能与其他元素相混淆的特征原子吸收光谱，利用这些特征吸收光谱进行测定时，元素之间的干扰一般很小，而且容易克服。因此，对大多数试样来说，可不经预分离就直接利用原子吸收光谱法进行测定。

②灵敏度高　火焰原子光谱法的灵敏度高达 $10^{-10} \sim 10^{-8} \mathrm{g \cdot mL}^{-1}$；非火焰原子吸收法的绝对灵敏度高达 $10^{-14} \mathrm{g}$。

③精密度和准确度高　用原子吸收法测定的结果重现性好，相对偏差可达 $1.0\% \sim 2.0\%$。

④操作简便和分析速度快　火焰原子吸收法分析时间约为数十秒；石墨炉法约数分钟。

⑤应用广泛　原子吸收光谱法因上述特点而被广泛应用于生物化学、临床、冶金、地质、石油、化工、农业和环境保护等领域；可测定元素多达 70 多种元素；可用于痕量和微量组分及工艺控制分析中常量组分的测定。

但原子吸收光谱法能测定的物质主要是金属元素，有机物和无机非金属一般不能直接测定；用该方法同时进行多元素分析还较困难，每分析一种元素时必须用该元素的空心阴极灯作光源。

17.2.2.2　分子荧光分析法

许多化合物会产生光致发光（photoluminescence），即这些物质受光激发后，又重新发射出相同或较长波长的光的现象。荧光（fluorescence）是最常见的光致发光现象之一。通常所观察到的荧光现象是指物质吸收了波长较长的紫外线后发射出波长较长的可见荧光，其波长落在可见光区，只是荧光的一部分。荧光实际上还包括紫外荧光和 X 射线荧光等。

分子荧光分析法（molecular fluorescence analysis）是基于对化合物的荧光测量而建立起来的分析方法。许多无机和有机化合物及生物物质都可以用分子荧光分析法进行分析测定。

（1）荧光分析仪器

用于荧光分析的仪器主要有荧光计（photofluorimeter）和荧光分光光度计（spectrofluorimeter）两类，它们都包括以下基本部件。图 17-3 示出了荧光分光光度计光路的示意图。

荧光分光光度计
工作原理

荧光分光光度计
三维仿真结构

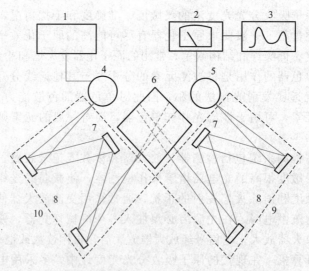

图 17-3　荧光分光光度计光路示意图

1—电源；2—光度计；3—记录仪；4—光源；5—光电
倍增管；6—样品池；7—光栅；8—反射镜；
9—发射单色器；10—激发单色器

从图可以看出，荧光分光光度计主要包括以下几个部分。

①激发光源　荧光测量中所用的激发光源一般是汞弧灯和氙弧灯，在 200～800nm 区域内发射连续光谱，其辐射强度大。一种已日益普遍使用的新型荧光激发光源是高功率连续可调染料激光光源，不但其辐射强度大、单色性好，而且可做到光照时间短，以避免荧光物质的分解。

②样品池　荧光分析中所用样品池用弱荧光材料，如石英制成。常见形状有方形和长方形两种，但也有圆形样品池。在低温下测定荧光时，则在样品池外套上一个储有液氮的石英透明真空瓶。

③滤光片和单色器　在荧光计中使用滤光片，而在较精密的荧光分光光度计中使用单色器分光。荧光分光光度计中一般有两个光栅单色器，其中一个用于选择激发光的波长，另一个则用于选择投入到检测器上的荧光波长。

④一般来说，荧光的绝对强度较弱，故要求仪器有较高的灵敏度。荧光分光光度计采用光电倍增管来作为检测器。

（2）分子荧光分析法的特点

分子荧光分析法即分子荧光光谱法（molecular fluorescence spectroscopy），具有如下特点。

①灵敏度高　比紫外-可见分光光度法的灵敏度高 2～4 个量级。重要原因之一是荧光分析是在与激发光垂直的方向上观察荧光强度，不会受激发光强度的干扰，这有利于分析灵敏度的提高。此外，通过增大激发光强度也能提高方法的灵敏度。

②选择性高　分子荧光分析法的选择性较紫外-可见分光光度法更好，其原因是荧光分析中激发光具有一定波长，能吸收这种波长光的物质也不一定产生荧光，而只有其中一部分具有特定结构基团的物质会产生荧光；此外，对于吸收了某一给定波长激发光的不同物质，所发射出的荧光波长也不一定相同。故通过控制激发光的波长，并利用单色器分离出发射的荧光波长，就可以使分子荧光分析法获得很好的选择性。

③方法简单快速、重现性好、取样量少，可不加任何试剂直接测定被测物质在紫外线照射下产生的荧光强度来确定其含量。

④既可用于物质的定量测定，又可用于定性鉴定。

但在进行荧光分析时，有许多因素，如溶剂、温度、酸度和时间等必须严格控制，才能保证测定结果的重现性和准确度。

（3）荧光分析法的应用

荧光分析法被广泛应用于有机化合物的分析中，许多药物、临床样品、食品和天然产物中的有机化合物都能发出强烈的荧光，故可利用荧光分析法直接进行测定，即使是弱荧光性物质与某些荧光试剂作用后也能得到较强的荧光性产物，这不但提高了荧光分析的灵敏度，而且还可提高方法的选择性和扩大其应用范围。能够进行荧光分析的有机化合物包括多环胺类、萘酚类、嘌呤类、吲哚类、多环芳烃类、醇、醛、酮、羧酸、酰氯、糖类、酸酐、芳香硝基化合物、芳香羰基化合物、醌、杂环化合物、荧光黄、罗丹明 6G、罗丹明 B、叶绿素、维生素类、烟酸、烟酰胺、氨基酸、肽、蛋白质、甾体化合物、酶和辅酶、抗疟药物、抗生素、止痛麻醉药、镇静药、毒物、农药和杀虫剂等。即使是无机化合物，当其与有机试剂反应形成荧光配合物后也可用荧光分析法间接测定。通过催化或猝灭荧光反应来进行荧光分析的元素已近 70 种，但顺磁性的过渡金属离子一般不适宜用该法测定。

荧光分析法因其灵敏度高、选择性好、取样量少、方法快速等特点，已成为医药学、生物学、农业和工业等领域中进行科学研究工作的一种重要手段，尤其是荧光分析法的高灵敏度和选择性使其在这些领域的分析研究中具有特殊的地位。

分子荧光分析法中用到的几种重要荧光试剂有荧光胺（能与脂环族或芳香族伯胺类形成高强度荧光衍生物）、邻苯二甲醛（在 2-巯基乙醇存在下和 pH＝9.0～10.0 的溶液中能与伯胺类，以及除半胱氨酸、脯氨酸及羟脯氨酸外的 α-氨基酸类等形成灵敏的荧光产物）和 1-二甲氨基-5-氯化磺酰萘（该试剂能与伯胺、仲胺及酚基生物碱类反应生成荧光性产物）等。

17.3 电化学分析方法

电化学分析（electrochemical analysis）是仪器分析的重要组成部分之一。它是根据介质中物质的电化学性质及其变化规律来进行分析的，建立在以电位、电导、电流和电量等电学量与被测物质某些量之间的计量关系基础之上的仪器分析方法。无论哪一种电化学分析方法，均以化学电池的特性为基础。

17.3.1 电化学分析方法的分类

库仑分析仪
工作原理

库仑分析仪三维
仿真结构

自动电位滴定仪
工作原理

自动电位滴定仪
三维仿真结构

电化学分析法概括起来一般可以分为三大类。

第一类是通过试液的浓度在特定实验条件下与化学电池某一电参数之间的关系求得分析结果的方法。这是电化学分析法的主要类型。电导分析法（conductance analysis）、库仑分析法（coulometry）、电位法（potentiometry）〔也称为直接电位法（direct potentiometry）〕、伏安法（voltammetry）和极谱分析法（polarographic analysis）等，均属于这种类型。

第二类是利用电参数的变化来指示容量分析终点的方法。这类方法仍然以容量分析为基础，根据所用标准溶液的浓度和消耗的体积求出分析结果。这类方法根据所测定的电参数不同而分为电导滴定法（conductance titration）、电位滴定法（potentiometric titration）和电流滴定法（amperometric titration）。

第三类是电重量法（electro-gravimetric analysis），或称电解分析法（electro-analysis）。这类方法将直流电流通过试液，使被测组分在电极上还原沉积析出，与共存组分分离，然后再对电极上的析出物进行重量分析，以求出被测组分的含量。

限于篇幅，本节主要讨论直接电位法、电位滴定法和极谱法（polarography）等。

17.3.2 电位分析方法

电位分析方法（potentiometric analysis）包括直接电位法和电位滴定法两类。

直接电位法是通过测量电池电动势来确定待测离子的活度（或浓度）的方法。电位滴定法是通过滴定过程中电动势的变化来确定终点的滴定方法。它与一般容量滴定法相似，只是确定终点的方法不同，特别适用于无合适指示剂、深色或浑浊试液等的滴定分析。

17.3.2.1 直接电位法

将金属浸入该金属的水溶液中，则形成一个电极，于是在金属和溶液的两相之间产生电极电位，其值为

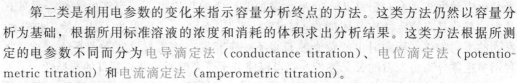

$$E_{M^{n+},M} = E^{\ominus}_{M^{n+},M} + \frac{RT}{nF}\ln a_{M^{n+}} \tag{17-8}$$

式中，$a_{M^{n+}}$ 为 M^{n+} 的活度。$a_{M^{n+}} = \frac{\gamma_{M^{n+}}c_{M^{n+}}}{c^{\ominus}}$，当浓度很小时，活度系数 $\gamma_{M^{n+}} \approx 1$，则 $a_{M^{n+}} \approx \frac{c_{M^{n+}}}{c^{\ominus}}$。测电极的电位时，实际上是测相应原电池的电动势，即两电极电位之差。当用上述电极作为指示电极时，还需一支电位恒定的参比电极与待测溶液组成

工作电池：

$$M \mid M^{n+}(a_{M^{n+}}) \; \vdots \; 参比电极$$

$$E = E_{参比} - E_{M^{n+},M} = E_{参比} - E_{M^{n+},M}^{\ominus} - \frac{RT}{nF}\ln a_{M^{n+}} \tag{17-9}$$

式中，$E_{参比}$ 为参比电极电位。由式（17-9）可见，当温度一定时，$E_{参比}$ 和 $E_{M^{n+},M}^{\ominus}$ 都是常数。M 所以，根据测得的电动势 E，就可求得离子的活度 $a_{M^{n+}}$。

电化学分析仪
工作原理

电化学分析仪
三维仿真结构

17.3.2.2 电位滴定法

当采用电位滴定法测定 M^{n+} 时，由式（17-9）可知，因化学计量点时，一滴滴定剂可使 $a_{M^{n+}}$（或浓度）发生若干个数量级的变化，这将导致测得的电动势 E 也发生明显的变化。通过测量消耗不同体积滴定剂时 E 值的变化，以及绘制相应的滴定曲线，根据滴定曲线来确定化学计量点时滴定剂消耗的体积，从而计算出被测组分的浓度或含量。对于准确度要求不高的过程控制分析，可通过直接观察滴定过程中 E 值的变化情况来确定滴定终点，以计算被测组分的浓度或含量。

17.3.2.3 离子选择性电极

最早的离子选择性电极是 pH 玻璃膜电极，后来发展了多种类型的离子选择性电极。现分别对各种离子选择性电极的结构和工作原理进行介绍。

（1）pH 玻璃膜电极

pH 玻璃膜电极是最重要和使用最广泛的氢离子指示电极，用于测量各种溶液的 pH 值。玻璃电极中最为关键的部分是由成分特殊的玻璃制成的薄膜球（膜厚 $50\sim 100\mu m$）。球内装有一定 pH 值的缓冲溶液（$0.10\,\text{mol}\cdot\text{L}^{-1}$ HCl），该缓冲溶液中插入一支 Ag-AgCl 内参比电极。

玻璃膜电极的电位 $E_{玻璃}$：当玻璃电极插入外部溶液并达到平衡时，玻璃膜电极的电位除膜电位之外，还包括内参比电极，即 Ag-AgCl 电极的电位。因此，整个玻璃电极的电位与内参比电极电位（electrode potential）及膜电位之间的关系可表示为

$$E_{玻璃} = E_{AgCl/Ag} + E_{膜} = E_{AgCl/Ag} + K - 0.0592\,\text{pH}_{试} \tag{17-10}$$

因 $E_{AgCl/Ag}$ 的值恒定，故

$$E_{玻璃} = K' - 0.0592\,\text{pH}_{试} \tag{17-11}$$

适当改变膜的组成后，玻璃膜电极也可用于 Na^+、K^+、Li^+、Ag^+、Pb^+、Cs^+、Tl^+ 等离子的活度测定。

（2）难溶盐晶体膜电极

难溶盐晶体膜电极与玻璃膜电极类似，不同之处在于它的电极膜是离子导体，用固体膜（难溶盐的单晶膜、多晶膜或多种难溶盐制成的薄膜）代替玻璃膜，测定对象主要与电极晶体膜组成相对应的离子，如 F^-、Cl^-、Br^-、I^-、S^{2-}、SO_4^{2-}、Cu^{2+}、Pb^{2+} 和 Cd^{2+} 等。一般采用在室温下具有良好导电性能的盐晶体来制作这类电极。按电极膜制作方法的不同，晶体膜电极可分为单晶膜电极和多晶膜电极。

① 单晶膜电极　单晶膜电极的电极膜是由难溶盐的单晶制成的。由于单晶对能通过晶格导电的离子有严格的限制，固有良好的选择性。

② 多晶膜电极　多晶膜电极是用 AgCl、AgBr、AgI、Ag_2S 等难溶盐的沉淀粉末，或在卤化银沉淀中掺入 Ag_2S，在高温下压制成晶体薄膜，然后用此薄膜作为响应膜的电极。其膜电位由与 Ag^+ 有关的难溶盐的 K_{sp} 所控制，可用来测定溶液中的 Cl^-、Br^-、I^- 和 S^{2-} 等。当用 Ag_2S 作基体，在其中掺入 CuS、PbS 和 CdS 等得的晶体膜作响应膜时，可分别测定溶液中的 Cu^{2+}、Pb^{2+} 和 Cd^{2+} 等。

（3）液态膜电极

液膜（liquid membrane）是将待测离子的有机盐类或螯合物等溶解在与水不相溶

的有机溶剂中组成液体离子交换剂，再将该离子交换剂掺入亲脂疏水性多孔物质所制成。以液态膜作为响应膜的电极叫做液膜电极（liquid membrane electrode），也称为流动载体电极（liquid carrier electrode）。

（4）敏化电极

敏化电极是在主体电极上覆盖一层膜或其他物质，使其选择性能提高或改变的电极。常用的有气敏电极和酶电极。

①气敏电极　气敏电极是对气体敏感的电极，但在测定时必须使被测气体产生相应的离子。它是由离子选择性电极和参比电极组成的复合电极。

②酶电极　酶电极也是一种敏化电极，它是在一般电极的敏感膜上覆盖一层固定在胶态物质中的生物酶而制成。电极响应膜上覆盖的生物酶一般具有能将相应电极的非响应物质转变成电极能直接或间接响应的物质的功能。

（5）离子选择性电极的特点及应用

离子选择性电极的特点及应用如下：

①用于许多无机阴离子和阳离子、有机离子、生物物质，尤其是碱金属离子和一价阴离子的测定，也可用于气体分析；

②测定的浓度范围宽，可达数个数量级；

③可用作生产流程自动控制和环境检测设备中的传感器，所涉及的测试仪表很简单；

④可微型化，甚至制成管径小于 $1\mu m$ 的超微型电极，以便用于单细胞及活体检测；

⑤既可测溶液中离子的浓度，也可测活度和活度系数，甚至测定一些化学平衡常数（如解离常数、溶度积常数、配合物生成常数等），也可用作研究热力学、动力学和电化学等基础理论的手段。

17.3.3　极谱分析方法

极谱分析方法是原捷克斯洛伐克化学家 J. Heyrovsky 于 1920 年创立的一种电化学分析方法。它是基于还原性物质或氧化性物质在滴汞电极上进行电极反应的过程中，由于浓差极化而形成电流-电位极化曲线（current-potential polarization curve），从而利用该极化曲线来进行定性和定量分析的方法。凡是以电流-电位曲线为基础的电化学分析法均叫做伏安法。极谱法是指用面积不断变化和不断更新的滴汞电极作极化电极（polarized electrode）来测量电流-电位曲线的伏安法。

科学家小传——海洛夫斯基

海洛夫斯基（J. Heyrovsk，1890—1967），捷克斯洛伐克分析化学家。1890 年 12 月 20 日生于布拉格。1967 年 3 月 27 日卒于同地。1914 年获伦敦大学理学士学位，1918 年获该校哲学博士学位。1926～1954 年任布拉格大学教授。1950 年为捷克斯洛伐克科学院创办极谱研究所，并担任所长。1952 年当选捷克斯洛伐克科学院院士。1965 年被接纳为英国皇家学会外籍会员。曾任伦敦极谱学会理事长和国际纯粹与应用物理学联合会副理事长。

1922 年，海洛夫斯基以发明极谱分析法而闻名于世。1924 年，与志方益三合作，制造了第一台极谱仪。极谱分析法是一种具有多种用途的分析技术，通过测定电解过程中所得到的电流-电位（或电位-时间）曲线来确定溶液中待测成分的浓度。这种分析方法具有迅速、灵敏的特点，绝大部分化学元素都可以用此法测定。此法还可以用于有机分析和溶液反应的化学平衡和化学反应速率的研究。1941 年，海洛夫斯基将极谱仪与示波器联用，提出了示波极谱法。海洛夫斯基因发明和发展极谱分析法而获 1959 年诺贝尔化学奖。主要著作有《极谱法在实用化学中的应用》（1933）和《极谱学》（1941）等。

近 90 多年来，极谱分析法在理论和应用等方面都得到了很大的发展。目前，极谱分析法因其灵敏度和准确度高、精密度和选择性好以及检出限低等优点，已成为无机和有机物质微量分析、痕量分析乃至超纯物质分析的主要方法之一，包括药物化学在内的各个化学领域中都普遍用它来作为一种重要的分析手段和研究工具。

上述极谱法也叫经典极谱法，一般具有如下特点。

①灵敏度较高　最合适的测定浓度范围为 $10^{-5} \sim 10^{-2} \text{mol} \cdot \text{L}^{-1}$。

②准确度高　测定的相对误差一般为 $\pm 2\%$ 左右。

③可同时测定多种元素　在合适的情况下可同时测定 $4 \sim 5$ 种物质（例如 Cu^{2+}、Cd^{2+}、Ni^{2+}、Zn^{2+}、Mn^{2+} 等和一些有机物），不必预先分离。

④试样量少　分析时只需很少量的试样。

⑤分析速度快　如几分钟内可完成多个组分的测定，适宜于同一品种大量试样的测定。

⑥分析时试液浓度改变很少　极谱分析过程中通过的电流一般小于 $100 \mu A$，所以分析后溶液成分基本不变，被分析过的溶液可重复进行测定，其结果基本相同。

⑦适用范围广　凡是在滴汞电极上可起氧化还原反应的物质包括金属离子、金属配合物、阴离子和有机化合物等，都可用极谱法测定。

极谱分析仪
工作原理

极谱分析仪三维
仿真结构

经典极谱法仍然存在一些问题。首先是因残余电流的影响，其灵敏度的提高受到限制。前已述及，这主要是电容电流的存在而造成的。此外，直流极谱法受前波，即优先在滴汞电极上还原的物质产生的极谱波的影响较大。前波使半波电位较负的组分受到掩蔽。因此，当试样中含有产生前波的高含量组分时，必须进行预分离，但这种预分离不仅费时，而且往往会引起被测组分损失及带入杂质而导致测定误差。另一个缺点是分辨率低，对于两种产生极谱波的浓度相近的物质，其半波电位之差一般要大于 100mV 才能准确测定。

为解决上述问题，已产生和发展了一些新的极谱分析方法。其中已得到广泛应用的有单扫描示波极谱法、方波极谱法、脉冲极谱法、极谱催化波、配合物吸附波和溶出伏安法等。

（1）单扫描示波极谱法

单扫描示波极谱法又称为线性扫描示波极谱法和直流示波极谱法等。与经典极谱法不同，该方法是在一滴汞（经典极谱法是在许多滴汞）的生长期内完成一次极谱测定的，所以外加电压变化速度（即扫描电压速度）特别快，一般为 $0.2 \sim 0.3 \text{V} \cdot \text{s}^{-1}$（经典极谱法的电压变化速度是 $0.2 \sim 0.4 \text{V} \cdot \text{min}^{-1}$），所以，一般检流计难以指示出所产生的电流，必须采用阴极射线示波器来记录极谱曲线。相应的极谱分析仪叫做示波极谱仪。

与经典极谱法相比，单扫描示波极谱法具有如下优点。

①测定速度快　主要是因为极化速度快。

②灵敏度高　在同样条件下，单扫描示波极谱法的峰电流比经典极谱法的极限扩散电流大若干倍。如前所述，经典极谱法的最低检测限约为 $10^{-5} \text{mol} \cdot \text{L}^{-1}$，而单扫描示波极谱法约为 $10^{-6} \text{mol} \cdot \text{L}^{-1}$。

③分辨率高　用单扫描示波极谱法测定时，产生极谱波的物质的峰电位相差 40mV 以上时，一般来说相互之间不干扰。

④残余电流允许上限较高　由于用单扫描示波极谱法进行定量分析时，测量的是峰电流，所以，即使充电电流比经典极谱法大几倍，仍然可以测定峰电流的值。

（2）近代极谱（伏安）分析法简介

除经典极谱法外，包括单扫描示波极谱法在内的其他极谱（伏安）法都属于近代极谱（伏安）分析法。近代极谱（伏安）法最主要的特征之一就是大大提高了分析灵敏度。提高灵敏度的关键在于提高信噪比，即如何降低噪声或提高测定信号。极谱

（伏安）法的测定信号相应于被测物质进行电极反应时产生的 Faraday 电流（i_f），其噪声则除了仪器本身的噪声（包括电子噪声）外，主要是残余电流。残余电流不仅包括了如前所述的溶液中痕量残存干扰物质所引起的 i_f 及双电层所引起的充电电流（i_c）外，还包括毛细管噪声电流及吸附现象所引起的电流等。极谱催化波（polarographic catalytic wave）、配合物吸附波（complex absorption wave）、溶出伏安法（striping voltammetry）等主要通过提高测定信号以改善测定灵敏度；方波和脉冲极谱法（pulse polarography）等则既能降低噪声，又能提高测定信号，从而使分析灵敏度大为提高；单扫描极谱法和循环伏安法（cyclic voltammetry）则因提高了电压扫描速度，不仅使分析速度大大加快，而且也提高了测定信号等。本节仅简单介绍极谱催化波、方波和脉冲极谱法。

脉冲极谱法不但具有方波极谱的优点，而且克服了方波极谱中溶液内阻和毛细管噪声的不良影响，使测定灵敏度大为提高，其检出限低至 $1 \times 10^{-9} \sim 1 \times 10^{-8} \, \text{mol} \cdot \text{L}^{-1}$，是当前最灵敏的极谱分析方法之一。若使用三电极装置，在无支持电解质的情况下也可进行测定。

17.3.4　电化学分析法的特点

电化学分析法一般具有下述特点。

①分析速度快　如电导分析法、直接电位法和极谱分析法等分析速度很快，一般在几分钟之内完成测定，极谱分析法还可一次测定多种组分。试样的预处理一般也比较简单。

②选择性好　电化学分析法的选择性一般比较好，尤其是离子选择性电极分析法。

③灵敏度高　电化学分析法适用于痕量甚至超痕量组分的分析。如方波极谱、脉冲极谱、极谱催化波和配合物吸附波方法，以及溶出伏安法等，都具有非常高的灵敏度，有时可测定浓度为 $10^{-11} \, \text{mol} \cdot \text{L}^{-1}$，含量为 $10^{-7}\%$ 的组分。

④仪器简单、经济和易于微型化。

⑤所需试样量较少，适用于微量操作。例如，利用超微型电极可直接测定生物体细胞内原生质的组成，可进行活体分析和检测。

⑥大部分电化学分析法可以很方便地测得被测物质的活度，因而在生理学和医学上有较为广泛的应用。

⑦电化学分析法也可用来测定各种化学平衡常数和研究化学反应机理等。

⑧易于实现自动控制　电化学分析法是根据测得的电学量来进行分析的方法，因而易于采用电子线路系统进行自动控制，适用于多种检测。

17.4　色谱分析法

色谱法（chromatography）是由俄国植物学家茨维特（M. C. Tswett）发明并命名的。1903 年，Tswett 在研究植物色素的组成时，将植物色素的石油醚提取液注入一根装有碳酸钙颗粒的竖直玻璃管中，提取液中的色素被吸附在碳酸钙颗粒上，然后再从上端注入纯石油醚并任其自然流下，经过一段时间后，在玻璃管中形成了不同颜色的谱带，即提取液中不同的色素得到了分离，色谱一词也由此而来。该混合物的分离方法则被称做色谱分离法（简称色谱法），所用的分离柱叫做色谱柱。后来发现该方法不仅对有色混合物而且对无色混合物中的组分也能进行很好的分离，但"色谱法"一词却沿袭使用下来。

茨维特（M. C. Tswett，1872—1919）

值得一提的是，Tswett 的上述实验结果在随后的 30 年时间内并没有引起人们的重视。直到 1931 年，Kuhn 和 Lederer 用填充粉末氧化铝的柱管将胡萝卜素两种性质非常相似的异构体，即 α-和 β-胡萝卜素分离成功，这一方法才引起人们的注意，于是色谱分离的技术和理论才得到非常迅速的发展。1940～1943 年，Tiselius 发展了吸附色谱，并由于在吸附色谱和电泳等方面的杰出贡献而获得 1948 年的诺贝尔化学奖。1941 年，Martin 和 Synge 在研究氨基酸分离时发展了分配色谱法，因此也获得诺贝尔化学奖。1944 年出现了纸色谱。1950 年出现了反相液相色谱。1951 年发展了离子交换色谱。1952 年，Martin 和 James 成功地开创了气-液色谱法，并提出了塔板理论。1956 年，荷兰著名学者 Van Deemter 在总结前人经验的基础上，提出了 Van Deemter 方程；Giddings 随后又提出了液相色谱的速率理论方程。1957 年 Goly 发明了毛细管气相色谱，两年后又发展了体积排阻色谱。1962 年，Klesper 等人提出了超临界流体色谱技术。1967 年出现了按生物特异性进行分离的生物亲和色谱，紧接着又出现了高效液相色谱。20 世纪 80 年代，发展起了毛细管电泳，解决了 DNA 片段、单克隆抗体、蛋白质及多肽等一般色谱技术难以解决的难题。

近 100 年来的实践证明，色谱法是一种有效的分离技术。它不仅应用广泛，而且能解决用一般的分离方法，如蒸馏、精密分馏、萃取、升华和重结晶等方法所不易解决的那些物理常数相近，化学性质类似的同系物、异构物等复杂多组分混合物的分离问题。

将色谱分离技术应用于分析领域，并配合适当的检测手段，就形成了色谱分析（chromatographic analysis）。因此色谱分析是一种分离和分析一体化技术。

色谱分析法利用到的色谱技术，按两相的物理性质可归纳如下：

气相色谱法 { 气固色谱：流动相为气体，固定相为固体吸附剂
气液色谱：流动相为气体，固定相为涂在固体载体或毛细管壁上的高沸点液体 }

液相色谱法 { 液固色谱：流动相为液体，固定相为固体吸附剂
液液色谱：流动相为液体，固定相为涂在固体载体上而不溶于流动相的液体 }

此外，还有超临界流体色谱和毛细管电泳色谱等。

因此，相应的色谱分析方法也有许多种类，如经典液相色谱分析法（analysis of classical liquid chromatography）、气相色谱分析法（analysis of gas chromatography）、高效液相色谱分析法（analysis of high performance liquid chromatography）、超临界流体色谱分析法（analysis of supercritical fluid chromatography）、薄层色谱扫描分析法（scan analysis of thin layer chromatography）、毛细管电泳色谱分析法（analysis of capillary electrophoresis chromatography），以及结合其他分析检测手段的色谱联用技术等。目前，色谱分析已成为分支很多、性能优越、用途广泛的一类重要仪器分析方法，已成为医药、生物化学、有机合成、环境保护、石油、冶金、地质、机械等领域不可缺少的重要分析手段。本节仅讨论最基本而使用最为普遍的气相色谱分析和高效液相色谱分析法。

毛细管电泳仪
工作原理

毛细管电泳仪
三维仿真结构

气相色谱分析法因具有上述优点而被广泛地用于生物、医药卫生、石油工业、化学工业、冶金工业、高分子材料、食品工业、农业、商品检验和环境检测等方面。其缺点是对于在允许的操作温度下不能汽化或发生分解的样品不能分析；此外，用气相色谱分析法进行定性和定量时，往往需要纯样品或已知浓度的标准样，而这些纯样或标样的获得有时比较困难。

17.4.1 气相色谱分析法

（1）气相色谱分析法的分析流程及仪器的基本部件

气相色谱分析常用的分析仪器结构（以带热导池检测器的仪器为例）和分析流程

气相色谱仪
工作原理

气相色谱仪三维
仿真结构

如图 17-4 所示。气相色谱分析是一种采用气体作流动相的色谱分析方法。流动相主要是载气（carrier gas），载气是一种不与被测物质发生作用，仅用于载送试样组分的惰性气体。常用的载气有 N_2、H_2、He 和 Ar 等。在分析过程中，载气由载气钢瓶 1 供给，经减压阀 2 减压后，进入净化干燥器 3 除去杂质和水分后，由针形减压阀 4 控制其压力和流量。转子流量计 5 和压力表 6 可分别显示载气的柱前流量和压力。已控制流量和压力的载气在预热管达到一定温度并流经检测器的参考臂后，再经过进样气化室。试样从进样气化室注入，并且当试样为液体时可在气化室瞬间被气化为气体，然后由载气携带进入色谱柱，使试样中各组分分离，并依次流出色谱柱，进入检测器（detector）的测量臂。当载气中没有携带被测组分时，流经检测器参考臂和测量臂的气体组成一致，导热性能相同，根据检测器的响应原理，测量电桥输出到记录仪的电信号为零，则记录仪记录的色谱信号也为零，即信号（signal）为水平的基线；当载气中携带被测组分时，流经检测器参考臂和测量臂的气体组成不一致，其导热性不同，测量电桥输出给记录仪的电信号与被测组分量成正比，于是记录仪记录下与被测组分量成正比的色谱信号，即色谱峰。由图 17-4 可见，仪器一般可分为气路系统、进样系统、分离系统、温控系统、检测系统和记录系统六大部分。

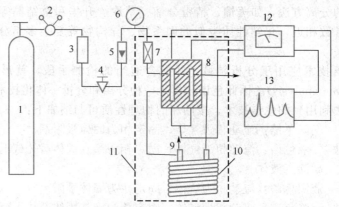

图 17-4　气相色谱分析的仪器结构和分析流程示意图

1—载气钢瓶；2—减压阀；3—净化干燥器；4—针形减压阀；5—转子流量计；6—压力表；
7—预热管；8—检测器；9—气化室；10—色谱柱；11—温控箱；12—测量电桥；13—记录仪

①气路系统　气路系统包括气源、气体净化装置、气体流速的控制和测量装置等。

②进样系统　进样系统即指进样和气化室。

③分离系统　主要由色谱柱组成，是色谱仪的核心部件，其作用是分离样品中各组分。常分为填充柱和毛细管柱两类。

④温控系统　在气相色谱测定中，温度是重要的指标，它直接影响色谱柱的分离效率、检测器的灵敏度和稳定性。温度控制主要指对色谱柱、气化室和检测器的温度控制。

⑤检测系统　即检测器（热导池检测器包括测量电桥），将经过色谱柱分离后流出的组分，按其物理量（浓度或质量）的变化，转变成相应的电信号（电流或电压）并输送给记录系统。

⑥记录系统　包括放大器、记录仪，以及带有数据处理的计算机装置。

（2）气相色谱分析法的特点及应用范围

由于物质在气相中传递速度快，样品组分与固定相相互作用次数多，而且可选用的固定相物质广，可使用的检测器灵敏度高、选择性好，因此气相色谱分析具有高效能、高选择性、高灵敏度、分析速度快和应用范围广等特点。

①高效能　高效能是指气相色谱能在较短时间内分离和测定极为复杂的混合物。例如，用毛细管柱一次可分离测定 100 多个组分的烃类混合物。

②高选择性　高选择性是指气相色谱分析能分离测定性质极为相似的物质，如分离测定同系物或同分异构体的混合物等。

③高灵敏度　高灵敏度表现在气相色谱分析能测定低至 10^{-14}g 的痕量物质。

④分析速度快　速度快是指气相色谱分析一般只需几分钟至几十分钟便可完成一个分析周期。

⑤应用范围广　气相色谱分析不仅可用于分析气体物质，也可以分析在适当温度下能气化的液体、固体和包含在固体中的气体。气相色谱的操作温度可在 $-196\sim$ 450℃，在这个温度范围内，只要有不低于 0.20mmHg 的蒸气压的组分，原则上都可用气相色谱分析法进行分析测定。

气质联用仪
工作原理

气相色谱分析法因具有上述优点而被广泛地用于生物、医药卫生、石油工业、化学工业、冶金工业、高分子材料、食品工业、农业、商品检验和环境检测等方面。其缺点是对于在允许的操作温度下不能气化或发生分解的样品不能分析；此外，用气相色谱分析法进行定性和定量时，往往需要纯样品或已知浓度的标准样，而这些纯样或标样的获得有时比较困难。

气质联用仪三维
仿真结构

17.4.2　高效液相色谱分析法

高效液相色谱法（high performance liquid chromatography）也称高速液相色谱法（high speed liquid chromatography）或高压液相色谱法（high pressure liquid chromatography），是在经典液相柱色谱法与气相色谱法的基础上发展起来的一种色谱法。其发展速度很快，尤其是计算机技术的应用，使该方法的自动化水平和分析精度得到提高。该方法之所以发展迅速，与本身的特点有关。其特点如下。

①分析速度快　用高效液相色谱分析法测定一个样品仅需几分钟至几十分钟，较经典柱色谱法快 100~1000 倍。如分离苯的 7 个羟基化合物组分的混合物，仅需 1min 就可完成。

②分离效能高　如前所述，气相色谱法的分离效能很高，其柱效为 2000 塔板·m^{-1} 左右；而高效液相色谱法的柱效则更高，一般可达 5000 塔板·m^{-1} 左右，最高可达到 40000 塔板·m^{-1}。

③灵敏度高　高效液相色谱仪广泛采用高灵敏度的检测器，故有很高的灵敏度。例如，紫外检测器的最小检测量可达 10^{-9}g，荧光检测器的最小检测量可达 10^{-11}g。

④流动相选择范围宽　适用于高效液相色谱分析的流动相种类较气相色谱流动相（载气）的种类多得多，此外，还可选用不同比例的两种或两种以上的液体混合物作流动相，可进一步增大分离选择性。

⑤应用范围广　气相色谱分析法只可分析在操作温度下能汽化而不分解的物质；对高沸点化合物、非挥发性物质、热不稳定性物质、离子型化合物以及高聚物的分离分析有困难。而高效液相色谱分析法只要求试样能制成溶液，不需要气化，不受试样挥发性的限制，对于高沸点、热稳定性差、分子量大（>400）的有机物（这些有机物占有机物总数的 75%~85%）都可用高效液相色谱分析法来进行分离分析。

⑥从流出组分中制取纯物质方便　气相色谱法中回收被分离组分比较困难，而高效液相色谱法回收被分离组分比较容易。只要将容器放在色谱柱的末端，就可收集所分离组分的流出物，可为红外光谱、核磁共振波谱、紫外光谱和质谱等方法确定化合物的结构提供纯样品。

17.4.2.1　高效液相色谱仪器的基本结构

尽管高效液相色谱分析技术的迅速发展使其各种分析仪器在结构布局、操作方式和应用范围等方面存在着差异，然而其作用原理和流程却是相似的，基本组成都是载液输送系统（含高压泵和梯度洗提装置）、进样器、色谱柱、检测器和记录仪五个主要部分。例如，SY-OIB 型高效液相色谱仪是由高压泵、六通阀进样器、色谱柱、紫外吸收检测器和台式记录仪等组成，如图 17-5 所示。

高效液相色谱仪
工作原理

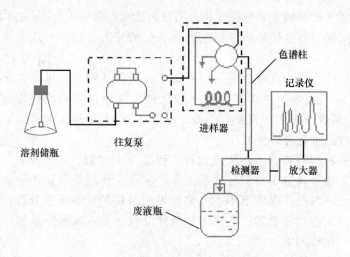

图 17-5 SY-OIB 型高效液相色谱仪流程图

高效液相色谱仪
三维仿真结构

（1）储液器

储液器是存放洗脱液的容器，其材料必须耐腐蚀，对洗脱液呈化学惰性。一般由聚四氟乙烯、玻璃、不锈钢等材料制成，容积大小与柱子的粗细、泵的类型等因素有关，对于分析型仪器，一般以 0.5～2L 为宜。溶剂进入高压泵之前应预先脱气，以免由于柱中或柱后压力下降使溶解在流动相中的空气自动逸出，形成气泡而影响组分分离及检测器的正常工作。常用的脱气法有低压脱气法、吹 He 脱气法和超声波脱气法等。使用的溶剂常需过滤以除去灰尘或其他细微颗粒，以避免因此而引起高压泵或进样器的损坏以及柱子的堵塞。常用过滤膜为孔径 $0.45\mu m$ 的高分子膜。

（2）高压泵

高压输液泵是高效液相色谱仪的重要部件之一，它将流动相连续不断地输入色谱柱，使样品组分在柱内相互分离。高压泵应具备以下几个方面性能特点。

①流量稳定　通常要求高压泵的流量精度达到 1.0%。

②耐高压　高压泵的正常操作压力在 10MPa 以下，但能耐 35～50MPa 的高压。

③流量范围宽　高压泵的流量一般要求可在 0.10～10.0mL·min^{-1} 范围内任选。

④抗腐蚀　能抗溶剂（如有机溶剂和酸碱缓冲液等）的腐蚀。

⑤压力波动小、更换溶剂方便和清洗容易，而且具有梯度洗脱功能、操作方便、维修容易。

根据排液性质，高压泵可分为恒压泵和恒流泵两大类。恒压泵在运行时压力恒定，而流量则随色谱柱等阻力变化而改变，因而反压较大；恒流泵在运行时保持输出液的流量恒定，与色谱柱等阻力无关。

根据工作方式，高压泵又分为液压隔膜泵、气动放大泵、螺旋注射泵和往复注射泵。前两种实际上是恒压泵，而后两种是恒流泵。

往复泵输送液体是连续的，但有脉动。往复泵分单柱塞、双柱塞和三柱塞等，柱塞（也叫泵头）增加可使输液流量变平稳，脉动减小，但泵的结构也变复杂。目前在高效液相色谱仪上采用最广泛的是往复柱塞泵，尤其是双柱塞补偿式恒流泵。

（3）梯度洗提装置

梯度洗提（gradient elution）又称梯度洗脱或梯度淋洗，它与气相色谱法中的程序升温的作用类似，主要目的是提高分离分析的效率。所谓梯度洗提就是将两种或两种以上的溶剂，在分离过程中按一定次序连续不断地改变其配比，以改变流动相的极性、pH 值或离子强度，从而改变各组分的相对保留值，以改善分离效果和缩短分析时间。由于分辨能力增加，色谱峰形改善，梯度洗提还可以提高敏感度和定量分析的精度。

梯度洗脱装置有两种类型。其一是在常压下混合后，用高压泵压至柱系统，这叫做外梯度（external gradient）或低压梯度（low pressure gradient）；其二是将欲混合的溶剂分别用泵增压后输入色谱系统的混合室混合后，再输至色谱柱，这叫做内梯度（internal gradient）或高压梯度（high pressure gradient）。

（4）进样系统

高效液相色谱法的进样方式有进样阀进样、注射进样和停流进样等。因停流进样方式无法获得精确的保留时间以及重复性较差，故在进行分析测定时多采用前两种进样方式。

①进样阀进样　该法是使用最广泛的一种进样方式。进样阀的构造与气相色谱用的六通阀类似，能耐 20MPa 高压，并且进样阀通常是商品仪器的一部分。进样量由常压下固定体积的定量管控制，故重复性好。如果装上驱动装置可做到自动进样。

②注射器进样　注射器进样又叫隔膜注射进样，这种进样方式也与气相色谱法一样，进样时用注射器穿过进样器隔膜，将试样直接注射到柱头上。采用注射器进样操作方便，可获得较高的柱效，但进样压力需在 10MPa 以下，否则，微量注射器易进裂，而且隔垫易产生记忆效应，使进样重复性变差。

生物大分子的仪器分析法

生物大分子一般指分子量大于 10000、有复杂空间结构、具有生物活性的物质，如多肽、蛋白质、酶等。细菌、植物、动物以及包括人类在内的所有生物体，几乎都是由几种相同类型的生物大分子所支撑；其中作为生命支柱的蛋白质，不仅各自具有特定的结构，而且又在细胞中扮演各自特定的角色；体内发生的各种化学变化，都离不开蛋白酶这种生物催化剂。它们具有特定的生化结构（组成、序列和构象），分子量大，分子极性强，对温度、pH 值、剪切力、有机溶剂等非常敏感。在核磁共振技术出现以前，X 射线晶体分析技术是唯一可以研究蛋白质三维结构的方法，但该法只能测蛋白质的晶体结构，不能在溶液中进行分析。瑞士科学家维特里希开创了"利用核磁共振测定溶液中生物大分子三维结构的方法"，可对溶液中的蛋白质进行分析，即能够测定处于最接近自然生理状态下的"活"蛋白质结构。他设计了一套将核磁共振信号与生物大分子中的质子相对应的系统分析方法，再结合距离几何学的数学方法确定质子间的距离从而获得大分子清晰的三维结构图。另外，美国科学家约翰·芬恩和日本科学家田中耕一发明的新型离子化技术（ESI 和 MALDI），使质谱测定生命大分子成为可能。两种因素促使以质谱为主要技术平台的一门新学科——蛋白质组学的诞生，为揭示生命的奥秘提供了有力的武器。2002 年，他们三人共同获得诺贝尔化学奖，以表彰他们发明了对生物大分子进行识别和结构分析的方法。

（5）色谱柱

色谱柱是高效液相色谱仪的核心部件，要求分离效能高、柱容量大和分析速度快。这些性能不仅与色谱柱中固定相有关，也和色谱柱的外部结构、装填状况及使用技术等有关。

①色谱柱管　高效液相色谱法常用的色谱柱管一般由内部抛光的不锈钢制成，视样品类型和使用压力不同，也可以采用金属铜、聚四氟乙烯或玻璃等制成。柱长一般在 100～300mm 之间可获得好的效果，内径 2～5mm，多用直形柱管，便于装柱换柱。

②微粒固定相　高效液相色谱柱用的填充剂分薄壳型和多孔型两类。分析柱使用最多的是直径 3～10μm 的多孔微粒固定相。硅胶是使用最广泛的微粒固定相，它是在一定条件下将超微硅胶颗粒聚结而成，具有相当均匀的直径。利用这种硅胶既可以直接填充吸附色谱柱，也可以利用硅胶表面的硅醇基通过化学反应键合特定基团得到化学键合相。化学键合相又分为极性键合相、非极性键合相和离子交换键合相等。

如何将直径 3～10μm 的微粒固定相均匀而紧密地填充到色谱柱管中是很重要的关

键技术，装柱时需要一些特殊的设备，而且技术性很强。生产色谱仪的厂家多有各种色谱柱供应。

（6）检测器

高效液相色谱分析要求检测器的灵敏度高、应用范围广、线性范围宽、重复性好、响应快、定量准确、对温度和载液（carrier liquid）流量的变化敏感度较小。目前常用的检测器有紫外检测器、示差折光检测器、荧光检测器和安培检测器等；此外，也有电导检测器、密度天平检测器、氢火焰离子化检测器、极谱检测器、红外和质谱检测器等。下面简要介绍一下紫外检测器。

紫外光度检测器是高效液相色谱分析中应用最广泛的检测器，其作用原理是基于被测组分对紫外线的选择性吸收。如前所述，在一定波长下，试样中被测组分的浓度与测得的吸光度服从 Lambert-Beer 定律。

紫外光度检测器的灵敏度很高，最小检测浓度可达到 $10^{-3}\mu g \cdot mL^{-1}$，而且对温度和载液的流速波动不敏感，适合于梯度洗脱。但在测定波长范围内有吸收的溶剂不能作为流动相，因此采用紫外光度检测器时，流动相的选择受到限制；此外，对紫外线不吸收的物质一般不能用紫外光度检测器检测。

17.4.2.2 高效液相色谱法的应用

高效液相色谱法主要用于定性定量分析、纯物质的制备和混合物的分离。在高效液相色谱分析中，可采用与气相色谱分析法一样的定性和定量方法来进行试样组分分析。利用高效液相色谱法来分离制备纯物质，方便快速，提取纯度高，是一种很有效的提纯方法。其操作方法是在色谱仪的出口处，安装一个馏分收集器，根据色谱图中的出峰信号逐一收集相应馏分，除去流动相溶剂后即可得到各组分物质的纯品。

高效液相色谱法的分离效能和速度是一般化学分离方法难以比拟的。因不受样品挥发度和热稳定性的限制，故对生物药品大分子化合物、离子型化合物、不稳定天然产物和其他高分子量化合物等混合物的分离都非常适用。

━━━━ 复习指导 ━━━━

掌握：仪器分析的特点，分析仪器的主要性能指标，如精密度，灵敏度，检出限，校正曲线的线性范围，选择性等。

熟悉：分析仪器的供信能力，各种仪器分析方法的特点，如原子吸收光谱法，分子荧光光谱法，离子选择性电极，极谱分析法，气相色谱分析法，高效液相色谱分析法。

了解：光学分析法，电化学分析方法，色谱分析法。

━━━━ 英汉词汇对照 ━━━━

欧洲化学协会联合会 Federation of European Chemical Societies

分析化学小组 Division of Analytical Chemistry

化学分析法 chemical analysis

待分析物 analyte

精密度 precision

灵敏度 sensitivity

校正灵敏度 calibration sensitivity

检出限 detection limit

线性范围 dynamic range

选择性 selectivity

供信能力 power of providing information

电磁辐射 electromagnetic radiation

电磁波 electromagnetic wave

波粒二象性 bi-phase property of wave and particle

紫外-可见吸收光谱仪 ultraviolet-visible absorption spectroscopy

光谱法 spectroscopy

原子吸收光谱法 atomic absorption spectroscopy

电位法 potentiometry

直接电位法 direct potentiometry

伏安法 voltammetry

极谱分析法　polarographic analysis

电导滴定　conductance titration

电位滴定　potentiometric titration

红外吸收光谱法　infrared absorption spectroscopy

核磁共振波谱法　nuclear magnetic resonance spectrometry

顺磁共振波谱法　electron spin resonance spectrometry，ESR spectrometry

发射光谱分析法　emission spectrum analysis

原子吸收分光光度法　atomic absorption spectrophotometry

光致发光　photoluminescence

荧光　fluorescence

分子荧光分析法　molecular fluorenscence analysis

荧光计　photofluorimeter

荧光分光光度计　spectrofluorimeter

分子荧光光谱法　molecular fluorenscence spectroscopy

电化学分析　electrochemical analysis

电导分析法　conductance analysis

库仑分析法　coulometry

电流滴定法　amperometric titration

电重量法　electrogravimetric analysis

电解分析法　electro-analysis

极谱法　polarography

电位分析方法　potentiometric analysis

电极电位　electrode potential

液膜电极　liquid membrane electrode

流动载体电极　liquid carrier electrode

电流-电位极化曲线　current-potential polarization curve

极化电极　polarized electrode

极谱催化波　polarographic catalytic wave

配合物吸附波　complex adsorption wave

溶出伏安法　striping voltammetry

脉冲极谱法　pulse polarography

循环伏安法　cyclic voltammetry

色谱法　chromatography

色谱分析　chromatographic analysis

经典液相色谱分析法　analysis of classical liquid chromatography

气相色谱分析法　analysis of gas chromatography

高效液相色谱分析法　analysis of high performance liquid chromatography

超临界流体色谱分析法　analysis of supercritical fluid chromatography

薄层色谱扫描分析法　scan analysis of thin layer chromatography

毛细管电泳色谱分析法　analysis of capillary electrophoresis chromatography

载气　carrier gas

检测器　detector

信号　signal

高速液相色谱法　high speed liquid chromatography

高压液相色谱法　high pressure liquid chromatography

梯度洗提　gradient elution

外梯度　external gradient

低压梯度　low pressure gradient

内梯度　internal gradient

高压梯度　high pressure gradient

载液　carrier liquid

马丁与分配色谱法

　　马丁（A. J. P. Martin，1910—2002），英国分析化学家。1910 年 3 月 1 日生于伦敦。1932 年获剑桥大学学士学位，1936 年获博士学位。1933 年在剑桥营养学研究所工作时，专门从事食物营养成分的分析，并于 1934 年在《自然》杂志上发表《维生素 E 的吸收光谱》一文。1936 年在剑桥大学工作，两年后任利兹羊毛绒工业研究所化学师，从事毛织物的染色研究。1946 年在诺丁汉的布茨纯医药品公司研究部生化处研究生物化学，发表了论文《复杂混合物中的小分子多肽的鉴定》，介绍了利用电泳和纸色谱法鉴别小分子多肽。1948 年到英国国家医学研究院，先供职于预防医学研究所，后到该院的医学研究所，1952 年任物理化学部主任，1956～1959 年任化学顾问。1959 年后，一直在波茨伯利有限公司担任主任。1973 年任舒塞克斯大学教授。1974～1979 年任美国休斯顿大学化学教授。

　　1940 年，马丁和 R. L. M. 辛格合作发明分配色谱分析法，用于分离氨基酸混合物中的各种组分，还用于分离类胡萝卜素。此法操作简便、试样用量少，可用于分离性质相似的物质以及蛋白质结构的研究，是生物化学和分子生物学的基本研究方法。1941 年，他们在国际医学研究所的会议上向生物化学的与会者首次展示了分配色谱仪器和应用，其研究论文同年发表在生物化学学报上。据说，分配色谱的发明来源于马丁喝咖啡时的感悟。有一天，马丁和同事一起喝咖啡，不小心将几滴咖啡洒在滤纸上。马丁注意到，这一滴滴分散的咖啡渗入滤纸后，每滴痕迹的中心咖啡色最浓，随着咖啡向周围渗透，咖啡色渐渐变浅。他立即有所感悟：也许这个原理可用于解决长期悬而未决的氨基酸分离问题。由于这一贡献，马丁和辛格共获 1952 年诺贝尔化学奖。1953 年，马丁又和 A. T. 詹姆斯发明气相色谱法，利用不同的吸附物质来分离气体，广泛用于各种有机化合物的分离和分析。马丁是英国皇家学会会员，曾被授予爵士称号，还获得过瑞士医学学会的贝采里乌斯奖等多项荣誉。2002 年逝世，享年 92 岁。

习 题

1. 简述仪器分析的特点。
2. 简述分析仪器的主要性能指标。
3. 如何理解分析仪器的供信能力？
4. 何谓光学分析法？光学分析法包括哪些内容？
5. 什么叫极谱分析法？极谱分析法对所使用的电极有何特殊要求？为什么？
6. 试述色谱分析的基本原理。

（中南大学　董子和　梁逸曾）

附　录

表 1　SI 基本单位及辅助单位

量的名称	单位名称	单位符号
长度	米	m
质量	千克(公斤)	kg
时间	秒	s
电流	安[培]	A
热力学温度	开[尔文]	K
物质的量	摩[尔]	mol
发光强度	坎[德拉]	cd
平面角(辅助单位)	弧度	rad
立体角(辅助单位)	球面度	sr

注：1.圆括号中的名称是它前面名称的同义词，下同。

2.无方括号的量的名称与单位名称均为全称。方括号中的字在不致引起混淆的情况下，可以省略。去掉方括号中的字即为其名称的简称，下同。

3.本标准所称的符号，除特殊指明外，均指我国法定计量单位中所规定的符号以及国际符号，下同。

表 2　具有专门名称的 SI 导出单位

量的名称	单位名称	单位符号	单位定义式
频率	赫[兹]	Hz	$1Hz=1s^{-1}$
力;重力	牛[顿]	N	$1N=1kg \cdot m/s^2$
压力,压强;应力	帕[斯卡]	Pa	$1Pa=1N/m^2$
能量;功;热	焦[耳]	J	$1J=1N \cdot m$
功率;辐射通量	瓦[特]	W	$1W=1J/s$
电荷量	库[仑]	C	$1C=1A \cdot s$
电位;电压;电动势	伏[特]	V	$1V=1W/A$
电容	法[拉]	F	$1F=1C/V$
电阻	欧[姆]	Ω	$1\Omega=1V/A$
电导	西[门子]	S	$1S=1\Omega^{-1}=A/V$
磁通量	韦[伯]	Wb	$1Wb=1V \cdot s$
磁通量密度,磁感应强度	特[斯拉]	T	$1T=1Wb/m^2$
电感	亨[利]	H	$1H=1Wb/A$

量的名称	单位名称	单位符号	单位定义式
摄氏温度	摄氏度	℃	$1℃=1K$
光通量	流[明]	lm	$1lm=1cd \cdot sr$
光照度	勒[克斯]	lx	$1lx=1lm/m^2$
放射性活度	贝可[勒尔]	Bq	$1Bq=1s^{-1}$
吸收剂量	戈[瑞]	Gy	$1Gy=1J/kg$
剂量当量	希[沃特]	Sv	$1Sv=1J/kg$

表3 SI单位的词头

因数	英文	法文词头	中文	符号
10^{24}	Septillion	yotta	尧[它]	Y
10^{21}	Sextillion	zetta	泽[它]	Z
10^{18}	Quintillion	exa	艾[克萨]	E
10^{15}	Quadrillion	peta	拍[它]	P
10^{12}	Trillion	tera	太[拉]	T
10^{9}	Billion	giga	吉[咖]	G
10^{6}	Million	mega	兆	M
10^{3}	Thousand	kilo	千	k
10^{2}	Hundred	hecto	百	h
10^{1}	Ten	deca	十	da
10^{-1}	Tenth	deci	分	d
10^{-2}	Hundredth	centi	厘	c
10^{-3}	Thousandth	milli	毫	m
10^{-6}	Millionth	micro	微	μ
10^{-9}	Billionth	nano	纳[诺]	n
10^{-12}	Trillionth	pico	皮[可]	p
10^{-15}	Quadrillionth	femto	飞[姆托]	f
10^{-18}	Quintillionth	atto	阿[托]	a
10^{-21}	Sextillionth	zepto	仄[普托]	z
10^{-24}	Septillionth	yocto	[科托]	y

表4 可与国际单位制单位并用的我国法定计量单位

量的名称	单位名称	单位符号	与SI单位的换算关系
时间	分	min	$1min=60s$
	(小)时	h	$1h=60min=3600s$
	天(日)	d	$1d=24h=86400s$
平面角	(角)秒	"	$1''=(\pi/648000)rad$(π为圆周率)
	(角)分	'	$1'=60''=(\pi/10800)rad$
	度	°	$1°=60'=(\pi/180)rad$
旋转速度	转每分	r/min	$1r/min=(1/60)s^{-1}$
长度	海里	n mile	$1n\ mile=1852m$(只用于航程)
速度	节	kn	$1kn=1n\ mile/h=(1852/3600)m/s$(只用于航行)
质量	吨	t	$1t=10^3kg$
	原子质量单位	u	$1u\approx1.660\ 565\ 5\times10^{-27}kg$
体积	升	L,l	$1L=1dm^3=10^{-3}m^3$
能	电子伏	eV	$1eV\approx1.602\ 189\ 2\times10^{-19}J$
级差	分贝	dB	
线密度	特(克斯)	tex	$1tex=1g/km$
面积	公顷	Hm²	$1Hm^2=10^4m^2$

表1　298.15K 的标准摩尔生成热、标准摩尔生成自由能和标准摩尔熵

物质	$\Delta_f H_m^{\ominus}/kJ \cdot mol^{-1}$	$\Delta_f G_m^{\ominus}/kJ \cdot mol^{-1}$	$S_m^{\ominus}/J \cdot K^{-1} \cdot mol^{-1}$
Ag(s)	0	0	42.6
Ag^+(aq)	105.6	77.1	72.7
$AgNO_3$(s)	−124.4	−33.4	140.9
AgCl(s)	−127.0	−109.8	96.3
AgBr(s)	−100.4	−96.9	107.1
AgI(s)	−61.8	−66.2	115.5
Ba(s)	0	0	62.5
Ba^{2+}(aq)	−537.6	−560.8	9.6
$BaCl_2$(s)	−855.0	−806.7	123.7
$BaSO_4$(s)	−1473.2	−1362.2	132.2
Br_2(g)	30.9	3.1	245.5
Br_2(l)	0	0	152.2
C(金刚石)	1.9	2.9	2.4
C(石墨)	0	0	5.7
CO(g)	−110.5	−137.2	197.7
CO_2(g)	−393.5	−394.2	213.8
Ca(s)	0	0	41.6
Ca^{2+}(aq)	−542.8	−553.6	−53.1
$CaCl_2$(s)	−795.4	−748.8	108.4
$CaCO_3$(s)	−1206.9	−1128.8	92.9
CaO(s)	−634.9	−603.3	38.1
$Ca(OH)_2$(s)	−985.2	−897.5	83.4
Cl_2(g)	0	0	223.1
Cl^-(aq)	−167.2	−131.2	56.5
Cu(s)	0	0	33.2
Cu^{2+}(aq)	64.8	65.5	−99.6
F_2(aq)	0	0	202.8
F^-(aq)	−332.6	−278.8	−13.8
Fe(s)	0	0	27.3
Fe^{2+}.(aq)	−89.1	−78.9	−137.7
Fe^{3+}(aq)	−48.5	−4.7	−315.9
FeO(s)	−272.0	−251	61
Fe_3O_4(s)	−1118.4	−1015.4	146.4
Fe_2O_3(s)	−824.2	−742.2	87.4
H_2(g)	0	0	130.7
H^+(aq)	0	0	0
HCl(g)	−92.3	−95.3	186.9
HF(g)	−273.3	−275.4	173.78
HBr(g)	−36.29	−53.4	198.70
HI(g)	265.5	1.7	206.6
H_2O(g)	−241.8	−228.6	188.8
H_2O(l)	−285.8	−237.1	70.0
H_2S(g)	−20.6	−33.4	205.8
I_2(g)	62.4	19.3	260.7
I_2(s)	0	0	116.1

物质	$\Delta_f H_m^\ominus / kJ \cdot mol^{-1}$	$\Delta_f G_m^\ominus / kJ \cdot mol^{-1}$	$S_m^\ominus / J \cdot K^{-1} \cdot mol^{-1}$
$I^-(aq)$	-55.2	-51.6	111.3
$K(s)$	0	0	64.7
$K^+(aq)$	-252.4	-283.3	102.5
$KI(s)$	-327.9	-324.9	106.3
$KCl(s)$	-436.5	-408.5	82.6
$Mg(s)$	0	0	32.7
$Mg^{2+}(aq)$	-466.9	-454.8	-138.1
$MgO(s)$	-601.6	-569.3	27.0
$MnO_2(s)$	-520.0	-465.1	53.1
$Mn^{2+}(aq)$	-220.8	-228.1	-73.6
$N_2(g)$	0	0	191.6
$NH_3(g)$	-45.9	-16.4	192.8
$NH_4Cl(s)$	-314.4	-202.9	94.6
$NO(g)$	91.3	87.6	210.8
$NO_2(g)$	33.2	51.3	240.1
$Na(s)$	0	0	51.3
$Na^+(aq)$	-240.1	-261.9	59.0
$NaCl(s)$	-411.2	-384.1	72.1
$O_2(g)$	0	0	205.2
$OH^-(aq)$	-230.0	-157.2	-10.8
$SO_2(g)$	-296.81	-300.1	248.22
$SO_3(g)$	-395.7	-371.1	256.8
$Zn(s)$	0	0	41.6
$Zn^{2+}(aq)$	-153.9	-147.1	-112.1
$ZnO(s)$	-350.46	-320.5	43.65
$CH_4(g)$	-74.6	-50.5	186.3
$C_2H_2(g)$	227.4	209.9	200.9
$C_2H_4(g)$	52.4	68.4	219.3
$C_2H_6(g)$	-84.0	-32.0	229.2
$C_6H_6(g)$	82.9	129.7	269.2
$C_6H_6(l)$	49.1	124.5	173.4
$CH_3OH(g)$	-201.0	-162.3	239.9
$CH_3OH(l)$	-239.2	-166.6	126.8
$HCHO(g)$	-108.6	-102.5	218.8
$HCOOH(l)$	-425.0	-361.4	129.0
$C_2H_5OH(g)$	-234.8	-167.9	281.6
$C_2H_5OH(l)$	-277.6	-174.8	160.7
$CH_3CHO(l)$	-192.2	-127.6	160.2
$CH_3COOH(l)$	-484.3	-389.9	159.8
$H_2NCONH_2(s)$	-333.1	-197.33	104.60
$C_6H_{12}O_6(s)$	-1273.3	-910.6	212.1
$C_{12}H_{22}O_{11}(s)$	-2226.1	-1544.6	360.2

注：表中数据取自 DR Lide. Handbook of Chemistry and Physics. 80th ed. New York：CRC Press，1999-2000。

表2 298.15K 的标准摩尔燃烧热

物质	$\Delta_c H_m^{\ominus}/kJ \cdot mol^{-1}$	物质	$\Delta_c H_m^{\ominus}/kJ \cdot mol^{-1}$
$H_2(g)$	−285.83	$H_2(COO)_2(s)$ 草酸	−245.6
C(石墨)	−393.51	$CH_3OH(l)$ 甲醇	−726.51
$CO(g)$	−282.98	$C_2H_5OH(l)$ 乙醇	−1366.82
$CH_4(g)$	−890.36	$(CH_3)_2O(g)$ 二甲醚	−1460.46
$C_2H_2(g)$	−1299.58	$(C_2H_5)_2O(l)$ 乙醚	−2723.62
$C_2H_4(g)$	−1410.94	$(C_2H_5)_2O(g)$	−2751.06
$C_2H_6(g)$	−1559.83	$C_5H_{12}(l)$	−3509.0
HCHO(g)甲醛	−570.77	$C_6H_6(l)$	−3267.6
$CH_3CHO(g)$乙醛	−1192.49	$C_{17}H_{35}COOH$ 硬脂酸(s)	−11281.0
$CH_3CHO(l)$	−1166.38	$C_6H_{12}O_6$ 葡萄糖(s)	−2803.0
$CH_3COOH(l)$乙酸	−874.2	$C_{12}H_{22}O_{11}$ 蔗糖(s)	−5640.9
HCOOH(l)甲酸	−254.62	$CO(NH_2)_2$ 尿素(s)	−631.7
$C_4H_8O_2$ 乙酸乙酯	−2254.2	$C_3H_6O_3$ DL 乳酸(l)	−1367.3

注：表中数据取自 Lide DR. Handbook of Chemistry and Physics. 80th ed. New York：CRC Press，1999-2000。

附录三 弱酸、弱碱在水中的解离常数(298.15K)

弱酸	解离常数 $K_a^{\ominus}$	弱酸	解离常数 $K_a^{\ominus}$
H_3AsO_4	$K_{a1}^{\ominus}=5.7\times10^{-3}$;$K_{a2}^{\ominus}=1.7\times10^{-7}$; $K_{a3}^{\ominus}=2.5\times10^{-12}$	H_3PO_4	$K_{a1}^{\ominus}=6.7\times10^{-3}$;$K_{a2}^{\ominus}=6.2\times10^{-8}$;$K_{a3}^{\ominus}=4.5\times10^{-13}$
H_3AsO_3	$K_{a1}^{\ominus}=5.9\times10^{-10}$	$H_4P_2O_7$	$K_{a1}^{\ominus}=2.9\times10^{-2}$;$K_{a2}^{\ominus}=5.3\times10^{-3}$; $K_{a3}^{\ominus}=2.2\times10^{-7}$;$K_{a3}^{\ominus}=4.8\times10^{-10}$
$HAsO_2$	$K_a^{\ominus}=6.0\times10^{-10}$	H_3PO_3	$K_{a1}^{\ominus}=5.0\times10^{-2}$;$K_{a2}^{\ominus}=2.5\times10^{-7}$
$HCrO_4^-$（铬酸）	$K_a^{\ominus}=3.2\times10^{-7}$	H_2SO_4	$K_{a2}^{\ominus}=1.0\times10^{-2}$
H_3BO_3	$K_a^{\ominus}=5.8\times10^{-10}$	H_2SO_3	$K_{a1}^{\ominus}=1.7\times10^{-2}$;$K_{a2}^{\ominus}=6.0\times10^{-8}$
HOBr	$K_a^{\ominus}=2.6\times10^{-9}$	H_2SiO_3	$K_{a1}^{\ominus}=1.7\times10^{-10}$;$K_{a2}^{\ominus}=1.6\times10^{-12}$
H_2CO_3	$K_{a1}^{\ominus}=4.2\times10^{-7}$;$K_{a2}^{\ominus}=4.7\times10^{-11}$	H_2Se	$K_{a1}^{\ominus}=1.5\times10^{-4}$;$K_{a2}^{\ominus}=1.1\times10^{-15}$
HCN	$K_a^{\ominus}=5.8\times10^{-10}$	H_2S	$K_{a1}^{\ominus}=1.3\times10^{-7}$;$K_{a2}^{\ominus}=7.1\times10^{-15}$
H_2CrO_4	$K_{a1}^{\ominus}=9.55$;$K_{a2}^{\ominus}=3.2\times10^{-7}$	H_2SeO_4	$K_{a2}^{\ominus}=1.2\times10^{-2}$
HOCl	$K_a^{\ominus}=2.8\times10^{-8}$	H_2SeO_3	$K_{a1}^{\ominus}=2.7\times10^{-2}$;$K_{a2}^{\ominus}=5.0\times10^{-8}$
$HClO_2$	$K_a^{\ominus}=1.0\times10^{-2}$	HSCN	$K_a^{\ominus}=0.14$
HF	$K_a^{\ominus}=6.9\times10^{-4}$	$H_2C_2O_4$	$K_{a1}^{\ominus}=5.4\times10^{-2}$;$K_{a2}^{\ominus}=5.4\times10^{-5}$
HOI	$K_a^{\ominus}=2.4\times10^{-11}$	HCOOH	$K_a^{\ominus}=1.8\times10^{-4}$
HIO_3	$K_a^{\ominus}=0.16$	HAc	$K_a^{\ominus}=1.8\times10^{-5}$
H_5IO_6	$K_{a1}^{\ominus}=4.4\times10^{-4}$;$K_{a2}^{\ominus}=2\times10^{-7}$; $K_{a3}^{\ominus}=6.3\times10^{-13}$	$ClCH_2COOH$	$K_a^{\ominus}=1.4\times10^{-3}$
HNO_2	$K_a^{\ominus}=6.0\times10^{-4}$	$Cl_2CHCOOH$	$K_a^{\ominus}=5.0\times10^{-2}$
HN_3	$K_a^{\ominus}=2.4\times10^{-5}$	Cl_3CCOOH	$K_a^{\ominus}=0.23$
H_2O_2	$K_{a1}^{\ominus}=2.0\times10^{-12}$	$^+NH_3CH_2COOH$ （氨基乙酸盐）	$K_{a1}^{\ominus}=4.5\times10^{-3}$;$K_{a2}^{\ominus}=2.5\times10^{-10}$

弱酸	解离常数 $K_a^\ominus$	弱酸	解离常数 $K_a^\ominus$
$CH_3CHOHCOOH$(乳酸)	$K_a^\ominus = 1.4 \times 10^{-4}$	$\begin{matrix} CH_2COOH \\ \| \\ C(OH)COOH \\ \| \\ CH_2COOH \end{matrix}$	$K_{a1}^\ominus = 7.4 \times 10^{-4}; K_{a2}^\ominus = 1.7 \times 10^{-6}; K_{a3}^\ominus = 4.0 \times 10^{-7}$
C_6H_6OH(苯酚)	$K_a^\ominus = 1.1 \times 10^{-19}$	$\begin{matrix} & & O\!-\!\!\!-\!\!\!-\!\!\!-\!\! & H \\ & & \| & & \| \\ O\!=\!C\!-\!C\!=\!C\!-\!C\!-\!CH_2OH \\ & & \| \; \| \; \| \quad \| \\ & & OH\,OH\,H \quad OH \end{matrix}$	$K_{a1}^\ominus = 5.0 \times 10^{-5}; K_{a2}^\ominus = 1.5 \times 10^{-10}$
$\begin{matrix} \bigcirc\!\!-\!COOH \\ \quad\;\;-\!COOH \end{matrix}$	$K_{a1}^\ominus = 1.1 \times 10^{-3}; K_{a2}^\ominus = 3.9 \times 10^{-6}$	EDTA	$K_{a1}^\ominus = 1.0 \times 10^{-2}; K_{a2}^\ominus = 2.1 \times 10^{-3}; K_{a3}^\ominus = 6.9 \times 10^{-7}; K_{a4}^\ominus = 5.9 \times 10^{-11}$
$\begin{matrix} CH(OH)COOH \\ \| \\ CH(OH)COOH \end{matrix}$	$K_{a1}^\ominus = 9.1 \times 10^{-4}; K_{a2}^\ominus = 4.3 \times 10^{-5}$		

弱碱	解离常数 $K_b^\ominus$	弱碱	解离常数 $K_b^\ominus$
$NH_3 \cdot H_2O$	$K_b^\ominus = 1.8 \times 10^{-5}$	$C_6H_5NH_2$(苯胺)	$K_b^\ominus = 4 \times 10^{-10}$
N_2H_4(联氨)	$K_b^\ominus = 9.8 \times 10^{-7}$	$H_2NCH_2CH_2NH_2$	$K_{b1}^\ominus = 8.5 \times 10^{-5}; K_{b2}^\ominus = 7.1 \times 10^{-8}$
NH_2OH(羟胺)	$K_b^\ominus = 9.1 \times 10^{-9}$	$HOCH_2CH_2NH_2$(乙醇胺)	$K_b^\ominus = 3.2 \times 10^{-5}$
CH_3NH_2(甲胺)	$K_b^\ominus = 4.2 \times 10^{-4}$	$(HOCH_2CH_2)_3N$(三乙醇胺)	$K_b^\ominus = 5.8 \times 10^{-7}$
$C_2H_5NH_2$(乙胺)	$K_b^\ominus = 5.6 \times 10^{-4}$	$(CH_2)_6N_4$(六亚甲基四胺)	$K_b^\ominus = 1.4 \times 10^{-9}$
$(CH_3)_2NH$(二甲胺)	$K_b^\ominus = 1.2 \times 10^{-4}$	$\bigcirc\!\!\!\!_N$	$K_b^\ominus = 1.7 \times 10^{-9}$
$(C_2H_5)_2NH$(二乙胺)	$K_b^\ominus = 1.3 \times 10^{-8}$		

附录四 一些难溶化合物的溶度积常数(298.15K)

化学式	$K_{sp}^\ominus$	化学式	$K_{sp}^\ominus$	化学式	$K_{sp}^\ominus$
AgAc	1.9×10^{-3}	Ag_2MoO_4	2.8×10^{-12}	$BaC_2O_4 \cdot H_2O$	2.3×10^{-8}
Ag_3AsO_4	1.0×10^{-22}	$AgNO_2$	3.0×10^{-5}	$BaCO_3$	2.6×10^{-9}
AgBr	5.3×10^{-13}	Ag_3PO_4	8.7×10^{-17}	BaF_2	1.8×10^{-7}
Ag_2CO_3	8.3×10^{-12}	Ag_2SO_4	1.2×10^{-5}	$Ba(NO_3)_2$	6.1×10^{-4}
AgCl	1.8×10^{-10}	AgSCN	1.0×10^{-12}	$Ba_3(PO_4)_2$	3.4×10^{-23}
Ag_2CrO_4	1.1×10^{-12}	AgOH	2.0×10^{-8}	$BaSO_4$	1.1×10^{-10}
AgCN	5.9×10^{-17}	Ag_2S	2.0×10^{-49}	$\alpha^- Be(OH)_2$	6.7×10^{-22}
$Ag_2Cr_2O_7$	2.0×10^{-7}	Ag_2S_3	2.1×10^{-22}	$Be(OH)_3$	4.0×10^{-31}
$AgIO_3$	3.1×10^{-8}	$Al(OH)_3$(无定形)	1.3×10^{-33}	BiOBr	6.7×10^{-9}
$Ag_2C_2O_4$	5.3×10^{-12}	AuCl	2.0×10^{-13}	BiOCl	1.6×10^{-8}
AgI	8.3×10^{-17}	$AuCl_3$	3.2×10^{-25}	$BiONO_3$	4.1×10^{-5}

化学式	$K_{sp}^{\ominus}$	化学式	$K_{sp}^{\ominus}$	化学式	$K_{sp}^{\ominus}$
$BiPO_4$	1.3×10^{-24}	$FeCO_3$	3.1×10^{-11}	$Ni(OH)_2$（新）	5.0×10^{-16}
Bi_2S_3	1.0×10^{-87}	$Fe(OH)_2$	8.0×10^{-16}	$Pb(OH)_2$	1.43×10^{-20}
BiI_3	7.5×10^{-19}	$Fe(OH)_3$	4.0×10^{-28}	PbF_2	2.7×10^{-8}
$CaC_2O_4 \cdot H_2O$	2.3×10^{-9}	FeS	6.0×10^{-18}	$PbMoO_4$	1.0×10^{-13}
$CaCO_3$	2.9×10^{-9}	$FePO_4$	1.3×10^{-22}	$Pb_3(PO_4)_2$	8.0×10^{-43}
$CaCrO_4$	7.1×10^{-4}	Hg_2Br_2	5.8×10^{-28}	PbS	8.0×10^{-28}
CaF_2	1.5×10^{-10}	Hg_2CO_3	8.9×10^{-17}	$PbCO_3$	1.5×10^{-13}
$Ca_3(PO_4)_2$（低温）	2.1×10^{-33}	Hg_2S	1.0×10^{-47}	$PbBr_2$	6.6×10^{-6}
$Ca(OH)_2$	4.6×10^{-6}	$Hg_2(OH)_2$	2.0×10^{-24}	$PbCl_2$	1.7×10^{-5}
$CaHPO_4$	1.8×10^{-7}	$Hg(OH)_2$	3.0×10^{-25}	$PbCrO_4$	2.8×10^{-13}
$CaSO_4$	9.1×10^{-6}	$HgCO_3$	3.7×10^{-17}	PbI_2	8.4×10^{-9}
$CaWO_4$	8.7×10^{-9}	$HgBr_2$	6.3×10^{-20}	$Pb(N_3)_2$（斜方）	2.0×10^{-9}
$CdCO_3$	5.27×10^{-12}	Hg_2Cl_2	1.4×10^{-18}	$PbSO_4$	1.8×10^{-8}
$Cd_2[Fe(CN)_5]$	3.2×10^{-17}	HgI_2	2.8×10^{-29}	$Pb(OH)_2$	1.2×10^{-15}
$CdC_2O_4 \cdot 3H_2O$	9.1×10^{-5}	HgS（红色）	4.0×10^{-53}	$Sn(OH)_2$	5.0×10^{-27}
$Cd(OH)_2$（沉淀）	5.3×10^{-15}	Hg_2CrO_4	2.0×10^{-9}	$Sn(OH)_4$	1.0×10^{-56}
$Ce(OH)_3$	1.6×10^{-20}	Hg_2I_2	5.3×10^{-29}	SnS	1.0×10^{-25}
$Ce(OH)_4$	2.0×10^{-28}	Hg_2SO_4	7.9×10^{-7}	SnS_2	2.0×10^{-27}
$Co(OH)_2$（陈）	2.3×10^{-16}	$K_2[PtCl_6]$	7.5×10^{-6}	$SrCO_3$	5.6×10^{-10}
$CoCO_3$	1.4×10^{-13}	Li_2CO_3	8.1×10^{-4}	$SrCrO_4$	2.2×10^{-5}
$Co_2[Fe(CN)_6]$	1.8×10^{-15}	LiF	1.8×10^{-3}	$SrSO_4$	3.4×10^{-7}
$Co[Hg(SCN)_4]$	1.5×10^{-6}	Li_3PO_4	3.2×10^{-9}	SrF_2	2.4×10^{-9}
$\alpha\text{-}CoS$	4.0×10^{-21}	$MgCO_3$	6.8×10^{-6}	$SrC_2O_4 \cdot H_2O$	1.6×10^{-7}
$\beta\text{-}CoS$	2.0×10^{-25}	MgF_2	7.4×10^{-11}	$Sr_3(PO_4)$	4.1×10^{-28}
$Co_3(PO_4)_2$	2.0×10^{-35}	$Mg(OH)_2$	5.1×10^{-12}	$TlCl$	1.9×10^{-4}
$Cr(OH)_3$	6.3×10^{-31}	$Mg_3(PO_4)_2$	1.0×10^{-24}	TlI	5.5×10^{-8}
$CuOH$	1.0×10^{-14}	$MgNH_4PO_4$	2.0×10^{-13}	$Tl(OH)_3$	1.5×10^{-44}
Cu_2S	2.0×10^{-48}	$MnCO_3$	2.2×10^{-11}	$Ti(OH)_3$	1.0×10^{-40}
$CuBr$	6.9×10^{-9}	MnS（无定形）	2.0×10^{-10}	$TiO(OH)_2$	1.0×10^{-29}
$CuCl$	1.7×10^{-7}	MnS（晶形）	2.5×10^{-13}	$ZnCO_3$	1.2×10^{-10}
$CuCN$	3.5×10^{-20}	$Mn(OH)_2$	1.9×10^{-13}	$Zn_2[Fe(CN)_6]$	4.1×10^{-16}
CuI	1.2×10^{-12}	$Ni_3(PO_4)_2$	5.0×10^{-31}	$Zn(OH)_2$	1.2×10^{-17}
$CuCO_3$	1.4×10^{-9}	$\alpha\text{-}NiS$	3.2×10^{-19}	$Zn_3(PO_4)_2$	9.1×10^{-33}
$Cu(OH)_2$	2.2×10^{-20}	$\beta\text{-}NiS$	1.0×10^{-24}	$\alpha\text{-}ZnS$	2.0×10^{-24}
$Cu_2P_2O_7$	7.6×10^{-16}	$\gamma\text{-}NiS$	2.0×10^{-26}	$\beta\text{-}ZnS$	2.0×10^{-22}
CuS	6.0×10^{-36}	$NiCO_3$	1.4×10^{-7}		

A. 在酸性溶液中

电极	电极反应	$\varphi_A^{\ominus}/V$
N_2/N_3^-	$3N_2(g)+2H^+ + 2e^- \rightleftharpoons 2HN_3(aq)$	-3.09
Li^+/Li	$Li^+ + e^- \rightleftharpoons Li$	-3.0401
Cs^+/Cs	$Cs^+ + e^- \rightleftharpoons Cs$	-3.026
Rb^+/Rb	$Rb^+ + e^- \rightleftharpoons Rb$	-2.98
K^+/K	$K^+ + e^- \rightleftharpoons K$	-2.931
Ba^{2+}/Ba	$Ba^{2+} + 2e^- \rightleftharpoons Ba$	-2.912
Sr^{2+}/Sr	$Sr^{2+} + 2e^- \rightleftharpoons Sr$	-2.899
Ca^{2+}/Ca	$Ca^{2+} + 2e^- \rightleftharpoons Ca$	-2.868
Ra^{2+}/Ra	$Ra^{2+} + 2e^- \rightleftharpoons Ra$	-2.8
Na^+/Na	$Na^+ + e^- \rightleftharpoons Na$	-2.71
La^{3+}/La	$La^{3+} + 3e^- \rightleftharpoons La$	-2.379
Mg^{2+}/Mg	$Mg^{2+} + 2e^- \rightleftharpoons Mg$	-2.372
Be^{2+}/Be	$Be^{2+} + 2e^- \rightleftharpoons Be$	-1.847
Al^{3+}/Al	$Al^{3+} + 3e^- \rightleftharpoons Al$	-1.662
Zr^{4+}/Zr	$Zr^{4+} + 4e^- \rightleftharpoons Zr$	-1.45
Ti^{3+}/Ti	$Ti^{3+} + 3e^- \rightleftharpoons Ti$	-1.37
Mn^{2+}/Mn	$Mn^{2+} + 2e^- \rightleftharpoons Mn$	-1.185
V^{2+}/V	$V^{2+} + 2e^- \rightleftharpoons V$	-1.175
Se/Se^{2-}	$Se+2e^- \rightleftharpoons Se^{2-}$	-0.924
Zn^{2+}/Zn	$Zn^{2+} + 2e^- \rightleftharpoons Zn$	-0.7618
Cr^{3+}/Cr	$Cr^{3+} + 3e^- \rightleftharpoons Cr$	-0.744
Ga^{3+}/Ga	$Ga^{3+} +3e^- \rightleftharpoons Ga$	-0.549
Fe^{2+}/Fe	$Fe^{2+} + 2e^- \rightleftharpoons Fe$	-0.447
Cr^{3+}/Cr^{2+}	$Cr^{3+} + e^- \rightleftharpoons Cr^{2+}$	-0.407
Cd^{2+}/Cd	$Cd^{2+} + 2e^- \rightleftharpoons Cd$	-0.403
Ti^{3+}/Ti^{2+}	$Ti^{3+} + e^- \rightleftharpoons Ti^{2+}$	(-0.373)
Tl^+/Tl	$Tl^+ + e^- \rightleftharpoons Tl$	-0.336
Co^{2+}/Co	$Co^{2+} + 2e^- \rightleftharpoons Co$	-0.28
Ni^{2+}/Ni	$Ni^{2+} + 2e^- \rightleftharpoons Ni$	-0.257
Mo^{3+}/Mo	$Mo^{3+} + 3e^- \rightleftharpoons Mo$	-0.200
AgI/Ag	$AgI+e^- \rightleftharpoons Ag+I^-$	-0.15224
Sn^{2+}/Sn	$Sn^{2+} + 2e^- \rightleftharpoons Sn$	-0.1375
Pb^{2+}/Pb	$Pb^{2+} + 2e^- \rightleftharpoons Pb$	-0.1262
WO_3/W	$WO_3 + 6H^+ +6e^- \rightleftharpoons W+3H_2O$	-0.090
H^+/H_2	$2H^+ + 2e^- \rightleftharpoons H_2$	0.000
$AgBr/Ag$	$AgBr+e^- \rightleftharpoons Ag+Br^-$	$+0.0713$

电极	电极反应	$\varphi_A^{\ominus}/V$
$S_4O_6^{2-}/S_2O_3^{2-}$	$S_4O_6^{2-} + 2e^- {=\!=\!=} 2S_2O_3^{2-}$	+0.08
Sn^{4+}/Sn^{2+}	$Sn^{4+} + 2e^- {=\!=\!=} Sn^{2+}$	+0.151
Cu^{2+}/Cu^+	$Cu^{2+} + e^- {=\!=\!=} Cu^+$	+0.159
$AgCl/Ag$	$AgCl + e^- {=\!=\!=} Ag + Cl^-$	+0.2223
Ge^{2+}/Ge	$Ge^{2+} + 2e^- {=\!=\!=} Ge$	+0.24
Cu^{2+}/Cu	$Cu^{2+} + 2e^- {=\!=\!=} Cu$	+0.3419
$[Fe(CN)_6]^{3-}/[Fe(CN)_6]^{4-}$	$[Fe(CN)_6]^{3-} + e^- {=\!=\!=} [Fe(CN)_6]^{4-}$	+0.358
Cu^+/Cu	$Cu^+ + e^- {=\!=\!=} Cu$	+0.521
I_2/I^-	$I_2 + 2e^- {=\!=\!=} 2I^-$	+0.5355
MnO_4^-/MnO_4^{2-}	$MnO_4^- + e^- {=\!=\!=} MnO_4^{2-}$	+0.558
Te^{4+}/Te	$Te^{4+} + 4e^- {=\!=\!=} Te$	+0.568
O_2/H_2O_2	$O_2 + 2H^+ + 2e^- {=\!=\!=} H_2O_2$	+0.695
Fe^{3+}/Fe^{2+}	$Fe^{3+} + e^- {=\!=\!=} Fe^{2+}$	+0.771
Hg_2^{2+}/Hg	$Hg_2^{2+} + 2e^- {=\!=\!=} 2Hg$	+0.7973
Ag^+/Ag	$Ag^+ + e^- {=\!=\!=} Ag$	+0.7996
NO_3^-/N_2O_4	$2NO_3^- + 4H^+ + 2e^- {=\!=\!=} N_2O_4(g) + 2H_2O$	+0.803
Hg^{2+}/Hg	$Hg^{2+} + 2e^- {=\!=\!=} Hg$	+0.851
Hg^{2+}/Hg_2^{2+}	$2Hg^{2+} + 2e^- {=\!=\!=} Hg_2^{2+}$	+0.920
Pd^{2+}/Pd	$Pd^{2+} + 2e^- {=\!=\!=} Pd$	+0.951
Br_2/Br^-	$Br_2 + 2e^- {=\!=\!=} 2Br^-$	+1.066
Pt^{2+}/Pt	$Pt^{2+} + 2e^- {=\!=\!=} Pt$	+1.188
ClO_4^-/ClO_3^-	$ClO_4^- + 2H^+ + 2e^- {=\!=\!=} ClO_3^- + H_2O$	+1.198
MnO_2/Mn^{2+}	$MnO_2 + 4H^+ + 2e^- {=\!=\!=} Mn^{2+} + 2H_2O$	+1.224
O_2/H_2O	$O_2 + 4H^+ + 4e^- {=\!=\!=} 2H_2O$	+1.229
Tl^{3+}/Tl^+	$Tl^{3+} + 2e^- {=\!=\!=} Tl^+$	+1.252
Cl_2/Cl^-	$Cl_2 + 2e^- {=\!=\!=} 2Cl^-$	+1.3583
$Cr_2O_7^{2-}/Cr^{3+}$	$Cr_2O_7^{2-} + 14H^+ + 6e^- {=\!=\!=} 2Cr^{3+} + 7H_2O$	+1.36
HIO/I_2	$2HIO + 2H^+ + 2e^- {=\!=\!=} I_2 + 2H_2O$	+1.439
PbO_2/Pb^{2+}	$PbO_2 + 4H^+ + 2e^- {=\!=\!=} Pb^{2+} + 2H_2O$	+1.455
BrO_3^-/Br_2	$2BrO_3^- + 12H^+ + 10e^- {=\!=\!=} Br_2 + 6H_2O$	+1.482
Au^{3+}/Au	$Au^{3+} + 3e^- {=\!=\!=} Au$	+1.498
MnO_4^-/Mn^{2+}	$MnO_4^- + 8H^+ + 5e^- {=\!=\!=} Mn^{2+} + 4H_2O$	+1.507
$HClO_2/Cl^-$	$HClO_2 + 3H^+ + 4e^- {=\!=\!=} Cl^- + 2H_2O$	+1.570
$HBrO/Br_2$	$2HBrO + 2H^+ + 2e^- {=\!=\!=} Br_2 + 2H_2O$	+1.596
$HClO/Cl_2$	$2HClO + 2H^+ + 2e^- {=\!=\!=} Cl_2 + 2H_2O$	+1.611
MnO_4^-/MnO_2	$MnO_4^- + 4H^+ + 3e^- {=\!=\!=} MnO_2 + 2H_2O$	+1.679

电极	电极反应	$\varphi_A^{\ominus}/V$
H_2O_2/H_2O	$H_2O_2 + 2H^+ + 2e^- = 2H_2O$	$+1.776$
Co^{3+}/Co^{2+}	$Co^{3+} + e^- = Co^{2+}$	$+1.821$
BrO_4^-/BrO_3^-	$BrO_4^- + 2H^+ + 2e^- = BrO_3^- + H_2O$	$+1.850$
$S_2O_8^{2-}/SO_4^{2-}$	$S_2O_8^{2-} + 2e^- = 2SO_4^{2-}$	$+2.010$
FeO_4^{2-}/Fe^{3+}	$FeO_4^{2-} + 8H^+ + 3e^- = Fe^{3+} + 4H_2O$	$+2.20$
F_2/F^-	$F_2 + 2e^- = 2F^-$	$+2.866$

B. 在碱性溶液中

电极	电极反应	$\varphi_B^{\ominus}/V$
$Ca(OH)_2/Ca$	$Ca(OH)_2 + 2e^- = Ca + 2OH^-$	-3.02
$Mg(OH)_2/Mg$	$Mg(OH)_2 + 2e^- = Mg + 2OH^-$	-2.690
$[Al(OH)_4]^-/Al$	$[Al(OH)_4]^- + 3e^- = Al + 4OH^-$	-2.328
SiO_3^{2-}/Si	$SiO_3^{2-} + 3H_2O + 4e^- = Si + 6OH^-$	-1.697
$Cr(OH)_3/Cr$	$Cr(OH)_3 + 3e^- = Cr + 3OH^-$	-1.48
$[Zn(OH)_4]^{2-}/Zn$	$[Zn(OH)_4]^{2-} + 2e^- = Zn + 4OH^-$	-1.199
SO_4^{2-}/SO_3^{2-}	$SO_4^{2-} + H_2O + 2e^- = SO_3^{2-} + 2OH^-$	-0.93
$HSnO_2^-/Sn$	$HSnO_2^- + H_2O + 2e^- = Sn + 3OH^-$	-0.909
H_2O/H_2	$2H_2O + 2e^- = H_2 + 2OH^-$	-0.8277
$Ni(OH)_2/Ni$	$Ni(OH)_2 + 2e^- = Ni + 2OH^-$	-0.72
AsO_4^{3-}/AsO_2^-	$AsO_4^{3-} + 2H_2O + 2e^- = AsO_2^- + 4OH^-$	-0.71
AsO_2^-/As	$AsO_2^- + 2H_2O + 3e^- = As + 4OH^-$	-0.68
SbO_2^-/Sb	$SbO_2^- + 2H_2O + 3e^- = Sb + 4OH^-$	-0.66
$SO_3^{2-}/S_2O_3^{2-}$	$2SO_3^{2-} + 3H_2O + 4e^- = S_2O_3^{2-} + 6OH^-$	-0.571
$Fe(OH)_3/Fe(OH)_2$	$Fe(OH)_3 + e^- = Fe(OH)_2 + OH^-$	-0.56
S/S^{2-}	$S + 2e^- = S^{2-}$	-0.476
NO_2^-/NO	$NO_2^- + H_2O + e^- = NO + 2OH^-$	-0.46
$CrO_4^{2-}/Cr(OH)_3$	$CrO_4^{2-} + 4H_2O + 3e^- = Cr(OH)_3 + 5OH^-$	-0.13
O_2/HO_2^-	$O_2 + H_2O + 2e^- = HO_2^- + OH^-$	-0.076
$Co(OH)_3/Co(OH)_2$	$Co(OH)_3 + e^- = Co(OH)_2 + OH^-$	$+0.17$
Ag_2O/Ag	$Ag_2O + H_2O + 2e^- = 2Ag + 2OH^-$	$+0.342$
O_2/OH^-	$O_2 + 2H_2O + 4e^- = 4OH^-$	$+0.401$
MnO_4^-/MnO_4^{2-}	$MnO_4^- + e^- = MnO_4^{2-}$	$+0.558$
MnO_4^-/MnO_2	$MnO_4^- + 2H_2O + 3e^- = MnO_2 + 4OH^-$	$+0.595$
MnO_4^{2-}/MnO_2	$MnO_4^{2-} + 2H_2O + 2e^- = MnO_2 + 4OH^-$	$+0.60$
ClO^-/Cl^-	$ClO^- + H_2O + 2e^- = Cl^- + 2OH^-$	$+0.81$
O_3/OH^-	$O_3 + H_2O + 2e^- = O_2 + 2OH^-$	$+1.24$

注：表中数据取自于《CRC handbook of chemistry and physics》81st edition，2000—2001。括号中的数据取自于《Lange's handbook of chemistry》15th edition，1999。

配离子	$K_f^\ominus$	配离子	$K_f^\ominus$	配离子	$K_f^\ominus$
$[AgCl_2]^-$	1.84×10^5	$[Cd(en)_3]^{2+}$	1.2×10^{12}	$[FeBr]^{2+}$	4.17
$[AgBr_2]^-$	1.96×10^7	$[Cd(EDTA)]^{2-}$	2.5×10^{16}	$[FeCl]^{2+}$	24.9
$[AgI_2]^-$	4.80×10^{10}	$[Co(NH_3)_4]^{2+}$	1.16×10^5	$[Fe(C_2O_4)_3]^{3-}$	1.6×10^{20}
$[Ag(NH_3)]^+$	2.07×10^3	$[Co(NH_3)_6]^{2+}$	1.3×10^5	$[Fe(C_2O_4)_3]^{4-}$	1.7×10^5
$[Ag(NH_3)_2]^+$	1.67×10^7	$[Co(NH_3)_6]^{3+}$	1.6×10^{35}	$[Fe(EDTA)]^{2-}$	2.1×10^{14}
$[Ag(CN)_2]^-$	2.48×10^{20}	$[Co(NCS)_4]^{2-}$	1.0×10^3	$[Fe(EDTA)]^-$	1.7×10^{24}
$[Ag(SCN)_2]^-$	2.04×10^8	$[Co(EDTA)]^{2-}$	2.0×10^{16}	$[HgCl_4]^{2-}$	1.2×10^{15}
$[Ag(S_2O_3)_2]^{3-}$	2.9×10^{13}	$[Co(EDTA)]^-$	1×10^{36}	$[Hg(CN)_4]^{2-}$	3.0×10^{41}
$[Ag(en)_2]^+$	5.0×10^7	$[Cr(OH)_4]^-$	7.8×10^{29}	$[Hg(EDTA)]^{2-}$	6.3×10^{21}
$[Ag(EDTA)]^{3-}$	2.1×10^7	$[Cr(EDTA)]^-$	1.0×10^{23}	$[Hg(en)_2]^{2+}$	2.0×10^{23}
$[Al(OH)_4]^-$	3.31×10^{33}	$[CuCl_2]^-$	6.91×10^4	$[HgI_4]^{2-}$	5.66×10^{29}
$[AlF_6]^{3-}$	6.9×10^{19}	$[CuCl_3]^{2-}$	4.55×10^5	$[Hg(NH_3)_4]^{2+}$	1.95×10^{19}
$[Al(EDTA)]^-$	1.3×10^{16}	$[CuI_2]^-$	7.1×10^8	$[Ni(CN)_4]^{2-}$	2.0×10^{31}
$[Ba(EDTA)]^{2-}$	6.0×10^7	$[Cu(SO_3)_2]^{3-}$	4.13×10^8	$[Ni(NH_3)_6]^{2+}$	5.5×10^8
$[Be(EDTA)]^{2-}$	2×10^9	$[Cu(NH_3)_4]^{2+}$	2.30×10^{12}	$[Ni(en)_3]^{2+}$	2.1×10^{18}
$[BiCl_4]^-$	7.96×10^6	$[Cu(P_2O_7)_2]^{6-}$	8.24×10^8	$[Ni(C_2O_4)_3]^{4-}$	3.0×10^8
$[BiCl_6]^{3-}$	2.45×10^7	$[Cu(C_2O_4)_2]^{2-}$	2.35×10^9	$[PbCl_3]^-$	2.4×10^1
$[BiBr_4]^-$	5.92×10^7	$[Cu(CN)_2]^-$	9.98×10^{23}	$[Pb(EDTA)]^-$	2.0×10^{18}
$[BiI_4]^-$	8.88×10^{14}	$[Cu(CN)_3]^{2-}$	4.21×10^{28}	$[PbI_4]^{2-}$	3.0×10^4
$[Bi(EDTA)]^-$	6.3×10^{22}	$[Cu(CN)_4]^{3-}$	2.03×10^{30}	$[PtCl_4]^{2-}$	1.0×10^{16}
$[Ca(EDTA)]^{2-}$	1×10^{11}	$[Cu(NH_3)_4]^{2+}$	2.3×10^{12}	$[Pt(NH_3)_6]^{2+}$	2.0×10^{35}
$[Cd(NH_3)_4]^{2+}$	2.78×10^7	$[Cu(EDTA)]^{2-}$	5.0×10^{18}	$[Zn(CN)_4]^{2-}$	1.0×10^{18}
$[Cd(CN)_4]^{2-}$	1.95×10^{18}	$[FeF]^{2+}$	7.1×10^6	$[Zn(EDTA)]^{2-}$	3.0×10^{16}
$[Cd(OH)_4]^{2-}$	1.20×10^9	$[FeF_2]^{2+}$	3.8×10^{11}	$[Zn(en)_3]^{2+}$	1.3×10^{14}
$[CdBr_4]^{2-}$	5.0×10^3	$[Fe(CN)_6]^{3-}$	4.1×10^{52}	$[Zn(NH_3)_4]^{2+}$	4.1×10^8
$[CdCl_4]^{2-}$	6.3×10^2	$[Fe(CN)_6]^{4-}$	4.2×10^{45}	$[Zn(OH)_4]^{2-}$	4.6×10^{17}
$[CdI_4]^{2-}$	4.05×10^5	$[Fe(NCS)]^{2+}$	9.1×10^2	$[Zn(C_2O_4)_3]^{4-}$	1.4×10^8

附录七　化学相关网址

1. 网上化学课程
中国化学课程网　http：//chem. cersp. com/
网易名校公开课　http：//v. 163. com/special/ocw/
北京大学普通化学与无机化学教学　http：//www. chem. pku. edu. cn/wuji/
中山大学无机化学精品课程　http：//ce. sysu. edu. cn/Echemi/inocreform/wlkc. html
美国得克萨斯大学网上课程　http：//www. utexas. edu/world/lecture

2. 化学数据库
科学数据库　http：//www. sdb. ac. cn
万方数据库　http：//db. sti. ac. cn
国家科技图书文献中心（NSTL）http：//www. nstl. gov. cn/NSTL/nstl/facade/exweb/electroicResource. jsp
基本科学指标数据库（ESI）http：//www. webofknowledge. com
美国国家标准与技术研究院（NIST）物性数据库　http：//webbook. nist. gov/chemistry
Cambridgesoft 公司的化学数据库　http：//chemfinder. cambridgesoft. com

3. 专利数据库
中国知识产权网　http：//www. cnipr. com
美国专利商标局（USPTO）http：//www. uspto. gov/patft/
欧洲专利局（EPO）http：//ep. espacenet. com

4. 信息资源
中国化学品网　http：//www. ylrqcn. com/
中国化工工业网　http：//www. hggyw. com/
中国医药信息网　http：//www. cpi. ac. cn/
中国期刊网　http：//chinajournal. net. cn/
北京科普之窗　http：//www. bjkp. gov. cn
重要化学化工资源导航 ChIN 网页　http：//www. cjinweb. com. cn
北京大学化学信息中心　http：//cheminfo. pku. edu. cn/
英国利物浦大学　Links for Chemists http：//www. liv. ac. uk/chemistry/links
Sigma 公司　http：//www. sigmaaldrich. com
世界电子图书馆　http：//cn. ebooklibrary. org
美国加州大学洛杉矶分校虚拟图书馆　http：//www. chem. ucla. edu/chempointers. html
美国化学会化学文摘（CAS）　http：//info. cas. org/ONLINE/online. html
德国专业信息中心（FIZ）　http：//www. fiz-karsruhe. de
日本科技信息中心（JISCST）　http：//www. jicst. go. jp/
Elsevier Science 公司期刊网　http：//www. sciencedirect. com
德国施普林格（Springer）期刊网　http：//www. springerlink. com
　　　　　　　　　　　　　　或 http：//springer. lib. tsinghua. edu. cn
Wiley 网上图书馆　http：//www. interscience. wiley. com

国家精品在线开放课程《大学化学》教学视频的二维码索引

* 分析仪器仿真系统为中南大学化学化工学院所属。

[1] 陈启元，梁逸曾. 医科大学化学（上）.北京：化学工业出版社，2003.

[2] 黄可龙. 无机化学. 北京：科学出版社，2007.

[3] 大连理工大学无机化学教研室.无机化学. 第 7 版. 北京：高等教育出版社，2010.

[4] 魏祖期. 基础化学. 第 7 版. 北京：人民卫生出版社，2010.

[5] 北京大学，大学基础化学，北京：高等教育出版社，2003.

[6] 北京师范大学无机教研室等. 无机化学. 第 4 版. 北京：高等教育出版社，2002.

[7] 天津大学无机化学教研室. 无机化学. 第 3 版. 北京：高等教育出版社，2002.

[8] 许善锦. 无机化学. 第 4 版. 北京：人民卫生出版社，2005.

[9] 陈小明.单晶结构分析原理与实践. 北京：科学出版社，2007.

[10] 武汉大学，分析化学. 第 5 版. 北京：高等教育出版社，2006.

[11] 张平民. 工科大学化学（上）. 长沙：湖南教育出版社，2002.

[12] Huheey J E，Keriter E A，Keriter R L. Inorganic Chemistry：Principles of Structure and Reactivity. 4th Ed. Harper Collins College Publishers，1993.

[13] ［美］马勒（Müller P），晶体结构精修：晶体学者的 SHELXL 软件指南. 陈昊鸿译. 北京：高等教育出版社，2010 .

[14] 杜一平. 现代仪器分析方法. 上海：华东理工大学出版社，2008.

[15] Kenneth A Rubinson，J F Rubinson. Contemporary Instrumentary Analysis. 北京：科学出版社，2003.

[16] Cotton F A，Wilkinson G，Murillo C A，Bockmann M. Advanced Inorganic Chemistry. John Wiley & Sons，Inc.，1999.

[17] F Albert Cotton，Geoffrey Wilkinson. Basic inorganic chemistry. New York：John Wiley & Sons，Inc.，1976.

[18] Chambers C，Holliday A K. Modern Inorganic Chemistry. Butterworth & Co (Publishers) Ltd，1975.

[19] G F Liptrot，M A phD. Modern Inorganic Chemistry. London：Bell & Hyman Limited. 1971.

[20] ［美］哈里德等. 基础物理学. 第 7 版. 李学潜，方哲宇改编. 北京：高等教育出版社，2008.

[21] Greenwood N N，Earnshaw A. Chemistry of the Elements. Butterworth-Heinemann Ltd.，1984.

[22] 张祥麟. 无机化学（上）. 长沙：湖南教育出版社，1992.

[23] 徐家宁. 无机化学核心教程. 北京：科学出版社，2011.

[24] 周公度，段连运. 结构化学基础. 第 2 版. 北京：北京大学出版社，1995.

[25] 南京大学无机及分析化学编写组. 无机及分析化学. 第 3 版. 北京：高等教育出版社，1999.

[26] 徐光宪，黎乐民，王德民.量子化学：基本原理和从头计算法：上册. 第 2 版. 北京：科学出版社，2007.

[27] ［法］德布罗意. 德布罗意文选. 北京：北京大学出版社，2012.

[28] Ronald J Gillespie，David A，Humphreys N，Colin Baird. Chemistry. second edition. American：Allyn and Bacon Inc，1986.

[29] Wertz D W. Chemistry：A Molecular Science. Patterson Jones Interactive Inc.，1999.

[30] ［美］约翰 A 祖霍基. 化学原理——了解原子和分子的世界. 英文版. 北京：机械工业出版社，2004.

[31] Miessler G L，Tarr D A. Inorganic Chemistry. Scientific Publications，1998.

[32] 朱裕贞，顾达，黑恩成. 现代基础化学. 第 2 版. 北京：化学工业出版社，2004.

[33] ［美］布朗，勒梅，伯斯坦. Chemistry-The Central Science. 北京：机械工业出版社，2012.

[34] 华彤文，陈景祖等. 普通化学原理. 第3版. 北京：北京大学出版社，2005.

[35] 朱龙观. 高等配位化学. 上海：华东理工大学出版社，2009.

[36] 申泮文. 近代化学导论. 北京：高等教育出版社，2002.

[37] 傅献彩，沈文霞，姚天杨. 物理化学. 第4版. 北京：高等教育出版社，1994.

[38] 李保山. 基础化学. 第2版. 北京：科学出版社，2009.

[39] 蔡炳新，基础物理化学. 第2版. 北京：科学出版社，2006.

[40] A G Whittaker，A R Mount and M R Heal. Physical Chemistry. 影印版. 北京：科学出版社，2001.

[41] [英] P A 考克斯. 无机化学. 第2版. 导读本. 李亚栋，王成，邓兆祥译. 北京：科学出版社，2009.

[42] 徐云升，宋维春，胡劲召等. 基础化学. 第2版. 广州：华南理工大学出版社，2011.

[43] 彭崇慧，张锡瑜. 络合滴定原理. 北京：北京大学出版社，1981.

[44] 高鸿. 分析化学：络合滴定中的金属指示剂. 福州：福建科学技术出版社，1989.

[45] [英] J Fisher，J R P Arnold 著. 生物学中的化学. 李艳梅等译，北京：科学出版社，2000.

[46] 普里高津. 从混沌到有序. 上海：上海译文出版社，1987.

[47] 冯端，冯步云著. 熵. 北京：科学出版社，1992.

[48] 司文会. 基础化学. 北京：科学出版社，2010.

[49] 吕以仙，李荣昌. 医用基础化学. 北京：北京大学医学出版社，2008.

[50] 陈亚光. 无机化学. 北京：北京师范大学出版社，2011.

[51] 史文权. 无机化学. 武汉：武汉大学出版社，2011.

[52] 熊双贵，高之清. 无机化学. 武汉：华中科技大学出版社，2011.

[53] 湖南大学化学化工学院组，何凤姣主编. 无机化学. 北京：科学出版社，2006.

[54] 李三鸣. 物理化学. 第7版. 北京：人民卫生出版社，2011.

[55] 冯清，刘绍乾. Basic Chemistry. 武汉：华中科技大学出版社，2008.

[56] 李发美. 分析化学. 第7版. 北京：人民卫生出版社，2011.

[57] David Harvey. Modern Analytical Chemistry. McGraw-Hill Companies，Inc.，2007.

[58] 谢吉民. 无机化学. 北京：人民卫生出版社，2003.

[59] 侯新朴，物理化学. 第6版. 北京：人民卫生出版社，2007.

[60] 濮良忠，医用物理化学. 修订版. 大连：大连理工大学出版社，2007.

[61] 王一凡，古映莹. 无机化学学习指导. 北京：科学出版社，2009.

[62] 冯清，刘绍乾. 基础化学学习与解题指南（双语版）. 武汉：华中科技大学出版社，2009.

[63] 迟玉兰，于永鲜，牟文生，孟长功. 无机化学释疑与习题解析. 北京：高等教育出版社，2002.

[64] 北京大学化学系普通化学原理教学组. 普通化学原理习题解答. 北京：北京大学出版社，1996.

[65] 王明华，许莉. 普通化学习题解答. 北京：高等教育出版社，2002.

[66] 李健美，李利民. 法定计量单位在基础化学中的应用. 北京：中国计量出版社，1993.

[67] R 布里斯罗. 化学的今天和明天. 华彤文等译.北京：科学出版社，1998.

[68] [日] 山冈望著. 化学史传. 第3版. 廖正衡等译. 北京：商务印书馆，1995.

[69] 袁翰青，应礼文. 化学重要史实. 北京：人民教育出版社，2000.

[70] 吴守玉，高兴华等著. 化学史图册. 北京：高等教育出版社，1993.

[71] [美] I. 阿西摩夫著. 从元素到基本粒子. 何笑松等译. 北京：科学出版社，1977.

[72] 徐家宁，史苏华，宋天佑. 无机化学例题与习题. 第2版. 北京：高等教育出版社，2007.

[73] 黄如丹. 新大学化学学习导引.北京：科学出版社，2008.

[74] 魏祖期，慕慧. 基础化学学习指导.北京：人民卫生出版社，2005.

[75] 徐春祥，王一凡，刘有训. 医学基础化学学习指导书.哈尔滨：黑龙江科技出版社，1994.

[76] 屈松生.化学热力学问题300例.北京：人民教育出版社，1981.

[77] 周公度，段连运. 结构化学习题解析.北京：北京大学出版社，1997.

元素周期表

电子层：K L M N O P Q

IUPAC 2013

氧化态（单质的氧化态为0，未列入；常见的为红色）

以 ¹²C=12为基准的原子量
（注◆的是半衰期最长同位素的原子量）

图例（示例）：

95	原子序数
Am	元素符号（红色的为放射性元素）
镅	元素名称（注◆的为人造元素）
5f⁷7s²	价层电子构型
243.0613(2)◆	元素的原子量

氧化态：+3 +5 +4 +6

颜色图例：
- s区元素
- p区元素
- d区元素
- ds区元素
- f区元素
- 稀有气体

主族与周期

第1周期

- 1 **H** 氢 1s¹ 1.008 （+1, -1）
- 2 **He** 氦 1s² 4.002602(2)

第2周期

- 3 **Li** 锂 2s¹ 6.94 (+1)
- 4 **Be** 铍 2s² 9.0121831(5) (+2)
- 5 **B** 硼 2s²2p¹ 10.81 (+3)
- 6 **C** 碳 2s²2p² 12.011
- 7 **N** 氮 2s²2p³ 14.007
- 8 **O** 氧 2s²2p⁴ 15.999
- 9 **F** 氟 2s²2p⁵ 18.998403163(6)
- 10 **Ne** 氖 2s²2p⁶ 20.1797(6)

第3周期

- 11 **Na** 钠 3s¹ 22.98976928(2) (+1)
- 12 **Mg** 镁 3s² 24.305 (+2)
- 13 **Al** 铝 3s²3p¹ 26.9815385(7) (+3)
- 14 **Si** 硅 3s²3p² 28.085
- 15 **P** 磷 3s²3p³ 30.973761998(5)
- 16 **S** 硫 3s²3p⁴ 32.06
- 17 **Cl** 氯 3s²3p⁵ 35.45
- 18 **Ar** 氩 3s²3p⁶ 39.948(1)

第4周期

- 19 **K** 钾 4s¹ 39.0983(1) (+1)
- 20 **Ca** 钙 4s² 40.078(4) (+2)
- 21 **Sc** 钪 3d¹4s² 44.955908(5) (+3)
- 22 **Ti** 钛 3d²4s² 47.867(1)
- 23 **V** 钒 3d³4s² 50.9415(1)
- 24 **Cr** 铬 3d⁵4s¹ 51.9961(6)
- 25 **Mn** 锰 3d⁵4s² 54.938044(3)
- 26 **Fe** 铁 3d⁶4s² 55.845(2)
- 27 **Co** 钴 3d⁷4s² 58.933194(4)
- 28 **Ni** 镍 3d⁸4s² 58.6934(4)
- 29 **Cu** 铜 3d¹⁰4s¹ 63.546(3)
- 30 **Zn** 锌 3d¹⁰4s² 65.38(2)
- 31 **Ga** 镓 4s²4p¹ 69.723(1)
- 32 **Ge** 锗 4s²4p² 72.630(8)
- 33 **As** 砷 4s²4p³ 74.921595(6)
- 34 **Se** 硒 4s²4p⁴ 78.971(8)
- 35 **Br** 溴 4s²4p⁵ 79.904
- 36 **Kr** 氪 4s²4p⁶ 83.798(2)

第5周期

- 37 **Rb** 铷 5s¹ 85.4678(3) (+1)
- 38 **Sr** 锶 5s² 87.62(1) (+2)
- 39 **Y** 钇 4d¹5s² 88.90584(2) (+3)
- 40 **Zr** 锆 4d²5s² 91.224(2)
- 41 **Nb** 铌 4d⁴5s¹ 92.90637(2)
- 42 **Mo** 钼 4d⁵5s¹ 95.95(1)
- 43 **Tc** 锝 4d⁵5s² 97.90721(3)◆
- 44 **Ru** 钌 4d⁷5s¹ 101.07(2)
- 45 **Rh** 铑 4d⁸5s¹ 102.90550(2)
- 46 **Pd** 钯 4d¹⁰ 106.42(1)
- 47 **Ag** 银 4d¹⁰5s¹ 107.8682(2)
- 48 **Cd** 镉 4d¹⁰5s² 112.414(4)
- 49 **In** 铟 5s²5p¹ 114.818(1)
- 50 **Sn** 锡 5s²5p² 118.710(7)
- 51 **Sb** 锑 5s²5p³ 121.760(1)
- 52 **Te** 碲 5s²5p⁴ 127.60(3)
- 53 **I** 碘 5s²5p⁵ 126.90447(3)
- 54 **Xe** 氙 5s²5p⁶ 131.293(6)

第6周期

- 55 **Cs** 铯 6s¹ 132.90545196(6) (+1)
- 56 **Ba** 钡 6s² 137.327(7) (+2)
- 57~71 **La~Lu** 镧系
- 72 **Hf** 铪 5d²6s² 178.49(2)
- 73 **Ta** 钽 5d³6s² 180.94788(2)
- 74 **W** 钨 5d⁴6s² 183.84(1)
- 75 **Re** 铼 5d⁵6s² 186.207(1)
- 76 **Os** 锇 5d⁶6s² 190.23(3)
- 77 **Ir** 铱 5d⁷6s² 192.217(3)
- 78 **Pt** 铂 5d⁹6s¹ 195.084(9)
- 79 **Au** 金 5d¹⁰6s¹ 196.966569(5)
- 80 **Hg** 汞 5d¹⁰6s² 200.592(3)
- 81 **Tl** 铊 6s²6p¹ 204.38
- 82 **Pb** 铅 6s²6p² 207.2(1)
- 83 **Bi** 铋 6s²6p³ 208.98040(1)
- 84 **Po** 钋 6s²6p⁴ 208.98243(2)◆
- 85 **At** 砹 6s²6p⁵ 209.98715(5)◆
- 86 **Rn** 氡 6s²6p⁶ 222.01758(2)◆

第7周期

- 87 **Fr** 钫 7s¹ 223.01974(2)◆ (+1)
- 88 **Ra** 镭 7s² 226.02541(2)◆ (+2)
- 89~103 **Ac~Lr** 锕系
- 104 **Rf** 𬬻 6d²7s² 267.122(4)◆
- 105 **Db** 𬭊 6d³7s² 270.131(4)◆
- 106 **Sg** 𬭳 6d⁴7s² 269.129(3)◆
- 107 **Bh** 𬭛 6d⁵7s² 270.133(2)◆
- 108 **Hs** 𬭶 6d⁶7s² 270.134(2)◆
- 109 **Mt** 鿏 6d⁷7s² 278.156(5)◆
- 110 **Ds** 𫟼 281.165(4)◆
- 111 **Rg** 𬬭 281.166(6)◆
- 112 **Cn** 鿔 285.177(4)◆
- 113 **Nh** 鿭 286.182(5)◆
- 114 **Fl** 𫓧 289.190(4)◆
- 115 **Mc** 镆 289.194(6)◆
- 116 **Lv** 𫟷 293.204(4)◆
- 117 **Ts** 鿬 293.208(6)◆
- 118 **Og** 鿫 294.214(5)◆

★ 镧系

- 57 **La** 镧 5d¹6s² 138.90547(7) (+3)
- 58 **Ce** 铈 4f¹5d¹6s² 140.116(1)
- 59 **Pr** 镨 4f³6s² 140.90766(2)
- 60 **Nd** 钕 4f⁴6s² 144.242(3)
- 61 **Pm** 钷 4f⁵6s² 144.91276(2)◆
- 62 **Sm** 钐 4f⁶6s² 150.36(2)
- 63 **Eu** 铕 4f⁷6s² 151.964(1)
- 64 **Gd** 钆 4f⁷5d¹6s² 157.25(3)
- 65 **Tb** 铽 4f⁹6s² 158.92535(2)
- 66 **Dy** 镝 4f¹⁰6s² 162.500(1)
- 67 **Ho** 钬 4f¹¹6s² 164.93033(2)
- 68 **Er** 铒 4f¹²6s² 167.259(3)
- 69 **Tm** 铥 4f¹³6s² 168.93422(2)
- 70 **Yb** 镱 4f¹⁴6s² 173.045(10)
- 71 **Lu** 镥 4f¹⁴5d¹6s² 174.9668(1)

★ 锕系

- 89 **Ac** 锕 6d¹7s² 227.02775(2)◆ (+3)
- 90 **Th** 钍 6d²7s² 232.0377(4)
- 91 **Pa** 镤 5f²6d¹7s² 231.03588(2)
- 92 **U** 铀 5f³6d¹7s² 238.02891(3)
- 93 **Np** 镎 5f⁴6d¹7s² 237.04817(2)◆
- 94 **Pu** 钚 5f⁶7s² 244.06421(4)◆
- 95 **Am** 镅 5f⁷7s² 243.0613(2)◆
- 96 **Cm** 锔 5f⁷6d¹7s² 247.07035(3)◆
- 97 **Bk** 锫 5f⁹7s² 247.07031(4)◆
- 98 **Cf** 锎 5f¹⁰7s² 251.07959(3)◆
- 99 **Es** 锿 5f¹¹7s² 252.0830(3)◆
- 100 **Fm** 镄 5f¹²7s² 257.09511(5)◆
- 101 **Md** 钔 5f¹³7s² 258.09843(3)◆
- 102 **No** 锘 5f¹⁴7s² 259.10100(7)◆
- 103 **Lr** 铹 5f¹⁴6d¹7s² 262.110(2)◆